分析与检验技术类专业职业技能培训教材

原子光谱分析技术及应用

YUANZI GUANGPU FENXI JISHU JI YINGYONG

降升平　主编

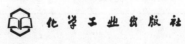
化学工业出版社

·北京·

内 容 简 介

《原子光谱分析技术及应用》一书，以原子发射光谱、原子吸收光谱、原子荧光光谱分析技术为基础，结合目前发展较快的电感耦合等离子体质谱、液相色谱和电感耦合等离子体质谱联用技术、液相色谱与原子荧光光谱联用技术的分析技术，以现行有效的国家或行业标准为主线，重点讲述原子光谱分析技术在冶金、地矿、环境、食品和其他领域的应用。笔者通过整理这些标准，挖掘这些分析方法的共性内容、剖析分析过程中的难点和重点，并且一一列举，详细讲述，为读者阐明分析过程中容易导致分析结果不准确的关键环节，并且分析原因，给出改进措施。

本书内容通俗易懂，既包括原子光谱分析基本原理，也详细讲述了分析全过程，适合从事原子光谱分析技术的一线分析检测人员作为手册，方便查阅，也可以供大中专院校化学类相关专业的学生作为教学或实验类教材选用。

图书在版编目（CIP）数据

原子光谱分析技术及应用/降升平主编 . —北京：化学工业出版社，2020.10

分析与检验技术类专业职业技能培训教材

ISBN 978-7-122-37379-3

Ⅰ.①原…　Ⅱ.①降…　Ⅲ.①原子光谱-光谱分析-技术培训-教材　Ⅳ.①O657.31

中国版本图书馆 CIP 数据核字（2020）第 125182 号

责任编辑：蔡洪伟　　　　　　　　　　　文字编辑：张瑞霞
责任校对：王　静　　　　　　　　　　　装帧设计：王晓宇

出版发行：化学工业出版社（北京市东城区青年湖南街 13 号　邮政编码 100011）
印　　装：大厂聚鑫印刷有限责任公司
787mm×1092mm　1/16　印张 21¾　字数 566 千字　2021 年 1 月北京第 1 版第 1 次印刷

购书咨询：010-64518888　　　　　　　　售后服务：010-64518899
网　　址：http://www.cip.com.cn
凡购买本书，如有缺损质量问题，本社销售中心负责调换。

定　　价：88.00 元

前言

原子光谱，是由原子中的电子在能量变化时所发射或吸收的一系列波长的光组成的光谱。由于人类社会飞速进步和工农业生产的高速发展，促进了原子光谱分析技术的不断创新。在工农业生产过程中，原子光谱技术可以用于研究某些元素的价态、种类、含量及不同元素的组合特性；可以判断产品的质量好坏；可以监测工农业生产过程对环境的影响；可以对土壤、水源、空气和人类生活环境进行科学治理和规范化管理；原子光谱技术是保证全民身心健康的重要技术之一。总之，原子光谱分析技术在国民经济的各个行业都扮演着非常重要的角色。

原子光谱包括原子发射光谱（AES）、原子吸收光谱（AAS）、原子荧光光谱（AFS）。在此基础上发展起来的电感耦合等离子体质谱（ICP-MS）技术、液相色谱和电感耦合等离子体质谱联用技术（LC-ICP-MS）、液相色谱与原子荧光光谱联用（LC-AFS）技术，也得到了广泛的应用，并且分析时间更短，灵敏度更好。因此作为原子光谱分析技术的延伸，也将ICP-MS、LC-ICP-MS和LC-AFS一并列入本书介绍，且原子发射光谱的介绍以ICP-AES为主，这些新技术新方法都已在各个行业得到广泛的应用，相关仪器设备已是各类分析检测实验室必备的测试仪器。随着原子光谱分析方法和技术及仪器的不断完善和发展，应用领域还将进一步扩大，分析的精密度和准确度还将进一步改善和提高。

原子光谱分析技术是一种非常有效的分析手段，其目的是得到产品中目标元素的准确含量，目前国内外生产的设备仪器都具有很好的灵敏度和稳定性。想要得到正确的分析结果，就离不开检测人员扎实的物理、化学专业知识，基础化学实验功底，娴熟的样品前处理和仪器操作技能。所以本书重点介绍了样品前处理方法和技巧。不同行业的工作人员在进行样品检测时，首先要查阅原子光谱在各个行业应用的标准分析方法，这些标准是对分析方法的一个规范性描述。但是在工作中我们还是发现，不同的操作人员，严格按照标准方法进行分析，得到的结果差异很大，因此在分析过程中还是有某些重要环节决定着分析结果的准确性和重现性，要善于在实际的工作中总结和归纳。因此本书不仅讲解原子光谱及相关技术在各个领域的分析方法，还重点解析了元素分析方法中的关键点。

本书共分为十章，各章题目和参加撰稿的作者如下：第一章光谱学分析导论，降升平、杨志岩；第二章电感耦合等离子体发射光谱分析技术，刘金玉；第三章电感耦合等离子体与质谱联用技术，刘金玉；第四章原子吸收光谱分析技术，降升平；第五章原子荧光光谱分析技术，周家萍；第六章原子光谱在冶金行业中的应用，赵娟；第七章原子光谱在地矿分析中的应用，周家萍；第八章原子光谱法在环境分析中的应用，降升平；第九章原子光谱技术在食品分析中的应用，刘金玉；第十章原子光谱在其他领域中的应用，刘金玉。书稿拟就之后，赵娟对前五章的内容及文字进行了校核。

参加本书编写工作的人员来自天津科技大学现代分析技术研究中心，每位老师都有分析化学专业背景，并且有的老师常年从事光谱分析工作，因此积累了非常丰富的实践经验。编写过程中还得到了天津市色谱研究会及仪器厂家的大力支持和帮助，在此一并表示感谢！由于编者学识和能力有限，书中难免会有不足之处，衷心欢迎各位专家和读者批评指正。

编者
2020 年 2 月

目录

第一章 光谱学分析导论

近一百年来，人类社会飞速进步，农业、工业经过长时间的发展给我们的社会和生活带来巨变，农业的进步给我们提供了越来越丰富的食物，工业的发展使我们的生活更是发生了翻天覆地的变化，产品种类越来越丰富，极大地满足了人们对物质和精神的不断追求。所有这些发展，促使了某些化学或物理的分析技术不断产生并为其所用。比如生产的钢铁是否合格，某些矿产品是否满足生产需要，更多工业品的产生所带来的环境污染问题如何解决，食品安全等问题更是随之而来，所有的这些都需要化学或物理的分析手段检测产品或样品中的某些物质的含量，来进一步判断产品是否合格，环境是否达标，食物是否安全等，而这些分析技术也在不断地发展进步，不仅检测手段快捷、结果可靠，并且检测的仪器也越来越智能化。光谱分析技术作为一类经典的化学分析手段，为农业和工业的发展做出了重要的贡献，并且随着工业的进步，光谱分析仪器的性能也在不断进步，在冶金、地矿、环境、食品、化工等行业有着非常成熟的应用。这类技术主要用来检测样品中的某些元素或某类化合物的含量，比如测定稀土中的某些杂质元素含量，测定环境样品或食品中的某类污染物的含量等，由此可见，光谱分析技术应用范围广泛，适用于测定各种复杂基质样品中的杂质元素或某类化合物的含量，并且浓度测试范围广，测定速度快，因此光谱分析方法是一种非常重要的化学方法。

光学光谱分析是研究物质的光辐射，或辐射与物质的相互作用，并以此为基础而建立的一类分析方法。光学光谱分析法可分为光谱分析法和非光谱分析法两大类，前者以测定物质发射或吸收辐射的波长和强度为基础，这是本书的主要介绍内容。非光谱分析法利用辐射与物质作用产生在方向上或物理性质上的变化而进行分析，这类变化有反射、散射、折射、色散、干涉、偏振和衍射等，与其相关的分析方法有比浊法、折光分析、旋光分析、圆二色性法以及 X 射线衍射等，这些方法不在本书中涉及。

光谱分析按产生光谱的基本微粒的不同可分为原子光谱和分子光谱，根据辐射传递的情况可分为发射光谱和吸收光谱。本书主要介绍原子光谱。

第一节 光谱分析的基本原理

一、辐射和物质间的相互作用

光谱学是研究电磁辐射和物质间相互作用的一门科学，这些相互作用的种类很多，其中的一部分涉及化学组分在特定能级间的跃迁，并且可以用测量电磁辐射的发射或吸收的方法来进行观测。在这类相互作用中，电磁辐射应当被看成是由不连续的能量束，即光量子构成的。另外，电磁辐射还具有波的性质，下式是光子的能量同其波长和频率之间的关系：

$$E = h\nu = \frac{hc}{\lambda} \tag{1-1}$$

式中，E 为能量，kJ；ν 为频率，Hz；h 为普朗克常量，$h = 6.62606896(33) \times 10^{-34}$ J·s 或者 $h = 4.13566743(35) \times 10^{-15}$ eV·s；c 为光速，$c = 2.997 \times 10^{8}$ m/s；λ 为波

长，μm。

还有一些类型的辐射与物质间相互作用，比如辐射的反射、折射、衍射等，并不涉及能量间跃迁，而只是引起辐射的光学性质（如方向和偏振）的改变。这些相互作用经常是与样品的整体性质而不是其中某一化学组分有关，有很多分析技术都建立在这类整体相互作用的原理之上。

分析所涉及的电磁辐射，一般来说，包括从声频（小于 20kHz）到伽马射线（大于 10^{19} Hz）很广的波长范围，本书重点讨论的原子光谱仅仅覆盖从近紫外、可见光到红外波长范围中的一部分。在这一波长范围内，可以使用比较简单的仪器设备，用普通的光学材料（玻璃、石英或者卤化碱金属晶体）来对辐射进行色散、聚焦和定向。光学光谱分析技术还经常被分为原子光谱和分子光谱两类，其中原子光谱主要讨论自由原子（通常在蒸气状态）的光谱化学分析，而分子光谱主要讨论分子（在蒸气、溶液或者固体状态）的光学测量。

由于波长与能量成反比，所以在有些情况下，尤其是在红外区域，又经常用到波数。波数 σ 是单位长度（通常为厘米）内的周期数，也就是波长的倒数，即 $\sigma = \frac{1}{\lambda}$。波数一般用 cm^{-1} 来表示，它直接与能量成正比。

$$\sigma = \frac{1}{\lambda} = \frac{\nu}{c} = \frac{E}{hc} \tag{1-2}$$

光子的能量和波长决定了所发生的跃迁或者相互作用的类型，见表 1-1。

表 1-1　电磁波谱

定义	波长范围(λ)	频率范围(ν)	波数或能量范围	跃迁
γ 射线	<0.05Å	>6×10^{19} Hz	>2.5×10^5 eV	原子核
X 射线	0.05~100Å	3.0×10^{16}~6.0×10^{19} Hz	124~2.5×10^5 eV	K 层和 L 层电子
远紫外(真空)	10~180nm	1.7×10^{15}~3.0×10^{16} Hz	7~124eV	中层电子
近紫外、紫外	180~350nm	8.6×10^{14}~1.7×10^{15} Hz	3.6~7eV	价电子
可见	350~770nm	3.9×10^{14}~8.6×10^{14} Hz	1.6~3.6eV	价电子
近红外	770~2500nm	1.2×10^{14}~3.9×10^{14} Hz	129000~4000cm^{-1}	分子振动
中(或基频)红外	2.5~50μm	6.0×10^{12}~1.2×10^{12} Hz	4000~200cm^{-1}	分子振动
远红外	50~100μm	3.0×10^{11}~1.2×10^{12} Hz	200~10cm^{-1}	分子振动
微波	1~300mm	1.0×10^5~3.0×10^{11} Hz	200~10cm^{-1}	分子振动
无线电波	>300mm	<1×10^9 Hz		电子和核自旋

二、光谱的产生

光谱的发现起源于 17 世纪，1666 年物理学家牛顿第一次进行了光的色散试验。他在暗室中引入一束太阳光，让它通过棱镜，在棱镜后面的白屏上，看到了红、橙、黄、绿、蓝、靛、紫七种颜色的光分散在不同位置上，即形成一道彩虹。这种现象叫作光谱。这个实验就是光谱的起源，自牛顿以后，一直没有引起人们的注意。到 1802 年英国化学家沃拉斯顿发现太阳光谱不是一道完美无缺的彩虹，而是被一些黑线所割裂。

1814 年德国光学仪器专家夫琅和费研究太阳光谱中的黑斑的相对位置时，把那些主要黑线绘出光谱图。1826 年泰尔博特研究钠盐、钾盐在酒精灯上的光谱时指出，发射光谱是化学分析的基础，钾盐的红色光谱和钠盐的黄色光谱都是其元素的特性。到 1859 年基尔霍夫和本生为了研究金属的光谱自己设计和制造了一种完善的分光装置，这个装置就是世界上第一台实用的光谱仪器，研究火焰、电火花中各种金属的谱线，从而建立了光谱分析的初步基础。从 1860 年到 1907 年，用火焰和电火花放电发现碱金属元素铯 Cs，1861 年发现铷 Rb 和铊 Tl，1868 年发现铟 In 和氦 He，1869 年发现氮 N，1875~1907 年又相继发现镓 Ga、钾 K、铥 Tm、镨 Pr、钋 Po、钐 Sm、钇 Y、镥 Lu 等。

1882 年，罗兰发明了凹面光栅，即把划痕直接刻在凹球面上。凹面光栅实际上是光学仪器成像系统元件合为一体的高效元件，它解决了当时棱镜光谱仪遇到的不可克服的困难。凹面光栅的问世不仅简化了光谱仪器的结构，而且还提高了它的性能。

波耳的理论在光谱分析中起了作用，其对光谱的激发过程、光谱线强度等提出比较满意的解释。从测定光谱线的绝对强度转到测量谱线的相对强度的应用，为光谱分析方法从定性分析发展到定量分析创造基础，从而使光谱分析方法逐渐走出实验室，在工业部门中得到应用。1928 年以后，由于光谱分析成了工业的分析方法，光谱仪器得到迅速发展，一方面改善了激发光源的稳定性，另一方面提高了光谱仪器本身的性能。

最早的光源是火焰激发光源，后来又发展采用简单的电弧和电火花为激发光源，从 20世纪 30～40 年代开始改进，采用控制的电弧和电火花为激发光源，提高了光谱分析的稳定性。工业生产的发展，光谱学的进步，促使光学仪器性能进一步得到改善，而后者又反作用于前者，促进了光谱学的发展和工业生产的发展。

由于每种原子都有自己的特征谱线，因此可以根据光谱来鉴别和确定物质的化学组成，这种方法叫作光谱分析。做光谱分析时，可以利用发射光谱，也可以利用吸收光谱，这种方法的优点是非常灵敏而且迅速，某种元素在物质中的含量达 10^{-10} g，就可以从光谱中发现它的特征谱线，从而把它检查出来。光谱分析在科学技术中有广泛的应用，例如，在检查半导体材料硅和锗是否达到了高纯度的要求时，就要用到光谱分析。在历史上，光谱分析还帮助人们发现了许多新元素，例如，铷和铯就是从光谱中看到了以前不知道的特征谱线而被发现的。光谱分析对于研究天体的化学组成也很有用。19 世纪初，在研究太阳光谱时，发现它的连续光谱中有许多暗线，最初不知道这些暗线是怎样形成的，后来人们了解了吸收光谱的成因，才知道这是太阳内部发出的强光经过温度比较低的太阳大气层时产生的吸收光谱。仔细分析这些暗线，把它跟各种原子的特征谱线对照，人们就知道了太阳大气层中含有氢、氦、氮、碳、氧、铁、镁、硅、钙、钠等几十种元素。

从光谱的起源可以看出，最开始发现的光谱现象应该属于原子光谱范畴，后来人们又发现某些分子通过外在能量的作用也可以产生发射和吸收光谱，因此又发展出了一类分子光谱分析技术，这类技术和原子光谱分析技术同为光谱分析技术，但本书只介绍原子光谱分析技术。

三、光谱分析的常用术语

光谱分析的常用术语如下。

① 电磁辐射：属于电磁波领域内的能量传播。

② 光：光是一种电磁辐射，能被正常人的视力感受到的电磁辐射为可见光。

③ 波长：在周期波传播方向上，相邻两波同相位点间的距离。

④ 波数：每厘米中所含波的数目，即等于波长的倒数。

⑤ 频率：单位时间内电磁辐射振动周数。

⑥ 辐射：能以辐射的形式发射、传播或接收的能量。

第二节　光谱分析法的分类和有关定律、定义

一、光谱分析法的分类

复色光经过色散系统（如棱镜、光栅）分光后，按波长（或频率）的大小依次排列。例如，太阳光经过三棱镜后形成按红、橙、黄、绿、蓝、靛、紫次序连续分布的彩色光谱。红

色到紫色，相应于波长由 $7700\sim3900\text{Å}$（$1\text{Å}=10^{-10}\text{m}$）的区域，是人眼能感觉的可见部分。红端之外为波长更长的红外光，紫端之外则为波长更短的紫外光，都不能为肉眼所觉察，但能用仪器记录。

因此，按波长区域不同，光谱可分为红外光谱、可见光谱和紫外光谱；按产生的本质不同，可分为原子光谱、分子光谱；按产生的方式不同，可分为发射光谱、吸收光谱和散射光谱；按光谱表观形态不同，可分为线状光谱、带状光谱和连续光谱。

（1）线状光谱

由狭窄谱线组成的光谱。单原子气体或金属蒸气所发的光波均有线状光谱，故线状光谱又称原子光谱。当原子能量从较高能级向较低能级跃迁时，就辐射出波长单一的光波。严格地说，这种波长单一的单色光是不存在的，由于能级本身有一定宽度和多普勒效应等因素，原子辐射的光谱线总会有一定宽度（见谱线增宽），即在较窄的波长范围内仍包含各种不同的波长成分。原子光谱波长的分布规律反映了原子的内部结构，每种原子都有自己特殊的光谱系列。通过对原子光谱的研究可了解原子内部的结构，或对样品所含成分进行定性和定量分析。

（2）带状光谱

由一系列光谱带组成，它们是由分子所辐射，故又称分子光谱。利用高分辨率光谱仪观察时，每条谱带实际上是由许多紧挨着的谱线组成的。带状光谱是分子在其振动和转动能级间跃迁时辐射出来的，通常位于红外或远红外区。通过对分子光谱的研究可了解分子的结构。

（3）连续光谱

包含一切波长的光谱，炽热固体所辐射的光谱均为连续光谱。同步辐射源（见电磁辐射）可发出从微波到 X 射线的连续光谱，X 射线管发出的轫致辐射部分也是连续谱。

（4）吸收光谱

具有连续谱的光波通过物质样品时，处于基态的样品原子或分子将吸收特定波长的光而跃迁到激发态，于是在连续谱的背景上出现相应的暗线或暗带，称为吸收光谱。每种原子或分子都有反映其能级结构的标识吸收光谱。研究吸收光谱的特征和规律是了解原子和分子内部结构的重要手段。吸收光谱首先由 J. V. 夫琅和费在太阳光谱中发现（称夫琅和费线），并据此确定了太阳所含的某些元素。

具体的元素光谱：红色代表硫元素，蓝色代表氧元素，而绿色代表氢元素。

光谱学是光学的一个分支学科，它主要研究各种物质的光谱的产生及其同物质之间的相互作用。光谱是电磁辐射按照波长的有序排列，根据实验条件的不同，各个辐射波长都具有各自的特征强度。通过光谱的研究，人们可以得到原子、分子等的能级结构、能级寿命、电子的组态、分子的几何形状、化学键的性质、反应动力学等多方面物质结构的知识。但是，光谱学技术并不仅是一种科学工具，在化学分析中它也提供了重要的定性与定量的分析方法。

二、光谱分析法的有关定律和定义

（1）吸光度（A）

指光线通过溶液或某一物质前的入射光强度与该光线通过溶液或物质后的透射光强度比值的以 10 为底的对数，即：

$$A=\lg\frac{I_0}{I_i} \tag{1-3}$$

式中，I_0 为入射光强；I_i 为透射光强。影响吸光度的因素有溶剂、浓度、温度等等。

（2）朗伯-比尔定律（Lambert-Beer law）

一束单色光照射于一吸收介质表面，在通过一定厚度的介质后，由于介质吸收了一部分光能，透射光的强度就要减弱。吸收介质的浓度愈大，介质的厚度愈大，则光强度的减弱愈显著，其关系为：

$$A = \lg\left(\frac{1}{T}\right) = Kbc \tag{1-4}$$

式中，A 为吸光度；T 为透射比，是透射光强度与入射光强度之比；K 为摩尔吸收系数，它与吸收物质的性质及入射光的波长 λ 有关；c 为吸光物质的浓度；b 为吸收层厚度。

朗伯-比尔定律的物理意义是当一束平行单色光垂直通过某一均匀非散射的吸光物质时，其吸光度 A 与吸光物质的浓度 c 及吸收层厚度 b 成正比。

当介质中含有多种吸光组分时，只要各组分间不存在相互作用，则在某一波长下介质的总吸光度是各组分在该波长下吸光度的加和，这一规律称为吸光度的加和性。

朗伯-比尔定律的应用范围：①入射光为平行单色光且垂直照射；②吸光物质为均匀非散射体系；③吸光质点之间无相互作用；④辐射与物质之间的作用仅限于光吸收，无荧光和光化学现象发生。

在分光光度分析中，朗伯-比尔定律是一个有限的定律，其成立条件是待测物为均一的稀溶液、气体等，无溶质、溶剂及悬浊物引起的散射；入射光为单色平行光。导致偏离朗伯-比尔定律的原因很多，但基本上可分为物理和化学两个方面。物理方面主要是由入射光的单色性不纯所造成的；化学方面主要是由于溶液本身的化学变化造成的。

（3）摩尔吸光系数 ε

当溶液的浓度以物质的量浓度（mol/L）表示，液层厚度以厘米（cm）表示时，相应的比例常数 K 称为摩尔吸光系数。以 ε 表示，其单位为 L/(mol·cm)。这样，朗伯-比尔定律可以改写成：

$$A = \varepsilon bc \tag{1-5}$$

摩尔吸光系数的物理意义是：浓度为 1mol/L 的溶液，在厚度为 1cm 的吸收池中，在一定波长下测得的吸光度。

摩尔吸光系数是吸光物质的重要参数之一，它表示物质对某一特定波长光的吸收能力。ε 愈大，表示该物质对某波长光的吸收能力愈强，测定的灵敏度也就愈高。因此，测定时，为了提高分析的灵敏度，通常选择摩尔吸光系数大的有色化合物进行测定，选择具有最大 ε 值的波长作入射光。一般认为 $\varepsilon = 6 \times 10^4$ L/(mol·cm) 属高灵敏度。

摩尔吸光系数由实验测得。在实际测量中，不能直接取 1mol/L 这样高浓度的溶液去测量摩尔吸光系数，只能在稀溶液中测量后，再换算成摩尔吸光系数。

第三节 光谱分析仪器概述

光谱分析法基于六种现象，即吸收、荧光、磷光、散射、发射和化学发光。其测量仪器的主要组成部分基本相同，主要有稳定的辐射源、样品池、分光系统、检测系统、记录系统等。

一、光谱分析法的常用仪器

光谱分析法主要分为原子光谱法和分子光谱法，应用原子光谱法的仪器主要有：原子发射光谱仪、原子吸收光谱仪、原子荧光光谱仪，其中原子发射光谱类的仪器目前最常用的是电感耦合等离子体发射光谱仪。应用分子光谱法的仪器主要有：红外分光光度仪、紫外吸收分光光度仪、荧光光谱仪等。本书重点讨论原子光谱类的仪器及相关应用技术。

二、光谱分析仪器的组成和性能

(一) 仪器的组成

1. 光源

提供强度大、稳定而且发光面积小的连续光谱或线光谱的装置。紫外分子吸收分光光度计常用的光源有氢灯和氘灯，可见分子吸收分光光度计常用的光源有钨灯和卤钨灯，红外分子吸收分光光度计常用的光源有硅碳棒、能斯特灯；原子吸收分光光度计常用的光源有空心阴极灯（HCL）。

2. 样品池

用来存留被测样品的器皿或装置。紫外分子吸收常用石英池，可见分子吸收常用玻璃池，红外分子吸收用岩盐材料制作的液体池、气体池、固体池；原子吸收为原子化器。

3. 单色器

将连续光按波长顺序色散，并从中分离出一定宽度的波带的装置。单色器一般由光栅或棱镜、狭缝、准直镜三部分组成。

4. 检测器

将光信号转换成电信号的装置。紫外-可见吸收常用光电池、光电管、光电倍增管、光二极管阵列检测器。红外吸收常用热电偶、高莱槽和电阻测辐射热计。

5. 信号处理及显示

系统信号处理包括信号放大、数学运算与转换等。显示系统包括电表显示、数字显示、荧光屏显示、结果打印等。

表 1-2 列出并比较了不同光谱分析仪器的组成。

表 1-2　光谱分析仪器的组成比较

仪器名称	光源	样品池	单色器	检测器
原子发射光谱仪	电火花或电感耦合等离子体	电极凹孔内或进样装置	光栅或棱镜	光电倍增管
原子吸收光谱仪	空心阴极灯	火焰原子化器和石墨炉原子化器	光栅或棱镜	光电倍增管
原子荧光光谱仪	空心阴极灯	氢化物发生装置和电热石英炉	光栅或棱镜	光电倍增管
紫外可见吸收光谱仪	紫外连续光源采用氢或氘灯，可见光源采用钨灯和碘钨灯	可见光范围用玻璃比色皿，紫外光范围用石英比色皿	光栅、棱镜、反射镜、狭缝	光电管、光电倍增管（常用）、光电二极管阵列检测器
分子荧光光谱仪	高压氙弧灯	玻璃或石英比色皿	光栅	光电管、光电倍增管（常用），光源与检测器成直角
红外光谱仪	能斯特灯、硅碳棒	KBr、NaCl 窗片	光栅或棱镜	真空热电偶

(二) 仪器的性能

光谱仪器的主要性能有：光谱覆盖范围、色散率、分辨率、灵敏度、动态范围、信噪比、光谱获取速度等。

1. 光谱覆盖范围（DL）

指能被光谱仪检测到的光信号的波长范围。它主要取决于光谱仪器所使用光学元件的透射或反射光谱及探测器的光谱响应范围。例如，玻璃棱镜的光谱仪光谱范围在 400～1000nm；低于 400nm 就需要使用石英，大于 1000nm 需要使用红外晶体材料。而对光栅光谱仪来说，理论上改变光栅表面反射膜层的光谱反射率，就能覆盖整个光学光谱；实际光栅光谱仪的光谱覆盖范围与光谱仪的有效焦距、衍射光栅的刻线数（groove/mm，g）、检测器的宽度（W_d）密切相关，其计算公式如式(1-6)所示。

$$DL = W_d \times 10^6 \times \frac{\cos B}{mgF} \tag{1-6}$$

式中，m 是衍射光栅的衍射级数；B 是衍射光栅的衍射角；F 为聚焦部分的焦距。

从公式可以看出，光谱仪的光谱覆盖范围与光谱仪的有效焦距和光栅刻线数成反比，与光谱仪检测器的宽度成正比。另外，光谱覆盖范围的中心波长的选择对光谱覆盖范围也有一定的影响。

2. 色散率

对于经典光谱仪，色散率表明从光谱仪器色散系统中射出的不同波长的光在空间彼此分开的程度，或者汇聚到焦平面上彼此分开的距离。前者称为角色散率，后者称为线色散率。角色散率表明两不同波长的光彼此分开的角距离，定义为光栅光谱仪的角色散率，其表达式如式(1-7)所示。

$$\frac{d_\theta}{d_\lambda} = \frac{m}{d}\cos\theta \tag{1-7}$$

式中，d_θ 为两不同波长的光经色散系统后的偏向角之差；d_λ 为两不同波长谱线的差；m 是衍射光栅的衍射级数；d 为光栅常数；θ 为光栅衍射角，rad/nm。角色散率的大小由色散系统的几何尺寸和安放位置决定。

如果入射光的衍射角很小，则 $\cos\theta$ 值近似为1，那么角色散率近似为常数，即 d_θ 与 d_λ 成近似的线性关系；通常把这种色散率近似等于常数的光谱称作"正常光谱"或"匀排光谱"，这是光栅光谱仪的一个重要特点。在应用中直接近似为线性关系，按线性比例关系能够大概算出谱线的空间位置。

线色散率表明不同波长的两条谱线在成像系统的焦平面上彼此分开的距离，单位为mm/nm。在光栅光谱仪中，角色散率与线色散率的关系如式(1-8)所示。

$$\frac{d_l}{d_\lambda} = f\frac{d_\theta}{d_\lambda} \tag{1-8}$$

式中，f 为聚焦成像系统的焦距；d_l 为两不同波长的谱线之间的距离；d_λ 为两不同波长谱线的差。

3. 分辨率

分辨率指能被光谱仪分辨的最小波长差值，是光谱仪器极为重要的性能参数。色散率只表明两不同波长的光谱分开的角度、距离程度，没有考虑光谱线的宽度；它并不能表征两条不同波长的谱线能否被分辨开来。为了描述两条不同波长的谱线能否被分辨出来，需在考虑色散率的基础上，再考虑其谱线强度发布轮廓。光谱线的强度发布轮廓是一个复杂函数，它与谱线的真实轮廓、仪器的色散系统、所用狭缝宽度及光学系统的像差等因素有密切关系，在实际应用中难以作为指标使用；因此，一般采用理论分辨率的概念。瑞利认为，当两条强度发布轮廓相同的谱线的最大值和最小值重叠时，它们就能够被分辨出来。此时，瑞利准则有两个前提条件：一是假设两条谱线通过光谱仪器以后，其强度发布轮廓是完全相同的；二是假设接收系统的灵敏度大于或等于 20%。

实验证明，瑞利准则是很严格的。所以在实际应用中，通常定义半峰全宽值（FWHM）作为光谱分辨率，即一窄带谱线在光谱仪中所测得的谱线轮廓下降到最大值的一半时所对应的轮廓宽度。

在采用固态传感器的微小型光纤光谱仪中，其光谱分辨率与光谱仪的光谱覆盖范围、狭缝宽度、检测器的像元宽度及像元数密切相关，其计算公式如式(1-9)所示。

$$R = \frac{DL}{n} \times \frac{W_s}{W_d} \times RF \qquad (1-9)$$

式中，DL 为光谱覆盖范围；n 为检测器像元数；DL/n 表示每个像素点所接收的波长范围，因此常称为像素分辨率；W_s 为狭缝宽度；W_d 为检测器宽度；RF 为分辨率因子，由 W_s 与 W_d 的比值决定。

4. 灵敏度

灵敏度指能被光谱仪检测到的最小光能量。光谱仪的灵敏度取决于光谱仪的光通量与检测器的光感应灵敏度。光谱仪的光通量大小可通过光谱仪聚焦成像系统的焦距 f 来体现，f 越大，其光通量越小，f 越小，其光通量越大；另外，光通量与光谱仪的狭缝大小成正比，狭缝越大，光通量越大，狭缝越小，光通量越小。而检测器的光感应灵敏度与其材料特性和电子结构相关。

5. 动态范围

动态范围指可被光谱仪测量到的最大与最小光能量的比值。探测器阵列的动态范围常常用来作为衡量光谱仪性能规格的参考。一般来说，检测器的动态范围越大，其所检测的光强度范围越大，光谱仪的信噪比与稳定性也就相对更好。

6. 信噪比

信噪比指光谱仪的光信号能量水平与噪声水平的比值。它与光谱仪的探测器性能、电路噪声和光路杂散光相关。对于实际应用来说，光谱仪的信噪比越高，其测量值的偏差就越小。而且测量的检测限也与信噪比直接相关。一般来说，测量的检测限定义为在信噪比为 3 时可成功测量到的信号水平。

7. 光谱获取速度

光谱获取速度指在一定的入射光能量水平下，光谱仪产生可测量到的光信号并获得光谱图所需的时间。光谱获取速度与光谱仪的灵敏度、光谱仪的读出速度及 PC 接口速度成正比。光谱仪的读出速度主要与光谱仪内置 A/D 转换器相关，而 PC 接口速度是限制光谱获取速度的一个重要因素，一般来说，采用 USB2.0 接口最快可达到 100 张谱图/秒的获取速度，而 RS232 接口最多只能达到 2 张谱图/秒的速度（以上速度是基于最短积分时间）。

(三) 光谱仪性能评价指标

从上述分析可知，微小型光纤光谱仪主要有三大核心部分，决定了光谱仪的主要性能指标：

1. 入射狭缝

入射狭缝直接影响光谱仪的分辨率和光通量。光谱仪的检测器最终检测到的是狭缝投射到检测器上的像，因此狭缝的大小直接影响光谱仪的分辨率，狭缝越小，分辨率越高，狭缝越大，分辨率越低；另外，狭缝是光进入光谱仪的门户，其大小也直接影响光谱仪的光通量。狭缝越大，光通量越大，狭缝越小，光通量越小。

2. 衍射光栅

衍射光栅将从狭缝入射的光在空间上进行色散，使其光强度成为波长的函数。它是光谱仪进行分光检测的基础，是光谱仪的核心部分。对于一个给定的光学平台和阵列式检测器，我们可以通过选择不同的衍射光栅来对光谱仪的光谱覆盖范围、光谱分辨率和杂散光水平进行额外的控制。

3. 检测器

检测器是光谱仪的最核心部分，直接决定了光谱仪的光谱覆盖范围、灵敏度、分辨率及信噪比等指标。一般来说，检测器的材料决定其光谱覆盖范围，硅基检测器其波长覆盖范围一般为 190～1100nm，而 InGaAs 和 PbS 检测器覆盖 900～2900nm 的波长范围。探测器的工作原理、制造方法及掺杂材料决定了其灵敏度、覆盖范围和信噪比等指标。

第四节　原子光谱与其他仪器的联用技术

随着分析要求的不断提高，单纯的原子光谱分析技术已经不能满足某些科学领域的研究，原子光谱技术需要和其他分析技术联合起来，确定某些元素在样品或体系内存在的不同化学形态，由此原子光谱联用技术应运而生。

目前原子光谱联用技术主要应用于环境科学和生命科学等研究领域。形态分析（speciation analysis）是指对元素在体系或样品中存在的特定的化学形式（如同位素组成、电子态或氧化态、配位化合物或分子结构）及其分布进行定性或定量的过程。越来越多的研究表明，元素的毒性、生物可利用性（bioavailability）和迁移性（mobility）与元素的化学形态密切相关。因此，传统的仅以元素总量为依据的研究方法已不能满足现代科学发展的需要，痕（微）量元素的化学形态信息在环境科学、生物医学、中医药学、食品科学、营养学、微量元素医学以及商品中有毒元素限量的新标准等研究领域中起着非常重要的作用。

目前原子光谱与其他仪器的联用技术主要包括：光谱与质谱的联用、色谱与光谱的联用。光谱与质谱的联用仪主要有电感耦合等离子体发射光谱-质谱联用仪，色谱与光谱的联用仪主要有液相色谱-原子荧光光谱联用仪，色谱-光谱和质谱联用主要有液相色谱-电感耦合等离子体发射光谱-质谱联用仪，本书重点介绍上述三种联用仪器及技术应用。

一、光谱与质谱的联用

电感耦合等离子体质谱联用（ICP-MS）技术，是目前成熟且应用最为广泛的光谱与质谱联用技术，该技术于 20 世纪 80 年代发展起来，它以独特的接口技术将 ICP-MS 的高温（7000K）电离特性与四极杆质谱计的灵敏快速扫描的优点相结合而形成一种新型的元素和同位素分析技术，可分析自然界中广泛存在的大部分元素。ICP-MS 技术的分析能力不仅可以取代传统的无机分析技术如电感耦合等离子体光谱技术、石墨炉原子吸收进行定性、半定量、定量分析及同位素比值的正确丈量等，还可以与其他技术如 HPLC、HPCE、GC 联用进行元素的形态、分布特性等的分析。随着这项技术的迅速发展，现已被广泛地应用于环境、半导体、医学、生物、冶金、能源、核材料分析等领域。

世界各国政府及组织纷纷通过各种环境保护法规，对环境分析化学提出了越来越高的要求，环境分析化学样品多种多样，包括大气、水、岩石、砂土、土壤、污泥以及和生态环境相关的各种植物样品。世界各国的法规对这些样品的浓度范围均作了严格的规定。为了保证所测定的结果的正确性，对分析所采用的分析仪器、分析方法、采样方法等也作了严格的法规规定，其中最典型的就是美国国家环保局所规定的 ICP-MS 技术用语，饮用水、地表水、地下水各种元素的 EPA method 200.8 和用于废水、固体废物、沉积物、土壤等样品中的各种元素分析的 EPA method 6020。随着环境法规对一些有毒有害元素的检测限的要求的进步，对分析技术也提出了越来越多的要求。由于检测项目大量增加，而且它们的基准和测限（浓度）都非常低，传统的分析方法如 ICP-AES 技术对 Se、Hg、Be、As、Pb、Tl、U 等元素不能达到检测限要求，必须与石墨炉原子吸收（GF-AAS）和汞冷原子吸收（CV-AAS）技术结合使用才能达到大部分元素的分析要求。而 ICP-MS 技术的出现，在某种程度上可以取代 ICP-AES、GF-AAS 和 CV-AAS 等分析，且可以测定它们均不能分析的饮用水标准中特殊要求的 U 和 Tl。同时 ICP-MS 技术还可以直接测定海水中与环境污染或水文变化相关的多种元素。

二、光谱与色谱的联用

随着对微量元素与人体健康关系研究的不断深入，人们发现同一元素的不同价态和不同形态对人体健康的影响有很大差别，例如，Cr(Ⅲ) 是人体必需的微量元素，而 Cr(Ⅵ) 则是致癌物。硒和锌是人体必需的微量元素，早期人们服用一些硒和锌的无机化合物（如硒酸钠、硫酸锌）等，但效果并不好，这些无机化合物很难被人体吸收，食用过量了还会有毒副作用。后来，人们开始研究有机硒和有机锌化合物，用它们作为补硒和补锌的药物和营养品，这些有机硒和有机锌较容易被人体吸收，毒副作用也小得多。为此，人们在研究微量元素时不仅仅要研究其含量是多少，而且还要研究这些微量元素的价态和存在形态。

在环境污染研究方面，早期人们也仅仅注意一些重金属元素含量对环境污染的影响。随着对重金属元素污染物研究的深入，人们发现一些重金属的有机化合物比其无机盐的毒性大得多，如甲基汞、四乙基铅、烷基砷等都远比其相应的无机态重金属毒性强得多，对环境的影响也要严重得多。因此在测定环境中的重金属含量时，应该测定出它们的价态和存在的形态，这才更接近环境监测的意义。目前，环境中（大气、水、土壤和废弃物等）重金属的形态监测已得到全世界各国的广泛重视。

上述两方面的研究提出了一个共同的问题，这就是如何测定不同价态和不同形态的微量元素。为解决这一问题目前有以下几种方法：

① 将分离仪器与测量仪器联机使用，利用分离仪器将不同价态和不同形态的微量元素先进行分离，然后再用测量仪器分别测定这些不同价态和不同形态的微量元素的含量。色谱和原子光谱的联机使用就是这一方法中最常使用的。可以利用不同分离机理的色谱对不同价态和不同形态的微量元素进行分离，然后再利用原子光谱测量这些微量元素的含量。

② 利用不同价态和不同形态的微量元素具有不同的化学和物理性质（如不同的颜色反应）来分别测定不同价态和不同形态的微量元素。流动注射-分光光度分析就是这种方法，主要用于 Fe^{2+} 和 Fe^{3+}、Cr(Ⅲ) 和 Cr(Ⅵ) 的分别测定。

③ 利用化学分离（如沉淀分离、萃取分离等）后，再分别用仪器测定。

目前为了解决上述问题应运而生的色谱光谱联用仪有：液相色谱-原子荧光光谱联用仪、气相色谱-红外光谱联用仪等。

三、色谱、光谱和质谱的联用

随着生命科学研究发展的需要，对环境卫生规划的新要求也不断进步，要求对元素分析的检测限也越来越低，对元素存在的形态要求也越明确。由于元素的形态不同，其作用的机理完全不同。因此，假如仅研究体系中元素的总含量，已经不足以研究该元素在体系中的生理和毒理作用。如 Cr(Ⅲ) 对人体大有益处，而 Cr(Ⅵ) 则会引起皮肤病、肺癌等，ICP-MS 技术与离子色谱技术联用分别测定 Cr(Ⅲ) 和 Cr(Ⅵ) 已经是十分成熟的方法，其检测限可以达 10^{-9} 级，每个样品的操纵时间不超过 7min，操纵简便，大大节省人力、物力。HG-ICP-MS（氢化物发生器与 ICP-MS）联用技术应用于海水中超痕量污染物如 As、Se、Sb 等易受干扰难测元素的分析具有优越性。

由此可以看出，由于分析要求的不断提高，光谱与色谱、质谱的联用技术也不断发展，此书在应用的章节中重点介绍电感耦合等离子体质谱技术、液相色谱-电感耦合等离子体质谱技术和液相色谱-原子荧光光谱联用技术。

第二章 电感耦合等离子体发射光谱分析技术

第一节 电感耦合等离子体发射光谱概述

一、电感耦合等离子体发射光谱发展历程

原子发射光谱法（atomic emission spectrosmetry，AES）是光学分析法中产生与发展最早的一种方法。1859 年，基尔霍夫（G. R. Kirchhoff）、本生（R. W. Bunsen）研制出第一台用于光谱分析的分光镜，实现了光谱检验；20 世纪 30 年代，建立了光谱定量分析方法。原子发射光谱法对科学的发展起过重要的作用，在建立原子结构理论的过程中，提供了大量的、最直接的实验数据。科学家们通过观察和分析物质的发射光谱，逐渐认识了组成物质的原子结构。在元素周期表中，有不少元素是利用发射光谱发现或通过光谱法鉴定而被确认的。例如，碱金属中的铷、铯；稀散元素中的镓、铟、铊；惰性气体中的氦、氖、氩、氪、氙及一部分稀土元素等。在近代各种材料的定性、定量分析中，原子发射光谱法发挥了重要作用，成为仪器分析中最重要的方法之一。

原子发射光谱分析是根据处于激发态的待测元素原子回到基态时发射的特征谱线对待测元素进行分析的方法。发射光谱通常用化学火焰、电火花、电弧、激光和各种等离子体光源激发而获得。目前最广泛应用的原子发射光谱光源是等离子体，其中包括电感耦合等离子体（inductively coupled plasma，ICP）、直流等离子体（direct-current plasma，DCP）及微波等离子体（microwave plasma，MWP），本书重点介绍 ICP。从广义上讲，电弧放电和火花放电也属于等离子体，有些资料把电弧光源称为电弧等离子体（arc plasma）。由于这类光源已不在原子发射光谱分析中占主要地位，本书将不予以介绍，重点介绍电感耦合等离子体（inductively coupled plasma，ICP）作为激发光源的原子发射光谱分析。

原子发射光谱分析的出现已有一百多年的历史，按其发展过程大致可分为三个阶段，即定性分析阶段、定量分析阶段和等离子体光谱技术时代三个阶段。

（1）定性分析阶段

早在 17 世纪中叶，牛顿利用三棱镜观察太阳光谱。1859 年基尔霍夫（Kirchhoff）和本生（Bunsen）首先将分光镜应用于化学分析，发现了光谱与物质组成之间的关系，并确认各种物质都有自己的特征光谱，建立了光谱定性分析的基础，是原子发射光谱分析第一阶段的开始。此后若干年内，原子发射光谱分析技术在发现新元素及填充门捷列夫周期表上做出了巨大贡献。1861 年在硒渣中发现 Tl（铊），1863 年在不纯的硫化锌中发现铟（In），1875 年从闪锌矿发现镓（Ga），1879 年发现稀土元素钬（Ho）、钐（Sm）及铥（Tm）。1885 年发现镨（Pr）和钕（Nd），1907 年发现镥（Lu）。利用发射光谱法还发现了一些稀有气体。

（2）定量分析阶段

进入 20 世纪后，由于工业的发展，迫切需要能快速给出试样成分的分析技术。原子发射光谱发展了一系列可以完成定量分析测定的新技术。1925 年 Gerlach 提出定量分析的内标原理。1930～1931 年罗马金（Lomakin）和塞伯（Scherbe）分别提出定量分析的经验公式，确定了谱线发射强度与浓度之间的关系。随着仪器制造技术的发展，光谱分析在各领域得到广泛应用。第二次世界大战中，各国争相发展军事工业也拓宽了光谱分析应用领域，为了解决核燃料的纯度分析，美国和苏联分别发展高纯材料的载体蒸馏法光谱分析和蒸发法光谱分析。光栅刻蚀技术的改进使光栅光谱仪器逐渐推广应用。苏联光谱学家解释了罗马金-塞伯公式的物理意义，使光谱定量技术更加完善。直流电弧、交流电弧和电火花是这一时期广泛采用的激发光源。

（3）等离子体光谱技术时代

原子发射光谱技术的发展在很大程度上取决于激发光源技术的改进。20 世纪 50 年代广泛使用的电弧光源和火花光源的主要缺点是重复性差，测量误差大，分析固体试样时样品处理和标样制备困难，这些原因使得在 20 世纪 60 年代至 70 年代初期，原子发射光谱分析作为一种通用的分析工具遭受了衰退，而原子吸收光谱等其他分析技术却在快速发展。直到 20 世纪 70 年代中期，电感耦合等离子体作为原子发射光谱仪的光源才发展成熟，并且逐渐被业内同行认可，商业 ICP 光谱仪也开始发展起来，直至今天，ICP-AES 技术已经发展成熟，被应用到各行各业，用来检测各类样品中的金属离子。

二、电感耦合等离子体发射光谱特点

电感耦合等离子体原子发射光谱，因其具有可检测元素种类多、检出限低、分析精度高、基体效应低、可多元素同时测定、动态线性范围宽、自吸收效应低等优点，在地质、冶金、石油、化工、环境、卫生等领域得到广泛应用。其中，ICP 被应用于食品检验（茶叶、白酒、婴幼儿食品、蔬菜、水果、农产品等）、生活饮用水及工作场所有毒空气的检测等，并已成为国家标准（简称"国标"）、行业标准和地方标准（如 GB、NY、DB 等）中的检测方法。与其他仪器的性能比较，电感耦合等离子体发射光谱法具有以下几个特点：

（1）测定范围广

据不完全统计，截止到 20 世纪 80 年代初，用 ICP 发射光谱法就已测定过 70 多种元素，几乎涵盖所有紫外和可见光区的谱线。而且在不改变分析条件的情况下，同时进行多元素的测定，或有顺序地进行主量、微量及痕量浓度的元素定量分析，金属元素分析与非金属元素分析也可同时进行。ICP 还可以采用有机溶剂直接进样。这些都是原子吸收光谱仪、原子荧光光度计所达不到的。原子吸收光谱仪每次只能完成单一元素的测定，原子荧光光度计只能检测铅、砷、汞、铬、镉、锡、硒、碲、锑、锗等可氢化的元素。

（2）检出限低

ICP 对大部分元素的检出限为 $(1\sim10)\times10^{-9}$。一些元素在洁净的试样中也可得到低于 1×10^{-9} 级的检出限，如果通过富集处理，相对灵敏度可以达到 10^{-9} 级，绝对灵敏度可达 10^{-11} g。原子吸收光谱仪的检出限一般在 $10^{-6}\sim10^{-9}$ 级，原子荧光光度计的检出限为 10^{-9} 级，而 ICP-MS 对大部分元素的检出限为 10^{-12} 级。

值得一提的是，ICP-MS 的检出限给人极深刻的印象，其溶液的检出限大部分可达到 10^{-12} 级，但实际的检出限不可能优于实验室的清洁条件。ICP-MS 的 10^{-12} 级检出限是针对溶液中溶解物质很少的单纯溶液而言的，当涉及固体样品的检出限时，ICP-MS 的检出限会降低很多，一些普通的轻元素（如 S、Ca、Fe、K、Se）在 ICP-MS 中有严重的干扰，也将恶化其检出限，这是由于 ICP-MS 的耐盐量较差。

（3）动态线性范围宽

ICP 的标准曲线的线性范围可达 4～6 个数量级，可满足同时测定含量相差较大的元素的要求，且可分析浓度为 10％～30％的溶液，对临床检验的生物样本非常适用。原子吸收光谱仪的动态线性范围一般为 2～3 个数量级，原子荧光光度计的动态线性范围一般为 3～5 个数量级，ICP-MS 的线性范围可达 9 个数量级，更适合重金属等元素的痕量分析，且由于 ICP-MS 相对不耐盐，分析溶液浓度在 0.2％～0.5％为宜，生物样本中的常量元素检测有时会由于试样溶液的高度稀释而造成检测误差。

（4）检测速度快

ICP-MS 的检测速度为 2～5min/个样品，ICP 的检测速度与 ICP-MS 相当，为 2～6min/个样品，直读型的 ICP 可达到 2min/个样品，每个样品可检测其中的几种至几十种元素，分析速度快；而原子吸收光谱仪属单元素检测技术，每次只能检测一种元素，需 3～4min/次，原子荧光光度计大约也需 3min/种元素。

（5）仪器操作与维护简便

ICP-MS 属于超痕量分析，不仅仪器价格昂贵，且操作复杂，对人员及环境的要求很高；原子吸收光谱仪价格不贵，为常用仪器，其应用很广泛，但进行多元素测定比较费时，且火焰原子吸收光谱仪需要乙炔气作为载气，存在一定的实验室安全隐患；荧光光度计价格便宜，但使用多局限于个别元素。ICP 的技术比较成熟，操作简便、容易，对实验室环境条件及人员的要求不高，采用惰性气体——氩气作为载气，非常安全，且检测结果稳定，一般情况下其相对标准偏差为 10％，当分析物浓度超过 100 倍检出限时，相对标准偏差为 1％，是临床实验室进行元素检测的很好的选择。

第二节　电感耦合等离子体发射光谱基本原理

一、电感耦合等离子体的产生

等离子体（plasma）是在一定程度上被电离（电离度大于 0.1％）的气体，而其中带正电荷的阳离子和带负电荷的电子数相等，宏观上呈电中性的物质。

电感耦合等离子体装置由三部分组成，高频发生器、等离子体炬管和进样系统。高频发生器可产生固定频率高频电；等离子体炬管是由三层同心石英管组成的，如图 2-1 所示。外管由切线方向通入冷却气氩气，中管通入辅助气氩气，内管通入载气氩气；进样系统是通过载气引入被雾化的气溶胶进入等离子体炬管。

电感耦合等离子体的产生同电磁感应高频加热原理相似。将由三层同心石英管组成的 ICP 炬管置于由通冷水的铜管绕成的线圈中，施加一定频率的高频电场，当高频电流通过线圈时，产生轴向的高频磁场。气体在常温下不会电离，需要用电火花引燃，触发少量气体电离，产生的带电粒子（电子和阳离子）就会在高频磁场的作用下高速运动，碰撞气体，使更多的气体电离。电离了的气体在垂直于磁场的截面上就会产生闭合环形的涡流，即涡流效应，这股高频感应电流瞬间使气体产生高温，形成一个火焰状的稳定的等离子体炬火。

等离子体的环状结构是由两种作用形成的。一种是载气流速的涡流效应，另外一种就是趋肤效应，高频电流密度集中在导体表层。此时等离子体外层电流密度最大温度高，中心轴线密度小温度低，如图 2-2 所示。等离子体的这种环状结构有利于样品从中心通道通过并保持等离子体的稳定性，有利于样品充分蒸发、原子化和激发，发射出特征谱线。

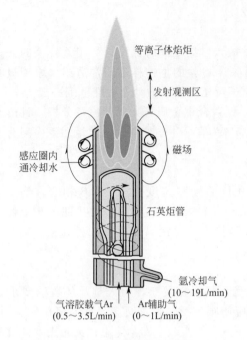

图 2-1 等离子体炬管示意图

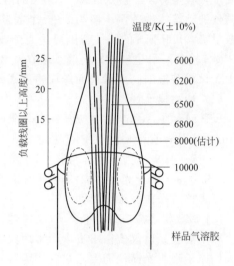

图 2-2 电感耦合等离子体光源的温度

二、原子、离子的状态和光能量的关系

原子发射光谱分析是根据原子所发射的光谱来测定物质的化学组成的。物质是由元素组成的，而物质又是由原子、分子和离子等基本粒子构成的，原子包含原子核和核外电子，每个电子都处在有一定能量的能级上。在正常情况下，原子都处于能量最低的、最稳定的基态，但当原子受到外界能量作用时，就会与高速运动的带电粒子相互碰撞获得能量，使原子中的外层电子从基态跃迁至更高能级的激发态。当能量足够大时，部分原子就脱离原子核的束缚电离成离子。处于激发态的原子不稳定，会自发地跃迁至基态或其他较低能级上，并把多余的能量以一定波长的电磁波形式辐射出去。由于原子被激发后，电子跃迁的能级不同，对特定的元素的原子可产生一系列不同波长的特征光谱，其基本关系式如式（2-1）所示：

$$\Delta E = E_2 - E_1 = h\nu = \frac{hc}{\lambda} \tag{2-1}$$

式中，ΔE 为辐射能量差；E_2 和 E_1 分别为高能级、低能级的能量；h 为普朗克常量，$6.62606896(33) \times 10^{-34}$ J·s；c 为真空中光的速度（2.997×10^{10} cm/s）；ν 为辐射频率；λ 为辐射波长。

总的来说，原子发射光谱要经历如下过程，分析试样的组分被蒸发为气态分子，气态分子获得能量而被解离为原子，部分原子电离为离子，原子的外层电子从基态跃迁到激发态，再返回到较低能级时，会发出特征谱线，通过测定光谱线来研究物质的化学组成。

第三节　电感耦合等离子体发射光谱仪

一、光源

电感耦合等离子体（ICP）具有优越的性能，已成为目前最主要的应用方式。ICP 由高频发生器、等离子体炬管和工作气体组成。

（1）高频发生器

晶体控制高频发生器作为振源，经电压和功率放大，产生具有一定频率和功率的高频信号，用来产生和维持等离子体放电，性能良好的光源需要有极为稳定的高频发生器，对高频发生器性能的基本要求是：高频发生器的输出功率设计应不小于 1.6kW。这里所说的输出功率是指输出在等离子体火焰负载线圈上得到的功率，又称正向功率。而反射功率愈小愈好，一般不能超过 10W。当高频电源频率为 27.12MHz 或 40.68MHz 时，功率在 300～500W 能维持 ICP 火焰，但火焰不能稳定，无法做样品分析工作。必须使输出功率在 800W 以上，火焰保持稳定后才能进行样品分析工作。一般在上述两种频率工作，其点燃 ICP 火焰所需功率为 600W。点燃炬焰后，需等待不少于 5s 使其稳定后才能进行分析。

在 ICP 发射光谱分析中，高频发生器功率输出的稳定性直接影响分析的检出限与分析精度。这是发生器的重要指标，它的波动将增大测量的误差。一般要求输出功率≤0.1%。目前使用的高频发生器有两种类型：自激式高频发生器和它激式高频发生器。它们都能满足提供 ICP 火焰的能源及 ICP 光谱分析的要求。高频发生器由振荡、倍频、激励、功放、匹配等单元组成。自激式的高频发生器是由一只电子管同时完成振荡、倍频、激励、功放、匹配输出的功能。它激式高频发生器是由一个标准化频率为 6.78MHz 的石英晶体振荡器经两次或三次倍频，得到 27.12MHz 或 40.68MHz 频率后，使之激励，再经过功率放大到 2.5kW 以上输出，并经过定向耦合器、匹配箱与负载线圈相连。比如岛津 ICPE-9800 光谱仪，该光源输出功率为 0.8～1.6kW 五挡可调，工作频率 27.12MHz，火炬温度高，基体影响小，有效功率高，可使用工业氩气，有机溶剂可直接进样，等离子体也不会熄火。图 2-3 和图 2-4 分别为等离子体火炬进样与频率的关系和等离子炬观测方向的原理图。

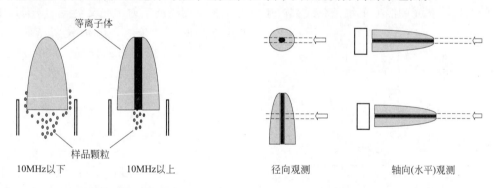

图 2-3 等离子体火炬进样与频率的关系　　　　图 2-4 等离子体炬观测方向的原理图

从等离子体发出的光谱经反射镜折返后，导入分光器。相比于从等离子体的径向进行观测，轴向观测时，不通过等离子体的高温部分就可捕捉光谱。因此，氩的发射光谱所产生的背景降低，可高灵敏度地测定。相比于等离子体的横方向观测，高灵敏度高 10 倍左右。但是，等离子体前端部分的温度低，发生离子的再次结合，光谱被吸收。因此，从等离子体的上方吹入氩气，去掉等离子体的前端部分。

（2）等离子体炬管

ICP 炬管结构如图 2-1 所示，等离子体炬管由三层同心石英管组成。外管通冷却气 Ar 的目的是使等离子体离开外层石英管内壁，以避免它烧毁石英管。采用切向进气，其目的是利用离心作用在炬管中心产生低气压通道，以利于进样。中层石英管出口做成喇叭形，通入氩气维持等离子体的作用，有时也可以不通氩气。内层石英管内径为 1～2mm，载气携带试样气溶胶由内管注入等离子体内。试样气溶胶由气动雾化器或超声雾化器产生。用氩气作工作气的优点是，氩气为单原子惰性气体，不与试样组分形成难解离的稳定化合物，也不会像分子那样因解离而消耗能量，有良好的激发性能，本身的光谱简单。

当高频发生器接通电源后，高频电流 I 通过感应线圈产生交变磁场。开始时，管内为氩气，不导电，需要用高压电火花触发。气体电离后，在高频交流电场的作用下，带电粒子高速运动、碰撞，形成"雪崩"式放电，产生等离子体气流，在垂直于磁场方向将产生感应电流（涡电流）。其电阻很小，电流很大（数百安），产生高温，又将气体加热、电离，在管口形成稳定的等离子体焰炬。

ICP 光源具有十分突出的特点：温度高，惰性气氛，原子化条件好，有利于难熔化合物的分解和元素激发，有很高的灵敏度和稳定性。具有"趋肤效应"，即涡电流在外表面处密度大，使表面温度高，轴心温度低，中心通道进样对等离子的稳定性影响小，也可有效消除自吸现象，线性范围宽（4～5 个数量级）。ICP 中电子密度大，碱金属电离造成的影响小，氩气产生背景干扰小，也无电极放电，无电极污染。ICP 焰炬外形像火焰，但不是化学燃烧火焰，而是气体放电。不足之处是对非金属测定的灵敏度低，仪器昂贵，操作费用高。

二、光学系统

电感耦合等离子体原子发射光谱的色散系统通常采用棱镜或光栅分光，光源发出的复合光经色散系统分解成按波长顺序排列的谱线，形成光谱。ICP-AES 中常见的有平面光栅装置、凹面光栅装置和中阶梯光栅装置。

（1）平面光栅装置

平面光栅装置是 ICP 光谱仪中用的主要色散元件。平面衍射光栅是在基板上加工出密集的沟槽，在光的照射下每条刻线都产生衍射，各条刻线所衍射的光又会互相干涉，这些按波长排列的干涉条纹，就构成了光栅光谱。图 2-5 表示平面光栅衍射的情况。1 和 2 是互相平行的入射光，1′和 2′是相应的衍射光，衍射光互相干涉，光程差与入射波长成整数倍的光束互相加强，形成谱线，谱线的波长与衍射角有关，其光栅方程式如式(2-2) 所示：

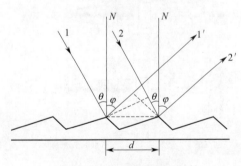

图 2-5　平面反射光栅的衍射

$$d(\sin\theta + \sin\varphi) = m\lambda \qquad (2-2)$$

式中，θ 为入射角，取正值；φ 为衍射角，与入射角在法线 N 同侧时为正，异侧时为负；d 为光栅常数，即相邻刻线间的距离；m 为光谱线，即干涉级；λ 为谱线波长，即衍射光的波长。

（2）凹面光栅装置

凹面光栅装置是一种反射式衍射光栅，呈曲面状（球面或非球面），上面刻有等距离的沟槽。由凹面光栅构成的分光装置如图 2-6 所示。通常凹面光栅安置在罗兰圆上，而入射狭缝及出射狭缝安置在罗兰圆的另一侧，罗兰圆的直径多在 0.5～1.0m。凹面光栅在主截面的光栅方程式与平面光栅相同。

凹面光栅的特点是既是色散元件，同时又起准直系统和成像系统的作用，显著地简化了系统结构，而且使探测波长小于 195nm 的远紫外光区成为可能。因为在远紫外光谱区，特别是波长小于 195nm 时，反射膜的反射率很低，而凹面光栅本身可起聚光作用，省去几个光学元件，也减少了光能损失。Spectro 分析仪器公司生产的 ICP 光谱仪，采用凹面光栅分光系统和 CCD 检测器，可在 130～190nm 波段内工作。可测定氯（Cl 134.72nm）、溴（Br 163.34nm）、碘（I 161.76nm）、硫（S 180.70nm）。IRIS Intrepid ICP 光谱仪将波长范围延伸到近红外光区（1000nm），可以测定卤素及氧等元素。由于凹面光栅分光系统既具有色散作用也起聚焦作用，在圆的聚焦点上设置一系列出口狭缝，则可以获得各种波长的单色光。这样既可以在出口狭缝后进行扫描，也可以放置多个检测器使发射光谱实现多道多元素的同时检测。

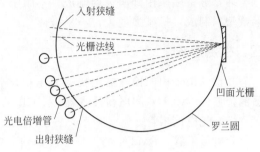

图 2-6　凹面光栅分光装置

（3）中阶梯光栅装置

中阶梯光栅装置是采用较低色散的棱镜或其他色散元件作为辅助色散元件，安装在中阶梯光栅的前或后来形成交叉色散，使所有谱线在一个平面上按波长和谱级排列，获得二维光谱。它主要依靠高级次、大衍射角、更大的光栅宽度来获得高分辨率，这是目前较高水平光谱仪所用的分光系统，配合 CCD、SCD、CID 检测器可以实现"全谱"多元素"同时"分析，使过去庞大的 ICP 多道光谱仪变得紧凑灵活，兼有多道和单扫描型的特点，并弥补了它们的不足。相对于平面光栅，中阶梯光栅有很高的分辨率和色散率，由于减少了机械转动不稳定性的影响，其重复性、稳定性有很大的提高。而相对于凹面光栅光谱仪，它在具备多元素分析能力的同时，可以灵活地选择分析元素和分析波长。

三、进样系统

ICP 的进样系统有三种方式：溶液雾化进样；气体进样；固体超微粒体进样，以溶液雾化进样为主。固体超微粒体进样的分析性能尚不够理想，还没有得到普遍应用。溶液气溶胶进样系统由雾化器和雾室组成。

（1）雾化器

常见的商品仪器中的雾化器有同心雾化器、直角型气动雾化器、高盐雾化器、双铂栅网雾化器、超声波雾化器。最常用的雾化器有气动雾化器和超声波雾化器。气动雾化器是利用小孔的高速气流形成的负压提升和雾化液体，缺点是有高盐和悬浮液溶液雾化时，容易堵塞毛细管孔；超声波雾化器是利用超声空化作用把试液雾化成气溶胶，相对于气动雾化器有较低的检出限、更高的雾化效率，雾化高盐和悬浮液样品时不容易堵塞；气溶胶产生速率与载气流量无关，可分别控制选择；气溶胶颗粒大小可更细更均匀，去溶化和原子化将更易进行。缺点就是记忆效应大，精密度较低，仪器使用成本高。

（2）雾室

雾室的作用是使载气突然改变方向，让粒度小的气溶胶跟随气流一起进入等离子体，而较大（直径大于 $10\mu m$）的液滴由于惯性较大，不能迅速转向而撞击在雾室壁上，聚集在一起向下流，排入废液收集容器，阻止它们进入等离子体中，以免过度冷却等离子体和产生噪声。ICP 进样系统的雾室有双筒雾室和带撞击球的锥形雾室及旋流雾室。最常见的是旋流雾室，雾化气从圆锥体中部的切线方向喷入雾化室，气溶胶沿切线方向在雾室中盘旋，将大雾滴抛向器壁，形成液滴汇聚于底部的废液管排出，小雾滴则形成紧密的旋流气溶胶由原来的切线方向成同轴旋流向锥形雾化室的顶部小管进入炬管，其具有高效、快速和记忆效应小的特点。

通常雾室多采用硅质玻璃制成，不耐氢氟酸腐蚀。耐氢氟酸雾室则采用耐热、耐腐蚀的聚氟塑料制成，机械强度大，不易破碎。

四、检测系统

光谱仪中采用的检测器主要有光电倍增管（PMT）和固体检测器，固体检测器包括电感耦合器件（CCD）和电荷注入器件（CID）。

（1）光电倍增管

光电倍增管（PMT）的工作原理如图 2-7 所示。光电倍增管的外壳由玻璃或石英制成，内部抽成真空，光阴极上涂有能发射电子的光敏物质，在阴极和阳极之间连有一系列次级电子发射极，即电子倍增极，阴极和阳极之间加以约 1000V 的直流电压，在两个相邻电极之间有 50～100V 的电位差。当光照射在阴极上时，光敏物质发射的电子首先被电场加速，落在第一个倍增极上，并击出二次电子，这些二次电子又被电场加速，落在第三个倍增极上，击出更多的三次电子，以此类推。可见，光电倍增管不仅起着光电转换作用，而且还起着电流放大作用。

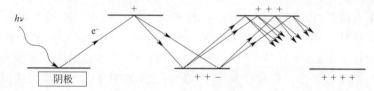

图 2-7　光电倍增管的工作原理图

在光电倍增管中，每个倍增极可产生 2～5 倍的电子，在第 n 个倍增极上，就产生 $2n$～$5n$ 倍于阴极的电子。由于光电倍增管具有灵敏度高（电子放大系数可达 10^8～10^9）、线性影响范围宽（光电流在 10^{-9}～10^{-4} A 范围内与光通量成正比）、响应时间短（约 10^{-9} s）等特点，因此广泛应用于光谱分析仪器中。

（2）CCD 检测器

电感耦合器件 CCD（charge-coupled device）是一种新型固体多道光学检测器件，它是在大规模硅集成电路工艺基础上研制而成的模拟集成电路芯片。由于其输入面空域上逐点紧密排布着对光信号敏感的像元，因此它对光信号的积分与感光板的情形很相似。但是，它可以借助必要的光学和电路系统，将光谱信息进行光电转换、储存和传输，在其输出端产生波长-强度二维信号，信号经放大和计算机处理后在末端显示器上同步显示出人眼可见的图谱，无需感光板那样的冲洗和测量黑度的过程。目前这类检测器已经在光谱分析的许多领域获得了应用。

在原子发射光谱中采用 CCD 的主要优点是，这类检测器的同时多谱线检测能力和借助计算机系统快速处理光谱信息的能力，可极大地提高发射光谱分析的速度。如采用这一检测器设计的全谱直读等离子体发射光谱仪，可在 1min 内完成样品中多达 70 种元素的测定。此外，它的动态响应范围和灵敏度均有可能达到其至超过光电倍增管，加之其性能稳定、体积小，比光电倍增管更结实耐用。因此，在发射光谱中有广泛的应用前景，岛津 ICPE-9800 光谱仪的 CCD 检测器具有百万像素（1024×1024 像素）高分辨率；像素尺寸为 $20\mu m \times 20\mu m$；低背景噪声，－15℃冷却，开机 10min 工作；无饱和（光晕）效应，高含量元素与微量元素可同时分析。

（3）电荷注入器件（CID）

CID 检测器和 CCD 检测器结构基本类似，在 CID 阵列中，检测单元是用 n-型硅半导体材料作为基体，该材料中多数载流子是电子，少数载流子是孔穴，检测器收集检测的是光照产生的孔穴。

五、数据处理系统

电感耦合等离子体光谱仪的数据处理系统主要由软件和硬件组成，软件主要是每个厂家自行开发的仪器控制软件和数据处理软件，硬件主要是计算机。软件的好坏直接影响元素分析结果，目前各个厂家开发的数据处理系统都已经非常完善，用户不仅易学易用，而且功能非常强大，有些具有数理统计的功能，大大提高了工作效率。

六、电感耦合等离子体发射光谱仪的主要生产厂家及功能特点

（1）美国安捷伦公司

Agilent 5110 ICP-OES 是安捷伦公司的一款新型号仪器。这款仪器具有如下特点：

① 智能光谱组合（DSC）技术可实现同步水平和垂直信号测量，气体消耗少，运行速度最快，具体结构见图 2-8。

② 采用冷锥口技术，消除了水平火炬的低温等离子体尾焰，可以较好地降低自吸收及电离干扰，可以获得较宽的动态线性范围和更低的背景。

③ 垂直炬管设计可以测量包括高基质和挥发性有机溶剂在内的复杂样品。

④ 采用固态电源 RF 发生器系统设计，可提供稳定的等离子体，确保长期稳定的分析性能。

⑤ 仪器采用 VistaChip Ⅱ CCD 固态检测器，全波段覆盖，具有较高的信号处理速度，极宽的动态范围，智能防溢出设计，全密封式结构，无需氩气吹扫，快速启动分析工作。

⑥ 完全集成式切换阀与即插即用式炬管极大程度减少了培训需求，确保实现快速启动。

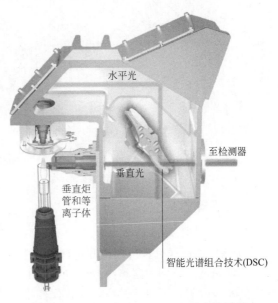

图 2-8　Agilent 5110 ICP-OES 的光路原理

⑦ 提供三种灵活配置：同步垂直双向观测，可实现最快速的分析测量，且气体消耗低；垂直双向观测，具有更高的样品测量通量；垂直观测，适用于高产率、复杂基质样品的实验室要求。

⑧ 在软件计算功能方面，采用拟合背景校正（FBC）技术，简化了方法开发，确保实现快速、准确的背景校正，并且具有强大的谱图解析功能，以及经典的"干扰元素校正"（IEC）技术，可轻松校正光谱干扰，确保获得复杂基质样品中更高的分析准确度，可实现样品分析过程中同时进行额外的全波长扫描，这有助于实现所有分析物的快速鉴定与半定量分析，更快速地筛选样品。

（2）日本岛津公司

ICPE-9800 是日本岛津公司新型号的电感耦合等离子体发射光谱仪，该仪器具有如下特点：

① 在光路系统方面，采用中阶梯分光器，中阶梯光栅的规格为刻线密度 79 条/mm，闪耀角 63.4° 通过入射狭缝（矩形孔径）的光经抛物面准直镜反射成平行光，照射到中阶梯光栅上使光在 X 向上色散，再经棱镜进行 Y 向二次色散，通过修正像差的施密特反射镜反射后，用凹面镜在 CCD 检测器上成像，原理如图 2-9 所示。

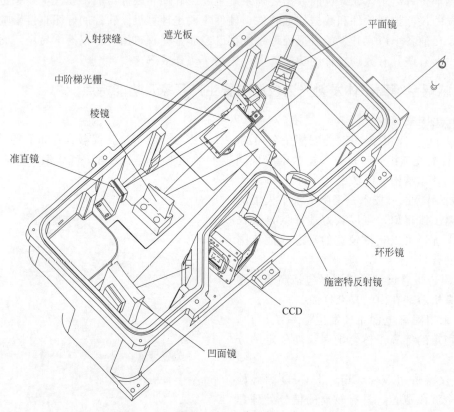

图 2-9 光学系统图

② 该仪器同样可进行轴向和纵向观测切换。在轴向观测中可通过软件进行 2 个高度的调节。观测高度分别为距离高频感应线圈上方 9mm 和 15mm 两种。测定有机溶剂样品和高浓度氢氟酸时需拆下冷却模块，并且仅能进行轴向观测。

③ 真空光室系统无需开机吹扫等待。CCD 冷却温度为 −15℃，从冷开机到稳定工作所需冷却时间极大缩短。

④ 垂直放置的炬管可有效减少样品在炬管壁的吸附沉积，从而降低记忆效应，减少冲洗时间。

⑤ 内置 11 万条元素谱线的光谱干扰数据库的分析助手功能，自动选择最优谱线，使条件优化更简单，样品分析更高效。

（3）中国的东西分析仪器有限公司

ICP-1000 Ⅱ 型全自动台式等离子体光谱仪是东西分析仪器有限的一款电感耦合等离子体光谱仪，具有如下特点：

① 计算机全程控制各操作功能，系统可进行监控和自动保护；

② 石英炬管中心通道进样口烧熔保护；

③ 冷却水停止循环保护；

④ 氩气压力不足保护，工作电流异常保护；

⑤ 进样系统采用进口质量流量计进行精确的流量自动控制，确保进样系统的稳定；

⑥ 在射频发生器中采用新型功率控制电路，控制精度小于 0.2%，ICP 的功率输出稳定性得到很大改善；

⑦ 检出限低：10^{-9} 级；

⑧ 精密度：RSD≤2.0%；

⑨ 分析速度快，1min 分析 10 种元素以上，动态线性范围宽。

第四节　电感耦合等离子体发射光谱的定性定量分析

样品由载气（氩气）引入雾化系统进行雾化后，以气溶胶形式进入等离子体的轴向通道，在高温和惰性气氛中被充分蒸发、原子化、电离和激发，发射出所含元素的特征谱线。根据特征谱线的存在与否，鉴别样品中是否含有某种元素（定性分析）；根据特征谱线强度确定样品中相应元素的含量（定量分析）。

分析谱线的选择原则一般是选择干扰少、灵敏度高的谱线；同时应考虑分析对象：对于微量元素的分析，采用灵敏线，对于高含量元素的分析，可采用弱线。

一、定性分析

由于各种元素的原子结构不同，在光源的激发作用下，可以产生许多按一定波长次序排列的谱线组——特征谱线，根据元素特征谱线的存在与否可以确定样品中是否含有相应的元素。

现代光谱仪器特别是全谱型仪器的出现，使光谱定性分析已经可以很方便地进行，由仪器软件直接显示和记录。

由于原子结构的不同，元素光谱有的简单，有的复杂。在光谱分析的时候，只要检测到该元素少数几条灵敏线和最后线，就可确定该元素的存在。所谓"灵敏线"是指各个元素谱线中最容易激发或激发电位较低的谱线。"最后线"是指当待测物中元素的含量减少时，谱线的数目也依次减少，当含量减少至零时所观察到的谱线，是理论上的灵敏线或第一共振线。"共振线"是指从激发态直接跃迁到基态所产生的谱线。由较低能级的激发态直接跃迁至基态时所辐射的谱线称为第一共振线，一般也是最灵敏线。

当元素含量高时，最后线也就是光谱中的最灵敏线，但在含量高时，光谱中谱线的自吸效应影响灵敏度。所谓自吸是指，当辐射通过发光层周围的蒸气原子时，将被其自身原子所吸收，而使谱线中心强度减弱的现象。当元素浓度低时没有自吸，随着浓度的增加，自吸严重，当达到一定值时，谱线中心甚至完全消失，称为自蚀，自吸轮廓图如图 2-10 所示。

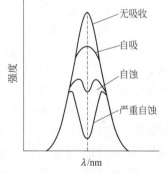

图 2-10　自吸轮廓图

二、定量分析

光谱的定量分析就是根据样品中被测元素的谱线强度来确定该元素的含量。

1. 光谱定量分析的基本关系式

元素的谱线强度与元素含量的关系是光谱定量分析的依据，可用式（2-3）表示：

$$I = ac^b \qquad (2\text{-}3)$$

式中，I 为谱线强度；c 为元素含量；a 是与试样蒸发、激发过程和试样组成有关的一个参数；b 为自吸系数。在一定待测元素含量范围内，a 和 b 是一个常数。

若对式(2-3)取对数，得到光谱定量分析的基本关系式，即式(2-4)：

$$\lg I = b \lg c + \lg a \qquad (2\text{-}4)$$

以 $\lg I$ 对 $\lg c$ 作图，所得曲线在一定浓度范围内为直线。

2. 内标法光谱定量分析的关系式

为了提高定量分析的准确度，通常测量谱线的相对强度，即在被分析元素中选一根谱线为分析线，在基体元素或定量加入的其他元素谱线中选一根谱线为内标线，分别测量分析线与内标线的强度，求出它们的比值。因为内标元素的含量是相对固定的，该比值只随试样中被测元素含量变化而变化，不受实验条件变化的影响。这种测量谱线相对强度的方法，称为内标法。

根据式(2-3)，分析线和内标线的强度分别为：

$$I = ac^b$$

$$I_0 = a_0 c_0^{b_0} \qquad (2\text{-}5)$$

分析线与内标线的强度比为 R，如式(2-6)所示：

$$R = \frac{I}{I_0} = \frac{ac^b}{a_0 c_0^{b0}} = Ac^b \qquad (2\text{-}6)$$

式(2-6)取对数得到式(2-7)：

$$\lg R = b \lg c + \lg A \qquad (2\text{-}7)$$

式中，R 为谱线的相对强度；A 为常数。

式(2-7)是内标法定量关系式，用标样系列摄谱，可绘制 $\lg R$-$\lg c$ 校正曲线。在分析时，测得试样中线对的相对强度，即可由校正曲线查得分析元素的含量。

3. 光谱定量分析方法

(1) 标准曲线法

在选定的分析条件下，测定待测元素三个或三个以上的含有不同浓度的标准系列溶液（标准溶液的介质和酸度应与待测样品溶液一致），以分析线的响应值为纵坐标，浓度为横坐标，绘制标准曲线，计算回归方程，相关系数应不低于 0.99。在同样的分析条件下，同时测定待测样品溶液和试剂空白，扣除试剂空白，从标准曲线或回归方程中查得相应的浓度，计算样品中各待测元素的含量。

内标校正的标准曲线法：在每个样品（包括标准溶液、待测样品溶液和试剂空白）中添加相同浓度的内标（ISTD）元素，以标准溶液待测元素分析线的响应值与内标元素参比线响应值的比值为纵坐标，浓度为横坐标，绘制标准曲线，计算回归方程。利用待测样品中待测元素分析线的响应值和内标元素参比线响应值的比值，从标准曲线或回归方程中查得相应的浓度，计算样品中待测元素的含量。

内标元素的选择原则如下：①外加内标元素在分析试样中应不存在或含量极微，如样品基体元素的含量较稳时，亦可用该基体元素作内标；②内标元素与待测元素应有相近的特性；③同族元素，具相近的电离能。参比线的选择原则如下：①接近的分析线对，激发电位相近；②分析线与参比线的波长及强度接近；③无自吸现象且不受其他元素谱线干扰。

(2) 标准加入法

取同体积的待测样品溶液 4 份，分别置 4 个同体积的量瓶中，除第 1 个量瓶外，在其他

3 个量瓶中分别精密加入不同浓度的待测元素标准溶液，分别稀释至刻度，摇匀，制成系列待测溶液。在选定的分析条件下分别测定，以分析线的响应值为纵坐标，待测元素加入量为横坐标，绘制标准曲线，将标准曲线延长交于横坐标，交点与原点的距离所相应的含量，即为待测样品取用量中待测元素的含量，再以此计算待测样品中待测元素的含量。此法仅适用于上述标准曲线呈线性并通过原点的情况。

第五节　电感耦合等离子体发射光谱法的应用范围和特点

一、应用范围

电感耦合等离子体原子发射光谱法（ICP-AES）分析技术自 20 世纪 60 年代问世以来，便因其具有的检出限低、基体效应小、精密度高、灵敏度高、线性范围宽以及多元素同时分析等诸多优点而得以广泛应用。作为实验室的常规分析仪器，电感耦合等离子体原子发射光谱仪在我国基本得到普及，并且已经作为一些元素的标准分析方法，在环境、化工、冶金、地质、食品等不同领域应用广泛而且深入，特别适用于样品中金属元素的定性和定量测定。

（1）冶金行业

电感耦合等离子体原子发射光谱法已经广泛地应用于冶金行业分析中，冶金行业产品种类繁多。电感耦合等离子体发射光谱法主要用于分析冶金产品中的主体元素、微量元素和痕量元素，这些方法已经形成国家标准，并且数量较多，见表 2-1。

表 2-1　ICP-AES 法应用于冶金行业的标准数量

产品种类	现行有效的标准数量	产品种类	现行有效的标准数量	产品种类	现行有效的标准数量
稀土	44	钨	9	锂、镁、钾、钙	3
钢和铁、铁合金	19	钼	6	钛、硒、铟、钽	2
贵金属	14	铜	2	铌、硬质合金金属盐、工业硅、其他	3
铝	1	镍、锌、锑、铅	1	合计	104

由此可见，电感耦合等离子体原子发射光谱法作为一种标准的分析方法，是冶金行业最常用的一种元素分析方法。

（2）地矿行业

在地质及地球化学学科中，被测样品分析包括多金属矿物、岩石、土壤、水体沉积物等的多元素分析。测定浓度范围宽、干扰大，传统的分析技术大都需采用分离富集等方法，操作烦琐，不能满足大量样品分析的要求。电感耦合等离子体原子发射光谱法可以直接或者经分离富集后测定分析常见元素、有色金属元素、稀有及稀散元素、贵金属元素等 70 多种元素，其含量范围从 ng/g 级到常量。具有激发强度大、分辨率高、测定浓度范围宽、抗干扰能力强等特点，是实现多元素快速测定的现代分析仪器。表 2-2 列举了 ICP-AES 法应用于地矿行业的标准数量。

表 2-2　ICP-AES 法应用于地矿行业的标准数量

适用范围	现行有效的标准数	适用范围	现行有效的标准数
铁矿石	1	稀土矿石	1
铜矿石、铅矿石、锌矿石	1	锰矿石	1

（3）环境行业

由于目前环境问题越来越严重，环境污染物的检测就变得越来越重要，并且对环境体系中一些无机污染物的检测要求更严格，电感耦合等离子体发射光谱法可以满足环境分析的苛刻要求，对基质复杂、状态不同的各类环境样品中的重金属可以准确定量，为后续的环境评价等工作提供了可靠的数据。表 2-3 列举了 ICP-AES 法应用于环境行业的标准数量。

表 2-3　ICP-AES 法应用于环境行业的标准数量

产品种类	现行有效的标准数量	产品种类	现行有效的标准数量
水	1	大气	1
土	1	固体废物	1

（4）食品行业

在食品行业，电感耦合等离子体发射光谱法主要用来检测食品或食品相关包装材料中的重金属含量，并且都颁布了相应的国家标准，标准数量见表 2-4。

表 2-4　ICP-AES 法应用于食品行业的标准数量

产品种类	现行有效的标准数量
食品中的多元素	1
食品接触材料及其制品	1

（5）其他行业

在化工产品、烟草、饲料、化妆品等行业，原子光谱分析技术同样应用广泛，主要方法是原子吸收光谱法和原子荧光光谱法，随着 ICP-AES 和 ICP-MS 技术的成熟，这两种技术在这些行业也得到很好的应用，并且近两年国家相关部门也发布并实施了一批国标，具体内容详见第十章。

二、仪器特点

目前商用的电感耦合等离子体发射光谱仪，不仅性能优异，而且具有易操作、易维护等特点，但是生产厂家仍在不断改进仪器的结构，追求更好的分析结果，因此仪器也具备如下特点：

（1）分析速度快

目前的电感耦合等离子体发射光谱仪都可以实现纵向观测和横向观测，不仅节约了进样时间，还提高了样品分析效率。

（2）线性范围宽

能够一次性显示多种被测元素的特征光谱，并且对多元素进行定性和定量分析。

（3）检测范围宽

可以测定常量、微量、痕量金属元素或非金属元素的含量。

（4）自动化程度高

采用先进的电子电路系统和网络接口的通信方式，实现了仪器的寻峰、测试、谱图描迹快速简便化操作，操作简便、稳定可靠，使结果准确度更高，人性化设计的仪器操作界面，可针对不同元素、不同波长设置最佳的测试条件，并有仪器诊断功能，提高仪器的智能化操作。

第三章 电感耦合等离子体与质谱联用技术

第一节 光谱检测器与质谱检测器的区别

一、光谱检测器的特点

光谱检测器是采用光电元件将光谱信号转换为电信号的装置。在 ICP-AES 中常用的检测器有光电倍增管和固态检测器。

1. 光电倍增管的特点

（1）优点

因为采用了二次发射倍增系统，所以光电倍增管在紫外、可见和近红外区具有极高的灵敏度和极低的噪声。另外，光电倍增管还具有响应快速、成本低、阴极面积大等优点。

（2）缺点

①只有一个感光点，只能检测一个信号，要完成整个光谱区域的测量时间较长，不能适应瞬态全过程分析的要求；②需要精密的光谱扫描机械装置与分光系统配合使用，整个仪器的体积庞大、结构复杂；③热发射电子产生的暗电流限制了光电倍增管的灵敏度。

2. 固态检测器

（1）优点

① 有多个感光点（像素），可以同时检测多个信号，分析的波长更多；

② 可以实现多种元素同时测定，分析速度快；

③ 中阶梯光栅的光学元件小，使仪器更小型化；

④ 固态检测器灵敏度高，噪声低。

（2）缺点

在某些情况下出现破坏读出的现象，光生电荷的产生与入射光的波长及强度有关。

二、质谱检测器的特点

质谱检测器是把通过质量分析器的离子信号转换成电信号的装置。有连续或不连续打拿极电子倍增器和法拉第杯检测器。现在 ICP-MS 系统采用的是不连续的打拿极电子倍增器。

（1）连续打拿极电子倍增器

连续打拿极电子倍增器，也叫通道电子倍增器，其工作原理与 ICP-AES 中的光电倍增管相似。内表面涂有一种金属氧化物半导体类物质，当离子撞击表面时，形成一个或多个二次电子，随着这些电子不断地撞击新的涂层，发射出更多的二次电子，当检测正离子时，在锥口部分施加一个负高压，而在靠近接收器的背部保持接地电位，二次电子在管子内部电压梯度的作用下运动到收集器，其结果是一个电子撞击到检测器口内壁时，在接收器上将产生

一个多达 10^8 个电子的不连续脉冲。

（2）不连续打拿极电子倍增器

不连续打拿极电子倍增器，工作方式与连续打拿极电子倍增器相似，但是由多个不连续的分立式打拿极组成。来自质量分析器的第一个离子撞击打拿极之前，先通过一个弯曲的路径，撞击第一个打拿极后，它释放二次电子，打拿极电子路径的设计将二次电子加速到下一个打拿极，这个过程在每个打拿极上重复，产生电子脉冲，最终到达倍增器的接收器。

新型的不连续打拿极电子倍增器也叫活化膜电子倍增器，其优点是：

① 二次电子的发射率高，所以增益高，灵敏度高；

② 在空气中稳定，可以储存数年；

③ 动态范围宽；

④ 使用时间长。

三、 ICP-AES 和 ICP-MS 的比较

（1）所属范畴不同

ICP-AES 属于原子光谱范畴，而 ICP-MS 属于质谱范畴。ICP-AES 等离子体发射光谱仪是近三十年迅速发展的一种十分理想的痕量元素分析仪器。它基于物质在高频电磁场形成的高温等离子体中有良好特征谱线发射，进而实现对不同元素的测定。它具有检出限极低、重现性好、分析元素多等显著特点。附属特殊装置还可以实现更多非金属元素的测量。

ICP-MS 是一个以质谱仪作为检测器的等离子体，ICP-AES 和 ICP-MS 的进样部分及等离子体是极其相似的。ICP-AES 测量的是光学光谱（120～800nm），ICP-MS 测量的是离子质谱，提供在 3～250amu 范围内每一个原子质量单位（amu）的信息。还可实现同位素的测定。尤其是其检出限非常低，其溶液的检出限大部分为 10^{-12} 级，ICP-AES 大部分元素的检出限为 10^{-9} 级。但由于 ICP-MS 的耐盐量较差，ICP-MS 的检出限实际上会变差很多，一些轻元素（如 S、Ca、Fe、K、Se）在 ICP-MS 中有严重的干扰，其实际检出限也很差。

（2）二者仪器构造不同

电感耦合等离子体在 ICP-AES 中是光源，而在 ICP-MS 中作为离子源，因此虽然二者都有电感耦合等离子体，但是作用不同。ICP-AES 的光源后面连接的是分光系统，而 ICP-MS 的离子源后面连接的是质谱系统，这是二者之间最大的差别，也就是检测的物质不同，前者检测光，属于分光系统，后者检测离子，属于质量分离系统。

分光系统和质量分离系统虽然检测的对象不同，但是都起到了分离的作用。分光系统分离的是一束混合光，质量分离系统分离的是一些具有不同质量数的带电离子，因此这两种系统在本质上具有异曲同工之效。

（3）线性动态范围及抗基体干扰能力不同

ICP-AES 具有 10^5 以上的线性动态范围，且抗盐分能力强，可进行痕量及主量元素的测定，ICP-AES 可测定的浓度高达百分含量。

ICP-MS 具有超过 10^5 的线性动态范围，各种方法可使其扩展至 10^8，但不管如何，对 ICP-MS 来说，高基体浓度会导致许多问题，而这些问题的最好解决方案是稀释，正由于这个原因，ICP-MS 应用的主要领域是痕量或超痕量分析。

（4）操作易用性

在日常工作中，从自动化来讲，ICP-AES 是最成熟的，可由技术不熟练的人员应用 ICP-AES 专家制订的方法进行工作。ICP-MS 的操作直到现在仍较为复杂，自 1993 年以来，尽管在计算机控制和智能化软件方面有很大的进步，但在常规分析前仍需由技术人员进行精

密调整，ICP-MS 的方法研究也是很复杂及耗时的工作。

（5）样品分析能力

ICP-MS 有惊人的能力来分析大量测定痕量元素的样品，典型的分析时间为每个样品小于 5min，在某些分析情况下只需 2min。ICP-AES 的分析速度取决于采用全谱直读型还是单道扫描型，每个样品所需的时间为 2min 或 6min，全谱直读型较快，一般为 2min 测定一个样品。

（6）精密度

ICP-MS 的短期 RSD 一般是 1%～3%，这是应用多内标法在常规工作中得到的。长期（几个小时）RSD 小于 5%。使用同位素稀释法可以得到更好的准确度和精密度，但这个方法对常规分析来讲成本太高了。

ICP-AES 的短期 RSD 一般为 0.3%～2%，几个小时的长期 RSD 小于 3%。

（7）自动化控制

ICP-AES 和 ICP-MS，由于现代化的自动化设计以及使用惰性气体的安全性，可以整夜无人看管工作。

第二节　电感耦合等离子体-质谱联用仪的组成

电感耦合等离子体-质谱联用仪主要由离子源、仪器连接口、离子聚焦系统、碰撞反应池、质量分析器、检测器等组成。

一、离子源

ICP 特别适合作质谱的离子源，原因是其具有以下特点：样品在常压下引入，使得样品的更换很方便；引入样品中的大多数元素都能非常有效地转化为单电荷离子，少数几个具有高电离电位的元素除外，如氟和氦。

ICP-MS 中使用的 ICP 系统和 ICP-AES 使用的差不多，仅做了很小的改动，通常仅仅是为了方便而将矩管水平放置并对耦合负载线圈的接地点做了一些改变，以控制等离子体相对于接地质谱系统的电位。电感耦合等离子体装置、等离子体炬管的介绍参见本书第二章中的相关内容。

电感耦合等离子体装置由等离子体炬管和高频发生器组成。三个同心管组成的等离子体炬管放在一个连接于高频发生器的等离子体线圈里。当引入氩气时，若用高压火花使管内气体电离，产生少量的电子和离子，则电子和离子因受管内轴向磁场的作用，在管内空间闭合回路中高速运动，碰撞中性原子和分子，使更多的气体被电离，很快形成等离子体。

二、仪器连接口

接口的功能是将等离子体中的离子有效传输到质谱仪。在等离子体和质谱仪之间存在着温度、压力和浓度的巨大差异，前者是在常压和高温条件下工作，后者要求在高真空和常温条件下工作（质谱技术要求离子在运动中不产生碰撞），所以如何将常压、高温下的等离子体中的离子有效地传输到高真空、常温下的质谱仪，这是接口技术所要解决的难题。必须使足够多的等离子体在这两个压力差别非常大的区域之间有效传输，而且在离子传输的全部过程中，不应该产生任何影响最终分析结果可靠性的反应，即样品离子在性质和相对比例上不应有变化。

接口是整个 ICP-MS 系统最关键的部分。ICP-MS 对离子采集接口的要求是：①最大限度地让生成的离子通过；②保持样品离子的完整性，即其电学性质基本不变；③氧化物和二次离子产率尽可能低；④等离子体的二次放电尽可能小；⑤不易堵塞；⑥产生热量尽可能少；⑦易于拆卸和维护。

ICP-MS 的接口是由一个冷却的采样锥（大约 1mm 孔径）和截取锥（0.4～0.8mm 孔径）组成的。采样锥的作用是把来自等离子体中心通道的载气流，即离子流大部分吸入锥孔，进入第一级真空室。采样锥通常由 Ni、Al、Cu 和 Pt 等金属制成，但 Ni 锥用的最多。截取锥的作用是选择来自采样锥孔的膨胀射流的中心部分，并让其通过截取锥进入下一级真空室。截取锥的材料与采样锥相同，锥孔小于采样锥，安装于采样锥后，并与其在同轴线上。两者相距 6～7mm，通常也用镍材料制成。截取锥通常比采样锥的角更尖一些，以便在尖口边缘形成的冲击波最小。

三、离子聚焦系统

离子离开截取锥后，需要由离子聚焦系统传输至质量分析器。此处的离子聚焦系统与原子发射或吸收光谱中的光学透镜一样起聚焦作用，但聚焦的是离子，而不是光子。它有两个作用：一是聚集并引导待分析离子从接口区域到达质谱分离系统，二是阻止中性粒子和光子通过。所谓的"透镜"实际上是由一组金属片或一个金属圆筒组成，其上施加一定值电压。其原理是利用离子的带电性质，用电场聚集或偏转牵引离子。光子是以直线传播的，所以离子以离轴方式偏转或采用光子挡板，就可以将其与非带电粒子（光子和中性粒子）分离。

四、碰撞/反应池及干扰的消除

碰撞/反应池技术是解决 ICP-MS 多原子离子干扰的一个重要突破。其原理和应用源于有机质谱分析中混合物的结构分析以及离子-分子反应的基础研究，主要有离子-分子反应、双分子反应以及连续化学反应。

池体一般位于离子透镜与四极杆质量分析器之间。碰撞/反应池技术是在四极杆质量分析器前安装一个腔体，内置多极杆（包括四极、六极和八极杆）。腔体内充入各种碰撞/反应气体，对通过多极杆聚焦的离子进行碰撞与反应。单原子离子可多数通过而多原子离子干扰等可被大量消除，从而达到消除基体干扰的目的。

目前，商品化的碰撞/反应池系统（CRC）有三种类型。四极杆型、六极杆型和八极杆型，不同的技术均具有自身的特点。其中六极杆和八极杆碰撞/反应池不可以动态扫描，仅仅作为离子的通道，不同质荷比的离子不加选择地通过，具有很好的离子聚焦功能，待测离子损失较少，干扰的离子通过碰撞/反应气体消除。而四极杆型碰撞/反应池具备选择特定质荷比范围的离子通过的功能，即选择性"离子带通"功能，可以选择进入反应池的离子范围，且对反应池产生的副产物进行选择性消除，具有更好的灵活性。

碰撞池内的气体，比如氦气可以使进入碰撞/反应池的离子束发生碰撞阻尼、碰撞聚焦作用，这样离子从碰撞池出去时离子动能扩散较窄（2eV），可增强主四极杆分析器的分辨能力。碰撞/反应池可以减少氩基的多原子离子干扰问题，可测定常规四极杆等离子体质谱仪器难以测定的 ^{56}Fe、^{75}As、^{80}Se 等同位素。

五、质量分离器

目前 ICP-MS 中用的四极杆，一般由 4 根相同长度和直径的圆柱形或双曲面的金属极棒组成。这些金属棒一般由不锈钢或钼制成，有时镀有一层抗腐蚀的陶瓷膜。长度一般为 15～20cm，直径大约 1cm，工作频率为 2～3MHz。

四极杆由四根平行的棒状电极组成，相对的极杆被对角连接起来，构成两组电极，两组电极间施加一定的直流电压和射频电压，同一离子束上电压值一定，只允许具有某特定质荷比（m/z）的离子被传输。

在每根极棒上都分别施加幅度相同、相位相差 180°的直流电压（DC）和射频电压（RF），离子束在静电场的作用下做螺旋运动。改变直流电压 U 和射频 V 的比值，只有给定的 m/z 离子才能获得稳定的路径而通过四极杆极棒，到达另一端的离子检测器，而其他离子在静电场中被过分偏转，与极棒碰撞，并在极棒上被中和而丢失。

在 ICP-MS 中使用的四极杆在质量分析器的入口和出口处通常都装有短极棒。这些短极棒与位于中央的主极棒具有相同的半径，但仅施加了射频电压和直流补偿电压（即极偏压）。加射频的作用是，对进入或离开四极杆的离子进一步聚焦，以保证离子高效、平稳地进入四极杆，并引导其进入离子检测器，提高检测效率。加极偏压的作用是，调节离子能量和速度，控制其离开四极杆的时间，防止峰变宽或分裂。

六、检测器

检测器的测量方式是采用脉冲和模拟两种方式，弱离子信号由检测器以脉冲形式输出，信号经放大器放大，鉴别器限幅除掉噪声，以脉冲信号输入到脉冲计数器。强离子信号由检测器以模拟电流输出，经直流放大器放大及电压/频率转换后，也调制成脉冲信号输入脉冲计数器。不管是哪种测量模式，最后都要变换成脉冲计数。

四极杆系统将离子按质荷比分离后最终引入检测器，检测器将离子转换成电子脉冲，然后由积分线路计数。电子脉冲的大小与样品中分析离子的浓度有关。通过与已知浓度的标准比较，实现未知样品的痕量元素的定量分析。

离子检测器有连续或不连续打拿极电子倍增器、法拉第杯检测器、Daley 检测器等。早期的四极杆 ICP-MS 系统采用的是一种连续打拿极电子倍增器。现在的 ICP-MS 系统采用的是一种不连续打拿极电子倍增器。具体内容参考本章第一节。

第三节　电感耦合等离子体与质谱联用仪的定性定量分析

一、定性分析

ICP-MS 是一个非常有用、快速而且比较可靠的定性手段。采用扫描方式能在很短的时间内获得全质量范围或所选择质量范围内的质谱信息。依据谱图上出现的峰可以判断存在的元素和可能的干扰。当分析前对样品基体缺乏了解时，可以在定量分析前先进行快速的定性检查。商品仪器提供的定性分析软件比较方便。一些软件可同时显示几个谱图，并可进行谱图间的差减以消除背景。纵坐标（强度）通常可被扩展，也可选择性地显示不同的质量段，以便详细地观察每个谱图。

许多 ICP-MS 仪器都有半定量分析软件。依据元素的电离度和同位素丰度，建立一条较为平滑的质量-灵敏度曲线。该响应曲线通常用适当分布在整个质量范围内的 6～8 个元素来确定。对每个元素的响应要进行同位素丰度、浓度和电离度的校正。从校正数据上可得到拟合的二次曲线。未知样品中所有元素的半定量结果都可以根据此响应曲线求出，其准确度为 -59%～$+112\%$，精密度（RSD）为 5％～50％。和定量分析一样，每次分析前必须重新确定标准曲线，因为响应曲线的形状与仪器的最优化方式关系很大。除了曲线的形状外，曲线位置的偏移（灵敏度）也可能随仪器每次的设置而不同。偏移的大小可通过测量质量居中的一个元素，如^{115}In 或^{203}Rh 的灵敏度加以确定。这一步骤在 8h 内可能要进行多次。一旦响应曲线建立，未知样品中所有元素的浓度都可根据响应曲线求出。用此方法获得的数据准确度变动较大，主要取决于被测的元素和样品基体。

二、定量分析

定量分析常用的校准方法有外标法、内标法、标准加入法和同位素稀释法。其中外标法应用最为广泛。

(一) 外标法

测定未知样品元素浓度大多采用外标法。对于溶液样品的校准来讲，外标法需要配制一组能覆盖被测物浓度范围的校准溶液。一般采用和样品溶液同样酸度的水溶液校准即可。对于固体样品直接分析，比如激光烧蚀法，标准的基体必须与未知样品匹配。在溶液分析或固体分析中，也可以标准参考物质为标准进行校准。与人工合成多元素标准溶液相比，采用同类型天然标准参考物质制备标准溶液虽然具有制备简单、流程相同、可扣除同一本底、有效减少系统偏差等优点，但其不足之处是元素的推荐值与真值之间的偏差将被未知样品继承。实际上，有些标准物质的不确定度变化较大，有些结果在使用过程中又依赖后来积累的数据来修改参考值。所以，一般来讲，不推荐用标准参考物质进行原始校准。

标准数据通常采用最小二乘法拟合校准曲线。可通过校准曲线的相关系数判断曲线对测得的数据的拟合性。校准曲线最好采用多点标准拟合。校准曲线可以储存，但在每次分析前必须重新确定校准曲线，这是因为响应曲线的形状以及灵敏度与仪器检测参数之间关系密切。

(二) 内标法

内标法是在样品和校准标准系列中加入一种或几种内标元素，不仅可以监测和校正信号的短期漂移和长期漂移，而且可以校正一般的基体效应。虽然采用内标法可以补偿基体抑制效应，但是并没有解决根本问题，基体空间电荷抑制的影响依然存在，只是对得到的信号采取了数学方法校正而已。对于初学者来讲，需要将"内标法"与定量化校准的"外标法"区别。

内标元素的选择：样品中没有，而且不受样品基体或被测元素的干扰；不会对被测元素产生干扰；不能污染检测环境；最好与被测元素的质量接近，比如对轻、中、重不同质量段采取接近的内标元素；内标元素的电离电位最好与被测元素接近。常用的内标元素有铍(Be)、钪(Sc)、钴(Co)、锗(Ge)、钇(Y)、铑(Rh)、铟(In)、铥(Tm)、镥(Lu)、铼(Re)、钍(Th)。这些元素中有许多都是经常要分析的，所以实际应用中，最常用的内标元素一般是铑(Rh)、铟(In) 和铼(Re)。内标元素的选择可根据具体被测元素和要求来确定。

分析溶液形式的样品时，内标元素可以在样品处理过程中加入，也可在测定时单独采用内标管引入，通过三通接头和样品溶液混合后引入雾化系统。

(三) 标准加入法

当试样组成比较复杂，基体效应、杂质干扰比较严重而又无法配制与试样成分相似的标准溶液时，标准加入法就成为首选。标准加入法是将一份样品溶液均分为几份，然后在每份溶液中分别加入不同浓度的被测元素的溶液。由这些加入了标准溶液的样品和一份未加标准溶液的原始样品溶液组成校准系列，分析这组校准系列。用被测同位素的积分数据对加入的被测元素的浓度作图，校准曲线在 X 轴上的截距（一个负值）即为未加标准溶液的待测样品中的浓度。现在的仪器分析软件一般都有标准加入法程序，所以测定和计算比较方便简单。

标准加入法中加入的被分析元素的浓度一定要合适，其增量最好接近或稍大于样品中预计浓度。由于所有测定样品都具有几乎相同的基体，所以结果的准确度比较好。但采用这种方法前必须知道被测元素的大致含量，而且该方法的前提是待测元素在加入浓度范围内的校准曲线必须为线性，因此当对样品的浓度一无所知或当待测元素含量较高时，这种方法的使用会受到一些限制。由于样品制备麻烦，使用起来很费时，而且只适用于少数元素的测定，一般只用于少数情况。

（四）同位素稀释法

同位素稀释法（isotope dilution，ID）是一种准确度非常高的校准方法。同位素稀释法和 ICP-MS 技术相结合非常适合于痕量和超痕量元素分析。与外标校准的 ICP-MS 方法相比，ID-ICP-MS 具有许多优点，比如分析结果很少受到有关信号漂移或基体效应的影响，样品制备期间元素的部分损失也不会影响结果的可靠性。ID-ICP-MS 在各种标准物质定值分析中用得最多。

1. 原理

其基本原理是在样品中加入已知量的某一被测元素的稀释剂后，测定混合后同位素比值的变化，就可计算出样品中该元素的浓度。该方法可用于至少具有两个稳定同位素的任何元素。同位素稀释法计算公式如式（3-1）所示：

$$C = \frac{M_{sp}K(B_sR - A_s)}{W(A_x - B_xR)} \tag{3-1}$$

式中，C 为样品中测定元素的浓度；M_{sp} 为稀释剂的质量；K 为天然原子量和稀释剂的原子量之比；W 为样品的称样量；A_x 为样品中 A 同位素的丰度；B_x 为样品中 B 同位素的丰度；A_s 为稀释剂中 A 同位素的丰度；B_s 为稀释剂中 B 同位素的丰度；R 为样品和稀释剂混合后 A/B 同位素比值。

应该指出的是，在用此公式计算之前，所有稀释同位素和参比同位素的计数应根据具体情况进行质量偏倚和同量异位素干扰校正。

2. 同量异位素干扰校正

在同位素稀释法中，如果存在同量异位素干扰，必须进行校正。比如，在 $^{140}Ce/^{142}Ce$ 分析对中，参考同位素 ^{140}Ce 丰度最大，但掺入同位素 ^{142}Ce 存在着 ^{142}Nd（相对自然丰度 11.1%）的严重同量异位素干扰。因此，必须校正 ^{142}Nd 对 $142m/z$ 的干扰。通过测量 ^{143}Nd（相对自然丰度 12.7%）的计数来计算 ^{142}Nd 对 ^{142}Ce 分析同位素的干扰量。同量异位素干扰校正公式如式（3-2）所示：

$$^{142}Ce = 142_{计数} - R(^{142}Nd/^{143}Nd) \times {}^{143}Nd = 142_{计数} - (2.227 \times {}^{143}Nd) \tag{3-2}$$

3. 质量偏倚校正

如上所述，ICP-MS 中质量歧视效应将影响同位素比值测定的准确度，所以在同位素稀释法中也必须对质量偏倚进行校正。从 ID-ICP-MS 的公式看，唯一需要测量的参数就是同位素比值 R，因此同位素比值测量的精密度和准确度非常重要。影响同位素比值 R 的因素很多，比如仪器的灵敏度、ICP-MS 的质量偏倚、检测器的死时间等。不过，可以通过实验测量质量歧视因数来校正质谱仪的总的质量偏倚。通常采用分析中插入一个已知同位素组成的纯参考物质稀释的样品来校正仪器的质量偏倚。比如，可采用一个自然丰度的标准溶液校正仪器的总质量偏倚。

4. 同位素稀释法步骤

① 制备一个未加浓缩同位素的样品。制备此溶液有两个目的：第一，用它来粗略估计

被测成分浓度，从而计算出合适的 M_s 值，即需掺入的浓缩同位素稀释剂的质量；第二，它可用于测量所选用的同位素对的比值。这些数据能告诉我们所选的两个同位素中是否存在同量异位素干扰。若测得值和天然同位素丰度比值存在较大差异，则说明两个同位素中至少有一个受到同量异位素的干扰。

② 向样品中加适量的浓缩同位素稀释剂（在多元素分析时是多种稀释剂）后，制备一个样品溶液。稀释剂的加入方法通常是将浓缩同位素物质先制备成已知浓度的溶液，再根据所需的稀释剂质量分取溶液加入样品中。通常提供的浓缩同位素物质都是固体形式，多为金属或其氧化物。稀释剂应尽量在样品制备的最早阶段加入，因为一旦稀释剂与样品中被测物达到化学平衡，在以后处理步骤中（例如在化学分离过程中）被测元素的部分损失将不会影响结果的准确度。这里应强调的是：除极个别例外，加入的稀释剂与被测物的化学平衡是同位素稀释分析的基本要求。因此，固体样品如岩石、矿物、沉积物和生物组织，通常都必须经过严格的溶解过程，以保证同位素交换平衡。

③ 测量"改变了的"比值。详细过程取决于所用仪器的类型。当然，比值的测定应尽量保证能获得最好的精度。一般的方法是在每个同位素上采用较短的停留时间（不要长于几毫秒）进行重复扫描。同时，必须对已知同位素比的溶液进行同位素比值测定以确定仪器的质量歧视效应的大小。若质量歧视效应很大，则必须在计算结果前对测得样品中同位素比值进行校正。

④ 分析的最后一步是根据前面给出的公式(3-1)计算结果。A_s 值和 B_s 值通常从生产同位素浓缩物的厂商所提供的同位素丰度数据中获得。这些数据也必须同时用于测定同位素浓缩物的原子量，以计算 K 值。

5. 分析性能评价

（1）优点

① 稀释剂与被测物达到同位素交换平衡之后，它能补偿在样品制备过程中被测物的部分损失。

② 不受各种物理和化学干扰，因为这些干扰对所测定的同一元素的两个同位素会有相同的干扰影响。因此，在同位素的比值测定中这种影响被抵消。

③ 此方法具有理想内标的特性，每个被测元素自身的一个同位素即为其内标。

（2）缺点

① 此法不能用于单同位素元素的测定。

② 世界上浓缩稳定同位素的来源非常有限，所以购买和价格方面都有一定的局限性。

③ ID-ICP-MS 最重要的实际限制因素是它耗时、成本高。因此，该技术主要用于标准参考物质的定值分析和一些重要分析的质量监控。

第四节　电感耦合等离子体质谱联用仪的特点

一、仪器的特点

电感耦合等离子体质谱联用仪具有以下特点：

① 多元素快速分析能力。可在数十秒内定量分析几乎所有金属元素及一些非金属元素。

② 灵敏度高，背景低，检出限低。1ng/mL 溶液的计数率一般可达数万至上百万每秒。ICP-MS 被公认为是目前检出限最低的多元素分析技术，一般可达 10×10^{-15} g/g，使用更有效的进样系统和优化条件，可以得到低于 1×10^{-15} g/g 的检出限。

③ 极宽的线性动态范围。线性动态范围可达 $10^8 \sim 10^9$。即可在一份溶液中实现 10^{-9} 至 10^{-6} 含量元素的同时测定。在稀释倍数为 1000 时，对应原固体样品中 10^{-9} 至百分之几十的含量。

④ 干扰较少。等离子体质谱的谱图比较简单，每个元素只产生一个或几个同位素的单电荷离子峰，总数为 210 条单电荷离子谱线，还有少量双电荷离子和简单的多原子组合离子峰。

⑤ 样品的引入和更换方便，且便于与其他进样或在线分离技术联用。如流动注射（FI）、超声雾化（USN）、激光烧蚀（LA）、电热蒸发（ETV）、气相色谱（GC）、液相色谱（LC）等。

⑥ 分析精密度高。四极杆 ICP-MS 的短期精密度 RSD 为 $1\% \sim 2\%$，长期精密度 RSD 优于 5%，同位素测定精密度可达 0.1%。

⑦ 可提供同位素信息。既可进行同位素比值测定，又可进行同位素稀释分析。

⑧ 灵活的测定方式。可提供扫描、跳峰、扫描跳峰结合和单离子测定等方式。

二、应用范围

ICP-MS 是研究元素分布、迁移、转化和富集等规律以及元素化学状态的有效方法，在冶金、地质、环境、食品、化工产品等的痕量和超痕量元素测试中被广泛应用。人们用这些技术对岩石、水体等样品开展了大量研究，对地质科学、环境科学和生命科学等领域做出了巨大贡献。

（1）ICP-MS 法在冶金行业的应用

ICP-MS 法在冶金行业的应用非常广泛，基本上每种冶金产品中都有标准的分析方法，如表 3-1 所示。

表 3-1　ICP-MS 法分析冶金产品的现行标准数量

产品种类	现行有效的标准数量	产品种类	现行有效的标准数量	产品种类	现行有效的标准数量
稀土	21	钨	0	锂、镁、钾、钙	0
钢和铁、铁合金	4	钼	1	钛、硒、铟、钽、铌、硬质合金	4
贵金属	1	铜	1	金属盐、工业硅、其他	0
铝	0	镍、锌、锑、铅	0	合计	32

从上表可以看出，ICP-MS 法在冶金产品中应用最广泛，其中在稀土行业中有 21 个相关标准；其次是钢铁行业，有 4 个相关标准。由此可见，ICP-MS 法在冶金分析中是非常重要的手段之一。

（2）ICP-MS 法在地矿行业的应用

相对于冶金行业，ICP-MS 法在地矿行业应用得较少，根据不同矿产品种类，统计出有 6 个现行标准，其中在硅酸盐行业有 2 个标准，如表 3-2 所示。

表 3-2　ICP-MS 法应用于地矿行业的标准数量

适用范围	现行标准数量	适用范围	现行标准数量
铁矿石	1	砚石	1
铜矿石、铅矿石、锌矿石	1	地球化学样品	1
硅酸盐	2		

（3）ICP-MS 法在环境分析中的应用

现在环境问题突出，相应的环境检测也有更高的要求，不仅要求检测速度快，而且要求一次进样，可以实现多种元素含量的测定，ICP-MS 法不仅满足测试要求，并且有更低的检出限。ICP-MS 法应用于环境行业的标准数量如表 3-3 所示。

表 3-3　ICP-MS 法应用于环境行业的标准数量

产品种类	现行有效的标准数量	产品种类	现行有效的标准数量
水	1	大气	1
土	1	固体废物	1

（4）ICP-MS 法在食品行业的应用

食品安全问题是目前高关注度的社会热点，如何快速准确地测定食品中的重金属含量，ICP-MS 提供了全套解决方案。

食品安全标准中和 ICP-MS 相关的虽然不多，如表 3-4 所示，但是测定范围广，适合各种食品样品的测定。

表 3-4　ICP-MS 法应用于食品行业的标准数量

产品种类	现行有效的标准数量
食品中的多元素	1
食品接触材料及其制品	1

（5）ICP-MS 法在其他行业的分析

在化工产品、烟草、饲料、化妆品等行业，原子光谱分析技术同样应用广泛，主要方法是原子吸收光谱法和原子荧光光谱法，随着 ICP-AES 和 ICP-MS 技术的成熟，这两种技术在这些行业也得到很好的应用，并且近两年国家相关部门也发布并实施了一批国标，具体内容详见第十章。

第五节　液相色谱与电感耦合等离子体质谱联用技术

一、仪器联用的目的

20 世纪 90 年代以来，由于电感耦合等离子体质谱（ICP-MS）技术的进步，ICP-MS 仪器的灵敏度和可靠性有了大幅度的提高。ICP-MS 测试技术在我国一些科研单位、院校和大型企事业单位得到了有效的应用。在应用过程中也逐步发现了该技术的一些弱点，例如，在超痕量杂质测定中灵敏度不够高；基体效应较严重；存在谱干扰，使一些关键性的杂质元素不能准确测定；仪器运转成本较高等。由于材料科学、环境科学和生命科学领域研究的深化，近年来，分析化学中相关的文献量急剧增加，ICP-MS 技术将更多地面临一些复杂样品的分析、形态分析、有机物分析、在线分析、单矿物夹杂分析、矿物包容体分析等。采用联用技术是解决这些分析问题的有效途径之一。联用技术融合了两种或两种以上分析技术的优点，可针对性地解决普遍性的分析问题。国外 ICP-MS 联用技术的发展已有十多年的历史，目前采用多种进样技术与 ICP-MS 联用仍然是该领域的研究热点，发展的联用技术也有十几种。其中最主要的是用电热蒸发（ETV）、超声雾化（USN）、中子活化（NAA）等技术与 ICP-MS 联用，大幅度提高检测灵敏度，将超痕量分析由高纯材料、半导体材料、超纯试剂扩大到自然环境中的水体、生物圈等领域；用高效液相色谱（HPLC）、离子色谱（IC）、氢化物发生（HG）、流动注射（FI）等技术与 ICP-MS 联用实现在线分析、形态分析；用激光烧蚀（LA）、辉光放电（GD）等技术与 ICP-MS 联用使分析范围从整体分析扩大到微区、表层分析。

由于研究的相关性，ICP-AES 分析中所研究的一些进样技术、联用技术的成果会被移植到 ICP-MS 的研究工作中，这无疑会加快 ICP-MS 技术的进步。HPLC-ICP-MS 技术的发展亦有类似的情形，在 ICP-MS 技术发展的早期，一些学者就已研究了高效液相色谱与电感耦合等离子体质谱联用的可能性。这些研究工作表明，高效液相色谱由于其柱效高，分离速度快且效果好，使得它与元素选择性好、灵敏度高的电感耦合等离子体质谱联用，有着许多潜在的优势。从这十多年发表的相关文献来看，其应用范围主要集中在两个方面。一是快速分离基体后实现在线分析，二是进行形态分析。

由于 HPLC 能有效分离性质相近成分，所以 HPLC-ICP-MS 联用技术主要应用于形态分析。高效液相色谱-电感耦合等离子体质谱联用（HPLC-ICP-MS）技术是进行形态分析最好的测试技术之一，它的检测限低于 HPLC-ICP-AES 等一些其他联用技术，应用前景十分诱人。重金属元素以不同途径进入自然环境，并通过食物链等进入动物体或人体，再经过新陈代谢回到自然环境中，这种循环过程中的形态变化研究，对于生命科学和环境科学都有重要意义。在国外该技术一直是研究热点，主要研究方向有：采用多级联用技术，降低检出限；提高柱分离效果，克服基体效应和质谱干扰，扩大可测定的元素范围。

二、仪器的连接方式

HPLC 系统与 ICP-MS 系统间的连接部分为接口，接口研究的目的在于使色谱流出物与 ICP-MS 后续测定的要求相匹配。由于 HPLC 流出物流量的可控范围与 ICP-MS 进样系统要求的流量一致，所以可通过一根内径 0.3mm 的 Teflon 管或 PEEK 树脂管将 HPLC 系统与 ICP-MS 系统连接。这种连接方式简便易行，但由于死体积较大，存在柱外效应，所以测定灵敏度低。ICP-MS 进样系统除对溶液流量有要求外，还对基体浓度、酸的种类和浓度、有机成分的浓度等有严格的要求。这会给 HPLC 与 ICP-MS 联用带来几个明显的困难：HPLC 系统的洗脱速度和 ICP-MS 的实时操作速度可能不匹配，降低测定灵敏度；由于有机溶剂的影响，分析物会在雾化器和雾室中产生记忆效应，HPLC 系统所用的洗脱溶剂会影响等离子体的稳定性或造成等离子体的局部冷却，甚至熄炬；HPLC 系统的有机溶剂会造成炭的沉积，使锥孔堵塞。目前用 HPLC-ICP-MS 做形态分析时，大多采用直接注射雾化器。这些接口的主要优点是样品传输效率高，死体积小，柱外效应小，提高了测定灵敏度。但亦有各自的问题，如超声雾化器和热喷雾雾化器，记忆效应较强；高效雾化器和直接注射雾化器其信号稳定性差，由于喷雾气体流速过大及过量的溶剂引入影响等离子体的稳定性。HPLC 流出物中的有机成分会在 ICP-MS 采样锥和截取锥上产生炭沉积，阻塞两锥孔，通入 5% 以下氧气虽然能减轻炭沉积，但由于等离子体温度的下降，亦会影响灵敏度。此外，某些色谱流出物还会迅速腐蚀采样锥，选择铝制采样锥会减轻这一腐蚀过程。

接口的研究并不是孤立的，合适的 HPLC 分离体系，其色谱流出物可以较完全地满足 ICP-MS 后续测定的要求，这无疑会降低对接口的要求。所以不能说某种接口最好，只要是能够满足具体任务要求的接口，即是合用的接口。有时用直接连接法，并用蠕动泵减低流量，亦能起到很好的效果。采用氢化物发生、流动注射与 HPLC-ICP-MS 多级联用的办法，还可以进一步提高测定灵敏度。

三、联用技术特点

HPLC 通常是在室温下进行，对高沸点和热不稳定化合物的分离不需经过衍生化，因而使得 HPLC 更适合于环境分析以及生物活性物质分析。同时，HPLC 拥有较多的可改变的因素（包括固定相和流动相等），使得 HPLC 的适用性更为广泛。现在，HPLC-ICP-MS 联用技术主要应用于 As、Hg、Se、Cr 等元素在食品、土壤、中药等样品中的形态分析。

第四章　原子吸收光谱分析技术

第一节　原子吸收光谱基本原理

当有一束特征波长的光照射到某元素的基态原子时，如果该波长光的能量正好等于基态原子的外层电子跃迁到较高能态时所需的能量，该基态原子就会跃迁到其他激发态，由于原子吸收了能量，使得出射光的强度减弱，并且减弱的程度和受照射的原子数量有关，这就是原子吸收光谱分析的基本原理。由于原子能级是量子化的，因此，原子对光的吸收都是有选择性的。所以要研究原子吸收光谱的原理，需要先了解原子能级的分布。

一、不同能级的原子的分布

原子由原子核和核外电子组成，原子的半径约为 10^{-10} m 数量级，原子核的半径约为 10^{-15} m 数量级，是原子的中心体，带正电荷，其数值为最小电量单位的整数倍，倍数大小与周期表中的原子序数是一致的。电子带负电荷，总的负电荷数与原子核的正电荷数相等，原子呈中性。核外电子沿核外的圆形或椭圆形轨道围绕着原子核不停地运动，同时又有自旋运动。按照量子力学的含义，"轨道"是指电子出现概率大的空间区域。在没有受到外界扰动的正常情况下，原子处于基态。处于基态的原子是稳定的。

原子最外层电子称为价电子，容易受到外界影响而激发，原子的光谱性质和化学性质都取决于价电子。

在通常的情况下，原子处于能量最低的基态。基态原子受到加热、吸收辐射或与其他粒子（电子、原子、离子、分子）进行非弹性碰撞作用而吸收能量，跃迁到较高的能量状态，这个过程称为激发。对于原子吸收光谱分析，在通常的原子化条件下，只考虑电子在基态与第一激发态之间的跃迁。在热平衡条件下，基态原子和激发态原子的分布遵从玻尔兹曼（Boltzmann）分布，如式(4-1) 所示：

$$N_j = N_0 \frac{g_j}{g_0} \mathrm{e}^{-\frac{\Delta E}{kT}} \tag{4-1}$$

式中，N_0 为基态原子数；N_j 为激发态原子数；g_0、g_j 为基态和激发态的统计权重，分别在同一能级中的量子态数目，决定了多重线中各谱线的强度比；ΔE 为激发能；k 为玻尔兹曼常数；T 为热平衡热力学温度。

激发态原子数随体系温度的升高而增加，表 4-1 列出了某些元素激发态与基态原子数比值随温度的变化。

表 4-1　某些元素激发态与基态原子数的比值 N_j/N_0

元素	共振线/nm	g_j/g_0	激发能/eV	N_j/N_0	
				2000K	3000K
Na	589.0	2	2.104	0.99×10^{-5}	5.83×10^{-4}
Sr	467.0	3	2.690	4.99×10^{-7}	9.07×10^{-5}

续表

元素	共振线/nm	g_j/g_0	激发能/eV	N_j/N_0	
				2000K	3000K
Cs	422.7	3	2.932	1.22×10^{-7}	3.55×10^{-5}
Fe	372.0	—	3.382	2.29×10^{-9}	1.31×10^{-6}
Ag	328.1	2	3.778	6.03×10^{-10}	8.99×10^{-7}
Cu	324.8	2	3.817	4.82×10^{-10}	6.65×10^{-7}
Mg	285.2	3	4.346	3.35×10^{-11}	1.50×10^{-7}
Pb	283.3	3	4.375	2.83×10^{-11}	1.34×10^{-7}
Zn	213.9	3	5.795	7.45×10^{-15}	5.50×10^{-10}

从表 4-1 中的数据可以看到，在通常的火焰和石墨炉原子化器的原子化温度高约 3000K 的条件下，处于激发态的原子数 N_j 仍然是很少的，与基态原子数 N_0 相比，可以忽略不计。表中的数据只是考虑热激发，在原子化器内粒子之间的非弹性碰撞、紫外光的辐照等也会引起激发，实际的激发态原子数比表 4-1 中的数要多，即使增加 10 倍乃至 100 倍，激发态原子数与基态原子数相比，仍然少得多。

二、原子吸收线

前面已经指出，每一种原子都有其自身所特有的结构与能级，原子能级是量子化的。当光源辐射通过原子蒸气，原子就要选择性地从辐射中吸收能量。当辐射频率与原子中的电子由基态跃迁到第一激发态所需要的能量相匹配时，原子发生共振吸收，产生该种原子特征的原子吸收光谱。原子吸收光谱通常位于光谱的紫外区和可见区。

原子吸收光谱的特性包括原子吸收光谱的波长和谱线数目、谱线轮廓、谱线强度与谱线的精细结构。

原子光谱波长是进行光谱定性分析的依据。在大多数情况下，原子吸收光谱与原子发射光谱波长是相同的。由于原子吸收线与原子发射线的谱线轮廓不完全相同，在有些情况下，两者的中心波长并不一致，且最强的原子发射线未必就是最强的原子吸收线。

原子吸收光谱线并不是严格几何意义上的线，而是占据着有限的频率范围，即有一定的宽度，如图 4-1 所示。表示吸收线轮廓特征的参数是吸收线的中心频率或中心波长与吸收线的半宽度。中心频率或波长是指极大吸收系数所对应的频率和波长，吸收线的半宽度是指最大吸收系数一半处的谱线轮廓上两点间的频率差，如图 4-2 所示。

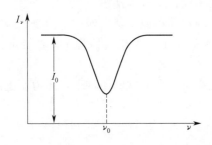

图 4-1 I_ν 与 ν 的关系

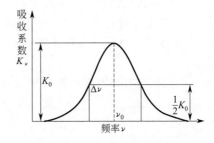

图 4-2 原子吸收线的轮廓

① K_0：峰值吸收系数或中心吸收系数（最大吸收系数）；

② ν_0：中心频率，最大吸收系数 K_0 所对应的波长；

③ $\Delta\nu$：吸收线的半宽度，$K_0/2$ 处吸收线上两点间的距离；

④ $\int K_\nu\mathrm{d}\lambda$：积分吸收，吸收线下的总面积。

谱线轮廓是指各单色光强度随频率（或波长）的变化曲线。吸收线的半峰宽 $\Delta\nu$ 很窄，由于受多种展宽因素的影响，使吸收线展宽。这些展宽因素包括热展宽、碰撞展宽、场效应展宽，分别在不同程度上对吸收线中心频率的频移与谱线轮廓作出贡献。

引起谱线变宽的主要因素有：

（1）自然宽度

在无外界影响下，谱线仍有一定宽度，这种宽度称为自然宽度，以 $\Delta\nu_N$ 表示。$\Delta\nu_N$ 约相当于 10^{-5} nm 数量级。根据量子力学的 Heisenberg 测不准原理，能级的能量有不确定性，ΔE 由式(4-2)估算：

$$\Delta E = \frac{h}{2\pi\tau} \tag{4-2}$$

式中，τ 为激发态原子的寿命，τ 越小，宽度越宽；h 为普朗克常数。

（2）多普勒宽度 $\Delta\nu_D$

多普勒宽度 $\Delta\nu_D$ 是由于原子在空间做无规则热运动导致的，故又称为热变宽。Doppler 效应是自然界的一个普遍规律。一个运动的原子发射的光，如果运动方向离开观察者，在观察者看来，其发射频率较静止原子发射频率低，反之，如果向观察者运动，则其发射光的频率较静止原子发射光的频率高，这一现象称为 Doppler 效应。

对于原子吸收光谱仪而言，在原子蒸气中原子处于无规则的热运动，对观测者（检测器），有的基态原子向着检测器运动，有的基态原子背离检测器运动，相对于中心吸收频率，既有升高，又有降低。因此，原子的无规则运动就使该吸收谱线变宽。当处于热力学平衡时，Doppler 变宽可用式(4-3)表示：

$$\Delta\nu_D = 7.162 \times 10^{-7} \nu_0 \sqrt{\frac{T}{M}} \tag{4-3}$$

式中，T 为热力学温度；M 为吸光原子的相对原子质量；ν_0 为谱线的中心频率。

由式(4-3)得出，$\Delta\nu_D$ 正比于 $T^{1/2}$，故当原子化温度稍有变化时，对谱线宽度影响不大。原子量小的原子，$\Delta\nu_D$ 要大一些。但是在原子吸收光谱仪中检测时，原子化温度一般在 $2000 \sim 3000$K，$\Delta\nu_D$ 一般在 $10^{-3} \sim 10^{-2}$ nm，多普勒效应使得谱线明显变宽。

（3）压力变宽

由于吸光原子与蒸气中原子或分子相互碰撞而引起的能级稍微变化，使发射或吸收光量子频率改变而导致的谱线变宽，根据与之碰撞的粒子不同，可分为两类：

① 共振变宽或赫鲁兹马克（Holtzmark）变宽：因和同种原子碰撞而产生的变宽。

② 洛伦兹变宽 $\Delta\nu_L$：因和其他粒子（如待测元素的原子与火焰气体粒子）碰撞而产生的变宽。

赫鲁兹马克变宽只有在被测元素浓度较高时才有影响。在通常的条件下，压力变宽主要是洛伦兹变宽，谱线的洛伦兹变宽 $\Delta\nu_L$ 可由式(4-4)决定：

$$\Delta\nu_L = 2N_A\sigma^2 p \left[\frac{2}{\pi RT\left(\frac{1}{A}+\frac{1}{M}\right)}\right]^{\frac{1}{2}} \tag{4-4}$$

式中，N_A 为阿伏伽德罗常数；σ^2 为碰撞的有效截面积；p 为外界压强；M 为待测原子的相对原子质量；A 为其他粒子的相对质量。

在原子吸收光谱仪中检测时，原子化温度一般在 $2000 \sim 3000$K，$\Delta\nu_L$ 和 $\Delta\nu_D$ 具有相同的数量级，一般在 $10^{-3} \sim 10^{-2}$ nm，也是谱线变宽的主要因素。

（4）自吸变宽

光源空心阴极灯发射的共振线被灯内同种基态原子所吸收产生自吸现象。灯电流越大，自吸现象越严重。

（5）场致变宽

外界电场、带电粒子及离子形成的电场或磁场使谱线变宽，但是影响较小。

火焰原子化法中，洛伦兹变宽 $\Delta\nu_L$ 是主要的；非火焰原子化法中，多普勒宽度 $\Delta\nu_D$ 是主要的。谱线变宽会导致测定的灵敏度下降。

在原子吸收光谱中，通常是几种变宽效应同时存在，在特定的条件下，可能是某种变宽效应起着主要作用，而其他的变宽效应只起次要作用或可以忽略不计。如在温度较低和气体密度较高的场合，碰撞变宽效应占据主要地位，谱线线型近似为洛伦兹型。而在高温和低气压的场合，多普勒变宽效应起着主要作用，谱线线型近似为高斯型。在常压和温度 1000～3000K 条件下，吸收线的轮廓主要受多普勒和洛伦兹效应共同控制。谱线的线型函数既不是单一的高斯型，也不是单一的洛伦兹型。多普勒效应主要控制谱线线型的中心部分，洛伦兹效应主要控制谱线线型的两翼。这时谱线线型为综合展宽线型——弗高特（Noigt）线型。

三、吸光度与被测元素浓度的关系

（一）积分吸收

首先考虑是否用连续光源，经单色器分光后得到的单色光为入射光，是否可以进行原子吸收的测量。钨丝灯光源和氘灯，经分光后，光谱通带 0.2nm，而原子吸收线的半宽度为 10^{-3} nm。当一般光源照射时，吸收光的强度变化仅为 0.5%（0.001/0.2＝0.5%），吸收部分所占的比例很小，灵敏度极差。如图 4-3 所示。

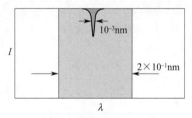

图 4-3　连续光源（▨）与原子吸收线（■）的通带宽度对比示意图

尽管如此，若能将原子蒸气吸收的全部能量测出，即将谱线下所围面积（积分吸收）测量出，那么，AAS 是一种绝对测量方法。下面我们讨论积分吸收能否测出。

根据经典的爱因斯坦理论，积分吸收与基态原子数目的关系由式(4-5)给出：

$$\int_{-\infty}^{+\infty} K_\nu \, \mathrm{d}\nu = \frac{\pi e^2}{mc} N_0 f \tag{4-5}$$

式中，K_ν 为吸收系数；$\int_{-\infty}^{+\infty} K_\nu \mathrm{d}\nu$ 为积分吸收；e 为电子电荷；m 为电子质量；c 为光速；N_0 为单位体积原子蒸气中，吸收辐射的基态原子数，即原子密度；f 为振子强度，代表每个原子中能够吸收或发射特定频率光的平均电子数，对于给定的元素，在一定条件下，f 可视为定值。

由式(4-5)得出，积分吸收与单位体积原子蒸气中能够吸收辐射的基态原子数成正比，而与 ν 等因素无关。这是原子吸收光谱分析的理论依据。

如果能准确测出积分吸收值，即可计算出待测原子的 N_0，那么，AAS 就会成为一种绝对测量方法（不需要标准与之比较）。但原子吸收线的半宽度仅为 10^{-3} nm，要在这样一个小的范围内测定 K_ν 对频率 ν 的积分值，需要分辨率高达 50 万的单色器（$R=\lambda/\Delta\lambda$），这实际上是很难达到的。现在的分光装置无法实现。

这就是原子吸收现象早在 19 世纪初就被发现，但在很长的时间内没有作为一种分析方法的原因。

（二）峰值吸收

1955 年，澳大利亚物理学家 A. Walsh 提出以锐线光源为激发光源，用测量峰值吸收的方法代替积分吸收，解决了原子吸收测量的难题，使原子吸收成为一种分析方法。

1. 锐线光源

发射线的半宽度比吸收线的半宽度窄得多的光源。锐线光源需要满足的条件：

① 光源的发射线与吸收线的 ν_0 一致。

② 发射线的 $\Delta\nu_{1/2}$ 小于吸收线的 $\Delta\nu_{1/2}$。

理想的锐线光源一般是空心阴极灯，由一个与待测元素相同的纯金属制成；灯内是低电压，压力变宽基本消除；灯电流仅几毫安，温度很低，热变宽也很小。

2. 峰值吸收测量

采用锐线光源进行测定时，情况如图 4-4 所示。

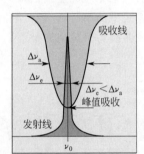

图 4-4　峰值吸收示意图

由 Lamber-Beer 定律，如式（4-6）所示：

$$A = \lg \frac{I_0}{I} \tag{4-6}$$

I_0 和 I 分别表示在 $\Delta\nu_e$ 处入射光和透射光的强度，见式（4-7）、式（4-8）：

$$I_0 = \int_0^{\Delta\nu_e} I_0 \,\mathrm{d}\nu \tag{4-7}$$

$$I = \int_0^{\Delta\nu_e} I_\nu \,\mathrm{d}\nu \tag{4-8}$$

将 $I = I_0 \mathrm{e}^{-K_\nu L}$ 代入上式，于是：

$$I = \int_0^{\Delta\nu_e} I_{0\nu} \mathrm{e}^{-K_\nu L} \,\mathrm{d}\nu \tag{4-9}$$

$$A = \lg \frac{\int_0^{\Delta\nu_e} I_{0\nu} \,\mathrm{d}\nu}{\int_0^{\Delta\nu_e} I_{0\nu} \mathrm{e}^{-K_\nu L} \,\mathrm{d}\nu} \tag{4-10}$$

采用锐线光源进行测量，则 $\Delta\nu_e < \Delta\nu_a$，由图 4-4 可见，在辐射线宽度范围内，$K_\nu$ 可近似认为不变，并近似等于峰值时的吸收系数 K_0，则

$$A = \lg \frac{1}{\mathrm{e}^{-K_\nu L}} = \lg \mathrm{e}^{K_0 L} = 0.434 K_0 L \tag{4-11}$$

在原子吸收法分析中，谱线变宽主要受多普勒效应影响，则：

$$K_0 = \frac{2\sqrt{\pi\ln2}}{\Delta\nu_D} \times \frac{\mathrm{e}^2}{mc} N_0 f \tag{4-12}$$

代入上式，得

$$A = 0.434 \frac{2\sqrt{\pi\ln2}}{\Delta\nu_D} \times \frac{\mathrm{e}^2}{mc} N_0 f L = kLN_0 \tag{4-13}$$

式（4-13）表明，当使用锐线光源时，吸光度 A 与单位体积原子蒸气中待测元素的基态原子数 N_0 成正比。

上式的前提条件：$\Delta\nu_e < \Delta\nu_a$；辐射线与吸收线的中心频率一致。这就是为什么要使用一个与待测元素同种元素制成空心阴极灯的原因。

在原子吸收中，原子化温度一般在 2000～3000K。当 $T < 3000$K 时，基态原子数 N_0 比

N_j 大得多，占总原子数的 99% 以上，通常情况下可忽略不计，则

$$N_0 = N \tag{4-14}$$

若控制条件使进入火焰的试样保持一个恒定的比例，则 A 与溶液中待测元素的浓度成正比，因此，在一定浓度范围内：

$$A = Kc \tag{4-15}$$

式(4-15)表明，在一定实验条件下，吸光度 A 与浓度 c 成正比。所以通过测定 A，就可求得试样中待测元素的浓度 c，此为原子吸收分光光度法的定量基础。

四、原子化过程

原子化过程即产生自由基态原子以便进行吸收测量的过程。原子吸收分析，必须要产生被测元素的自由基态原子，并将之置于该元素的特征谱线中。原子吸收用于检测元素的浓度，通常是以液态形式。原子吸收最适合于分析溶解或吸收后呈水溶液状态样品中元素的分析，或者用其他溶剂如有机溶剂稀释处理的样品。自原子吸收法建立以来，已有数种原子化器问世。主要有三类：火焰、石墨炉和氢化物发生器。具体原理及结构在下一节仪器结构中详细介绍。

五、原子吸收光谱法中的干扰及消除方法

总的来说，原子吸收法（AAS）中干扰效应比原子发射光谱法要小得多，原因是：AAS 法中使用锐线光源，应用的是共振吸收线，而吸收线的数目比发射线少得多，光谱重叠的概率小，光谱干扰少；并且在 AAS 法中，涉及的是基态原子，故受火焰温度的影响小。但在实际工作中，干扰仍不能忽视，要了解其产生的原因及消除办法。

在原子吸收光谱法中，主要有物理干扰、化学干扰、光谱干扰和背景干扰四类。

（一）物理干扰与消除

物理干扰是指试样在转移、蒸发过程中任何物理因素变化（如黏度、表面张力或溶液的密度等的变化）而引起的干扰效应。对火焰原子化法而言，试样喷入火焰的速度（黏度）、雾化效率、雾滴的大小及其分布（表面张力）、溶剂和固体微粒的蒸发（溶剂的蒸气压）等，最终都影响进入火焰的待测原子数目，因而影响 A 的测量。显然，物理干扰与试样的基体组成有关。

消除方法一般是配制与被测试样组成相近的标准溶液或采用标准加入法。若试样溶液的浓度高，可采用稀释法，或加入表面活性剂、有机溶剂。

（二）化学干扰与消除

1. 化学干扰

化学干扰是由于被测元素原子与共存组分发生化学反应而引起的干扰。它主要影响被测元素的原子化效率，是原子吸收法中主要的干扰来源。包括：

① 待测元素与干扰组分形成更稳定的化合物。这是产生化学干扰的主要来源。如磷酸根干扰钙的测定。又如，钴、硅、硼、钛、铍在火焰中易生成难熔化合物；硫酸盐、硅酸盐与铝生成难挥发物。

② 待测元素在火焰中形成稳定的氧化物、氮化物、氢氧化物、碳化物等。如用空气-乙炔火焰测定 Al、Si 等时，由于形成稳定的氧化物，原子化效率低，测定的灵敏度很低；又如，B、U 等甚至在还原性 $N_2O\text{-}C_2H_2$ 中测定，灵敏度都很低，就是因为在火焰中形成稳定的碳化物和氮化物。在石墨炉原子化器中，W、B、La、Zr、Mo 等易形成稳定的碳化物，使测定的灵敏度降低。

③ 待测元素在高温原子化过程中因电离作用而引起基态原子数减少的干扰（主要存在

于火焰原子化中)。电离作用大小与：待测元素电离电位大小有关，一般电离电位<6eV易发生电离；火焰温度有关，火焰温度越高，越易发生电离（如碱及碱土元素)。

2. 化学干扰的消除

化学干扰产生的原因是各种各样的，具体应采用什么方法消除也因情况而定。消除化学干扰的方法：

① 加入消电离剂，如 NaCl、KCl、CsCl 等。消电离剂是比被测元素电离电位低的元素，相同条件下消电离剂首先电离，产生大量的电子，抑制被测元素的电离。例：加入足量的铯盐，抑制 K、Na 的电离。

② 加入释放剂，释放剂与干扰物质能生成比被测元素更稳定的化合物，使被测元素释放出来。例如，磷酸根干扰钙的测定，可在试液中加入镧盐、锶盐，镧、锶与磷酸根首先生成比钙更稳定的磷酸盐，就相当于把钙释放出来。

③ 加入保护剂，保护剂可与被测元素生成不易分解的或更稳定的配合物，防止被测元素与干扰组分生成难离解的化合物。保护剂一般是有机配合剂。例如，EDTA、8-羟基喹啉。如磷酸根干扰钙的测定，可在试液中加入 EDTA，此时 Ca 转化为 Ca-EDTA 络合物，它在火焰中容易原子化，就消除了磷酸根的干扰。

④ 加入缓冲剂，即在试样和标准溶液中均加入大量的干扰元素，使干扰达到饱和并趋于稳定。如用乙炔-N_2O 火焰测定 Ti 时，Al 抑制 Ti 的吸收，有干扰，但如果在试样和标准溶液中均加入 $200\mu g/g$ 的 Al 盐，可使 Al 对 Ti 的干扰趋于稳定，从而消除其干扰。

除了加上述试剂消除干扰外，还可以采用标准加入法来消除干扰。当上述方法均无效时，则必须分离。

(三) 光谱干扰与消除

1. 与光源有关的光谱干扰

(1) 待测元素分析线的邻近线干扰

① 与待测元素的分析线邻近的是待测元素的谱线（单色器不能分开）。如镍 HCL 发射的谱线，若选 232.0nm 的共振线作分析线，其周围有很多邻近线（非共振线），如果单色器不能将其邻近谱线分开，就会产生干扰，使测定的灵敏度下降，工作曲线弯曲。

消除的方法：减小狭缝宽度。

② 与待测元素的分析线邻近的是非待测元素的谱线（单色器不能分开）。如果此线为非吸收线，同样会使测定的灵敏度下降，工作曲线弯曲；如果为吸收线，则产生假吸收，引起正误差。这种现象常见于多元素灯。

消除的方法：采用单元素灯。

(2) 空心阴极灯的干扰

空心阴极灯有连续背景发射，不仅使测定的灵敏度下降，工作曲线弯曲，当共存元素的吸收线处于背景发射区时，有可能产生假吸收。因此不能使用有严重背景发射的 HCL。

消除的方法：遇到此情况，应更换灯。

2. 光谱重叠干扰

原子吸收法中，光谱重叠的概率小。但个别元素仍可能存在谱线重叠引起的干扰。

消除的方法：另选分析线，或分离干扰。

(四) 背景干扰与消除

(1) 原子化器的发射

来自火焰本身或原子蒸气中待测元素的发射。

消除的方法：对光源进行调整。但有时仍会增加信号噪声，此时可适当增大灯电流，提高信噪比。

（2）背景吸收

原子化过程中生成的气体分子、氧化物及盐类等分子或固体微粒对光源辐射吸收或散射引起的干扰。可通过适当缩小狭缝消除干扰。

① 火焰成分对光的吸收。指火焰中 OH、CH、CO 等分子或基团对光源的辐射吸收。对大多数元素测定结果影响不大，一般可通过调零来消除，但影响信号的稳定性。特别是对分析线在紫外区末端元素的测定影响较严重，此时可改用空气-H_2 焰，或 Ar-H_2 焰。所以选择火焰时，还应考虑火焰本身对光的吸收。根据待测元素的共振线，选择不同的火焰，可避开干扰。例如，As 的共振线 193.7nm 采用空气-乙炔火焰时，火焰产生吸收，而选氢-空气火焰则较好。

② 金属的卤化物、氧化物、氢氧化物以及部分硫酸盐和磷酸盐分子对光的吸收。低温火焰影响较明显，例如，在乙炔-空气火焰中，Ca 形成 $Ca(OH)_2$ 在 530～560nm 有吸收，干扰 Ba 553.5nm 和 Na 589nm 的测定；高温火焰中，由于分子分解影响不明显。

③ 固体微粒对光的散射。原子化过程中形成的固体微粒，在光通过原子化器时，对光产生散射，被散射的光偏离光路，不能被检测器检测，导致测得的 A 偏高（假吸收）。

第二节　原子吸收光谱仪

一、原子吸收光谱仪概述

自 1955 年 A. Walsh 发表第一篇关于原子吸收光谱分析法的论文和 1959 年苏联学者 L'vov 发表第一篇关于石墨炉原子吸收光谱分析法的论文，至今已经过去 60 多年。20 世纪 50 年代末，英国 Hilger&Watts 公司和美国 Perkin-Elmer 公司分别在 Uvispek 和 P-E13 型分光光度计基础上研发了火焰原子吸收分光光度计，1970 年美国 Perkin-Elmer 公司推出了第一台石墨炉原子吸收光谱商品仪器。1965 年 Willis 将 $N_2O-C_2H_2$ 高温火焰引入火焰原子吸收分析法中，同年 Koirtyo-hann 和 Pickett 成功地研究开发了连续光源背景校正方法，满足了对非特征吸收和光散射背景校正的需要。1969 年 Prugger 和 Torge 申请了塞曼背景校正方法的专利。1976 年日本 Hitachi 公司的第一台恒定磁场塞曼原子吸收光谱仪投放市场。1983 年 S. B. Smith 和 G. M. Hieftje 发表自吸收背景校正方法论文，同年在匹兹堡会上展出了带自吸收背景校正装置的原子吸收光谱分析仪器。1990 年推出了第一个纵向磁场、横向加热石墨炉塞曼原子吸收光谱仪器。1997 年北京瑞利分析仪器公司推出了带富氧空气-乙炔高温火焰原子化器的原子吸收光谱仪器。从第一台火焰原子吸收光谱商品仪器问世到现在，原子吸收光谱仪器已进入高水平发展的平台时期。

第一阶段是原子吸收光谱仪器的设计和制造进入成熟时期，出现了多种多样的原子化器；背景校正装置不断进步和完善；气路一体化技术的广泛使用，基本消除塑料管气路的接头，从而提高了气路系统工作的可靠性和安全性。火焰与石墨炉两种原子化器集成在同一台仪器内，结合形式多样，各有特色。

第二阶段是仪器的分析性能不断提高。随着光电技术、电子技术、自动化技术、计算机技术、化学计量学的引入和新型光电器件、高集成度 IC 元件的采用，大大促进了原子吸收光谱仪器分析性能的提高。仪器的分光系统出现了二维色散分光与半导体图像传感器（如 CCD 等）组成的电子扫描单色仪，二次色散一维分光的单色器。检测显示系统中采用了微秒级采样电路，高性能 IC 元件，选用大规模可编程逻辑阵列、芯片间总线（inter IC bus）

等先进技术和现代微机系统，大幅度增强了电路的可靠性和实用性，增强了仪器工作的稳定性。

第三阶段是仪器的自动化水平不断提高并开始实现智能化。高档仪器可按照分析者设定的工作参数进行无人操作，仪器参数的自动优化和故障的自动诊断，原子化过程参数自动优化，样品自动稀释，分析结果和资料自动存储与打印以及远程传输和共享等。

原子吸收光谱仪不论结构如何变化，都离不开四个组成部分，分别是光源、原子化系统、分光系统、检测与显示系统，下面分别论述每个组成部分。

二、原子吸收光谱仪的基本部件

(一) 光源

光源的基本功能是发射被测元素的特征辐射，光源应具备的基本特点是强度大、谱线窄、背景小、稳定性高、光谱纯度高、起辉电压适当、寿命长和价廉等。最常用的光源有空心阴极灯和无极放电灯，这里我们重点介绍空心阴极灯。

最早将空心阴极灯用于原子吸收光谱分析法是 Walsh 和他的同事，他们制作了 Ag、Al、Au 等空心阴极灯，国内关于封闭式空心阴极灯的研制开始于 20 世纪 60 年代初期，1965 年国内科学家就成功研制出封闭式空心阴极灯，到 20 世纪 70 年代初期已能生产 30 多种空心阴极灯。发展了一整套制灯设备和制灯工艺，并有少量产品供应其他单位，促进了国内原子吸收技术的发展，为今天国内空心阴极灯产品的发展作出了重要贡献。

空心阴极灯是依靠空心阴极放电激发的一种特殊的低压辉光放电灯，利用的是空心阴极放电时，在空心阴极孔内负辉光区所发射的特征谱线。在灯的两电极施加一定的电压，即形成电场。惰性气体在常温下总有少数原子电离为自由电子和正离子，在电场作用下，分别向阳极和阴极加速运动，在运动过程中与其他原子碰撞，导致后者电离，放出二次电子，使电子、正离子数量增加，放电现象得以维持，而且保持放电的工作电压比起辉电压更低。质量较大、加速运动的正离子群轰击阴极内表面，使其原子被溅射出来。同时，阴极内表面在被轰击的过程中因受热使原子热蒸发逸出，对低熔点易挥发元素尤为显著。被溅射和热蒸发出来的阴极内表面的原子进入空心阴极空间内，与放电过程中被加速运动的正离子、二次电子以及气体原子之间发生非弹性碰撞，从而获得能量被激发至高能态。当其回到基态时，以辐射特征波长的形式将得到的能量释放出来。发生高能级非弹性碰撞时，发射火花线或离子线；发生低能级非弹性碰撞时则发射原子线。空心阴极内相应原子密度越大，碰撞次数越多，产生的特征辐射强度越大。当溅射和热蒸发出的原子扩散逸出阴极的数目，与相应原子返回阴极内表面沉积于灯壳壁或其他部位的原子数之间达到平衡时，空心阴极内相应原子密度和放电保持稳定，即负辉光区相应元素的特征辐射强度亦趋于稳定。

空心阴极灯是锐线光源，最大特点是辐射锐线光谱。对空心阴极灯性能的要求是：①能发射待测元素的特征谱线，没有阴极材料杂质元素或其他元素、阳极材料、充入的惰性气体等发射谱线的重叠干扰；②在较低工作电流条件下，能辐射强度较大的特征谱线，谱线宽度窄，自吸效应小；③在特征辐射谱线两侧的辐射背景低，在一定的光谱通带内，要求大多数空心阴极灯特征辐射谱线两侧的辐射背景≤特征辐射谱线强度的 1%，特别是某些过渡元素或稀土元素灯的背景辐射足够弱，愈弱愈好；④特征辐射谱线强度稳定性好；⑤灯的起辉电压低，才能保证适用于各种不同原子吸收光谱仪器，一般原子吸收仪器灯的供电频率是 200Hz、400Hz 或更高；⑥每秒钟灯要连续接通断开数百次，使用寿命长，可长期存放；⑦灯的辐射立体角要小，在使用效果上能达到空心阴极灯近似于一个点光源，可以使灯辐射的特征谱线能量接近全部从原子化器内通过，并进入单色器分光系统。上述 7 条中，以②、③、

④和⑥最为重要。空心阴极灯结构如图 4-5 所示。

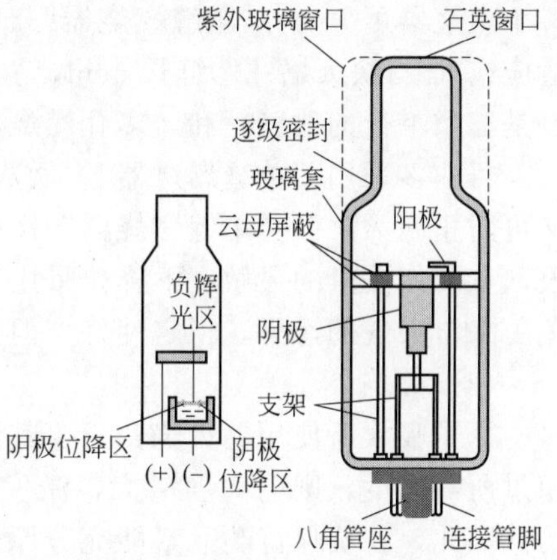

（二）原子化系统

原子化系统的主要作用是将试样中的待测元素转变成气态的基态原子（原子蒸气）。原子化是原子吸收分光光度法的关键。实现原子化的方法可分为：火焰原子化法和非火焰原子化法。

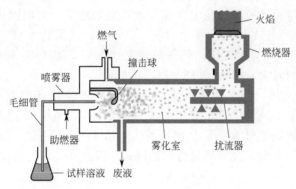

图 4-5　空心阴极灯结构

1. 火焰原子化法

火焰原子化装置包括：雾化器和燃烧器两部分，如图 4-6 所示。燃烧器有全消耗型（试液直接喷入火焰）和预混合型（在雾化室将试液雾化，然后导入火焰）两类。目前广泛应用的是后者。

（1）雾化器

其作用是将试样溶液分散为极微细的雾滴，形成直径约 $10\mu m$ 的雾滴的气溶胶（使试液雾化）。对雾化器的要求：喷雾要稳定；雾滴要细而均匀；雾化效率要高；有好的适应性。其性能好坏对测定精密度、灵敏度和化学干扰等都有较大影响。因此，雾化器是火焰原子化器的关键部件之一。

图 4-6　火焰原子化装置

常用的雾化器有以下几种：气动雾化器，离心雾化器，超声喷雾器和静电喷雾器等。目前广泛采用的是气动雾化器。

其原理如图 4-6 所示：高速助燃气流通过毛细管口时，把毛细管口附近的气体分子带走，在毛细管口形成一个负压区，若毛细管另一端插入试液中，毛细管口的负压就会将液体吸出，并与气流冲击而形成雾滴喷出。

形成雾滴的速率：①与溶液的黏度和表面张力等物理性质有关。②与助燃器的压力有关：增加压力，助燃气流速度加快，可使雾滴变小。但压力过大，单位时间进入雾化室的试液量增加，反而使雾化效率下降。③与雾化器的结构有关，如气体导管和毛细管孔径的相对大小。

（2）燃烧器

试液雾化后进入预混合室（雾化室），与燃气在室内充分混合。对雾化室的要求是能使雾滴与燃气、助燃气混合均匀，"记忆"效应小。雾化室设有分散球（玻璃球），较大的雾滴碰到分散球后进一步细微化。另有扰流器，较大的雾滴凝结在壁上，然后经废液管排出。最后只有那些直径很小，细而均匀的雾滴才能进入火焰中（雾化率 10%）。

燃烧器可分为："单缝燃烧器"（喷口是一条长狭缝：①缝长 10cm，缝宽 0.5～0.6cm，适应空气-乙炔火焰；②缝长 5cm，缝宽 0.46cm，适应 N_2O-乙炔火焰）、"三缝燃烧器"（喷口是三条平行的狭缝）和"多孔燃烧器"（喷口排在一条线上）。

目前多采用"单缝燃烧器"。做成狭缝式，这种形状既可获得原子蒸气较长的吸收光程，又可防止回火。但"单缝燃烧器"产生的火焰很窄，使部分光束在火焰周围通过，不能被吸收，从而使测量的灵敏度下降。采用"三缝燃烧器"，由于缝宽较大，并由于燃烧充分而避免了来自大气的污染，稳定性好。但气体耗量大，装置复杂，燃烧器的位置可调。

（3）火焰

原子吸收所使用的火焰，只要其温度能使待测元素离解成自由的基态原子就可以了。如超过所需温度，则电离度增大，激发态原子增加，基态原子减少，这对原子吸收是很不利的。因此，在确保待测元素能充分原子化的前提下，使用较低温度的火焰比使用较高温度火焰具有较高的灵敏度。但是如果温度过低，盐类不能离解，可能产生分子吸收，干扰测定。火焰的温度取决于燃气和助燃气的种类以及其流量。

按照燃气和助燃气比例不同，可将火焰分为三类：①化学计量火焰：温度高，干扰少，稳定，背景低，适用于测定许多元素。②富燃火焰：还原性火焰，燃烧不完全，测定较易形成难熔氧化物的元素，如 Mo、Cr、稀土元素等。③贫燃火焰：火焰温度低，氧化性气氛，适用于碱金属测定。

火焰的组成与测定的灵敏度、稳定性和干扰等密切相关。常用的火焰有空气-乙炔、氧化亚氮-乙炔、空气-氢气等多种。

① 空气-乙炔火焰。此最为常用。其最高温度 2300℃，能测 35 种元素。但不适宜测定易形成难离解氧化物的元素，如 Al、Ta、Zr、Ha 等。

贫燃性空气-乙炔火焰，其燃助比小于 1∶6，火焰燃烧高度较低，燃烧充分，温度较高，但范围小，适用于不易氧化的元素。富燃性空气-乙炔火焰，其燃助比大于 1∶3，火焰燃烧高度较高，温度较贫燃性火焰低，噪声较大，由于燃烧不完全，火焰呈强还原性气氛（如 CN、CH、C 等），有利于金属氧化物的离解：

$$MO+C \longrightarrow M+CO \tag{4-16}$$

$$MO+CN \longrightarrow M+N+CO \tag{4-17}$$

$$MO+CH \longrightarrow M+C+OH \tag{4-18}$$

故适用于测定较易形成难熔氧化物的元素。

日常分析工作中，较多采用化学计量的空气-乙炔火焰（中性火焰），其燃助比为 1∶4。这种火焰稳定、温度较高、背景低、噪声小，适用于测定许多元素。

② 氧化亚氮-乙炔火焰。其燃烧反应为：

$$5N_2O \longrightarrow 5N_2+5/2O_2+Q \tag{4-19}$$

$$C_2H_2+5/2O_2 \longrightarrow 2CO_2+H_2O \tag{4-20}$$

火焰温度达 3000℃。火焰中除含 C、CO、OH 等半分解产物外，还含有 CN、NH 等成分，因而具有强还原性，可使许多易形成难离解氧化物的元素原子化（如 Al、B、Be、Ti、N、W、Ta、Zr、Ha 等），产生的基态原子又被 CN、NH 等气氛包围，故原子化效率高。另由于火焰温度高，化学干扰也少。适用于难原子化元素的测定，用它可测定 70 多种元素。

③ 氧屏蔽空气-乙炔火焰。用氧气流将空气-乙炔火焰与大气隔开。特点是温度高、还原性强。适合测定 Al 等一些易形成难离解氧化物的元素。

2. 非火焰原子化法

非火焰原子化装置是利用电热、阴极溅射、等离子体或激光等方法使试样中待测元素形成基态自由原子。目前广泛使用的是电热高温石墨炉原子化法。

石墨炉原子化器本质就是一个电加热器，通电加热盛放试样的石墨管，使之升温，以实现试样的干燥、灰化、原子化和激发。

（1）结构

石墨炉原子化器由石墨炉电源、炉体和石墨管三部分组成。将石墨管固定在两个电极之间（接石墨炉电源），石墨管具有冷却水外套（炉体）。石墨管中心有一进样口，试样由此注入。

石墨炉电源是能提供低电压（10V）、大电流（500A）的供电设备。当其与石墨管接通时，能使石墨管迅速加热到 $2000\sim3000℃$ 的高温，以使试样干燥、灰化、原子化和激发。炉体具有冷却水外套（水冷装置），用于保护炉体。当电源切断时，炉子很快冷却至室温。炉体内通有惰性气体（Ar、N_2），其作用是：防止石墨管在高温下被氧化；保护原子化了的原子不再被氧化；排出在分析过程中形成的烟气。另外，炉体两端是两个石英窗。

（2）石墨炉原子化过程

一般需要经四步程序升温完成：

① 干燥：于低温（溶剂沸点）蒸发掉样品中的溶剂。通常干燥的温度稍低于溶剂的沸点。对水溶液，干燥温度一般在100℃左右。干燥时间与样品的体积有关，一般为 $20\sim60s$ 不等。对水溶液，一般为 $1.5s/\mu L$。

② 灰化：在较高温度下除去比待测元素容易挥发的低沸点无机物及有机物，减少基体干扰。

③ 高温原子化：使以各种形式存在的分析物挥发并离解为中性原子。原子化的温度一般在 $2400\sim3000℃$（因被测元素而定），时间一般为 $5\sim10s$。可绘制 $A\text{-}T$、$A\text{-}t$ 曲线来确定。

④ 净化（高温除残）：升至更高的温度，除去石墨管中的残留分析物，以减少和避免记忆效应。

（3）石墨炉原子化法的特点

① 优点：a. 试样原子化是在惰性气体保护下及强还原性的石墨介质中进行的，有利于易形成难熔氧化物的元素的原子化。b. 取样量少。通常固体样品 $0.1\sim10mg$，液体样品 $1\sim50\mu L$。c. 试样全部蒸发，原子在测定区的平均滞留时间长，几乎全部样品参与光吸收，绝对灵敏度高，达 $10^{-9}\sim10^{-13}g$。一般比火焰原子化法提高几个数量级。d. 测定结果受样品组成的影响小。e. 化学干扰小。

② 缺点：a. 精密度较火焰法差（记忆效应），相对偏差约为 $4\%\sim12\%$（加样量少）。b. 有背景吸收（共存化合物分子吸收），往往需要扣背景。

3. 其他原子化法（化学原子化法）

（1）氢化物原子化法

氢化物原子化方法属低温原子化方法（原子化温度 $700\sim900℃$）。主要应用于 As、Sb、Bi、Sn、Ge、Se、Pb、Ti 等元素。

原理：在酸性介质中，与强还原剂硼氢化钠反应生成气态氢化物。例如：

$$AsCl_3+4NaBH_4+HCl+8H_2O=\!=\!=AsH_3+4NaCl+4HBO_2+13H_2$$

将待测试样在专门的氢化物生成器中产生氢化物，然后引入加热的石英吸收管内，使氢化物分解成气态原子，并测定其吸光度。

特点：原子化温度低；灵敏度高（对砷、硒可达 $10^{-9}g$）；基体干扰和化学干扰小。

（2）冷原子化法

主要应用于：各种试样中 Hg 元素的测量。

汞在室温下有一定的蒸气压，沸点为357℃。只要对试样进行化学预处理还原出汞原子，由载气（Ar 或 N_2）将汞蒸气送入吸收池内测定。

原理：将试样中的汞离子用 $SnCl_2$ 或盐酸羟胺完全还原为金属汞后，用气流将汞蒸气带入具有石英窗的气体测量管中进行吸光度测量。

特点：常温测量；灵敏度、准确度较高。

（三）分光系统

原子吸收光谱法应用的波长范围一般在紫外、可见区，即从铯 852.1nm 到砷 193.7nm。光学系统可分为两部分：外光路系统和分光系统（单色器）。外光路系统：作用是 HCL 发出的共振线能准确地通过原子蒸气，并投射在单色器入射狭缝上。分光系统（单色器）：将 HLP 发射的未被待测元素吸收的特征谱线与邻近谱线分开。因谱线比较简单，一般不需要分辨率很高的单色器。

为了便于测定，又要有一定的出射光强度。因此若光源强度一定，就需要选用适当的光栅色散率与狭缝宽度配合，构成适于测定的通带。

（四）检测与显示系统

主要由检测器、放大器、对数变换器、显示装置组成。

1. 检测器

检测器的作用是将单色器分出的光信号进行光电转换。应用光电池、光电管或光敏晶体管都可以实现光电转换。在原子吸收光谱仪中常用光电倍增管作为检测器。光电倍增管的原理在其他章节有讲解，此处不再赘述。

2. 放大器

放大器的作用是将光电倍增管输出的电压信号放大。由光源发出的光经原子蒸气、单色器后已经很弱，由光电倍增管放大后其发出的信号还不够强，故电压信号在进入显示装置前还必须放大。由于原子吸收测量中处理的信号波形接近方波，因此多采用同步检波放大器，以改善信噪比。

3. 对数变换器

原子吸收光谱仪中吸收前后光强度的变化与试样中待测元素的浓度关系，在火焰宽度一定时是服从比尔定律的，吸收后的光强度并不直接与浓度呈直线关系。因此为了在指示仪上显示出与试样浓度成比例的数值，就必须进行信号的对数变换。对数变换器的作用就在于此，为了方便读数，在信号进入指示仪表前，进行对数变换。目前这种技术发展非常成熟，仪表盘也已经取消，直接在计算机中显示出来。

4. 显示装置

目前原子吸收光谱仪已经非常先进，显示装置更多的是计算机系统外加功能强大的工作站和数据处理软件。

三、原子吸收光谱分析中的背景校正技术

原子吸收光谱分析中的背景校正技术主要有氘灯法、自吸收法（SR 法）和塞曼法。任何一种背景校正都是采用两种测量之差计算出扣除背景吸收后的原子吸收值的。一种测量测定原子吸收和背景吸收之和（AA＋BG），另一种测量主要测定背景吸收（BG）。

（一）氘灯自动背景校正原理

氘灯发射的连续光谱通过单色器的出光狭缝，出射带宽约为 0.2nm（带宽取决于狭缝宽度和色散率），而空心阴极灯发射线的宽度一般约为 0.002nm。

在测定时，如果待测元素原子产生了正常吸收，则

$$A_{测}=A_{背景吸收}+A_{原子吸收} \tag{4-21}$$

$$A_{原子吸收}=A_{测}-A_{背景吸收} \tag{4-22}$$

从连续光源氘灯发出的辐射 I_D 在共振线波长处也被吸收，但由于所观察的谱带宽度至少有 0.2nm，因此，在相应吸收线处宽度约为 0.002nm 的辐射即使被 100% 吸收最多也只占辐射强度的 1% 左右，故可忽略不计。因此：

$$A_{氘}=A_{背景吸收} \tag{4-23}$$

所以

$$A_{原子吸收}=A_{测}-A_{背景吸收}=A_{测}-A_{氘} \tag{4-24}$$

氘灯校正法已广泛应用于商品原子吸收光谱仪器中，氘灯校正的波长和原子吸收波长相同，校正效果显然比非共振线法好。氘灯校正背景是商品仪器使用最普通的技术，为了提高背景扣除能力，从电路和光路设计上都有许多改进，自动化程度越来越高。

（二）自吸收校正背景的原理

在较小的灯电流下空心阴极灯内溅射出的基态原子得以充分激发，发射的谱线自吸收现象较轻，用于原子吸收测量，即在小电流下测定原子吸收和背景吸收之和（AA＋BG）；当加大灯电流时，灯内溅射作用加剧，出现大量未激发的基态原子，这些基态原子对灯发射的谱线产生原子吸收，导致谱线自吸收变宽，中心波长能量下降（也称自蚀），测定灵敏度降低。利用这种自吸收变宽、测定灵敏度低的谱线测量背景吸收。

一般情况下，灯内的自吸收现象不能达到完全不产生原子吸收的程度。即大电流测定背景吸收（BG）和微量的原子吸收（AA）。于是，利用自吸收校正背景时测定灵敏度有所降低，即校正过度。提高灯电流的高电流部分的电流值，是提高自吸收校正背景时的测定灵敏度的有效手段。

（三）塞曼效应校正法

1. 塞曼（Zeeman）效应

当原子谱线被置于磁场中时，谱线会发生分裂，这种现象，就是 Zeeman 效应。正常塞曼效应（或称为简单塞曼效应）发生时，谱线被分裂成两个 σ 分量和一个 π 分量，π 分量留在原谱线位置，σ 分量则对称地出现在原谱线两侧数皮纳米处。该分量偏离的程度取决于磁场强度的大小。π 分量与磁场方向平行，σ 分量与磁场方向垂直。

磁场关闭时测得总吸收信号，磁场开时，π 分量被偏振器滤除，σ 分量则因偏离共振谱线而不能检出，分子吸收信号不受磁场影响，因此，此时所得测量值为背景信号。原理如图 4-7 所示。

2. 塞曼扣背景的几种类型

塞曼扣背景因仪器的设计不一，有数种类型。磁场可加在灯源上，也可加在原子化器上。在实践中，因磁场加在灯源上会使元素灯不稳定，所以，加在原子化器上比较合适。磁场本身可能是永磁直流磁场或调制的交流磁场。另外，从磁场的方向来说，又可分为纵向和横向磁场两类。

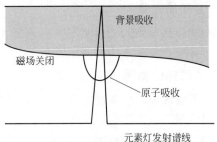

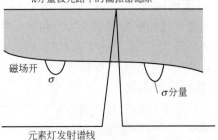

图 4-7　塞曼扣背景原理图

（1）直流永磁塞曼扣背景

该系统中，需加一旋转的偏振器来区分平行及垂直偏振谱线。该系统中，原子谱线分裂始终存在，因而灵敏度损失十分严重。

（2）交流调制塞曼扣背景

该类系统中，交流电磁场快速开关，交替测量总吸收和比较吸收。早在 1971 年，Agilent 公司就对所有塞曼扣背景可能出现的形态进行了专利注册，并选择了其中灵敏度较好的一种交流调制扣背景方式，配置在其生产的仪器上。实践证明其选择是十分正确的。

（3）纵向磁场扣背景

纵向磁场的方向与光路平行，因而所分裂出的 π 分量因与光路方向垂直而不进入单色器。那么，在光路中就无需用偏振器了。因此提高了光通量，可得到较好的检出限。当然仪器其他方面的设计对仪器整体性能的影响也不可忽视。

（4）横向磁场扣背景

正如前面所述，该方法在光路中加一偏振器将 π 分量滤除。

3. 塞曼扣背景的优点

其背景的扣除准确地在被分析元素的共振谱线处进行，且只需一个光源；波长覆盖整个波长范围；可准确扣除结构背景；可扣除某些谱线干扰；背景校正速度快，提高了扣背景的准确性；可扣除高背景吸收。

第三节　原子吸收光谱的定量分析

一、原子吸收光谱分析的一般步骤

原子吸收光谱分析的一般步骤包括样品制备、试样的处理和仪器条件的选择。

（一）样品制备

样品制备的第一步是取样，取样要有代表性，取样量的多少取决于试样中被测元素性质、含量、分析方法及测定要求。

（二）试样的处理

不同的样品前处理的方式不同。比较常用的前处理方法有电热板消解法、微波消解法、有机溶剂萃取法、熔融法等。

（三）仪器条件的选择

1. 分析线选择

通常选用共振吸收线为分析线，测定高含量元素时，可以选用灵敏度较低的非共振吸收线为分析线。As、Se 等共振吸收线位于 200nm 以下的远紫外区，火焰组分对其有明显吸收，故用火焰原子吸收法测定这些元素时，不宜选用共振吸收线为分析线。

2. 狭缝宽度选择

狭缝宽度影响光谱通带宽度与检测器接收的能量。原子吸收光谱分析中，光谱重叠干扰的概率小，可以允许使用较宽的狭缝。调节不同的狭缝宽度，测定吸光度随狭缝宽度的变化，当有其他的谱线或非吸收光进入光谱通带内，吸光度将立即减小。不引起吸光度减小的最大狭缝宽度，即为应选取的合适的狭缝宽度。

3. 空心阴极灯的工作电流选择

空心阴极灯一般需要预热 10～30min 才能达到稳定输出。灯电流过小，放电不稳定，故光谱输出不稳定，且光谱输出强度小；灯电流过大，发射谱线变宽，导致灵敏度下降，校正曲线弯曲，灯寿命缩短。选用灯电流的一般原则是，在保证有足够强且稳定的光强输出条件下，尽量使用较低的工作电流。通常以空心阴极灯上标明的最大电流的 1/2～2/3 作为工作电流。在具体的分析场合，最适宜的工作电流由实验确定。

4. 原子化条件的选择

（1）火焰类型和特性

在火焰原子化法中，火焰类型和特性是影响原子化效率的主要因素。对低、中温元素，使用空气-乙炔火焰；对高温元素，宜采用氧化亚氮-乙炔高温火焰；对分析线位于短波区（200nm 以下）的元素，使用空气-氢火焰是合适的。对于确定类型的火焰，稍富燃的火焰（燃气量大于化学计量）是有利的。对氧化物不十分稳定的元素如 Cu、Mg、Fe、Co、Ni 等，用化学计量火焰（燃气与助燃气的比例与它们之间的化学反应计量关系相近）或贫燃火焰（燃气量小于化学计量）也是可以的。为了获得所需特性的火焰，需要调节燃气与助燃气的比例。

（2）燃烧器的高度选择

在火焰区内，自由原子的空间分布是不均匀，且随火焰条件而改变，因此，应调节燃烧器的高度，以使来自空心阴极灯的光束从自由原子浓度最大的火焰区域通过，以期获得高的灵敏度。

（3）程序升温的条件选择

在石墨炉原子化法中，合理选择干燥、灰化、原子化及除残温度与时间是十分重要的。干燥应在稍低于溶剂沸点的温度下进行，以防止试液飞溅。灰化的目的是除去基体和其他干扰组分，在保证被测元素没有损失的前提下应尽可能使用较高的灰化温度。原子化温度的选择原则是，选用达到最大吸收信号的最低温度作为原子化温度。原子化时间的选择，应以保证完全原子化为准。原子化阶段停止通保护气，以延长自由原子在石墨炉内的平均停留时间。除残的目的是消除残留物产生的记忆效应，除残温度应高于原子化温度。

（4）进样量选择

进样量过小，吸收信号弱，不便于测量；进样量过大，在火焰原子化法中，对火焰产生冷却效应，在石墨炉原子化法中，会增加除残的困难。在实际工作中，应测定吸光度随进样量的变化，达到最合适的吸光度的进样量，即为应选择的进样量。

二、原子吸收光谱的定量分析方法

（一）标准曲线法

原子吸收光谱法（AAS）的标准曲线法与分光光度法中的标准曲线法一样。即首先配制与试样溶液相同或相近基体的含有不同浓度的待测元素的标准溶液，分别测定 A 值，作 A-c 曲线，测定试样溶液的 A_x，从标准曲线上查得 c_x 样。从测量误差的角度考虑，A 值在 $0.1～0.8$ 之间测量误差最小。为了保证测定结果的准确度，标准试样应尽可能与实际试样接近。

重要的是，在实际工作中应用标准曲线时，标准曲线必须是线性的，而标准曲线是否是线性通常受许多因素影响，导致其弯曲的因素主要有：

（1）压力变宽

当待测元素浓度较高时，其原子蒸气的分压增大，产生压力变宽（属 Holtzmark 变宽），使吸收强度下降，故使标准曲线向浓度轴弯曲。通常 $\Delta\lambda_e/\Delta\lambda_a<1/5$ 时，标准曲线是线性的；$1/5<\Delta\lambda_e/\Delta\lambda_a<1$ 时，标准曲线在高浓度区稍向浓度轴弯曲；$\Delta\lambda_e/\Delta\lambda_a>1$ 时，二者不成线性。

（2）非吸收光的影响

当共振线与非吸收线同时进入检测器时，由于非吸收线不遵守比尔定律，引起工作曲线弯曲。

（3）电离效应

当元素的电离电位低于 6eV 时，在火焰中易电离，使基态原子数目减少。浓度低时，电离度大，A 下降得多，标准曲线向浓度轴弯曲；浓度高时，电离度小，A 下降得少，标准曲线向吸光度轴弯曲。

考虑到上述因素，采用本法时应注意以下几点：

所配标准溶液的浓度，应在 A 与 c 成线性关系的范围内；标准溶液与试样溶液应用相同的试剂处理，并扣除空白值；整个分析过程中，操作条件应保持一致；由于喷雾效率和火焰状态经常变动，标准曲线的斜率也随之变动，因此，每次测定前，应用标准溶液对吸光度进行检查和校正，适用于组成简单、干扰较少的试样。

（二）标准加入法

在 AAS 法中，一般来说，被测试样的组成是完全未知的，这就给标准试样的配制带来困难。在这种情况下，使用标准加入法在一定程度上可克服这一困难。

先测定一定体积试液（c_x）的吸光度 A_x，然后在该试液中加入一定量的与未知试液浓度相近的标准溶液，其浓度为 c_s，测得的吸光度为 A，则

$$A_x = kc_x \tag{4-25}$$
$$A = k(c_x + c_s) \tag{4-26}$$

整理以上两式得：

$$c_x = \frac{A_x}{A - A_x} \cdot c_s \tag{4-27}$$

实际测定时通常采用外推法作图：在 5 份相同体积试样中，分别加入不同量待测元素的标准溶液并稀释至相同体积，浓度如表 4-2 所示，再分别测定吸光度。

表 4-2　标准加入法溶液配制方法

浓度	c_x	$c_x + c_0$	$c_x + 2c_0$	$c_x + 3c_0$	$c_x + 4c_0$
吸光度	A_x	A_1	A_2	A_3	A_4

以加入待测元素的标准量为横坐标，相应的吸光度为纵坐标作图可得一直线，此直线的延长线与横坐标的交点到原点的距离相应的质量即为原始试样中待测元素的量，如图 4-8 所示。

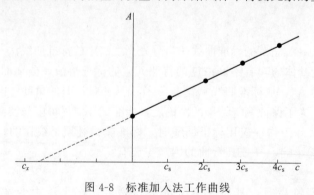

图 4-8　标准加入法工作曲线

在应用本法时应注意以下几点：待测元素的浓度与其对应的 A 成线性关系；至少应采用四个点来做外推曲线，加入标准溶液的增量要合适，使第一个加入量产生的吸光度约为试样原吸光度的一半；本法能消除基体效应，但不能消除背景吸收的影响；对于斜率太小的曲

线，容易引起较大误差；当试样基体影响较大，且又没有纯净的基体空白，或测定纯物质中极微量的元素时采用。

第四节　原子吸收光谱仪的特点

目前知名的原子吸收光谱仪的厂家主要有岛津公司、安捷伦公司、赛默飞公司、铂金埃尔默公司、耶拿公司等，生产的仪器性能稳定、操作方便，在硬件和软件方面做了很多创新，目的就是提高仪器的检出限。在众多的改进中，光源部分和石墨炉加热方式是最能反映仪器性能指标的两个部分，在此简单介绍这两部分的特点。

一、连续光源

大部分的仪器厂家所生产的原子吸收光谱仪的光源都是锐线光源，而耶拿公司采用的是连续光源，这种连续光源是高聚焦短弧氙灯，该光源从紫外到近红外（180~900nm）都有强的辐射，能满足所有元素的测量需求，且不需要更换元素灯，开机后就可以立即进行测量。该仪器采用了高分辨率的中阶梯光栅单色器，经色散后所得谱线宽度可达 pm 级，检测器采用了线阵 CCD 检测器，从而可获得吸收谱线轮廓及周边各种光谱的分析信息，可以顺序扫描进行多元素测定。现在，将这种系统称为连续光源高分辨原子吸收光谱仪，而将传统使用锐线光源的原子吸收称为线光源原子吸收光谱仪。

二、石墨炉加热方式

石墨炉加热方式是原子吸收光谱仪的关键技术，直接关系到原子化效率的优劣，影响分析的灵敏度。石墨炉的加热方式目前主要分为纵向加热和横向加热两种，与加热电流的方向及光线通过石墨炉的方向有关。

（1）纵向加热

加热方向（电流方向）沿光轴方向进行，即电流方向与光轴方向平行。目前绝大多数石墨炉原子化器都是采用纵向加热。纵向加热石墨炉的原子化温度可达到近 3000℃，结构比横向加热石墨炉简单。但是纵向加热石墨管内的温度不均匀，如果说石墨管的中心温度达到3000℃，则长度为 28mm 的纵向石墨管两端的温度只有 2500℃，其中心与两端的温度差达到 500℃，且基本上呈正态分布。因此，纵向加热石墨炉的原子化效率不均匀，基本上呈正态分布，从而导致原子蒸气的浓度不均匀，石墨管中心的原子蒸气的浓度高，两端的原子蒸气的浓度低，影响分析的灵敏度。再者，由于石墨管的温度梯度大，原子化效率不均匀，纵向加热石墨炉不适用于对难熔、难测的高温元素和复杂体系样品的分析，如：钼、钡等高温元素。由于纵向加热石墨炉历史悠久、制造技术难度比横向加热小、成本低，所以大多数原子吸收仪仍然采用纵向加热方式。

（2）横向加热

加热方向（电流方向）与光轴垂直。横向加热石墨炉的两端不与冷却水接触，因此石墨管中心和两端的温度差比较小，石墨管里的原子化温度均匀，这是横向加热石墨炉最突出的优点，这种加热方式可以避免用水冷却电极的时候带走石墨管两端的热量，保证石墨管里光线通过的方向上只存在很小的温度梯度。但是，横向加热石墨炉的原子化温度要比纵向加热石墨炉低 300℃左右。然而，横向加热石墨炉的原子化时间少于纵向加热石墨炉，且横向加热石墨炉测得的特征质量普遍比纵向加热石墨炉好。由此可以看出，横向加热石墨炉在原子化过程中提供了良好的时间和空间恒温环境，提高了分析的可靠性，同时延长了石墨管的使用寿命。

第五章　原子荧光光谱分析技术

1964 年，Winefordner 等首先提出用原子荧光光谱（AFS）作为分析方法的概念。1969 年，Holak 研究出氢化物气体分离技术并用于原子吸收光谱法测定砷。1974 年，Tsujiu 等将原子荧光光谱和氢化物气体分离技术相结合，提出了气体分离-非色散原子荧光光谱测定砷的方法，这种联合技术也是现代常用氢化物发生-原子荧光光谱（HG-AFS）分析的基础架构。

第一节　原子荧光光谱基本原理

原子荧光是原子蒸气受具有特征波长的光源照射后，其中一些自由原子被激发跃迁到较高能态，然后这些原子又回迁到某一较低能态（常常是基态）而发射出特征光谱的物理现象。当激发辐射的波长与所产生的荧光波长相同时，这种荧光称为共振荧光。它是原子荧光分析中最为常用的一种荧光。如果自由原子从其一较低能态经激发跃迁到较高能态，去激发而跃迁到不同于原来能态的另一较低能态，就有各种不同类型的原子荧光出现。各种元素都有特定的原子荧光光谱，据此可以辨别元素的存在。并根据原子荧光强度的高低可测得试样中待测元素的含量。这就是原子荧光光谱分析的原理。

原子荧光光谱分析是在原子发射光谱分析、荧光分析法和原子吸收分光光度法的基础上发展起来的。但是，原子荧光分析法又区别于荧光分析法，荧光分析法是测量基态分子受激发而产生的分子荧光，可以用来测定样品中分子的含量；而原子荧光是原子产生的，故原子荧光法用来测定样品中的能够检测到荧光能量的某些元素的含量。原子荧光分析法又不同于火焰或等离子体原子发射光谱分析。原子发射光谱法一般用电弧、火花、火焰、激光以及等离子光源来激发，是由粒子互相发生碰撞交换能量而使原子激发发光的，其激发机理属于热激发。原子荧光分析则是将待测样品置入原子化器来实现原子化，再经激发光束照射后被激发，属于冷激发，或被称为光激发，这样的激发方式又和原子吸收光谱分析法很类似。所以可认为，原子荧光分析法是原子发射光谱、荧光分析法和原子吸收光谱的综合和发展。

一、原子荧光的类型

自从原子荧光现象发现以来，由于新技术的不断发展、可调谐激光器的应用，原子荧光产生的形式更加多样化了，但应用在分析上的原子荧光主要有共振荧光、非共振荧光与敏化荧光等三种类型。图 5-1 为原子荧光的类型。

（一）共振荧光

气态原子吸收共振线被激发后，再发射与原吸收线波长相同的荧光即是共振荧光。它的特点是激发线与荧光线的高低能级相同，其产生过程见图 5-1(a) 中的 A-F。如锌原子吸收 213.86nm 的光，它发射荧光的波长也为 213.861nm。若原子受热激发处于亚稳态，再吸收

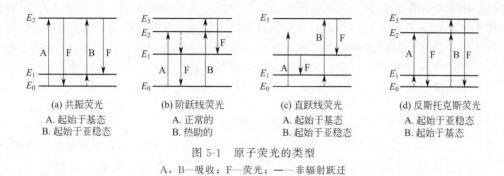

图 5-1　原子荧光的类型

A，B—吸收；F—荧光；——非辐射跃迁

辐射进一步激发，然后再发射相同波长的共振荧光，此种原子荧光称为热助共振荧光。见图 5-1(a) 中的 B-F，原子 B 受热从 E_0 能级跃迁到 E_1 能级，处于亚稳态，再吸收辐射跃迁到 E_2 能级，然后发射荧光 F 至 E_1 能级，吸收辐射和发射辐射的波长相同。

(二) 非共振荧光

当荧光与激发光的波长不相同时，产生非共振荧光。非共振荧光又分为阶跃线荧光、直跃线荧光、anti-Stokes（反斯托克斯）荧光。

1. 阶跃线荧光

有两种情况，正常阶跃线荧光为被光照激发的原子，以非辐射形式去激发返回到较低能级，再以发射形式返回基态而发射的荧光。很显然，荧光波长大于激发线波长。例如，钠原子吸收 330.30nm 的光，发射出 588.99nm 的荧光。非辐射形式为在原子化器中原子与其他粒子碰撞的去激发过程。热助阶跃荧光为被光照射激发的原子，跃迁至中间能级，又发生热激发至高能级，然后返回至低能级发射的荧光。例如，铬原子被 359.35nm 的光激发后，会产生很强的 357.87nm 荧光。阶跃线荧光的产生见图 5-1(b)。

2. 直跃线荧光

激发态原子跃迁至高于基态的亚稳态时所发射的荧光称为直跃线荧光，见图 5-1（c）。由于荧光的能级间隔小于激发线的能级间隔，所以荧光的波长大于激发线的波长。如铅原子吸收 283.31nm 的光，而发射 405.78nm 的荧光。它是激发线和荧光线具有相同的高能级，而低能级不同。如果荧光线激发能大于荧光能，即荧光线的波长大于激发线的波长，称为 Stokes 荧光；反之，称为 anti-Stokes 荧光。直跃线荧光为 Stokes 荧光。

3. anti-Stokes 荧光

当自由原子跃迁至某一能级，其获得的能量一部分由光源激发能供给，另一部分是热能供给，然后返回低能级所发射的荧光为 anti-Stokes 荧光。其荧光能大于激发能，荧光波长小于激发线波长。例如，铟吸收热能后处于一较低的亚稳能级，再吸收 451.13nm 的光后，发射 410.18nm 的荧光，见图 5-1(d)。

(三) 敏化荧光

受光激发的原子与另一种原子碰撞时，把激发能传递给另一个原子使其激发，后者再以发射形式去激发而发射荧光即为敏化荧光。火焰原子化器中观察不到敏化荧光，在非火焰原子化器中才能观察到。

在以上各种类型的原子荧光中，共振荧光强度最大，最为常用。

二、原子荧光定量分析基本关系式

原子荧光为光致发光、二次发光，激发光源停止时，再发射过程立即停止。对于某一元素来说，原子吸收了光辐射之后，根据跃迁过程中所涉及的能级不同，将发射出一组特征荧光谱线。由于在原子荧光光谱分析的实验条件下，大部分原子处于基态，而且能够激发的能级又取决于光源所发射的谱线，因而各元素的原子荧光谱线十分简单。根据所记录的荧光谱线的波长即可判断有哪些元素存在，这是定性分析的基础。

当原子蒸气吸收光辐射并被激发时，测量到的共振荧光辐射通量可以用式（5-1）表示：

$$\phi_F = \frac{\Omega}{4\pi}\phi_A Y f \tag{5-1}$$

式中，ϕ_F 为荧光辐射通量；Ω 为测量荧光辐射通量的立体角；ϕ_A 为被测原子所吸收的激发光束辐射通量；Y 为荧光量子效率，即发射荧光的量子数和吸收激发光的量子数的比值；f 为在原子化器中，由于再吸收而引起的荧光辐射损失校正系数。

在一定的实验条件下，Ω 和 Y 可视为常数。当原子浓度十分稀薄时，ϕ_A 正比于光源强度和原子浓度，f 可忽略不计。当光源强度一定时，原子荧光辐射通量 ϕ_F 与溶液中被测元素浓度 c 成正比，如式（5-2）所示，

$$\phi_F = Kc \tag{5-2}$$

上式为原子荧光定量分析的基本关系式，即荧光强度与元素的浓度成正比。

三、原子荧光的量子效率和猝灭

（1）量子效率

量子效率即单位时间内发射的荧光光子数和吸收激发光的光子数之比，如式（5-3）所示：

$$\varphi = \frac{\varphi_f}{\varphi_A} \tag{5-3}$$

式中，φ_f 为单位时间内发射的荧光光子数；φ_A 为单位时间内吸收激发光的光子数；φ 一般小于1。

（2）荧光猝灭

受激发原子和其他粒子碰撞，把一部分能量变成热运动与其他形式的能量，因而发生无辐射的去激发过程。

$$A^* + B = A + B + \Delta H$$

可用氩气来稀释火焰，减小猝灭现象。

第二节　原子荧光光谱仪及使用方法

进行原子荧光测量的仪器称为原子荧光光谱仪，可分为单道和多道两类，前者一次只能测量一个元素的荧光强度，后者一次可同时测量多个元素。

一、原子荧光光谱仪的基本组成部分

仪器由下述五部分组成：

（1）辐射源

辐射源是用来激发原子使其产生原子荧光的。要求强度高、稳定性好。光源分连续光源和线光源。连续光源一般采用高压氙灯，功率可高达数百瓦。这种灯测定的灵敏度较低，光谱干扰较大，但是采用一个灯即可激发出各元素的荧光。常用的线光源为脉冲供电的空心阴极灯、无电极放电灯及20世纪70年代中期提出的可控温度梯度原子光谱灯。采用线光源时，测定某种元素需要配备该元素的光谱灯。可调染料激光也可作为辐射源，但短波部分能量还不够。

（2）单色器

单色器是产生高纯单色光的装置，其作用为选出所需要测量的荧光谱线，排除其他光谱线的干扰。单色器由狭缝、色散元件（光栅或棱镜）和若干个反射镜或透镜组成。使用单色器的仪器称为色散原子荧光光谱仪；不用单色器的仪器称为非色散原子荧光光谱仪。

（3）原子化器

原子化器是将被测元素转化为原子蒸气的装置，可分为火焰原子化器和电热原子化器。火焰原子化器是利用火焰使元素的化合物分解并生成原子蒸气的装置。所用的火焰为空气-乙炔焰、氩氢焰等。电热原子化器是利用电能来产生原子蒸气的装置。

（4）检测器

检测器是测量原子荧光强度的装置。常用的检测器为光电倍增管。它可将光能变为电能，荧光信号通过光电转换后被记录下来。

（5）显示装置

显示装置是显示测量结果的装置。可以是电表、数字表、记录仪、打印机等。

二、原子荧光光谱仪简介

原子荧光光谱仪分为两类，色散型和非色散型。原子荧光光谱仪与原子吸收光谱仪相似，但光源与其他部件不在一条直线上，而是成 90°直角，是为了避免激发光源发射的辐射对原子荧光检测信号的影响。如图 5-2 所示。

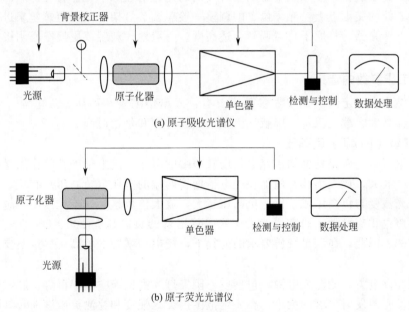

图 5-2　仪器原理对照图

激发光源，可用线光源或连续光源，空心阴极灯或氙弧灯；色散系统，色散型光栅或非色散型滤光器；检测系统，光电倍增管；原子化器，与原子吸收光谱仪相同。

三、原子荧光光谱分析的一般步骤

（一）样品的前处理

在原子荧光光谱分析前，须采用合适的方法将样品处理成均匀的水溶液，如灰化法、消解法等；同时应结合分析方法、样品性质、待测元素等诸多方面综合考虑样品前处理中各种因素的影响，包括：

① 前处理过程须保证样品完全分解；

② 选用的前处理方法须保证待测元素无损失或不产生不溶性化合物，比如，测汞时，样品不能采用灰化或高温敞开式消解以免汞挥发损失；

③ 所有试剂应检查空白，并考虑试剂对定量产生的干扰，无机酸建议采用优级纯，同时须做空白试验；

④ 样品前处理后的介质应符合待测元素氢化物发生的条件。

（二）开关机顺序

1. 开机顺序

打开计算机，进入 windows 操作系统后，打开气源，再依次开启荧光仪主机、氢化物发生装置、自动进样器，进入 AFS 工作站。

2. 关机顺序

退出 AFS 工作站，依次关闭荧光仪主机、氢化物发生装置、自动进样器，关闭计算机，并断电、关气。

3. 光路调节

打开主机电源后，灯室内的空心阴极灯一般自发点亮。将调光器放置在原子化器上方，调节原子化器高度旋钮，使元素空心阴极灯发出的光斑落在原子化器石英炉芯的中心线与透镜的水平中心线的交汇点上。光斑位置的调整一般靠调节灯架上的固定螺丝来进行。光路调节正常后取下调光器，将原子化器调到合适高度。一般地，新装或更换空心阴极灯时都应进行光路调节。

（三）仪器工作参数的选择

对检测结果有一定影响的仪器参数主要有：光电倍增管负高压、灯电流、原子化器温度、原子化器高度、载气流量、屏蔽气流量、读数时间和延迟时间。

1. 光电倍增管（PMT）负高压

光电倍增管负高压是指施加于光电倍增管两端的电压。光电倍增管的作用是把光信号转换成电信号并放大，放大倍数与施加在光电倍增管两端的电压（负高压）有关，在一定范围内负高压荧光强度与负高压成正比。负高压越大，放大倍数越大，荧光强度也越大，但同时暗电流等噪声也相应增大。研究表明，当光电倍增管的负高压在 $200\sim500V$ 之间时，其信噪比是恒定的。因此，在满足分析要求的前提下，光电倍增管的负高压尽量不要设置太高。

2. 灯电流

采用脉冲供电方式的激发电源，包括空心阴极灯和高性能空心阴极灯，脉冲灯电流的大小决定了激发光源发射强度的大小，在一定范围内荧光强度和检测灵敏度随着灯电流的增加而增大。但灯电流过大时，会发生自吸现象，而且噪声也会增大，同时会缩短灯的寿命。不同元素灯的灯电流与荧光强度的关系不尽相同。

3. 原子化器温度

原子化器温度是指石英炉芯内的温度，即预加热温度。当氢化物通过石英炉芯进入氩氢火焰原子化之前，适当的预加热温度可以提高原子化效率、减少荧光猝灭效应和气相干扰。有实验表明，对于屏蔽式石英炉原子化器，200℃是较佳的预加热温度；一般通过点燃石英炉芯出口外围缠绕的电点火炉丝 $10\sim15min$ 就可达到较佳的预加热温度；原子化器温度与原子化温度（即氩氢火焰温度）不同，氩氢火焰温度约为780℃。

4. 原子化器高度

原子化器高度是指原子化器顶端到透镜中心水平线的垂直距离，即火焰的相对观测高度。原子化器高度在一定程度上决定了激发光源照射在氩氢火焰的位置，从而影响荧光强度。高度数值越大，原子化器越低，氩氢火焰的位置越低。一般而言，氩氢火焰中心线的原子蒸气密度最大，而火焰中部的原子蒸气密度大于其他部位。因此，合适的原子化器高度能使激发光源照射到氩氢火焰中原子蒸气密度最大处，从而获得最强的原子荧光信号。

5. 载气和屏蔽气流量

目前绝大多数原子荧光光谱仪都采用氩气作为工作气体，氩气在工作中同时起载气和屏蔽气的作用，流量大小多通过专用软件设定后由仪器自动控制。反应条件一定时，载气流量的大小对氩氢火焰的稳定性和荧光强度的影响较大。偏小的载气流量，会导致氩氢火焰不稳定，测量重现性差；当载气流量极小时，由于氩氢火焰很小，可能检测不到荧光信号；载气流量偏大时，原子蒸气会被稀释，测量的荧光信号值会降低；过大的载气流量还可能导致氩氢火焰被冲断而无法形成，得不到测量信号。

屏蔽气流量偏小时，氩氢火焰肥大，信号不稳定；屏蔽气流量偏大时，氩氢火焰细长，信号也不稳定，并且灵敏度下降。

6. 读数时间和延迟时间

读数时间是指进行分析采样的时间，即空心阴极灯以事先设定的灯电流发光照射原子蒸气激发产生荧光的整个过程。它与蠕动（注射）泵的泵速、还原剂浓度、进样体积、气流量等因素有关。确定合适的读数时间非常重要，以峰面积积分计算时能将整个荧光峰全部纳入为最佳。

延迟时间是指当试样与还原剂开始反应后，产生的氢化物（或蒸气）到达原子化器所需要的时间。设置合适的延迟时间，可以有效地延长灯的使用寿命，并减少空白噪声。当读数时间固定时，过长的延迟时间会导致读数采样滞后，损失测量信号；过短的延迟时间会缩短灯的使用寿命，增加空白噪声。

（四）操作步骤

下面以 AFS-930 型全自动顺序注射双道原子荧光光谱仪为例进行简要介绍。

① 打开灯室盖，将待测元素的空心阴极灯小心插入灯座，并确认插紧插好。

② 按要求连接好各种泵管。

③ 打开气源，调节减压阀使次级压力在 1.2～0.3MPa。

④ 按照"第五章—第二节—三、—（二）—1. 的开机顺序"，运行 AFS-9X 系列专用操作软件，进入工作站；检查光路，进行必要的光路调节。

⑤ 首次运行时，系统出现"仪器和用户参数"对话框，要求用户输入相关信息，并选择相应的仪器信息及附件信息。

⑥ 点击"检测"按钮，仪器进行自检、自诊断；通过调节泵管压块螺丝，检查排液是否正常。

⑦ 点燃点火炉丝，预热仪器 20min 以上。

⑧ 点击工具栏中的"元素表"按钮，或菜单"选项"中的"元素表"，A、B 道自动识别匹配的元素灯，若单道测量，则应手工屏蔽非检测道；根据操作软件手册，设置仪器条件、测量条件、注射泵程序、标准系列信息、样品参数等。

⑨ 单击"测量窗口"按钮，点击"检测"，出现"另存为"画面时，输入保存数据的目录和文件名并保存。

⑩ 按操作软件依次测量标准校正溶液系列、样品空白、样品溶液。

⑪ 根据需要打印校正工作曲线和结果报告；测试结束后，在空白溶液杯和还原剂容器内加入蒸馏水，运行"清洗程序"五次以上，并排空积液。

⑫ 熄灭点火炉丝，然后退出工作站，并依次关闭主机、顺序注射系统和自动进样器，关闭计算机和气源，并松开压块，放松泵管。

（五）定量分析方法

原子荧光分析与原子吸收和原子发射光谱分析一样，是一种动态分析方法，通常采用校正工作曲线进行定量。

以待测元素的标准物质配制标准校正溶液系列，在设定的仪器工作条件下，按仪器操作手册，测定各标准溶液的荧光强度，绘制荧光强度-浓度校正曲线，在同样条件下测定样品溶液的荧光强度，根据校正曲线读出浓度并计算样品中待测元素含量。目前，商品化 AFS 仪都配有计算机，校正曲线多采用线性回归，工作站软件的数据处理系统功能强大，能自动绘制校正曲线、读数、数理统计、计算结果等。

（六）分析注意事项

原子荧光光谱仪作为一种元素痕量分析仪器，操作人员使用前，必须认真阅读仪器使用说明书、软件操作手册、分析方法手册及相关的文献资料，并经过必要的培训。以下几点是分析工作者应特别重视的注意事项。

① 仪器运行之前一定要先打开气源（氩气）。

② 运行工作站时应尽量避免操作其他软件，尤其是占用内存较大的程序。

③ 安装和更换空心阴极灯时，一定要在主机电源关闭下操作，切忌带电插拔灯。制造商已规定了灯的最大可用电流，使用时不得超过最大额定电流，否则会导致阴极材料大量溅射、热蒸发或阴极熔化，寿命缩短甚至损坏。

④ 标准校正溶液（特别是汞标准溶液）和还原剂应现配现用；标准储备液应定期更换。

⑤ 测定未知浓度或高含量样品时，应进行充分稀释后再测定，避免高含量待测元素（特别是汞）对反应系统的污染。一般而言，原子荧光光谱仪允许进样的砷最高浓度为 200ng/mL、汞最高浓度为 20ng/mL。

⑥ 尽量选择与标准溶液基体相一致的等浓度酸液作为载流，用于推进试样至反应系统并清洗整个进样系统。一般可选择 2%～20%盐酸或者硝酸。

⑦ 为减少所用酸因含有待测元素和其他元素而产生的干扰，尽可能选择正规厂家的优级纯酸；其他试剂纯度应符合要求。实验用玻璃器皿都应先用 10%～20% HNO_3 浸泡后用蒸馏水清洗干净。

⑧ 测量结束后，一定要用蒸馏水清洗进样系统并排空积液。

第三节　液相色谱与原子荧光光谱联用技术

一、液相色谱与原子荧光光谱联用概述

（一）仪器联用的目的

近年来，随着元素不同形态毒理学研究的进展，人们越来越清楚地认识到，元素的毒性往往与元素存在的价态、化合态或有机态相关，例如 Cr(Ⅵ) 的毒性比起 Cr(Ⅲ) 要大得多，As(Ⅲ) 的毒性比 As(Ⅴ) 的毒性要强。所以，为区分我们所生存环境中的各种元素是必需的还是有毒性的，仅检测元素的总量是不科学的，我们不但需要检测它们的总量，而且还要

检测同种元素的不同化学形态化合物的含量，以获取更多更准确的信息，元素的形态分析也渐渐成为非常活跃的研究课题，特别是元素有机形态的分离鉴定技术更是引起了极大的关注。如有机砷的形态就有近30种，另外还有有机汞形态、有机锡形态等。因此形态分析已经应用于不同的领域。

应用于元素形态分析的联用技术因其选择性高、灵敏度好，且能实现元素的形态分析而不仅是总量分析等优点被广泛应用。原子荧光光谱仪易于实现与高效液相色谱的联用，两仪器通过聚四乙烯管相连，主要特点是简便、快捷、灵敏度高。比如在分析某些样品中汞的各种形态时，先通过高效液相色谱进行分离，由于色谱柱对无机汞、甲基汞、乙基汞形成的络合物的吸附能力不同，汞的各个形态被分离开来，并先后洗脱下来。洗脱液流出后进入原子荧光形态分析系统，先和氧化剂混合，然后与空气混合，经紫外消解后有机汞被氧化成无机汞。最后与盐酸及溶液混合反应，产生气态汞和氢气，被载气带入原子荧光光谱仪的原子化器，进行检测，同测定样品中砷的形态时原理相同。

随着科研和环保部门对测定金属形态有越来越高的要求，这一联用装置会拓展到更多元素形态的分析，并以其高的形态分离能力、高的测定灵敏度和性价比而得到更广泛的应用。

（二）砷、汞的形态

1. 砷的形态

砷是人体的必需元素，并且是许多环境、生物样品中化合物的基础构成元素，但是对于不同形态的砷化物，其毒性却相差很大。一般情况下，无机砷化合物的毒性要大于有机砷化合物。不同价态的砷化物其毒性也不同，一般来说，砷化物的毒性符合下列顺序（最高到最低毒性）：砷＞无机亚砷酸盐＞有机三价砷化合物＞无机砷＞有机五价砷化物＞砷化合物＞元素砷。砷甜菜碱和砷胆碱被认为是无毒的。一般来说，砷的毒性也与浓度相关，在相关标准规定的剂量下，不会影响动物或者人体的健康。但是由于砷的遗传毒性和致癌性，国际癌症研究机构（IARC）将其列为重大风险元素。

2. 汞的形态

汞，俗称"水银"。是一种有毒的银白色重金属，是常温下唯一的液体金属，游离存在于自然界中，有一价和二价两种氧化态。它主要用于科学仪器（电学仪器、控制设备、温度计、气压计）、汞锅炉、汞泵及汞气灯中。汞是重金属元素，对环境有较大的污染，因有累积效应，可以通过食物链进入人体，从而引起中毒。

（1）大气中的汞

大气中的汞依据物理化学性质可以分为气态单质汞、活性气态汞和颗粒汞。活性气态汞主要包括氯化汞、溴化汞等二价汞化合物，颗粒汞主要是与大气气溶胶吸附的汞。气态单质汞和活性气态汞统称为气态总汞，占大气汞的90%以上。气态总汞又以气态单质汞为主，占气态总汞的97%以上。气态单质汞水溶性低、沉降速率慢而且不容易与其他物质发生化学反应，在大气中的滞留时间很长，会随着大气环流迁移到世界各地。

（2）水环境中的汞

汞在天然水体中的主要存在形态有单质汞、二价汞、氧化汞、氯化汞、甲基汞及乙基汞等。为了便于研究，人们通常把水生环境中的汞按照形态分为无机汞和有机汞，按照化学性质分为溶解气态汞、颗粒态汞和活性汞。总汞是指环境样品中各种汞形态的总含量。近年来，汞在水生生态系统中的循环日益受到关注，人们调查研究了各种水生生态系统中总汞的含量。汞大部分以颗粒态存在于水体中。

活性汞一般以游离的二价汞离子形式存在于水体中，具有很高的活性，容易被大量无机和有机配体还原生成单质汞，还可以通过各种途径转化为甲基汞或二甲基汞，生物可利用性很高。

水环境中的有机汞主要为甲基汞和二甲基汞，它们都是通过各种途径甲基化形成的。甲基汞遍存在于天然水体中，不易挥发和分解，性质稳定。而二甲基汞由于容易挥发，普遍存在于深层海水中。由于汞的高毒性和非常高的生物累积效应，在自然水域中汞的检测非常重要。

（3）沉积物中的汞

沉积物中的总汞含量主要与其受污染的情况及其母岩中汞的含量有关。未受污染的沉积物中总汞浓度与未受污染的土壤相当，沉积物中甲基汞占总汞的比例一般小于 2.5%。

二、仪器连接方式

研究表明，在高效液相色谱形态分离及各种汞化合物和砷化合物的基础上，与原子荧光光谱联用的接口技术是需要解决的关键问题，高效液相色谱与原子荧光光谱仪通过聚四氟乙烯管相连，中间连入微波消解装置（或紫外灯），可以极大地提高有机汞和砷化合物向无机汞和砷化合物的转化率，提高其灵敏度。优化聚四氟乙烯管的内径和长度可以得到很好的分离效果，连接方式如图 5-3 所示。

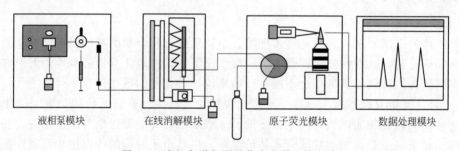

液相泵模块　　　　　在线消解模块　　　　原子荧光模块　　　　数据处理模块

图 5-3　液相色谱与原子荧光光谱连接方式

液相泵模块：主要功能就是分离；在线消解模块：将有机物转化成无机物；原子荧光模块：作为检测器；数据处理模块：数据处理。

三、仪器条件的选择

（一）流动相的选择

汞的形态分析，色谱的流动相一般包括有机改性剂和离子对试剂，常用的有机改性剂主要是甲醇或乙腈，常用的离子对试剂主要是 L-半胱氨酸或溴化钾等。在高效液相色谱中，要选用合适的离子对试剂与汞化合物发生反应，目的是与样品中的汞形成非极性的化合物以便在色谱分离柱上进行分离。砷的形态分析，分离阿散酸、洛克沙胂和硝苯胂酸，选用 C_{18} 反相高效液相色谱柱，用 5% 甲醇水溶液［含 0.1%（体积分数）三氟乙酸，$0.05mol/L$ 磷酸二氢钾］作为流动相，得到较好的分离效果。

（二）载流浓度的选择

汞要在一定的酸度条件下才能与硼氢化钾反应生成气态汞。一般以盐酸作为载流，因此盐酸浓度也会影响汞的荧光信号。盐酸在体系中主要起酸化作用，使硼氢化钾在酸性条件下与汞离子反应，过低的盐酸浓度提供的酸化环境可能会降低反应速率，影响测定，而过高的盐酸浓度则会使反应过于剧烈，使干扰汞测定的氢气等杂质背景产生过多。一般选择载流为 5% 的盐酸溶液。同样，进行砷的形态分析时，也选择载流为 5% 的盐酸溶液。

(三) KBH₄ 浓度

汞与其他金属元素不同，在硼氢化钾的作用下不用生成氢化物，仅需要被还原成气态汞，通过载气以汞蒸气的形式被带到原子化器中，即可测定。因此不需要过高浓度的 KBH_4。一般选择 KBH_4 的浓度是 2%。进行砷的形态分析时，条件相同。

(四) 灯电流的选择

原子荧光空心阴极灯可以通过调节灯电流来获得更好的荧光信号，但灯电流不宜过高。一般当灯电流为 30mA 时，无机汞和乙基汞的荧光强度达到最高，甲基汞的荧光强度也比较高，而且各组分荧光信号均比较稳定，因此选择仪器灯电流为 30mA。进行砷的形态分析时，选择 100mA。

具体仪器条件参考表 5-1。

表 5-1　砷、汞形态分析仪器条件

仪器条件	砷形态分析	汞形态分析
流动相	5%甲醇水溶液[含 0.1%(体积分数)三氟乙酸，0.05mol/L 磷酸二氢钾]	L-半胱氨酸浓度为 0.12% 乙酸铵浓度为 0.462%
载流浓度	5%盐酸	5%盐酸
KBH₄ 的浓度	含 5g/L KOH 的 20g/L 的 KBH₄ 溶液	含 5g/L KOH 的 20g/L 的 KBH₄ 溶液
光电倍增管高压	330V	280V
灯电流的选择	100mA	30mA

四、样品的前处理方法

(一) 不同砷形态的提取方法

样品基质对提取效率有很大的影响，往往基质越复杂提取效率越低。为保证前处理过程中被分析物的稳定性，目前，元素形态学分析广泛应用的前处理技术是软提取方法，即通过溶剂来提取，溶剂系统一般为甲醇/水（或乙腈/水），通过搅拌或超声的步骤来完成，对复杂的样品可采用连续提取。还有一种方法是加速溶剂萃取法，由于是在高温高压的环境下，因此萃取效率更高。

(二) 不同汞形态的提取方法

由于汞的浓度低以及环境样品基质的复杂性，可靠的样品富集方法是分析测定中必不可少的一步。在过去的一段时间里，不同的富集方法被用来测定天然水样品中的汞。蒸馏、乙基化、净化捕获和冷原子荧光光谱法通常用于水中甲基汞的分析检测。但是，这种方法比较烦琐，而且蒸馏过程中容易带入甲基汞造成污染。近几年来，有很多其他的预浓缩方法被报道，包括固相微萃取、液相微萃取、固相萃取等，目前用得较多的方法是固相萃取法。

五、仪器特点及应用范围

(一) LC-AFS9560 液相色谱-原子荧光联用仪

LC-AFS9560 液相色谱-原子荧光联用仪由北京海光仪器有限公司自主研发设计，该仪器的一些特点如下。

LC-AFS9560 液相色谱-原子荧光联用仪是北京海光仪器有限公司的新型元素形态专用检测仪器，独特的多灯位双注射泵设计使仪器无论在外观还是性能上都有很大的进步，具有元素总量和元素形态分析的双重功能。

1. 性能特点

① 适用于样品中砷、汞、硒、铅、锗、锡、锑、铋、镉、碲、锌、金等 12 种元素的痕量分析，且适用于砷、汞、硒、锑等元素的形态和价态分析。

② 形态单元一体化设计，集分离单元、柱温控制、紫外消解、蒸气发生于一体。

③ 可选配单/双液相泵，可进行等度和梯度测量。

④ 采用双灯位或四灯位，多支元素灯可同时预热，明显提高工作效率。

⑤ 采用微型进口高压液相泵，带有柱温控制和显示，改善样品分离效果。

⑥ 高效紫外消解单元，管路优化，减少柱后展宽，消解效率提高 30％。

⑦ 具有紫外和无紫外两种模式，通过特制流路切换阀控制，方便切换。

⑧ 总量分析和形态分析采用双蒸气发生系统（专利）。

⑨ 总量分析和形态分析自动切换（专利）。

⑩ 测量速度快，单次测量时间小于 10min。

⑪ 专用形态分析软件，一体化控制，保证出峰时间一致，提高测量的稳定性。

⑫ 扩展有液相色谱自动进样器接口。

2. 技术指标

① 可检测的砷的形态：砷酸盐 As（Ⅴ）、亚砷酸盐 As（Ⅲ）、一甲基胂 MMA（Ⅴ）、二甲基胂 DMA（Ⅴ）、砷甜菜碱 AsB、砷胆碱 AsC、饲料中的有机砷制剂（阿散酸 p-ASA 和洛克沙胂 roxarsone）。

② 可定性半定量检测的砷的形态：一甲基胂 MMA（Ⅲ）、二甲基胂 DMA（Ⅲ）。

③ 可定性检测的砷的形态：砷糖 AsS。

④ 可定性定量检测的硒的形态：亚硒酸盐 Se（Ⅳ）、硒酸盐 Se（Ⅵ）、硒代胱氨酸 SeCys、硒甲基硒代半胱氨酸 SeMeCys 和硒代蛋氨酸 SeMet。

⑤ 可检测的汞形态：无机汞 Hg（Ⅱ）、甲基汞 MeHg、乙基汞 EtHg、苯基汞 PhHg。

⑥ 可检测的锑态：锑酸盐 Sb（Ⅴ）、三价锑 Sb（Ⅲ）。

⑦ 其他指标：如表 5-2 所示。

表 5-2 LC-AFS9560 液相色谱-原子荧光联用仪性能指标

元素	形态	最小检出量/ng	分析时间/min	精密度	线性范围	相关系数
As	As（Ⅲ）	0.04	<10			
	DMA	0.08				
	MMA	0.08				
	As（Ⅴ）	0.2				
Se	SeCys	0.3	<10	<5%	10^3	>0.999
	SeMeCys	1				
	Se（Ⅳ）	0.1				
	SeMet	2				
Hg	Hg（Ⅱ）	0.05	<12			
	MeHg	0.05				
	EtHg	0.05				
	PhHg	0.1				
Sb	Sb（Ⅴ）	0.1	<10			
	Sb（Ⅲ）	0.5				

（二）BSA-100C 液相色谱-原子荧光光谱仪

1. 用途

BSA-100C 液相色谱-原子荧光光谱仪是宝德仪器公司研发的创新型新一代产品，使用于地矿、环境、疾控等行业，用于样品中 As、Sb、Bi、Hg、Se、Te、Sn、Ge、Pb、Zn、Cd、Au 元素的痕量分析。

2. 技术特点

① 多通道设计，可多元素（As、Sb、Bi、Hg）同时测定，或任选元素单一元素检测，并具有通道增强功能。

② 免调光源光路设计，光源自动对焦，无需手动调节光斑，无需专用的调灯结构，普通元素灯即插即用。

③ 具有光源漂移扣除功能，光源实时连续监测，自动校正汞灯漂移，确保仪器长期稳定性；汞灯自动激发，无需使用辅助工具激发起辉。

④ 单点自动配标准曲线 $r > 0.9995$，在线自动稀释高浓度样品（样品浓度过高后自动清洗，浓度自动稀释）。

⑤ 独特的进样针液面探测技术，自动探测样品的液面高度，随量跟踪，控制进样针下探高度；进样针采用耐腐蚀、疏水不沾液的特殊金属材质，强度高，克服了传统玻璃进样针易断易挂液的缺点。

(三) 应用领域

液相色谱-原子荧光光谱联用技术，将具有高分离能力的液相色谱和原子荧光光谱联用，获得了优异的元素形态分析性能，不仅成本低，且分析方法简单，分析时间短，因此得到了广泛的应用。主要的应用领域有：食品卫生检验、环境样品检测、水样品检测、地矿样品检测、农业检测、临床检验、教育及科研等。

第六章　原子光谱在冶金行业中的应用

原子光谱分析技术在冶金领域发挥着重要的作用，对稀土、钢和铁、铁合金、贵金属、轻金属（铝、锂、镁、钾、钙）、重金属（铜、镍、锌、锑、铅）、稀有金属（钨、钼、钛、硒、铟、钽、铌）、金属盐、工业硅、石油化工废催化剂等产品中杂质元素的定量检测分析技术都趋于成熟，其检测方法都有相应的国家或行业标准。

近年来国家相关部门发布并实施的原子光谱法应用于冶金行业的标准中，常用的检测方法有：原子吸收光谱法（火焰原子吸收光谱法、石墨炉原子吸收光谱法、冷原子吸收光谱法、氢化物原子吸收光谱法）、氢化物发生-原子荧光光谱法、电感耦合等离子体原子发射光谱法、电感耦合等离子体质谱法、原子发射光谱法（如直流电弧直读光谱法、交流电弧直读光谱法、光电直读原子发射光谱法、火花原子发射光谱法、火焰光度法、摄谱法）、辉光放电质谱法。在现行有效的分析冶金产品的标准中，采用原子吸收光谱法的有 146 个，采用原子荧光光谱法的有 30 个，采用电感耦合等离子体原子发射光谱法的有 104 个，采用电感耦合等离子体质谱法的有 32 个。

原子光谱法的检出限低，具有很好的选择性，样品用量少，且能实现与氢化物发生、流动注射、色谱等技术联用。电感耦合等离子体原子发射光谱法（ICP-atomic emission spectrum，ICP-AES）具有灵敏度高、线性动态范围宽、分析速度快、基体效应小、电离和化学干扰小等优点，可以同时进行多元素的定性定量分析，使用高分辨率分光系统和数学光谱校正系数法校正谱线的干扰。原子吸收光谱（atomic absorption spectrum，AAS）和原子荧光光谱（atomic fluorescence spectrum，AFS）检测的精密度优于 AES，而且几乎没有光谱干扰，需要对样品进行前处理并添加掩蔽剂。AFS 工作曲线的动态范围宽达 3 个数量级，采用激光光源可宽至 4～6 个数量级。以上三种原子光谱法的适用范围广泛，ICP-AES 能检测元素周期表中的 78 种元素，可直接分析溶液、气体和固体样品，AAS 可检测元素周期表中的近 70 种元素，直接分析溶液和固体样品，AFS 主要分析溶液样品。电感耦合等离子体质谱法（ICP-mass spectrometry，ICP-MS）的检出限非常低，低至 10^{-12} g/g，检出限是 ICP-AES 检出限的千分之一；ICP-MS 的线性动态范围宽，超过 10^5，可扩展至 10^8，主要用于痕量分析；短期精密度高，分析速度快，理论上可检测元素周期表中的绝大多数元素。分析人员应根据具体的检测任务选择合适的分析方法。

ICP-AES 测量的是光学光谱（120～800nm），ICP-MS 测量的是离子质谱，提供原子质量单位（amu）在 3～250amu 范围内每一个离子的信息。虽然 ICP-MS 不属于原子光谱范畴，但它由 ICP-AES 发展而来，把电感耦合等离子体光源转换为离子源，并与具有识别能力的质谱联用，定性定量能力显著提高，而且应用范围更广。由于其样品前处理方法、标准系列溶液的配制和样品的测定方法与三大原子光谱法类似，因此将这种方法和三大原子光谱法一并进行归纳和总结，方便读者查阅，并以此作为本书的创新点之一。

关于采用原子光谱法分析冶金产品中杂质元素的含量，国家有关部门发布且现行有效的标准已有 300 多个。为了实现本章节的通用性和实用性，使其内容和读者的实际工作紧密结合，将其分析过程标准化和统一化，本章中的方法步骤及相关数据均引自相应的国家标准或行业标准。国家标准或行业标准中对分析方法步骤都有相关的规定，但是没有阐明为什么这样做以及怎样做。我们知道只有理解实验方法中的每一个细节，才能获得准确可靠的数据。因此，本章以 300 多个相关标准方法为基础，全面总结并归纳了三大原子光谱法和电感耦合等离子体质谱法在冶金产品分析中的应用，对实验方法中的细节进行了深入的剖析和详细的解释，从检测原理、样品的采集和保存、样品的消解处理、分析仪器的参数选择，到干扰物质及消除方法、标准曲线的绘制、样品的测定和注意事项、结果的计算、质量保证与质量控制等方面都有明确的说明和解释，这也是本书的创新点之一。在此领域工作和学习的每位读者，通过查阅本章中相应的分析方法，可以直接进行相关检测，而无需查阅标准，因此可将本章内容作为分析参考书指导相关工作和学习。本章内容编排合理，思路清晰，语言通俗易懂，使读者可以快速理解标准中的相关步骤及方法，对相关工作具有指导意义。

由于篇幅限制，本章仅举例说明了三大原子光谱法和电感耦合等离子体质谱法应用于冶金行业中稀土、钢和铁、贵金属三大类产品中部分产品的杂质元素含量的分析。稀土是目前新兴的热门产品，在军事、通信、电子等行业都有极为特殊的应用，因此稀土产品中杂质元素的分析显得尤为重要；钢铁业是国家的支柱性产业，钢铁的质量关系着国家的各个行业，因此钢铁的杂质分析也同样重要；贵金属的应用前景也非常广泛，因此本章选取这三种产品作为分析对象，详细讲解其中杂质元素含量的分析方法。

第一节　原子光谱法应用于稀土及其相关产品的分析

一、应用概况

如果说石油是工业的血液，那稀土就是工业的维生素。稀有稀土金属，简称稀土金属。稀土元素是 17 种特殊的元素的统称，它的得名是因为瑞典科学家在提取稀土元素时应用了稀土化合物；一般是以氧化物状态分离出来的，且稀少，所以得名稀土。稀土元素是化学元素周期表中的镧系元素，包括轻稀土元素镧（La）、铈（Ce）、镨（Pr）、钕（Nd）、钷（Pm），中稀土元素钐（Sm）、铕（Eu）、钆（Gd）、铽（Tb）、镝（Dy），重稀土元素钬（Ho）、铒（Er）、铥（Tm）、镱（Yb）、镥（Lu），和与镧系元素密切相关的钇（Y），以及稀散元素钪（Sc），共 17 种。稀土元素与自然界密切共生。中国稀土矿藏丰富，储量、生产规模、出口量均雄踞世界第一。

由于稀土元素具有永磁、发光、储氢、催化等性质，以此为原材料制备的功能材料目前已应用于先进装备制造业、新能源、新兴产业等高新技术产业，还广泛应用于电子、石油化工、冶金、机械、新能源、轻工、环境保护、农业等领域。几乎每隔 3～5 年，科学家们就能够发现稀土的新用途，每六项发明中，就有一项离不开稀土。

在冶金行业中，定量分析稀土及其相关产品中的杂质元素，是极其重要的工作之一，原子光谱法在其中具有举足轻重的地位。本节中，介绍了原子光谱法在稀土及其相关产品中的应用。稀土及其相关产品主要有：稀土金属及其氧化物，氯化稀土，碳酸轻稀土，镨钕合金及其化合物，钐铕钆富集物，氧化钇铕。其中，稀土金属及其氧化物产品包括：15 种稀土金属产品镧、铈、镨、钕、钐、铕、钆、铽、镝、钬、铒、铥、镱、镥、钇，14 种稀土氧化物产品氧化镧、氧化铈、氧化镨、氧化钕、氧化钐、氧化铕、氧化钆、氧化铽、氧化镝、氧化钬、氧化铒、氧化铥、氧化镱、氧化钇。

下面将相关分析方法的测定范围、检出限、仪器条件、干扰物质及消除方法等基本条件以表格的形式列出，为选择合适的分析方法提供参考。表 6-1 是火焰原子吸收光谱法分析稀土金属及其氧化物，氯化稀土、碳酸轻稀土的基本条件。表 6-2 是电感耦合等离子体原子发射光谱法分析稀土及其相关产品的基本条件。表 6-3 是电感耦合等离子体质谱法分析稀土及其相关产品的基本条件。

表 6-1　火焰原子吸收光谱法分析稀土金属及其氧化物，氯化稀土，碳酸轻稀土的基本条件

适用范围	测项	检测方法	测定范围（质量分数）/%	检出限/(μg/mL)	波长/nm	原子化器	原子化器条件	国标号
稀土金属及其氧化物	钠	火焰原子吸收光谱法	0.0005~0.0250	0.0062	589.0	火焰	空气-乙炔火焰	GB/T 12690.8—2003
	镁	火焰原子吸收光谱法	0.0005~0.300	0.0055	285.2	火焰	空气-乙炔火焰	GB/T 12690.11—2003
	氧化钙	火焰原子吸收光谱法	0.010~0.30	0.11	422.7	火焰	空气-乙炔火焰	GB/T 12690.15—2018
氯化稀土，碳酸轻稀土	氧化钙（钙）	火焰原子吸收光谱法	0.10~5.00	0.11	422.7	火焰	空气-乙炔火焰	GB/T 16484.6—2009
	氧化镁（镁）	火焰原子吸收光谱法	0.030~1.50	0.0055	285.2	火焰	空气-乙炔火焰	GB/T 16484.7—2009
	氧化钠（钠）	火焰原子吸收光谱法	0.05~2.00	0.0062	589.0	火焰	空气-乙炔火焰	GB/T 16484.8—2009
	氧化镍（镍）	火焰原子吸收光谱法	0.0020~0.010	0.080	232.0	火焰	空气-乙炔火焰	GB/T 16484.9—2009
	氧化锰（锰）	火焰原子吸收光谱法	0.0020~0.50	0.0062	279.5	火焰	空气-乙炔火焰	GB/T 16484.10—2009
	氧化铅（铅）	火焰原子吸收光谱法	0.0050~0.020	0.0095	217.0	火焰	空气-乙炔火焰	GB/T 16484.11—2009
	氧化锌（锌）	火焰原子吸收光谱法	0.010~1.00	0.005	213.9	火焰	空气-乙炔火焰	GB/T 16484.22—2009

表 6-2　电感耦合等离子体原子发射光谱法分析稀土及其相关产品的基本条件

适用范围		测项	检测方法	测定范围（质量分数）/%	分析线/nm	国标号
稀土金属及其氧化物中稀土杂质	氧化镧（镧）	氧化钇（钇）	电感耦合等离子体原子发射光谱法	0.0005~0.100	413.380	GB/T 18115.1—2006
		氧化镨（镨）		0.0005~0.100	417.972，422.533	
		氧化钕（钕）		0.0005~0.100	430.357，401.225	
		氧化钐（钐）		0.0005~0.100	359.260，446.734	
		氧化铕（铕）		0.0005~0.100	381.966，390.711	
		氧化钆（钆）		0.0005~0.100	354.937	
		氧化铽（铽）		0.0005~0.100	350.917	
		氧化镝（镝）		0.0005~0.050	353.171	
		氧化钬（钬）		0.0005~0.050	345.600	
		氧化铒（铒）		0.0005~0.050	337.275	
		氧化铥（铥）		0.0001~0.050	313.126，342.908	
		氧化镱（镱）		0.0001~0.050	328.937	
		氧化镥（镥）		0.0001~0.050	261.542	
		氧化铈（铈）		0.0001~0.050	324.228，371.029	
	氧化铈（铈）	氧化镧（镧）	电感耦合等离子体原子发射光谱法	0.0050~0.100	333.749，399.575	GB/T 18115.2—2006
		氧化镨（镨）		0.0050~0.100	410.072，422.533	
		氧化钕（钕）		0.0050~0.100	430.357，406.109	
		氧化钐（钐）		0.0025~0.050	359.620	
		氧化铕（铕）		0.0025~0.050	281.395，381.966，412.974	

续表

适用范围	测项	检测方法	测定范围(质量分数)/%	分析线/nm	国标号
氧化钐(钐)	氧化钆(钆)	电感耦合等离子体原子发射光谱法	0.0050~0.100	310.051	GB/T 18115.2—2006
	氧化铽(铽)		0.0050~0.100	367.635,332.440	
	氧化镝(镝)		0.0050~0.100	340.780	
	氧化钬(钬)		0.0025~0.050	345.600	
	氧化铒(铒)		0.0025~0.050	337.275,326.478	
	氧化铥(铥)		0.0025~0.050	313.126,346.220	
	氧化镱(镱)		0.0010~0.020	328.937,369.420	
	氧化镥(镥)		0.0010~0.020	261.542,219.554	
	氧化钇(钇)		0.0025~0.050	377.433,371.028,437.494	
氧化镨(镨)	氧化镧(镧)	电感耦合等离子体原子发射光谱法	0.0050~1.00	333.749	GB/T 18115.3—2006
	氧化铈(铈)		0.0100~1.00	446.021,418.660	
	氧化钕(钕)		0.0100~1.00	445.157,417.732,444.639	
	氧化钐(钐)		0.0050~1.00	446.734,360.948	
	氧化铕(铕)		0.0050~0.200	381.966,281.395,227.778	
	氧化钆(钆)		0.0050~0.200	310.051,301.014	
	氧化铽(铽)		0.0050~0.200	356.851,350.917	
	氧化镝(镝)		0.0020~0.100	353.173,340.780	
	氧化钬(钬)		0.0050~0.100	339.898,341.646	
	氧化铒(铒)		0.0020~0.100	337.275,326.478	
	氧化铥(铥)		0.0020~0.100	342.508,313.146,344.151	
	氧化镱(镱)		0.0020~0.100	328.937,369.420,289.138	
	氧化镥(镥)		0.0020~0.100	261.542	
	氧化钇(钇)		0.0020~1.00	324.028	
氧化钕(钕)	氧化镧(镧)	电感耦合等离子体原子发射光谱法	0.0020~0.100	492.178,412.323,261.033	GB/T 18115.4—2006
	氧化铈(铈)		0.0030~0.100	429.668,413.768,413.380	
	氧化镨(镨)		0.0080~0.200	440.884,417.939	
	氧化钐(钐)		0.0030~0.100	442.434	
	氧化铕(铕)		0.0050~0.100	272.778	
	氧化钆(钆)		0.0010~0.100	342.247,310.050	
	氧化铽(铽)		0.0010~0.100	350.917	
	氧化镝(镝)		0.0010~0.100	347.426,340.780,238.197	
	氧化钬(钬)		0.0030~0.100	341.646,337.271	
	氧化铒(铒)		0.0005~0.100	346.220	

稀土金属及其氧化物中稀土杂质

续表

适用范围	测项	检测方法	测定范围(质量分数)/%	分析线/nm	国标号
氧化钕(钕)	氧化铥(铥)	电感耦合等离子体原子发射光谱法	0.0010~0.100	313.126,286.922,328.937	GB/T 18115.4—2006
	氧化镱(镱)		0.0005~0.100	289.138	
	氧化镥(镥)		0.0005~0.100	261.542	
	氧化钇(钇)		0.0010~0.100	371.029,324.228,224.306	
氧化钐(钐)	氧化镧(镧)	电感耦合等离子体原子发射光谱法	0.0020~0.100	408.672	GB/T 18115.5—2006
	氧化铈(铈)		0.010~0.100	413.765,446.021	
	氧化镨(镨)		0.010~0.200	390.843,440.884	
	氧化钕(钕)		0.010~0.200	401.225,430.357	
	氧化铕(铕)		0.0050~0.200	381.967	
	氧化钆(钆)		0.010~0.200	342.247,376.841	
	氧化铽(铽)		0.010~0.100	367.635,332.440	
	氧化镝(镝)		0.0020~0.100	353.170	
	氧化钬(钬)		0.0050~0.100	339.898	
	氧化铒(铒)		0.0020~0.100	349.910,337.275	
	氧化铥(铥)		0.0020~0.100	313.126,346.220	
	氧化镱(镱)		0.0020~0.100	328.937	
	氧化镥(镥)		0.0020~0.100	261.542	
	氧化钇(钇)		0.0050~0.200	371.030	
氧化铕(铕)	氧化镧(镧)	电感耦合等离子体原子发射光谱法	0.0005~0.050	408.671	GB/T 18115.6—2006
	氧化铈(铈)		0.0005~0.050	414.660,404.076	
	氧化镨(镨)		0.0005~0.050	422.533	
	氧化钕(钕)		0.0005~0.050	401.225,406.109	
	氧化钐(钐)		0.0005~0.050	359.262	
	氧化钆(钆)		0.0005~0.050	310.650,376.839	
	氧化铽(铽)		0.0010~0.050	350.917,356.852	
	氧化镝(镝)		0.0005~0.050	340.780,338.502	
	氧化钬(钬)		0.0005~0.050	339.898,345.600	
	氧化铒(铒)		0.0005~0.050	337.276,349.910	
	氧化铥(铥)		0.0003~0.050	313.126	
	氧化镱(镱)		0.0003~0.050	328.937	
	氧化镥(镥)		0.0003~0.050	261.542	
	氧化钇(钇)		0.0003~0.050	360.073,324.228	

稀土金属及其氧化物中稀土杂质

续表

稀土金属及其氧化物中稀土杂质

适用范围	测项	检测方法	测定范围(质量分数)/%	分析线/nm	国标号
氧化钆(钆)	氧化镧(镧)	电感耦合等离子体原子发射光谱法	0.0010~0.050	333.749	GB/T 18115.7—2006
	氧化铈(铈)		0.0020~0.050	418.660	
	氧化镨(镨)		0.0010~0.050	390.843,414.311	
	氧化钕(钕)		0.0030~0.050	430.358,401.225	
	氧化钐(钐)		0.0020~0.050	442.434	
	氧化铕(铕)		0.0010~0.050	381.967	
	氧化铽(铽)		0.0030~0.050	384.873,367.635	
	氧化镝(镝)		0.0020~0.050	353.170,353.602	
	氧化钬(钬)		0.0030~0.050	389.102,345.600	
	氧化铒(铒)		0.0010~0.050	337.371	
	氧化铥(铥)		0.0010~0.050	313.126	
	氧化镱(镱)		0.0010~0.050	328.937,289.138	
	氧化镥(镥)		0.0010~0.050	261.542	
	氧化钇(钇)		0.0010~0.050	371.030	
氧化铽(铽)	氧化镧(镧)	电感耦合等离子体原子发射光谱法	0.0050~0.100	407.735	GB/T 18115.8—2006
	氧化铈(铈)		0.0050~0.100	413.765	
	氧化镨(镨)		0.0050~0.100	422.535	
	氧化钕(钕)		0.010~0.100	430.358,417.734	
	氧化钐(钐)		0.0050~0.100	359.260	
	氧化铕(铕)		0.0050~0.500	412.970	
	氧化钆(钆)		0.010~0.500	310.050,303.285	
	氧化镝(镝)		0.0050~0.500	400.045	
	氧化钬(钬)		0.0050~0.500	381.072	
	氧化铒(铒)		0.0050~0.100	349.910	
	氧化铥(铥)		0.0050~0.100	384.802	
	氧化镱(镱)		0.0050~0.100	328.937	
	氧化镥(镥)		0.0050~0.100	261.542	
	氧化钇(钇)		0.0050~0.500	377.433	
氧化镝(镝)	氧化镧(镧)	电感耦合等离子体原子发射光谱法	0.0010~0.100	408.672	GB/T 18115.9—2006
	氧化铈(铈)		0.0050~0.100	428.994,429.667	
	氧化镨(镨)		0.0050~0.100	417.939,525.973	
	氧化钕(钕)		0.0010~0.100	509.280,417.732	
	氧化钐(钐)		0.0010~0.100	442.434	

续表

适用范围	测项	检测方法	测定范围(质量分数)/%	分析线/nm	国标号
氧化镝(镝)	氧化镨(镨)	电感耦合等离子体原子发射光谱法	0.0010~0.100	381.967	GB/T 18115.9—2006
	氧化钆(钆)		0.0020~0.100	335.047,385.098	
	氧化铽(铽)		0.0050~0.100	332.440,384.875	
	氧化钬(钬)		0.0010~0.100	404.544,381.073	
	氧化铒(铒)		0.0010~0.100	369.265,390.631	
	氧化铥(铥)		0.0010~0.100	379.575,313.126	
	氧化镱(镱)		0.0010~0.100	369.469,328.937	
	氧化镥(镥)		0.0010~0.100	261.542	
	氧化钇(钇)		0.0010~0.100	508.742,371.029	
氧化铽(铽)	氧化镧(镧)	电感耦合等离子体原子发射光谱法	0.0020~0.100	408.672	GB/T 18115.10—2006
	氧化铈(铈)		0.0050~0.100	413.380	
	氧化镨(镨)		0.0050~0.100	390.844	
	氧化钕(钕)		0.0050~0.100	430.358	
	氧化钐(钐)		0.0050~0.200	360.949,443.432	
	氧化铕(铕)		0.0020~0.100	381.967	
	氧化钆(钆)		0.0050~0.200	336.224,354.936	
	氧化镝(镝)		0.0050~0.200	370.285,370.392	
	氧化钬(钬)		0.0050~0.200	394.468	
	氧化铒(铒)		0.0020~0.200	337.271,369.265	
	氧化铥(铥)		0.0020~0.200	376.133,313.126	
	氧化镱(镱)		0.0020~0.200	328.937,369.419	
	氧化镥(镥)		0.0020~0.100	261.542	
	氧化钇(钇)		0.0050~0.200	371.030	
氧化铒(铒)	氧化镧(镧)	电感耦合等离子体原子发射光谱法	0.0020~0.100	408.672	GB/T 18115.11—2006
	氧化铈(铈)		0.0050~0.100	413.380	
	氧化镨(镨)		0.0050~0.100	422.293,422.535	
	氧化钕(钕)		0.0050~0.100	406.109	
	氧化钐(钐)		0.0050~0.100	359.260	
	氧化铕(铕)		0.0020~0.100	420.505	
	氧化钆(钆)		0.0050~0.200	336.224,342.247	
	氧化铽(铽)		0.0050~0.200	350.917,384.873	
	氧化镝(镝)		0.0050~0.200	353.170	
	氧化钬(钬)		0.0050~0.200	345.600	

稀土金属及其氧化物中稀土杂质

续表

适用范围	测项	检测方法	测定范围（质量分数）/%	分析线/nm	国标号
氧化铒（铒）	氧化镧（镧）	电感耦合等离子体原子发射光谱法	0.0020~0.200	379.575,336.261	GB/T 18115.11—2006
	氧化镱（镱）		0.0020~0.200	328.937	
	氧化镥（镥）		0.0020~0.100	261.542	
	氧化钇（钇）		0.0020~0.200	371.030	
氧化钇（钇）	氧化镧（镧）	电感耦合等离子体原子发射光谱法	0.0002~0.050	408.671	GB/T 18115.12—2006
	氧化铈（铈）		0.0003~0.050	418.660	
	氧化镨（镨）		0.0003~0.050	422.533	
	氧化钕（钕）		0.0003~0.050	401.225	
	氧化钐（钐）		0.0003~0.050	428.078	
	氧化铕（铕）		0.0002~0.050	381.965	
	氧化钆（钆）		0.0002~0.050	342.246	
	氧化铽（铽）		0.0003~0.050	350.917	
	氧化镝（镝）		0.0002~0.050	353.170	
	氧化钬（钬）		0.0003~0.050	345.600,339.898	
	氧化铒（铒）		0.0002~0.050	337.271	
	氧化铥（铥）		0.0002~0.050	313.126	
	氧化镱（镱）		0.0002~0.050	328.937	
	氧化镥（镥）		0.0002~0.050	261.542	
氧化铥（铥）	氧化镧（镧）	电感耦合等离子体原子发射光谱法	0.0003~0.10	408.672,412.323	GB/T 18115.13—2010
	氧化铈（铈）		0.0005~0.10	413.380,413.765	
	氧化镨（镨）		0.0003~0.10	411.848	
	氧化钕（钕）		0.0003~0.10	401.225	
	氧化钐（钐）		0.0003~0.10	359.262	
	氧化铕（铕）		0.0003~0.10	381.965,412.974	
	氧化钆（钆）		0.0003~0.10	342.246,355.048	
	氧化铽（铽）		0.0005~0.10	350.917	
	氧化镝（镝）		0.0005~0.15	353.171,407.797	
	氧化钬（钬）		0.0005~0.15	389.102,339.898	
	氧化铒（铒）		0.0003~0.15	337.271,349.910	
	氧化镱（镱）		0.0003~0.15	328.937,289.138	
	氧化镥（镥）		0.0003~0.15	261.542,219.554	
	氧化钇（钇）		0.0003~0.15	371.029,324.228	

（表左侧总栏：稀土金属及其氧化物中稀土杂质）

适用范围	测项	检测方法	测定范围（质量分数）/%	分析线/nm	国标号
氧化镱（镱）	氧化镧（镧）	电感耦合等离子体原子发射光谱法	0.0003~0.15	408.671,379.477	GB/T 18115.14—2010
	氧化铈（铈）		0.0003~0.15	413.765,418.660	
	氧化镨（镨）		0.0003~0.15	417.942	
	氧化钕（钕）		0.0003~0.15	401.225	
	氧化钐（钐）		0.0005~0.15	360.948,359.260	
	氧化铕（铕）		0.0003~0.15	412.973	
	氧化钆（钆）		0.0005~0.15	336.224	
	氧化镝（镝）		0.0003~0.15	350.917,367.635	
	氧化钬（钬）		0.0003~0.15	353.171	
	氧化铒（铒）		0.0003~0.15	345.600	
	氧化铥（铥）		0.0005~0.15	349.910	
	氧化镱（镱）		0.0005~0.15	313.126,384.802	
	氧化钇（钇）		0.0003~0.15	219.554,261.542 324.229	
单一稀土金属：镧、铈、镨、钕、钐、铕、钆、钬、铒、钇	钼	电感耦合等离子体原子发射光谱法	0.010~0.50	281.615	GB/T 12690.13—2003
	钨		0.010~0.50	207.911	
金属铈	钼	电感耦合等离子体原子发射光谱法	0.010~0.50	284.823	GB/T 12690.14—2006
	钨		0.010~0.50	207.911	
单一稀土金属及混合稀土金属	钛	电感耦合等离子体原子发射光谱法	0.0050~0.50	337.2.338.3（线性 0~2μg/mL）	
金属镧及氧化镧	钙	电感耦合等离子体原子发射光谱法	0.0005~0.050	393.366,396.847	GB/T 12690.15—2018
金属铈及氧化铈			0.0005~0.050	396.847	
金属镨及氧化镨			0.0005~0.050	393.366	
金属钕及氧化钕			0.0005~0.050	393.366	
金属钐及氧化钐			0.0005~0.050	396.847	
金属铕及氧化铕			0.0005~0.050	393.366,396.847	
金属钆及氧化钆			0.0005~0.050	393.366,396.847	
金属镝及氧化镝			0.0005~0.050	393.366,396.847	
金属钬及氧化钬			0.0005~0.050	393.366	
金属铒及氧化铒			0.0005~0.050	393.366,396.847	
金属铥及氧化铥			0.0005~0.050	393.366,396.847	
金属钇及氧化钇			0.0005~0.050	393.366,396.847	

稀土金属及其氧化物中稀土杂质

稀土金属及其氧化物中非稀土杂质

续表

适用范围	测项	检测方法	测定范围(质量分数)/%	分析线/nm	国标号
稀土金属及其氧化物中非稀土杂质					
金属镧	铌 钽	电感耦合等离子体原子发射光谱法	0.010~0.50 0.020~0.50	309.418 268.517	GB/T 12690.17—2010
金属铈	铌 钽	电感耦合等离子体原子发射光谱法	0.010~0.50 0.020~0.50	309.418 263.558	GB/T 12690.17—2010
金属镨	铌 钽	电感耦合等离子体原子发射光谱法	0.010~0.50 0.020~0.50	316.340 263.558	GB/T 12690.17—2010
金属钕	铌 钽	电感耦合等离子体原子发射光谱法	0.010~0.50 0.020~0.50	309.418 263.558	GB/T 12690.17—2010
金属钐	铌 钽	电感耦合等离子体原子发射光谱法	0.010~0.50 0.020~0.50	309.418 263.558	GB/T 12690.17—2010
金属铕	铌 钽	电感耦合等离子体原子发射光谱法	0.010~0.50 0.020~0.50	309.418 268.517	GB/T 12690.17—2010
金属钆	铌 钽	电感耦合等离子体原子发射光谱法	0.010~0.50 0.020~0.50	309.418 263.558	GB/T 12690.17—2010
金属铽	铌 钽	电感耦合等离子体原子发射光谱法	0.010~0.50 0.020~0.50	316.340,309.418 263.558,268.517	GB/T 12690.17—2010
金属镝	铌 钽	电感耦合等离子体原子发射光谱法	0.010~0.50 0.020~0.50	309.418 263.558	GB/T 12690.17—2010
金属钬	铌 钽	电感耦合等离子体原子发射光谱法	0.010~0.50 0.020~0.50	309.418 263.558	GB/T 12690.17—2010
金属铒	铌 钽	电感耦合等离子体原子发射光谱法	0.010~0.50 0.020~0.50	316.340,309.418 263.558	GB/T 12690.17—2010
金属铥	铌 钽	电感耦合等离子体原子发射光谱法	0.010~0.50 0.020~0.50	309.418 263.558	GB/T 12690.17—2010
金属镱	铌 钽	电感耦合等离子体原子发射光谱法	0.010~0.50 0.020~0.50	309.418 263.558	GB/T 12690.17—2010
金属镥	铌 钽	电感耦合等离子体原子发射光谱法	0.010~0.50 0.020~0.50	309.418,316.340 263.558	GB/T 12690.17—2010
金属钇	铌 钽	电感耦合等离子体原子发射光谱法	0.010~0.50 0.020~0.50	309.418 263.558	GB/T 12690.17—2010
氧化镧(镧)	氧化铝(铝) 氧化铬(铬) 氧化锰(锰)	电感耦合等离子体原子发射光谱法	0.0100~0.1000 0.0050~0.1000 0.0010~0.1000	309.271(线性 0.0010%~0.1000%) 205.552(线性 0.0010%~0.1000%) 259.373(线性 0.0030%~0.1000%)	GB/T 12690.5—2017

续表

稀土金属及其氧化物中非稀土杂质

适用范围	测项	检测方法	测定范围(质量分数)/%	分析线/nm	国标号
氧化镧(镧)	氧化铁(铁)	电感耦合等离子体原子发射光谱法	0.0050~1.2000	259.940(线性 0.0010%~1.2000%)	GB/T 12690.5—2017
	氧化钴(钴)		0.0020~0.1000	237.862(线性 0.0010%~0.1000%)	
	氧化镍(镍)		0.0050~0.1000	221.647(线性 0.0001%~0.1000%)	
	氧化铜(铜)		0.0020~0.1000	324.754(线性 0.0002%~0.1000%)	
	氧化锌(锌)		0.0010~0.1000	213.856(线性 0.0010%~0.1000%)	
	氧化铝(铝)		0.0050~0.1000	280.200(线性 0.0010%~0.1000%)	
氧化铈(铈)	氧化铝(铝)	电感耦合等离子体原子发射光谱法	0.0100~0.1000	237.312,257.510(辅助分析线)(线性 0.0010%~0.1000%)	GB/T 12690.5—2017
	氧化铬(铬)		0.0050~0.1000	206.149(线性 0.0010%~0.1000%)	
	氧化锰(锰)		0.0010~0.1000	259.373,257.610(辅助分析线)(线性 0.0005%~0.1000%)	
	氧化铁(铁)		0.0050~1.2000	240.488(线性 0.0010%~1.2000%)	
	氧化钴(钴)		0.0020~0.1000	228.616(线性 0.0005%~0.1000%)	
	氧化镍(镍)		0.0050~0.1000	221.647(线性 0.0020%~0.1000%)	
	氧化铜(铜)		0.0020~0.1000	324.754(线性 0.0010%~0.1000%)	
	氧化锌(锌)		0.0010~0.1000	206.200(线性 0.0005%~0.1000%)	
	氧化铝(铝)		0.0050~0.1000	280.200(线性 0.0020%~0.1000%)	
	氧化铝(铝)		0.0100~0.1000	308.215,226.909(辅助分析线)(线性 0.0100%~0.1000%)	
	氧化铬(铬)		0.0050~0.1000	205.552,267.716(辅助分析线)(线性 0.0010%~0.1000%)	
	氧化锰(锰)		0.0010~0.1000	293.930,259.373(辅助分析线)(线性 0.0005%~0.1000%)	
氧化钕(钕)	氧化铁(铁)	电感耦合等离子体原子发射光谱法	0.0050~1.2000	259.940,238.204(辅助分析线)(线性 0.0010%~1.2000%)	GB/T 12690.5—2017
	氧化钴(钴)		0.0020~0.1000	237.862,228.616(辅助分析线)(线性 0.0003%~0.1000%)	
	氧化镍(镍)		0.0050~0.1000	231.604	
	氧化铜(铜)		0.0020~0.1000	224.700,204.379(辅助分析线)(线性 0.0020%~0.1000%)	
	氧化锌(锌)		0.0010~0.1000	213.856(线性 0.0005%~0.1000%)	

续表

适用范围	测项	检测方法	测定范围（质量分数）/%	分析线/nm	国标号
氧化钕（钕）	氧化铅（铅）	电感耦合等离子体原子发射光谱法	0.0050～0.1000	280.200,283.306（辅助分析线）（线性 0.0050%～0.1000%）	GB/T 12690.5—2017
	氧化铝（铝）		0.0100～0.1000	237.312,396.152（辅助分析线）（线性 0.0010%～0.1000%）	
	氧化铬（铬）		0.0050～0.1000	205.552（线性 0.0010%～0.1000%）	
	氧化锰（锰）		0.0010～0.1000	259.373,260.569（辅助分析线）（线性 0.0010%～0.1000%）	
	氧化铁（铁）		0.0050～1.2000	259.940（线性 0.0010%～0.1000%）	
氧化镝（镝）	氧化钴（钴）	电感耦合等离子体原子发射光谱法	0.0020～0.1000	228.616,230.786（辅助分析线）（线性 0.0010%～0.1000%）	GB/T 12690.5—2017
	氧化镍（镍）		0.0050～0.1000	221.647（线性 0.0010%～0.1000%）	
	氧化铜（铜）		0.0020～0.1000	204.379,199.969（辅助分析线）（线性 0.0010%～0.1000%）	
	氧化锌（锌）		0.0010～0.1000	206.200（线性 0.0010%～0.1000%）	
	氧化铅（铅）		0.0050～0.1000	220.353（线性 0.0010%～0.1000%）	
	氧化铝（铝）		0.0100～0.1000	237.312,257.510（辅助分析线）（线性 0.0020%～0.1000%）	
	氧化铬（铬）		0.0050～0.1000	205.552（线性 0.0010%～0.1000%）	
	氧化锰（锰）		0.0010～0.1000	259.373,257.610（辅助分析线）（线性 0.0005%～0.1000%）	
氧化镱（镱）	氧化铁（铁）	电感耦合等离子体原子发射光谱法	0.0050～1.2000	259.940（线性 0.0010%～1.2000%）	GB/T 12690.5—2017
	氧化钴（钴）		0.0020～0.1000	237.862（线性 0.0005%～0.1000%）	
	氧化镍（镍）		0.0020～0.1000	221.647,216.556（辅助分析线）（线性 0.0010%～0.1000%）	
	氧化铜（铜）		0.0020～0.1000	204.379（线性 0.0020%～0.1000%）	
	氧化锌（锌）		0.0010～0.1000	213.856（线性 0.0005%～0.1000%）	
	氧化铅（铅）		0.0050～0.1000	220.353（线性 0.0020%～0.1000%）	
氧化钇（钇）	氧化铝（铝）	电感耦合等离子体原子发射光谱法	0.0100～0.1000	396.152,237.336（辅助分析线）（线性 0.0010%～0.1000%）	GB/T 12690.5—2017
	氧化铬（铬）		0.0050～0.1000	205.552（线性 0.0010%～0.1000%）	
	氧化锰（锰）		0.0010～0.1000	259.373,257.610（辅助分析线）（线性 0.0003%～0.1000%）	

稀土金属及其氧化物中非稀土杂质

续表

适用范围	测项	检测方法	测定范围(质量分数)/%	分析线/nm	国标号
稀土金属及其氧化物中非稀土杂质	氧化铁(铁)	电感耦合等离子体原子发射光谱法	0.0050~1.2000	259.940(线性 0.0010%~1.2000%)	
氧化钇(钇)	氧化钴(钴)		0.0020~0.1000	237.862(线性 0.0003%~0.1000%)	
	氧化镍(镍)		0.0050~0.1000	221.647(线性 0.0005%~0.1000%)	GB/T 12690.5—2017
	氧化铜(铜)		0.0020~0.1000	224.700(线性 0.0005%~0.1000%)	
	氧化锌(锌)		0.0010~0.1000	213.856,206.200(辅助分析线) (线性 0.0010%~0.1000%)	
	氧化铅(铅)		0.0050~0.1000	283.306(线性 0.0010%~0.1000%)	
氧化稀土、碳酸轻稀土	氧化镧	电感耦合等离子体原子发射光谱法	10.00~40.00	398.852,408.671	
	氧化铈		30.00~60.00	413.765	
	氧化镨		4.00~16.00	418.948	
	氧化钕		4.00~20.00	401.225,406.109	
	氧化钐		1.00~8.00	443.432,428.079	
	氧化铕		0.10~0.40	412.970	
	氧化钆		0.10~0.40	310.050,335.048	
	氧化铽		0.10~0.40	332.440	GB/T 16484.3—2009
	氧化镝		0.10~0.40	353.170	
	氧化钬		0.10~0.40	341.646,339.898	
	氧化铒		0.10~0.40	337.276,326.478	
	氧化铥		0.10~0.40	313.126,346.220	
	氧化镱		0.10~0.40	328.937	
	氧化镥		0.10~0.40	261.542	
	氧化钇		0.10~0.40	371.029	
	氧化钡	电感耦合等离子体原子发射光谱法	0.10~2.00	233.5,455.4(辅助分析线)	GB/T 16484.5—2009
氧化钇铕	氧化镧	电感耦合等离子体原子发射光谱法	0.0002~0.010	408.672	
	氧化铈		0.0003~0.010	413.765,418.660	
	氧化镨		0.0003~0.010	422.535	GB/T 18116.1—2012
	氧化钕		0.0003~0.010	401.225	
	氧化钐		0.0003~0.010	428.078	
	氧化钆		0.0002~0.010	310.050	

续表

适用范围	测项	检测方法	测定范围(质量分数)/%	分析线/nm	国标号
氧化钇铕	氧化铽	电感耦合等离子体原子发射光谱法	0.0003~0.010	350.917	GB/T 18116.1—2012
	氧化镝		0.0002~0.010	353.171,400.045	
	氧化钬		0.0001~0.010	339.898,345.600	
	氧化铒		0.0001~0.010	337.271	
	氧化铥		0.0001~0.010	313.126	
	氧化镱		0.0001~0.010	328.937,289.138	
	氧化镥		0.0001~0.010	261.542	
	氧化铕	电感耦合等离子体原子发射光谱法	2.00~8.00	272.778,391.966	GB/T 18116.2—2008
氧化铽镝富集物	氧化钐	电感耦合等离子体原子发射光谱法	20.00~80.00	442.434	GB/T 23594.2—2009
	氧化铕		5.00~20.00	272.778	
	氧化钆		10.00~25.00	342.246	
	氧化镧		0.10~5.00	398.852	
	氧化铈		0.10~5.00	446.021	
	氧化镨		0.10~5.00	410.070	
	氧化钕		0.10~5.00	401.225	
	氧化钐		0.10~5.00	353.170	
	氧化铕		0.10~5.00	339.898	
	氧化钆		0.10~5.00	337.371	
	氧化铽		0.10~5.00	313.126	
	氧化镝		0.10~5.00	328.937	
	氧化镨		0.10~5.00	261.542	
	氧化钕		0.10~2.00	324.228	
	氧化钇		1.00~10.00	371.030	
镨钕合金及其化合物	钕	电感耦合等离子体原子发射光谱法	60.0~90.0	401.225	GB/T 26417—2010
	镨		10.0~30.0	440.884	
	镧		0.03~0.40	333.749	
	铈		0.03~0.40	413.765	
	钐		0.03~0.40	442.434	
	铕		0.03~0.40	272.778	
	钆		0.03~0.40	310.050	
	铽		0.03~0.40	332.440	
	镝		0.03~0.40	340.780	
	钬		0.03~0.40	341.646	

续表

适用范围	测项	检测方法	测定范围(质量分数)/%	分析线/nm	国标号
镨钕合金及其化合物	镨	电感耦合等离子体原子发射光谱法	0.03~0.40	326.478	GB/T 26417—2010
	铽		0.03~0.40	313.126	
	镝		0.03~0.40	289.138	
	镥		0.03~0.40	261.542	
	钇		0.03~0.40	324.228	

表 6-3　电感耦合等离子体质谱法分析稀土及其相关产品的基本条件

适用范围（外）：稀土金属及其氧化物中稀土杂质

适用范围	测项	检测方法	测定范围（质量分数）/%	测定同位素的质量数	校正方程及说明	国标号
氧化镧（镧）	氧化铈（铈）	电感耦合等离子体质谱法	0.0001~0.010	142,140	以内标法进行校正.内标同位素质量数——铟115	GB/T 18115.1—2006
	氧化镨（镨）		0.00005~0.010	141		
	氧化钕（钕）		0.00005~0.010	146,144		
	氧化钐（钐）		0.00005~0.010	147,152		
	氧化铕（铕）		0.00005~0.010	151,153		
	氧化钆（钆）		0.00005~0.010	160		
	氧化铽（铽）		0.00005~0.010	159		
	氧化镝（镝）		0.00005~0.010	163,164		
	氧化钬（钬）		0.00005~0.010	165		
	氧化铒（铒）		0.00005~0.010	166,167		
	氧化铥（铥）		0.00005~0.010	169		
	氧化镱（镱）		0.00005~0.010	174,176		
	氧化镥（镥）		0.00005~0.010	175		
	氧化钇（钇）		0.0001~0.010	89		
氧化铈（铈）	氧化镧（镧）	电感耦合等离子体质谱法	0.0001~0.030	139	①校正方程：$I_{141\mathrm{Pr}} = I_{141测} - 7.97 I_{143\mathrm{Nd}} + 5.66 I_{146\mathrm{Nd}}$ 或采用碰撞/反应池工作模式检测,消除对被测稀土杂质元素的干扰。②铈140,镨159,钆160的同位素质量数适用于经基体分离处理的样品溶液中铈、镨的测定。样品溶液基体分离方法参见本节中"（二）—2.样品的消解"。	GB/T 18115.2—2006
	氧化镨（镨）		0.0001~0.030	141		
	氧化钕（钕）		0.0001~0.030	146,143		
	氧化钐（钐）		0.0001~0.010	147		
	氧化铕（铕）		0.0001~0.010	151		
	氧化钆（钆）		0.0001~0.010	160		
	氧化铽（铽）		0.0001~0.010	159		
	氧化镝（镝）		0.0001~0.010	163		
	氧化钬（钬）		0.0001~0.010	165		
	氧化铒（铒）		0.0001~0.010	166		

续表

适用范围	测项	检测方法	测定范围（质量分数）/%	测定同位素的质量数	校正方程及说明	国标号
氧化铕（铕）	氧化铽（铽）	电感耦合等离子体质谱法	0.0001~0.010	169	③以内标法进行校正，内标同位素质量数——铯133	GB/T 18115.2—2006
	氧化镝（镝）		0.0001~0.010	171		
	氧化镥（镥）		0.0001~0.010	175		
	氧化钇（钇）		0.0001~0.010	89		
氧化镨（镨）	氧化镧（镧）	电感耦合等离子体质谱法	0.0001~0.020	139	①镨141，铽159的同位素质量数适用于经基体分离处理的样品溶液中镨、铽的测定。样品溶液分离方法参见本节"（二）—2. 样品的消解"。②以内标法进行校正，内标同位素质量数——铯133	GB/T 18115.3—2006
	氧化铈（铈）		0.0001~0.020	140		
	氧化钕（钕）		0.0001~0.020	146		
	氧化钐（钐）		0.0001~0.020	147		
	氧化铕（铕）		0.0001~0.020	153		
	氧化钆（钆）		0.0001~0.020	156		
	氧化铽（铽）		0.0001~0.020	159		
	氧化镝（镝）		0.0001~0.020	163		
	氧化钬（钬）		0.0001~0.020	165		
	氧化铒（铒）		0.0001~0.020	166		
	氧化铥（铥）		0.0001~0.020	169		
	氧化镱（镱）		0.0001~0.020	172		
	氧化镥（镥）		0.0001~0.020	175		
	氧化钇（钇）		0.0001~0.020	89		
氧化钕（钕）	氧化镧（镧）	电感耦合等离子体质谱法	0.0001~0.050	139	①钕146，铽159，镝163，钬165的同位素质量数适用于经基体分离处理的样品溶液中钕、铽、镝、钬的测定。样品溶液分离方法参见本节"（二）—2. 样品的消解"。②以内标法进行校正，内标同位素质量数——铯133	GB/T 18115.4—2006
	氧化铈（铈）		0.0001~0.050	140		
	氧化镨（镨）		0.0001~0.050	141		
	氧化钐（钐）		0.0001~0.050	152		
	氧化铕（铕）		0.0001~0.050	153		
	氧化钆（钆）		0.0001~0.050	155		
	氧化铽（铽）		0.0001~0.050	159		
	氧化镝（镝）		0.0001~0.050	163		
	氧化钬（钬）		0.0001~0.050	165		
	氧化铒（铒）		0.0001~0.050	170		
	氧化铥（铥）		0.0001~0.050	169		
	氧化镱（镱）		0.0001~0.050	174		
	氧化镥（镥）		0.0001~0.050	175		
	氧化钇（钇）		0.0001~0.050	89		

稀土金属及其氧化物中稀土杂质

续表

适用范围	测项	检测方法	测定范围（质量分数）/%	测定同位素的质量量数	校正方程及说明	国标号
氧化钐（杉）	氧化镧（镧）	电感耦合等离子体质谱法	0.0001~0.010	139	①校正方程： $I_{151Eu}=1.44I_{151测}-0.400I_{153测}$ 或采用碰撞/反应池工作模式检测，消除对被测稀土杂质元素的干扰。 ②*：测定同位素的质量数用于干扰校正。 ③杉147，镝165，铒167，铥169的同位素质量数适用于经基体分离处理的样品。镝、钬、铒的测定。样品溶液分离方法参见本节"（二）-2.样品溶液的消解"。 ④以内标法进行校正。内标同位素质量数——铯133	GB/T 18115.5—2006
	氧化铈（铈）		0.0001~0.010	140		
	氧化镨（镨）		0.0001~0.050	141		
	氧化钕（钕）		0.0001~0.050	142		
	氧化铕（铕）		0.0003~0.050	151,153*		
	氧化钆（钆）		0.0001~0.050	157		
	氧化铽（铽）		0.0001~0.010	159		
	氧化镝（镝）		0.0001~0.010	162		
	氧化钬（钬）		0.0001~0.010	165		
	氧化铒（铒）		0.0001~0.010	167		
	氧化铥（铥）		0.0001~0.010	169		
	氧化镱（镱）		0.0001~0.010	174		
	氧化镥（镥）		0.0001~0.010	175		
	氧化钇（钇）		0.0001~0.050	89		
氧化铕（铕）	氧化镧（镧）	电感耦合等离子体质谱法	0.00005~0.050	139	①钆153，铒169的同位素质量数适用于经基体分离处理的样品溶液中镝、铒的测定。样品溶液分离方法参见本节"（二）-2.样品溶液的消解"。 ②以内标法进行校正。内标同位素质量数——铯133	GB/T 18115.6—2006
	氧化铈（铈）		0.00005~0.050	140		
	氧化镨（镨）		0.00005~0.050	141		
	氧化钕（钕）		0.00005~0.050	146		
	氧化钐（杉）		0.00005~0.050	147		
	氧化钆（钆）		0.00005~0.050	157		
	氧化铽（铽）		0.00005~0.050	159		
	氧化镝（镝）		0.00005~0.0050	163		
	氧化钬（钬）		0.00005~0.0050	165		
	氧化铒（铒）		0.00005~0.0050	166		
	氧化铥（铥）		0.00005~0.0050	169		
	氧化镱（镱）		0.00005~0.0050	174		
	氧化镥（镥）		0.00005~0.0050	175		
	氧化钇（钇）		0.00005~0.050	89		
氧化钇（钇）	氧化镧（镧）	电感耦合等离子体质谱法	0.0001~0.010	139	①校正方程： $I_{159Tb}=I_{159测}-1.14I_{161Dy}+0.861I_{163Dy}$ $I_{169Tm}=I_{169测}-0.0091I_{177Hf}+0.0062I_{178Hf}$	GB/T 18115.7—2006
	氧化铈（铈）		0.0001~0.010	140		
	氧化镨（镨）		0.0001~0.010	141		
	氧化钕（钕）		0.0001~0.010	146		

稀土金属及其氧化物中稀土杂质

续表

适用范围	测项	检测方法	测定范围（质量分数）/%	测定同位素的质量数	校正方程及说明	国标号
稀土金属及其氧化物中稀土杂质 — 氧化钇（钇）	氧化钐（钐）	电感耦合等离子体质谱法	0.0001~0.010	149	$I_{175Lu}=I_{175测}-1.14I_{177Hf}+0.773I_{178Hf}$ 或采用碰撞/反应池工作模式检测，消除对被测用稀土杂质铽、镱、镥元素的干扰。②钇160，镱172，镥175的同位素质量数适用于经基体分离处理的样品溶液中钇、镱、镥的测定。样品溶液分离方法参见本节中"（二）—2.样品的消解"。③以内标法进行校正，内标同位素质量数——铯133，铪177，铪178。	GB/T 18115.7—2006
	氧化铕（铕）		0.0001~0.010	151		
	氧化铽（铽）		0.0001~0.010	159		
	氧化镝（镝）		0.0001~0.010	161,163		
	氧化钬（钬）		0.0001~0.010	165		
	氧化铒（铒）		0.0001~0.010	166		
	氧化铥（铥）		0.0001~0.010	169		
	氧化镱（镱）		0.0001~0.010	172		
	氧化镥（镥）		0.0001~0.010	175		
	氧化钇（钇）		0.0001~0.010	89		
氧化镱（镱）	氧化镧（镧）	电感耦合等离子体质谱法	0.0001~0.050	139	①铽159，镥175的同位素质量数适用于经基体分离处理的样品溶液中铽、镥的测定。样品溶液分离方法参见本节中"（二）—2.样品的消解"。②以内标法进行校正，内标同位素质量数——铯133。	GB/T 18115.8—2006
	氧化铈（铈）		0.0001~0.050	140		
	氧化镨（镨）		0.0001~0.050	141		
	氧化钕（钕）		0.0001~0.050	146		
	氧化钐（钐）		0.0001~0.10	147		
	氧化铕（铕）		0.0001~0.10	153		
	氧化钆（钆）		0.0001~0.10	155		
	氧化铽（铽）		0.0001~0.050	163		
	氧化镝（镝）		0.0001~0.050	165		
	氧化钬（钬）		0.0001~0.050	166		
	氧化铒（铒）		0.0001~0.050	169		
	氧化铥（铥）		0.0001~0.050	174		
	氧化镥（镥）		0.0001~0.050	175		
	氧化钇（钇）		0.0001~0.10	89		
氧化镥（镥）	氧化镧（镧）	电感耦合等离子体质谱法	0.0001~0.050	139	以内标法进行校正，内标同位素质量数——铯133。	GB/T 18115.9—2006
	氧化铈（铈）		0.0001~0.050	140		
	氧化镨（镨）		0.0001~0.050	141		
	氧化钕（钕）		0.0001~0.050	146		
	氧化钐（钐）		0.0001~0.050	147		
	氧化铕（铕）		0.0001~0.050	151,153		
	氧化钆（钆）		0.0001~0.050	155,157		
	氧化铽（铽）		0.0001~0.050	159		

续表

稀土金属及其氧化物中稀土杂质

适用范围	测项	检测方法	测定范围（质量分数）/%	测定同位素的质量数	校正方程及说明	国标号
氧化镝（镝）	氧化钬（钬）	电感耦合等离子体质谱法	0.0001~0.050	165	以内标法进行校正，内标同位素质量数—铯133	GB/T 18115.9—2006
	氧化铒（铒）		0.0001~0.050	167,168		
	氧化铥（铥）		0.0001~0.050	169		
	氧化镱（镱）		0.0001~0.050	171		
	氧化镥（镥）		0.0001~0.050	175		
	氧化钇（钇）		0.0001~0.050	89		
氧化钬（钬）	氧化镧（镧）	电感耦合等离子体质谱法	0.0001~0.050	139	以内标法进行校正，内标同位素质量数—铯133	GB/T 18115.10—2006
	氧化铈（铈）		0.0001~0.050	140		
	氧化镨（镨）		0.0001~0.050	141		
	氧化钕（钕）		0.0001~0.050	146		
	氧化钐（钐）		0.0001~0.050	147		
	氧化铕（铕）		0.0001~0.050	153		
	氧化钆（钆）		0.0001~0.10	157		
	氧化铽（铽）		0.0001~0.10	159		
	氧化镝（镝）		0.0001~0.10	161		
	氧化铒（铒）		0.0001~0.10	168		
	氧化铥（铥）		0.0001~0.10	169		
	氧化镱（镱）		0.0001~0.050	174		
	氧化镥（镥）		0.0001~0.050	175		
	氧化钇（钇）		0.0001~0.10	89		
氧化铒（铒）	氧化镧（镧）	电感耦合等离子体质谱法	0.0001~0.0050	139	①校正方程： $I_{165Ho} = I_{165} - 0.105I_{171Yb} + 0.0715I_{172Yb}$ $I_{169Tm} = I_{169} - 1.82I_{171Yb} + 1.24I_{172Yb}$ 或采用碰撞/反应池工作模式检测，消除对被测稀土杂质同位素质量数的干扰。 ②*：测定同位素的质量数用于干扰校正。	GB/T 18115.11—2006
	氧化铈（铈）		0.0001~0.0050	140		
	氧化镨（镨）		0.0001~0.010	141		
	氧化钕（钕）		0.0001~0.0050	146		
	氧化钐（钐）		0.0001~0.0050	147		
	氧化铕（铕）		0.0001~0.010	153		
	氧化钆（钆）		0.0001~0.010	157		
	氧化铽（铽）		0.0001~0.010	159		
	氧化镝（镝）		0.0001~0.010	161		
	氧化钬（钬）		0.0001~0.010	165		
	氧化铥（铥）		0.0001~0.010	169		
	氧化镱（镱）		0.0001~0.010	172,171*		

续表

左侧竖排标签：稀土金属及其氧化物中稀土杂质

适用范围	测项	检测方法	测定范围（质量分数）/%	测定同位素的质量数	校正方程及说明	国标号
氧化铒(铒)	氧化镥(镥)	电感耦合等离子体质谱法	0.0001~0.0050	175	③以内标法进行校正，内标同位素质量数——铯133	GB/T 18115.11—2006
	氧化钇(钇)		0.0001~0.010	89		
氧化钇(钇)	氧化镧(镧)	电感耦合等离子体质谱法	0.0001~0.010	139	以内标法进行校正，内标同位素质量数——铯133	GB/T 18115.12—2006
	氧化铈(铈)		0.00005~0.010	140,142		
	氧化镨(镨)		0.00005~0.010	141		
	氧化钕(钕)		0.0001~0.010	146,142		
	氧化钐(钐)		0.0001~0.010	147,152		
	氧化铕(铕)		0.00005~0.010	151,153		
	氧化钆(钆)		0.0001~0.010	157,158		
	氧化铽(铽)		0.00005~0.010	159		
	氧化镝(镝)		0.00005~0.010	163,164		
	氧化钬(钬)		0.00005~0.010	165		
	氧化铒(铒)		0.00005~0.010	166,167		
	氧化铥(铥)		0.00005~0.010	169		
	氧化镱(镱)		0.00005~0.010	172,174		
	氧化镥(镥)		0.00005~0.010	175		
氧化镱(镱)	氧化镧(镧)	电感耦合等离子体质谱法	0.0001~0.010	139	以内标法进行校正，内标同位素质量数——铯133	GB/T 18115.13—2010
	氧化铈(铈)		0.0001~0.010	140		
	氧化镨(镨)		0.0001~0.010	141		
	氧化钕(钕)		0.0001~0.010	146		
	氧化钐(钐)		0.0001~0.010	147		
	氧化铕(铕)		0.0001~0.010	153		
	氧化钆(钆)		0.0001~0.010	157		
	氧化铽(铽)		0.0001~0.010	159		
	氧化镝(镝)		0.0001~0.010	163		
	氧化钬(钬)		0.0001~0.010	165		
	氧化铒(铒)		0.0001~0.010	166		
	氧化铥(铥)		0.0001~0.010	172		
	氧化镥(镥)		0.0001~0.010	175		
	氧化钇(钇)		0.0001~0.010	89		
氧化镥(镥)	氧化镧(镧)	电感耦合等离子体质谱法	0.0001~0.010	139	①校正方程：$I_{175\text{Lu}} = I_{175} - 2.503937 I_{171\text{Hf}} + 1.706717 I_{178\text{Hf}}$	GB/T 18115.14—2010
	氧化铈(铈)		0.0001~0.010	140		

续表

适用范围	测项	检测方法	测定范围（质量分数）/%	测定同位素的质量数	校正方程及说明	国标号
稀土金属及其氧化物中稀土杂质	氧化镨（镨）	电感耦合等离子体质谱法	0.0001～0.010	141	或采用碰撞/反应池工作模式检测，消除被测稀土杂质中铈元素的干扰。②以内标法进行校正，内标同位素质量数——铯133	GB/T 18115.14—2010
	氧化钕（钕）		0.0001～0.010	146,142		
	氧化钐（钐）		0.0001～0.010	147,152		
	氧化铕（铕）		0.0001～0.010	153,151		
	氧化钆（钆）		0.0001～0.010	157,158		
	氧化铽（铽）		0.0001～0.010	159		
	氧化镝（镝）		0.0001～0.010	163,164		
	氧化钬（钬）		0.0001～0.010	165		
	氧化铒（铒）		0.0001～0.010	166,167		
	氧化铥（铥）		0.0001～0.010	169		
	氧化镱（镱）		0.0001～0.010	175		
	氧化钇（钇）		0.0001～0.010	89		
稀土金属及其氧化物中非稀土杂质	氧化钴（钴）	电感耦合等离子体质谱法	0.0001～0.050	59	①钴（59）、锰（55）、铜（63）、铅（208）、镍（58、60）、锌（64,66）的线性范围各为0.0001%～0.10%；铝（27）、铬（52）的线性范围各为0.0005%～0.10%。②以内标法进行校正，内标同位素质量数——铑103或铟115	GB/T 12690.5—2017
	氧化锰（锰）		0.0001～0.050	55		
	氧化铅（铅）		0.0002～0.050	208		
	氧化镍（镍）		0.0002～0.050	58,60		
	氧化铜（铜）		0.0001～0.050	63		
	氧化锌（锌）		0.0005～0.050	64,66		
	氧化铝（铝）		0.0005～0.050	27		
	氧化铬（铬）		0.0005～0.050	52		
稀土金属及其氧化物	钍	电感耦合等离子体质谱法	0.0001～0.010	232	①钍（232）的线性范围（μg/mL）：0～0.10；②以内标法进行校正，内标同位素质量数——铋205	GB/T 12690.12—2003
稀土金属	钼	电感耦合等离子体质谱法	0.0010～0.10	98	①钼（98）、钨（184）的线性范围（μg/mL）：各为0～0.10。②以内标法进行校正，内标为铯	GB/T 12690.13—2003
	钨		0.0010～0.50	184		
	铯（内标）		—	133		

续表

适用范围	测项	检测方法	测定范围（质量分数）/%	测定同位素的质量数	校正方程及说明	国标号
稀土金属及其氧化物中非稀土杂质　单一稀土金属	钇	电感耦合等离子体质谱法	0.0010~0.050	93		GB/T 12690.17—2010
单一稀土金属（除铽外）	钽		0.0010~0.050	181	①采用系数校正法校正残留铽对钽的干扰，$\rho(Ta)=\rho(Ta)_{样品}-k\times\rho(Ho)_{空白}$，$k$ 为铽对钽的干扰系数。②以内标法进行校正，内标同位素质量数—铯133	
铽	钽		0.0020~0.050	181		
	铽		—	165		
氯化稀土、碳酸轻稀土	氧化铕	电感耦合等离子体质谱法	0.010~0.50	151,153	以内标法进行校正，内标同位素质量数—铯133	GB/T 16484.2—2009
	氧化镍		0.0010~0.010	60		
	氧化锰		0.0010~0.10	55		
	氧化铅	电感耦合等离子体质谱法	0.0010~0.010	208	以内标法进行校正，内标同位素质量数—铯133；铟115	GB/T 16484.20—2009
	氧化铝		0.0020~0.10	27		
	氧化锌		0.010~0.20	66		
	氧化钍		0.0005~0.30	232		
氧化钇铕	氧化镧		0.00005~0.005	139		
	氧化铈		0.00005~0.005	140		
	氧化镨		0.00005~0.005	141		
	氧化钕		0.00005~0.005	146		
	氧化钐		0.00005~0.005	147		
	氧化钆		0.00005~0.005	157		
	氧化铽	电感耦合等离子体质谱法	0.00005~0.005	159	①校正方程：$I_{169Tm}=I_{169}-1.09205I_{167Er}+0.745909I_{166Er}$，或采用碰撞/反应池工作模式检测，消除对被测稀土杂质元素的质量数用于干扰校正。②*：测定稀土杂质元素的质量数。③以内标法进行校正，内标同位素质量数—铯133	GB/T 18116.1—2012
	氧化镝		0.00005~0.005	163		
	氧化钬		0.00005~0.005	165		
	氧化铒		0.00005~0.005	166,167*		
	氧化铥		0.0002~0.005	169		
	氧化镱		0.00005~0.005	174		
	氧化镥		0.00005~0.005	175		

二、分析方法

（一）原子吸收光谱法

在现行有效的标准中，采用原子吸收光谱法分析稀土及其相关产品的标准有 10 个，此部分以火焰原子吸收光谱法分析稀土金属及其氧化物中的非稀土杂质元素钠、镁和氧化钙的含量为例，进行介绍。

此方法适用于分析稀土金属及其氧化物中的非稀土杂质钠、镁和氧化钙含量的测定，其测定范围见表 6-1。实际工作中火焰原子吸收光谱法分析稀土金属及其氧化物中的非稀土杂质钠、镁和氧化钙含量的步骤包括以下几个部分：

1. 样品的制备和保存

样品的制备和保存参考相应国家标准的相关内容，需要注意如下两点：

① 金属样品需去掉表面氧化层，取样后立即称量。

② 氧化物样品预先 900℃灼烧 1h，并置于干燥器中冷却至室温，备用。

2. 样品的消解

样品的消解分为湿法消解和干法消解，其中湿法消解依据使用的仪器不同又分为电热板消解法和微波消解法，干法消解又称为熔融法消解。分析稀土金属及其氧化物中的非稀土杂质钠、镁和氧化钙含量的消解方法主要有：湿法消解中的电热板消解法。

样品以盐酸或硝酸溶解，在稀酸介质中测定。分析二氧化铈样品中的钠含量时，以草酸沉淀基体铈，取滤液测定。采用标准加入法计算钠、镁和氧化钙的含量。下面具体介绍其消解方法：

样品分为稀土元素氧化物和稀土金属两类，本方法规定了分析稀土元素氧化物中的非稀土杂质含量的方法，同时适用于分析稀土金属中的非稀土杂质的含量。其中，稀土元素氧化物和稀土金属样品的称样量不同，稀土金属样品的称样量为稀土元素氧化物样品的称样量乘以相应的换算系数，换算系数参见表 6-4。

表 6-4 稀土金属与稀土元素氧化物的换算系数

元素	换算系数	元素	换算系数	元素	换算系数
镧	0.8526	铕	0.8636	铒	0.8745
铈	0.8140	钆	0.8676	铥	0.8756
镨	0.8277	铽	0.8502	镱	0.8782
钕	0.8573	镝	0.8713	镥	0.8794
钐	0.8624	钬	0.8730	钇	0.7874

样品中被测元素（氧化物）的质量分数越大，称取样品量越少，溶样酸和过氧化氢的添加量也相应变化，样品溶液的总体积及分取样品溶液的体积也随之变化，列于表 6-5。根据产品类型和样品中被测元素（氧化物）的质量分数范围，按表 6-5 称取样品，精确至0.0001g。独立地进行两份样品测定，取其平均值。随同样品做空白试验。

表 6-5 分析稀土金属及其氧化物中的杂质钠、镁和氧化钙含量的样品溶液制备方法

产品类型	被测物质	被测元素（氧化物）质量分数/%	样品量/g	溶样酸量	过氧化氢[①]体积/mL	样品溶液总体积/mL	分取样品溶液体积/mL
非二氧化铈	钠	0.0005~0.0020	2.00	10mL 硝酸[②]	—	25	5.00
		>0.0020~0.0080	0.50	5mL 硝酸[②]	—	25	5.00
		>0.0080~0.025	0.20	5mL 硝酸[②]	—	25	5.00

续表

产品类型	被测物质	被测元素（氧化物）质量分数/%	样品量/g	溶样酸量	过氧化氢① 体积/mL	样品溶液总体积/mL	分取样品溶液体积/mL
二氧化铈	钠	0.0005~0.0020	2.00	15mL 硝酸②	5.00	200	20.00
		>0.0020~0.0080	0.50	10mL 硝酸②	5.00	200	20.00
		>0.0080~0.025	0.20	5mL 硝酸②	2.50	200	20.00
非二氧化铈	镁	0.0005~0.0030	1.00	5mL 盐酸③	—	50	10.00
		>0.0030~0.0070	1.00	5mL 盐酸③	—	50	5.00
		>0.0070~0.015	1.00	5mL 盐酸③	—	100	5.00
		>0.015~0.040	0.20	2mL 盐酸③	—	100	10.00
		>0.040~0.080	0.20	2mL 盐酸③	—	100	5.00
		>0.080~0.160	0.10	2mL 盐酸③	—	100	5.00
		>0.160~0.300	0.10	2mL 盐酸③	—	200	5.00
二氧化铈	镁	0.0005~0.0030	1.00		5.00	50	10.00
		>0.0030~0.0070	1.00		5.00	50	5.00
		>0.0070~0.015	1.00		5.00	100	5.00
		>0.015~0.040	0.20	5mL 硝酸④	5.00	100	10.00
		>0.040~0.080	0.20		5.00	100	5.00
		>0.080~0.160	0.10		5.00	100	5.00
		>0.160~0.300	0.10		5.00	200	5.00
非二氧化铈	氧化钙	0.01~0.03	2.00	12mL 盐酸③	—	50	12.50
		>0.03~0.10	0.50	6mL 盐酸③	—	50	12.50
		>0.10~0.30	0.10	5mL 盐酸③	—	50	12.50
二氧化铈	氧化钙	0.01~0.03	2.00	10mL 硝酸④	5.00	50	12.50
		>0.03~0.10	0.50	5mL 硝酸④	2.50	50	12.50
		>0.10~0.30	0.10	5mL 硝酸④	1.50	50	12.50

① 过氧化氢：30%（质量分数）。

② 硝酸：1+1，优级纯。

③ 盐酸：1+1，优级纯。

④ 硝酸：$\rho = 1.42\text{g/mL}$，优级纯。

（1）适用于非二氧化铈样品的消解方法

将准确称量的非二氧化铈样品置于100mL烧杯中，按表6-5加入相应量的溶样酸，于电热板上低温加热，至溶解完全，冷却至室温。将样品溶液移至表6-5规定的相应定容体积的容量瓶中，用水稀释至刻度，混匀。

（2）适用于二氧化铈样品的消解方法

将准确称量的二氧化铈样品置于100mL烧杯中（测钠含量时，置于100mL聚四氟乙烯烧杯中）。按表6-5加入相应量的溶样酸和过氧化氢，于电热板上低温加热，至溶解完全，煮沸赶尽过氧化氢，继续加热蒸发至近干（测钠含量时，将上述样品溶液移至200mL烧杯中，加入50mL水，加热煮沸，加入50mL近沸的50g/L优级纯草酸溶液，待沉淀完全），取下，冷却至室温。将样品溶液（测钠含量时，将过滤所得滤液和用水洗涤烧杯和沉淀5~6次的洗液合并）转移至表6-5规定的相应定容体积的容量瓶中，用水稀释至刻度，混匀。

3. 仪器条件的选择

测定不同元素有不同的仪器操作条件，推荐的仪器工作条件，参见表6-1和表6-6。以钠元素的测定为例介绍火焰原子吸收光谱仪器操作条件的选择。

（1）选择光源

选择钠元素的空心阴极灯作为光源。（如测定镁和氧化钙时，选择相应的元素空心阴极灯。）

（2）选择原子化器

选择原子化器。一般来说，如果样品中被测元素的含量较高，比如高于 0.1mg/L，选用火焰原子化器。火焰类型按照燃气和助燃气的种类分为空气-乙炔、氧化亚氮（N_2O）-乙炔、空气-氢气等多种。按照燃气和助燃气比例不同分为化学计量火焰、富燃火焰（还原性火焰）、贫燃火焰（氧化性火焰）。燃气和助燃气的种类以及流量有不同的性质，应用范围各有特点。每种原子化器的条件参考相应国家标准。

分析稀土金属及其氧化物中的非稀土杂质钠、镁和氧化钙的含量时，选用火焰原子化器，原子化器条件参见表 6-1。在仪器最佳工作条件下，凡能达到下列指标者均可使用：

① 灵敏度：在与测量样品溶液基体相一致的溶液中，钠的特征浓度应≤0.0062μg/mL。（如测镁和氧化钙时，其相应的检出限参见表 6-1。）在原子吸收光谱法中，特征浓度就是检出限，特征浓度指吸光度为 0.0044 时，溶液中物质的量浓度。

② 精密度：用最高浓度的标准溶液测量 10 次吸光度，其标准偏差应不超过平均吸光度的 1.0%；用最低浓度的标准溶液（不是零浓度溶液）测量 10 次吸光度，其标准偏差应不超过最高浓度标准溶液平均吸光度的 0.5%。

③ 标准曲线线性：将标准曲线按浓度等分成五段，最高段的吸光度差值与最低段的吸光度差值之比≥0.7。

（3）仪器工作条件

仪器工作条件（推荐）参见表 6-6。

表 6-6　分析稀土金属及其氧化物中的杂质元素钠、镁含量的仪器工作条件

被测元素	仪器型号	灯电流 /mA	狭缝宽度 /nm	燃烧器高度 /nm	空气流量 /(L/min)	乙炔流量 /(L/min)
钠	WFX-1B	3.0	0.2	10	6~7	1.0
	P-E3030	10	0.2	10	—	—
	AA-670	3.0	0.3	5	8	1.0
镁	WFX-1D	3.0	0.1	8	7	1.1
	WFX-1B	3.0	0.1	8	7	1.1
	AA-670	3.0	0.4	5	8	1.6

4. 干扰的消除

① 分析稀土金属及其氧化物中的非稀土杂质钠、镁和氧化钙的含量时，采用标准加入法配制系列浓度标液-样品溶液进行测定，避免干扰。

② 分析稀土元素氧化物二氧化铈中的非稀土元素钠的含量时，以草酸沉淀基体铈，消除基体铈的干扰。制备样品溶液时，选用聚四氟乙烯烧杯作消解容器，再转入玻璃烧杯，用草酸沉淀基体铈，消除容器材质对测定的影响。

5. 标准曲线的建立

（1）标准溶液的配制

配制不同浓度的标准溶液首先要制备各个元素的标准储备液。如果实验室不具备自己配制标准储备液的条件，可使用有证书的系列国家或行业标准样品（溶液）。选择与被测样品基体一致、质量分数相近的有证标准样品。

多元素标准溶液的配制原则：互有化学干扰、产生沉淀及互有光谱干扰的元素应分组配制。标准储备溶液的稀释溶液，需与标准储备溶液保持一致的酸度（用时现稀释）。

表 6-7 介绍了被测物质钠、镁、钙的标准储备液和标准溶液的制备方法。

表 6-7 分析稀土金属及其氧化物中的杂质钠、镁和钙含量的标准储备液和标准溶液的配制方法

元素	标准储备液配制方法	标准溶液配制方法
钠	称取 2.5421g 氯化钠(优级纯,预先在 400～450℃灼烧至无爆裂声,并在干燥器中冷却至室温),置于聚四氟乙烯烧杯中,加 200mL 水溶解。用超纯水定容至 1L 容量瓶,混匀。保存于塑料瓶中。钠 1mg/mL	移取 10.00mL 钠标准储备液,用超纯水定容至 1000mL,混匀。保存于塑料瓶中。钠 10μg/mL
镁	称取 0.4146g 氧化镁[$w(MgO) \geqslant 99.99\%$,预先在 800℃灼烧至恒重,并在干燥器中冷却至室温],置于烧杯中,以水润湿,缓慢加入 10mL 盐酸(1+1,优级纯),低温加热至完全溶解,冷却至室温,用超纯水定容至 500mL,混匀。镁 500μg/mL	移取 25.00mL 镁标准储备液,用超纯水定容至 500mL,混匀。镁 25μg/mL
钙	称取 2.4972g 基准碳酸钙(预先在 110℃烘干 2h,并在干燥器中冷却至室温),置于烧杯中,缓慢加入 40mL 盐酸(1+1,优级纯)溶解,加热煮沸驱除二氧化碳,冷却至室温,用超纯水定容至 1L,混匀。钙 1mg/mL	移取 10.00mL 钙标准储备液,用超纯水定容至 250mL。钙 40μg/mL

(2)标准曲线的建立

关于标准曲线的建立,分为标准加入法和标准曲线法(包含基体匹配标准曲线法、内标校正的标准曲线法),下面进行介绍。

① 标准加入法。

a. 标准加入法的原理。当样品溶液中的基体成分复杂,难以配制纯净的基体空白溶液,而且样品中的基体对测定结果有较大影响,存在明显的干扰时,选用标准加入法进行测定。分别量取等体积经消解的样品溶液 4 份,分别置于一组相同定容体积的容量瓶中,加入一系列体积的被测元素标准溶液,包括"零"浓度溶液(即不加入被测元素标准溶液),加入相应的酸试剂,定容。制得用于绘制标准加入曲线的系列浓度标液-样品溶液,此系列溶液中被测元素浓度通常分别为:c_x,$c_x+0.5c_s$,c_x+c_s,$c_x+1.5c_s$。其中,样品溶液浓度为 c_x,标准溶液浓度为 c_s,并且 $c_s \approx c_x$。当此标准曲线呈线性并通过原点时,根据吸光度的加和性,得到:

$$A_x = Kc_x \tag{6-1}$$
$$A_0 = K(c_x + c_s) \tag{6-2}$$

式中,A_x 为浓度为 c_x 的样品溶液的吸光度;A_0 为在上述样品溶液中加入一定量的与被测元素浓度相近的标准溶液 c_s 的标液-样品溶液的吸光度。

将式(6-1)与式(6-2)两式相比,即得:

$$c_x = c_s \times \frac{A_x}{A_0 - A_x} \tag{6-3}$$

令式(6-3)中 $c_s = x$,且 $A_0 = y$,得到:

$$c_x = x \times \frac{A_x}{y - A_x} \tag{6-4}$$

以 x 为横坐标,y 为纵坐标,绘制标准加入曲线,当 $y = 0$ 时,$c_x = -x = |x|$。

因此,用水调零,在相同条件下,按浓度由低到高的顺序依次测量 4 份溶液的吸光度 3 次,并取平均值。以加入标准溶液的被测元素质量浓度为横坐标,以吸光度平均值为纵坐标,绘制标准加入曲线,将所作的直线(趋势线)反向延伸至与横坐标轴相交,该交点与坐标原点之间的距离,为样品溶液中的被测元素浓度。从标准加入曲线得到被测元素浓度的方法,称为外推法。标准加入法实际上是一种外推法,使用此方法时需注意。

样品溶液中加入标液的被测元素浓度与对应吸光度的关系见图 6-1。

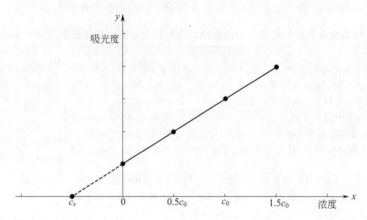

图 6-1　样品溶液中加入标液的被测元素浓度与对应吸光度的关系

　　按照相同方法，空白溶液独立绘制标准加入曲线。以外推法从空白溶液的标准加入曲线上查得空白溶液中的被测元素浓度。样品溶液中的被测元素浓度减去空白溶液中的被测元素浓度，为样品溶液中的实际被测元素浓度。

　　b. 标准加入法的适用范围。本方法只适用于被测样品浓度与吸光度呈线性的区域；加入标准溶液所引起的体积误差不应超过 0.5%；本方法只能消除基体效应造成的影响；标准加入法的适用性判断：

　　测定样品溶液的吸光度为 A，从标准加入曲线上查得浓度为 x。向样品溶液中加入标准溶液，加入标准溶液的被测元素质量浓度为 s，测定此标液-样品溶液的吸光度为 B，从标准加入曲线上查得浓度为 y。按式(6-5)计算样品溶液的被测元素质量浓度 c：

$$c = \left(\frac{s}{y-x}\right) \times x \tag{6-5}$$

　　当存在基体效应时，$\frac{s}{y-x}$ 在 0.5～1.5 之间，可用标准加入法；当 $\frac{s}{y-x}$ 超出此范围时，标准加入法不适用。

　　② 标准曲线法。

　　a. 标准曲线（工作曲线）法。移取一系列体积的被测元素标准溶液，包括"零"浓度溶液（即不加入被测元素标准溶液），分别置于一组相同定容体积的容量瓶中，加入相应的酸和干扰消除剂，定容。标准系列溶液的介质和酸度应与样品溶液保持一致。有的标准系列溶液的配制，移取一系列体积的被测元素标准溶液，包括"零"浓度溶液（即不加入被测元素标准溶液），按照样品溶液的制备方法制备标准系列溶液，然后，将这组经消解的标准系列溶液分别置于一组容量瓶中，加入相应的酸和干扰消除剂，定容。制得用于绘制标准曲线的标准系列溶液。

　　b. 标准曲线（工作曲线）基体匹配法。移取一系列体积的被测元素标准溶液，包括"零"浓度溶液（即不加入被测元素标准溶液），分别置于一组相同定容体积的容量瓶中，加入相应的酸和干扰消除剂，及基体溶液（取基体纯物质按照相应的制备样品溶液的方法制备），定容。标准系列溶液的介质和酸度应与样品溶液保持一致。有的标准系列溶液，采用基体匹配法配制时，移取一系列体积的被测元素标准溶液，包括"零"浓度溶液（即不加入被测元素标准溶液），分别加入等量的基体纯物质（与被测样品相同质量），按照制备样品溶液的方法制备标准系列溶液，然后，将这组经消解的标准系列溶液分别置于一组容量瓶中，加入相应的酸和干扰消除剂，定容。（注意：标准系列溶液的基体浓度应与样品溶液的基体浓度相一致。）制得用于绘制标准曲线的标准系列溶液。

按浓度由低到高的顺序，测量吸光度三次，取平均值。以标准系列溶液中被测元素的吸光度平均值减去"零"浓度溶液中相应元素的吸光度平均值，为净吸光度。以被测元素的质量浓度（$\mu g/mL$）为横坐标、净吸光度（A）为纵坐标，绘制标准曲线。计算回归方程，相关系数应不低于 0.99。

按照与绘制标准曲线相同条件测定样品溶液中被测元素的吸光度三次，取平均值。同时测定随同样品的空白溶液的吸光度三次，取平均值。样品溶液中被测元素的吸光度平均值，减去空白溶液中相应元素的吸光度平均值，为净吸光度（A）。从标准曲线上查出相应的被测元素浓度（$\mu g/mL$）。

c. 内标校正的标准曲线法。在标准系列溶液、样品溶液和空白溶液中均添加相同浓度的内标（ISTD）元素。以标准系列溶液中被测元素分析线的响应值与内标元素参比线响应值的比值为纵坐标，被测元素浓度为横坐标，绘制内标校正的标准曲线，计算回归方程。通过样品溶液和空白溶液中的被测元素分析线的响应值和内标元素参比线响应值的比值，从内标校正的标准曲线或回归方程中查得相应的被测元素浓度，以样品溶液中被测元素的质量浓度减去空白溶液中被测元素的质量浓度，得到样品溶液中实际的被测元素质量浓度。

配制系列浓度的被测元素标准溶液（标准系列溶液），一般选择 4～6 个浓度，并且浓度选择均匀合理，需要注意的是，配制时应和样品溶液一样加入相应的酸和相应的干扰消除剂及基体溶液（基体匹配标准曲线法）。标准系列溶液配制好后一般可用一个月。

在测定时，应按照由低浓度向高浓度的顺序依次测定，样品溶液中被测元素的含量应该在标准溶液的高低限范围内，最好处于标准曲线的中部范围，如果低于或超出标准曲线范围，应该对样品进行浓缩或稀释处理。如果由于浓度过高使得标准曲线不呈线性，使用次灵敏度分析线，或者适当稀释样品溶液和标准系列溶液。

分析稀土金属及其氧化物中的非稀土杂质钠、镁和氧化钙的含量时，采用标准加入法计算钠、镁和氧化钙的含量。分取等体积经消解的样品溶液，分别置于一组相同定容体积的容量瓶中，加入一系列体积的被测元素标准溶液，包括"零"浓度溶液（即不加入被测元素标准溶液），加入相应的酸试剂，定容。制得用于绘制标准加入曲线的系列浓度标液-样品溶液，具体步骤如下：

根据产品类型和样品中的被测元素（氧化物）的质量分数范围，按表 6-5 移取 4 份上述样品溶液（经消解并定容），置于一组 25mL 容量瓶中。

测钠含量时，分别加入 0mL、0.50mL、1.00mL、1.50mL 钠标准溶液（$10\mu g/mL$），加入 1mL 硝酸（1+1，优级纯），用水稀释至刻度，混匀。

测镁含量时，分别加入 0mL、1.00mL、2.00mL、3.00mL 镁标准溶液（$25\mu g/mL$），用水稀释至刻度，混匀。

测氧化钙含量时，分别加入 0mL、1.25mL、2.50mL、3.75mL 钙标准溶液（$40\mu g/mL$），用水稀释至刻度，混匀。

6. 样品的测定

将原子吸收分光光度计调节至最佳工作状态，取系列浓度标液-样品溶液在原子吸收分光光度计上于被测元素分析线（参见表 6-1）处，在原子化器火焰中测定。以水调零，按照与样品溶液相同条件，按浓度递增顺序测量系列浓度标液-样品溶液中被测元素的吸光度，测三次吸光度，取三次测量平均值。以被测元素的质量浓度（$\mu g/mL$）为横坐标、吸光度

（A）为纵坐标作图，绘制标准加入曲线，将所作的直线向下延长至与横坐标轴相交，该交点与坐标原点之间的距离，为样品溶液中被测元素的浓度。从标准加入曲线得到被测元素浓度的方法，称为外推法。

按照样品溶液绘制标准加入曲线的方法，空白溶液独立绘制标准加入曲线，即独立配制系列浓度标液-空白样品溶液。采用外推法从空白溶液的标准加入曲线上，查得空白溶液中的被测元素浓度（$\mu g/mL$）。样品溶液中的被测元素浓度减去空白溶液中的被测元素浓度，为样品溶液中的实际被测元素浓度（$\mu g/mL$）。

当设备具有计算机系统控制功能时，标准加入曲线的绘制、校正（漂移校正、标准化、重新校准）和被测元素含量的测定，按照计算机软件说明书的要求进行。

7. 结果的表示

$$w(被测氧化物)＝w(被测元素)\times 换算系数$$

其中，由钙含量换算成氧化钙含量的系数为 1.399。

被测元素的质量分数含量小于 0.01％，分析结果表示至小数点后第 4 位。被测元素的质量分数含量大于 0.01％，分析结果表示至小数点后第 3 位。

8. 质量保证和质量控制

分析时，应用国家级或行业级标准样品或控制样品进行校核，每周或每两周至少用标准样品或控制样品对分析方法校核一次。当过程失控时，应找出原因，纠正错误后，重新进行校核，并采取相应的预防措施。

9. 注意事项

① 使用本方法检测的人员应有正规实验室工作的实践经验。操作者有责任采取适当的安全和健康措施，并保证符合国家有关法规规定的条件。

② 应按照原子吸收光谱仪器使用规程点燃和熄灭空气-乙炔燃烧器，以避免可能的爆炸危险。

③ 除非另有说明，在分析中仅使用确认的分析纯试剂；所用水均为二级蒸馏水或相当纯度的实验室用水，符合国家标准 GB/T 6682—2008 的规定。

④ 所用仪器均应在检定周期内，其性能应达到检定要求的技术参数指标；玻璃容器使用国家标准 GB/T 12806—2011、GB/T 12808—2015、GB/T 12809—2015 中规定的 A 级。这里的 A 级是指准确度等级，国标中规定了容量瓶和吸量管（移液管）的容量允差等指标，其中 A 级 100mL 容量瓶的容量允差为 ±0.10，A 级 1mL、2mL、5mL、10mL、25mL、50mL 吸量管（移液管）的容量允差分别为 ±0.007、±0.010、±0.015、±0.020、±0.030、±0.050。具体的使用方法参照国家标准 GB/T 12810—1991 的要求。

⑤ 分析稀土元素氧化物二氧化铈中的非稀土元素钠的含量，制备样品溶液时，选用聚四氟乙烯烧杯作消解容器，样品溶解完全并蒸发至小体积后，再转入玻璃烧杯，进行下一步处理。

（二）电感耦合等离子体质谱法

在现行有效的标准中，采用电感耦合等离子体质谱法分析稀土及其相关产品的标准有 21 个，此部分以电感耦合等离子体质谱法分析 14 种稀土金属（镧、铈、镨、钕、钐、铕、钆、铽、镝、钬、铒、钇、铥、镱）及其氧化物中的杂质稀土元素（镧、铈、镨、钕、钐、铕、钆、铽、镝、钬、铒、铥、镱、镥、钇）及其氧化物的含量为例，进行介绍。

常见的检测方法和国家标准作出相关规定，此方法适用于上述稀土金属的氧化物中除基体外的其他 14 种稀土杂质氧化物含量的同时测定，也适用于单个稀土杂质氧化物含量的独立测定，其氧化物测定范围见表 6-3。此方法同样适用于上述稀土金属中除基体外的其他 14 种稀土杂质元素含量的同时测定，也适用于单个稀土杂质元素含量的独立测定。

我们以此为应用实例讲解具体的分析步骤和方法，以及一些注意事项。

1. 样品的制备和保存

样品的制备和保存参考相应国家标准的相关内容，需要注意如下两点：

① 氧化物样品于 900℃灼烧 1h，置于干燥器中，冷却至室温，立即称量。

② 金属样品应去掉表面氧化层，取样后立即称量。

2. 样品的消解

电感耦合等离子体质谱法分析 14 种稀土金属及其氧化物中的稀土杂质含量的消解方法主要有：湿法消解中的电热板消解法。

样品分为稀土元素氧化物和稀土金属两类，本方法规定了分析稀土元素氧化物中的稀土杂质含量的方法，同时适用于分析稀土金属中的稀土杂质的含量。其中，稀土元素氧化物和稀土金属样品的称样量不同，稀土金属样品的称样量为稀土元素氧化物样品的称样量乘以相应的换算系数，换算系数参见表 6-4。

分析稀土金属镧、镝、钬、铒、钇、铥、镥及其氧化物中的稀土杂质含量时，样品以硝酸溶解，以 ICP-MS 在稀硝酸介质中直接测定，测定时以内标法进行校正。分析稀土金属铈、镨、钕、钐、铕、钆、铽及其氧化物中的稀土杂质含量时，样品以硝酸或盐酸溶解，以 ICP-MS 在稀硝酸介质中直接测定；其中，分析氧化铈（铈）中的氧化钆（钆）、氧化铽（铽），氧化镨（镨）中的氧化铽（铽），氧化钕（钕）中的氧化铽（铽）、氧化镝（镝）和氧化钬（钬），氧化钐（钐）中的氧化镝（镝）、氧化钬（钬）、氧化铒（铒）和氧化铥（铥），氧化铕（铕）中的氧化铥（铥），氧化钆（钆）中的氧化镱（镱）、氧化镥（镥），氧化铽（铽）中的氧化镥（镥）的含量时，需经 C272 微型柱分离基体后，再进行质谱测定。测定时均以内标法进行校正。下面分别进行具体介绍：

（1）硝酸消解法

此法适用于分析氧化镧、氧化镝、氧化钬、氧化铒、氧化钇、氧化铥、氧化镱中的稀土杂质氧化物的含量。

稀土元素氧化物样品中被测稀土杂质氧化物的质量分数越大，称样量越少，如表 6-8 所示。根据产品的种类和被测稀土杂质氧化物的质量分数范围，按表 6-8 称取相应质量的样品，精确至 0.0001g。独立地进行两次测定，取其平均值。随同样品做空白试验。

表 6-8 分析稀土元素镧、镝、钬、铒、钇、铥、镱氧化物中的杂质氧化物含量的样品溶液制备方法

产品种类	被测氧化物质量分数/%	样品量/g	溶样酸量	定容试剂	样品溶液定容体积/mL	分取样品溶液体积/mL	样品测定体积/mL	内标溶液量
氧化镧	0.00005～0.0050	0.250	5.00mL 硝酸①	硝酸②	50	3.00	50	0.50mL 铟内标液⑤
	>0.0050～0.010	0.100						
氧化镝	0.0001～0.0050	0.250	5.00mL 硝酸③	水	50	1.00	10	0.50mL 铯内标液⑥
	>0.0050～0.050	0.100						
氧化钬	0.0001～0.010	0.250	5.00mL 硝酸①	水	50	1.00	10	0.50mL 铯内标液⑦
	>0.010～0.10	0.100			100			

产品种类	被测氧化物质量分数/%	样品量/g	溶样酸量	定容试剂	样品溶液定容体积/mL	分取样品溶液体积/mL	样品测定体积/mL	内标溶液量
氧化铒	0.0001～0.0020	0.500	5.00mL 硝酸③	硝酸②	50	1.00	10	0.50mL 铯内标液⑧
	>0.0020～0.010	0.250						
氧化钇	0.00005～0.0050	0.300	5.00mL 硝酸①	硝酸②	100	5.00	50	0.50mL 铯内标液⑦
	>0.0050～0.010	0.200						
氧化铥	0.0001～0.0050	0.500	5.00mL 硝酸①	水	50	5.00	50	0.50mL 铯内标液⑨
	>0.0050～0.010	0.250						
氧化镱	0.0001～0.0050	0.250	5.00mL 硝酸①	硝酸④	50	3.00	50	0.50mL 铯内标液⑩
	>0.0050～0.010	0.100						

注：① 硝酸：1+1，优级纯。

② 硝酸：1+19，优级纯。

③ 硝酸：1+3，优级纯。

④ 硝酸：1+99，优级纯。

⑤ 铟内标液（1μg/mL）：称 0.1210g 氯化铟（优级纯）置于烧杯中，加 10mL 水，溶解完全，再加 10mL 硝酸（1+1），移入 100mL 容量瓶中，用水稀释至刻度，混匀。分取 10.00mL 此溶液置于 100mL 容量瓶中，以硝酸（1+19）定容，混匀。再移取 1.00mL 上述稀释后的溶液，置于 100mL 容量瓶中，以硝酸（1+19）定容，混匀。

⑥ 铯内标液（1μg/mL）：称 0.1270g 氯化铯（优级纯）置于烧杯中，加 10mL 水，溶解完全，再加 10mL 硝酸（1+3），移入 100mL 容量瓶中，用水稀释至刻度，混匀。分取 10.00mL 此溶液置于 100mL 容量瓶中，以硝酸（1+19）定容，混匀。再移取 1.00mL 上述稀释后的溶液，置于 100mL 容量瓶中，以硝酸（1+19）定容，混匀。

⑦ 铯内标液（1μg/mL）：称 0.1270g 氯化铯（优级纯）置于烧杯中，加 10mL 水，溶解完全，再加 10mL 硝酸（1+1），移入 100mL 容量瓶中，用水稀释至刻度，混匀。分取 10.00mL 此溶液置于 100mL 容量瓶中，以硝酸（1+19）定容，混匀。再移取 1.00mL 上述稀释后的溶液，置于 100mL 容量瓶中，以硝酸（1+19）定容，混匀。

⑧ 铯内标液（1μg/mL）：称 0.1270g 氯化铯（优级纯）置于烧杯中，加 10mL 水，溶解完全，再加 10mL 硝酸（1+3），移入 100mL 容量瓶中，用水稀释至刻度，混匀。分取 10.00mL 此溶液置于 100mL 容量瓶中，以硝酸（1+49）定容，混匀。再移取 1.00mL 上述稀释后的溶液，置于 100mL 容量瓶中，以硝酸（1+49）定容，混匀。

⑨ 铯内标液（1μg/mL）：称 0.1270g 氯化铯（优级纯）置于烧杯中，加 10mL 水，溶解完全，再加 10mL 硝酸（1+1），移入 100mL 容量瓶中，用水稀释至刻度，混匀。分取 10.00mL 此溶液置于 100mL 容量瓶中，以硝酸（1+99）定容，混匀。再移取 1.00mL 上述稀释后的溶液，置于 100mL 容量瓶中，以硝酸（1+99）定容，混匀。

⑩ 铯内标液（0.4μg/mL）：称 0.1270g 氯化铯（优级纯）置于烧杯中，加 10mL 水，溶解完全，再加 10mL 硝酸（1+1），移入 100mL 容量瓶中，用水稀释至刻度，混匀。分取 10.00mL 此溶液置于 100mL 容量瓶中，以硝酸（1+99）定容，混匀。再移取 2.00mL 上述稀释后的溶液，置于 500mL 容量瓶中，以硝酸（1+99）定容，混匀。

根据产品的种类和被测稀土杂质氧化物的质量分数范围，将准确称量的样品置于 50mL 烧杯中，加入 5mL 水润湿，按表 6-8 加入相应量的溶样酸。分析氧化铒中的稀土杂质含量时，再加入 1mL 过氧化氢（30% 质量分数，优级纯）助溶，于电热板上低温加热，至样品溶解完全，继续加热溶液蒸发至近干，取下，冷却至室温。按表 6-8 用定容试剂将上述样品溶液转移至相应定容体积的容量瓶中，并稀释至刻度，混匀。

根据产品的种类，按表 6-8 分取相应体积的定容后样品溶液，置于表 6-8 中"样品测定体积"规定的相应定容体积的容量瓶中，按表 6-8 加入相应量的内标溶液，用水稀释至刻度，混匀，待测。如果分析氧化铒中的稀土杂质含量，用硝酸（1+49）稀释至刻度；分析氧化铥中的稀土杂质含量，用硝酸（1+99）稀释至刻度，混匀，待测。

（2）盐酸或硝酸消解＋C272 微型柱分离基体法

此法适用于分析氧化铈、氧化镨、氧化钕、氧化钐、氧化铕、氧化钆、氧化铽中的稀土杂质氧化物的含量。

稀土元素氧化物样品中被测稀土杂质氧化物的质量分数越大，称样量越少，如表 6-9 所示。根据产品的种类和被测稀土杂质氧化物的质量分数范围，按表 6-9 称取相应质量的样品，精确至 0.0001g。独立地进行两次测定，取其平均值。随同样品做空白试验。

表 6-9　分析稀土元素铈、镨、钕、钐、铕、钆、铒氧化物中的杂质氧化物含量的样品溶液制备方法

产品种类	被测氧化物质量分数/%	样品量/g	溶样酸量	定容试剂	样品溶液定容体积/mL	分取样品溶液体积/mL	样品测定体积/mL	内标溶液量
氧化铈	0.0001～0.0050	0.250	5.00mL 硝酸①	盐酸③	50	1.00	10	0.50mL 铯内标液⑨
	>0.0050～0.050	0.100						
氧化镨	0.0001～0.0050	0.250	5.00mL 硝酸①	盐酸④	50	3.00	50	0.50mL 铯内标液⑩
	>0.0050～0.020	0.100						
氧化钕	0.0001～0.0050	0.250	5.00mL 硝酸②	盐酸④	50	1.00	10	0.20mL 铯内标液⑪
	>0.0050～0.050	0.100						
氧化钐	0.0001～0.0050	0.250	5.00mL 硝酸①	盐酸⑤	50	1.00	10	0.50mL 铯内标液⑨
	>0.0050～0.050	0.100						
氧化铕	0.00005～0.0010	0.500	5.00mL 硝酸①	盐酸⑥	50	1.00	10	0.50mL 铯内标液⑨
	>0.0010～0.0050	0.250						
	>0.0050～0.050	0.100						
氧化钆	0.0001～0.0050	0.250	5.00mL 硝酸①	盐酸⑦	50	1.00	10	0.50mL 铯内标液⑨
	>0.0050～0.010	0.100						
氧化铒	0.0001～0.010	0.250	5.00mL 硝酸①	盐酸⑧	50	1.00	10	0.50mL 铯内标液⑨
	>0.010～0.10	0.100			100			

① 硝酸：1+1，优级纯。

② 硝酸：1+3，优级纯。

③ 盐酸（0.015mol/L）：分取 7.50mL 经标定的盐酸标准溶液 $[c(HCl)≈2mol/L]$ 置于 1000mL 容量瓶中，以水定容，混匀。

④ 盐酸（0.020mol/L）：分取 10.00mL 经标定的盐酸标准溶液 $[c(HCl)≈2mol/L]$ 置于 1000mL 容量瓶中，以水定容，混匀。

⑤ 盐酸（0.030mol/L）：分取 15.00mL 经标定的盐酸标准溶液 $[c(HCl)≈2mol/L]$ 置于 1000mL 容量瓶中，以水定容，混匀。

⑥ 盐酸（0.060mol/L）：分取 30.00mL 经标定的盐酸标准溶液 $[c(HCl)≈2mol/L]$ 置于 1000mL 容量瓶中，以水定容，混匀。

⑦ 盐酸（0.070mol/L）：分取 35.00mL 经标定的盐酸标准溶液 $[c(HCl)≈2mol/L]$ 置于 1000mL 容量瓶中，以水定容，混匀。

⑧ 盐酸（0.080mol/L）：分取 40.00mL 经标定的盐酸标准溶液 $[c(HCl)≈2mol/L]$ 置于 1000mL 容量瓶中，以水定容，混匀。

⑨ 铯内标液（1μg/mL）：称 0.1270g 氯化铯（优级纯）置于烧杯中，加 10mL 水，溶解完全，再加 10mL 硝酸（1+1），移入 100mL 容量瓶中，用水稀释至刻度，混匀。分取 10.00mL 此溶液置于 100mL 容量瓶中，以硝酸（1+19）定容，混匀。再移取 1.00mL 上述稀释后的溶液，置于 100mL 容量瓶中，以硝酸（1+19）定容，混匀。

⑩ 铯内标液（0.4μg/mL）：称 0.1270g 氯化铯（优级纯）置于烧杯中，加 10mL 水，溶解完全，再加 10mL 硝酸（1+1），移入 100mL 容量瓶中，用水稀释至刻度，混匀。分取 10.00mL 此溶液置于 100mL 容量瓶中，以硝酸（1+19）定容，混匀。再移取 2.00mL 上述稀释后的溶液，置于 500mL 容量瓶中，以硝酸（1+19）定容，混匀。

⑪ 铯内标液（0.5μg/mL）：称 0.1270g 氯化铯（优级纯）置于烧杯中，加 10mL 水，溶解完全，再加 10mL 硝酸（1+3），移入 100mL 容量瓶中，用水稀释至刻度，混匀。分取 10.00mL 此溶液置于 100mL 容量瓶中，以硝酸（1+19）定容，混匀。再移取 0.50mL 上述稀释后的溶液，置于 100mL 容量瓶中，以硝酸（1+19）定容，混匀。

注：盐酸标准溶液 $[c(HCl)≈2mol/L]$：移取 350mL 盐酸（$ρ=1.19g/mL$，优级纯）置于 2000mL 容量瓶中，以水定容，混匀。注意，使用前须标定。标定方法如下：称取 3 份 2.3000g 无水碳酸钠 [基准物质，预先于 300℃灼烧 2h，并于干燥器中冷却至室温]，分别置于 3 个 250mL 锥形瓶中，各加入 50～60mL 水，0.1～0.2mL 甲基红-溴甲酚绿指示剂 [1 体积甲基红乙醇溶液（2g/L）+3 体积溴甲酚绿乙醇溶液（1g/L）]，用盐酸标准溶液 $[c(HCl)≈2mol/L]$ 滴定至溶液由绿色变为酒红色，加热煮沸驱除二氧化碳，冷却，继续滴定至酒红色即为终点，取三次滴定体积平均值。平行标定所消耗盐酸标准溶液 $[c(HCl)≈2mol/L]$ 体积的极差不超过 0.10mL。随同标定做空白试验。

盐酸标准溶液的浓度（mol/L）=碳酸钠的质量（g）÷0.05299（与 1.00mmol 盐酸相当的碳酸钠的质量，g/mmol）÷ [滴定碳酸钠消耗盐酸标准溶液的体积（mL）−滴定空白溶液消耗盐酸标准溶液的体积（mL）]。

根据产品的种类和被测稀土杂质氧化物的质量分数范围，将准确称量的样品置于 50mL 烧杯中，加入 5mL 水润湿，按表 6-9 加入相应量的溶样酸，（分析氧化铈、氧化钕中的稀土杂质含量时，再加入 1mL 质量分数 30％的优级纯过氧化氢助溶。）于电热板上低温加热，至样品溶解完全，继续加热溶液蒸发至近干，取下，冷却至室温。按表 6-9 用定容试剂将样品溶液转移至相应定容体积的容量瓶中，并稀释至刻度，混匀。

通过上述方法得到样品的消解液，然后制备用于测定的样品溶液。

① 样品溶液制备方法 A。此方法适用于采用 ICP-MS 直接测定氧化铈、氧化镨、氧化钕、氧化钐、氧化铕、氧化钆、氧化铽中的稀土杂质氧化物的含量。测定时均以内标法进行校正。

根据产品的种类，按表 6-9 分取相应体积的上述样品溶液，置于表 6-9 中"样品测定体积"规定的相应定容体积的容量瓶中，按表 6-9 加入相应量的铯内标溶液，用水稀释至刻度，混匀。待测。

② 样品溶液制备方法 B。此方法适用于分析以 C272 微型柱分离基体后再用 ICP-MS 测定的稀土杂质氧化物的含量。

如果分析氧化铈（铈）中的氧化钆（钆）、氧化铽（铽），氧化镨（镨）中的氧化铽（铽），氧化钕（钕）中的氧化铽（铽）、氧化镝（镝）和氧化钬（钬），氧化钐（钐）中的氧化镝（镝）、氧化钬（钬）、氧化铒（铒）和氧化铥（铥），氧化铕（铕）中的氧化铥（铥），氧化钆（钆）中的氧化镱（镱）、氧化镥（镥），氧化铽（铽）中的氧化镥（镥）的含量时，需经 C272 微型柱分离基体后，再进行质谱测定。测定时均以内标法进行校正。

a. 分离柱的准备及分离装置的连接。样品经消解后，产品中的基体稀土元素氧化物和杂质被测稀土元素氧化物都转化为相应的稀土元素。产品基体不同，淋洗液浓度及流速也不同，被测稀土元素的洗脱时间和分离柱的平衡时间也相应变化。

表 6-10　分析稀土元素铈、镨、钕、钐、铕、钆、铽氧化物中的稀土杂质氧化物含量时的柱分离基体法

产品基体	被测稀土元素	淋洗液浓度/（mol/L）	淋洗液流速/（mL/min）	淋洗时间/min	洗脱时间/min	平衡时间/min	内标溶液量
铈	钆、铽	0.015	1.0±0.1	20	7	3	0.50mL 铯内标液[1]
镨	铽	0.020	1.5±0.1	20	5	5	0.10mL 铯内标液[2]
钕	铽、镝、钬	0.020	1.5±0.1	20	5	4	0.20mL 铯内标液[3]
钐	镝、钬、铒、铥	0.030	1.5±0.1	18	6	3	0.50mL 铯内标液[1]
铕	铥	0.060	1.0±0.1	10	6	3	0.50mL 铯内标液[1]
钆	镱、镥	0.070	1.0±0.1	20	6	5	0.50mL 铯内标液[1]
铽	镥	0.080	1.5±0.1	20	6	3	0.50mL 铯内标液[1]

[1] 铯内标液（1μg/mL）：此溶液配制方法参见表 6-9 下注释 "⑨铯内标液"。

[2] 铯内标液（0.4μg/mL）：此溶液配制方法参见表 6-9 下注释 "⑩铯内标液"。

[3] 铯内标液（0.5μg/mL）：此溶液配制方法参见表 6-9 下注释 "⑪铯内标液"。

将微型分离柱［C272 微型分离柱：柱床（23mm×9mm，ID）；填料为含 20％ Cyanex272 的负载硅球（50～70μm）］充水去气，预先以盐酸洗脱液［0.50mol/L，分取 25.00mL 约 2mol/L 盐酸标准溶液（经准确标定，制备方法参见表 6-9 注释）置于 100mL 容量瓶中，以水定容，混匀］洗涤 30min，再以盐酸淋洗液（按表 6-10 浓度配制）平衡后，备用。将微型分离柱用内径为 0.8mm 的聚四氟乙烯管按图 6-2 连接在分离装置流路上，选择合适的泵管，调节样品溶液管路流速为 1.00mL/min，洗脱液管路流速为（1.0±0.1）mL/min，淋洗液管路流速参见表 6-10。值得注意的是，分离柱使用若干次后，柱内有明显的气泡，应去气后再使用。

微型柱分离富集装置流路见图 6-2。将 C272 微型分离柱用内径 0.8mm 聚四氟乙烯管连接在流路中，用 3 只旋转阀切换阀位，顺序完成平衡—进样—淋洗（分离基体）—洗脱—收集待测杂质元素—再生过程。

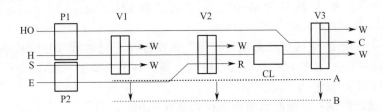

图 6-2　微型柱分离富集装置流路图

P1，P2—蠕动泵（两通道，可调速）；V1，V2，V3—旋转阀；CL—C272 微型分离柱；R—返回；
H—淋洗液管路；S—取样管；E—洗脱液管路；C—收集液；W—废液；A，B—阀位；平衡—V1A-V2A-V3A；
进样—V1B- V2A-V3A；淋洗（分离基体）—V1A-V2A-V3A；洗脱—V1A-V2B-V3A；
收集待测组分—V1A-V2B-V3B；平衡（再生）—V1A-V2B-V3A

b. 基体的分离。将淋洗液管路和洗脱液管路分别插入盐酸淋洗液（按表 6-10 浓度配制）和盐酸洗脱液［0.50mol/L，分取 25.00mL 约 2mol/L 盐酸标准溶液（经准确标定，制备方法参见表 6-9 注释）置于 100mL 容量瓶中，以水定容，混匀］中，用盐酸淋洗液平衡分离柱 6min，将样品溶液管路插入上述样品溶液（经消解）中，待此样品溶液充满管路后，切换旋转阀 V1，准确采集 1.00mL 样品溶液（经消解）。将旋转阀 V1 切换至原位，用盐酸淋洗液按表 6-10 淋洗分离柱相应时间，将产品基体洗出，排至废液中。切换旋转阀 V2，用盐酸洗脱液洗脱 1min 后，切换旋转阀 V3，继续用盐酸洗脱液按表 6-10 洗脱相应时间，将富集在分离柱上的被测稀土元素洗脱出来，分离液收集于 10mL 容量瓶中，旋转阀 V3 切换至原位。按表 6-10 平衡相应时间，将旋转阀 V2 切换至原位。

c. 样品测定溶液的配制。于收集分离液的 10mL 容量瓶中，按表 6-10 加入相应量的铯内标溶液，用水稀释至刻度，混匀，待测。

d. 背景校正溶液的配制。准确移取 2.00mL 与样品中基体相同的稀土元素氧化物标准储存溶液（1000μg/mL），置于 100mL 容量瓶中，用硝酸（1＋19）定容，混匀。再移取 5.00mL 上述溶液置于 100mL 容量瓶中，用硝酸（1＋19）定容，混匀。此溶液中基体稀土元素氧化物的浓度为 1.00μg/mL。然后移取 2.00mL 此溶液置于 10mL 容量瓶（或比色管）中，并按表 6-10 加入相应量的铯内标溶液，用水稀释至刻度，混匀，待测。

3. 仪器条件的选择

电感耦合等离子体质谱仪可以是四极杆质谱仪、磁扇质谱仪（高分辨质谱仪）和飞行时间质谱仪三类仪器的任何一类。所有这三类仪器都需要使用氩气作为工作气体。仪器质量分辨率优于（0.8±0.1)amu，配备自动进样或手动进样系统。分析稀土金属镧、铈、镨、钕、钐、铕、钆、铽、镝、钬、铒、钇、铥、镱及其氧化物中的稀土杂质含量时，推荐的等离子体光谱仪测试条件，参见表 6-3 和本部分的"②分析铈及氧化铈中的稀土杂质含量时，…"中的工作条件。

① 选择同位素的质量数时，可以根据仪器的实际情况做相应的调整。推荐的同位素的质量数见表 6-3，这些质量数不受基体元素明显干扰。

在仪器最佳工作条件下，凡能达到下列指标者均可使用：

a. 短时精密度：连续测定 10 次被测元素标准溶液（10ng/mL，与样品溶液相同基体）的质谱信号强度，其相对标准偏差 ≤5％。

b. 灵敏度：测定 11 次被测元素的"零"浓度标准系列溶液（与样品溶液相同基体）的质谱信号强度，将 11 次测定的质谱信号强度分别在标准曲线上对应出浓度，并计算其标准差，此标准差的 3 倍值为灵敏度。如测定 10ng/mL 标准溶液，^{115}In≥400000cps，^{238}U≥300000cps。

c. 测定下限：测定 11 次被测元素的"零"浓度标准系列溶液（与样品溶液相同基体）的质谱信号强度，将 11 次测定的质谱信号强度分别在标准曲线上对应出浓度，并计算其标准差，此标准差的 10 倍值为测定下限。

d. 标准曲线的线性：标准曲线的线性相关系数应≥0.9999。

e. 氧化物：CeO^+（156）/Ce^+（140）≤3％，10ng/mL 标准溶液的测定参考值。仪器经优化后，其氧化物应满足测定需要，供仪器优化时参考。

② 分析铈及氧化铈中的稀土杂质含量时，使用美国 Thermo-Element Ⅱ 型高分辨等离子体发射光谱/质谱联用仪的推荐工作条件如下：

等离子体功率：1250W，冷却气流速：16L/min，辅助气流速：0.9L/min，载气流速：1.0L/min，质谱分辨率：10000。需要注意的是，利用仪器的高分辨能力直接进行测定，无需进行基体预分离。

4. 干扰的消除

① 分析氧化铈（铈）中的氧化钆（钆）和氧化铽（铽），氧化镨（镨）中的氧化铽（铽），氧化钕（钕）中的氧化铽（铽）、氧化镝（镝）、氧化钬（钬），氧化钐（钐）中的氧化镝（镝）、氧化钬（钬）、氧化铒（铒）、氧化铥（铥），氧化铕（铕）中的氧化铥（铥），氧化钆（钆）中的氧化镱（镱）、氧化镥（镥），氧化铽（铽）中的氧化镥（镥）的含量时，样品用盐酸或硝酸消解，再以 C272 微型柱分离基体后，配制测定用样品溶液。并且分离基体与被测氧化物时，所用淋洗液和洗脱液均以经碳酸钠标定的盐酸溶液稀释而得，消除基体对测定的影响。

② 分析 14 种稀土金属镧、铈、镨、钕、钐、铕、钆、铽、镝、钬、铒、钇、铥、镱及其氧化物中的稀土杂质含量，绘制标准曲线时，采用内标法来校正仪器的灵敏度漂移并消除基体效应的影响。由于在湿法消解的稀土样品中存在大量的基体导致仪器漂移，建议在分析多个样品时使用内标。

③ 分析氧化铈（铈）中的氧化镨（镨），氧化钐（钐）中的氧化铕（铕），氧化钆（钆）中的氧化铽（铽）、氧化铥（铥）、氧化镥（镥），氧化铒（铒）中的氧化钬（钬）、氧化铥（铥），氧化镱（镱）中的氧化镥（镥）的含量时，可采取数学方法对被测元素间存在的谱线干扰进行校正，被校正元素的强度与干扰元素的强度关系式参见表 6-3。或采用碰撞/反应池工作模式检测，消除干扰离子对上述被测稀土杂质的干扰。

5. 标准曲线的建立

（1）标准溶液的配制

配制不同浓度的标准溶液首先要制备各个元素的标准储备液。如果实验室不具备自己配制标准储备液的条件，可使用有证书的系列国家或行业标准样品（溶液）。选择与被测样品基体一致、质量分数相近的有证标准样品。

多元素标准溶液的配制原则：互有化学干扰、产生沉淀及互有光谱干扰的元素应分组配制。标准储备溶液的稀释溶液需与标准储备溶液保持一致的酸度（用时现稀释）。

混合稀土标准溶液的配制，各单一稀土元素氧化物分别为 1.00μg/mL。样品的基体成分不同，该溶液的配制方法也不尽相同，如表 6-11 所示。

分别移取 15 种稀土元素氧化物标准储存溶液（各单一稀土元素氧化物分别为 $1000\mu g/$ mL）各 2.00mL，置于 100mL 容量瓶中。根据样品的基体成分，按表 6-11 加入相应量的硝酸溶液，以水定容，混匀。再移取 5.00mL 上述溶液置于 100mL 容量瓶中，以表 6-11 中"稀释时定容用酸"规定的酸溶液定容，混匀。

表 6-11　分析镧等 14 种稀土金属及其氧化物中的稀土杂质含量的各稀土元素氧化物标液的配制

序号	样品基体	加入硝酸溶液量	稀释时定容用酸	序号	样品基体	加入硝酸溶液量	稀释时定容用酸
1	氧化镧/镧	10mL 硝酸(1+1)	硝酸(1+19)	8	氧化铽/铽	7mL 硝酸(1+1)	硝酸(1+19)
2	氧化铈/铈	10mL 硝酸(1+1)	硝酸(1+19)	9	氧化镝/镝	10mL 硝酸(1+3)	硝酸(1+19)
3	氧化镨/镨	7mL 硝酸(1+1)	硝酸(1+19)	10	氧化钬/钬	7mL 硝酸(1+1)	硝酸(1+19)
4	氧化钕/钕	10mL 硝酸(1+3)	硝酸(1+19)	11	氧化铒/铒	5mL 硝酸(1+3)	硝酸(1+49)
5	氧化钐/钐	7mL 硝酸(1+1)	硝酸(1+19)	12	氧化钇/钇	10mL 硝酸(1+1)	硝酸(1+19)
6	氧化铕/铕	7mL 硝酸(1+1)	硝酸(1+19)	13	氧化铥/铥	7mL 硝酸(1+1)	硝酸(1+99)
7	氧化钆/钆	10mL 硝酸(1+1)	硝酸(1+19)	14	氧化镱/镱	7mL 硝酸(1+1)	硝酸(1+99)

（2）标准曲线的建立

内标校正的标准曲线法（内标法）是电感耦合等离子体光谱法（ICP-AES）和电感耦合等离子体质谱法（ICP-MS）经常采用的定量方法，可以校正仪器的灵敏度漂移并消除基体效应的影响。

内标法（ISTD）是一种测量谱线相对强度，即测量分析线与参比线相对强度的方法，可以有效提高定量分析的准确度。通常在被测元素中选一根谱线为分析线，在基体元素或定量加入的其他元素（作为内标元素）谱线中选一根谱线为参比线（内标线），再分别测量分析线与参比线的强度，并计算它们的比值。由于内标元素的质量浓度是相对固定的，所以该比值只随样品中被测元素质量浓度的变化而变化，并且不受实验条件变化的影响。

在 ICP-MS 法中，内标法则为测量同位素信号相对强度的方法，其定量关系与 ICP-AES 法的内标法相同。下面以 ICP-AES 中的内标法为例，介绍内标法中的定量关系。

被测元素的谱线强度与被测元素质量浓度的关系可用式(6-6) 表示：

$$I = ac^b \tag{6-6}$$

式中，I 为谱线强度；c 为被测元素的质量浓度；a 是与样品蒸发、激发过程及样品组成有关的一个参数；b 为自吸系数（其定义参见本书"第二章第四节中定性分析"），在一定被测元素质量浓度范围内，a 和 b 是一个常数。

对式(6-6) 取对数，得到：

$$\lg I = b\lg c + \lg a \tag{6-7}$$

以 $\lg I$ 为纵坐标，$\lg c$ 为横坐标，绘制标准曲线，所得曲线在一定被测元素质量浓度的范围内为直线。

再由式(6-6) 得到，分析线和内标线的强度分别为：

$$I = ac^b \tag{6-6}$$

$$I_0 = a_0 c_0^{b_0} \tag{6-8}$$

则，分析线与内标线的强度比（记为 R）可表示为式(6-9)：

$$R = \frac{I}{I_0} = \frac{ac^b}{a_0 c_0^{b_0}} = Ac^b \tag{6-9}$$

对式(6-9)取对数，得到：

$$\lg R = b \lg c + \lg A \tag{6-10}$$

式中，$R = \dfrac{I}{I_0}$ 为谱线的相对强度；$A = \dfrac{a}{a_0 c_0^{b_0}}$ 为常数。

式(6-10)为内标法定量关系式，用加内标的标准系列溶液测定谱线的相对强度，可绘制 $\lg R$-$\lg c$ 内标校正的标准曲线。在分析时，测定样品中谱线的相对强度，即可由内标校正的标准曲线查得被测元素的质量浓度。

当采用内标校正的标准曲线法进行定量分析时，在标准系列溶液、样品溶液和空白溶液中均添加相同浓度的内标（ISTD）元素。以标准系列溶液中被测元素分析线的响应值与内标元素参比线响应值的比值为纵坐标，被测元素浓度为横坐标，绘制内标校正的标准曲线，计算回归方程。通过样品溶液和空白溶液中的被测元素分析线的响应值和内标元素参比线响应值的比值，从内标校正的标准曲线或回归方程中查得相应的被测元素浓度，以样品溶液中被测元素的质量浓度减去空白溶液中被测元素的质量浓度，得到样品溶液中实际的被测元素质量浓度。

内标法中内标元素的选择原则：

① 外加内标元素在样品中应不存在或含量极微，如样品中某基体元素的含量相对稳定时，可以选择该基体元素作内标；

② 内标元素与被测元素应有相近的特性；

③ 同族元素，具相近的电离能。

内标法中参比线的选择原则：

① 接近的分析线对，激发电位相近；

② 分析线与参比线的波长及强度接近；

③ 无自吸现象且不受其他元素谱线干扰。

配制系列浓度的被测元素标准溶液（标准系列溶液），一般选择 4～6 个浓度，并且浓度选择均匀合理，需要注意的是，配制时应和样品溶液一样加入相应的酸和相应的干扰消除剂和基体溶液（基体匹配标准曲线法）。标准系列溶液配制好后一般可用一个月。内标标准储备溶液可以直接加入校准系列中，也可在样品雾化之前通过蠕动泵在线加入。所选内标的浓度应远高于样品自身所含内标元素的浓度，常用的内标浓度范围为 50.0～1000μg/L。

在测定时，应按照由低浓度向高浓度的顺序依次测定，样品溶液中被测元素的含量应该在标准溶液的高低限范围内，最好处于标准曲线的中部范围，如果低于或超出标准曲线范围，应该对样品进行浓缩或稀释处理。如果由于浓度过高使得标准曲线不呈线性，使用次灵敏度分析线，或者适当稀释样品溶液和标准系列溶液。

分析 14 种稀土金属（镧、铈、镨、钕、钐、铕、钆、铽、镝、钬、铒、钇、铥、镱）及其氧化物中的稀土杂质元素（镧、铈、镨、钕、钐、铕、钆、铽、镝、钬、铒、铥、镱、镥、钇）的含量和稀土杂质元素氧化物的含量时，配制标准系列溶液采用标准曲线法。由于在湿法消解的稀土样品中存在大量的基体导致仪器漂移，建议在分析多个样品时使用内标。

根据样品的基体成分，需要分别绘制标准曲线，配制不同的标准系列溶液，其配制方法参见表 6-12。

表 6-12　分析镧等 14 种稀土金属及其氧化物中的稀土杂质含量时，标准系列溶液的制备方法

序号	样品基体	分取被测氧化物标准溶液体积/mL	内标溶液量	补加酸试剂量
1	氧化镧（镧）	0、0.20、1.00、3.00	1.0mL 铟内标液⑤	2.0mL 硝酸①
2	氧化铈（铈）	0、0.20、1.00、5.00、10.00	5.0mL 铯内标液②	—
3	氧化镨（镨）	0、0.20、1.00、5.00、10.00	1.0mL 铯内标液③	2.0mL 硝酸①
4	氧化钕（钕）	0、0.20、1.00、5.00、10.00	2.0mL 铯内标液④	—
5	氧化钐（钐）	0、0.20、1.00、5.00、10.00	5.0mL 铯内标液②	—
6	氧化铕（铕）	0、0.20、1.00、5.00、10.00	1.0mL 铯内标液②	—
7	氧化钆（钆）	0、0.20、1.00、5.00、10.00	5.0mL 铯内标液②	—
8	氧化铽（铽）	0、0.20、1.00、5.00、10.00	5.0mL 铯内标液②	—
9	氧化镝（镝）	0、0.20、1.00、5.00、10.00	2.0mL 铯内标液⑥	—
10	氧化钬（钬）	0、0.20、1.00、5.00、10.00	5.0mL 铯内标液②	—
11	氧化铒（铒）	0、0.20、1.00、5.00、10.00	5.0mL 铯内标液⑦	4.0mL 硝酸①
12	氧化钇（钇）	0、0.20、1.00、3.00	1.0mL 铯内标液③	2.0mL 硝酸①
13	氧化铥（铥）	0、0.20、1.00、5.00、10.00	1.0mL 铯内标液⑧	2.0mL 硝酸①
14	氧化镱（镱）	0、0.20、1.00、5.00、10.00	1.0mL 铯内标液⑨	2.0mL 硝酸①

① 硝酸：1+1，优级纯。

② 铯内标液（1μg/mL）：此溶液配制方法参见表 6-9 下注释"⑨ 铯内标液"。

③ 铯内标液（0.4μg/mL）：此溶液配制方法参见表 6-9 下注释"⑩ 铯内标液"。

④ 铯内标液（0.5μg/mL）：此溶液配制方法参见表 6-9 下注释"⑪ 铯内标液"。

⑤ 铟内标液（1μg/mL）：此溶液配制方法参见表 6-8 下注释"⑤ 铟内标液"。

⑥ 铯内标液（1μg/mL）：此溶液配制方法参见表 6-8 下注释"⑥ 铯内标液"。

⑦ 铯内标液（1μg/mL）：此溶液配制方法参见表 6-8 下注释"⑧ 铯内标液"。

⑧ 铯内标液（1μg/mL）：此溶液配制方法参见表 6-8 下注释"⑨ 铯内标液"。

⑨ 铯内标液（0.4μg/mL）：此溶液配制方法参见表 6-8 下注释"⑩ 铯内标液"。

　　根据样品中的基体成分，按表 6-12 分别移取相应的一系列体积的混合稀土元素氧化物标准溶液 [各单一稀土元素氧化物浓度分别为 1.00μg/mL，配制方法参见本方法中"标准溶液的配制"]，置于一组 100mL 容量瓶中，按表 6-12 加入相应量的内标溶液，并补加相应量的酸试剂，以水定容，混匀，制得被测稀土元素氧化物的标准系列溶液。

　　将标准系列溶液引入电感耦合等离子体质谱仪中，输入根据试验所选择的仪器最佳测定条件，按照与测量样品溶液相同的条件，浓度由低到高的顺序，测量标准系列溶液中被测元素和内标元素的同位素（其质量数参见表 6-3）的信号强度（通常为每秒计数率，cps），以内标元素为内标校正仪器测量灵敏度漂移和基体效应。测量标准系列溶液中被测元素的内标校正信号（被测元素与内标元素的信号强度比）3 次，取三次测量的平均值。以标准系列溶液中各被测元素的内标校正信号平均值，减去"零"浓度标准溶液（未加被测元素标液的溶液）中相应元素的内标校正信号平均值，为标准系列溶液的净信号强度比。

　　分别以各被测元素氧化物质量浓度（ng/mL）为横坐标，其净信号强度比为纵坐标，计算机自动绘制标准曲线。对于每个测量系列，应单独绘制标准曲线。当标准曲线的线性相关系数≥0.999 时，即可进行样品溶液的测定。

6. 样品的测定

　　（1）仪器的基本操作方法

　　① 电感耦合等离子体质谱仪优化后，按照仪器说明书建立分析程序，设置仪器参数诸如输出功率、冷却气流量、等离子体气流量、辅助气流量、载气流量、雾化气流量、样品提升速度、样品提升时间、冲洗时间、数据采集模式、数据采集参数（积分时间/峰、点数/峰）和重复次数等。将仪器说明书推荐的标准溶液倒入等离子体，调节仪器的离子传输系统和检测器参数，使仪器符合短时精密度、灵敏度、测定下限等指标。

② 在分析前，点燃氩等离子体并预热 30～60min（具体时间依据质谱类型而定），使仪器稳定。同时泵入超纯水（电阻率≥18MΩ/cm，由水纯化系统制取）或质谱清洗溶液清洗雾化器和炬管 5min，以冲洗进样系统管路和玻璃器件。再对仪器进行质量校准、检测器校准和响应校准，校准溶液须含有能覆盖所测量的质量数范围，通常含有锂（Li）、钪（Sc）、钴（Co）、铑（Rh）、镧（La）、铅（Pb）、铋（Bi）、铀（U）等元素（也可以是其他元素，如被测元素和内标元素本身）。待仪器稳定后测量。

质谱清洗溶液配制方法：于 500mL 塑料瓶（如聚乙烯塑料）中加入约 400mL 超纯水（电阻率≥18MΩ/cm，由水纯化系统制取），然后加入 15mL 盐酸（$\rho=1.19$g/mL）、5mL 硝酸（$\rho=1.42$g/mL）和 2.5mL 氢氟酸（$\rho=1.15$g/mL），用超纯水（电阻率≥18MΩ/cm，由水纯化系统制取）稀释至 500mL。在使用前用电感耦合等离子体质谱仪以质谱扫描方式检查酸的质量。推荐在约 3mL 超纯水（$\rho=1.15$g/mL）中加入 300μL 盐酸（$\rho=1.19$g/mL）、100μL 硝酸（$\rho=1.42$g/mL）和 50μL 氢氟酸，用超纯水（电阻率≥18MΩ/cm，由水纯化系统制取）稀释至 10mL，配制成溶液用以检查。如果相关元素峰出现，应更换新的酸，并应重新检查相同元素。

（2）样品中被测元素的同位素信号强度的测量

按浓度由低到高的顺序，将样品溶液由蠕动泵导入、雾化器雾化后进入等离子体中，运行分析程序，同时测量样品溶液和空白溶液中被测元素的同位素（其质量数参见表 6-3）信号强度，以及样品溶液和空白溶液中内标元素的同位素的信号强度（通常为每秒计数率，cps），以内标元素为内标校正仪器测量灵敏度漂移和基体效应。测量样品溶液和空白溶液中被测元素的内标校正信号（被测元素与内标元素的信号强度比）3 次，取三次测量的平均值。

分析氧化铈（铈）中的氧化钇（钇）和氧化铽（铽），氧化镨（镨）中的氧化钕（钕），氧化钕（钕）中的氧化钕（钕）、氧化镝（镝）、氧化钬（钬），氧化钐（钐）中的氧化镝（镝）、氧化钬（钬）、氧化铒（铒）、氧化铥（铥），氧化铕（铕）中的氧化铥（铥），氧化钆（钆）中的氧化镱（镱）、氧化镥（镥），氧化铽（铽）中的氧化镥（镥）的含量时，与空白溶液同时测量背景校正溶液［此溶液配制方法参见本方法中的"背景校正溶液的配制"］中被测元素与基体元素的同位素的信号强度，并测量此溶液中内标元素铯的同位素的信号强度（通常为每秒计数率，cps）。测量背景校正溶液中被测元素、基体元素的内标校正信号（被测元素、基体元素分别与内标元素的信号强度比）3 次，取三次测量的平均值。空白溶液中被测元素的内标校正信号平均值=（背景校正溶液中被测元素的内标校正信号平均值÷背景校正溶液中基体元素的内标校正信号平均值)×样品溶液（样品溶液制备方法 B 制得）中基体元素的内标校正信号平均值。

以样品溶液中各被测元素的内标校正信号平均值，减去空白溶液中相应被测元素的内标校正信号平均值，为该样品溶液的净信号强度比。以此净信号强度比从标准曲线上查得样品溶液中相应被测元素氧化物质量浓度（ng/mL）。如果使用纯金属和试剂，空白样品溶液不应有显著的质谱信号。

测量溶液的顺序：首先测最低浓度的标准溶液（即"零"浓度溶液）的内标校正信号强度，然后按照浓度由低到高的顺序测量标准系列溶液。接着测样品空白溶液，通过检查样品空白溶液的强度，分析是否存在来自高浓度标准系列溶液的记忆效应。（如存在记忆效应，应增加样品之间的清洗时间。）然后，每隔 10 个未知样品溶液，分析 1 个校准标准溶液（控制样）。即使样品溶液数量小于 10 个，最后测量的应为校准标准溶液（控制样）。每次吸入溶液之间吸入去离子水。

校准标准溶液（控制样）作为一个样品进行测量，如浓度为 $100\mu g/L$ 的校准溶液给出的强度应与测量标准曲线时获得的强度相同。有证标准物质可以作为控制样。

7. 结果的表示

w（被测元素）＝w（被测氧化物）×换算系数。换算系数参见表 6-13。

表 6-13　稀土元素含量与稀土氧化物含量的换算系数

元素	换算系数	元素	换算系数	元素	换算系数
镧	0.8526	铕	0.8636	铒	0.8745
铈	0.8140	钆	0.8676	铥	0.8756
镨	0.8277	铽	0.8502	镱	0.8782
钕	0.8573	镝	0.8713	镥	0.8794
钐	0.8624	钬	0.8730	钇	0.7874

被测元素的质量分数含量小于 0.01％，分析结果表示至小数点后第 4 位。被测元素的质量分数含量大于 0.01％，分析结果表示至小数点后第 3 位。

8. 质量保证和质量控制

应用国家级或行业级标准样品（当两者都没有时，也可用自制的控制样品代替），每周或每两周验证一次本标准的有效性。当过程失控时，应找出原因，纠正错误后，重新进行校核，并采取相应的预防措施。

9. 注意事项

此部分内容参见相应国家标准。

第二节　原子光谱法应用于钢和铁、铁合金的分析

一、应用概况

通常人们根据金属的颜色和性质把金属分成两大类：黑色金属和有色金属。黑色金属主要指铁、锰、铬及其合金，如钢、生铁、铁合金、铸铁等。黑色金属以外的金属称为有色金属。

本节主要介绍原子光谱法在钢和铁、铁合金两大类冶金产品中的应用。钢和铁产品主要包括：钢铁及合金、低合金钢、铸铁和低合金钢、钢铁、钢板及钢带。铁合金中主要包括：金属铬、铬铁、钒铁、硅铁、钛铁、钨铁、镍铁、含镍生铁、镝铁合金、钒氮合金、稀土硅铁合金及镁硅铁合金。

原子光谱法在分析钢和铁、铁合金两大类产品中的杂质元素含量过程中，样品的消解处理为最重要的步骤之一，样品的消解方法对分析结果的准确性起到了决定性作用，可有效消除样品基体的干扰。钢铁样品常以盐酸、硝酸、硫酸、磷酸、氢氟酸、双氧水及其混合物消解；含硅高的样品用氢氟酸除硅，特殊情况下使用熔融法消解。采用微波消解法可以加速消解过程。

下面将这些分析方法的测定范围、检出限、仪器条件、干扰物质及消除方法等基本条件以表格的形式列出，为选择合适的分析方法提供参考。表 6-14 是火焰原子吸收光谱法分析钢铁及合金、铁合金的基本条件。表 6-15 是石墨炉原子吸收光谱法分析钢铁及合金的基本条件。表 6-16 是原子荧光光谱法分析钢铁及合金的基本条件。表 6-17 是电感耦合等离子体发射光谱法分析钢铁及合金、低合金钢、铸铁和低合金钢、含镍生铁的基本条件。表 6-18 是电感耦合等离子体原子发射光谱法分析铁合金的基本条件。表 6-19 是电感耦合等离子体质谱法分析钢铁及合金、钢铁、钢板及钢带的基本条件。

表6-14　火焰原子吸收光谱分析钢铁及合金、铁合金

适用范围	测项	检测方法	测定范围(质量分数)/%	检出限/(μg/mL)	波长/nm	原子化器	原子化器条件	干扰物质消除方法	国标号
钢铁及合金	锌	火焰原子吸收光谱法	0.0005~0.05	0.01	213.9	火焰	空气-乙炔贫燃火焰	铁、镍基体匹配配制标准曲线法	GB/T 20127.12—2006
钢铁及合金	锰	火焰原子吸收光谱法	0.002~2.0	0.02	279.5	火焰	空气-乙炔贫燃火焰	高氯酸挥发除硅等干扰元素基体匹配配制标准曲线法	GB/T 223.64—2008
铁合金 金属铬	铁	火焰原子吸收光谱法	0.10~1.00	0.25	248.3	火焰	空气-乙炔火焰	铬基体匹配配制标准曲线法	GB/T 4702.4—2008
铁合金 金属铬	铝	火焰原子吸收光谱法	0.10~1.00	0.5	309.2 396.2	火焰	一氧化二氮-乙炔火焰	铬基体匹配配制标准曲线法	GB/T 4702.5—2008
铁合金 铬铁	锰	火焰原子吸收光谱法	0.050~1.80	0.05	279.5	火焰	空气-乙炔贫燃火焰	酸溶消解、盐酸挥发除铬,以二氯锗作释放剂,碱熔消解,二氧化锰钒、铁基体匹配配制标准曲线法	GB/T 5687.10—2006
铁合金 钢铁	锰	火焰原子吸收光谱法	0.10~1.00	0.05	279.5	火焰	空气-乙炔贫燃火焰	以二氯锗作释放剂、二氧化锰钒、铁基体匹配配制标准曲线法	GB/T 8704.9—2009
铁合金 硅铁	铝	火焰原子吸收光谱法	0.05~5.00	0.05	309.3	火焰	一氧化二氮-乙炔火焰	硅高氯酸脱水沉淀硅	GB/T 4333.4—2007
铁合金 钛铁	铜	火焰原子吸收光谱法	0.10~1.00	0.10	327.4 324.8	火焰	空气-乙炔贫燃火焰	铁、铝基体匹配配制标准曲线法	GB/T 4701.3—2009
铁合金 钨铁	锰	火焰原子吸收光谱法	0.05~0.70	0.10	279.5	火焰	空气-乙炔贫燃火焰	以二氯锗作释放剂、钨、铁基体匹配配制标准曲线法	GB/T 7731.2—2007
铁合金 钨铁	铜	火焰原子吸收光谱法	0.020~0.25	0.10	324.7	火焰	空气-乙炔贫燃火焰	钨、铁基体匹配配制标准曲线法	GB/T 7731.3—2008
铁合金 镍铁	钴	火焰原子吸收光谱法	0.025~2.5	0.10	240.7	火焰	空气-乙炔贫燃火焰	硅高氯酸脱水沉硅、镉溶液作释放剂除电离干扰、铁基体匹配配制标准曲线法	GB/T 21933.3—2008

表6-15　石墨炉原子吸收光谱分析钢铁及合金

适用范围	测项	检测方法	测定范围(质量分数)/%	检出限/(ng/mL)	波长/nm	原子化器	原子化器条件	国标号
钢铁及合金	银	石墨炉原子吸收光谱法	0.0001~0.001	0.50	328.1	石墨炉	进样量:10~50μL; 干燥温度:250℃,时间:10s,线性,通气; 灰化温度:600℃,时间:10s,线性,通气; 灰化温度:600℃,时间:15s,线性,通气; 原子化温度:2000℃,时间:3s,垂直,不通气; 原子化温度:2000℃,时间:2s,垂直,不通气	GB/T 20127.1—2006
钢铁及合金	铜	石墨炉原子吸收光谱法	0.0001~0.0060	0.50	324.8	石墨炉	进样量:10~50μL; 干燥温度:250℃,时间:10s,线性,通气; 灰化温度:800℃,时间:10s,线性,通气; 灰化温度:800℃,时间:15s,垂直,通气; 原子化温度:2300℃,时间:3s,垂直,不通气; 原子化温度:2300℃,时间:2s,垂直,不通气	GB/T 20127.4—2006

表6-16 原子荧光光谱法分析钢铁及合金

适用范围	测项	检测方法	测定范围(质量分数)/%	检出限/(ng/mL)	仪器条件 原子化器	仪器条件 原子化器条件	干扰物质	消除方法	国标号
钢铁及合金	砷	氢化物发生-原子荧光光谱法	0.00005~0.010	0.3	石英炉	氢化物发生器，以硼氢化钾为还原剂，盐酸为载流，氩气为屏蔽气和载气	易水解元素：钨、钼、铌、钽等；干扰元素：镍、钴、铜等	①硫酸磷酸混合酸冒烟，并络合易水解元素；②硫脲-抗坏血酸混合溶液还原砷V为砷III，抑制干扰元素	GB/T 20127.2—2006
	锑	氢化物发生-原子荧光光谱法	0.00005~0.010	0.5	石英炉	氢化物发生器，加液器或流动注射进样装置	基体元素	①柠檬酸抑制基体的干扰；②硫脲-抗坏血酸混合溶液还原锑V为锑III，抑制干扰元素	GB/T 20127.8—2006
	硒	氢化物发生-原子荧光光谱法	0.00005~0.010	0.5	石英炉	氢化物发生器，加液器或流动注射进样装置	易水解元素：钨、钼、铌、钽等；干扰元素：铁、镍、铬、钴等	①氟化铵络合易水解元素；②柠檬酸溶液抑制干扰元素	GB/T 223.80—2007
	砷	氢化物发生-原子荧光光谱法	0.00005~0.010	100	石英炉	氢化物发生器，加液器或流动注射进样装置	基体元素：铁；易水解元素：钨、钼、铌、钽等；镍	①硫代氨基脲抑制基体元素；②硫酸磷酸混合酸冒烟，易水解元素；③硫脲-抗坏血酸混合溶液还原砷V为砷III，抑制干扰元素	GB/T 20127.10—2006
	铋	氢化物发生-原子荧光光谱法	0.00005~0.010						

表6-17 电感耦合等离子体发射光谱法分析钢铁及合金、低合金钢、铸铁和含镍生铁

适用范围	测项	检测方法	测定范围(质量分数)/%	检出限/(μg/mL)	分析线/nm	干扰元素	国标号
钢铁及合金	钙	电感耦合等离子体发射光谱法	0.001~0.01	0.003	393.366 396.874	铪 —	GB/T 20127.3—2006
	镁		0.001~0.01	0.021	279.533 280.270	钒 锆	
	钡		0.001~0.01	0.0068	455.403 493.409	锆 —	
	锶(内标)		—	—	407.771	—	
	钇	电感耦合等离子体发射光谱法	0.002~0.01	0.002 0.003 0.003	361.384 363.075 357.253	钨、钼 钙 钨、钼、钙、锆	GB/T 20127.9—2006

续表

适用范围	测项	检测方法	测定范围(质量分数)/%	检出限/(μg/mL)	分析线/nm	干扰元素	国标号
低合金钢	硅	电感耦合等离子体原子发射光谱法	0.01~0.60	0.04	251.611	钼、钒、铁	GB/T 20125—2006
				0.06	288.158	钴、铬、钼、铝	
	锰		0.01~2.00	0.02	257.610	钴、铬、钼	
				0.05	260.569	铬、铁	
				0.04	293.930	铬、铁	
				0.04	279.482	—	
	磷		0.005~0.10	0.04	178.280	钼、铬、锰	
				0.08	213.618	—	
	镍		0.01~4.00	0.04	231.604	钴	
				0.05	267.716	锰	
	铬		0.01~3.00	—	206.149	—	
				0.02	283.563	—	
	钼		0.01~1.20	0.05	202.030	铁	
				—	281.615	铝、钒	
	铜		0.01~0.50	0.02	324.754	锰、铬、钼	
				0.09	327.396	钼	
	钒		0.002~0.50	0.02	310.230	—	
				0.02	309.311	铁	
				0.07	311.071	钛、钼	
				0.02	290.882	—	
	钴		0.003~0.20	0.03	228.616	铬、钛、镍	
				0.03	307.864	—	
	钛		0.001~0.30	0.01	334.941	铬	
				0.02	336.121	—	
				0.02	337.280	铁	
	铝		0.004~0.10	0.03	394.409	—	
				0.02	308.215	钼	
				0.02	396.152	—	
	钇(内标)		—	—	371.030	—	
铸铁和低合金钢	镧	电感耦合等离子体原子发射光谱法	0.002~0.10	0.01	408.671	铁	GB/T 24520—2009
				0.01	398.852	钍	
	铈		0.005~0.15	0.04	418.660	铁	
	镁		0.003~0.15	0.01	279.553	—	
				0.01	280.270	铬、钒、钛	

表6-18　电感耦合等离子体原子发射光谱法分析铁合金

适用范围	测项	检测方法	测定范围(质量分数)/%	检出限/(μg/mL)	分析线/nm	干扰谱线/nm	国标号
硅铁	铝	电感耦合等离子体原子发射光谱法	0.01~3.00	0.05	394.401,396.152	—	GB/T 24194—2009
	钙		0.01~2.50	0.05	393.366,317.933	—	
	锰		0.01~1.00	0.05	257.610,279.827	—	
	铬		0.005~0.50	0.025	357.869,287.563	铬334.932	
	钛		0.005~0.10	0.025	334.941,336.121	镍336.156	
	铜		0.005~0.10	0.025	324.754,223.008	铁223.022	
	磷		0.005~0.10	0.025	178.287,213.618	铜213.598	
	镍		0.005~0.10	0.025	231.604,221.647	—	
	钇(内标)		—	—	224.306,324.228,371.030	—	
钨铁	砷	电感耦合等离子体原子发射光谱法	0.010~0.20	0.02	193.759	—	GB/T 7731.6—2008
	锡	电感耦合等离子体原子发射光谱法	0.01~0.12	0.02	189.959	—	GB/T 7731.7—2008
	锑	电感耦合等离子体原子发射光谱法	0.010~0.15	0.03	206.833	—	GB/T 7731.8—2008
	铋	电感耦合等离子体原子发射光谱法	0.010~0.15	0.03	223.061	—	GB/T 7731.9—2008
	铅	电感耦合等离子体原子发射光谱法	0.010~0.12	0.03	220.353	—	GB/T 7731.14—2008
镍铁	磷	电感耦合等离子体原子发射光谱法	0.005~0.050	0.051	178.287	—	GB/T 24585—2009
				0.06	213.618	铜213.598	
	锰		0.05~1.0	0.006	257.610	—	
	铬		0.05~1.0	0.012	267.716	—	
	铜		0.010~0.30	0.023	324.754	—	
	钴		0.050~2.0	0.025	228.616	—	
	硅		0.10~0.55	0.037	288.158	—	
	镍		3.00~16.00	0.03	341.476	—	
含镍生铁	钴	电感耦合等离子体原子发射光谱法	0.05~2.00	0.01	228.616	—	GB/T 32794—2016
	铬		0.20~8.00	0.02	206.542	—	
	铜		0.010~0.300	0.01	327.396	铜213.598	
				0.01	324.754	—	
	磷		0.010~0.150	0.01	213.618	铜213.598	
				0.01	178.287	—	

续表

适用范围	测项	检测方法	测定范围（质量分数）/%	检出限/(μg/mL)	分析线/nm	干扰谱线/nm	国标号
镝铁合金	镧	电感耦合等离子体原子发射光谱法	0.0050~0.50	—	408.671,412.322,379.477	—	GB/T 26416.2—2010
	钍		0.0050~0.50	—	446.021,428.993	—	
	镨		0.0050~0.50	—	511.076,525.973,417.939	—	
	钕		0.0050~0.50	—	401.224,411.732,410.907	—	
	钐		0.0050~0.50	—	443.432,442.434,445.851	—	
	铕		0.0050~0.50	—	381.967,664.506,272.778	—	
	钆		0.010~0.50	—	342.246,376.840,385.098	—	
	铽		0.010~0.50	—	321.998,332.440,384.873,350.914	—	
	钬		0.010~0.50	—	379.675,341.644,345.600	—	
	铒		0.010~0.50	—	389.623,369.265,390.631	—	
	铥		0.0050~0.50	—	313.125,379.576,346.220	—	
	镱		0.0050~0.50	—	281.938,328.937,369.419	—	
	镥		0.0050~0.50	—	261.541,307.760	—	
	钇		0.010~0.50	—	361.104,360.192,224.303,371.029	—	
	钙	电感耦合等离子体原子发射光谱法	0.0050~0.050	—	393.366	—	GB/T 26416.3—2010
	镁		0.0050~0.050	—	280.270	—	
	铝		0.020~0.10	—	308.215	—	
	硅		0.020~0.10	—	212.412	—	
	镍		0.0050~0.050	—	216.555	—	
	钼		0.020~0.10	—	203.846,202.032	—	
	钨		0.030~0.20	—	207.912,209.475	—	
钒氮合金	硅	电感耦合等离子体原子发射光谱法	0.010~1.00	0.05	198.899,251.612	—	GB/T 24583.8—2009
	锰		0.010~0.500	0.05	259.373,293.930	—	
	磷		0.010~0.500	0.05	178.2874,213.618	—	
	铝		0.010~1.00	0.05	394.401,396.152	—	

续表

适用范围	测项	检测方法	测定范围（质量分数）/%	检出限/（μg/mL)	分析线/nm	干扰谱线/nm	国标号
稀土硅铁合金及镁硅铁合金	镧	电感耦合等离子体原子发射光谱法	0.50~6.00	—	408.671,398.852	—	GB/T 16477.1—2010
	铈			—	380.153,446.021	—	
	镨			—	417.939,422.532	—	
	钕			—	378.425,397.326	—	
	钐			—	360.949,359.259	—	
	铕			—	412.972	—	
	钆			—	418.426	—	
	铽			—	350.914	—	
	镝			—	349.468	—	
	钬			—	345.600	—	
	铒			—	369.262	—	
	铥			—	313.125	—	
	镱			—	369.419	—	
	镥			—	291.139	—	
	钇			—	377.433	—	
稀土总量	钙	电感耦合等离子体原子发射光谱法	0.50~6.00	—	317.933,396.847	—	GB/T 16477.2—2010
	镁		0.20~11.00	—	279.553,280.213	—	
	锰		0.50~4.00	—	257.610,293.931	—	
	钛	电感耦合等离子体原子发射光谱法	0.30~5.00		334.941,336.121	—	GB/T 16477.5—2010
	氧化镁	电感耦合等离子体原子发射光谱法	0.30~3.00	—	280.270,285.213	—	GB/T16477.3—2010

111

表 6-19 电感耦合等离子体质谱法分析钢铁及合金、钢铁、钢板及钢带

适用范围	测项	检测方法	测定范围（质量分数）/%	检出限/(ng/mL)	测定同位素的质量数	干扰物质	国标号
钢铁及合金	铟	电感耦合等离子体质谱法	0.000010~0.010	0.5	115	—	GB/T 20127.11—2006
	铊		0.000010~0.010	0.5	205	—	
	铑（内标）				103	—	
	总铝	微波消解-电感耦合等离子体质谱法	0.0005~0.10	—	27	$^{12}C^{15}N^+$、$^{13}C^{14}N^+$、$^1H^{12}C^{14}N^+$、$^{14}N_2^+$扩展峰	GB/T 223.81—2007
	总硼		0.0002~0.10	0.7	10、11	—	
钢铁	锡	电感耦合等离子体质谱法	0.000005~0.00020	—	116	$^{116}Cd^+$、$^{100}MoO^+$、$^{232}Th^{2+}$	GB/T 32548—2016
					117	$^{100}MoOH^+$、$^{234}U^{2+}$、$^{40}Ar^{77}Se^+$	
					118	$^{102}RuO^+$、$^{102}PdO^+$、$^{40}Ar^{78}Se^+$	
					119	$^{103}RhO^+$	
					120	$^{104}RuO^+$、$^{104}PdO^+$、（$^{120}Te^+$）	
					122	$^{122}Te^+$、$^{106}PdO^+$	
					124	$^{124}Te^+$、$^{108}PdO^+$、$^{124}Xe^+$	
	锑		0.000001~0.00020	—	121	$^{105}PdO^+$	
					123	$^{123}Te^+$、$^{107}AgO^+$	
	铈		0.000010~0.0010	—	140,142	—	
	铅		0.000005~0.00010	—	204	$^{204}Hg^+$	
					206		
					207	$^{191}IrO^+$	
					208		
	铋		0.0000003~0.000030	—	209	$^{193}IrO^+$	
钢板及钢带（锌基和铝基镀层）	铅	电感耦合等离子体质谱法	0.000020~0.0020	—	208	—	GB/T 31927—2015
	镉		0.000005~0.0020	0.05	111	—	

二、分析方法

(一) 原子吸收光谱法

在现行有效的标准中，采用原子吸收光谱法分析钢和铁、铁合金产品的标准有 13 个，此部分以火焰原子吸收光谱法分析钢铁及合金中杂质元素锌、锰的含量为例，进行介绍。

常用的检测方法和国家标准有相关规定，分别适用于高温合金中杂质元素锌含量的测定和钢铁中杂质元素锰含量的测定。其各元素测定范围见表 6-14。

实际工作中火焰原子吸收光谱法分析钢铁及合金中杂质元素锌、锰的含量的步骤包括以下几部分：

1. 样品的采集和保存

根据国家标准 GB/T 20066—2006 或适当的国家标准取样、制样。

（1）取样

样品包括抽样产品本身和从熔体中取得的样品。

从成品中取样：在可能的情况下，原始样品或分析样品可以从按照产品标准中规定的取样位置取样，也可以从抽样产品中取得的用作力学性能试验的材料上取样。

从熔体中取样：为了监控生产过程，需要在整个生产过程的不同阶段从熔体中取样。根据铸态产品标准的要求，可以在熔体浇注的过程中进行取样来测定化学成分。对用于生产铸态产品的液体金属的取样，分析样品也可以按照产品标准要求从出自同一熔体、用作力学性能试验的棒状或块状样品上制取。

样品应去除表面涂层、除湿、除尘以及除去其他形式的污染。在对熔体进行取样时，如果预测到样品的不均匀，或可能的污染，应采取措施。

（2）制样

样品的前处理：

如果样品中的某一部分发生了化学变化，应采取适当的方法去除，再对样品采取保护措施防止发生化学变化。必要时，采用合适的方法去除样品表面涂层，要使被切削的金属表面完全外露，金属表面要使用适当的溶剂（如分析纯丙酮）除油，但应保证除油的方法对分析结果的正确性不产生影响。

屑状样品，是通过钻、切、车、冲等方法制得的。粉末或碎粒状样品（不适用于含有石墨的铁的制样），用破碎机或振动磨粉碎，全部通过 1～2mm 孔径的筛。块状分析样品，样品的粒度在 125～250μm 较合适，表面应该没有颗粒异物和缺陷，并充分干燥。

（3）样品的保存

应该有适当的储存设备用于单独保存分析样品。在分析样品的制备过程中和制备后，分析样品应该防止污染和化学变化。原始样品允许以块状形式保存，需要时再制取分析样品。分析样品或块状的原始样品要保存足够长的时间，以保证分析实验室管理的完整性。

2. 样品的消解

分析钢铁及合金中杂质元素锌、锰含量的消解方法主要有：湿法消解中的电热板消解法。

测定锌含量时，样品用盐酸和硝酸混合酸溶解，制得用于测定的样品溶液。测定锰含量时，样品用盐酸和硝酸溶解，加高氯酸蒸发至冒白烟，制得用于测定的样品溶液。下面介绍各种消解方法。

被测元素的质量分数越大，取样量越少（即样品溶液分取体积越少）。按表 6-20 称取样品，精确至 0.0001g。独立地进行两次测定，取其平均值。随同样品做空白试验。

表 6-20　分析钢铁及合金中杂质元素锌、锰含量的样品溶液制备方法

被测元素	被测元素质量分数/%	样品/g	盐酸①/mL	硝酸②/mL	样品总体积/mL	分取体积/mL	测定体积/mL
锌	0.0005～0.005	0.50	5	1～2	50	全量	全量
	＞0.005～0.05	0.50	5	1～2	50	5.00	50
锰	0.002～0.10	1.00	20	5	250	全量	全量
	＞0.10～0.40	1.00	20	5	250	50.00	200
	＞0.40～2.0	1.00	20	5	250	10.00	200

① 盐酸：$\rho=1.19g/mL$。

② 硝酸：$\rho\approx1.42g/mL$。

将样品置于烧杯中，按表 6-20 的要求加入盐酸（$\rho=1.19g/mL$），盖上表面皿，在电热板上低温加热至分解完全，按表 6-20 加入硝酸（$\rho\approx1.42g/mL$）氧化，加热煮沸驱除氮的氧化物，[测锰含量时（若样品不易溶解，加入 2mL 约 1.15g/mL 的氢氟酸），加入 15mL 约 1.54g/mL 的高氯酸，不盖表面皿高温加热，直至冒烟。然后盖上表面皿继续加热，加热温度应使高氯酸烟在烧杯壁上保持稳定的回流，继续加热，直到烧杯中看不到高氯酸烟，冷却。加入 25mL 水，微热溶解盐类]冷却至室温，按表 6-20 中样品总体积转移入相应容量瓶中，以水定容。（测锰含量时，用中速滤纸干过滤，滤掉残渣或沉淀，将滤液收集在清洁干燥的烧杯中。）

当锌的质量分数＞0.005% 时，按表 6-20 移取上述经消解的样品溶液，按表 6-20 置于相应容量瓶中，补加 4.5mL 盐酸（$\rho=1.19g/mL$），以水定容。

当锰的质量分数＞0.10% 时，按表 6-20 移取上述经消解的样品溶液，按表 6-20 置于相应容量瓶中，以水定容。

3. 仪器条件的选择

测定不同元素有不同的仪器操作条件，其仪器参考工作条件参见表 6-14。以锌元素的测定为例，介绍原子吸收光谱仪器操作条件的选择。

① 选择锌元素空心阴极灯作为光源（如测定锰元素时，选择锰空心阴极灯）。

② 选择原子化器。一般来说，如果样品中被测元素的含量较高，比如高于 0.1mg/L，选用火焰原子化器。火焰类型按照燃气和助燃气的种类分为空气-乙炔、氧化亚氮（N_2O）-乙炔、空气-氢气等。按照燃气和助燃气比例不同分为化学计量火焰、富燃火焰（还原性火焰）、贫燃火焰（氧化性火焰）。燃气和助燃气的种类以及其流量有不同的性质，应用范围各有特点。每种原子化器的条件参考相应国家标准。

分析钢铁及合金中锌、锰的含量时，选用火焰原子化器，原子化器条件参见表 6-13。空气、乙炔要足够纯净（不含水、油和锌），以提供稳定清澈的贫燃火焰。

在仪器最佳工作条件下，凡能达到下列指标者均可使用：

① 灵敏度：在与测量样品溶液的基体一致的溶液中，锌的检出限应 ≤0.01μg/mL。检出限定义为，浓度水平略高于零标准系列溶液的溶液中被测元素的 10 次吸光度值的标准偏差的 2 倍。

② 精密度：用最高浓度的标准溶液测量 10 次吸光度，其标准偏差应不超过平均吸光度的 1.0%；用最低浓度的标准溶液（不是零浓度溶液）测量 10 次吸光度，其标准偏差应不超过最高浓度标准溶液平均吸光度的 0.5%。

③ 标准曲线线性：将标准曲线按浓度等分成五段，最高段的吸光度差值与最低段的吸光度差值之比≥0.7。

4. 干扰的消除

① 分析钢铁及合金中杂质元素锌的含量时，采用基体匹配标准曲线法进行测定。避免基体铁的干扰。

② 分析钢铁及合金中锰的含量时，消解样品时加高氯酸，挥发去除锑等干扰元素。采用基体匹配标准曲线法进行测定。避免基体铁的干扰。

5. 标准曲线的建立

（1）标准溶液的配制

配制不同浓度的标准溶液，首先要制备各个元素的标准储备液。如果实验室不具备自己配制标准储备液的条件，可使用有证书的系列国家或行业标准样品（溶液）。选择与被测样品基体一致、质量分数相近的有证标准样品。

多元素标准溶液的配制原则：互有化学干扰、产生沉淀及互有光谱干扰的元素应分组配制。标准储备溶液的稀释溶液需与标准储备溶液保持一致的酸度（用时现稀释）。

根据样品中被测元素的质量分数的不同，需绘制不同的标准曲线，配制相应的标准系列溶液。

锌标准储备液（锌 1.00mg/mL）：1.0000g 金属锌（质量分数≥99.99%，不含锰），置于 400mL 烧杯中，加入 20mL 王水，盖上表面皿，置于电热板上低温加热至完全溶解，微沸以除去氮的氧化物，取下，用水吹洗表面皿及杯壁，冷至室温。用超纯水定容至 1L。

锌标准溶液 Ⅰ（锌 100μg/mL）：移取 10.00mL 锌标准储备液，用超纯水定容至 100mL。

锌标准溶液 Ⅱ（锌 10μg/mL）：移取 10.00mL 锌标准溶液 Ⅰ，用超纯水定容至 100mL。

锰标准储备液配制：（锰 1.00mg/mL），1.0000g 金属锰（质量分数≥99.99%），置于 250mL 烧杯中，加入 40mL 盐酸（$\rho=1.19$g/mL），盖上表面皿，置于电热板上低温加热至完全溶解，取下，用水吹洗表面皿及杯壁，冷至室温。用超纯水定容至 1L。

锰标准溶液（锰 20μg/mL）：移取 20.00mL 锰标准储备液，移入 1000mL 容量瓶中，用超纯水定容至刻度，摇匀。

（2）标准曲线的建立

配制系列浓度的被测元素标准溶液（标准系列溶液），一般选择 4～6 个浓度，并且浓度选择均匀合理，需要注意的是，配制时应和样品溶液一样加入相应的酸和相应的干扰消除剂及基体溶液（基体匹配标准曲线法）。标准系列溶液配制好后一般可用一个月。

在测定时，应按照由低浓度向高浓度的顺序依次测定，样品溶液中被测元素的含量应该在标准溶液的高低限范围内，最好处于标准曲线的中部范围，如果低于或超出标准曲线范围，应该对样品进行浓缩或稀释处理。如果由于浓度过高使得标准曲线不呈线性，使用次灵敏度分析线，或者适当稀释样品溶液和标准系列溶液。

分析钢铁及合金中锌、锰的含量，采用基体匹配标准曲线法。根据被测元素质量分数不同，需要绘制不同的标准曲线，其标准溶液配制方法见表 6-21。

表 6-21 分析钢铁及合金中杂质元素锌、锰含量的标准系列溶液的配制方法

被测元素	被测元素质量分数/%	分取被测元素标准溶液体积/mL	定容体积/mL	铁基体溶液体积/mL
锌	0.0005～0.05	（标液 Ⅱ） 0、0.25、0.50、1.00、1.50、2.00、2.50	50	称取 7 份与样品等质量的纯铁（质量分数≥99.99%，不含锌），随同样品处理

被测元素	被测元素质量分数/%	分取被测元素标准溶液体积/mL	定容体积/mL	铁基体溶液体积/mL
锰	0.002~0.10	0、0.4、2.0、4.0、8.0、12.0、16.0、20.0	100	40.00
	>0.10~0.40	0、4.0、8.0、12.0、16.0、20.0	100	10.00
	>0.40~2.0	0、4.0、8.0、12.0、16.0、20.0	100	2.00

注：铁基体溶液（测锰量用）（铁 10mg/mL）：10.0g 纯铁 [w(Fe)≥99.99％，w(Mn)<0.005％)] 置于 1000mL 烧杯中，加入 200mL 盐酸（ρ=1.19g/mL），盖上表面皿，低温加热至全部溶解，然后加入 50mL 硝酸（ρ=1.42g/mL）氧化，加入 150mL 高氯酸（ρ≈1.54g/mL），不盖表面皿高温加热，直至冒高氯酸白烟。然后盖上表面皿继续加热 15min，加热温度应使高氯酸烟在烧杯壁上保持稳定的回流，继续加热，直到烧杯中看不到高氯酸烟，冷却。加入 300mL 水，低温加热溶解盐类。取下，冷至室温。以超纯水定容至 1L。

将原子吸收分光光度计调节至最佳工作状态，取标准系列溶液在原子吸收分光光度计上于被测元素分析线（参见表 6-14）处，在原子化器火焰中测定。以水调零，按照与样品溶液相同条件，按浓度递增顺序测量标准系列溶液中被测元素的吸光度，测三次吸光度，取三次测量平均值。以标准系列溶液中被测元素的吸光度平均值，减去"零"浓度溶液中相应元素的吸光度平均值，为净吸光度。以被测元素的质量浓度（μg/mL）为横坐标、净吸光度（A）为纵坐标，绘制标准曲线。

6. 样品的测定

将原子吸收分光光度计调节至最佳工作状态，取样品溶液在原子吸收分光光度计上于被测元素分析线（参见表 6-14）处，在原子化器火焰中测定。以水调零，按照与绘制标准曲线相同条件，测定样品溶液中被测元素的吸光度三次，取三次测量平均值。同时测定随同样品的空白溶液中被测元素的吸光度三次，取三次测量平均值。样品溶液中被测元素的吸光度平均值，减去空白溶液中相应元素的吸光度平均值，为净吸光度（A）。从标准曲线上查出相应的被测元素浓度（μg/mL）。

7. 结果的表示

被测元素的质量分数含量小于 0.01％，分析结果表示至小数点后第 4 位。被测元素的质量分数含量大于 0.01％，分析结果表示至小数点后第 3 位。

8. 质量保证和质量控制

分析时，应用国家级或行业级标准样品或控制样品进行校核，或每年至少用标准样品或控制样品对分析方法校核一次。当过程失控时，应找出原因，纠正错误后，重新进行校核，并采取相应的预防措施。

9. 注意事项

此部分内容参见相应国家标准。

(二) 原子荧光光谱法

在现行有效的标准中，采用原子荧光光谱法分析钢和铁、铁合金产品的标准有 4 个，此部分以原子荧光光谱法分析钢铁及合金中痕量元素砷、锑、硒、铋的含量为例，进行介绍。

常用的检测方法和国家标准有相关规定，适用于高温合金中痕量元素砷、锑、硒含量的测定，和钢铁及镍基合金中铋和砷含量的测定，测定范围见表 6-16。实际工作中原子荧光光谱法分析钢铁及合金中痕量元素砷、锑、硒、铋的含量的步骤包括以下几个部分：

1. 样品的采集和保存

根据国家标准 GB/T 20066—2006 或适当的国家标准取样，制样。

（1）取样

样品包括抽样产品本身和从熔体中取得的样品。

从成品中取样：在可能的情况下，原始样品或分析样品可以从按照产品标准中规定的取样位置取样，也可以从抽样产品中取得的用作力学性能试验的材料上取样。

从熔体中取样：为了监控生产过程，需要在整个生产过程的不同阶段从熔体中取样。根据铸态产品标准的要求，可以在熔体浇注的过程中进行取样来测定化学成分。对用于生产铸态产品的液体金属的取样，分析样品也可以按照产品标准要求从出自同一熔体、用作力学性能试验的棒状或块状样品上制取。

样品应去除表面涂层、除湿、除尘以及除去其他形式的污染。在对熔体进行取样时，如果预测到样品的不均匀，或可能的污染，应采取措施。

（2）制样

样品的前处理：

如果样品中的某一部分发生了化学变化，应采取适当的方法去除，再对样品采取保护措施防止发生化学变化。必要时，采用合适的方法去除样品表面涂层，要使被切削的金属表面完全外露，金属表面要使用适当的溶剂（如分析纯丙酮）除油，但应保证除油的方法对分析结果的正确性不产生影响。

屑状样品，是通过钻、切、车、冲等方法制得的。粉末或碎粒状样品（不适用于含有石墨的铁的制样），用破碎机或振动磨粉碎，全部通过 $1\sim 2mm$ 孔径的筛。块状分析样品，样品的粒度在 $125\sim 250\mu m$ 较合适，表面应该没有颗粒异物和缺陷，并充分干燥。

（3）样品的保存

应该有适当的储存设备用于单独保存分析样品。在分析样品的制备过程中和制备后，分析样品应该防止污染和化学变化。原始样品允许以块状形式保存，需要时再制取分析样品。分析样品或块状的原始样品要保存足够长的时间，以保证分析实验室管理的完整性。

2. 样品的消解

分析钢铁及合金中痕量元素砷、锑、硒、铋的含量的消解方法主要有：湿法消解中的电热板消解法。

测定砷含量时，样品用盐酸、硝酸分解，加入硫酸磷酸混合酸冒烟，并络合钨、钼、铌、钽等易水解元素，加入硫脲-抗坏血酸混合溶液将砷预还原，并抑制镍、钴、铜等元素的干扰。待测。

测定锑含量时，样品用盐酸、硝酸分解，加入柠檬酸抑制基体元素的干扰，加入硫脲-抗坏血酸混合溶液将锑预还原，并抑制其他元素的干扰。待测。

测定硒含量时，样品用盐酸、硝酸分解，加入氟化氢溶液络合钨、钼、铌、钽等易水解元素，加入柠檬酸溶液抑制铁、镍、铬、钴等元素的干扰。待测。

测定铋、砷含量时，样品用盐酸、硝酸分解，加入硫酸磷酸混合酸冒烟，并络合钨、钼、铌、钽等易水解元素，加入硫代氨基脲抑制基体元素的干扰，用抗坏血酸溶液预还原，定容。待测。

样品中被测元素的质量分数越大，称样量越少。根据样品中被测元素的质量分数范围，按表 6-22 称取相应量的样品，精确至 0.0001g。独立地进行两次测定，取其平均值。随同样品做空白试验。

表 6-22　分析钢铁及合金中痕量元素砷、锑、硒、铋含量的样品的消解方法

被测元素	被测元素质量分数/%	样品量/g	酸试剂 Ⅰ/mL	酸试剂 Ⅱ/mL	试剂 Ⅲ	定容体积 Ⅰ/mL
砷[6]	0.00005～0.00050	0.50	10mL 盐酸[1] 2mL 硝酸[2]	5mL 硫酸磷酸混合酸[3]	10mL 水	100
	>0.00050～0.0050	0.50				
	>0.0050～0.010	0.25				
锑	0.00005～0.00050	0.50	10mL 盐酸[1] 1～3mL 硝酸[2]	10mL 柠檬酸溶液[4]	—	50
	>0.00050～0.0050	0.50				
	>0.0050～0.010	0.20				
硒	0.00005～0.00050	0.50	10mL 盐酸[1] 2mL 硝酸[2]	6.25mL 柠檬酸溶液[4]	5mL 氟化铵溶液[5]	50
	>0.00050～0.0050	0.50				
	>0.0050～0.010	0.25				
铋、 砷[7]	0.00005～0.001	0.20	盐酸[1] 与硝酸[2] 适当比例混合 共 10mL	5mL 硫酸 磷酸混合酸[3]	少量	全量
	>0.001～0.003	0.10				全量
	>0.003～0.010	0.10				50

① 盐酸：$\rho=1.19g/mL$。

② 硝酸：$\rho=1.42g/mL$。

③ 硫酸磷酸混合酸（1 体积硫酸 ＋1 体积磷酸 ＋2 体积水）：于 300mL 烧杯中加 20mL 水，边搅拌边加入 120mL 硫酸（$\rho=1.84g/mL$），120mL 磷酸（$\rho=1.69g/mL$），冷却至室温。边搅拌边加入 20mL 氢溴酸（$\rho=1.49g/mL$），加热蒸发至冒硫酸白烟，取下，冷却至室温，重复上述操作 2～3 次，于 1000mL 烧杯中加 200mL 水，边搅拌边加入 200mL 上述提纯的硫酸磷酸混合酸，冷却至室温，移入塑料瓶中备用。

④ 柠檬酸溶液：400g/L。

⑤ 氟化铵溶液：200g/L。

⑥ 砷：高温合金中的砷痕量元素。

⑦ 砷：钢铁及镍基合金中的砷痕量元素。

（1）样品的消解处理

将样品置于 100mL 烧杯中，按表 6-22 加入相应量的酸试剂 Ⅰ，盖上表面皿，在电热板上低温加热至分解完全，取下冷却。按表 6-22 加入相应量的酸试剂 Ⅱ，加热蒸发至冒硫酸白烟（测锑、硒含量时，高温加热煮沸 5～10min，赶尽氮氧化物），取下冷至室温。按表 6-22 加入相应量的试剂 Ⅲ，低温加热溶解盐类，取下冷至室温。按表 6-22 转移至相应定容体积的容量瓶中（测铋、砷含量，其质量分数 >0.003% 时，加入 1.19g/mL 盐酸 5mL，冷至室温），以水稀释至刻度，混匀。

（2）样品溶液的配制方法

按表 6-23 移取相应量上述消解所得的样品溶液，置于相应定容体积的容量瓶中，加入相应量的盐酸（$\rho=1.19g/mL$）和抑制剂，混匀。（测硒含量时，补加 5mL 氟化铵溶液，混匀，用水稀释至刻度，混匀，待测。）［测铋、砷含量时，若加硫代氨基脲-抗坏血酸混合溶液（该溶液配制方法见表 6-23 附注）后有沉淀产生，要振荡 1～2min，放置待溶液澄清后，取上层清液。］室温放置 30min（室温小于 15℃时，置于 30℃ 水浴中保温 20min），用水稀释至刻度，混匀。

表 6-23　分析钢铁及合金中痕量元素砷、锑、硒、铋含量的样品溶液的配制方法

被测 元素	被测元素质量分数 /%	分取样品溶 液体积/mL	定容体积 Ⅱ /mL	盐酸[1] /mL	抑制剂/mL
砷[7]	0.00005～0.010	10.00	50	5	25mL 硫脲-抗坏血酸混合溶液[2]
锑	0.00005～0.010	10.00	50	20	10mL 硫脲-抗坏血酸混合溶液[2]

续表

被测元素	被测元素质量分数/%	分取样品溶液体积/mL	定容体积Ⅱ/mL	盐酸①/mL	抑制剂/mL
硒	0.00005～0.010	10.00	50	25	5mL 柠檬酸溶液④
铋、砷⑧	0.00005～0.001	全量	50	5	25mL 硫代氨基脲-抗坏血酸混合溶液⑤
	>0.001～0.003	全量	50	5	25mL 硫代氨基脲-抗坏血酸混合溶液⑤
	>0.003～0.010	10.00	50	4	4mL 硫酸磷酸混合酸⑥ 25mL 硫代氨基脲-抗坏血酸混合溶液⑤

① 盐酸：$\rho=1.19\text{g/mL}$。

② 硫脲-抗坏血酸混合溶液：分析纯，分别称取 25g 硫脲及 25g 抗坏血酸，用100mL 盐酸 [1 体积盐酸（$\rho=1.19\text{g/mL}$）+4 体积水] 溶解并稀释至 500mL，用时现配。

③ 硫脲-抗坏血酸混合溶液：分析纯，分别称取 10g 硫脲及 10g 抗坏血酸，溶于 100mL 水中，混匀，用时现配。

④ 柠檬酸溶液：500g/L，分析纯。

⑤ 硫代氨基脲-抗坏血酸混合溶液：分别称取 25g 硫代氨基脲及 25g 抗坏血酸，溶于 500mL 盐酸（1+4）中，用时现配。

⑥ 硫酸磷酸混合酸（1 体积硫酸＋1 体积磷酸＋2 体积水）：于 300mL 烧杯中加 20mL 水，边搅拌边加入 120mL 硫酸（$\rho=1.84\text{g/mL}$）、120mL 磷酸（$\rho=1.69\text{g/mL}$），冷却至室温。边搅拌边加入 20mL 氢溴酸（$\rho=1.49\text{g/mL}$），加热蒸发至冒硫酸白烟，取下，冷却至室温，重复上述操作 2～3 次，于 1000mL 烧杯中加 200mL 水，边搅拌边加入 200mL 上述提纯的硫酸磷酸混合酸，冷却至室温，移入塑料瓶中备用。

⑦ 砷：高温合金中的砷痕量元素。

⑧ 砷：钢铁及镍基合金中的砷痕量元素。

3. 仪器条件的选择

测定不同元素有不同的仪器操作条件。仪器的基本操作条件见表 6-16。以砷元素的测定为例，介绍原子荧光光谱仪器操作条件的选择。

非色散原子荧光光谱仪，仪器应配有由厂家推荐的砷特制空心阴极灯（测定锑、硒、铋元素时，选择相应的元素特制空心阴极灯）、氢化物发生器、加液器或流动注射进样装置。

4. 干扰的消除

① 分析高温合金中的砷含量，消解样品时，加入硫酸磷酸混合酸冒烟，并络合钨、钼、铌、钽等易水解元素；加入硫脲-抗坏血酸混合溶液还原砷Ⅴ为砷Ⅲ，抑制镍、钴、铜等元素的干扰。

② 分析高温合金中锑含量，消解样品时，加入柠檬酸抑制基体元素的干扰；加入硫脲-抗坏血酸混合溶液将还原锑Ⅴ为锑Ⅲ，抑制干扰元素。

③ 分析高温合金中硒含量，消解样品时，加入氟化铵溶液络合钨、钼、铌、钽等易水解元素；加入柠檬酸溶液抑制铁、镍、铬、钴等元素的干扰。

④ 分析钢铁及镍基合金中铋和砷含量，消解样品时，加入硫代氨基脲抑制基体元素铁、镍的干扰；加入硫酸磷酸混合酸冒烟，并络合钨、钼、铌、钽等易水解元素；加入硫脲-抗坏血酸混合溶液还原砷Ⅴ为砷Ⅲ，抑制干扰元素。

5. 标准曲线的建立

（1）标准溶液的配制

配制不同浓度的标准溶液首先要制备各个元素的标准储备液。如果实验室不具备自己配制标准储备液的条件，可使用有证书的系列国家或行业标准样品（溶液）。选择与被测样品基体一致、质量分数相近的有证标准样品。

多元素标准溶液的配制原则：互有化学干扰、产生沉淀及互有光谱干扰的元素应分组配制。标准储备溶液的稀释溶液，需与标准储备溶液保持一致的酸度（用时现稀释）。

（2）标准曲线的建立

配制系列浓度的被测元素标准溶液（标准系列溶液），一般选择 4～6 个浓度，并且浓度选择均匀合理，需要注意的是，配制时应和样品溶液一样加入相应的酸和相应的干扰消除剂和基体溶液（基体匹配标准曲线法）。标准系列溶液配制好后一般可用一个月。

在测定时，应按照由低浓度向高浓度的顺序依次测定，样品溶液中被测元素的含量应该在标准溶液的高低限范围内，最好处于标准曲线的中部范围，如果低于或超出标准曲线范围，应该对样品进行浓缩或稀释处理。如果由于浓度过高使得标准曲线不呈线性，使用次灵敏度分析线，或者适当稀释样品溶液和标准系列溶液。

当配制标准曲线中的标准系列溶液时，采用基体匹配法，即配制与被测样品基体一致、质量分数相近的标准系列溶液，称取纯基体物质与被测样品相同的量，随同样品制备标准系列溶液，或者直接加入制备好的基体溶液。

分析钢铁及合金中痕量元素砷、锑、硒、铋的含量，依据样品中合金的基体，选择相应的基体纯物质或样品，按照样品制备方法制备基体溶液。按照样品溶液中基体的质量，加入一系列体积的被测元素标准溶液中，定容，得到相应被测元素的标准系列溶液。高温合金中的基体化学成分复杂，故选择样品本身制备基体溶液，按照制备样品溶液的方法制备基体溶液。

① 基体溶液的配制方法：

a. 基体溶液Ⅰ（适用于测砷含量）：按表 6-22 的规定称取样品量，置于 100mL 烧杯中，加入相应量的酸试剂Ⅰ，盖上表面皿，在电热板上低温加热至分解完全，取下冷却。按表 6-22 加入相应量的酸试剂Ⅱ，加热蒸发至冒硫酸白烟，取下冷至室温。用少量水吹洗表面皿及杯壁，加入 2mL 氢溴酸（$\rho=1.49g/mL$）混匀，用少量水吹洗表面皿及杯壁，重复吹水和冒烟一次，取下冷至室温。按表 6-22 加入相应量的试剂 Ⅲ，低温加热溶解盐类，取下冷至室温。按表 6-22 转移至相应定容体积的容量瓶中，以水稀释至刻度，混匀。

b. 基体溶液Ⅱ（适用于测锑含量）：按表 6-22 规定称取 2 倍的样品量，置于 100mL 烧杯中，按表 6-22 加入 2 倍相应量的酸试剂Ⅰ，盖上表面皿，在电热板上低温加热至分解完全，取下冷却。按表 6-22 加入 2 倍相应量的酸试剂Ⅱ，高温加热煮沸 5～10min，赶尽氮氧化物，取下冷至室温。按表 6-22 转移至 2 倍相应定容体积的容量瓶中，以水稀释至刻度，混匀。

c. 基体溶液Ⅲ（适用于测硒含量）：按表 6-22 规定称取 2 倍的样品量，将样品置于 100mL 烧杯中，按表 6-22 加入 2 倍相应量的酸试剂Ⅰ，盖上表面皿，在电热板上低温加热至分解完全，取下冷却。按表 6-22 加入 2 倍相应量的试剂 Ⅲ，加热蒸发至近干，取下冷至室温。用少量水吹洗表面皿及杯壁，加入 10mL 盐酸（$\rho=1.19g/mL$）、10mL 氢溴酸（$\rho=1.49g/mL$）混匀，加热蒸发至近干。用少量水吹洗表面皿及杯壁，加入 10mL 盐酸（$\rho=1.19g/mL$）、10mL 氢溴酸（$\rho=1.49g/mL$）混匀，加热蒸发至近干。用少量水吹洗表面皿及杯壁，加入 10mL 盐酸（$\rho=1.19g/mL$）混匀，继续加热蒸发至近干。取下冷至室温。加 20mL 盐酸（$\rho=1.19g/mL$）、4mL 硝酸（$\rho=1.42g/mL$）、10mL 柠檬酸（500g/L，分析纯），混匀，高温加热煮沸 5～10min，赶尽氮氧化物，取下冷至室温。按表 6-22 转移至 2 倍相应定容体积的容量瓶中，以水稀释至刻度，混匀。

d. 镍溶液（20.0mg/mL）：称 2.00g 高纯金属镍 [$w(Ni)\geqslant99.99\%$，$w(As、Bi)\leqslant0.0005\%$]，置于 100mL 烧杯中，加入 20mL 硝酸（3+1），低温加热至完全溶解，煮沸除去氮的氧化物，冷却至室温。用水定容至 100mL，混匀。

e. 铁溶液（20.0mg/mL）：称 2.00g 高纯金属铁 [$w(Fe)\geqslant99.99\%$，$w(As、Bi)\leqslant$

0.0005%]，置于 100mL 烧杯中，加入 20mL 盐酸（3+1），低温加热至完全溶解，冷却至室温。用水定容至 100mL，混匀。

② 标准系列溶液的配制方法：被测元素质量分数不同，加入的相应元素标准溶液的浓度不同，配制时需注意，本部分在表 6-24 中说明。

表 6-24 分析钢铁及合金中痕量元素砷、锑、硒、铋含量的标准系列溶液的配制方法

被测元素	移取被测元素标准溶液体积/mL	移取基体溶液体积/mL	盐酸①体积/mL	抑制剂体积/mL	定容体积/mL
砷⑦	0、0.50、1.00、2.00、3.00、4.00、5.00	10.00	5.00	25mL 硫脲-抗坏血酸混合溶液②	50
锑	0、0.50、1.00、2.00、3.00、4.00、5.00	10.00	20.00	10mL 硫脲-抗坏血酸混合溶液③	50
硒	0、0.50、1.00、2.00、3.00、4.00、5.00	10.00	25.00	5mL 柠檬酸溶液④	50
铋、砷⑧	0、0.10、0.50、1.00、2.00、3.00	1.00mL 铁溶液 1.00mL 镍溶液	5.00	5mL 硫酸磷酸混合酸⑤ 25mL 硫代氨基脲-抗坏血酸混合溶液⑥	50

① 盐酸：$\rho = 1.19g/mL$。

② 硫脲-抗坏血酸混合溶液：分析纯，分别称取 25g 硫脲及 25g 抗坏血酸，用 100mL 盐酸 [1 体积盐酸（$\rho = 1.19g/mL$）+4 体积水] 溶解并稀释至 500mL，用时现配。

③ 硫脲-抗坏血酸混合溶液：分析纯，分别称取 10g 硫脲及 10g 抗坏血酸，溶于 100mL 水中，混匀，用时现配。

④ 柠檬酸溶液：500g/L，分析纯。

⑤ 硫酸磷酸混合酸（1 体积硫酸 +1 体积磷酸 +2 体积水）：于 300mL 烧杯中加 20mL 水，边搅拌边加入 120mL 硫酸（$\rho = 1.84g/mL$）、120mL 磷酸（$\rho = 1.69g/mL$）、冷却至室温。边搅拌边加入 20mL 氢溴酸（$\rho = 1.49g/mL$），加热蒸发至冒硫酸白烟，取下，冷却至室温，重复上述操作 2~3 次，于 1000mL 烧杯中加 200mL 水，边搅拌边加入 200mL 上述提纯的硫酸磷酸混合酸，冷却至室温，移入塑料瓶中备用。

⑥ 硫代氨基脲-抗坏血酸混合溶液：分别称取 25g 硫代氨基脲及 25g 抗坏血酸，溶于 500mL 盐酸（1+4）中，用时现配。

⑦ 砷：高温合金中的砷痕量元素。

⑧ 砷：钢铁及镍基合金中的砷痕量元素。

a. 适用于分析高温合金中的砷、锑、硒含量。按表 6-24 的规定分别移取相应量的被测元素标准溶液（参见表 6-25），按表 6-24 置于相应定容容积的容量瓶中，按表 6-24 分别加入相应量的基体溶液、盐酸（$\rho = 1.19g/mL$）、抑制剂，混匀。（测硒含量时，用水稀释至刻度，混匀。待测。）室温放置 30min（室温小于 15℃ 时，置于 30℃ 水浴中保温 20min），用水稀释至刻度，混匀。

根据被测元素质量分数范围，选取相应浓度的被测元素标准溶液，详情见表 6-25。

表 6-25 分析高温合金中的砷、锑、硒含量的标准系列溶液中被测元素标液的浓度

被测元素	被测元素质量分数/%	被测元素标准溶液浓度/（$\mu g/mL$）
砷	0.00005~0.00050	0.050
	>0.00050~0.010	0.500
锑	0.00005~0.00050	0.100
	>0.00050~0.010	1.00
硒	0.00005~0.00050	0.100
	>0.00050~0.010	1.00

b. 适用于测钢铁及镍基合金中的砷、铋含量。按表 6-24 规定分别移取相应量的砷、铋元素标准溶液（砷 1.00μg/mL，铋 1.00μg/mL），置于 6 个 100mL 烧杯中，按表 6-24 分别加入相应量的基体溶液，按表 6-24 加入相应量的硫酸-磷酸混合酸，加热蒸发至冒硫酸白烟，取下冷至室温。吹少量水，低温加热溶解盐类。按表 6-24 加入相应量的盐酸（$\rho =$

1.19g/mL)，按表 6-24 置于相应定容体积的容量瓶中，按表 6-24 加入相应量的抑制剂硫代氨基脲-抗坏血酸混合溶液，混匀。[若加硫代氨基脲-抗坏血酸混合溶液（该溶液配制方法见表 6-24 附注）后有沉淀产生，要振荡 1～2min，放置待溶液澄清后，取上层清液。]室温放置 30min（室温小于 15℃时，置于 30℃ 水浴中保温 20min），用水稀释至刻度，混匀。

将原子荧光分光光度计调节至最佳工作状态，取标准系列溶液在原子荧光分光光度计上测定。按仪器的操作条件，以载流剂调零，在与样品测定相同条件下，按浓度由低到高的顺序测量标准系列溶液中被测元素的荧光强度，测三次荧光强度，取三次测量平均值。以标准系列溶液中被测元素的荧光强度平均值，减去"零"浓度溶液中相应元素的荧光强度平均值，为净荧光强度。以被测元素的质量浓度（ng/mL）为横坐标，净荧光强度为纵坐标，绘制标准曲线。当标准曲线的线性相关系数≥0.995 时，方可进行样品溶液的测量。

6. 样品的测定

开启原子荧光光谱仪，至少预热 20min，设定灯电流及负高压，最优化设定仪器参数，使仪器性能符合灵敏度、精密度、稳定性、标准曲线的线性的要求，方可测量。

在原子荧光光谱仪上，以硼氢化钾为还原剂，盐酸或硫酸为载流剂，氩气为屏蔽气和载气，以被测元素特种空心阴极灯为激发光源，测量溶液中被测元素的荧光强度。以载流剂调零，按照与绘制标准曲线相同条件，测定样品溶液中被测元素的荧光强度三次，取三次测量的平均值。同时测定随同样品的空白溶液中被测元素的荧光强度三次，取三次测量的平均值。样品溶液中被测元素的荧光强度平均值，减去空白溶液中相应元素的荧光强度平均值，为净荧光强度。从标准曲线上查出相应的被测元素浓度（μg/mL）。

当设备具有计算机系统控制功能时，标准曲线的建立、校标（漂移校正、标准化、重新校准）和被测元素含量的测定应按照计算机软件说明书的要求进行。

分析钢铁及合金中痕量元素砷、锑、硒、铋的含量时，以盐酸（5%，体积分数）为载流调零，氩气（Ar≥99.99%，体积分数）为屏蔽气和载气，将样品溶液和还原剂导入氢化物发生器的反应池中，载流溶液和样品溶液交替导入，依次测量空白溶液及样品溶液中被测元素的原子荧光强度，样品溶液的荧光强度，减去随同样品的等体积空白溶液的荧光强度，从标准曲线上查出相应的被测元素质量浓度。

被测元素不同，还原剂溶液浓度不同，而且样品导入氢化物发生器反应池的方式不同，还原剂溶液浓度也不相同，详情见表 6-26。

表 6-26 采用原子荧光光谱仪分析钢铁及合金中痕量元素砷、锑、硒、铋含量的方法

被测元素	样品导入反应池的方式	还原剂硼氢化钾溶液及浓度/(g/L)
砷[5]	间断法	硼氢化钾溶液 A[1]
	断续流动法	硼氢化钾溶液 B[2]
锑	间断法	硼氢化钾溶液 A[1]
	断续流动法	硼氢化钾溶液 B[2]
硒	间断法	硼氢化钾溶液 C[3]
	断续流动法	硼氢化钾溶液 B[2]
砷[6]、铋	—	硼氢化钾溶液 D[4]

① 硼氢化钾溶液 A 7g/L：称 3.5g 硼氢化钾，置于塑料烧杯中，溶于 500mL 的氢氧化钾（0.5g/L）溶液中，用时现配。

② 硼氢化钾溶液 B 20g/L：称 10g 硼氢化钾，置于塑料烧杯中，溶于 500mL 的氢氧化钾溶液（0.5g/L）中，用时现配。

③ 硼氢化钾溶液 C 5g/L：称 2.5g 硼氢化钾，置于塑料烧杯中，溶于 500mL 的氢氧化钾（0.5g/L）溶液中，用时现配。

④ 硼氢化钾溶液 D 15g/L：称 7.5g 硼氢化钾，置于塑料烧杯中，溶于 500mL 的氢氧化钾（5g/L）溶液中，用时现配。

⑤ 砷：高温合金中的砷痕量元素。

⑥ 砷：钢铁及镍基合金中的砷痕量元素。

7. 结果的表示

被测元素的质量分数含量小于 0.01%，分析结果表示至小数点后第 4 位；被测元素的质量分数含量大于 0.01%，分析结果表示至小数点后第 3 位。

8. 质量保证和质量控制

分析时，应用国家级或行业级标准样品或控制样品进行校核，或每年至少用标准样品或控制样品对分析方法校核一次。当过程失控时，应找出原因，纠正错误后，重新进行校核，并采取相应的预防措施。

9. 注意事项

此部分内容参见相应国家标准。

（三）电感耦合等离子体原子发射光谱法

在现行有效的标准中，采用电感耦合等离子体原子发射光谱法分析钢和铁、铁合金产品的标准有 19 个，此部分以电感耦合等离子体原子发射光谱法分析稀土硅铁合金及镁硅铁合金中杂质元素稀土的总量和钙、镁、锰、钛、氧化镁的含量为例，进行介绍。

2014 年霍红英等研究了分光光度法测定稀土硅铁合金中的钛含量。2014 年李玉梅等建立了采用电感耦合等离子体原子发射光谱法（ICP-AES）测定稀土硅铁及镁硅铁合金中钛含量的方法。2013 年金斯琴高娃等建立了以 ICP-AES 法测定稀土硅铁及镁硅铁合金中钙、镁、锰含量的方法。

常见的检测方法和国家标准有相关的规定，适用于稀土硅铁合金及镁硅铁合金中杂质元素稀土总量和钙、镁、锰、钛、氧化镁含量的测定。测定范围见表 6-18。

我们以此为应用实例讲解具体的分析步骤和方法，以及一些注意事项。

1. 样品的采集和保存

合金样品制成粉末样，过 0.125mm 筛。

2. 样品的消解

消解方法分为湿法消解和干法消解，其中湿法消解依据使用的仪器不同又分为电热板消解法和微波消解法，干法消解又称为熔融法消解。电感耦合等离子体原子发射光谱法分析稀土硅铁合金及镁硅铁合金中杂质元素稀土总量和钙、镁、锰、钛、氧化镁含量的消解方法主要有：湿法消解中的电热板消解法。

分析稀土总量和钙、镁、锰、钛含量时，样品经硝酸和氢氟酸分解，高氯酸冒烟挥发氟，在稀盐酸介质中，进行测定。分析氧化镁含量时，样品用重铬酸钾溶液浸取分离，富集氧化镁，在稀盐酸介质中进行测定。下面对这两种消解方法详细介绍。

（1）分析稀土硅铁合金及镁硅铁合金中杂质元素稀土总量和钙、镁、锰、钛含量

样品中的被测元素不同，称取的样品量也不同。根据被测元素的种类，称取表 6-27 中规定质量的样品，精确到 0.0001g。独立测定两次，取其平均值。随同样品做空白试验。

表 6-27　分析稀土硅铁合金及镁硅铁合金中杂质元素稀土总量和钙、镁、锰、钛含量的样品溶液制备方法

被测元素	被测元素质量分数 /%	称样量 /g	溶样酸 I 量	溶样酸 II 量	溶样酸 III 量	样品总量 /mL	分取样品溶液量/mL	样品测定量/mL
稀土元素	0.50~1.50	0.20	5.0mL 硝酸[①] 3.0~5.0mL 氢氟酸[②]	5.0mL 高氯酸[③]	10.0mL 盐酸[④] 2 滴过氧化氢[⑥]	50	10.00	25
	>0.50~1.50						5.00	
	>0.50~1.50						2.00	

续表

被测元素	被测元素质量分数/%	称样量/g	溶样酸 I 量	溶样酸 II 量	溶样酸 III 量	样品总量/mL	分取样品溶液量/mL	样品测定量/mL
钙镁锰	0.20～0.60	0.10	5.0mL 硝酸① 2.0mL 氢氟酸②	5.0mL 高氯酸③	5.0mL 盐酸⑤	200	全量	全量
	>0.60～3.00						10.00	50
	>3.00～11.00						2.00	50
钛	0.30～2.00	0.10	5.0mL 硝酸① 2.0mL 氢氟酸②	3.0mL 高氯酸③	10.0mL 盐酸④	200	全量	全量
	>2.00～5.00						10.00	100

① 硝酸：$\rho=1.42g/mL$，优级纯。

② 氢氟酸：$\rho=1.15g/mL$，优级纯。

③ 高氯酸：$\rho=1.67g/mL$，优级纯。

④ 盐酸：1+1。

⑤ 盐酸：$\rho=1.19g/mL$，优级纯。

⑥ 过氧化氢：30% 质量分数。

将准确称量的样品置于100mL干燥的聚四氟乙烯烧杯中，按表6-27缓慢滴加溶样酸 I（测钛含量时，边加边摇，至样品溶解，勿加热），于电热板上加热，至完全溶解。按表6-27加入溶样酸 II，加热至高氯酸烟冒尽并溶液近干，稍冷。按表6-27加入溶样酸 III，加热溶解盐类，冷却至室温。按表6-27将溶液移至相应定容体积的容量瓶中，以水定容，混匀，待测。

分析稀土硅铁合金及镁硅铁合金中的杂质元素稀土总量、钙、镁、锰和钛含量的方法，不是同一个国标中规定的，但是国标中所采用的测定方法均为标准曲线法，样品溶液和标准系列溶液分别独立配制，记为样品测定溶液 A 组。

特别的是，当分析稀土硅铁合金及镁硅铁合金中的杂质元素稀土总量时，须通过计算每一稀土元素的基体效应系数，得到样品溶液中相应各稀土元素的质量浓度，以消除基体干扰。计算基体效应系数，需要配制样品溶液的某浓度标准加入溶液，记为样品测定溶液 B 组，加入标准溶液后的被测元素浓度同标准系列溶液中第二个标液的被测元素浓度。

样品测定溶液 A 组，此样品测定溶液的配制方法适用于分析稀土总量和钙、镁、锰、钛的含量。

根据被测元素的质量分数范围，按表6-27分取上述样品溶液，置于相应定容体积的容量瓶中，[测钙、镁、锰含量时，定容前加入 2.5mL 盐酸（1+1）；测钛含量时，定容前加入 4mL 盐酸（1+1）。]以水定容，混匀，待测。

样品测定溶液 B 组（样品溶液的标准加入溶液），此样品测定溶液的配制方法适用于分析稀土总量。

根据被测元素的质量分数范围，按表6-27分取上述样品溶液，置于相应定容体积的容量瓶中，加入 2.5mL 稀土元素混合标准溶液（各稀土元素质量浓度见表6-28），用水稀释至刻度，混匀，待测。

表 6-28 分析稀土硅铁合金及镁硅铁合金中的杂质稀土总量的混合标液中各稀土元素的质量浓度

元素	质量浓度/（μg/mL）	元素	质量浓度/（μg/mL）	元素	质量浓度/（μg/mL）
镧	25.0	铕	0.50	铒	1.00
铈	50.0	钆	1.00	铥	0.50
镨	5.00	铽	2.00	镱	0.50
钕	15.0	镝	1.00	镥	0.50
钐	1.00	钬	1.00	钇	1.00

（2）分析稀土硅铁合金及镁硅铁合金中的杂质氧化镁含量

称取 0.20g 样品，精确到 0.0001g。独立测定两次，取其平均值。随同样品做空白试验。

将准确称量的样品置于 150mL 锥形瓶中，加入 25mL 重铬酸钾溶液（40g/L，称取 40g 重铬酸钾，置于 250mL 烧杯中，用水溶解，移入 1000mL 容量瓶中，以水定容，混匀），用胶皮塞塞紧瓶口，置于振荡器上振荡 35min，取下用中速滤纸过滤于 250mL 容量瓶中。用水冲洗锥形瓶 3～4 次，洗涤滤纸至无重铬酸钾溶液的黄色，弃去滤纸，用水稀释至刻度，混匀。

根据样品中氧化镁的质量分数范围，将上述溶液分别稀释成不同浓度的样品溶液，用于测定。当氧化镁的质量分数为 0.30%～1.00% 时，分取上述样品溶液 5.00mL，当氧化镁的质量分数为 1.00%～3.00% 时，分取上述样品溶液 2.00mL。将分取的样品溶液置于 25mL 容量瓶中，加入 5mL 盐酸（1+1），用水稀释至刻度，混匀。

3. 仪器条件的选择

电感耦合等离子体原子发射光谱仪经优化后，需符合下列性能指标，以达到使用要求。光谱仪既可是同时型的，也可是顺序型的，但必须具有同时测定内标线的功能，否则，不能使用内标法。推荐的等离子体光谱仪测试条件参见表 6-18。光源：氩等离子体光源，使用功率 ≥1.0kW。

选择分析线时，可以根据仪器的实际情况（如灵敏度和分析线干扰）做相应的调整。推荐的分析线见表 6-18，这些分析线不受基体元素明显干扰。在使用时，应仔细检查分析线的干扰情况。（采用基体匹配法消除分析线的干扰。）

4. 干扰的消除

① 分析稀土硅铁合金及镁硅铁合金中杂质元素稀土总量和钙、镁、锰、钛含量时，制备样品溶液，以高氯酸冒烟沉淀硅，挥发氟，消除基体硅和溶样酸中引入的氟的干扰；消解样品选用干燥的聚四氟乙烯烧杯作容器，避免容器材质在消解过程中引入干扰物质。

② 分析稀土硅铁合金及镁硅铁合金中杂质元素稀土总量时，增加配制样品溶液的标准加入溶液，用于计算基体效应系数 [（样品测定溶液 B 组中被测元素的浓度－样品测定溶液 A 组中被测元素的浓度）÷标准系列溶液中第二个浓度标液的相应被测元素的浓度]，消除基体元素对测定结果的干扰。

③ 分析稀土硅铁合金及镁硅铁合金中的杂质氧化镁含量时，以重铬酸钾溶液浸取镁并使其富集，与基体分离，消除基体干扰。

5. 标准曲线的建立

（1）标准溶液的配制

配制不同浓度的标准溶液首先要制备各个元素的标准储备液。如果实验室不具备自己配制标准储备液的条件，可使用有证书的系列国家或行业标准样品（溶液）。选择与被测样品基体一致、质量分数相近的有证标准样品。

多元素标准溶液的配制原则：互有化学干扰、产生沉淀及互有光谱干扰的元素应分组配制。标准储备溶液的稀释溶液需与标准储备溶液保持一致的酸度（用时现稀释）。

各种被测元素标准储备液和标准溶液配制的方法详见相应标准。

（2）标准曲线的建立

配制系列浓度的被测元素标准溶液（标准系列溶液），一般选择 4～6 个浓度，并且浓度选择均匀合理，需要注意的是，配制时应和样品溶液一样加入相应的酸和相应的干扰消除剂和基体溶液（基体匹配标准曲线法）。标准系列溶液配制好后一般可用一个月。内标标准储备溶液可以直接加入校准系列中，也可在样品雾化之前通过蠕动泵在线加入。所选内标的浓度应远高于样品自身所含内标元素的浓度,常用的内标浓度范围为 $50.0\sim1000\mu g/L$。

在测定时,应按照由低浓度向高浓度的顺序依次测定,样品溶液中被测元素的含量应该在标准溶液的高低限范围内,最好处于标准曲线的中部范围,如果低于或超出标准曲线范围,应该对样品进行浓缩或稀释处理。如果由于浓度过高使得标准曲线不呈线性,使用次灵敏度分析线,或者适当稀释样品溶液和标准系列溶液。

6. 样品的测定

(1) 优化仪器的方法

① 启动电感耦合等离子体原子发射光谱仪,并在测量前至少预热 1h。测量最浓标准溶液,按照仪器说明书的方法调节仪器参数:氩气(外部、中间或中心)压力和流速、等离子炬位置、入射狭缝、出射狭缝、检测器的增益、分析线(参见表 6-18)、预冲洗时间、积分时间。使仪器符合实际分辨率、灵敏度、短期稳定性、长期稳定性的指标。

② 准备测量分析线强度、平均值、相对标准偏差的软件。如果使用内标,准备用钇(371.03nm)作内标并计算每个被测元素与钇的强度比的软件。内标强度应与被测元素强度同时测量。

③ 开启等离子炬点火键,点火后确认仪器运行参数在正常范围内,雾化系统及等离子火焰工作正常,稳定 15min 以上。

(2) 样品中被测元素的分析线发射强度的测量

待仪器稳定后,按被测元素浓度由低到高的顺序测量,在标准曲线测定的相同条件下测定"样品测定溶液 A 组"中被测元素的分析线(参见表 6-18)绝对强度[或强度比(被测元素分析线与内标元素参比线的强度比)],重复测量 3 次,计算其平均值。同时应该测定空白样品中被测元素的分析线绝对强度(或强度比)3 次,取三次测量平均值。样品溶液中被测元素的分析线绝对强度平均值(或强度比平均值),减去空白样品中的分析线绝对强度平均值(或强度比平均值)为分析线净强度(或净强度比),检查各测定元素分析线的背景并在适当的位置进行背景校正,从标准曲线上确定被测元素的质量浓度($\mu g/mL$)。如测量绝对强度,应确保所有测量溶液温度差均在 1℃之内。用中速滤纸过滤所有溶液,弃去最初 $2\sim3mL$ 溶液。

特别说明的是,如果分析稀土硅铁合金及镁硅铁合金中杂质元素稀土的总量,按照测定"样品测定溶液 A 组"中被测元素质量浓度的方法,测定"样品测定溶液 B 组"中被测元素质量浓度。用于计算基体效应系数 k_i。

① 测量溶液的顺序:首先测最低浓度标准溶液(即"零"浓度溶液或样品空白溶液)的绝对强度或强度比。接着测 $2\sim3$ 个未知样品溶液,然后测仅次于最低浓度的标准溶液,再测 $2\sim3$ 个未知样品溶液,如此循环。每次吸入溶液之间吸入去离子水。

② 分析线强度记录:对各溶液中被测元素积分 5 次,检查仪器的短期稳定性,确保符合要求,然后计算平均强度或平均强度比。

(3) 分析线中干扰线的校正

分析线中干扰线的校正:先检查各共存元素对被测元素分析线的光谱干扰。在光谱干扰的情况下,求出光谱干扰校正系数。即,当共存元素质量分数为 1% 时相当的被测元素的质量分数。

7. 结果的表示

特别说明的是,分析稀土硅铁合金及镁硅铁合金中杂质元素稀土的总量时,须计算基体效应系数 k_i[(样品测定溶液 B 组中被测元素的浓度-样品测定溶液 A 组中被测元素的浓度)÷标准系列溶液中第二个浓度标液的相应被测元素的浓度]。

对于每一种稀土元素，分别计算基体效应系数 k_i；

$$w(\mathrm{RE}) = \sum \frac{\rho_i VV_2 \times 10^{-6}}{k_i mV_1} \times 100 \tag{6-11}$$

式中，ρ_i 为样品溶液中各稀土元素的质量浓度，$\mu g/mL$；V 为样品测定溶液总体积，mL；V_2 为样品溶液测定体积，mL；m 为样品的称取质量，g；V_1 为样品溶液分取体积，mL。

分析结果表示至小数点后第 2 位。

8. 质量保证和质量控制

应用国家级或行业级标准样品（当两者都没有时，也可用自制的控制样品代替），每周或两周验证一次本标准的有效性。当过程失控时，应找出原因，纠正错误后，重新进行校核，并采取相应的预防措施。

9. 注意事项

注意事项参见相应国家标准。

（四）电感耦合等离子体质谱法

在现行有效的标准中，采用电感耦合等离子体质谱法分析钢和铁、铁合金产品的标准有 4 个，此部分以电感耦合等离子体质谱法分析钢铁中的痕量元素锡、锑、铈、铅、铋的含量为例，进行介绍。

常见的检测方法和国家标准有相关的规定，适用于钢铁中的锡、锑、铈、铅、铋痕量元素的含量测定，其元素测定范围见表 6-19。

我们以此为应用实例讲解具体的分析步骤和方法，以及一些注意事项。

1. 样品的采集和保存

根据国家标准 GB/T 20066—2006 或适当的国家标准取样，制样。

（1）取样

样品包括抽样产品本身和从熔体中取得的样品。

从成品中取样：在可能的情况下，原始样品或分析样品从按照产品标准中规定的取样位置取样，或从抽样产品中取得的用作力学性能试验的材料上取样。

从熔体中取样：为了监控生产过程，需要在整个生产过程的不同阶段从熔体中取样。根据铸态产品标准的要求，可以在熔体浇注的过程中进行取样来测定化学成分。对用于生产铸态产品的液体金属的取样，分析样品也可以按照产品标准要求从出自同一熔体、用作力学性能试验的棒状或块状样品上制取。

样品应去除表面涂层、除湿、除尘以及除去其他形式的污染。在对熔体进行取样时，如果预测到样品的不均匀，或可能的污染，应采取措施。

（2）制样

样品的前处理：

如果样品中的某一部分发生了化学变化，应采取适当的方法去除。再对样品采取保护措施防止发生化学变化。必要时，采用合适的方法去除样品表面涂层，要使被切削的金属表面完全外露，金属表面要使用适当的溶剂（如分析纯丙酮）除油，但应保证除油的方法对分析结果的正确性不产生影响。

屑状样品是通过钻、切、车、冲等方法制得的。粉末或碎粒状样品（不适用于含有石墨的铁的制样），用破碎机或振动磨粉碎，全部通过 $1\sim 2mm$ 孔径的筛。块状分析样品，样品的粒度在 $125\sim 250\mu m$ 较合适，表面应该没有颗粒异物和缺陷，并充分干燥。

（3）样品的保存

应该有适当的储存设备用于单独保存分析样品。在分析样品的制备过程中和制备后，分析样品应该防止污染和化学变化。原始样品允许以块状形式保存，需要时再制取分析样品。分析样品或块状的原始样品要保存足够长的时间，以保证分析实验室管理的完整性。

2. 样品的消解

电感耦合等离子体质谱法分析钢铁中锡、锑、铈、铅、铋痕量元素含量的消解方法主要有：湿法消解中的微波消解法和电热板消解法。样品用适宜比例的盐酸、硝酸、氢氟酸的混合酸溶解，并添加铑（测铈量）、钇和铼（测锡、锑、铅、铋量）作为内标元素。下面具体介绍这两种消解方法：

称取 0.100g 样品，精确至 0.0001g。独立测定两次，取其平均值。随同样品做空白试验。空白样品溶液应含有与消解样品所用的等量的试剂，以及与样品等量的高纯铁。

分析钢铁中锡、锑、铅、铋、铈的含量的消解方法：

（1）微波消解法

将样品定量转移至氟塑料密封溶样器（见图 6-3，参见国家标准 GB/T 6609.7—2004 约 120mL，经厂家推荐的酸清洗）的反应杯中，加入 3mL 盐酸（$\rho = 1.19\text{g/mL}$）、1mL 硝酸（$\rho = 1.42\text{g/mL}$）、0.5mL 氢氟酸（$\rho = 1.15\text{g/mL}$）（测铈含量时，不加氢氟酸）。盖严反应杯盖子，装入聚四氟乙烯密封溶样器中，盖好，将溶样器装入钢套中，拧紧钢套盖。在常压下放置过夜（这样通常可改善湿法消解过程）。湿法消解在微波消解系统中进行。氟塑料高压罐固定在转盘或特定的夹持装置上，放入微波炉中，然后进行微波消解。通常采用三步程序进行湿法消解，即开始采用低温约 50℃，保持 10min，然后升温至 100℃，保持 10min，最后升温至 150～200℃，保持 10min。

通过调节微波炉功率，可简便地实现三步程序消解。如上消解方法，消解 30min，然后冷却 30min，再从微波炉中取出高压罐。冷却，待高压罐温度低于 50℃，戴上塑料手套，打开氟塑料高压消解罐。

冷却后，将氟塑料高压消解罐中的溶液移入 100mL 聚乙烯容量瓶中，用超纯水（电阻率≥18MΩ/cm，由水纯化系统制取）仔细冲洗氟塑料高压消解罐和盖子内壁 3～4 次，合并至上述聚乙烯容量瓶中，加入铼、钇内标溶液（测铈含量时，加入的内标液改为铑内标溶液），用超纯水（电阻率≥18MΩ/cm）稀释至刻度，摇匀。

（2）电热板消解法（也适用于分析含有钨、铌的钢铁样品中的铈含量）

将样品置于 50mL 聚四氟乙烯烧杯（分析不含钨、铌的样品中的铈含量时，用玻璃烧杯）或石英烧杯中 ［如样品中含碳量＞1%，应先加入 2mL 稀硝酸（1＋1），盖上表面皿，于电热板上低温加热，至反应停止］，加入 3mL 盐酸（$\rho = 1.19\text{g/mL}$），盖上表面皿，于电热板上低温加热，至反应停止。加入 1mL 硝酸（$\rho = 1.42\text{g/mL}$），加热，赶尽氮氧化物。加入 0.5mL 氢氟酸（$\rho = 1.15\text{g/mL}$），加热 5min（分析不含钨、铌样品中的铈含量时，不加氢氟酸）。必要时，冷却后加入 5mL 高氯酸（$\rho = 1.67\text{g/mL}$），打开表面皿，高温加热至起烟。盖上表皿，继续加热至在烧杯壁上形成稳定的白色高氯酸烟回流。继续加热，直至烧杯内看不到高氯酸烟。冷却，加入 3mL 稀王水（2＋10），低温加热至盐类溶解，冷却至室温。用超纯水（电阻率≥18MΩ/cm，由水纯化系统制取）冲洗，定量转移至 100mL 容量瓶中，加入铼、钇内标溶液（分析不含钨、铌的样品中的铈含量时，加入的内标液改为铑内标溶液），用超纯水（电阻率≥18MΩ/cm）定容，摇匀。

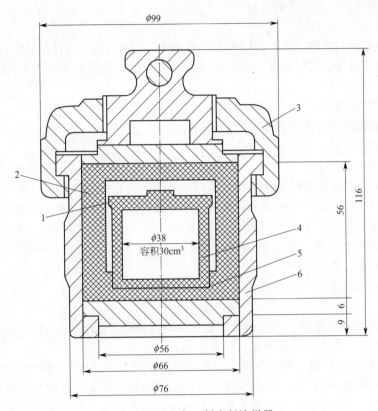

图 6-3　聚四氟乙烯密封溶样器

1—反应杯盖；2—溶样器盖；3—钢套盖；4—反应杯；5—溶样器；6—钢套

由于在湿法消解的钢铁样品中存在大量的基体导致仪器漂移，建议在分析多个样品时使用内标。内标元素浓度适宜与被测元素浓度接近，通常其浓度差异不超过 2 个数量级。对于多元素测定，内标元素浓度与被测元素浓度差异超过 2 个数量级的，可将浓度接近的分组，并采用合适内标校正仪器漂移。由于分析前元素浓度未知，需进行预分析，以确定被测元素浓度水平。在诸多钢铁材料中被测元素浓度会很低，则选择内标溶液为 1μg/mL 合适。

3. 仪器条件的选择

电感耦合等离子体质谱仪可以是四极杆质谱仪、磁扇质谱仪（高分辨质谱仪）和飞行时间质谱仪三类仪器的任何一类。所有这三类仪器都需要使用氩气作为工作气体。仪器配备耐氢氟酸溶液雾化进样系统，为自动进样或手动进样。

选择同位素的质量数时，可以根据仪器的实际情况做相应的调整。推荐的同位素的质量数见表 6-19，这些质量数不受基体元素明显干扰。

在仪器最佳工作条件下，凡能达到下列指标者均可使用：

（1）短时精密度

连续测定 10 次被测元素标准溶液（10ng/mL，与样品溶液相同基体）的质谱信号强度，其相对标准偏差 ≤5%。

（2）灵敏度

测定 11 次被测元素的"零"浓度标准系列溶液（与样品溶液相同基体）的质谱信号强度，将 11 次测定的质谱信号强度分别在标准曲线上对应出浓度，并计算其标准差，此标准差的 3 倍值为灵敏度。各元素的检出限参见表 6-19。

（3）测定下限

测定 11 次被测元素的"零"浓度标准系列溶液（与样品溶液相同基体）的质谱信号强度，将 11 次测定的质谱信号强度分别在标准曲线上对应出浓度，并计算其标准差，此标准差的 10 倍值为测定下限。

（4）标准曲线的线性

标准曲线的线性相关系数应≥0.999。

4. 干扰的消除

① 分析钢铁中锡、锑、铅、铋的含量时，以铑、钇为内标元素，分析钢铁中铈含量时，以镥为内标元素，基体匹配标准曲线法，即标准系列溶液以被测样品基（主）体元素和样品溶样酸进行基体匹配，来校正仪器的灵敏度漂移并消除基体效应的影响。消除基体铁及其他元素的干扰。

② 分析钢铁中锡、锑、铅、铋、铈的含量时，消解样品过程中，用高氯酸冒烟，除去硅、钨、铌等元素，消除干扰。

③ 由于在湿法消解的钢铁样品中存在大量的基体导致仪器漂移，建议在分析多个样品时使用内标。

④ 如果标准系列溶液中引入了其他元素或物质（如钾、硫酸等），对被测元素和内标元素的测量有影响，应采用基体匹配法，消除干扰。

⑤ 表 6-19 推荐的同位素质量数中，存在一定的干扰物质，选用同位素质量数时需注意查表。如果空白样品溶液的质谱信号强度与标准系列溶液和样品溶液的质谱信号强度相同或更高，则可能存在一些干扰，选择其他同位素可能降低或消除干扰。但是，对于单一同位素元素则没有这种可能，需加强控制背景信号。

⑥ 本方法中制备样品溶液和标准系列溶液时，使用容量瓶、单标线吸量管、玻璃表面皿、烧杯、聚乙烯瓶、聚乙烯移液管、聚苯乙烯试管。所有玻璃器皿应符合国家标准 GB/T 12806 和 GB/T 12808 规定的 A 级。消除容器引入的干扰。

5. 标准曲线的建立

（1）标准溶液的配制

配制不同浓度的标准溶液首先要制备各个元素的标准储备液。如果实验室不具备自己配制标准储备液的条件，可使用有证书的系列国家或行业标准样品（溶液）。选择与被测样品基体一致、质量分数相近的有证标准样品。

多元素标准溶液的配制原则：互有化学干扰、产生沉淀及互有光谱干扰的元素应分组配制。标准储备溶液的稀释溶液，需与标准储备溶液保持一致的酸度（用时现稀释）。

（2）标准曲线的建立

配制系列浓度的被测元素标准溶液（标准系列溶液），一般选择 4～6 个浓度，并且浓度选择均匀合理，需要注意的是，配制时应和样品溶液一样加入相应的酸和相应的干扰消除剂和基体溶液（基体匹配标准曲线法）。为使混合标准系列溶液的离子浓度一致，某一混合标准系列溶液中各被测元素浓度不应都是最高或最低的。标准系列溶液配制好后一般可用一个月。内标标准储备溶液可以直接加入校准系列中，也可在样品雾化之前通过蠕动泵在线加入。所选内标的浓度应远高于样品自身所含内标元素的浓度，常用的内标浓度范围为 50.0～1000μg/L。

在测定时，应按照由低浓度向高浓度的顺序依次测定，样品溶液中被测元素的含量应该在标准溶液的高低限范围内，最好处于标准曲线的中部范围，如果低于或超出标准曲线范围，应该对样品进行浓缩或稀释处理。如果由于浓度过高使得标准曲线不呈线性，使用次灵敏度分析线，或者适当稀释样品溶液和标准系列溶液。

此分析方法中以基体匹配和内标校正的标准曲线法进行定量。

制备标准曲线中的标准系列溶液，采用基体匹配法，即制备与被测样品基体一致、质量分数相近的标准系列溶液，称取纯基体物质与被测样品中基体相同的量，随同样品制备标准系列溶液，或者直接加入制备好的基体溶液。

分析钢铁中锡、锑、铈、铅、铋元素的含量，标准系列溶液的制备方法见相应标准。

6. 样品的测定

（1）仪器的基本操作方法

① 电感耦合等离子体质谱仪优化后，按照仪器说明书建立分析程序，设置仪器参数诸如输出功率、冷却气流量、等离子体气流量、辅助气流量、载气流量、雾化气流量、样品提升速度、样品提升时间、冲洗时间、数据采集模式、数据采集参数（积分时间/峰、点数/峰）和重复次数等。将仪器说明书推荐的标准溶液倒入等离子体，调节仪器的离子传输系统和检测器参数，使仪器符合短时精密度、灵敏度、测定下限等指标。

② 在分析前，点燃氩等离子体并预热 30～60min（具体时间依据质谱类型而定），使仪器稳定。同时泵入超纯水（电阻率≥18MΩ/cm，由水纯化系统制取）或质谱清洗溶液清洗雾化器和炬管 5min，以冲洗进样系统管路和玻璃器件。再对仪器进行质量校准、检测器校准和响应校准，校准溶液须含有能覆盖所测量的质量数范围，通常含有锂（Li）、钪（Sc）、钴（Co）、铑（Rh）、镧（La）、铅（Pb）、铋（Bi）、铀（U）等元素（也可以是其他元素，如被测元素和内标元素本身）。待仪器稳定后测量。

质谱清洗溶液配制方法：于 500mL 塑料瓶（如聚乙烯塑料）中加入约 400mL 超纯水（电阻率≥18MΩ/cm，由水纯化系统制取），然后加入 15mL 盐酸（$\rho=1.19g/mL$）、5mL 硝酸（$\rho=1.42g/mL$）和 2.5mL 氢氟酸（$\rho=1.15g/mL$），用超纯水（电阻率≥18MΩ/cm，由水纯化系统制取）稀释至 500mL。在使用前用电感耦合等离子体质谱仪以质谱扫描方式检查酸的质量。推荐在约 3mL 超纯水（$\rho=1.15g/mL$）中加入 300μL 盐酸（$\rho=1.19g/mL$）、100μL 硝酸（$\rho=1.42g/mL$）和 50μL 氢氟酸，用超纯水（电阻率≥18MΩ/cm，由水纯化系统制取）稀释至 10mL，配制成溶液用以检查。如果相关元素峰出现，应更换新的酸，并应重新检查相同元素。

（2）样品中被测元素的同位素信号强度的测量

按浓度由低到高的顺序，将样品溶液由蠕动泵导入、雾化器雾化后进入等离子体中，运行分析程序，同时测量样品溶液和空白溶液中被测元素的同位素（其质量数参见表 6-19）信号强度，以及测量样品溶液和空白溶液中内标元素的同位素的信号强度（通常为每秒计数率，cps），以内标元素为内标校正仪器测量灵敏度漂移和基体效应。测量样品溶液和空白溶液中被测元素的内标校正信号（被测元素与内标元素的信号强度比）3 次，取三次测量平均值。以样品溶液中各被测元素的内标校正信号平均值，减去空白溶液中相应被测元素的内标校正信号平均值，为该样品溶液的净信号强度比。以此净信号强度比从标准曲线上查得样品溶液中相应被测元素质量浓度（μg/mL）。如果使用纯金属和试剂，空白样品溶液不应有显著的质谱信号。

测量溶液的顺序：首先测最低浓度的标准溶液（即"零"浓度溶液）的内标校正信号强度，然后按照浓度由低到高的顺序测量标准系列溶液。接着测样品空白溶液，通过检查样品空白溶液的强度，分析是否存在来自高浓度标准系列溶液的记忆效应。（如存在记忆效应，应增加样品之间的清洗时间。）然后，每隔 10 个未知样品溶液，分析 1 个校准标准溶液（控制样）。即使样品溶液数量小于 10 个，最后测量的应为校准标准溶液（控制样）。每次吸入溶液之间吸入去离子水。

校准标准溶液（控制样）作为一个样品进行测量，如浓度为 $100\mu g/L$ 校准溶液给出的强度应与测量标准曲线时获得的强度相同。有证标准物质可以作为控制样。

7. 结果的表示

分析结果在 1% 以上保留四位有效数字，在 1% 以下保留三位有效数字。

8. 质量保证和质量控制

应用国家级或行业级标准样品（当两者都没有时，也可用自制的控制样品代替），每周或两周验证一次本标准的有效性。当过程失控时，应找出原因，纠正错误后，重新进行校核，并采取相应的预防措施。

9. 注意事项

具体内容参见相应国家标准。

第三节　原子光谱法应用于贵金属及其合金的分析

一、应用概况

贵金属主要指金、银和铂族金属（钌、铑、钯、锇、铱、铂）等 8 种金属元素。这些金属大多数拥有美丽的色泽，在一般条件下化学性质稳定，而且能够抵抗化学药品的腐蚀。由于黄金、白银等贵金属具有良好的力学性能，如优异的延展性以及耐磨性，良好的导电性、导热性和工艺性，极易加工成超薄金箔、微米金丝和金粉，很容易成为其他金属、陶器和玻璃的表面镀层。贵金属抗腐蚀的能力极强，因此在一定压力下熔焊和锻焊金容易实现。在工业和现代高新技术产业中，如电子、通信、宇航、化工、医疗等领域，贵金属作为超导体与有机金等产品被广泛应用。分析贵金属产品中的杂质元素，利用差减法来确定贵金属产品的纯度，是目前贵金属交易和贵金属精炼过程中质量控制的一种重要手段。分析杂质元素的方法主要有原子光谱法、分光光度法、化学光谱法等，其中原子光谱法灵敏度最高。

2009 年陈永红等采用乙酸乙酯萃取法分离基体金，并通过等离子体原子发射光谱法测定金中的 31 种杂质元素。2018 年刘雪松等比较了沉淀方式对采用电感耦合等离子体发射光谱法（ICP）分析纯银样品中铅和镉的影响。采用原子光谱法分析贵金属中的杂质元素仍是热门的研究领域，并且应用前景十分广泛。本节主要介绍国家标准中的原子光谱法在冶金产品贵金属及其合金中的应用。贵金属产品主要包括：金、高纯金、银、锇粉、钌粉。贵金属合金主要包括：合质金、金合金、银合金、金银钯合金。

下面将相关分析方法的测定范围、检出限、仪器条件、干扰物质及消除方法等基本条件以表格的形式列出，为选择合适的分析方法提供参考。表 6-29 是原子吸收光谱法分析金、银、合质金的基本条件。表 6-30 是原子荧光光谱法分析金的基本条件。表 6-31 是电感耦合等离子体发射光谱法分析金、高纯金、银、锇粉的基本条件。表 6-32 是电感耦合等离子体发射光谱法分析贵金属合金的基本条件。表 6-33 是电感耦合等离子体质谱法分析高纯金的基本条件。表 6-34 是原子发射光谱法分析金的基本条件。表 6-35 是辉光放电质谱法分析钌粉的基本条件。

其中，原子发射光谱法（如交流电弧直读光谱法、火花原子发射光谱法）和辉光放电质谱法的应用不十分广泛，在本节的方法介绍部分不作详细介绍。

表 6-29 原子吸收光谱法分析金、银、合质金的基本条件

适用范围	测项	检测方法	测定范围(质量分数)/%	检出限/(μg/mL)	波长/nm	灯电流/mA	狭缝宽度/nm	原子化器	原子化器条件	干扰物质消除方法	国标号
金	银	火焰原子吸收光谱法	0.0005~0.0400	0.033	328.1	3	0.7	火焰	空气-乙炔火焰	用乙酸乙酯萃取分离基体金	GB/T 11066.2—2008
金	铁	火焰原子吸收光谱法	0.0005~0.0080	0.079	248.3	10	0.2	火焰	推荐 P-E1100 型原子吸收光谱仪，观测高度 8.0nm，空气流量 5.5L/min（测铜，铅含量时，空气流量 5.0L/min）	用乙酸乙酯萃取分离基体金	GB/T 11066.3—2008
金	铜	火焰原子吸收光谱法	0.0005~0.0250	0.048	324.7	4	0.7	火焰		用乙酸乙酯萃取分离基体金	GB/T 11066.4—2008
金	铅		0.0005~0.0060	0.158	217.0	4	0.7	火焰			
金	铋		0.0005~0.0030	0.246	223.1	5	0.2	火焰			
银	镁	火焰原子吸收光谱法	0.0001~0.0200	0.01	285.2	—	—	火焰	空气-乙炔火焰	用乙酸镧乙酯萃取分离金；以硝酸镧作释放剂	GB/T 11066.6—2009
银	镍		0.0001~0.0200	0.06	232.0	—	—	火焰			
银	锰		0.0001~0.0200	0.05	279.5	—	—	火焰			
银	钯		0.0002~0.0500	0.13	244.8	—	—	火焰			
银	银	氯化银沉淀-火焰原子吸收光谱法	99.850~99.980	0.22	328.1	—	—	火焰	空气-乙炔火焰	硝酸介质，定量加氯化钠标准溶液，以氯化银沉淀除银	GB/T 11067.1—2006
银	铜	火焰原子吸收光谱法	0.0005~0.060	0.023	324.8	—	—	火焰	空气-乙炔火焰	硝酸介质，加盐酸以氯化银沉淀分离银	GB/T 11067.2—2006
银	铅	火焰原子吸收光谱法	0.0005~0.050	0.217	223.1	—	—	火焰	空气-乙炔火焰	氨性介质，以氢氧化物使镉富集；铝和敏的氢氧化物与银分离	GB/T 11067.5—2006
银	铋		0.0005~0.0080	0.191	283.3	—	—	火焰			
银	铁	火焰原子吸收光谱法	0.0005~0.010	0.165	271.9	—	—	火焰	空气-乙炔火焰	氨性介质，以氢氧化物与银富集铁的氢氧化物与银分离	GB/T 11067.6—2006
合质金	汞	冷原子吸收光谱法	0.0050~0.050	0.05×10^{-9}	253.7	—	—	冷原子	冷原子吸收测汞仪，附 GP$_3$ 型汞灯	金、银以稀硝酸、盐酸分解，以氯化银沉淀银，以硫酸氟钾掩蔽金	GB/T 15249.5—2009

表 6-30 原子荧光光谱法分析金的基本条件

适用范围	测项	检测方法	测定范围(质量分数)/%	检出限/(ng/mL)	灯电流/mA	原子化器	原子化器条件	干扰物质消除方法	国标号
金	砷	氢化物发生-原子荧光光谱法	0.0002~0.0050	2.0	40	石英炉	推荐 AFS2201 型双道原子荧光光度计，炉温:800℃。读数时间:15s，延迟时间:1s。观测高度:8.0mm。载气流量:500L/min，屏蔽气流量:900L/min	①样品用硝酸、盐酸溶解，冒三氧化硫浓烟、析出硅法过滤金。②以抗坏血酸预还原，以硫脲作掩蔽剂，消除干扰	GB/T 11066.9—2009
金	锡	氢化物发生-原子荧光光谱法	0.0002~0.0050	2.0	40				

表6-31　电感耦合等离子体原子发射光谱法分析金、高纯金、银、铑粉的基本条件

适用范围	测项	检测方法	测定范围（质量分数）/%	分析线/nm	仪器条件	国标号
金	银	乙酸乙酯苯取-电感耦合等离子体原子发射光谱法	0.0003~0.0500	328.06	①光源：氩等离子体光源，发生器最大输出功率小于1.35kW。②分辨率：200nm时光学分辨率不大于0.010nm；400nm时光学分辨率不大于0.020nm。③仪器稳定性：仪器1h内漂移不大于2.0%。推荐使用电感耦合等离子体发射光谱仪（美国Thermo公司的IRIS Intrepid Ⅱ XSP）。仪器工作参数：①RF发生器功率：1300W；②雾化气压力：28.0psi（193kPa）；③辅助气流量：0.5L/min；④CID积分时间（紫外光区）：20s；⑤CID积分时间（可见光区）：10s	GB/T 11066.8—2009
	铜		0.0002~0.0400	324.75		
	铁		0.0005~0.0100	259.94		
	铅		0.0004~0.0300	216.99		
	锑		0.0002~0.0100	217.58		
	铋		0.0003~0.0100	223.06		
	钯		0.0005~0.0200	231.60		
	镁		0.0003~0.0100	285.21		
	镍		0.0001~0.0050	324.27		
	锰		0.0001~0.0050	257.61		
	铬		0.0001~0.0050	267.71		
高纯金	银	乙酸乙酯苯取分离-ICP-AES法	0.00002~0.00100	328.068	①光源：氩等离子体光源，发生器最大输出功率不大于1.35kW。②分辨率：200nm时光学分辨率不大于0.010nm；400nm时光学分辨率不大于0.020nm。③仪器稳定性：仪器1h内漂移不大于2.0%。推荐使用电感耦合等离子体发射光谱仪（美国Thermo公司的IRIS Intrepid Ⅱ XSP）。仪器工作参数：① RF发生器功率：1300W；②雾化气压力：28.0psi（193kPa）；③辅助气流量：0.5L/min；④CID积分时间（紫外光区）：20s；⑤CID积分时间（可见光区）：10s	GB/T 25934.1—2010
	铝		0.00002~0.00100	308.215		
	砷		0.00002~0.00098	189.042		
	铋		0.00002~0.00100	223.061		
	镉		0.00002~0.00100	228.802		
	铬		0.00002~0.00099	283.563		
	铜		0.00002~0.00100	324.754		
	铁		0.00002~0.00100	259.940		
	钒		0.00010~0.00100	224.268		
	镁		0.00010~0.00100	279.553		
	锰		0.00002~0.00100	257.610		
	镍		0.00002~0.00099	221.647		
	铅		0.00002~0.00100	220.353		
	钯		0.00002~0.00100	324.270		
	铂		0.00002~0.00099	214.423		
	铑		0.00002~0.00100	343.489		
	锑		0.00002~0.00100	206.833		
	硒		0.00002~0.00100	196.090		
	硅		0.00002~0.00100	214.281		
	碲		0.00002~0.00099	334.941		
	锌		0.00010~0.00100	213.856		

续表

适用范围	测项	检测方法	测定范围（质量分数）/%	分析线/nm	仪器条件	国标号
	银		0.00002~0.00047	328.068		
	铜		0.00002~0.00047	213.597		
	铁		0.00002~0.00048	234.349		
	铝		0.00005~0.00048	283.306		
	锑		0.00004~0.00043	206.836		
	铋		0.00002~0.00043	223.061		
	钯		0.00002~0.00049	340.458		
	镁		0.00002~0.00046	285.213		
	锡		0.00003~0.00032	235.485	①光源：氩等离子体光源，发生器最大输出功率不小于1.35kW。②分辨率：200nm时光学分辨率不大于0.010nm；400nm时光学分辨率不大于0.020nm。③仪器稳定性：仪器1h内漂移不大于2.0%。④推荐使用美国Perkin Elmer公司的4300DV型电感耦合等离子体原子发射光谱仪（轴向观测）	
	铬		0.00002~0.00048	267.716		GB/T 25934.3—2010
高纯金	镍	乙醚萃取分离-ICP-AES法	0.00002~0.00047	231.604		
	锰		0.00002~0.00047	257.61		
	铝		0.00005~0.00045	396.153		
	铂		0.00002~0.00048	265.945		
	铑		0.00002~0.00050	343.489		
	铱		0.00006~0.00052	224.268		
	锌		0.00002~0.00044	206.2		
	钛		0.00002~0.00049	334.94		
	镉		0.00002~0.00048	228.802		
	硅		0.00003~0.00027	251.611		
	砷		0.00005~0.00046	193.696		

续表

适用范围	测项	检测方法	测定范围（质量分数）/%	分析线/nm	仪器条件	国标号
银	硒	电感耦合等离子体原子发射光谱法	0.0002~0.010	196.090	光源：等离子体光源，使用功率不小于 0.75kW	GB/T 11067.3—2006
	碲		0.0002~0.010	214.281		
	锑	电感耦合等离子体原子发射光谱法	0.0004~0.020	217.581	光源：等离子体光源，使用功率不小于 0.75kW	GB/T 11067.4—2006
铱粉	镁		0.0005~0.0100	279.553	①光源：氩等离子体光源，发生器最大输出功率不小于 1.35kW。②分辨率：200nm 时光学分辨率不大于 0.010nm；400nm 时光学分辨率不大于 0.020nm。③仪器稳定性：仪器 1h 内漂移不大于 2.0%。推荐使用电感耦合等离子体发射光谱仪（IRIS Intrepid Ⅱ XSP）。仪器工作参数：①RF 发生器功率：1300W；②雾化气压力：28.0psi（193kPa）；③辅助气流量：0.5L/min；④CID 积分时间（紫外光区）：20s；⑤CID 积分时间（可见光区）：10s	GB/T 23613—2009
	铁		0.005~0.060	259.940		
	镍		0.0005~0.0100	221.647		
	铝		0.002~0.040	309.271		
	铜	电感耦合等离子体原子发射光谱法	0.0005~0.0200	324.754		
	银		0.0004~0.0020	328.068		
	金		0.0005~0.0020	267.595		
	铂		0.0005~0.0020	214.423		
	铱		0.0005~0.0050	212.681		
	钯		0.0005~0.0050	324.270		
	铑		0.0005~0.0050	343.489		
	硅		0.005~0.060	251.612		

表6-32 电感耦合等离子体原子发射光谱法分析贵金属合金的基本条件

适用范围	测项	检测方法	测定范围（质量分数）/%	检出限/（μg/mL）	分析线/nm	仪器条件	国标号
金合金	铬	电感耦合等离子体原子发射光谱法	0.5~7	0.01	284.325	①光源：氩等离子体光源，发生器最大输出功率不小于 1.3kW。②分辨率：200nm 时光学分辨率不大于 0.010nm；400nm 时光学分辨率不大于 0.020nm。③仪器稳定性：仪器 1h 内漂移不大于 2.0%。④高频发生器功率 1.2kW。⑤氩气流量：冷却气 15L/min；保护气 0.8L/min；载气 0.3L/min。⑥垂直观测高度：15mm。⑦积分时间：5s。⑧进样泵流速：1.5mL/min	GB/T 15072.7—2008
	铁		0.5~7	0.01	259.939		
	钇（内标）		—	0.01	371.029		
	钆	电感耦合等离子体原子发射光谱法	0.1~2	0.04	336.223		GB/T 15072.11—2008
	铱		0.1~2	0.02	265.045		
	铜	电感耦合等离子体原子发射光谱法	0.5~6	0.02	327.393		GB/T 15072.16—2008
	锰		0.5~6	0.01	259.372		
	钇（内标）		—	0.01	371.029		
	钴	电感耦合等离子体原子发射光谱法	0.1~2	0.01	357.247		GB/T 15072.18—2008
	镓		0.1~2	0.01	417.206		

续表

适用范围	测项	检测方法	测定范围（质量分数）/%	检出限/(μg/mL)	分析线/nm	仪器条件	国标号
银合金	锡	电感耦合等离子体原子发射光谱法	0.2~2	0.05	283.998	①光源：氩等离子体光源，发生器最大输出功率不小于1.3kW。②分辨率：200nm时光学分辨率不大于0.010nm,400nm时光学分辨率不大于0.020nm。	GB/T 15072.13—2008
	铈		0.2~2	0.05	418.660		
	镉		0.2~2	0.05	379.478		
铝合金	铝	电感耦合等离子体原子发射光谱法	0.1~2.5	0.05	396.153	①仪器稳定性：仪器1h内漂移不大于2.0%。②高频发生器功率1.2kW。③氩气流量：冷却气15L/min;保护气0.8L/min;载气0.3L/min。镍、钒、镁测量时载气流量0.2L/min。③垂直观测高度:15min。积分时间:5s。进样泵流速:1.5mL/min	GB/T 15072.14—2008
	镍		0.1~2.5	0.05	231.604		
	钒	电感耦合等离子体原子发射光谱法	0.05~1	0.05	290.880		GB/T 15072.19—2008
	镁		0.05~1	0.05	279.077		
金银铝合金	镍	电感耦合等离子体原子发射光谱法	0.5~6	0.01	346.165	①高频发生器功率1.2kW。②氩气流量：冷却气15L/min;保护气0.8L/min;载气0.3L/min。③垂直观测高度:15min。积分时间:5s。进样泵流速:1.5mL/min	GB/T 15072.15—2008
	锌		0.5~6	0.01	206.200		
	锰		0.01~0.5	0.01	250.373		
	铑(内标)		—		371.029		

表 6-33　电感耦合等离子体质谱法分析高纯金的基本条件

仪器条件及干扰校正	国标号
①推荐使用美国 Perkin Elmer 公司的 Elan9000 型电感耦合等离子体质谱仪。 ②仪器优化参数：(10ng/mL 标准溶液的测定参考值) 灵敏度：^{24}Mg≥100000cps;^{115}In≥400000cps;^{238}U≥300000cps。 双电荷离子：Ba^{2+}(69)/Ba$^+$(138)≤3%; 氧化物：CeO$^+$(156)/Ce$^+$(140)≤3%; 背景 220：RSD≤5%。 ③干扰校正：(被校正元素的强度与干扰元素的强度的关系式) ^{75}As=−3.128819×^{77}Se+2.734582×^{82}Se−2.756001×^{83}Kr ^{82}Se=−1.007833×^{83}Kr ④内标校正： ^{45}Sc 内标：钠、镁、铝、钛、铬、锰、铁、镍、铜、锌、硒。 ^{133}Cs 内标：砷、铯、钯、银、镉、锡、锑、铋。 ^{187}Re 内标：铱、铂、铅、铋。	GB/T 25934.2—2010

适用范围	测项	检测方法	测定范围（质量分数）/%	测定同位素的质量数
高纯金	银	ICP-MS 标准加入校正-内标法	0.00002~0.00100	107
	铝		0.00006~0.00100	27
	砷		0.00002~0.00100	75
	铋		0.00002~0.00100	209
	镉		0.00002~0.00100	111
	铬		0.00011~0.00100	52
	铜		0.00002~0.00100	63
	铁		0.00015~0.00100	57
	铱		0.00002~0.00100	193
	镁		0.00002~0.00100	24
	锰		0.00005~0.00100	55
	钠		0.00002~0.00100	23
	镍		0.00006~0.00100	60
	铅		0.00002~0.00100	208
	钯		0.00002~0.00100	105
	铂		0.00002~0.00100	195
	铑		0.00002~0.00100	103
	锡		0.00002~0.00100	121
	硒		0.00006~0.00100	82
	锑		0.00012~0.00100	118
	碲		0.00002~0.00100	130
	钛		0.00002~0.00099	47
	锌		0.00005~0.00100	66

表6-34 原子发射光谱法分析金的基本条件

适用范围	测项	检测方法	测定范围(质量分数)/%	分析线/nm	内标(Au)线/nm	原子化器	仪器条件	国标号
金	银	原子发射光谱法	0.0005~0.0200	328.068	330.831	交流电弧发生器	①中型光栅（或棱镜）摄谱仪；线色散倒数不小于0.8nm/mm。②光源：交流电弧发生器，电流：3A，电极距离2.5mm。③曝光条件：光谱级次Ⅰ级，中心波长300.00nm，滤光器透射率4.5%，5mm，狭缝宽度10μm，预燃30s，曝光40s；或分段曝光方式：预燃20s，曝光10s，测定铁、铅、锑、铋，100%。次连续曝光40s，测定银；显影液（1体积A＋1体积B）；显影：4min，定影，冲洗，干燥。显影温度：20℃。④暗室处理：显影，定影，冲洗，干燥。	GB/T 11066.5—2008
	铜		0.0005~0.0200	324.754	330.831			
	铁		0.0010~0.0100	259.940	269.437			
	铅		0.0005~0.0100	368.347	330.831			
	锑		0.0010~0.0100	306.771	330.831			
	铋		0.0005~0.0100	259.806	269.437			
	银	火花原子发射光谱法	0.0003~0.0410	338.289	310.500	火花	①推荐 SPECTROLAB S型火花原子发射光谱仪。②外界环境因素等会造成仪器产生漂移，因此每次测定时需使用低含量和高含量标准样品对光谱仪进行标准化，以使仪器符合测量精度需求	GB/T 11066.7—2009
	铜		0.0002~0.0400	324.754	310.500			
	铁		0.0004~0.0150	371.994	310.500			
	铝		0.0004~0.0350	405.782	310.500			
	锑		0.0003~0.0150	306.772	310.500			
	铋		0.0003~0.0170	206.838	200.860			
	钯		0.0004~0.0210	340.458	310.500			
	镁		0.0003~0.0200	285.213	310.500			
	锡		0.0002~0.0100	317.502	310.500			
	镍		0.0002~0.0100	361.939	310.500			
	锰		0.0002~0.0100	403.449	310.500			
	铬		0.0002~0.0100	425.435	310.500			

表6-35 辉光放电质谱法分析钌粉的基本条件

适用范围	测项	检测方法	测定范围(质量分数)/%	测定同位素的质量数	仪器条件	国标号
钌粉	铅	辉光放电质谱法 ICP-MS	0.001~0.020	208	①仪器分析器的高真空＜5×10^{-7} mbar；前级真空＜1×10^{-3} mbar。②样品与样品支架传热良好，冷却温度15℃。③仪器在测试前需进行质量校正和法拉第检测器校正。④调节放电参数，气体压力及透射电压等，得到良好峰形，分辨率和^{102}Ru 基体信号≥5×10^{7} cps。⑤推荐辉光放电质谱仪 ELEMENT GD 型。光源：电弧。⑥放电电流：23.1mA；放电电压：≤1200V；辉光气体流量：359mL/min。⑦源真空：9.65×10^{-1} mbar；前级真空：2.31×10^{-1} mbar；高真空：3.26×10^{-7} mbar。⑧低分辨控制压力：2.93bar；高分辨控制压力：5.66bar。⑨提取电压：−2000V；聚焦电压：−941V；X方向聚焦电压：−10.22V；Y方向聚焦电压：4.00V。⑩整形电压：140V；滤质透镜电压：6.18V。	GB/T 23275—2009
	铁		0.001~0.020	56		
	镍		0.001~0.020	60		
	铝		0.001~0.020	27		
	铜		0.0001~0.0020	63		
	银		0.0001~0.0020	107		
	金		0.001~0.010	197		
	铂		0.001~0.020	195		
	铱		0.002~0.020	193		
	钯		0.001~0.020	106		
	铑		0.001~0.020	103		
	硅		0.002~0.040	28		

二、分析方法

(一) 原子吸收光谱法

在现行有效的标准中，采用原子吸收光谱法分析贵金属及其相关产品的标准有 9 个，此部分以火焰原子吸收光谱法分析金中的杂质元素银、铁、铜、铅、铋、镁、镍、锰、钯的含量为例，进行介绍。

常用的检测方法和国家标准有相关的规定，适用于金中的杂质元素银、铁、铜、铅、铋、镁、镍、锰、钯含量的同时测定，也适用于其中一个元素的独立测定，其各元素测定范围参见表 6-29。

实际工作中火焰原子吸收光谱法分析金中的杂质元素银、铁、铜、铅、铋、镁、镍、锰、钯含量的步骤包括以下几部分：

1. 样品的采集和保存

贵金属金的取样应按照已颁布的标准方法进行。国家标准 GB/T 17418.1—2010、GB/T 4134—2015、GB/T 19446—2004 有相关的规定。其中 GB/T 19446—2004 标准中规定了贵金属材料在作为异型单体接点带时的取样方法，该取样方法引用国标 GB/T 15072 贵金属及其合金化学分析方法（所有部分）。

① 样品（钻屑或薄片）加工成粒度小于 0.074mm 的碎屑。

② 样品用热盐酸（1+1）浸泡 15min，用水洗净。以酒精或丙酮冲洗 2 次，于 105～110℃预干燥 2h，硫含量较高的样品应在 60℃的鼓风干燥箱内干燥 2～4h，然后置于干燥器内，冷却至室温。

③ 由于碳硫对贵金属湿法分析的结果影响很大，需将样品置于马弗炉内，由低温升至 700℃并保持 2h 以上。混匀。

2. 样品的消解

消解方法分为湿法消解和干法消解，其中湿法消解依据使用的仪器不同又分为电热板消解法和微波消解法，干法消解又称为熔融法消解。分析金中的杂质元素银、铁、铜、铅、铋、镁、镍、锰、钯含量的消解方法主要有：湿法消解中的电热板消解法。

样品以王水溶解，在盐酸介质中，用乙酸乙酯萃取分离基体金，浓缩水相，再制成盐酸介质的样品溶液，待测。下面按照操作步骤介绍其消解过程：

(1) 样品的称量

样品中被测元素的质量分数越大，称取样品量越少，样品溶液定容体积也相应变化。随着被测元素的不同，溶样酸（稀王水）量也不同，用于转移样品消解液和洗涤有机相（经萃取）的洗涤液及其体积也不同，定容用的盐酸浓度也相应变化。测镁、镍、锰、钯含量时，定容前需加入硝酸镧溶液，加入量也随被测元素质量分数增大而增大。详情参见表 6-36。

根据样品中被测元素的质量分数范围，按表 6-36 称取样品，精确至 0.0001g。独立地进行两份样品测定，取其平均值。随同样品做空白试验。

表 6-36　分析金中的杂质元素银、铁、铜、铅、铋、镁、镍、锰、钯含量的样品溶液制备方法

被测元素	被测元素质量分数/%	样品量/g	稀王水①量/mL	洗涤液量	定容用酸	样品溶液定容体积/mL	硝酸镧溶液⑤/mL
银	0.0005～0.0025	1.0	6	适量盐酸② 2mL 盐酸②	盐酸③	10	—
	＞0.0025～0.0125	1.0				50	
	＞0.0125～0.0400	0.5				100	

续表

被测元素	被测元素质量分数/%	样品量/g	稀王水①量/mL	洗涤液量	定容用酸	样品溶液定容体积/mL	硝酸镧溶液⑨/mL
铁	0.0005~0.0025	1.0	6	适量盐酸④	盐酸⑤	10	—
	>0.0025~0.0080	1.0		2mL盐酸④		50	
铜	0.0005~0.0025	10	35,20,10	适量盐酸⑥	盐酸③	100	—
	>0.0025~0.0100	2.0	12	2mL洗涤液⑧		100	
	>0.00100~0.0250	2.0	12			200	
铅	0.0005~0.0025	10	35,20,10	适量盐酸⑥	盐酸③	50	
	>0.0025~0.0060	2.0	12	2mL洗涤液⑧		25	
铋	0.0005~0.0025	10	35,20,10	适量盐酸⑥	盐酸③	25	
	>0.0025~0.0030	2.0	12	2mL洗涤液⑧		25	
镁	0.0001~0.0010	1.00	6	适量盐酸⑦	盐酸③	25	1
	>0.0010~0.0050					50	2
	>0.0050~0.0100			2mL盐酸⑦		100	4
	>0.0100~0.0200					200	8
镍	0.0001~0.0050	1.00	6	适量盐酸⑦	盐酸③	25	1
	>0.0050~0.0200			2mL盐酸⑦		50	2
锰	0.0001~0.0050	1.00	6	适量盐酸⑦	盐酸③	25	1
	>0.0050~0.0200			2mL盐酸⑦		50	2
钯	0.0002~0.0100	1.00	6	适量盐酸⑦	盐酸③	25	1
	>0.0100~0.0300					50	2
	>0.0300~0.0500			2mL盐酸⑦		100	4

① 稀王水：1体积硝酸（$\rho=1.42g/mL$，优级纯）+3体积盐酸（$\rho=1.19g/mL$，优级纯）+3体积水。

② 盐酸：$c(HCl)=3mol/L$，优级纯。

③ 盐酸：1+9，优级纯。

④ 盐酸：1+1，优级纯。

⑤ 盐酸：1+19，优级纯。

⑥ 盐酸：$c(HCl)=2mol/L$，优级纯。

⑦ 盐酸：1+11，优级纯。

⑧ 洗涤液：9mL酒石酸溶液（500g/L，优级纯）+300mL盐酸 [$c(HCl)=2mol/L$，优级纯]。

⑨ 硝酸镧溶液：100g/L。

（2）样品的溶解

将准确称量的样品，置于100mL烧杯中 [测铜、铅、铋含量，当 $w(Cu)$、$w(Pb)$、$w(Bi)$ 各 ≤0.0025% 时，选用250mL烧杯消解样品]，按表6-36加入相应体积的稀王水 [测铜、铅、铋含量，当 $w(Cu)$、$w(Pb)$、$w(Bi)$ 各 ≤0.0025% 时，分三次加入表6-36规定体积的稀王水]，盖上表面皿，于电热板上低温加热，至样品溶解完全。继续低温加热，蒸发至样品溶液颜色呈棕褐色（体积约2mL）取下，打开表面皿，挥发氮的氧化物，（测铁、镁、镍、锰、钯含量时，再加入4mL水并加热至微沸）冷却至室温。[测铜、铅、铋含量时，需边摇动边加入10mL水、0.9mL酒石酸溶液（500g/L，优级纯），加热至微沸，取下冷却至室温。]

酒石酸溶液（500g/L，预先净化）的配制：称取100g酒石酸置于500mL烧杯中，用水溶解完全，移至500mL分液漏斗中，加入5mL盐酸（1+3）和20mL乙酸乙酯（有机溶剂），轻轻振荡20s，静置分层。弃去有机相，将水相放入原烧杯中，以水定容至200mL，混匀。

（3）萃取水相的制备

根据被测元素的种类，按表6-36用相应的洗涤液洗涤表面皿，并将样品溶液移入

125mL 分液漏斗中，并以此洗涤液稀释至约 30mL ［测铜、铅、铋含量，当 $w(Cu)$、$w(Pb)$、$w(Bi)$ 各 $\leqslant 0.0025\%$ 时，稀释至约 40mL］。

注意：测铜、铅、铋含量时，预萃取一次。加入 20mL 乙酸乙酯 ［当 $w(Cu)$、$w(Pb)$、$w(Bi)$ 各 $\leqslant 0.0025\%$ 时，加入 25mL 乙酸乙酯］，振荡 20s，静置分层。其中，有机相中金的质量大于 2g 时，在下层。

(4) 第一次萃取

加入 20mL 乙酸乙酯（有机溶剂），振荡 20s，静置分层，水相放入另一分液漏斗中。有机相中，按表 6-36 加入相应量的洗涤液，轻轻振荡 3～5 次，洗涤有机相及漏斗，静置分层，水相合并（储备有机相以回收金）。

(5) 第二次萃取

合并后的水相中，再加入 20mL 乙酸乙酯，振荡 20s，静置分层，水相放入另一分液漏斗中。有机相中，按表 6-36 加入相应量的洗涤液，轻轻振荡 3～5 次，洗涤有机相及漏斗，静置分层，水相合并，放入原烧杯（消解用容器）中（储备有机相以回收金）。

(6) 定容制得待测样品溶液

将合并入原烧杯的水相低温蒸至 2～3mL（注意切勿蒸干），冷却至室温。按表 6-36 移入相应定容体积的容量瓶中（测镁、镍、锰、钯含量时，在定容前，需按表 6-36 加入相应量的硝酸镧溶液作释放剂），以表 6-36 规定的定容用盐酸稀释至刻度，混匀。

3. 仪器条件的选择

测定不同元素有不同的仪器操作条件，推荐的仪器工作条件参见表 6-29。以银元素的测定为例介绍火焰原子吸收光谱仪器操作条件的选择。

(1) 选择光源

选择银元素的空心阴极灯作为光源（如测定铁、铜、铅、铋、镁、镍、锰、钯含量时，选择相应的元素空心阴极灯）。

(2) 选择原子化器

一般来说，如果样品中被测元素的含量较高，比如高于 0.1mg/L，选用火焰原子化器。火焰类型按照燃气和助燃气的种类分为空气-乙炔、氧化亚氮（N_2O）-乙炔、空气-氢气等。按照燃气和助燃气比例不同分为化学计量火焰、富燃火焰（还原性火焰）、贫燃火焰（氧化性火焰）。燃气和助燃气的种类以及其流量有不同的性质，应用范围各有特点。每种原子化器的条件参考相应国家标准。

分析金中的杂质元素银、铁、铜、铅、铋、镁、镍、锰、钯的含量时，选用火焰原子化器，原子化器条件参见表 6-29。

4. 干扰的消除

① 分析金中的杂质元素银、铁、铜、铅、铋、镁、镍、锰、钯的含量时，制备样品溶液，用乙酸乙酯萃取，使被测元素与基体金分离，消除基体金的干扰。用盐酸定容，使样品溶液的化学性质稳定。

② 分析金中的杂质元素铜、铅、铋的含量，制备样品溶液时，萃取前加入酒石酸，洗涤有机相和漏斗时，采用的洗涤液中加入酒石酸，以酒石酸溶液作为掩蔽剂，络合被测元素，减少基体金对被测元素的吸附。并且酒石酸溶液使用前，需经乙酸乙酯萃取，进行净化，消除干扰。

③ 分析金中的杂质元素镁、镍、锰、钯的含量时，制备样品溶液，以硝酸镧溶液作为释放剂，避免干扰。

5. 标准曲线的建立

（1）标准溶液的配制

配制不同浓度的标准溶液首先要制备各个元素的标准储备液。如果实验室不具备自己配制标准储备液的条件，可使用有证书的系列国家或行业标准样品（溶液）。选择与被测样品基体一致、质量分数相近的有证标准样品。

多元素标准溶液的配制原则：互有化学干扰、产生沉淀及互有光谱干扰的元素应分组配制。标准储备溶液的稀释溶液，需与标准储备溶液保持一致的酸度（用时现稀释）。

各个被测元素的标准储备液及其标准溶液的制备方法见相应国家标准。

（2）标准曲线的建立

配制系列浓度的被测元素标准溶液（标准系列溶液），一般选择 4～6 个浓度，并且浓度选择均匀合理，需要注意的是，配制时应和样品溶液一样加入相应的酸和相应的干扰消除剂和基体溶液（基体匹配标准曲线法）。标准系列溶液配制好后一般可用一个月。

在测定时，应按照由低浓度向高浓度的顺序依次测定，样品溶液中被测元素的含量应该在标准溶液的高低限范围内，最好处于标准曲线的中部范围，如果低于或超出标准曲线范围，应该对样品进行浓缩或稀释处理。如果由于浓度过高使得标准曲线不呈线性，使用次灵敏度分析线，或者适当稀释样品溶液和标准系列溶液。

6. 样品的测定

将原子吸收分光光度计调节至最佳工作状态，取样品溶液在原子吸收分光光度计上于被测元素分析线（参见表 6-29）处，在原子化器火焰中测定。以水调零，按照与绘制标准曲线相同条件，测定样品溶液中被测元素的吸光度三次，取三次测量平均值。同时测定随同样品的空白溶液中被测元素的吸光度三次，取三次测量平均值。样品溶液中被测元素的吸光度平均值，减去空白溶液中相应元素的吸光度平均值，为净吸光度（A）。从标准曲线上查出相应的被测元素浓度（$\mu g/mL$）。

当设备具有计算机系统控制功能时，标准曲线的建立、校标（漂移校正、标准化、重新校准）和被测元素含量的测定应按照计算机软件说明书的要求进行。

7. 结果的表示

分析结果表示至小数点后第 4 位。

8. 质量保证和质量控制

具体要求参见相应国家标准。

9. 注意事项

具体内容参见相应国家标准。

（二）原子荧光光谱法

在现行有效的标准中，采用原子荧光光谱法分析贵金属及其相关产品的标准有 1 个，此部分以原子荧光光谱法分析金中杂质元素砷、锡的含量为例，进行介绍。

常用的检测方法和国家标准有相关的规定，此方法适用于金中砷和锡量的独立测定，其元素测定范围参见表 6-30。实际工作中原子荧光光谱法分析金中杂质元素砷、锡含量的步骤包括以下几个部分：

1. 样品的采集和保存

贵金属金的取样应按照已颁布的标准方法进行。国家标准 GB/T 17418.1—2010、GB/T 4134—2015、GB/T 19446—2004 有相关的规定。

① 样品（钻屑或薄片）加工成粒度小于 0.074mm 的碎屑。

② 样品用热盐酸（1+1）浸泡 15min，用水洗净。以酒精或丙酮冲洗 2 次，于 105～110℃预干燥 2h，硫含量较高的样品应在 60℃的鼓风干燥箱内干燥 2～4h，然后置于干燥器内，冷却至室温。

③ 由于碳硫对贵金属湿法分析的结果影响很大，需将样品置于马弗炉内，由低温升至700℃并保持 2h 以上。混匀。

2. 样品的消解

消解方法分为湿法消解和干法消解，其中湿法消解依据使用的仪器不同又分为电热板消解法和微波消解法，干法消解又称为熔融法消解。分析金中杂质元素砷、锡的含量的消解方法主要有：湿法消解中的电热板消解法。

样品以稀王水溶解，在冒三氧化硫浓烟的温度下，析出金，以倾析法过滤金。盐酸溶解盐类，以硫脲-抗坏血酸作掩蔽剂，并将砷、锡预还原，制得用于测定的样品溶液。下面详细介绍其消解方法：

（1）样品的称量

样品中被测元素的质量分数越大，称取样品量越少。当砷（或锡）的质量分数为0.0002%～0.0005%时，称取样品 0.50g；当砷（或锡）的质量分数为＞0.0005%～0.0010%时，称取样品 0.20g；当砷（或锡）的质量分数为＞0.0010%～0.0050%时，称取样品 0.10g。

根据样品中被测元素的质量分数范围，称取样品，精确到 0.0001g。独立地进行两次测定，取其平均值。随同样品做空白试验。

（2）样品的溶解

将准确称量的样品置于 100mL 烧杯中，加入 20mL 稀王水 [1 体积硝酸（$\rho=1.42g/mL$，优级纯）＋3 体积盐酸（$\rho=1.19g/mL$，优级纯）＋3 体积水]，盖上表面皿，于电热板上低温加热，使样品溶解完全。

（3）基体金的分离

加入 4mL 硫酸（1+1，优级纯），加热至冒三氧化硫烟，保持 1min，此时有海绵金大量析出，冷却至室温。用水洗涤杯壁及表面皿，滴加亚硫酸（1+1），使溶液颜色由黄色变成无色，加热至煮沸，使金完全析出，以倾析法分离金。

加热滤液至冒三氧化硫浓烟，保持 30s，（当测锡含量时，加热滤液至冒尽三氧化硫烟）冷却。加入 10mL 盐酸（1+1，优级纯），用少量水吹洗杯壁，水浴加热溶解，冷却至室温。

（4）定容制得待测样品溶液

将上述样品溶液移至 50mL 容量瓶中，加入 5mL 硫脲-抗坏血酸混合溶液（50g/L，称取 5g 硫脲、5g 抗坏血酸，用水溶解，以水定容至 100mL，混匀），以水定容，混匀。放置约 30min（测锡含量时，无需放置即可直接测量）。

3. 仪器条件的选择

测定不同元素有不同的仪器操作条件。原子荧光光谱仪的参考工作条件参见表 6-30。以砷元素的测定为例介绍原子荧光光谱仪器操作条件的选择。选用断续流动双道非色散型氢化物原子荧光光谱仪，仪器应配有由厂家推荐的砷高强度空心阴极灯（如测定锡含量时，选择相应的元素高强度空心阴极灯）、氢化物发生器（石英炉原子化器）、断续流动注射进样装置。

4. 干扰的消除

① 分析金中杂质元素砷、锡的含量时，制备样品溶液，样品用硝酸、盐酸溶解，加入硫酸，冒三氧化硫浓烟时，析出金，以倾析法过滤金，消除基体金的干扰。

② 样品溶液以抗坏血酸预还原，以硫脲作掩蔽剂，消除干扰元素的影响。

5. 标准曲线的建立

（1）标准溶液的配制

配制不同浓度的标准溶液首先要制备各个元素的标准储备液。如果实验室不具备自己配制标准储备液的条件，可使用有证书的系列国家或行业标准样品（溶液）。选择与被测样品基体一致、质量分数相近的有证标准样品。

多元素标准溶液的配制原则：互有化学干扰、产生沉淀及互有光谱干扰的元素应分组配制。标准储备溶液的稀释溶液，需与标准储备溶液保持一致的酸度（用时现稀释）。

标准储备液制备好后，通过稀释储备液的方法获得单元素标准使用液，需要注意的是，稀释时要补加一定量的盐酸。

下面介绍砷、锡元素标准储备液及其标准溶液的制备方法：

砷标准储备液（100μg/mL）：称取 0.1320g 三氧化二砷（基准试剂，经 100～105℃ 烘 1h，并于干燥器中冷却至室温）置于烧杯中，加入 5mL 氢氧化钠溶液（200g/L），于电热板上低温加热，至溶解完全。加入 50mL 水、1 滴酚酞乙醇溶液（1g/L），用硫酸（1+4）中和至红色刚消失，再过量 2mL，冷却至室温。移至 1000mL 容量瓶中，以水定容，混匀。

锡标准储备液（100μg/mL）：称取 0.1000g 金属锡 [$w(Sn)>99.99\%$，称前经稀盐酸洗去表面氧化物，再用乙醇充分洗涤，晾干]，加入 100mL 盐酸，于电热板低温加热溶解，冷却至室温。移至 1000mL 容量瓶中，以水定容，混匀。

砷标准溶液（1μg/mL）：移取 10.00mL 砷标准储备液，置于 100mL 容量瓶中，加入 4mL 盐酸（1+1，优级纯），以水定容，混匀。

锡标准溶液（1μg/mL）：移取 10.00mL 锡标准储备液，置于 100mL 容量瓶中，加入 4mL 盐酸（1+1，优级纯），以水定容，混匀。

（2）标准曲线的建立

配制系列浓度的被测元素标准溶液（标准系列溶液），一般选择 4～6 个浓度，并且浓度选择均匀合理，需要注意的是，配制时应和样品溶液一样加入相应的酸和相应的干扰消除剂和基体溶液（基体匹配标准曲线法）。标准系列溶液配制好后一般可用一个月。

在测定时，应按照由低浓度向高浓度的顺序依次测定，样品溶液中被测元素的含量应该在标准溶液的高低限范围内，最好处于标准曲线的中部范围，如果低于或超出标准曲线范围，应该对样品进行浓缩或稀释处理。如果由于浓度过高使得标准曲线不呈线性，使用次灵敏度分析线，或者适当稀释样品溶液和标准系列溶液。

6. 样品的测定

开启原子荧光光谱仪，至少预热 20min，设定灯电流及负高压并最优化设定仪器参数，使仪器性能符合灵敏度、精密度、稳定性、标准曲线的线性的要求，方可测量。

在原子荧光光谱仪上，以硼氢化钾为还原剂，盐酸或硫酸为载流剂，氩气为屏蔽气和载气，以被测元素特种空心阴极灯为激发光源，测量溶液中被测元素的荧光强度。当设备具有计算机系统控制功能时，标准曲线的建立、校标（漂移校正、标准化、重新校准）和被测元素含量的测定应按照计算机软件操作说明书的要求进行。

分析金中杂质元素砷、锡的含量时，将原子荧光光谱仪调节至最佳工作状态，取样品溶液在原子荧光光谱仪上测定。以盐酸（1+9）为载流调零，氩气（Ar≥99.99%，体积分数）为屏蔽气和载气，将样品溶液和硼氢化钾溶液 [25g/L，称 7.5g 硼氢化钾，溶于 300mL 氢氧化钾（5.0g/L）中，混匀。过滤备用，用时现配] 导入氢化物发生器的反应池中，载流溶液和样品溶液交替导入，依次测量空白溶液及样品溶液中被测元素的原子荧光强度三次，取三次测量平均值。样品溶液中被测元素的荧光强度平均值，减去随同样品的等体积空白溶液中相应元素的荧光强度平均值，为净荧光强度。从标准曲线上查出相应的被测元素质量浓度（ng/mL）。

7. 结果的表示

分析结果表示至小数点后第 4 位。

8. 质量保证和质量控制

分析时，应用国家级或行业级标准样品或控制样品进行校核（当前两者没有时，也可用控制标样替代），每季度校核一次本分析方法标准的有效性。当过程失控时，应找出原因，纠正错误后，重新进行校核，并采取相应的预防措施。

9. 注意事项

具体内容见相应国家标准。

（三）电感耦合等离子体原子发射光谱法

在现行有效的标准中，采用原子吸收光谱法分析贵金属及其相关产品的标准有 14 个，此部分以电感耦合等离子体原子发射光谱法分析银中的杂质元素硒、碲、锑的含量为例，进行介绍。

常见的检测方法和国家标准有相关的规定，适用于银中硒、碲、锑含量的多元素同时测定，也适用于其中一个元素的独立测定，其元素测定范围见表 6-31。

我们以此为应用实例讲解具体的分析步骤和方法，以及一些注意事项。

1. 样品的采集和保存

贵金属银的取样应按照已颁布的标准方法进行。国家标准 GB/T 17418.1—2010、GB/T 19446—2004、GB/T 4135—2016 有相关的规定。

① 样品（钻屑或薄片）加工成粒度小于 0.074mm 的碎屑。

② 样品用丙酮除去油污，用水洗净，于 105℃ 预干燥 2h，硫含量较高的样品应在 60℃ 的鼓风干燥箱内干燥 2～4h，然后置于干燥器内，冷却至室温。

③ 由于碳硫对贵金属湿法分析的结果影响很大，需将样品置于马弗炉内，由低温升至 700℃ 并保持 2h 以上。混匀。

2. 样品的消解

消解方法分为湿法消解和干法消解，其中湿法消解依据使用的仪器不同又分为电热板消解法和微波消解法，干法消解又称为熔融法消解。电感耦合等离子体原子发射光谱法分析银中的杂质元素硒、碲、锑的含量的消解方法主要有：湿法消解中的电热板消解法。

分析硒、碲含量时，样品用硝酸溶解，加入盐酸，以氯化银沉淀形式分离基体银，制得盐酸介质的样品溶液，待测。分析锑含量时，样品用硫酸溶解，加入盐酸，以氯化银沉淀形式分离基体银，制得硝酸介质的样品溶液，待测。下面具体介绍其消解过程：

（1）样品的称量

样品中被测元素的质量分数越大，称取样品量越少，用于消解样品的溶样酸的添加量也相应变化，样品的定容体积也随之变化。详情参见表 6-37。

表 6-37　分析银中的杂质元素硒、碲、锑含量的样品溶液制备方法

被测元素	质量分数/%	样品量/g	溶样酸	盐酸[①]/mL	定容体积/mL
硒	0.0002～0.0010	10.000	20mL 硝酸[①]	20	25
碲	>0.0010～0.010	10.000	20mL 硝酸[①]	20	50

续表

被测元素	质量分数/%	样品量/g	溶样酸	盐酸③/mL	定容体积/mL
锑	0.0004～0.0020	10.000	10mL 硫酸②	20	25
	>0.0020～0.0050	5.000	5mL 硫酸②	10	25
	>0.0050～0.0120	2.000	3mL 硫酸②	5	25
	>0.0120～0.020	2.000	3mL 硫酸②	5	50

① 硝酸：1+1。

② 硫酸：$\rho=1.84g/mL$。

③ 盐酸：1+1。

根据样品中被测元素的质量分数范围，按表 6-37 称取样品，精确到 0.0001g。独立地进行两次测定，取其平均值。随同样品做空白试验。

（2）样品的溶解

将准确称量的样品置于烧杯中，按表 6-37 加入相应量的溶样酸，盖上表面皿，于电热板上低温加热至溶解完全，取下，冷却至室温。

（3）基体银的分离

用水吹洗表面皿及杯壁，使体积约为 70mL（测锑含量时，使体积约为 20mL），边搅拌边滴加表 6-37 规定的相应体积的盐酸（1+1），加热至沸使沉淀凝集，并持续搅拌至溶液清亮，于低温电热板上放置 30min。

用慢速定量滤纸过滤，滤液收集于另一烧杯中，用热的稀盐酸（2+98）洗杯壁及沉淀 6～7 次，滤液及洗液合并于上述烧杯中。[测锑含量时，合并后的滤液中加入 2mL 硝酸（$\rho=1.42g/mL$）。]将上述溶液置于低温电热板上蒸发至近干，取下冷却至室温。

（4）盐类的溶解和干扰消除剂的加入

测硒和碲含量时，用适量水吹洗杯壁及表面皿，根据样品中被测元素的质量分数范围，加入相应量的盐酸（1+1）[当 $w(Se, Te)$ 为 0.0002%～0.0010% 时，盐酸（1+1）的加入量为 2.5mL；当 $w(Se, Te)$ 为 >0.0010%～0.010% 时，盐酸（1+1）的加入量为 5.0mL]，于电热板上低温加热，溶解盐类，取下，冷却至室温。

测锑含量时，加入 5mL 硝酸（1+4）、0.2mL 酒石酸溶液（50g/L），放置 30min，于电热板上蒸至约 0.5mL，取下，冷却至室温。

（5）定容制得待测样品溶液

将上述样品溶液移至表 6-37 规定的相应容积的容量瓶中，用水稀释至刻度[测锑含量时，用硝酸（1+19）稀释至刻度]，混匀。

3. 仪器条件的选择

电感耦合等离子体原子发射光谱仪等离子体光源的使用功率不小于 0.75kW。光谱仪既可是同时型的，也可是顺序型的。分析银中的杂质元素硒、碲、锑的含量时，推荐的等离子体光谱仪测试条件参见表 6-31。

① 选择分析谱线时，可以根据仪器的实际情况（如灵敏度和谱线干扰）做相应的调整。推荐的分析线见表 6-31，这些谱线不受基体元素明显干扰。在使用时，应仔细检查谱线的干扰情况。（采用基体匹配法消除干扰。）

② 仪器的实际分辨率：计算每条应当使用的分析线（包括内标线）的半高宽（即带宽），分析线的半高宽 ≤0.030nm。

4. 干扰的消除

① 分析银中的杂质元素硒、碲、锑的含量时，制备样品溶液，样品以硝酸或硫酸溶解，加入盐酸，以氯化银沉淀的形式分离基体银，消除基体银的干扰。

② 分析银中的杂质元素锑的含量，制备样品溶液时，分离基体银得到的样品溶液中，加入酒石酸溶液，以酒石酸作掩蔽剂，络合被测元素锑并富集，减少溶样过程中氯化银对被测元素的吸附损失。

5. 标准曲线的建立

（1）标准溶液的配制

配制不同浓度的标准溶液首先要制备各个元素的标准储备液。如果实验室不具备自己配制标准储备液的条件，可使用有证书的系列国家或行业标准样品（溶液）。选择与被测样品基体一致、质量分数相近的有证标准样品。

多元素标准溶液的配制原则：互有化学干扰、产生沉淀及互有光谱干扰的元素应分组配制。标准储备溶液的稀释溶液需与标准储备溶液保持一致的酸度（用时现稀释）。

标准储备液制备好后，通过稀释储备液的方法获得单元素标准使用液，需要注意的是，稀释时要补加一定量的酸，或用酸定容。

硒、碲、锑元素的标准储备液的制备方法如下：

硒的标准储备液（$100\mu g/mL$）：称 0.1000g 硒 [$w(Se)\geqslant99.99\%$] 置于烧杯中，加入 10mL 盐酸（$\rho=1.19g/mL$）及 3～4 滴硝酸（$\rho=1.42g/mL$），于水浴中加热，至溶解完全。取出，用水洗涤表面皿及杯壁，冷却。用超纯水定容至 1000mL，混匀。

碲的标准储备液（$100\mu g/mL$）：称 0.1000g 碲 [$w(Te)\geqslant99.99\%$] 置于烧杯中，加入 10mL 硝酸（$\rho=1.42g/mL$），于电热板上低温加热溶解，并蒸发至约 2mL，冷却。加入 100mL 盐酸（1+1），加热使盐类溶解，冷却。用超纯水定容至 1000mL，混匀。

锑的标准储备液（$100\mu g/mL$）：称 0.1000g 金属锑 [$w(Sb)\geqslant99.99\%$] 置于烧杯中，加 1g 酒石酸（固体），20mL 硝酸（1+1），加热溶解，取下冷却。用硝酸（1+19）定容至 1000mL，混匀。

（2）标准曲线的建立

配制系列浓度的被测元素标准溶液（标准系列溶液），一般选择 4～6 个浓度，并且浓度选择均匀合理，需要注意的是，配制时应和样品溶液一样加入相应的酸和相应的干扰消除剂和基体溶液（基体匹配标准曲线法）。标准系列溶液配制好后一般可用一个月。内标标准储备溶液可以直接加入校准系列中，也可在样品雾化之前通过蠕动泵在线加入。所选内标的浓度应远高于样品自身所含内标元素的浓度，常用的内标浓度范围为 $50.0～1000\mu g/L$。

在测定时，应按照由低浓度向高浓度的顺序依次测定，样品溶液中被测元素的含量应该在标准溶液的高低限范围内，最好处于标准曲线的中部范围，如果低于或超出标准曲线范围，应该对样品进行浓缩或稀释处理。如果由于浓度过高使得标准曲线不呈线性，使用次灵敏度分析线，或者适当稀释样品溶液和标准系列溶液。

6. 样品的测定

（1）优化仪器的方法

① 启动电感耦合等离子体原子发射光谱仪，并在测量前至少预热 1h。测量最浓标准溶液，按照仪器说明书的方法调节仪器参数：氩气（外部、中间或中心）压力和流速、等离子炬位置、入射狭缝、出射狭缝、检测器的增益、分析线（参见表 6-31）、预冲洗时间、积分时间。使仪器符合实际分辨率、灵敏度、短期稳定性、长期稳定性的指标。

② 准备测量分析线强度、平均值、相对标准偏差的软件。如果使用内标，准备用钇（371.03nm）作内标并计算每个被测元素与钇的强度比的软件。内标强度应与被测元素强度同时测量。

③ 开启等离子炬点火键，点火后确认仪器运行参数在正常范围内，雾化系统及等离子

火焰工作正常，稳定 15min 以上。

（2）样品中被测元素的分析线发射强度的测量

待仪器稳定后，按被测元素浓度由低到高的顺序测量，在标准曲线测定的相同条件下测定样品溶液中被测元素的分析线（参见表 6-31）绝对强度［或强度比（被测元素分析线与内标元素参比线的强度比）］，重复测量 3 次，计算其平均值。同时应该测定空白样品中被测元素的分析线绝对强度（或强度比）3 次，取三次测量平均值。样品溶液中被测元素的分析线绝对强度平均值（或强度比平均值），减去空白样品中的分析线绝对强度平均值（或强度比平均值）为分析线净强度（或净强度比），检查各测定元素分析线的背景并在适当的位置进行背景校正，从标准曲线上确定样品溶液中被测元素的质量浓度（μg/mL）。如测量绝对强度，应确保所有测量溶液温度差均在 1℃ 之内。用中速滤纸过滤所有溶液，弃去最初 2～3mL 溶液。

① 测量溶液的顺序：首先测最低浓度标准溶液（即"零"浓度溶液或样品空白溶液）的绝对强度或强度比。接着测 2～3 个未知样品溶液，然后测仅次于最低浓度的标准溶液，再测 2～3 个未知样品溶液，如此循环。每次吸入溶液之间吸入去离子水。

② 分析线强度记录：对各溶液中被测元素，积分 5 次，检查仪器的短期稳定性，确保符合要求，然后计算平均强度或平均强度比。

（3）分析线中干扰线的校正

分析线中干扰线的校正：先检查各共存元素对被测元素分析线的光谱干扰。在光谱干扰的情况下，求出光谱干扰校正系数。即，当共存元素质量分数为 1％ 时相当的被测元素的质量分数。

7. 结果的表示

分析结果表示至小数点后第 4 位。

8. 质量保证和质量控制

应用国家级或行业级标准样品（当两者都没有时，也可用自制的控制样品代替），每周或两周验证一次本标准的有效性。当过程失控时，应找出原因，纠正错误后，重新进行校核，并采取相应的预防措施。

9. 注意事项

具体内容参见相应国家标准。

（四）电感耦合等离子体质谱法

在现行有效的标准中，采用原子吸收光谱法分析贵金属及其相关产品的标准有 1 个，此部分以电感耦合等离子体质谱法分析高纯金 $[w(Au) \geqslant 99.999\%]$ 中的 23 种杂质元素银、铝、砷、铋、镉、铬、铜、铁、铱、镁、锰、钠、镍、铅、钯、铂、铑、锑、硒、锡、碲、钛、锌的含量为例，进行介绍。

常见的检测方法和国家标准有相关的规定，适用于高纯金 $[w(Au) \geqslant 99.999\%]$ 中的 23 种杂质元素银、铝、砷、铋、镉、铬、铜、铁、铱、镁、锰、钠、镍、铅、钯、铂、铑、锑、硒、锡、碲、钛、锌含量的多元素同时测定，也适用于其中一个元素的独立测定。其元素测定范围见表 6-33。

我们以此为应用实例讲解具体的分析步骤和方法，以及一些注意事项。

1. 样品的采集和保存

将样品碾成 1mm 厚的薄片，用不锈钢剪刀剪成小碎片，置于烧杯中。加入 20mL 乙醇溶液（1＋1），于电热板上加热，煮沸 5min，取下冷却。将乙醇溶液倾去，用超纯水反复洗涤金片 3 次。继续加入 20mL 盐酸溶液（1+1），加热煮沸 5min，倾去盐酸溶液，用水反复洗涤金片 3 次。将金片用无尘纸包裹起来放入烘箱于 105℃烘干，取出备用。

2. 样品的消解

消解方法分为湿法消解和干法消解，其中湿法消解依据使用的仪器不同又分为电热板消解法和微波消解法，干法消解又称为熔融法消解。电感耦合等离子体质谱法分析高纯金 $[w(Au)≥99.999\%]$ 中的 23 种杂质元素银、铝、砷、铋、镉、铬、铜、铁、铱、镁、锰、钠、镍、铅、钯、铂、铑、锑、硒、锡、碲、钛、锌含量的消解方法主要有：湿法消解中的电热板消解法。样品以王水溶解，加入钪、铯、铼的混合内标溶液后，进行测定。下面具体介绍其消解方法：

称取 0.10g 高纯金样品，精确至 0.0001g。独立地进行两次测定，取其平均值。随同样品做空白试验。

将准确称量的样品置于 50mL 聚四氟乙烯烧杯中，加入 2.50mL 稀王水 [1 体积硝酸 $(\rho=1.42g/mL$，MOS 级)+3 体积盐酸 $(\rho=1.19g/mL$，MOS 级)+4 体积超纯水（电阻率≥18.2MΩ/cm）]，在可控温电热板上低温加热，使样品完全溶解，冷却至室温。用水转至 50mL 塑料容量瓶中，加入 2.50mL 混合内标溶液（钪、铯、铼各含 0.1μg/mL，溶液制备方法见"注 1"），用水定容，混匀。

注 1：配制混合内标溶液（钪、铯、铼各含 0.1μg/mL），需先制备各元素标准储备液，如表 6-38 所示，混合后再稀释，注意补加一定量的酸，使酸度与被测元素标准溶液保持一致。

表 6-38 是内标元素钪、铯、铼的标准储备液及其混合内标溶液的制备方法。

表 6-38 分析高纯金中银等 23 种杂质元素含量的内标元素钪、铯、铼的标准溶液制备方法

内标元素	标准储备液的制备方法	混合内标溶液的制备方法
钪	称 0.1534g 三氧化二钪（光谱纯）置于烧杯中，加入 10mL 盐酸(1+1)，低温加热溶解，取下，冷却至室温。用水定容至 100mL，混匀。钪 1mg/mL	Ⅰ:分别移取 1mL 钪、铯、铼的标准储备液(各含 1mg/mL)，置于 100mL 容量瓶。加入 20mL 稀王水 [1 体积硝酸$(\rho=1.42g/mL$，MOS 级)+3 体积盐酸$(\rho=1.19g/mL$，MOS 级)+4 体积超纯水(电阻率≥18.2MΩ/cm)]，用水稀释至刻度，混匀。钪、铯、铼各含 10μg/mL
铯	称 0.1361g 硫酸铯（优级纯，预先于 100～105℃烘干 1h）置于烧杯中，加入 20mL 水，低温加热溶解，冷却至室温。用水定容至 100mL，混匀。铯 1mg/mL	
铼	称 0.1000g 金属铼$[w(Au)≥99.99\%]$ 置于烧杯中，加入 20mL 硝酸(1+1)，低温加热溶解，挥发氮的氧化物，冷却至室温。用水定容至 100mL，混匀。铼 1mg/mL	Ⅱ:移取 1mL 混合内标溶液 Ⅰ，置于 100mL 容量瓶。加入 20mL 稀王水[1 体积硝酸$(\rho=1.42g/mL$，MOS 级)+3 体积盐酸$(\rho=1.19g/mL$，MOS 级)+4 体积超纯水]，用水定容，混匀。钪、铯、铼各含 0.1μg/mL

3. 仪器条件的选择

电感耦合等离子体质谱仪可以是四极杆质谱仪、磁扇质谱仪（高分辨质谱仪）和飞行时间质谱仪三类仪器的任何一类。所有这三类仪器都需要使用氩气作为工作气体。仪器配备耐氢氟酸溶液雾化进样系统，为自动进样或手动进样。电感耦合等离子体质谱法分析高纯金 $[w(Au)≥99.999\%]$ 中的 23 种杂质元素银、铝、砷、铋、镉、铬、铜、铁、铱、镁、锰、钠、镍、铅、钯、铂、铑、锑、硒、锡、碲、钛、锌的含量时，按照如下方法选择仪器条件：

① 选择同位素的质量数时，可以根据仪器的实际情况做相应的调整。推荐的同位素的质量数见表 6-33，这些质量数不受基体元素明显干扰。

在仪器最佳工作条件下，凡能达到下列指标者均可使用：

a. 短时精密度：连续测定 10 次被测元素标准溶液（10ng/mL，与样品溶液相同基体）的质谱信号强度，其相对标准偏差≤5％。

b. 灵敏度：测定 11 次被测元素的"零"浓度标准系列溶液（与样品溶液相同基体）的质谱信号强度，将 11 次测定的质谱信号强度分别在标准曲线上对应出浓度，并计算其标准差，此标准差的 3 倍值为灵敏度。如测定 10ng/mL 标准溶液，^{24}Mg≥100000cps，^{115}In≥400000cps，^{238}U≥300000cps。

c. 测定下限：测定 11 次被测元素的"零"浓度标准系列溶液（与样品溶液相同基体）的质谱信号强度，将 11 次测定的质谱信号强度分别在标准曲线上对应出浓度，并计算其标准差，此标准差的 10 倍值为测定下限。

d. 标准曲线的线性：标准曲线的线性相关系数应≥0.9999。

② 仪器经优化后，其双电荷离子、氧化物应满足测定需要。以下为 10ng/mL 标准溶液的测定参考值，供仪器优化时参考：

a. 双电荷离子：Ba^{2+} (69)/Ba^+ (138)≤3％。

b. 氧化物：CeO^+ (156)/Ce^+ (140)≤3％。

4. 干扰的消除

① 分析高纯金 [w(Au)≥99.999％] 中的 11 种杂质元素钠、镁、铝、钛、铬、锰、铁、镍、铜、锌、硒的含量时，以钪为内标元素；分析高纯金中的 8 种杂质元素砷、铑、钯、银、镉、锡、锑、碲的含量时，以铯为内标元素；分析高纯金中的 4 种杂质元素铋、铱、铅、铂的含量时，以铼为内标元素来校正仪器的灵敏度漂移并消除基体效应的影响。由于在湿法消解的高纯金样品中存在大量的基体导致仪器漂移，建议在分析多个样品时使用内标。

② 制备标准系列溶液时，采用基体匹配标准曲线法，即配制与被测样品基体一致、质量分数相近的标准系列溶液，消除基体金的干扰。由于样品和纯基体物质都属于高纯金 [w(Au)>99.999％]，基体含量差别不明显，因此分别绘制样品溶液和空白溶液（试剂空白溶液）的标准曲线，以消除试剂中元素的干扰。

③ 以表 6-33 推荐的同位素质量数测量信号强度，如果空白样品溶液的质谱信号强度与标准系列溶液和样品溶液的质谱信号强度相同或更高，则可能存在一些干扰，选择其他同位素可能降低或消除干扰。但是，对于单一同位素元素则没有这种可能，需加强控制背景信号。

④ 由于被测元素多，某些元素间存在着一定的谱线干扰，可采取数学方法对其进行校正。需校正的元素有 ^{75}As 和 ^{82}Se，被校正元素的强度与干扰元素的强度关系式如下：

^{75}As：$-3.128819\times^{77}$Se $+2.734582\times^{82}$Se$-2.756001\times^{83}$Kr

^{82}Se：$-1.007833\times^{83}$Kr

⑤ 制备样品溶液和被测元素钠、钛标准系列溶液时，容器选用聚四氟乙烯烧杯、铂皿和塑料容量瓶，以消除容器材质引入的干扰。

5. 标准曲线的建立

（1）标准溶液的配制

配制不同浓度的标准溶液首先要制备各个元素的标准储备液。如果实验室不具备自己配制标准储备液的条件，可使用有证书的系列国家或行业标准样品（溶液）。选择与被测样品基体一致、质量分数相近的有证标准样品。

多元素标准溶液的配制原则：互有化学干扰、产生沉淀及互有光谱干扰的元素应分组配制。标准储备溶液的稀释溶液需与标准储备溶液保持一致的酸度（用时现稀释）。

23种被测元素标准储备液及其标准溶液的制备方法详见标准。

（2）标准曲线的建立

配制系列浓度的被测元素标准溶液（标准系列溶液），一般选择4～6个浓度，并且浓度选择均匀合理，需要注意的是，配制时应和样品溶液一样加入相应的酸和相应的干扰消除剂和基体溶液（基体匹配标准曲线法）。为使混合标准系列溶液的离子浓度一致，某一混合标准系列溶液中各被测元素浓度不应都是最高或最低的。标准系列溶液配制好后一般可用一个月。内标标准储备溶液可以直接加入校准系列中，也可在样品雾化之前通过蠕动泵在线加入。所选内标的浓度应远高于样品自身所含内标元素的浓度，常用的内标浓度范围为50.0～1000μg/L。

在测定时，应按照由低浓度向高浓度的顺序依次测定，样品溶液中被测元素的含量应该在标准溶液的高低限范围内，最好处于标准曲线的中部范围，如果低于或超出标准曲线范围，应该对样品进行浓缩或稀释处理。如果由于浓度过高使得标准曲线不呈线性，使用次灵敏度分析线，或者适当稀释样品溶液和标准系列溶液。

6. 样品的测定

（1）仪器的基本操作方法

① 电感耦合等离子体质谱仪优化后，按照仪器说明书建立分析程序，设置仪器参数诸如输出功率、冷却气流量、等离子体气流量、辅助气流量、载气流量、雾化气流量、样品提升速度、样品提升时间、冲洗时间、数据采集模式、数据采集参数（积分时间/峰、点数/峰）和重复次数等。将仪器说明书推荐的标准溶液倒入等离子体，调节仪器的离子传输系统和检测器参数，使仪器符合短时精密度、灵敏度、测定下限、双电荷离子、氧化物等指标。

② 在分析前，点燃氩等离子体并预热30～60min（具体时间依据质谱类型而定），使仪器稳定。同时泵入超纯水（电阻率≥18MΩ/cm，由水纯化系统制取）或质谱清洗溶液清洗雾化器和炬管5min，以冲洗进样系统管路和玻璃器件。再对仪器进行质量校准、检测器校准和响应校准，校准溶液须能覆盖所测量的质量数范围，通常含有锂（Li）、钪（Sc）、钴（Co）、铑（Rh）、镧（La）、铅（Pb）、铋（Bi）、铀（U）等元素（也可以是其他元素，如被测元素和内标元素本身）。待仪器稳定后测量。

清洗溶液配制方法：于500mL塑料瓶（如聚乙烯塑料）中加入约400mL超纯水（电阻率≥18MΩ/cm，由水纯化系统制取），然后加入15mL盐酸（$\rho=1.19$g/mL），5mL硝酸（$\rho=1.42$g/mL）和2.5mL氢氟酸（$\rho=1.15$g/mL），用超纯水（电阻率≥18MΩ/cm，由水纯化系统制取）稀释至500mL。在使用前用电感耦合等离子体质谱仪以质谱扫描方式检查酸的质量。推荐在约3mL超纯水（$\rho=1.15$g/mL）中加入300μL盐酸（$\rho=1.19$g/mL）、100μL硝酸（$\rho=1.42$g/mL）和50μL氢氟酸，用超纯水（电阻率≥18MΩ/cm，由水纯化系统制取）稀释至10mL，配制成溶液用以检查。如果相关元素峰出现，应更换新的酸，并应重新检查相同元素。

（2）样品中被测元素的同位素信号强度的测量

测量钠、镁、铝、钛、铬、锰、铁、镍、铜、锌、硒同位素的信号强度时，以钪（^{45}Sc）为内标，在正常工作模式下进行；测量砷、锗、钯、银、镉、锡、锑、碲同位素的信号强度时，以铯（^{133}Cs）为内标，在碰撞/反应池工作模式下进行。测量铋、铱、铅、铂同位素的信号强度时，以铼（^{187}Re）为内标，在正常工作模式下采用耐高盐接口进行。

按浓度由低到高的顺序，将样品溶液由蠕动泵导入、雾化器雾化后进入等离子体中，运行分析程序，同时测量样品溶液和空白溶液中被测元素的同位素（其质量数参见表6-33）

信号强度，以及测量样品溶液和空白溶液中内标元素的同位素的信号强度（通常为每秒计数率，cps），以内标元素为内标校正仪器测量灵敏度漂移和基体效应。测量样品溶液和空白溶液中被测元素的内标校正信号（被测元素与内标元素的信号强度比）3 次，取三次测量平均值。

以样品溶液中各被测元素的内标校正信号平均值，从样品溶液的标准曲线上查得样品溶液中各被测元素的质量浓度（μg/mL）。同时以空白溶液中相应被测元素的内标校正信号平均值，从空白溶液的标准曲线上查得空白溶液中的相应被测元素质量浓度（μg/mL）。样品溶液中被测元素的质量浓度，减去空白溶液中相应被测元素的质量浓度，就是该样品溶液中被测元素的实际质量浓度。如果使用纯金属和试剂，空白样品溶液不应有显著的质谱信号。

测量溶液的顺序：首先测最低浓度的标准溶液（即"零"浓度溶液）的内标校正信号强度，然后按照浓度由低到高的顺序测量标准系列溶液。接着测样品空白溶液，通过检查样品空白溶液的强度，分析是否存在来自高浓度标准系列溶液的记忆效应。（如存在记忆效应，应增加样品之间的清洗时间。）然后，每隔 10 个未知样品溶液，分析 1 个校准标准溶液（控制样）。即使样品溶液数量小于 10 个，最后测量的应为校准标准溶液（控制样）。每次吸入溶液之间吸入去离子水。

校准标准溶液（控制样）作为一个样品进行测量，如浓度为 100μg/L 的校准溶液给出的强度应与测量标准曲线时获得的强度相同。有证标准物质可以作为控制样。

7. 结果的表示

分析结果表示至小数点后第 5 位。

8. 质量保证和质量控制

应用国家级或行业级标准样品（当两者都没有时，也可用自制的控制样品代替），每周或两周验证一次本标准的有效性。当过程失控时，应找出原因，纠正错误后，重新进行校核，并采取相应的预防措施。

9. 注意事项

具体内容参见相应国家标准。

第七章 原子光谱在地矿分析中的应用

近年来，随着地质事业的发展及多目标区域地球化学调查项目的启动，作为关键支撑技术的分析测试面临重大的机遇和挑战，要求分析测试具有更高的精密度和准确度，以满足区域地球化学编图、环境监测及变化研究的需要。为了确保分析质量，国家相关部门发布并实施了一批以原子光谱技术为基础的分析地矿样品中其他杂质金属含量的方法标准，这些标准符合国情，易于相关地质实验室开展分析检测工作。本章重点讲述原子光谱法在地矿分析的应用。

地质样品包括铁矿石、铜矿石、铅矿石、锌矿石、钨矿石、钼矿石、金矿石及精矿、硅酸盐等。这类样品组成复杂，基体的影响及元素之间的相互干扰因素较多，并且样品分解困难，尤其是含硅酸盐成分的样品更是如此，因此本章将根据样品特性，紧密结合国家或行业标准，重点讲述样品的前处理过程、标准溶液的配置、试样的测定、干扰的消除等步骤，使读者能够快速准确地进行地矿样品分析。

第一节 原子光谱法应用于铁矿石的分析

一、应用概况

原子光谱法应用于铁矿石的分析，主要体现在铁矿石中铜、钴、锌、铅、锡、铝、铬、钒、锰、镍、砷、镉、汞等元素的分析，铁矿石中铜在高炉冶炼时将全部还原到生铁中，炼钢时又进入钢中，可改善普通低碳钢的抗大气腐蚀性能；当钢材中 $w(Cu) \leqslant 0.3\%$ 时，能改善钢材的耐腐蚀性；当 $w(Cu) > 0.3\%$ 时，钢的焊接性能降低，并产生热脆现象，轧制时产生裂纹。锌在高炉中易于还原和挥发，都对炉体造成损坏；锌在高炉高温区内形成蒸气大量挥发，并在炉身上部被氧化而沉积，使体积膨胀，破坏炉衬，引起炉壳破裂，严重时引起结瘤。锰在高炉炼制生铁时，如含锰量适当，可提高生铁的铸造性能和削切性能。另外，在高炉里锰还可以和有害杂质硫形成硫化锰进入炉渣；由于各元素的性质不同，在铁矿石冶炼过程中，铅在高炉内可还原成金属铅，并在高炉内循环富集导致高炉结瘤。所以，这些元素都是选矿最常检测的元素，也是铁矿石中最常见的元素。

铁矿石中元素的分析方法主要有原子吸收光谱法、电感耦合等离子体发射光谱法、电感耦合等离子体质谱法。表7-1～表7-3分别列举了原子吸收光谱法、电感耦合等离子体原子发射光谱法和电感耦合等离子体质谱法在铁矿石中分析杂质金属元素的相关仪器条件和测定范围等。

本节以现行有效的国家或行业标准为应用实例，围绕原子光谱法和电感耦合等离子体质谱法，重点讲解样品的前处理过程、干扰的消除、测定过程及注意事项等。

表 7-1　原子吸收光谱法在铁矿石、铁精矿分析中的应用

适用范围	测项	检测方法	测定范围(质量分数)/%	仪器条件			国标号
				波长/nm	原子化器	原子化器条件	
铁矿石铁精矿	铜	火焰原子吸收光谱法	0.004～0.8	324.7	火焰	空气-乙炔火焰	GB/T 6730.36—2016
	钴	火焰原子吸收光谱法	0.0006～0.07	240.7,252.2	火焰	空气-乙炔火焰	GB/T 6730.52—2018
	锌	火焰原子吸收光谱法	0.001～0.5	213.9	火焰	空气-乙炔火焰	GB/T 6730.53—2004
	铅	火焰原子吸收光谱法	0.001～0.5	283.3	火焰	空气-乙炔火焰	GB/T 6730.54—2004
	锡	火焰原子吸收光谱法	0.001～0.015	286.3	火焰	氧化亚氮-乙炔火焰	GB/T 6730.55—2019
	铝	火焰原子吸收光谱法	0.1～5	396.2	火焰	氧化亚氮-乙炔火焰	GB/T 6730.56—2019
	铬	火焰原子吸收光谱法	0.003～0.1	357.9	火焰	氧化亚氮-乙炔火焰	GB/T 6730.57—2004
	钒	火焰原子吸收光谱法	0.005～0.05	318.5	火焰	氧化亚氮-乙炔火焰	GB/T 6730.58—2017
		火焰原子吸收光谱法	0.05～0.5				
	锰	火焰原子吸收光谱法	0.01～3	279.5	火焰	乙炔-氧化亚氮火焰	GB/T 6730.59—2017
	镍	火焰原子吸收光谱法	0.003～0.1	232.0	火焰	空气-乙炔火焰	GB/T 6730.60—2005
	砷	氢化物发生原子吸收光谱法	0.00005～0.1	193.7	氢化物发生器	氢化物发生器,石英管原子化	GB/T 6730.67—2009

表 7-2　电感耦合等离子体发射光谱法在铁矿石分析中的应用

适用范围	测项	检测方法	测定范围(质量分数)/%	波长/mm	检出限/(μg/mL)	国标号
铁矿石	铝	电感耦合等离子体发射光谱法	0.020～5.00	308.22 或 396.15	0.03	GB/T 6730.63—2006
	钙		0.010～8.00	315.89 或 317.93 或 393.36	0.001(393.36nm);0.04(317.93nm[①])	
	镁		0.010～3.00	279.55 或 279.08 或 285.21	0.1(279.08nm[①]);0.008(279.55nm)	
	锰		0.010～3.00	257.61 或 293.93	0.01	
	磷		0.013～2.00	178.29[①] 或 185.89 或 213.62[②]	0.1	
	硅		0.10～8.00	251.61 或 288.16	0.07	
	钛		0.010～0.20	323.45 或 334.94 或 336.12	0.006	

① 必要时检查和校准锰干扰。

② 必要时检查和校准铜干扰。

表 7-3　电感耦合等离子体质谱法在铁矿石分析中的应用

适用范围	测项	检测方法	含量范围/(μg/g)	国标号
铁矿石	铬	电感耦合等离子体质谱法	1.8～244	GB/T 6730.72—2016
	砷		2.4～570	
	镉		0.05～10	
	汞		1.9～10	
	铅		0.3～3170	

二、分析方法

原子光谱分析铁矿石中元素含量，主要采用原子吸收光谱法、电感耦合等离子体发射光谱法和质谱法。

（一）原子吸收光谱法在铁矿石中的应用

火焰原子吸收光谱法在测定重金属元素方面应用广泛。铁矿石中的铜、钴、锌、铅、

锡、铝、铬、钒、锰、镍、砷的含量测定都有标准方法。原子吸收光谱法分析的一般步骤包括样品的制备、试样的称取、样品的消解、被测元素的分离和富集、标准溶液的配制、样品的测定和样品的结果等。

1. 样品的制备

（1）实验室样品

按照 GB/T 10322.1 进行取制样。一般试样粒度应小于 $100\mu m$。如试样中化合水或易氧化物含量高时，其粒度应小于 $160\mu m$。

（2）预干燥试样的制备

将实验室样品充分混匀，采用缩分法取样。按照 GB/T 6730.1 在（105 ± 2）℃下干燥试样。砷元素含量的测定，用非磁性材料充分混合试样，并用非磁性刮勺从整个容器中以分样法采取试样。

2. 试样的称取

（1）测定次数

对同一预干燥试样，至少独立测定 2 次。"独立"是指再次及后续任何一次测定结果不受前面测定结果的影响。本分析方法中，此条件意味着同一操作者在不同的时间或不同操作者进行重复测定，包括采用适当的再校准。

（2）空白试验和验证试验

① 空白试验：随同试料分析做空白试验。分析多个试料时，可使用一个空白值。

② 验证试验：随同试料分析同类型标准样品做验证试验。分析相同类型的多个试料时，可使用一个标准样品。

（3）试料量

取样要有代表性，取样量的多少取决于试样中被测元素性质、含量、分析方法及测定要求。

铜含量的测定一般称取 0.50g 预干燥试样，精确至 0.0002g。

测定钴、锌、铅元素的含量时，一般称取 2.00g 预干燥试样，准确至 0.0001g。

测定锡元素的含量时，一般称取 1.00g 预干燥试样，准确至 0.0001g。

测定铝、铬元素的含量时，一般称取 1.00g 预干燥试样，准确至 0.0002g。

测定钒元素的含量时，一般称取 1.00～2.00g 预干燥试样，准确至 0.0005g。

测定锰元素的含量时，一般称取 0.50g 预干燥试样，准确至 0.0002g。

测定镍元素的含量时，一般称取 1.00g 预干燥试样，准确至 0.0002g。

测定砷元素的含量时，一般称取 0.2～1.0g 预干燥试样，准确至 0.0001g。

称量试样应尽量快速称取，避免样品再吸湿。

3. 样品的消解

分解铁矿石多用混合酸，如：盐酸＋硝酸、盐酸＋硝酸＋氢氟酸、盐酸＋硝酸＋氢氟酸＋高氯酸等。有时也采用熔融法，如锡元素和锰元素的测定，采用碳酸盐＋硼酸盐。

（1）湿法-酸处理

① 酸法消解。采用酸法消解测定金属元素时，所用条件如下。

铜含量测定时，将称取好的试料置于 250mL 聚四氟乙烯烧杯中，加少量水湿润，加入 15mL 盐酸，盖上表面皿，缓慢加热，在微沸条件下至不再发生溶解反应。加入 5mL 硝酸，加热 10min。移去表面皿，加入 3mL 氢氟酸，加热 10min。用水冲洗杯壁，加入 5mL 高氯酸。缓慢加热至产生高氯酸白烟，冒烟 2～3min。取下冷却。加入 50mL 水，缓慢加热溶解盐类。用致密滤纸将溶液过滤，收集滤液和淋洗液于 100mL 容量瓶中。用温水彻底洗涤滤纸和残渣。溶液冷却后，用水稀释至刻度，混匀。

钴含量测定时，将称取好的试料置于 250mL 聚四氟乙烯烧杯中，加少量水湿润，加入 50mL 盐酸，盖上表面皿，低温加热 1h。加入 5mL 硝酸＋0.5mL 硫酸（1＋1），在 105℃ 左右加热 15min，稍移去表面皿，加入 1mL 氢氟酸，继续加热蒸发至试液近干。取下冷却。加入 50mL 水，缓慢加热溶解盐类。用致密滤纸将溶液过滤，收集滤液和淋洗液于 100mL 容量瓶中。用温水彻底洗涤滤纸和残渣。溶液冷却后，用水稀释至刻度，混匀。

锌、铅含量测定时，将称取好的试料置于聚四氟乙烯烧杯中，用少量水湿润，加入 40mL 盐酸和 10mL 氢氟酸，盖上表面皿，缓慢加热至近干。冷却。加入 5mL 硝酸溶解，加热至近干。取下冷却。加入 10mL 盐酸，缓慢加热溶解盐类，并继续蒸干。加入 5mL 盐酸和 10mL 水，缓慢加热溶解盐类。稍冷，以中速滤纸过滤，用盐酸（2＋98）洗涤烧杯及残渣至滤纸上的黄色消失为止，再用热水洗涤滤纸 3 次，滤液及洗涤液用 250mL 烧杯盛接，保留残渣。

铝含量测定时，将称取好的试料置于 250mL 烧杯中，用少量水湿润，加入 25mL 盐酸，盖上表面皿，缓慢加热。升高温度，在近沸点下溶解，加入 2mL 硝酸，煮沸几分钟，稍微移开表面皿，在 105～110℃ 的电热板上加热 30min，将溶液蒸发近干。加入 5mL 盐酸，缓慢加热溶解盐类，加入 50mL 水，加热煮沸。以水洗涤表面皿和烧杯壁，用含纸浆的中速滤纸过滤溶液，用盐酸（1＋9）洗涤 3 次，再用热水洗至滤纸上无三氯化铁的黄色为止。将滤纸和沉淀物移入铂坩埚，滤液蒸发至约 100mL，保留。

铬含量测定时，将称取好的试料置于 250mL 高型烧杯中，用少量水湿润试料，加入 25mL 盐酸，盖上表面皿，于 100℃ 电热板上加热溶解试料，持续 1h 左右，溶液体积蒸发至约 10mL。加入 5mL 硝酸、3～5 滴硫酸（1＋1），继续加热溶液蒸发近干，取下稍冷，加入 5mL 硝酸和 0.2mL 硫酸（1＋1），继续加热将试料蒸发至近干。取下冷却。加入 20mL 盐酸（1＋1），缓慢加热溶解盐类，稍冷，以慢速滤纸过滤到 200mL 烧杯中，湿盐酸（2＋100）洗涤残渣和滤纸，直到滤纸上无三氯化铁的黄色为止。再用温水洗涤滤纸 3～4 次。滤液和洗涤液作为主液保存，保留残渣。

锰含量测定时，将称取好的试料置于 250mL 高型烧杯中，加入 20mL 盐酸，盖上表面皿，置于电热板上于 100℃ 加热约 1h。取下冷却，加入 1mL 硝酸和 0.2mL 硫酸（1＋1），加热 15min 后，移开表面皿将试液蒸发至干。假如难以溶解的残渣较多，将烧杯放在电热板上高温区加热，但应避免沸腾。调节电热板温度在 100～115℃，将烧杯放在上面继续加热 30min，取下稍冷后，加 20mL 盐酸，盖上表面皿，温热数分钟，加 30mL 水并加热煮沸。冷却，用水冲洗表面皿及杯壁。用带纸浆（约含干滤纸 0.3～0.4g）中速滤纸过滤至一个 150mL 低型烧杯中，用带橡皮头的玻璃棒或湿滤纸擦下黏附在烧杯上的残渣颗粒并全部转移至滤纸上，用水洗至滤纸上没有铁。将残渣连同滤纸放入铂坩埚中。蒸发滤液至体积 70mL 左右。

钒含量测定时，将称取好的试料置于聚四氟乙烯烧杯中，用少量水湿润，加入 25mL 盐酸，盖上表面皿，混匀。在微沸状态下加热溶解。加入 4～6 滴硝酸，混匀，再加热 10min。加入 10mL 氢氟酸，蒸发近干。加入 10mL 盐酸和 0.5g 硼酸，再加热蒸发至干。盐类溶解方法 1：向聚四氟乙烯烧杯中加 2mL 盐酸（1＋1）和 4mL 硝酸（1＋1）＋10mL 水，混匀，加热溶解盐类。用致密滤纸将溶液过滤到 150mL 烧杯中，然后向聚四氟乙烯烧杯中加 10mL 硝酸（1＋1）＋25mL 水，加热溶液，用带橡皮头的玻璃棒擦洗烧杯，将黏附在烧杯壁上的颗粒物转移到滤纸上。用水洗涤残渣和滤纸至无三氯化铁的黄色。滤液作为主液保存。盐类溶解方法 2：向聚四氟乙烯烧杯中加入 10mL 盐酸（1＋1），加热溶解盐类。加入 20mL 水，继续加热至盐类完全溶解。稍冷，用致密滤纸过滤到 100mL 容量瓶中，水洗残渣 3～4 次。

镍含量测定时，将称取好的试料置于 250mL 烧杯中，用少量水湿润试料，加入 25mL 盐酸，盖上表面皿，于低温电热板上 100℃ 加热溶解试料，持续 1h 左右。取下冷却。加入 20mL 盐酸（1＋1），加热溶解盐类，稍冷，用湿盐酸（2＋100）洗涤表面皿和烧杯壁，用带纸浆的慢速滤纸过滤到 200mL 烧杯中，用带橡皮头的玻璃棒擦下黏附在烧杯上的残渣，用热盐酸（2＋100）洗涤烧杯及残渣直到滤纸上无三氯化铁的黄色为止。再用热水洗涤滤纸 3～4 次。滤液和洗涤液作为主液保存，残渣连同滤纸放入铂坩埚中。

砷含量测定时，将称取好的试料置于 150mL 烧杯中，用少量水湿润，加入 30mL 盐酸和 1mL 硝酸，盖上表面皿，混匀。加热至大部分试料分解（不沸腾），直至试料分解完全，蒸发近干，取下冷却。加入 10mL 盐酸（1＋1），溶解盐类。转移至 100mL 单刻度容量瓶中，用水稀释至刻度，摇匀。如溶液有可见残渣，则用滤纸将溶液过滤到 150mL 烧杯中，用带橡皮头的玻璃棒擦下烧杯中黏附的颗粒，移至滤纸上。用盐酸（2＋98）冲洗滤纸直至无铁斑。再用少量热水冲洗滤纸三次。保留残渣和滤液。

② 残渣的处理。在分解试料操作中有值得注意的残渣，或怀疑残渣含有可观量的被测元素，应将残渣分离测定。残渣的处理方法见表 7-4。

表 7-4　残渣的处理

测定元素	残渣处理
铜	残渣用 1g 碳酸钠熔融，用稀硝酸(1＋20)浸取，然后检测铜含量。相应地制备空白溶液。将残渣和主液的测定结果合并。
钴	残渣连同滤纸放入铂坩埚中，低温干燥、灰化，置高温炉中于 800℃ 灼烧 30min，取出冷却。加 5mL 氢氟酸和 0.5mL 硫酸(1＋1)，加热蒸发至三氧化硫白烟冒尽。加 0.3g 无水碳酸钠，放入高温炉中于 950℃ 熔融 20～30min，取出冷却。加 10mL 盐酸浸出熔融物，保留浸出液。
锌	残渣连同滤纸放入铂坩埚中，低温干燥、灰化，置高温炉中于 550℃ 灼烧，取出冷却。加 1.00g 无水碳酸钠，放入高温炉中于 1000℃ 熔融 20min，取出冷却。加 5mL 盐酸浸出熔融物，保留溶液。
铅	残渣连同滤纸放入铂坩埚中，低温干燥、灰化，置高温炉中于 550℃ 灼烧，取出冷却。加 1.00g 无水碳酸钠，放入高温炉中于 1000℃ 熔融 20min，取出冷却。加 5mL 盐酸浸出熔融物，保留溶液。
铝[①]	在 500～800℃，灼烧残渣和滤纸，冷却，滴入几滴水湿润一下，加入 3～4 滴硫酸(1＋1)和 10mL 氢氟酸，慢慢蒸发，除去硅。在 700℃ 下灼烧残渣，冷却后，向坩埚中加入 1g 无水碳酸钠，盖上坩埚盖，放入高温炉中熔融（一般高温炉熔融约在 1100℃ 下 15min），直至熔清
铬[②]	残渣连同滤纸放入铂坩埚中，低温干燥、灰化，置高温炉中于 500～800℃ 灼烧。加 3～4 滴硫酸(1＋1)和 5mL 氢氟酸，慢慢蒸发，除去二氧化硅。在 800℃ 下灼烧残渣几分钟，再冷却。然后加入 1.2g 混合熔剂（由 0.8g 无水碳酸钠和 0.4g 四硼酸钠混合而成），混匀放入高温炉中于 1000℃ 熔融 15min，直至熔清，取出冷却
钒	钒含量的测定方法 1：残渣处理。残渣连同滤纸放入铂坩埚中，干燥、灰化，置高温炉中于 600～700℃ 灼烧。然后加 1.0g 无水碳酸钠，放入高温炉中于 1000℃ 熔融 15～20min，熔清试料，取出冷却。将坩埚放入主液中，加热浸取熔融物，当熔融物完全浸出后，以水洗出坩埚。继续蒸发主液至 50mL。（如果在主液中加热浸取熔融物蒸发的时间太长，会腐蚀坩埚。）钒含量的测定方法 2：残渣处理。残渣连同滤纸放入铂坩埚中，干燥、灰化，灼烧。然后加 1.0g 无水碳酸钠，放入高温炉中于 1000℃ 熔融 15min，取出冷却。加 5mL 水和 5mL 盐酸(1＋1)于带盖的铂坩埚内，加热至熔融物溶解。冷却，合并到主液中，加入 4mL 氯化铝溶液(220g/L)，用水稀释至刻度，混匀
锰	残渣连同滤纸放入铂坩埚中，低温干燥、灰化，置高温炉中于 800℃ 灼烧。冷却后，加入 3 滴硫酸(1＋1)和 2mL 氢氟酸，慢慢蒸发，除去二氧化硅，继续加热至硫酸烟冒尽。在 800℃ 下灼烧残渣几分钟，再冷却。然后加入 0.8g 无水碳酸钠和 0.4g 四硼酸钠，混匀，放入高温炉中于 1000℃ 熔融 15min，直至熔清。冷却坩埚，将其放入滤液中，加热至熔块溶解，用水洗出坩埚。冷却后溶液移至 100mL 容量瓶中，用水稀释至刻度，混匀

测定元素	残渣处理
镍	残渣连同滤纸放入铂坩埚中，低温干燥、灰化，置高温炉中于800℃灼烧30min，冷却。用1～2滴水湿润残渣。加入3滴硫酸和5mL氢氟酸，慢慢加热，除去二氧化硅。并继续加热至硫酸烟冒尽。在800℃下灼烧残渣几分钟，再冷却。然后加入1.2g混合熔剂（由0.8g无水碳酸钠和0.4g四硼酸钠混合而成），混匀，放入高温炉中于1000℃熔融15min，直至熔清，取出冷却
砷	残渣连同滤纸放入镍坩埚中，放电炉上加热灰化，放冷。加入0.2g过氧化钠和0.4g碳酸钠的混合物，混匀，于700℃熔融10min，直至熔清，取出冷却。加入10mL盐酸（1+1），微热溶解熔融物，并将溶液合并至主液中，定容至100mL

① 如果加入1g无水碳酸钠试料熔融有困难，可加2g碳酸钠。这时铁基溶液制备也应用两倍量的碳酸钠和盐酸。

② 可以用四硼酸锂代替四硼酸钠，在这种情况下，标准溶液和火焰设定溶液也相应使用四硼酸锂。残渣较多时，混合熔剂量可增加至2.4g。

（2）干法-碱处理

有些试样用酸不易溶解，则可采用熔融法处理。

铁矿石中锡元素的测定，将试料置于铂坩埚中，用少许水湿润，加入2mL硫酸和6mL氢氟酸，用铂丝搅拌，用水洗净铂丝。在低温电炉上加热铂坩埚至冒烟，再以高温赶尽白烟。将铂坩埚放入高温炉中，于1000～1050℃灼烧30min。取出铂坩埚，冷却。加入4.8g碳酸钠-四硼酸钠混合熔剂（2份无水碳酸钠和1份无水四硼酸钠均匀混合，制备成混合熔剂），盖上铂盖，放入1000～1050℃的高温炉中熔融30min后，取出冷却。将铂坩埚及盖移入200mL烧杯中，加50mL盐酸，盖上表面皿，放入约90℃水浴中，加热至熔融物溶解。洗出铂坩埚及盖，冷却。

锰元素的测定除酸溶法消解外，也可以采用碱熔法消解。将试料置于预先放置0.8g碳酸钠的铂坩埚中，加0.4g四硼酸钠，用铂或不锈钢小棒拌匀。将坩埚放入高温炉于1020～1040℃熔融30min，取出坩埚，转动使熔融物均匀凝固在坩埚壁上，冷却后往坩埚中放入一个外包有聚四氟乙烯的搅拌子。将坩埚放入150mL低型烧杯中，加20mL盐酸和30mL水，盖上表面皿后置于磁搅拌器/电热板上边搅拌边加热，直至熔融物完全溶解。用水洗出坩埚及搅拌子，溶液冷却后移至100mL容量瓶中，用水稀释至刻度，混匀。

4. 被测元素的分离和富集

（1）铁的分离

对铁矿石中铬元素、镍元素的测定，试料分解后还需要进行铁的分离。

将主液加热，蒸发至近干，加15mL盐酸（2+1）溶解盐类，转移至200mL分液漏斗中，用20mL盐酸（2+1）分数次洗涤烧杯，并全部洗入漏斗中。加50mL 4-甲基-2-戊酮于分液漏斗中，充分振荡1min，静置分层，将下层水相放入原烧杯中。加10mL盐酸（2+1）至漏斗中，再次振荡30s，静置分层后，将下层水相放到原烧杯中，两次水相合并，弃去有机相。慢慢加热烧杯中的溶液，驱赶溶液中的4-甲基-2-戊酮，然后加入5mL硝酸，并蒸发近干。加20mL盐酸溶解盐类，此溶液作为主液保存。

铬、镍元素的富集：向坩埚中加入10mL盐酸（1+1），缓慢加热溶解熔融物，并将溶液合并至主液中。加热除去溶液中的二氧化碳，冷却至室温后，溶液移至100mL容量瓶中，用水稀释至刻度，混匀。该溶液为最终溶液。

（2）被测元素的萃取

钴元素的萃取：将滤液加热浓缩至5～10mL加20mL盐酸溶解盐类。再将残渣浸出液与之合并，用少许盐酸（1+1）洗净坩埚，洗液也并入滤液中。

试液全部移至 125mL 分液漏斗中，用 5～7mL 盐酸（1+1）冲洗烧杯，洗液并入分液漏斗中。加 25mL 乙酸异丁酯，充分振荡 1min，静置分层，将水相转入 250mL 烧杯中，有机相中加 5mL 盐酸再次萃取 30s，静置分层后，两次水相合并，弃去有机相。水相转移至分液漏斗中，用少许盐酸洗净烧杯，按上述步骤重复萃取一次。将烧杯中的水相加热蒸发至 5mL 左右，加 5mL 硝酸，适量水，加热溶解。冷却至室温，溶液移入 50mL 容量瓶中，用水稀释至刻度，混匀。

锌元素、铅元素的萃取：将滤液及洗涤液加热浓缩至近干，加 20mL 盐酸（10+6）溶解盐类。转移至分液漏斗中。再用 20mL 盐酸（10+6）冲洗烧杯，洗液并入分液漏斗中。加 50mL 4-甲基-2-戊酮，充分振荡 1min，静置分层，将水相转入 250mL 烧杯中，有机相中加 10mL 盐酸（10+6）再次萃取 30s，静置分层后，二次水相合并。加 5mL 硝酸加热至近干破坏有机物，冷却。加 15mL 盐酸（1+1），加热溶解。冷却至室温，此溶液与残渣浸出液合并，移入 50mL 容量瓶中，用水稀释至刻度，混匀。

锡元素的萃取：试液移入 200mL 分液漏斗中，加入 20mL 抗坏血酸溶液和 4mL 碘化钾-抗坏血酸溶液，用水稀释至约 100mL，混匀。加入 10.00mL 三辛基氧化膦溶液，加盖，振荡 30s，静置分层，将有机相移入 10mL 容量瓶中，保留此溶液用于原子吸收测定。

钒元素的测定方法的方法 1 需要进行元素的萃取：向溶液中加入 1mL 硝酸高铈铵溶液（20g/L），摇匀。盖上表面皿，加热至沸，从加热炉上取下烧杯，加 5mL 磷酸（1+1）和 2.5mL 钨酸钠溶液（165g/L），再盖上表面皿，加热至保持微沸 10min。冷却，移入 125mL 分液漏斗中，用极少的水洗涤烧杯，一起转入分液漏斗中。保留烧杯以备后用。向分液漏斗中加入 20mL 混合溶剂（按 1+1 的体积比制备 1-戊醇和 4-甲基-2-戊酮混合溶液），振荡 40s，静置 1min，弃去下层水相。再加入 20mL 水，振荡 30s，静置 1min，将水相放入原烧杯。再向分液漏斗中加 20mL 水，振荡 30s，静置 1min。水相放入原烧杯。向分液漏斗中加入 10mL 抗坏血酸溶液（10g/L），振荡 30s，静置分层，水相放入原烧杯。再用 10mL 抗坏血酸溶液反复进行萃取钒操作，水相放入烧杯中。

向合并的水相溶液中加入 1mL 氯化铝溶液（220g/L），蒸发至体积约 20mL，冷却，移入 25mL 容量瓶中，用水稀释至刻度，混匀。

（3）试料的分取

铝元素的测定：将冷却的熔融物移入主液中，溶解盐类，洗出坩埚和盖。如果溶液浑浊，表明有大量水解钛存在，在转入 200mL 容量瓶前，应过滤。

将溶液转入 200mL 容量瓶中，用水稀释至刻度，混匀。如果试样铝含量（质量分数）在 0.1%～2.5% 之间，此溶液可直接在原子吸收光谱仪上测定。如果试样铝含量（质量分数）在 2.5% 以上，从容量瓶中分取 20.00mL 试液到另一 200mL 容量瓶中，加入 55mL 铁基溶液、4.5mL 盐酸，再用水稀释至刻度，混匀。此溶液为稀释的试液。如果是灵敏度较高的仪器，少的试液量可能更好。这种情况，铁基溶液和盐酸用量应调整。

空白试液也分取 20.00mL 至 200mL 容量瓶中，加入 55mL 铁基溶液和 4.5mL 盐酸，以水稀释至刻度，混匀。试液和空白试液一起测定，稀释的试液和稀释的空白试液一起测定。

铜元素测定时，试料中铜含量小于 0.2% 时，试液无需稀释。当试料的铜含量高于 0.2% 时，按以下步骤进行稀释：准确移取部分试液 20.00mL 于 100mL 容量瓶中，加入 16mL 底液（溶解 15g 金属铁粉于 150mL 盐酸中。溶液冷却至室温，加 10mL 硝酸。加热赶尽氮的氧化物，加 250mL 高氯酸，蒸发冒烟 10min，冷却，用水稀释至 1000mL），用水稀释至刻度，混匀。

如果试样进行了稀释，则空白溶液按照同样的方法稀释后与试样一同测定。

使用高灵敏度仪器，铜含量高于 0.1％ 即可能需要稀释，铜含量在 0.5％ 以上，移取试液体积不得小于 10mL。

如果试样中锰含量在 0.01％～0.3％，直接用试液不要稀释。而锰含量在 0.2％～3.0％ 时，则按表 7-5 分取试液到 100mL 容量瓶中，并按表 7-5 加入相应量的底液，用水稀释至刻度，混匀（这就是稀释的试验溶液）。假如试液要稀释，按同样方式稀释空白试液。按表 7-5 分取相应量的空白试液和底液到 100mL 容量瓶中，用水稀释至刻度，混匀（这就是稀释的空白试液）。

表 7-5　锰元素测定分取试液量

试样中锰含量(质量分数)/％	分取体积/mL	添加底液体积/mL
0.01～0.3	不分取	0
0.2～0.6	50.00	12.5
0.5～1.5	20.00	20.0
1.0～3.0	10.00	22.5

注:浓度范围重叠部分,允许测量含量与预估计含量略有不同,如无法预估时,则用第一指定范围。

按表 7-6 分取试样溶液于 100mL 单刻度容量瓶中，加入 10mL 碘化钾溶液（100g/L）、10mL 抗坏血酸（100g/L），用盐酸（12＋88）稀释至刻度，摇匀，放置 20min 至 30min，用于氢化物发生原子吸收光谱仪测定。

表 7-6　砷元素测定分取试液量

试样中砷含量(质量分数)/％	分取体积/mL
0.00005～0.0001	40.00
0.0001～0.001	20.00
0.001～0.01	10.00
0.01～0.1	2.000

根据被测试样的锌量、铅量决定是否需要稀释。如需稀释，将试液分取适当量至 250mL 烧杯中，按表 7-7 补加碳酸钠和盐酸（1＋1），加热除去二氧化碳，冷却至室温，移入 100mL 容量瓶中，用水稀释至刻度，混匀。该溶液为最终试液。空白试料按此法同样操作。

表 7-7　锌、铅元素测定分取试液量

锌、铅含量(质量分数)/％	分取体积/mL	补加碳酸钠的量/g	补加盐酸(1＋1)的量/mL
0.001～0.05	—	—	—
0.05～0.20	20.00	1.60	32
0.20～0.25	10.00	1.80	36
0.25～0.50	5.000	1.90	38

5. 标准溶液的配制

① 自配标准溶液（母液）必须采用基准物质，通常用各元素合适的盐类来配制标准溶液，当没有合适的盐类可供使用时，可用相应的高纯金属丝、棒、屑。

② 采用国家认定单位，如国家标准物质中心等生产的商品 1mg/mL 或 500μg/mL 有证标准溶液，分取逐级稀释。

③ 标准溶液（储备溶液、标准系列工作溶液）必须用超纯水配制。标准溶液浓度变化的速度与标准溶液本身元素的性质、浓度、介质、容器、保存条件均有关系。所以保存标准溶液的保质期、容器材质要根据不同元素及介质而定。同时，标准溶液要标明溶液名称、介

质、浓度、配制日期、有效日期及配制人等信息。

④ 具体配制方法参见相应国家或行业标准。

6. 样品的测定

按照仪器操作说明书，在已调整好的原子吸收光谱仪上，根据相应国标给出的参考条件，选择原子化器条件，一般用水调零，在测定锡元素含量时，选用 4-甲基-2-戊酮进行调零。按浓度从低到高的顺序，依次吸入系列标准溶液，测量吸光度。以被测元素浓度为横坐标，标准溶液的净吸光度（减去"零浓度"溶液的吸光度）为纵坐标，绘制标准曲线。

在同样条件下，吸入空白试液、试料溶液和验证用标准样品溶液，测量吸光度。

在工作曲线上，根据净吸光度（减去"零浓度"溶液的吸光度），求得试样中被测元素的含量。

7. 样品的结果

常用的定量方法有标准曲线法、标准加入法、简易加标法和浓度直读法。其中，标准曲线法是最基本的定量方法。根据被测元素的灵敏度及其在样品中的含量来配制标准溶液系列，测出标准系列的吸光度，绘制出吸光度与浓度关系的标准曲线。在相同条件下，测得试样溶液的吸光度后，在标准曲线上可查出样品溶液中被测元素的浓度。也可利用回归方程，求被测元素的含量。具体内容参见相应国家标准。

（二）电感耦合等离子体发射光谱法在铁矿石中的应用

电感耦合等离子体发射光谱法分析铁矿石中铝、钙、镁、锰、磷、硅、钛元素含量的测定，本节主要参考标准 GB/T 6730.63—2016，介绍天然铁矿石、铁精矿和块矿，以及烧结矿产品下列元素的测定，各元素测量范围见表 7-2。

电感耦合等离子体发射光谱法分析铁矿石中铝、钙、镁、锰、磷、硅、钛元素含量的测定原理是：试料用碳酸钠-四硼酸钠混合熔剂熔融，用盐酸溶解浸出冷却后的熔块，低温加热使之分解，稀释到规定体积。用 ICP 光谱仪测量溶液中待测元素的强度，根据标准溶液制作的校准曲线计算出被测元素最终含量。

1. 样品的制备

（1）实验室试样

按照 GB/T 10322.1 进行取制样。一般试样粒度应小于 $100\mu m$。如试样中化合水或易氧化物含量高时，其粒度应小于 $160\mu m$。

注：关于化合水和易氧化物的含量的规定见 GB/T 6730.1。

（2）预干燥试样的制备

充分混匀实验室试样，缩分法取样。按照 GB/T 6730.1 在 （105 ± 2）℃下干燥试样。

（3）试料量

称取 0.50g （准确到 0.0002g） 预干燥试样。为控制试样中的铁量，并方便分析结果计算，建议称取 0.5000g 试样。

（4）测定次数

对同一预干燥试样，至少独立测定 2 次，取其平均值。

注："独立"是指再次及后续任何一次测定结果不受前面测定结果的影响。本分析方法中，此条件意味着同一操作者在不同的时间或不同操作者进行重复测定，包括采用适当的再校准。

（5）空白试验和验证试验

每次操作，都应在相同条件下与试样一起平行分析一个同类型矿石认证标准样品和进行一个空白试验。认证标准样品的预干燥试样应按预干燥试样的制备步骤操作。

关于空白试验，应使用与试样相同量的氧化铁粉（$Fe_2O_3 > 99.99\%$）代替试样。

注：认证标准样品和试样应属于同一类型，两种物质的性质应充分相似以确保在分析过程中不出现明显的变化。

当没有认证标准样品时，可使用其他标准样品。

2. 样品的消解

预置 0.8g 无水碳酸钠于铂或合适的铂合金坩埚中，将试料置于坩埚中，用铂丝或不锈钢丝充分混匀。加入 0.4g 无水四硼酸钠，用金属棒再次混匀，在 800～900℃ 的高温炉中预熔混合物使之均匀。

注1：可以使用带有金属夹持器进行手工搅拌的煤气喷灯来进行预熔操作，该阶段坩埚温度应达到 350℃ 至 450℃（稍暗红火色），混合物在 2～3min 内预熔融后，在 5min 内进行高温熔融。

预熔后，将坩埚放入 1020℃ 的高温炉中熔融 15min。取出坩埚，轻轻转动坩埚以使熔融物凝固。冷却，将搅拌磁子放入坩埚中，将坩埚量于 250mL 低壁烧杯中，于坩埚中加入 40mL 盐酸（1+1），加入 30mL 水（对于高硅试样加入 50～60mL 水）；盖上表面皿，在磁搅拌器-电热板上边搅拌边加热，直至熔融物完全溶解。

注2：浸取溶液的温度应保持在约 70℃。

注3：如果不用磁力搅拌器，应采用手工搅拌在玻璃烧杯中浸取。

取出坩埚和搅拌磁子，用水冲洗干净。溶液冷却后立即移入 200mL 单刻度容量瓶中，用水稀释至刻度，混匀。

注4：应立即将浸取溶液移入 200mL 容量瓶中，加水至近刻度以避免产生沉淀。

注5：建议稀释至 200mL，使溶液中元素浓度与表中规定的性能试验数字相一致。高浓度试验溶液也可能需要再稀释以满足高浓度范围内仪器的线性响应。在这种情况下，标准溶液的稀释比例与此相同。

注6：如果仪器与性能测试值相符，没有必要采用内标如钇或铊来改善性能。

3. 标准溶液的配制

此部分内容参见相关标准。

4. 样品的测定

（1）校准溶液

先使用零校准溶液，并按浓度增大的顺序吸入校准溶液，在每次吸入溶液之间吸入去离子水。至少重复测定两次，取两个读数的平均值。

注：最初校准建立后，使用两点再校正程序进行常规分析。此种情况下，按标准化规定进行。

（2）试验溶液

吸入校准溶液测量后，立即进行试验溶液的操作，然后是认证标准样品（CRM）。然后再次吸入试验溶液和标准样品。每次测定之间吸入去离子水。试验溶液和标准样品至少应重复进行两次。

5. 结果计算

相关内容参见标准。

（三）电感耦合等离子体质谱仪在铁矿石中的应用

目前采用电感耦合等离子质谱法分析铁矿石中砷、铬、镉、铅和汞元素含量的国标有 GB/T 6730.72—2016，该方法测定铁矿石中的砷、铬、镉、铅和汞元素含量及方法检出限和测定下限如表 7-3 所示。

GB/T 6730.72—2016 适用于铁矿石中砷量、铬量、镉量、铅量和汞含量的电感耦合等离子体质谱法（ICP-MS）同时测定。原理是试料采用高温密闭微波酸消解处理，处理后的溶液用稀硝酸稀释定容，采用 ^{45}Sc、^{72}Ge、^{115}In 和 ^{209}Bi 作内标，直接进行 ICP-MS 测定。测定范围：$1.8\sim244\mu g/g$ 的铬，$2.4\sim570\mu g/g$ 的砷，$0.05\sim10\mu g/g$ 的镉，$1.9\sim10\mu g/g$ 的汞，$0.3\sim3170\mu g/g$ 的铅。

1. 取样和制样

（1）实验室试样

按照 GB/T 10322.1 进行取制样。一般试样粒度应小于 $100\mu m$。如试样中化合水或易氧化物含量高时，其粒度应小于 $160\mu m$。

（2）预干燥试样的制备

充分混匀实验室试样，缩分法取样。按照 GB/T 6730.1 在（105 ± 2）℃下干燥试样。

（3）试料量

称取（0.1 ± 0.05）g 预干燥试样，精确至 0.0001g。

（4）测定次数

对同一预干燥试样，至少独立测定 2 次，取其平均值。

（5）空白试验和验证试验

① 空白试验：随同试料分析做空白试验。

② 验证试验：随同试料分析同类型标准样品做验证试验。

2. 样品的消解

将试料置于高温压力密封消解罐中，滴加几滴纯水预湿润，加入 2.5mL 盐酸、0.5mL 氢氟酸、1.0mL 硝酸，摇匀，待无明显气泡产生，将密封消解罐拧紧，放入高温压力微波消解炉中。参照表 7-8 的程序进行微波消解。消解程序结束后，冷却至室温，取出，打开消解罐，将消解后的溶液直接转移到 100mL 聚四氟乙烯容量瓶中，用去离子水冲洗消解罐 3～5 次，合并至母液中，用硝酸（2+98）定容至刻度，混匀，作为待测液。

表 7-8 微波消解样品的功率温度控制程序

步骤	起始温度/℃	目标温度/℃	升温或降温时间/min	温度保持时间/min
1	室温	155±5	约 5①	2
2	155±5	190±10	约 5①	约 20
3	190±10	室温	约 10②	—

①不同类型设备取值有所不同。

②根据设备冷却功能不同，取值有所不同。

当试液中待测元素浓度超出校准曲线上限时，将试液稀释至校准曲线范围内（见表 7-9）。样品中砷的质量分数在 $0.001\%\sim0.057\%$ 之间时，需稀释 10 倍。空白溶液同样处理，也稀释 10 倍。

表 7-9 试验用 5 个测试水平标准样品

编号	品名	生产国别	w/%				
			Cr	As	Cd	Hg	Pb
JSS804-2	赤铁矿	日本	0.0244	0.0019	—	—	—
BS105	球团矿	英国	0.013±0.002	0.0013±0.0003	—		0.0003
Euro680-1	铁矿	德国	0.005±0.001	0.057±0.003	—		0.317±0.008
ASCM-007	铁矿	澳大利亚	0.0011±0.0003	0.0005±0.00006	—		0.0015±0.0004
JK42	磁铁矿	瑞典	0.0044	0.0002	<0.00005		0.0001

3. 校准溶液的配制

此部分内容参见相关标准。

4. 样品的测定

按仪器说明书操作，待仪器稳定后，参照表 7-10 中的仪器条件进行参数优化，从内标进液管引入在线内标（^{45}Sc、^{72}Ge、^{115}In、^{209}Bi），从进样管引入试剂空白液、分析试液和标准系列液进行测定，不分先后。若测定结果超出校准曲线的浓度范围，应将试液稀释，再进行测定。

表 7-10　ICP-MS 工作条件

参数	参考范围
RF 功率/W	1150
氩气流速/(L/min)	1.15
样品提升速度/(L/min)	0.4
采集深度/mm	8.0
10μg/L 调谐液对应灵敏度/cps	$>8 \times 10^3$（^{7}Li）；2.0×10^4（^{89}Y）；$>1.2 \times 10^4$（^{205}Tl）
积分时间/s	Cr、As 和 Cd 为 0.1，Hg 和 Pb 为 0.3
扫描次数	3

5. 结果计算

此部分内容参见相关标准。

第二节　原子光谱法应用于铜矿石、铅矿石和锌矿石的分析

一、应用概况

原子光谱法应用于铜矿石、铅矿石和锌矿石的分析，主要体现在矿产中铁、硅、铝、钙、钡、镁、钾、铜、镍、锌、磷、钴、铬、钒、砷、铅和钛等元素含量的测定，分析方法主要有原子吸收光谱法、原子荧光光谱法、电感耦合等离子体发射光谱法、电感耦合等离子体质谱法。本节以现行有效的国家或行业标准为例，重点讲述样品的前处理方法、测定过程及注意事项。

原子光谱法测定铜矿石、铅矿石和锌矿石的元素含量的方法已经非常成熟，表 7-11～表 7-14 分别列举了原子吸收光谱法、原子荧光光谱法、电感耦合等离子体发射光谱法和质谱法在铜矿石、铅矿石和锌矿石中进行元素分析的相关仪器条件和测定范围等内容。

表 7-11　原子吸收光谱法在铜矿石、铅矿石和锌矿石分析中的应用

适用范围	测项	测定范围（质量分数）/%	仪器条件			国标号
			波长/nm	原子化器	原子化器条件	
铜矿石 铅矿石 锌矿石	铜	0.001～5	324.7	火焰	空气-乙炔火焰	GB/T 14353.1—2010
	铅	0.001～5	283.3	火焰	空气-乙炔火焰	GB/T 14353.2—2010
	锌	0.01～5	213.8	火焰	空气-乙炔火焰	GB/T 14353.3—2010
	镉	0.0005～0.1000	228.8	火焰	空气-乙炔火焰	GB/T 14353.4—2010
		0.00001～0.0005	228.8	石墨炉	石墨炉原子吸收	
	镍	0.002～1	232.0	火焰	空气-乙炔火焰	GB/T 14353.5—2010
	钴	0.001～1	240.7	火焰	空气-乙炔火焰	GB/T 14353.6—2010
	银	0.0010～0.0500	324.7	火焰	空气-乙炔火焰	GB/T 14353.11—2010
	碲	0.00002～0.0020	214.3	石墨炉	石墨炉原子吸收	GB/T 14353.16—2010
	铊	6×10^{-6}～0.0040	276.8	石墨炉	石墨炉原子吸收	GB/T 14353.17—2014

表 7-12　原子荧光光谱法在铜矿石、锌矿石和铅矿石分析中的应用

适用范围	测项	测定范围/(μg/g)	检出限/(μg/g)	仪器条件				国标号
				灯电流/mA	载气流量/(L/min)	屏蔽气流量/(L/min)	原子化器的高度/mm	
铜矿石	铋	0.1～200	—	80	400	1000	8	GB/T 14353.8—2010
铅矿石	锗	0.060～100	0.021	90	550	1100	8	GB/T 14353.14—2014
锌矿石	硒	0.06～100	0.020	80	550	1100	8	GB/T 14353.15—2014

表 7-13　电感耦合等离子体发射光谱法测定铜矿石、铅矿石和锌矿石中
铜量、铅量、锌量、钴量和镍量元素的波长选择及检出限

适用范围	测项	测定范围(质量分数)/%	波长/nm	检出限/%	国标号
铜矿石 铅矿石 锌矿石	铜	0.002～8.5	324.754	0.00066	GB/T 14353.18—2014
	铅	0.01～5	220.353	0.0032	
	锌	0.005～3	213.856	0.0017	
	钴	0.0015～0.5	228.616	0.00047	
	镍	0.003～0.5	231.604	0.0010	

表 7-14　电感耦合等离子体质谱法测定铜矿石、铅矿石和锌矿石中元素

适用范围	测项	测定范围/(μg/g)	检出限/(μg/g)	国标号
铜矿石 铅矿石 锌矿石	镓	0.13～40	0.042	GB/T 14353.13—2014
	铟	0.01～100	0.004	
	铊	0.03～40	0.009	
	钨	0.08～150	0.026	
	钼	0.18～150	0.061	

二、分析方法

(一) 原子吸收光谱法在铜矿石、铅矿石和锌矿石中的应用

原子吸收光谱法测定铜矿石、铅矿石和锌矿石中的元素含量的方法已经非常成熟，表 7-11 列举了原子吸收光谱法在铜矿石、铅矿石和锌矿石中进行元素分析中相关的测定范围、仪器条件等。原子吸收光谱法分析元素含量的一般步骤，包括样品制备、测定条件的选择和分析方法的确定。

1. 样品的制备

按照 GB/T 14505 的相关规定，加工试样的粒径应小于 97μm。

试样在 60～80℃烘箱中干燥 2～4h，并置于干燥器中冷却至室温备用。

按照 GB/T 14353—2010 铜矿石、铅矿石和锌矿石化学分析方法进行称量，精确到 0.1mg。

2. 试样的称取

(1) 试料量

取样要有代表性，取样量的多少取决于试样中被测元素性质、含量、分析方法及测定要求。具体内容参见相关标准。

(2) 空白试验

随同试料进行双份空白试验，所用试剂应取自同一试剂瓶，加入同等的量。

(3) 验证试验

随同试料分析同矿种、含量相近的标准物质。

3. 样品的消解

分解铜矿石和铅矿石多用混合酸，如：盐酸＋硝酸、硝酸＋氢氟酸＋高氯酸、硝酸＋氢

氟酸＋硫酸＋高氯酸、氢氟酸＋高氯酸＋王水、氢氟酸＋王水＋高氯酸、氢氟酸＋王水＋高氯酸＋硝酸等。根据不同的元素特征除了采用酸的种类不一样，样品处理过程也不尽相同。以下将做详细介绍。

（1）湿法-酸处理

① 酸的消解。一般试料分解所用酸消解条件见表 7-15，含硅高试料分解的方法将在下文进行叙述。

表 7-15　被测元素湿法消解所用酸条件

被测元素	酸消解
铜	15mL 盐酸；5mL 硝酸；5mL 盐酸(1+1)
铅	20mL 盐酸；5mL 硝酸；5mL 硝酸(1+1)
锌、镉	20mL 盐酸；5mL 硝酸；5mL 盐酸(1+1)
镍、钴	10mL 氢氟酸＋10mL 王水＋0.5mL 高氯酸
银	5～10mL 氢氟酸＋1～2mL 高氯酸；2mL 王水
碲	5～20mL 硝酸；5～20mL 氢氟酸；4～8mL 高氯酸
铊	8mL 硝酸；10mL 氢氟酸；1mL 硫酸；2mL 高氯酸

铜含量测定时，将试料置于 100mL 烧杯中，用水湿润，加入 15mL 盐酸，盖上表面皿，于电热板上加热溶解 15～20min，加入 5mL 硝酸，继续加热溶解，待试料溶解后，用少量水冲洗表面皿，蒸发至干。

铜：趁热加入 5mL 盐酸（1+1）溶解残渣，用水冲洗杯壁，继续加热至溶液清澈，冷却至室温，用水移入 50mL 容量瓶中，并稀释至刻度，摇匀。

铅一般试料消解：将试料置于 100mL 烧杯中，用水湿润，加入 20mL 盐酸，盖上表面皿，于电热板上加热溶解 20min，加入 5mL 硝酸，继续加热溶解，待试料溶解后，用少量水冲洗表面皿，蒸发至干，加入 5mL 硝酸（1+1），少许水，盖上表面皿，加热溶解盐类，取下，用少量水冲洗表面皿，冷却至室温，用水移入 50mL 容量瓶中，并稀释至刻度，摇匀，澄清。

锌、镉一般试料：将试料置于 100mL 烧杯中，用水湿润，加入 20mL 盐酸，盖上表面皿，于电热板上加热溶解 20min，加入 5mL 硝酸，继续加热溶解，待试料溶解后，用少量水冲洗表面皿，蒸发至干，加入 5mL 盐酸（1+1），少许水，盖上表面皿，加热溶解盐类，取下，用少量水冲洗表面皿，冷却至室温，用水移入 50mL 容量瓶中，并稀释至刻度，摇匀，澄清。

镍、钴一般试料：将试料置于聚四氟乙烯烧杯中，加入 10mL 氢氟酸，加盖，放置过夜，移去盖子，加入 10mL 王水（盐酸＋硝酸＝3+1）、0.5mL 高氯酸，加盖，在低温电热板上微沸 30min，用少量水冲洗盖子，继续在电热板上加热至高氯酸白烟冒尽，取下冷却，加入 5mL 盐酸（1+1）、5mL 硼酸溶液（60g/L），温热溶解盐类，取下，冷至室温后，用水移入 50mL 容量瓶中，并稀释至刻度，摇匀，澄清。

银：将试料置于 30mm×60mm 的瓷舟中，铺展成薄层。放入高温炉内，升温至 600℃左右，灼烧 1～2h，取下冷却。转入 100mL 聚四氟乙烯塑料烧杯中，滴加适量水润湿样品。加入 5～10mL 氢氟酸，1～2mL 高氯酸，将样品摇散，置于中温电热板上，加热分解，直至高氯酸白烟冒尽。取下稍冷，加入 2mL 王水，置于低温电热板上，蒸至糊状（残余约 0.5mL 酸液），取下冷却。

用 10mL 氨水（1+1）分 2～3 次浸取酸溶糊状物样品，转入 25mL 带塞比色管中，再分次用适量水洗净塑料烧杯，一同转入比色管内，用水稀释至刻度，摇匀，澄清。

镉：将试料置于聚四氟乙烯坩埚中，加入 3mL 氢氟酸、1mL 硫酸，于电热板上加热分解，当硫酸刚冒烟时取下，稍冷，加 5 滴硝酸，继续加热冒烟至湿盐状，取下，稍冷，小心加入适量水，温热溶解盐类，冷却至室温后，用水移入 10mL 或 50mL 比色管（或容量瓶）中，并稀释至刻度，摇匀，澄清。

碲：将试料置于 100mL 聚四氟乙烯烧杯中，用水湿润，加入 5～20mL 硝酸、5～20mL 氢氟酸，及 4～8mL 高氯酸，置于低温电热板上，加热溶解试料，逐渐升高温度（约220℃）至出现高氯酸白烟，持续 2～3min，取下，稍冷。用水吹洗杯壁，再加热至冒高氯酸白烟，取下，冷却。加入 20～30mL 水，加热煮沸，使可溶性盐类溶解。用棉花、纸浆过滤，滤液用 250mL 烧杯承接。用盐酸（2＋98）洗涤烧杯及沉淀 12～15 次，残渣弃去，滤液总体积不应超过 70mL。

加入等体积盐酸，1mL 硫酸铜-硫酸溶液、1mL 砷酸氢二钠溶液及 4g 次亚磷酸钠，充分搅拌，待三价铁的黄色褪去，次亚磷酸钠固体全部溶解，置于电热板上加热至出现棕色浑浊（切忌煮沸），移至低温处保温 4h 或过夜。

用脱脂棉过滤，用热盐酸（3＋17）洗涤烧杯及棉球共 12～15 次，用热水洗涤 12 次，用热硝酸（含几滴盐酸）分次溶解沉淀于 25mL 烧杯中，用水洗涤棉球 6 次，加入 2.5mL 硝酸镍溶液，置于电热板上低温蒸发至干，加入 2mL 硝酸（1＋99），加热溶解盐类，取下，移入 10mL 带塞比色管中，用硝酸（1＋99）稀释至刻度，摇匀。

铊：将试料置于聚四氟乙烯烧杯中，加入 8mL 硝酸、10mL 氢氟酸、1mL 硫酸、2mL 高氯酸置于电热板上加热溶解并蒸发至三氧化硫白烟冒尽，取下冷却。加入 25mL 硝酸（2＋8），加热溶解盐类，冷却，转入 250mL 锥形瓶中，用水稀释至约 50mL。加入 2mL 过氧化氢、2mL 铁盐溶液，放入一块泡沫塑料，排去气泡，于调速振荡器上振荡 30min，取出泡沫塑料，用自来水冲洗泡沫塑料上残留的样品，再用去离子水冲洗挤干泡塑，然后放入盛有 10mL 水的 25mL 比色管中，于 100℃水浴中保持 20min，趁热取出泡沫塑料，加入 1 滴硝酸，用水稀释至刻度，摇匀。

② 含硅高试料的分解。铅元素含量的测定：将试料置于聚四氟乙烯烧杯中，加入 10mL 氢氟酸，加盖，放置过夜，移去盖子，加入 10mL 王水（盐酸＋硝酸＝3＋1）、0.5mL 高氯酸，加盖，在低温电热板上微沸 30min，用少量水冲洗盖子，继续在电热板上加热至高氯酸白烟冒尽，取下冷却，加入 5mL 硝酸（1＋1）、5mL 硼酸溶液（60g/L），温热溶解盐类，取下，冷至室温后，用水移入 50mL 容量瓶中，并稀释至刻度，摇匀，澄清。

锌、镉元素含量的测定：将试料置于聚四氟乙烯烧杯中，加入 10mL 氢氟酸，加盖，放置过夜，移去盖子，加入 10mL 王水（盐酸＋硝酸＝3＋1）、0.5mL 高氯酸，加盖，在低温电热板上微沸 30min，用少量水冲洗盖子，继续在电热板上加热至高氯酸白烟冒尽，取下冷却，加入 5mL 盐酸（1＋1）、5mL 硼酸溶液（60g/L），温热溶解盐类，取下，冷至室温后，用水移入 50mL 容量瓶中，并稀释至刻度，摇匀，澄清。

③ 难溶试料分解。镍、钴元素含量的测定，将试料置于刚玉坩埚中，加入 4～6g 过氧化钠，用玻璃棒搅匀，上面再盖适量（约 1g）氢氧化钠，置于 550℃高温炉中熔融 20min，取出冷却，将坩埚放入 200mL 烧杯中，加入 100mL 温水，盖上表面皿，待激烈反应停止后，用水洗出坩埚，加入无水乙醇数滴，煮 3～5min，取下，过滤。沉淀和烧杯用热的氢氧化钠溶液（20g/L）洗 10～15 次，将沉淀用热的盐酸（1＋1）溶解于原烧杯中，将溶液在电热板上蒸干，加入 5mL 盐酸（1＋1），适量水溶解盐类，用水移入 50mL 容量瓶中，并稀释至刻度，摇匀。

（2）试料的定容

镍、钴元素含量的测定：当镍量、钴量大于 0.25% 时，按相应标准分取试液，置于 50mL 容量瓶中，补加盐酸（1+1）、硼酸溶液（60g/L）分别至 5mL，用水稀释至刻度，摇匀。

铜元素和铅元素：根据试样中元素含量，按相应标准分取试液，置入 50mL 容量瓶中，分别用盐酸（5+95）和硝酸（5+95）稀释至刻度，摇匀。

4. 标准溶液的配制

具体内容参见相应标准。

5. 样品的测定

按照仪器操作说明书，用原子吸收分光光度计，参照仪器工作条件（表 7-16），调整仪器参数至最佳状态。分别测量校准系列溶液和试料溶液的吸光度值，同时进行空白试验溶液和验证试验溶液的测定。

表 7-16（a）　　原子吸收分光光度计参考工作条件

被测元素	原子化器	波长/nm	灯电流/mA	单色器通带/nm	燃烧器高度/mm	空气压力/MPa	乙炔压力/MPa
铜	火焰	324.7	7.5	1.3	7.5	0.16	0.03
铅	火焰	283.3	7.5	1.3	7.5	0.16	0.03
锌	火焰	213.8	10	1.3	7.5	0.16	0.02
镉	火焰	228.8	7.5	1.3	7.5	0.16	0.03
镍	火焰	232.0	10	0.2	10.0	0.16	0.03
钴	火焰	240.7	10	0.2	10.0	0.16	0.03
银	火焰	328.1	7.5	2.6	7.5	0.16	0.03

表 7-16（b）　　原子吸收分光光度计参考工作条件

被测元素	原子化方式	波长/nm	灯电流/mA	单色器通带/nm	原子化器	氩气流量/(mL/min)	进样体积/μL
镉	石墨炉	228.8	10	1.3	普通管型	200	20
碲	石墨炉	214.3	25	2	普通管型	300	50
铊	石墨炉	276.8	6.0	0.8	普通管型	200	20

6. 样品的结果

根据被测元素的灵敏度及其在样品中的含量来配制标准溶液系列，测出标准系列的吸光度。以被测元素量为横坐标，吸光度为纵坐标，绘制校准曲线，从校准曲线上得到相应的元素含量。

（二）原子荧光光谱法在铜矿石、铅矿石和锌矿石中的应用

原子荧光光谱法分析铜矿石、铅矿石和锌矿石中铋、锗、硒元素的含量的测定，表 7-12 列出了测定方法和检出限等内容。本部分内容主要参考 GB/T 14353.15—2014，讲解原子荧光光谱法分析铜、铅、锌矿石中硒元素的含量。

GB/T 14353.15—2014 铜矿石、铅矿石和锌矿石中原子荧光光谱法测定硒量的原理试料采用艾斯卡试剂（碳酸钠和氧化锌）半熔法分解，沸水提取，使硒与其他共存干扰离子分离。在 30% 盐酸介质中，硒与硼氢化钾反应生成氢化物气体，以氩气作为载体导入电热石英炉，火焰中的氢基与氢化物碰撞解离成自由原子，以硒的高强度空心阴极灯作光源，采用原子荧光光谱仪测定硒的荧光光谱强度，根据原子荧光强度计算试料中的硒量。本方法硒元素的测定范围为 $0.06\sim100\mu g/g$，方法检出限 $0.020\mu g/g$。

1. 样品的制备

（1）试料

按照 GB/T 14505 的相关规定，加工试样的粒径应小于 $97\mu m$。试样在 80℃ 烘箱中烘 2~4h，并置于干燥器中冷却至室温备用。称取 0.2~1g 试样，精确至 0.1mg。

（2）空白试验

随同试料进行双份空白试验，所用试剂应取自同一试剂瓶，加入同等的量。

（3）验证试验

随同试料分析同矿种的标准物质。

2. 试料的分解

① 将试料置于预先盛有约 2.0g 艾斯卡试剂的瓷坩埚中，用玻璃棒搅匀，在表面再覆盖约 1.5g 艾斯卡试剂，放入马弗炉中逐渐升温至 310℃，保温 0.5h，继续升温至 750～800℃，保温 1h，取出冷却后用热水浸取，加几滴 95% 乙醇，在电炉上加热至微沸取下，洗出坩埚，冷却至室温，用水移入 50mL 比色管中，并稀释至刻度，摇匀，放置澄清。

② 分取 10.0mL 澄清试液于 50mL 比色管中，加入 1 滴酚红溶液，用盐酸（1+1）调节酸度，使溶液呈黄色，加入 15mL 盐酸，摇匀，在沸水浴上加热 0.5h，取下，冷却，再加入 2mL 三氯化铁溶液，用水稀释至刻度，摇匀备用。

3. 样品的测定

按仪器操作程序，参照表 7-17 仪器工作条件和表 7-18 断续流动程序的参考工作条件，调节仪器各参数使仪器达最佳测量状态，以 30g/L 硼氢化钾溶液作还原剂，以盐酸（1+9）溶液作载流，分别测定标准溶液和试料溶液中硒的荧光强度。同时测定空白试验溶液硒的荧光强度。

表 7-17　原子荧光光光度计的参考工作条件

灯电流/mA	负高压/V	载气流量/(L/min)	屏蔽气流量/(L/min)	原子化器的高度/mm
80	300	550	1100	8

表 7-18　断续流动程序的参考工作条件

步骤	时间/s	转速/(r/min)	读数
1	3	0	NO
2	10	100	NO
3	3	0	NO
4	16	120	YES
5	0	0	NO

4. 质量保证和控制

① 每次分析测试，应同时采用空白试验、重复分析、标准物质验证等方法进行质量保证与控制。

② 每批分析，应同时进行 2 个空白试验、20%～30% 的重复样品分析（当样品数量不超过 5 个时，应进行 100% 的重复样品分析）和 1～2 个同矿种标准物质验证试验。

③ 重复性分析，两次测定结果的绝对差应小于给出的重复性限 r；再现性分析，不同实验室测定结果的绝对差应小于给出的再现性限 R。否则应查找原因，纠正错误后，重新进行校核。

5. 共存离子的干扰消除

溶液中共存 40mg/L 的铜、8mg/L 的铅、400mg/L 的锌和 2mg/mL 铋对硒的测定没有干扰，超出以上范围将会有干扰，但采用艾斯卡半熔法处理铜、铅、锌矿石样品，主量金属元素可以得到很好的分离，进入测量溶液的干扰元素大幅度减少，不干扰硒的测定。

（三）电感耦合等离子体发射光谱法在铜矿石、铅矿石和锌矿石中的应用

电感耦合等离子体发射光谱法分析铜矿石、铅矿石和锌矿石中铜、铅、锌、钴、镍元素

含量的测定，表7-13 列出了测定方法和检出限等内容。本部分内容主要参考 GB/T 14353.18—2014，讲解电感耦合等离子体发射光谱法分析铜矿石、铅矿石和锌矿石中铜、铅、锌、钴和镍元素含量的测定。测定原理为：试料经盐酸-硝酸-氢氟酸-高氯酸分解后，于20%的硝酸介质（含 3%的盐酸）中，将待测试料溶液引入高温等离子炬中，使待测元素被激发成离子及原子，发射出所含元素的特征谱线。在规定的波长处测量各元素离子及原子的发射光谱强度，发射光谱强度与被测元素的浓度成正比，采用校准曲线法，由仪器自带计算机计算被测元素的含量。该方法中铜元素的测定范围为 0.002%～8.5%，检出限为0.00066%；铅元素的测定范围为 0.01%～5%，检出限为 0.0032%；锌元素的测定范围为0.005%～3%，检出限为 0.0017%；钴元素的测定范围为 0.0015%～0.5%，检出限为0.00047%；镍元素的测定范围为 0.003%～0.5%，检出限为 0.0010%。我们以此为应用实例讲解具体的分析步骤和方法，以及一些注意事项。

1. 样品的制备

按照 GB/T 14505 的相关规定，加工试样的粒径应小于 $97\mu m$。试样在 $60\sim80℃$ 烘箱中烘 $2\sim4h$，并置于干燥器中冷却至室温备用。

（1）试料的称取

本部分内容参见相关标准。

（2）空白试验

随同试料进行双份空白试验，所用试剂应取自同一试剂瓶、加入同等的量。

（3）验证试验

随同试料分析同矿种、含量相近的标准物质。

2. 样品的分解

① 将试料置于 100mL 的聚四氟乙烯烧杯中，用适量水将样品润湿，加入 10mL 盐酸，加热至近干；加入 10mL 硝酸、10mL 氢氟酸、2mL 高氯酸，置于电热板上加热至试料全部溶解，并蒸至近干。

② 稍冷。加入 4mL 混合酸（硝酸＋盐酸＝4＋1）微热溶解盐类至溶液清亮，冷却，转入 25mL 比色管或 100mL 容量瓶中［转入 100mL 容量瓶的试料溶液需补加 10mL 混合酸（硝酸＋盐酸＝4＋1）］。用硝酸（1＋9）稀释刻度，摇匀，隔夜放置，待上机测定。

3. 校准溶液系列的配制

此部分内容参见相关标准。

4. 样品的测定

测量仪器工作条件（参见表 7-19 和表 7-20），将仪器点火稳定后，将校准工作溶液和试料溶液先后引入高温等离子体焰中，对各元素进行测试，同时进行空白试验溶液和验证试验溶液的测定。并由计算机专用软件计算并保存数据。

表 7-19　仪器参考工作条件

功率/W	雾化器压力/psi	积分时间/s	冷却气流速/(L/min)	辅助气流速/(L/min)	提升量/(mL/min)	观测高度/mm
1100	31	长波 5,短波 10	14	0.5	1.85	15

表 7-20　各元素的分析波长

元素	波长/nm	读出宽度/nm
Co	228.616	3
Cu	324.754	3

元素	波长/nm	读出宽度/nm
Ni	231.604	2
Pb	220.353	2
Zn	213.856	2

和测定标准溶液的过程及条件相同的情况下，测定空白样品和实际样品的发射强度，由校准曲线查得目标元素的含量，然后根据定容体积及称样量计算得到实际样品中待测元素的含量。并且测定结果最多保留三位有效数字。

5. 干扰及消除

共存离子的干扰，在本实验条件下，共存 0.5mg/mL 的铁、铝、钙、镁、钾、钠等离子不影响铜、铅、锌、钴和镍量的测定。

6. 质量保证和质量控制

① 每次分析测试，应同时采用空白试验、重复分析、标准物质验证等方法进行质量保证与控制。

② 每分析批，应同时进行 2 个空白试验、20%～30% 的重复样品分析（当样品数量不超过 5 个时，应进行 100% 的重复样品分析）和 1 个至 2 个同矿种标准物质验证试验。

③ 重复性分析，两次测定结果的绝对差应小于给出的重复性限 r；再现性分析，不同实验室测定结果的绝对差应小于给出的再现性限 R。否则应查找原因，纠正错误后，重新进行校核。

(四) 电感耦合等离子体质谱法在铜矿石、铅矿石和锌矿石中的应用

电感耦合等离子质谱法分析铜矿石、铅矿石和锌矿石中镓量、铟量、铊量、钨量和钼元素含量的测定，该方法测定铜矿石、铅矿石和锌矿石中的元素及方法检出限和测定下限如表 7-14 所示。本部分内容主要参考 GB/T 14353.13—2014，讲解电感耦合等离子体质谱法分析铜矿石、铅矿石和锌矿石中镓量、铟量、铊量、钨量和钼元素含量的测定。

该标准规定铜矿石、铅矿石和锌矿石中铜量、铅量、锌量、钴量和镍量测定的电感耦合等离子体发射光谱法，测定原理为：试料经硝酸-氢氟酸-高氯酸分解，王水溶解盐类，移于 25mL 的聚乙烯刻度试管中，用水稀释至刻度，摇匀。分取部分溶液，用硝酸介质（3+97）稀释。利用电感耦合等离子体作为离子源，将试料溶液中的待测元素离子化，产生的样品离子经质量分析器和检测器得到质谱。根据元素离子质荷比的计数，采用标准曲线法，定量测定试料溶液中的被测元素的含量。

GB/T 14353 适用于铜矿石、铅矿石和锌矿石中镓量、铟量、铊量、钨量和钼量的电感耦合等离子体质谱法同时测定。测定范围：$0.13 \sim 40 \mu g/g$ 的镓，$0.01 \sim 100 \mu g/g$ 的铟，$0.03 \sim 40 \mu g/g$ 的铊，$0.08 \sim 150 \mu g/g$ 的钨和 $0.18 \sim 150 \mu g/g$ 的钼。方法检出限：镓 $0.042 \mu g/g$，铟 $0.004 \mu g/g$，铊 $0.009 \mu g/g$，钨 $0.026 \mu g/g$，钼 $0.061 \mu g/g$。

1. 样品的制备和保存

（1）试样

按照 GB/T 14505 的相关规定，加工试样的粒径应小于 $97 \mu m$。试样在 $60 \sim 80 ℃$ 烘箱中烘 $2 \sim 4h$，并置于干燥器中冷却至室温备用。称取 0.25g 试样，精确至 0.1mg。

（2）空白试验

随同试料进行双份空白试验，所用试剂应取自同一试剂瓶，加入同等的量。

（3）验证试验

随同试料分析同矿种的标准物质。

2. 样品的消解

① 将试料置于 50mL 聚四氟乙烯烧杯中，用几滴水润湿，加 8mL 硝酸、10mL 氢氟酸、2mL 高氯酸置于 210～220℃控温电热板上加热溶解，并蒸发至高氯酸白烟冒尽，取下冷却。

② 加入 8mL 王水（盐酸＋硝酸＝3＋1），微热 5～10min 溶解盐类至溶液清亮，冷却，转入 25.0mL 有刻度值带塞的聚乙烯试管中，用水稀释至刻度，摇匀。移取试液 1mL 于 10mL 有刻度聚乙烯试管中，用硝酸（3＋97）稀释至刻度，摇匀，备用。

3. 标准溶液的配制

本部分内容参见相关标准。

4. 样品的测定

参考表 7-21 和表 7-22 中给出的仪器参考工作条件及测量模式，用 10ng/mL 的锂、铍、钴、铟、铋、铀标准溶液，选用同位素 ^{59}Co、^{113}In、^{209}Bi、^{238}U 对仪器进行最佳化调试后，分别进行镓、铟、铊混合校准溶液系列和钨、钼混合校准溶液系列的测定。测定铟时，应同时测定 ^{118}Sn，校正锡对铟的干扰。同时进行空白试验溶液和试料溶液的测定。

表 7-21 电感耦合等离子体质谱分析仪参考工作条件

功率/W	冷却气（Ar）流速/(L/min)	辅助气（Ar）流速/(L/min)	采样深度/step	ϕ 采样锥（Ni）/mm	ϕ 裁取锥（Ni）/mm
1400	15	0.86	148	1.2	1.0
进样泵速/(r/min)	进样冲洗时间/s	分辨率/amu	单个元素积分时间/s	扫描方式	—
29	30	0.6～0.8	0.5	主跳峰	—

表 7-22 测量中选用的同位素及测量模式

测量元素	选用的 m/z	干扰及校正	测量模式
Ga	71	—	脉冲
In	115	$-0.003\times^{118}$Sn	脉冲
Tl	203	—	脉冲
W	95	—	脉冲
Mo	182	—	脉冲

5. 内标

① 本部分采用内标校正方法，选 ρ（^{103}Rh）$=10$ng/mL 为测定的内标元素。内标元素溶液由内标溶液专用泵管，用三通阀连接，把内标元素和样品溶液合并混合后，一并泵入雾化系统进入等离子炬焰中。

② 若试样中铜、铅的质量分数分别大于 5％、4％，可采用混合内标 ρ（^{45}Sc、^{139}La、^{185}Re）$=10$ng/mL 校正基体对被测元素的干扰。^{45}Sc 做 ^{71}Ga 的内标，^{139}La 做 ^{95}Mo、^{115}In 的内标，^{185}Re 做 ^{182}W 的内标。

6. 干扰的消除

当矿石中铜、铅的质量分数分别大于 5％、4％时，对镓量、铟量、铊量、钨量和钼量的测定存在不同的干扰。

（1）主量元素的干扰

在 ICP-MS 分析过程中，由于试料经过一定稀释后才进入测量体系，当测定溶液中的溶解性总固体小于 500mg/L 时，可以利用内标元素的补偿作用实现无基体干扰测定。未发现造岩、脉石成分 Ca、Mg、Al、K、Na、Fe 对测定 Ga、In、Tl、W、Mo 的干扰。

溶液中共存 200mg/L 以下的锌（相对于样品的质量分数为 20％）、50mg/L 以下的铜

（相对于样品的质量分数为 5％）和 20mg/L 以下的铅（相对于样品的质量分数为 2％）对镓、铟、铊、钨、钼的测量没有干扰。溶液中共存大于 50mg/L 的铜对镓、铟、铊、钨、钼的测量都有不同程度的负干扰。共存大于 40mg/L 的铅对铊的测定有正干扰。^{204}Pb、^{206}Pb 的强峰脱尾分别会干扰^{203}Tl 和^{205}Tl 同位素，从而产生增强信号效应，但由于^{206}Pb 的相对丰度远远高于^{204}Pb（它们的相对丰度分别为 23.60％和 1.48％），因此^{205}Tl 受到高浓度铅的影响大于^{203}Tl（共存大于 20mg/L 的铅对^{205}Tl 测定有干扰），铊测定时同位素宜选择^{203}Tl。共存大于 100mg/L 的铅对钨的测定有正干扰，对钼的测定有负干扰。

（2）主量元素干扰的消除

① 铅对铊测定结果干扰的校正（校正系数法）。根据干扰试验结果，随着铅含量的增加，铅量对铊测定结果的正干扰，有一定的正向关系。将能量测定结果的增加系数与铅的质量分数建立数学模型，校正系数 Y 与铅的质量分数 X 的关系为 $Y = 5.5475X + 1.0476$，可通过校正系数对铊量的测定结果进行校正。

② 通过将基体加入校准溶液的方法进行校正。在校准溶液中加入与干扰元素（Cu、Pb）相同浓度的溶液，可以消除铜、铅对测定元素的干扰。

③ 混合内标法对基体干扰的校正。采用 Sc、Re、La 混合内标，分别测定相当于试料中质量分数分别为 5％、10％、20％的铜、铅和锌溶液中 Ga、In、Tl、W、Mo 的浓度，除 Tl 外，其余元素的测定结果与加入量吻合。采用混合内标可以消除高含量铜和锌对测定结果的干扰，以及铅对钨、钼测定结果的干扰，但不能消除铅对铊测定结果的干扰。

^{45}Sc 校正铜对^{71}Ga 的干扰，^{139}La 校正铜、铅对^{95}Mo、^{115}In 的干扰，^{185}Re 校正铜、铅对^{182}W 的干扰。

④ ^{115}Sn 对^{115}In 的干扰校正。用于测定所选择的 In 的同位素是^{115}In（丰度 95.7％），而^{115}Sn 对^{115}In 重叠，会产生 Sn 对 In 的干扰。可选择不受质谱干扰的^{118}Sn（丰度 24.4％）来定量测定进入样品溶液中 Sn 的浓度后进行数学校正，可得到 In 的准确结果。校正公式：

$$C_{In} = C_{In表观} - K_{Sn\text{-}In} \times C_{Sn} \tag{7-1}$$

式中，$C_{In表观}$ 为测定溶液中 In 的直接测定结果；C_{Sn} 为测定溶液中 Sn 的直接测定结果；$K_{Sn\text{-}In}$ 为^{115}Sn 对^{115}In 的干扰校正系数，试验结果为 0.003。

7. 质量保证和控制

① 每次分析测试，应同时采用空白试验、重复分析、标准物质验证等方法进行质量保证与控制。

② 每分析批，应同时进行 2 个空白试验、20％～30％的重复样品分析（当样品数量不超过 5 个时，应进行 100％的重复样品分析）和 1 个至 2 个同矿种标准物质验证试验。

③ 重复性分析，具体要求参见标准。

第三节　原子光谱法应用于钨矿石、钼矿石的分析

一、应用概况

原子光谱法应用于钨矿石的分析，主要体现在矿产中铜、钴、锌、铅、锡、铝、铬、钒、锰、镍、砷、镉、汞等元素的分析，分析方法主要有原子吸收光谱法、原子荧光光谱法。本节以讲述应用实例为主，每种原子光谱分析方法都以现行有效的国家或行业标准为实例，重点讲述样品的前处理方法、测定过程及注意事项。

原子吸收光谱法测定钨矿产中的元素含量的方法已经非常成熟，表 7-23 和表 7-24 列举

了原子吸收光谱法和原子荧光光谱法应用于钨矿石和钼矿石的分析。

表 7-23　原子吸收光谱法在钨矿石、钼矿石中应用分析

适用范围	测项	测定范围（质量分数）/%	干扰物质			国标号
			波长/nm	原子化器	原子化器条件	
钨矿石、钼矿石	铜	0.001～5	324.7	火焰	空气-乙炔火焰	GB/T 14352.3—2010
	铅	0.01～5	283.3	火焰	空气-乙炔火焰	GB/T 14352.4—2010
	锌	0.01～2	213.8	火焰	空气-乙炔火焰	GB/T 14352.5—2010
	镉	0.0005～0.1	228.8	火焰	空气-乙炔火焰	GB/T 14352.6—2010
	钴	0.001～0.1	240.7	火焰	空气-乙炔火焰	GB/T 14352.7—2010
	镍	0.001～0.1	232.0	火焰	空气-乙炔火焰	GB/T 14352.8—2010
	铋	0.02～1	223.1	火焰	空气-乙炔火焰	GB/T 14352.11—2010
	银	0.00005～0.002	328.1	火焰	空气-乙炔火焰	GB/T 14352.12—2010

表 7-24　原子荧光光谱法在钨矿石、钼矿石中应用分析

适用范围	测项	测定范围/($\mu g/g$)	仪器条件				国标号
			灯电流/mA	载气流量/(L/min)	屏蔽气流量/(L/min)	原子化器的高度/mm	
钨矿石、钼矿石	锡	0.5～2000	70	300	800	8	GB/T 14352.13—2010

二、分析方法

(一) 原子吸收光谱法在钨矿石和钼矿石中的应用

原子吸收光谱法测定钨矿石、钼矿石中其他杂质元素含量的方法已经非常成熟，表 7-23 列举了原子吸收光谱法在进行元素分析中相关的测定范围、仪器条件等。原子吸收光谱法分析元素含量的一般步骤，包括样品制备、测定条件的选择和分析方法的确定。

1. 样品的制备

按 GB/T 14505 的相关要求，加工试样粒径应小于 $97\mu m$。

试样应在 105℃ 预干燥 2h，含硫矿物的试样在 60～80℃ 的鼓风干燥烘箱内干燥 2～4h，然后置于干燥器中，冷却至室温。

2. 样品的称取

(1) 试样量

具体要求参见相应标准。

(2) 空白试验

随同试料进行双份空白试验，所用试剂应取自同一试剂瓶，加入同等的量。

(3) 验证试验

随同试料分析同矿种、含量相近的标准物质。

3. 样品的消解

分解钨矿石和钼矿石多用氢氟酸＋王水＋高氯酸进行酸消解，也采用其他混合酸的形式：如盐酸＋硝酸＋氢氟酸＋高氯酸、高氯酸＋盐酸＋硝酸＋氢氟酸，也有直接用王水进行消解。根据被测元素的不同，所用方法不尽相同，下面详细介绍不同的消解方法。

铜含量测定的消解方法：将试料置于 30mL 聚四氟乙烯坩埚中，加入 5mL 盐酸、5mL 硝酸、10mL 氢氟酸、1mL 高氯酸，置于电热板上加热并时常摇动至试料分解完全，继续加热至高氯酸烟冒尽，取下稍冷。

铅含量测定的消解方法：将试料置于聚四氟乙烯烧杯中，加入 10mL 氢氟酸，加盖，放置过夜，移去盖子，加入 10mL 王水、0.5mL 高氯酸，加盖，在低温电热板上微沸 30min，用适量水冲洗盖子，继续在电热板上加热至高氯酸白烟冒尽，取下冷却。

铋含量测定的消解方法：将试料置于 150mL 烧杯中，加入适量水润湿，加 20mL 王水，盖上表面皿，在低温电热板上微沸 1～1.5h，控制体积 10mL 左右，取下冷却。

锌含量测定的消解方法：将试料置于聚四氟乙烯烧杯中，加入 10mL 氢氟酸，加盖，放置过夜，移去盖子，加入 10mL 王水、0.5mL 高氯酸，加盖，在低温电热板上微沸 30min，用适量水冲洗盖子，继续在电热板上加热至高氯酸白烟冒尽，取下冷却。

镉含量测定的消解方法：将试料置于聚四氟乙烯烧杯中，加入 10mL 氢氟酸，加盖，放置过夜，移去盖子，加入 10mL 王水、0.5mL 高氯酸，加盖，在低温电热板上微沸 30min，用适量水冲洗盖子，继续在电热板上加热至高氯酸白烟冒尽，取下冷却。

钴含量测定的消解方法：将试料置于聚四氟乙烯烧杯中，加入 10mL 氢氟酸、10mL 王水、0.5mL 高氯酸，加盖，在低温电热板上微沸 30min，用适量水冲洗盖子，继续在电热板上加热至高氯酸白烟冒尽，取下冷却。

镍含量测定的消解方法：将试料置于聚四氟乙烯烧杯中，加入 10mL 氢氟酸、10mL 王水、0.5mL 高氯酸，加盖，在低温电热板上微沸 30min，用适量水冲洗盖子，继续在电热板上加热至高氯酸白烟冒尽，取下冷却。

银含量测定的消解方法：称取试料量于 100mL 塑料烧杯中，用适量水润湿。加 1mL 高氯酸、15mL 盐酸，在电热板上加热分解几分钟。取下稍冷后，加 5mL 硝酸。待剧烈作用停止后，加 5mL 氢氟酸，在电热板上加热分解，并蒸发至高氯酸烟冒尽。

被测元素湿法消解溶解盐类的条件见表 7-25。

表 7-25 被测元素湿法消解溶解盐类的条件

被测元素	溶解盐类方法
铜	加入 5mL 盐酸(1+1)，温热溶解盐类，取下，冷却至室温，移入 50mL 容量瓶中，并稀释至刻度，摇匀（试料溶液 A 液）
铅	加入 5mL 硝酸(1+1)、5mL 硼酸溶液(60g/L)，温热溶解盐类，取下，冷至室温后，用水移入 50mL 容量瓶中，并稀释至刻度，摇匀，澄清（A 液）
铋	用盐酸(1+9)吹洗表面皿，并将溶液移入 50mL 容量瓶中，稀释至刻度，摇匀，放置溶液澄清（A 液）

4. 标准溶液的配制

具体内容参见相应标准。

5. 样品的测定

按照仪器操作说明书，用原子吸收分光光度计，参照仪器工作条件（表 7-26），调整仪器参数至最佳状态。分别测量校准系列溶液和试料溶液的吸光度值，同时进行空白试验溶液和验证试验溶液的测定。

表 7-26 原子吸收分光光度计参考工作条件

被测元素	波长/nm	灯电流/mA	单色器通带/nm	燃烧器高度/mm	空气压力/MPa	乙炔压力/MPa
铜	324.7	7.5	1.3	7.5	0.16	0.03
铅	283.3	7.5	1.3	7.5	0.16	0.03
锌	213.8	10	1.3	7.5	0.16	0.02
镉	228.8	7.5	1.3	7.5	0.16	0.03
钴	240.7	7.5	1.3	7.5	0.16	0.03
镍	232.0	10	0.2	10	0.16	0.03
铋	223.1	10	0.2	—	—	—
银	328.1	7.5	1.8	7.5	0.16	0.02

6. 样品的结果

根据被测元素的灵敏度及其在样品中的含量来配制标准溶液系列，测出标准系列的吸光度，以被测元素量为横坐标，吸光度为纵坐标，绘制校准曲线，从曲线上得试样中被测元素的含量。

(二) 原子荧光光谱法在钨矿石和钼矿石中的应用

原子荧光光谱法应用于钨矿石、钼矿石中的元素含量的方法，主要用于测定锡元素的含量，表 7-24 列出了原子荧光光谱法分析锡元素含量的相关测定范围、仪器条件等。原子荧光光谱法分析元素含量的一般步骤，包括样品的制备、样品的称取、样品的消解、标准溶液系列配制、样品的测定、标准曲线绘制及结果的计算。

以钨矿石、钼矿石（GB/T 14352.13—2010）为例，本标准规定了测定钨矿石、钼矿石中锡量测定的原子荧光法。本标准方法锡的测定范围为 $0.5 \sim 2000 \mu g/g$。

试料以过氧化钠熔融分解，用热水浸取，分取清液，加入硫脲-抗坏血酸的混合溶液，以盐酸调节 pH 值，在盐酸介质中，以酒石酸为载流，于原子荧光分光光度计上测定荧光强度，计算锡量。

1. 样品的制备

按 GB/T 14505 的相关要求，加工试样粒径应小于 $97 \mu m$。试样应在 105℃ 预干燥 2h，含硫矿物的试样在 $60 \sim 80$℃ 的鼓风干燥烘箱内干燥 $2 \sim 4h$，然后置于干燥器中，冷却至室温。

2. 样品的称取

（1）试样量

根据试样中锡量按表 7-27 称取试料量，精确至 0.1mg。

表 7-27 试料量

锡量/%	试料量/g	分取试液体积/mL
$0.1 \sim 0.2$	0.1	5.00
$0.01 \sim 0.1$	0.2	10.00
$0.001 \sim 0.0001$	0.5	20.00

（2）空白试验

随同试料进行双份空白试验，所用试剂应取自同一试剂瓶，加入同等的量。

（3）验证试验

随同试料分析同矿种、含量相近的标准物质。

3. 样品的消解

将试料置于刚玉坩埚中，加入 3g 过氧化钠，搅匀，再覆盖 1g 过氧化钠，加盖，置于升温至 650℃ 的高温炉中，在 700℃ 熔融 $5 \sim 10min$ 至熔融物清澈透亮即可取出，稍冷。将坩埚和盖置于 250mL 烧杯中，加入 50mL 热水，立即盖上表面皿，待剧烈作用停止熔融物脱落后，加热煮沸 5min，取下稍冷，吹洗表面皿，用热水洗出坩埚和盖，溶液转移至 100mL 容量瓶中，水稀释至刻度，摇匀。

分取清液置于 50mL 容量瓶中，加 5mL 硫脲-抗坏血酸溶液，酚酞溶液（1.0g/L）1 滴，以盐酸（1+1）调至溶液由红色至无色，加入 2mL 盐酸（1+1）、5mL 酒石酸溶液（100g/L），用水稀释至刻度，摇匀。

4. 标准溶液系列配制

具体内容参见相应标准。

5. 样品的测定

参照表 7-28 原子荧光分光光度计工作条件，以酒石酸溶液为载流，分别测量标准溶液、试料溶液、空白试验溶液和验证试验溶液中锡的荧光强度。

表 7-28　原子荧光分光光度计的参考工作条件

灯电流/mA	负高压/V	原子化器的高度/mm	进样量/mL	载气流速/(mL/min)	屏蔽气流速/(mL/min)	读数时间/s	延迟时间/s
70	270	8	0.5	300	800	10	0.5

第四节　原子光谱法应用于金矿石及金精矿的分析

一、应用概况

原子光谱法应用于金矿石及金精矿的分析，主要体现在矿产中铜、钴、锌、铅、锡、铝、铬、钒、锰、镍、砷、镉、汞等元素的分析，分析方法主要有原子吸收光谱法、电感耦合等离子体质谱法。本节以讲述应用实例为主，每种原子光谱分析方法都以现行有效的国家或行业标准为实例，重点讲述样品的前处理方法、测定过程及注意事项。

表 7-29 和表 7-30 分别列出原子吸收光谱法和原子荧光光谱法在金矿石及金精矿中进行元素分析中的应用。

表 7-29　原子吸收光谱法在金矿石、金精矿分析中的应用

适用范围	测项	测定范围（质量分数）/%	检出限/(μg/mL)	波长/nm	原子化器	原子化器条件	国标号
金矿石	金	0.000010～0.0100	0.23	242.8	火焰	空气-乙炔火焰法	GB/T 20899.1—2007
金矿石	银	0.0002～0.1000	0.034	328.1	火焰	空气-乙炔火焰法	GB/T 20899.2—2007
金矿石	铜	0.010～2.00	0.034	324.7	火焰	空气-乙炔火焰法	GB/T 20899.4—2007
金矿石	铅	0.1～5	0.077	283.3	火焰	空气-乙炔火焰法	GB/T 20899.5—2007
金矿石	锌	0.01～1.00	0.0077	213.9	火焰	空气-乙炔火焰法	GB/T 20899.6—2007
金精矿	银	0.001～0.2000	0.034	328.1	火焰	空气-乙炔火焰法	GB/T 7739.2—2007
金精矿	铜	0.050～2.00	0.034	324.7	火焰	空气-乙炔火焰法	GB/T 7739.4—2007
金精矿	铅	0.5～5	0.077	283.3	火焰	空气-乙炔火焰法	GB/T 7739.5—2007
金精矿	锌	0.10～1.0	特征浓度不大于 0.0077	213.9	火焰	空气-乙炔火焰法	GB/T 7739.6—2007

表 7-30　原子荧光光谱法在金矿石、金精矿分析中的应用

适用范围	测项	测定范围（质量分数）/%	检出限/(g/mL)	原子化器	发生器	国标号
金矿石	砷	0.00004～0.20	—	屏蔽式石英炉原子化器	玻璃质氢化物发生器	GB/T 20899.12—2016
金矿石	铋	0.00004～0.20	—	屏蔽式石英炉原子化器	玻璃质氢化物发生器	GB/T 20899.12—2016
金精矿	锑	0.010～0.40	2×10^{-9}	屏蔽式石英炉原子化器	玻璃质氢化物发生器	GB/T 7739.10—2007
金精矿	砷	0.00004～0.20	1×10^{-9}	屏蔽式石英炉原子化器	玻璃质氢化物发生器	GB/T 7739.12—2016
金精矿	铋	0.00004～0.20	1×10^{-9}	屏蔽式石英炉原子化器	玻璃质氢化物发生器	GB/T 7739.12—2016

二、分析方法

（一）原子吸收光谱法在金矿石中的应用

原子吸收光谱法测定钨矿石、钼矿石中的元素含量的方法已经非常成熟，表 7-29 列举了原子吸收光谱法进行金矿石元素分析的相关测定范围、仪器条件等。原子吸收光谱法分析元素含量的一般步骤，包括样品的制备、样品的称取、样品的消解和样品的测定等。

1. 样品的制备

试样应不大于 0.074mm。

试样在 100～105℃烘箱中烘 1h 后，置于干燥器中，冷却至室温。

2. 样品的称取

根据被测元素性质不同，称取量不同。测定铜元素和锌元素时一般称取 0.20g 样品，测定铅元素时则根据铅质量分数不同称取 0.500～0.200g，银元素的称取见表 7-31，精确至 0.0001g。测定金元素时，根据金矿石的组成和还原力，称取量一般为 20～50g，精确至 0.01g。独立地进行两次测定，取其平均值。随同试料进行双份空白试验。

3. 样品的消解

铜：将试料置于 200mL 烧杯中，用少量水润湿，加入 15mL 盐酸，盖上表面皿，于电热板上低温加热溶解 5min，加 5mL 硝酸、5mL 高氯酸（试样含硅高时，加入 5mL 氢氟酸，用聚四氟乙烯塑料烧杯溶解试料），继续加热，待试料完全溶解后，蒸至近干，取下。加入 5mL 盐酸，用水吹洗表面皿及杯壁，加热使盐类完全溶解，取下冷至室温。

根据试样中被测元素含量按表 7-31（a）移入相应的容量瓶中，用水稀释至刻度，混匀。

表 7-31（a）　分取体积

被测元素	质量分数/%	试液体积/mL	分取体积/mL	稀释体积/mL	补加盐酸/mL
铜	0.010～0.050	50	—	—	—
	>0.050～0.10	100	—	—	—
	>0.10～0.50	100	10.00	50	2.0
	>0.50～2.00	100	10.00	100	4.5

铅、锌：将试料置于 200mL 烧杯中，用少量水润湿，加入 15mL 盐酸，置于电热板上低温加热数分钟，取下稍冷。加入 5mL 硝酸、2～3mL 高氯酸（试样含硅量高时，加入 5mL 氢氟酸，用聚四氟乙烯塑料烧杯溶解试料），蒸至近干，取下冷却。加入 10mL 盐酸（1+1），煮沸溶解盐类，取下冷至室温。按表 7-31（b）将溶液移入 100mL 容量瓶中，用水稀释至刻度，混匀。

表 7-31（b）　分取体积

被测元素	质量分数/%	容量瓶体积/mL	试液分取量/mL	补加盐酸(1+1)/mL
铅	0.50～2.00	100	20.00	8.0
	>2.00～4.00	100	10.00	9.0
	>4.00～5.00	100	5.00	9.5
锌	0.010～0.050	—	—	—
	>0.050～0.20	100	25.00	7.5
	>0.20～0.50	100	10.00	9.0
	>0.50～1.00	100	5.00	9.5

银：将试料置于 250mL 烧杯中，用少量水润湿，加入 10mL 盐酸，加热 2～3min，加入 8mL 硝酸，加热 3～5min，加入 5mL 高氯酸（试样含硅量高时，加入 5mL 氢氟酸，用聚四氟乙烯塑料烧杯溶解试料），继续加热至冒浓白烟，蒸至湿盐状，取下冷却。加入少量盐酸和水，加热使可溶性盐类溶解，冷却至室温。按表 7-31（c）将试料移入容量瓶中，用盐酸溶液（3+17）稀释至刻度，混匀。静置澄清。

表 7-31（c）　试样量

被测元素	质量分数/%	试料量/g	容量瓶体积/mL
银	2.00~50.0	1.0000	25
	>50.0~100	1.0000	50
	>100~500	0.5000	100
	>500~1000	0.2000	100

金：将金银合粒薄片置于 100mL 烧杯中，加入 5mL 硝酸（1+2），低温加热溶解银，小心倾去溶液，加入 2mL 王水，低温加热至完全溶解，蒸发近干，加入 1mL 盐酸，加热溶解盐类，取下冷却至室温。按表 7-31（d）移入容量瓶中，用盐酸溶液稀释至刻度，混匀。

表 7-31（d）　试样量

被测元素	质量分数/%	容量瓶体积/mL	分取试料体积/mL	稀释容量瓶体积/mL
金	0.10~1.00	10	—	—
	>1.00~5.00	50	—	—
	>5.00~10.0	100	—	—
	>10.0~50.0	100	20	100
	>50.0~100.0	100	10	100

4. 样品的测定

采用原子吸收分光光度计，根据被测元素条件进行测定（表 7-32）。使用空气-乙炔火焰，以水调零，测量试液的吸光度，减去随同试料的空白试验溶液的吸光度，从工作曲线上查出相应的浓度。

表 7-32　测定条件

被测元素	测定范围(质量分数)/%	检出限/(μg/mL)	波长/nm
金	1.00×10^{-5}~100.0×10^{-4}	0.23	242.8
银	2×10^{-4}~1000×10^{-4}	0.034	328.1
铜	0.010~2.00	0.034	324.7
铅	0.1~5	0.077	283.3
锌	0.01~1.00	0.0077	213.9

（二）原子吸收光谱法在金精矿中的应用

1. 样品的制备

试样粒度不大于 0.074mm。试样在 100~105℃ 烘箱中烘 1h 后，置于干燥器中冷却至室温。

2. 样品的称取

称取 0.20g 试样，精确至 0.0001g。独立地进行两次测定，取其平均值。随同试料做空白试验。

3. 样品的消解

银：将铜金精矿、铅金精矿试料置于 250mL 烧杯中，加少量水润湿，加入 5mL 硝酸，加热 3~5min，加入 10mL 高氯酸，继续加热至高氯酸冒浓白烟，蒸至湿盐状，取下冷却。加入少量盐酸和水，加热使盐类溶解。

将锑金精矿、铅金精矿试料置于 250mL 聚四氟乙烯塑料烧杯中，加少量水润湿，加入 10mL 盐酸，盖上表面皿，于低温处加热 10min，加入 20mL 氢氟酸、10mL 高氯酸，继续加热至高氯酸冒浓白烟，稍冷后，加入 10mL 盐酸，蒸至冒白烟，再加 10mL 盐酸，蒸至湿盐状，取下冷却。加入少量盐酸和水，加热使盐类溶解。加入 3mL 酒石酸溶液（500g/L）。

将硫金精矿试料置于 35mL 焙烧皿中，放入高温炉中，从低温升至 600℃ 焙烧 1h，取下冷却，移入 250mL 聚四氟乙烯烧杯中，加入 10mL 盐酸，加热 10min，加入 20mL 氢氟酸、10mL 高氯酸，继续加热至高氯酸冒白烟，蒸至湿盐状，取下冷却。加入少量盐酸和水，加热使盐类溶解。

按表 7-33（a）将试液移入容量瓶中，用盐酸溶液（3＋17）稀释至刻度，混匀。静置澄清。

铜：将试料置于 200mL 烧杯中，用少量水润湿，加入 15mL 盐酸，盖上表面皿，于加热板上低温加热溶解 5min，加 5mL 硝酸，继续加热，待试料完全溶解后，蒸至近干，取下。加入 10mL 盐酸（1＋1），用水吹洗表面皿及杯壁，加热使盐类完全溶解，取下冷却至室温。

将试液按表 7-33（b）移入相应的容量瓶中，用水稀释至刻度，混匀。

表 7-33（a）　银试料的分取

银质量分数/(g/t)	试料量/g	容量瓶体积/mL
10.0～100.0	1.0000	50
＞100.0～500	0.5000	100
＞500～1000	0.2000	100
＞1000～2000	0.2000	200

表 7-33（b）　铜试料的分取

铜质量分数/%	试液体积/mL	分取体积/mL	稀释体积/mL	补加盐酸/mL
0.50～0.10	100	—	—	—
＞0.10～0.50	100	10.00	50	4.00
＞0.50～2.00	100	10.00	100	9.00

铅、锌：将试料置于 200mL 烧杯中，用少量水润湿，加入 15mL 盐酸，置于电热板上加热数分钟，取下稍冷。加入 5mL 硝酸（如析出单体硫，加入 0.5mL 溴；如试料含碳量较高，加入 2～3mL 高氯酸），蒸至近干，取下冷却，加入 10mL 盐酸（1＋1），煮沸溶解盐类，取下冷至室温。将溶液移入 100mL 容量瓶中，用水稀释至刻度，混匀，静置。

按表 7-33（c）分取试液并补加盐酸（1＋1）于容量瓶中，用水稀释至刻度，混匀。

表 7-33（c）　其他试料的分取

铅质量分数/%	试液分取量/mL	补加盐酸量/mL	容量瓶体积/mL
0.50～2.00	25.00	7.5	100
2.00～4.00	10.00	9.0	100
4.00～5.00	5.00	9.5	100
锌质量分数/%	试液分取量/mL	补加盐酸量/mL	容量瓶体积/mL
0.10～0.20	25.00	7.5	100
0.20～0.50	10.00	9.0	100
0.50～1.00	5.00	9.5	100

4. 样品的测定

采用原子吸收分光光度计，根据被测元素条件进行测定（表 7-34）。使用空气-乙炔火焰，以水调零，测量试液的吸光度，减去随同试料的空白试验溶液的吸光度，从工作曲线上查出相应的浓度。

表 7-34　测定条件

被测元素	测定范围(质量分数)/%	检出限/(μg/mL)	波长/nm
银	10～2000g/t	0.034	328.1
铜	0.050～2.00	0.034	324.7
铅	0.5～5	0.077	283.3
锌	0.10～1.0	特征浓度不大于 0.0077	213.9

(三) 原子荧光光谱法在金矿石中的应用

原子荧光光谱法测定析金矿石中砷、铋含量的原理：试料经硝酸、硫酸溶解，用抗坏血酸进行预还原，以硫脲掩蔽铜，在氢化物发生器中，砷和铋被硼氢化钾还原为氢化物，用氩气导入石英炉原子化器中，于原子荧光光谱仪上测量其荧光强度。按标准曲线法计算砷和铋量。

1. 样品的制备

① 试样粒度应不大于 0.074nm。

② 试样在 100～105℃烘 1h 后，置于干燥器中冷至室温。

2. 样品的称取

称取 0.20g 试样，精确至 0.0001g。独立地进行两次测定，取其平均值。随同试料做空白试验。

3. 样品的测定

① 将试料置于 300mL 烧杯中，用少量水润湿，加入约 0.1g 氯酸钾与试料混匀，加 10mL 硝酸，盖上表面皿，置于低温电热板上加热溶解（试样中含硫量高时，反复加少量氯酸钾至无单质硫析出为止），蒸至小体积，稍冷，加 5mL 硫酸，混匀，加热至冒烟，取下冷却，加 30mL 盐酸，用水吹洗表面皿及杯壁至 70mL 左右，低温加热至可溶性盐类溶解，取下冷却，移入 100mL 容量瓶中，用水稀释至刻度。

② 按表 7-35 分取上述溶液于已盛有 60mL 水、10mL 王水的 100mL 容量瓶中，加 10mL 硫脲-抗坏血酸混合溶液，用水稀释至刻度，混匀。

③ 移取 2mL 上述待测溶液于氢化物发生器中，以恒定速率加入硼氢化钾溶液，以随同试料的空白试验溶液为参比，测量其荧光强度。从工作曲线上查出相应的砷浓度和铋浓度。

表 7-35　试料的分取

砷和铋的质量分数/%	分取试液体积/mL
0.01～0.10	10.00
>0.10～0.20	5.00
>0.20～0.50	2.00

4. 标准溶液的配制

具体内容参见相关标准。

第五节　原子光谱法应用于硅酸盐岩石的分析

一、应用概况

原子光谱法应用于硅酸盐岩石的分析，主要体现在硅酸盐岩石中铁、硅、铝、钙、钡、镁、钾、铜、镍、锌、磷、钴、铬、钒、砷、铅和钛等元素的分析，分析方法主要有原子吸收光谱法、原子荧光光谱法、电感耦合等离子体发射光谱法、电感耦合等离子体质谱法。本节以讲述应用实例为主，每种原子光谱分析方法都以现行有效的国家或行业标准为实例，重点讲述样品的前处理方法、测定过程及注意事项。

表 7-36 和表 7-37 分别列出了原子吸收光谱法和电感耦合等离子体质谱法分析硅酸盐岩石中元素含量的应用。

表 7-36　原子吸收光谱法分析硅酸盐岩石中元素含量的测定

适用范围	测项	测定范围 （质量分数）/%	仪器条件			国标号
			波长/nm	原子化器	原子化器条件	
硅酸盐岩石	氧化钙	0.1～5	422.7	火焰	空气-乙炔火焰	GB/T 14506.6—2010
	氧化镁	0.01～1	285.2	火焰	空气-乙炔火焰	GB/T 14506.7—2010
	氧化锰	0.005～1	279.5	火焰	空气-乙炔火焰	GB/T 14506.10—2010
	氧化钠	0.05～8	589.6	火焰	空气-乙炔火焰	GB/T 14506.11—2010
	氧化钾	0.05～8	766.5	火焰	空气-乙炔火焰	
	锂	0.0005～0.0250	670.8	火焰	空气-乙炔火焰	GB/T 14506.15—2010
	铷	0.0010～0.0500	780.0	火焰	空气-乙炔火焰	GB/T 14506.16—2010
	锶	0.0010～0.1000	460.7	火焰	空气-乙炔火焰	GB/T 14506.17—2010
	铜	0.0005～0.0500	324.7	火焰	空气-乙炔火焰	GB/T 14506.18—2010
	铅	0.0005～0.0500	283.3	火焰	空气-乙炔火焰	GB/T 14506.19—2010
	锌	0.0005～0.0200	213.9	火焰	空气-乙炔火焰	GB/T 14506.20—2010

表 7-37　ICP-MS 法分析硅酸盐岩石中元素含量的测定

适用范围	测项	测定范围/(μg/g)	检出限/(μg/g)	国标号
硅酸盐岩石	锰	4.0～5000	4.0	GB/T 14506.29—2010
	钴	0.2～500	0.2	
	钇	0.03～100	0.03	
	锆	5～2000	5.0	
	铌	0.2～200	0.2	
	钡	5～2000	5.0	
	镧	0.05～500	0.05	
	铈	0.05～500	0.05	
	镨	0.01～100	0.01	
	钕	0.05～100	0.05	
	钐	0.02～50	0.02	
	铕	0.01～50	0.01	
	钆	0.05～50	0.05	
	铽	0.03～50	0.03	
	镝	0.02～50	0.02	
	钬	0.03～50	0.03	
	铒	0.01～50	0.01	
	铥	0.03～50	0.03	
	镱	0.01～50	0.01	
	镥	0.02～50	0.02	
	铪	0.5～100	0.5	
	钽	0.05～200	0.05	
	锂	1.0～500	1.0	GB/T 14506.30—2010
	铍	0.05～50	0.05	
	钪	0.1～500	0.01	
	钛	30～20000	3.0	
	钒	2.0～500	2.0	
	锰	0.5～5000	0.5	
	钴	0.2～500	0.2	

适用范围	测项	测定范围/(μg/g)	检出限/(μg/g)	国标号
	镍	1.0~500	1.0	
	铜	0.2~500	0.2	
	锌	2.0~500	2.0	
	镓	0.2~100	0.2	
	砷	1.0~500	1.0	
	铷	1.0~1000	1.0	
	锶	0.2~2000	0.2	
	钇	0.01~100	0.01	
	锆	0.05~2000	0.05	
	铌	0.01~200	0.01	
	钼	0.2~100	0.2	
	镉	0.02~20	0.02	
	铟	0.005~10	0.005	
	铯	0.02~100	0.02	
	钡	0.5~2000	0.5	
	镧	0.01~500	0.01	
	铈	0.01~500	0.01	
	镨	0.01~100	0.01	
硅酸盐岩石	钕	0.01~100	0.01	GB/T 14506.30—2010
	钐	0.01~50	0.01	
	铕	0.003~50	0.003	
	钆	0.01~50	0.01	
	铽	0.003~50	0.003	
	镝	0.003~50	0.003	
	钬	0.003~50	0.003	
	铒	0.003~50	0.003	
	铥	0.003~50	0.003	
	镱	0.01~50	0.01	
	镥	0.003~50	0.003	
	铪	0.01~100	0.01	
	钽	0.1~100	0.1	
	钨	0.05~100	0.05	
	铊	0.1~50	0.1	
	铅	0.1~500	0.1	
	铋	0.05~100	0.05	
	钍	0.8~100	0.8	
	铀	0.003~100	0.003	

二、分析方法

(一) 原子吸收光谱法在硅酸盐岩石中的应用

原子吸收光谱法测定硅酸盐岩石中的元素含量的方法已经非常成熟,表7-36列举了原子吸收光谱法在硅酸盐岩石中进行元素分析的相关测定范围、仪器条件等。原子吸收光谱法分析元素含量的一般步骤,包括样品的制备、样品的称量、样品的消解和样品的测定等。

1. 样品的制备

粒径应小于 $74\mu m$。试样应在 105℃ 预干燥 2~4h,置于干燥器中,冷却至室温。对易吸水的岩石,应取空气干燥试样。在称样的同时按 GB/T 14506.1 进行吸附水量的测定。最终以干态计算结果。

2. 样品的称量

根据含量范围按表 7-38 称取试料量和分取试料溶液。

表 7-38　试料量与分取试料溶液

测项	含量范围/%	试料量/g	分取试料溶液/mL	分取滤液 A/mL
氧化镁	<0.1	0.2	—	25.00
	0.1~0.5	0.1	10.00	10.00
	>0.5	0.1	5.00	5.00
氧化钙	<1	0.2	—	25.00
	1~5	0.1	25.00	10.00
	>5~10	0.1	10.00	5.00
	>10	0.1	5.00	5.00
氧化锰	<1	0.2	—	25.00
	>1	0.2	10.00	10.00
氧化钾和氧化钠	<1	0.2	—	25.00
	1~5	0.1	10.00	10.00
	>5	0.1	5.00	5.00

注:滤液 A 为 GB/T 14506.3 中(3.5.5.4)或(4.5.5.4)分离二氧化硅后的滤液。

3. 样品的消解

硅酸盐岩石样品测定不同元素含量的消解方法:

测定氧化钙含量时:分取测定二氧化硅后所得的滤液,置于 100mL 容量瓶中,补加盐酸至酸度为 2%,加水至体积 50~60mL,加 1mL 氯化锶溶液,用水稀释至刻度,摇匀。

注:含 1%~5% 氧化钙的滤液,分取 25.0mL 稀释至 100mL,再分取所需量进行处理测定。

测定氧化镁含量时:按分取分离二氧化硅后的滤液,置于 100mL 容量瓶中,补加盐酸至酸度为 2%,加水至 50~60mL,加 10mL 氯化锶溶液,用水稀释至刻度,摇匀。

注:含 0.1%~1% MgO 的滤液,需经过一次稀释,即:分取 25.0mL 滤液稀释至 100mL 后再分取所需量进行处理测定。

测定氧化锰含量时:按分解分离二氧化硅后的滤液,置于 100mL 或 50mL 容量瓶中,补加盐酸至酸度为 2%,用水稀释至刻度,摇匀。

测定氧化钾和氧化钠含量时:将试料置于坩埚中,用少许水润湿,加 1mL 硫酸、10mL 氢氟酸,低温加热分解至冒白烟,取下冷却,用水冲洗坩埚内壁,再加热蒸发至白烟冒尽,取下冷却,加 2mL 硝酸、5~10mL 水,加热使可溶性盐类溶解,取下冷却,移入 100mL 容量瓶中,用水稀释至刻度,摇匀。

测定氧化锂的含量:将试料置于聚四氟乙烯坩埚中,用水润湿,加 1mL 硫酸、10~15mL 氢氟酸,置于加热板上加热分解,蒸干(若样品分解不完全,可在未蒸干前补加氢氟酸继续蒸干)。取下冷却,向坩埚中加 2mL 硫酸、10~15mL 水,加热溶解残渣,冷却,移入已盛有 5mL 钾盐溶液的 50mL 容量瓶中,用水稀释至刻度,摇匀。与校准溶液系列同时测量。

注:如果含量超过校准曲线,可吸取部分清液至另一容量瓶中,补加适量硫酸与钾盐溶液,用水稀释至刻度,摇匀,继续测量。也可用空白试验溶液稀释后测量。

测定铜元素的含量:将试料置于 100mL 聚四氟乙烯烧杯中,用水润湿,加 15mL 盐酸,盖上表面皿,置于电热板上加热分解,煮沸 5min,取下稍冷,加 5mL 硝酸,继续加热至剧烈反应停止,稍冷,用水冲洗表面皿并移去,加 20mL 氢氟酸、3~4mL 高氯酸,于电热板上加热蒸发至高氯酸刚开始冒烟，取下冷却，用水冲洗杯壁，继续加热至高氯酸白烟冒尽（若样品分解不完全，可在未蒸干前补加氢氟酸继续蒸干）。取下冷却，沿杯壁加入 5mL 盐酸，加热使盐类溶解。冷却至室温，用水移入 50mL 容量瓶中并稀释至刻度，摇匀。

注 1：为防止残留的痕量氟对玻璃器皿的侵蚀，使空白值增高，试料溶液应尽快测定，或在试料溶液与校准溶液系列中各加入 5mL 饱和硼酸溶液，再用水稀释至刻度，摇匀后测量。

注 2：如果含量超过校准曲线，可吸取部分清液至另一容量瓶中，补加适量盐酸至酸度为 5%，用水稀释至刻度，摇匀后继续测量。随同试料的空白试验溶液也应用同样方法进行稀释。

测定锌元素的含量：将试料置于 100mL 聚四氟乙烯烧杯中，用水润湿，加 15mL 盐酸，盖上表面皿，置于电热板上加热分解，煮沸 5min，取下稍冷，加 5mL 硝酸，继续加热至剧烈反应停止，稍冷，用水冲洗表面皿并移去，加 20mL 氢氟酸、3～4mL 高氯酸，于电热板上加热蒸发至高氯酸刚开始冒烟，取下冷却，用水冲洗杯壁，继续加热至高氯酸白烟冒尽（若样品分解不完全，可在未蒸干前补加氢氟酸继续蒸干）。取下冷却，沿杯壁加入 5mL 盐酸，加 5mL 饱和硼酸溶液，加热使盐类溶解。冷却至室温，用水移入 50mL 容量瓶中并稀释至刻度，摇匀，放置 20min 后测定。

注 1：试料溶液应尽快测定，以防止残留的痕量氟对玻璃器皿的侵蚀，使空白值增高。

注 2：含量超过校准曲线时，随同试料的空白试液溶液进行稀释。

测定铅元素的含量：将试料置于 100mL 聚四氟乙烯坩埚中，用水润湿，加 15mL 盐酸，盖上表面皿，置于电热板上加热分解，煮沸 5min，取下稍冷，加 5mL 硝酸，继续加热至剧烈反应停止，稍冷，用水冲洗表面皿并移去，加 20mL 氢氟酸、3～4mL 高氯酸，于电热板上加热蒸发至高氯酸刚开始冒烟，取下冷却，用水冲洗杯壁，继续加热至高氯酸白烟冒尽（若样品分解不完全，可在未蒸干前补加氢氟酸继续蒸干）。取下冷却，沿杯壁加入 5mL 盐酸，加热使盐类溶解。冷却至室温，用水移入 50mL 容量瓶中并稀释至刻度，摇匀。

注 1：为防止残留的痕量氟对玻璃器皿的侵蚀，使空白值增高，试料溶液应尽快测定，或在试料溶液与校准溶液系列中各加入 5mL 饱和硼酸溶液，再用水稀释至刻度，摇匀后测量。

注 2：如果含量超过校准曲线，可吸取部分清液至另一容量瓶中，补加适量盐酸至酸度为 5%，用水稀释至刻度，摇匀后继续测量。随同试料的空白试液溶液也应用同样方法进行稀释。

测定锶元素的含量：将试料置于镍坩埚中，加入 4g 氢氧化钠与 1g 无水碳酸钠，盖上坩埚盖，放入马弗炉中，升温至 700℃，熔融 20min，取出冷却。

碳酸锶沉淀的分离：将坩埚连同盖子放入 150mL 烧杯中，加 50mL 水，加热提取熔块，洗出坩埚与坩埚盖，稀释体积至约 80mL，用慢速滤纸过滤。用碳酸钠溶液洗烧杯和沉淀各 4～5 次，水洗 1 次，弃去滤液与洗液。用盐酸将沉淀溶解于原烧杯中，用水洗滤纸至无色。

试料溶液的制备：将溶液加热蒸干，加 1mL 硝酸，温热溶解盐类，用水稀释至约 20mL，加入 5mL 硝酸镧溶液和 1mL EDTA 溶液，移入 50mL 容量瓶中，用水稀释至刻度，摇匀。与校准溶液系列同时测量。

注 1：EDTA 在碱性溶液中放置 2～3d 后，可能有结晶析出，并不影响测定。但最好在加入 EDTA 的当天完成测定。

注 2：如果含量超过校准曲线，可吸取部分溶液至另一容量瓶中，补加适量硝酸、硝酸镧溶液和 EDTA 溶液，用水稀释至刻度，摇匀，继续测量。也可用空白试验溶液稀释后测量。

测定铷元素的含量：将试料置于聚四氟乙烯坩埚中，用水润湿，加 1mL 硫酸、10～15mL 氢氟酸，置于电热板上加热分解，蒸干（若样品分解不完全，可在未蒸干前补加氢氟酸继续蒸干）。取下冷却，向坩埚中加 2mL 硫酸、10～15mL 水，加热溶解残渣，冷却，移入已盛有 5mL 钾盐溶液的 50mL 容量瓶中，用水稀释至刻度，摇匀。与校准溶液系列同时测量。

注：如果含量超过校准曲线，可吸取部分清液至另一容量瓶中，补加适量硫酸与钾盐溶液，用水稀释至刻度，摇匀，继续测量，也可用空白试验溶液稀释后测量。

4. 样品的测定

使用原子吸收分光光度计，根据被测元素条件进行测定。

（二）电感耦合等离子体质谱法测定硅酸盐岩石中 22 个元素含量

GB/T 14506.29—2010 规定了硅酸盐岩石中稀土等 22 个元素含量的过氧化钠熔样-电感耦合等离子体质谱（ICP-MS）测定方法。

本部分适用于硅酸盐岩石中锰、钴、钇、锆、铌、钡、镧、铈、镨、钕、钐、铕、钆、铽、镝、钬、铒、铥、镱、镥、铪和钽等 22 个元素含量的测定，也适用于土壤、沉积物样品中上述元素含量的测定。

原理：采用过氧化钠熔融法分解样品，被测元素在碱性介质中随基体元素一起沉淀，通过过滤分离掉大量熔剂，再将沉淀用酸溶解，用 ICP-MS 直接测定。

1. 样品的制备

试样粒径应小于 $74\mu m$。试样应在 105℃预干燥 2～4h，置于干燥器中，冷却至室温。对易吸水的岩石，应取空气干燥试样，在称样的同时，按 GB/T 14506.1 进行吸附水量的测定。最终以干态计算结果。

2. 样品的称取

（1）空白试验

随同试料进行双份空白试验，所用试料取自同一瓶，加入同等的量。

（2）样品

准确称取 100mg（精确至 0.01mg）。

（3）验证试验

随同试料分析同矿种、含量相近的标准物质。

3. 样品的消解

称取好的试料置于热解石墨坩埚中，加 1g 过氧化钠，混匀，再加 0.5g 过氧化钠覆盖。将热解石墨坩埚放在瓷坩埚中，盖上盖子，放入已升温至 700℃的马弗炉中加热至样品呈熔融状，取出。石墨坩埚冷却后，将其放入装有大约 80mL 沸水的烧杯中，在电热板上加热至熔融物完全溶解。洗出石墨坩埚，玻璃烧杯盖上表面皿，放置过夜。提取液用滤纸过滤。用氢氧化钠溶液（20mg/mL）冲洗烧杯和沉淀，弃去滤液。用热硝酸（1+1）溶解沉淀，冷却后用硝酸（1+1）稀释至 25mL。取其中的 1mL 溶液用水稀释至 10mL，该溶液直接用于 ICP-MS 测定。

4. 标准溶液的配制

具体内容参见相应标准。

5. 样品的测定

以某四极杆电感耦合等离子体质谱仪为例的工作参数见表 7-39。

表 7-39　电感耦合等离子体质谱仪工作参考条件

参数	设定值	参数	设定值
ICP 功率/W	1350	跳峰	3 点/质量
冷却气流量/(L/min)	13.0	停留时间	10ms/点
辅助气流量/(L/min)	0.7	扫描次数	40 次
雾化气流量/(L/min)	1.0	测量时间	60s
取样锥孔径/mm	1.0	—	—
截取锥孔径/mm	0.7	—	—

按照仪器操作说明书规定条件启动电感耦合等离子体质谱仪。仪器能对 5～250amu 质量范围内进行扫描，最小分辨率为在 5% 峰高处 1amu 峰宽。以四极杆电感耦合等离子体质谱仪为例，选择分析同位素和内标元素，编制样品分析表。

本部分测定元素的分析同位素、内标、方法检出限及测定范围参见相关标准。

调谐：仪器点燃后至少稳定 30min，在此期间用含 1ng/mL 铍、钴、铟、铈、铀的调谐溶液进行仪器参数最佳化调试。在测定过程中通过三通在线引入内标元素混合溶液。

校准：以校准空白溶液为零点，一个或多个浓度水平的校准标准建立校准曲线。校准数据采集至少 3 次，取其平均值。

每批样品测定时，同时测定实验室试剂空白溶液。

每批样品测定的同时分析单元素干扰溶液，以获得干扰系数 k 并进行干扰校正。

样品测定中间用清洗空白溶液清洗系统。

6. 干扰的消除

干扰系数 k 由式（7-2）计算：

$$k = \frac{\rho_{eq}}{\rho_{in}} \tag{7-2}$$

式中，ρ_{eq} 为干扰物标准溶液测得的相当分析物的等效浓度，$\mu g/mL$；ρ_{in} 为干扰元素标准溶液的已知浓度，$\mu g/mL$。

被分析物的真实浓度 ρ_{tr} 由式（7-3）求出：

$$\rho_{tr} = \rho_{gr} - k\rho_{in} \tag{7-3}$$

式中，ρ_{tr} 为扣除干扰后的真实浓度，$\mu g/mL$；ρ_{gr} 为被分析物存在干扰时测得的总浓度，$\mu g/mL$；k 为干扰系数；ρ_{in} 为被测样品溶液中干扰物的实测浓度，$\mu g/mL$。

（三）电感耦合等离子体质谱法测定硅酸盐岩石中 44 个元素含量

目前采用电感耦合等离子体质谱法分析硅酸盐岩石中元素的国标有 GB/T 14506.30—2010《硅酸盐岩石化学分析方法　第 30 部分：44 个元素量测定》；硅酸盐岩石中的元素及方法检出限和测定下限如表 7-37 所示。

GB/T 14506 规定了硅酸盐岩石中 44 个元素含量的封闭酸溶-电感耦合等离子体质谱（ICP-MS）测定方法。本部分适用于硅酸盐岩石中锂、铍、钪、钛、钒、锰、钴、镍、铜、锌、镓、砷、铷、锶、钇、锆、铌、钼、镉、铟、铯、钡、镧、铈、镨、钕、钐、铕、钆、铽、镝、钬、铒、铥、镱、镥、铪、钽、钨、铊、铅、铋、钍和铀等 44 个元素含量的测定，也适用于土壤、沉积物样品中上述元素含量的测定。本部分不适用于三氧化二铝含量高于 20% 的样品中元素含量的测定。

测定原理：样品用氢氟酸和硝酸在封闭溶样器中溶解，电热板上蒸发赶尽氢氟酸，再用硝酸密封溶解，稀释后用 ICP-MS 外标法直接测定。

1. 样品的采集和保存

（1）试样

按照 GB/T 14506 的相关规定，加工试样粒径应小于 $74\mu m$。试样应在 105℃预干燥 2～4h，置于干燥器中，冷却至室温。对易吸水的岩石，应取空气干燥试样。在称样的同时按 GB/T 14506.1 进行吸附水量的测定。最终以干态计算结果。

（2）空白试验

随同试料进行双份空白试验，所用试剂取自同一瓶，加入同等的量。

（3）验证试验

随同试料分析同矿种、含量相近的标准物质。

2. 样品的消解

① 准确称取 25mg 或 50mg（精确至 0.01mg）试料于封闭溶样器的内罐中。

② 加入 1mL 氢氟酸、0.5mL 硝酸，密封。将溶样器放入烘箱中，加热 24h，温度控制在（185±5）℃左右。

③ 冷却后取出内罐，置于电热板上加热蒸至近干，再加入 0.5mL 硝酸蒸发近干，重复操作此步骤一次。

④ 加入 5mL 硝酸，再次密封，放入烘箱中，130℃加热 3h。

⑤ 冷却后取出内罐，将溶液定量转移至塑料瓶中。用水稀释，定容至 25mL（或 50mL），摇匀。此溶液直接用于 ICP-MS 测定。

3. 标准溶液的配制

具体内容参见相应标准。

4. 仪器条件的选择

仪器能对 5～250amu 质量范围内进行扫描，最小分辨率为在 5％峰高处 1amu 峰宽，以四极杆电感耦合等离子体质谱仪为例的工作参数见表 7-40。

表 7-40　电感耦合等离子体质谱仪工作参考条件

参数	设定值	参数	设定值
ICP 功率/W	1350	跳峰	3 点/质量
冷却气流量/(L/min)	13.0	停留时间	10ms/点
辅助气流量/(L/min)	0.7	扫描次数	40 次
雾化气流量/(L/min)	1.0	测量时间	60s
取样锥孔径/mm	1.0	—	—
截取锥孔径/mm	0.7	—	—

5. 样品的测定

① 按照仪器操作说明书规定的条件启动仪器。选择分析同位素和内标元素，编制样品分析表。测定元素的分析同位素、内标、方法检出限、测定范围及选用的干扰公式参见标准。

② 调谐：仪器点燃后至少稳定 30min，在此期间用含 1ng/mL 铍、钴、铟、铈、铀

的调谐溶液进行仪器参数最佳化调试。在测定过程中通过三通在线引入内标元素混合溶液。

③ 校准：以校准空白溶液为零点，一个或多个浓度水平的校准标准溶液建立校准曲线。校准数据采集至少 3 次，取平均值。

④ 每批样品测定时，同时测定实验室试剂空白溶液。

⑤ 每批样品测定时，同时分析单元素干扰溶液，以获得干扰系数 k 并进行干扰校正。

⑥ 样品测定中间用清洗空白溶液清洗系统。

6. 分析结果的计算

计算公式参见相应标准。

7. 干扰的消除

干扰系数 k 由式（7-2）计算。

被分析物的真实浓度 ρ_{tr} 由式（7-3）求出。

第六节　原子光谱法应用于其他样品的分析

地矿的种类很多，除铁矿石、铜矿石、铅矿石、锌矿石、钨矿石、金矿石及金精矿、硅酸盐岩石外，上述五节没有提到的还有很多，比如钴矿石、锰矿石、镍矿石、铬矿石和铬精矿、铅精矿等，具体方法我们不再赘述。

表 7-41～表 7-44 分别列出了原子吸收分光光度法、原子荧光光谱法、电感耦合等离子体光谱法和电感耦合等离子体质谱法分析其他矿石中元素含量的应用。

表 7-41　原子吸收分光光度法测定地矿中其他矿石元素的含量

适用范围	测项	测定范围（质量分数）/%	仪器条件			国标号
			波长/nm	原子化器	原子化器条件	
钴矿石	钴	0.05～2.0	252.1	火焰	空气-乙炔火焰	GB/T 15922—2010
锰矿石	钙	0.05～5	422.7	火焰	空气-乙炔火焰	GB/T 1513—2006
锰矿石	镁	0.05～3	285.2	火焰	空气-乙炔火焰	
镍矿石	镍	0.1～6	352.5	火焰	空气-乙炔火焰	GB/T 15923—2010
铬矿石和铬精矿	钙	0.1～1	422.7	火焰	空气-乙炔火焰	GB/T 24226—2009

表 7-42　原子荧光光谱法应用于其他矿石中的元素分析

适用范围	测项	测定范围	检出限	仪器条件			国标号
				灯电流/mA	载气流量/(L/min)	屏蔽气流量/(L/min)	
锰矿石	砷	大于 0.1μg/g	0.1μg/L	60	400	800	SN/T 2638.5—2013
锰矿石	汞	大于 0.1μg/g	0.1μg/L	30	400	800	
铅精矿	汞	0.0001%～0.5%	不大于 1×10^{-9} g/mL	30	—	—	GB/T 8152.11—2006
铅精矿	砷	0.02%～1%	不大于 1×10^{-9} g/mL	50	—	—	GB/T 8152.5—2006
锌精矿	汞	0.0005%～0.2%	不大于 1×10^{-9} g/mL	80	—	—	GB/T 8151.15—2005

表 7-43 电感耦合等离子体光谱法应用于其他矿石中元素分析

适用范围	测项	测定范围	波长/nm	国标号（ICP）
铬矿石和铬精矿	铝	0.2%～16.0%	394.401	GB/T 24193—2009
		0.2%～16.0%	308.215	
	铁	1.0%～18.0%	240.489	
		1.0%～18.0%	239.563	
	镁	0.2%～3.33%	239.563	
		3.33%～16.0%	279.079	
		3.33%～16.0%	280.271	
	硅	0.5%～3.33%	251.611	
		3.33%～16.0%	212.412	
稀土矿石	铈	$0.1～2\times10^5\mu g/g$	418.66	GB/T 17417.1—2010
稀土矿石	镝	$0.1～2\times10^5\mu g/g$	353.17	
稀土矿石	铒	$0.1～2\times10^5\mu g/g$	369.27	
稀土矿石	铕	$0.1～2\times10^5\mu g/g$	412.97	
稀土矿石	钆	$0.1～2\times10^5\mu g/g$	342.25	
稀土矿石	钬	$0.1～2\times10^5\mu g/g$	345.60	
稀土矿石	镧	$0.1～2\times10^5\mu g/g$	408.67	
稀土矿石	镥	$0.1～2\times10^5\mu g/g$	261.54	
稀土矿石	钕	$0.1～2\times10^5\mu g/g$	406.11	
稀土矿石	镨	$0.1～2\times10^5\mu g/g$	440.88	
稀土矿石	钐	$0.1～2\times10^5\mu g/g$	442.43	
稀土矿石	铽	$0.1～2\times10^5\mu g/g$	350.92	
稀土矿石	铥	$0.1～2\times10^5\mu g/g$	346.22	
稀土矿石	钇	$0.1～2\times10^5\mu g/g$	437.49	
稀土矿石	镱	$0.1～2\times10^5\mu g/g$	369.42	
锰矿石	铁	0.01%～1%	240.489	GB/T 24197—2009
			239.563	
锰矿石	硅	0.001%～5%	250.690	
			212.412	
锰矿石	铝	0.001%～5%	394.401	
			308.215	
锰矿石	钙	0.1%～20%	396.847	
			422.673	
锰矿石	钡	0.005%～12%	455.403	
			233.527	
锰矿石	镁	0.002%～1%	279.553	
			280.271	
锰矿石	钾	0.2%～6%	769.897	
			766.491	
锰矿石	铜	0.006%～1.8%	324.754	
锰矿石	镍	0.006%～1.8%	231.604	
			341.476	
锰矿石	锌	0.002%～1.8%	213.856	
			202.548	
锰矿石	磷	0.036%～1.8%	213.618	
			185.941	
			185.887	
锰矿石	钴	0.002%～1.8%	228.615	
锰矿石	铬	0.004%～1.8%	205.552	
锰矿石	钒	0.003%～1.8%	292.401	

适用范围	测项	测定范围	波长/nm	国标号（ICP）
锰矿石	砷	0.096%～1.8%	189.042 197.262	GB/T 24197—2009
锰矿石	铅	0.026%～1.8%	220.353	
锰矿石	钛	0.002%～1.8%	336.122 337.280	

表 7-44　电感耦合等离子体质谱法应用于其他矿石中元素分析

适用范围	测项	检出限/（mg/kg）	国标号
砚石	钪	0.05	GB/T 30714—2014
砚石	钇	0.005	
砚石	镧	0.005	
砚石	铈	0.1	
砚石	镨	0.005	
砚石	钕	0.025	
砚石	钐	0.005	
砚石	铕	0.005	
砚石	钆	0.005	
砚石	铽	0.005	
砚石	镝	0.005	
砚石	钬	0.005	
砚石	铒	0.005	
砚石	铥	0.005	
砚石	镱	0.005	
砚石	镥	0.005	
地球化学样品	铂	0.026	GB/T 17418.7—2010
地球化学样品	钯	0.06	
地球化学样品	铑	0.001	
地球化学样品	铱	0.013	
地球化学样品	锇	0.007	
地球化学样品	钌	0.02	

参考 GB/T 1513—2006，以锰矿石中钙和镁含量的测定方法为例，介绍锰矿石中钙和镁含量的测定方法。

选用火焰原子吸收光谱法测定钙和镁含量的原理：试料用盐酸和硝酸分解，加热蒸发后过滤，分离不溶物，滤液作为主液保存，残渣以氢氟酸和硫酸处理，用碳酸钾-硼酸混合熔剂熔融回收。将熔融物溶解于盐酸中，保留溶液与主液混合，在镧存在下吸入溶液于火焰原子吸收光谱仪，使用空气-乙炔火焰测定钙和镁含量。锰矿石中钙和镁含量的测定，测定范围（质量分数）：钙为 0.050%～5.00%；镁为 0.050%～3.00%。

火焰原子吸收光谱法分析锰矿石中钙和镁含量的测定步骤：

（1）样品的制备

按照 GB/T 2011 规定进行取制样。试样应通过 0.080mm 筛孔。称取风干试料 1.00g，精确至 0.0001g。同时按 GB/T 14949.8 测定湿存水含量。

（2）样品的消解

① 试料的分解。将试料置于 250mL 烧杯中，加入 40mL 盐酸（1+1）加热，待试料大部分溶解后，加入 2mL 硝酸，加热至氮氧化物完全分解，继续加热至溶液近干，加入 20mL 盐酸，加热溶解盐类。加入 50～60mL 热水，用带有纸浆的中速滤纸过滤，小心用带

有橡皮的玻璃棒擦烧杯内壁，用热盐酸溶液（1+50）洗烧杯 1~2 次。用热盐酸溶液（1+50）洗滤纸和残渣 3~4 次，再用热水洗 5~6 次，保留滤液（主液）。

② 残渣处理。将滤纸及残渣移入铂坩埚中，于 500~600℃ 灰化，冷却，加入 2~3 滴水润湿，加入 1mL 硫酸（1+1）、5~10mL 氢氟酸，加热至冒硫酸烟，于 400~500℃ 灼烧残渣，冷却，加入 2.0g 混合熔剂［3 份碳酸钾（无水）和 1 份硼酸混合］，于 1000℃ 高温熔融 5min，将坩埚置于原 250mL 烧杯中，加入 10mL 盐酸，洗净坩埚，控制溶液体积小于 50mL，将此溶液与主液合并。若溶液浑浊，则过滤于盛有纸浆的滤纸上，用热盐酸溶液（1+50）和水洗净滤纸，弃去未溶残渣。将上述溶液移入 200mL 容量瓶中，以水稀释至刻度，混匀。

（3）标准溶液的配置

① 钙标准溶液。称取 2.4975g 碳酸钙（于 200℃ 灼烧并于干燥器中冷却至室温），加入 50mL 盐酸（1+4），加热溶解，冷却，移入 1000mL 容量瓶中，以水稀释至刻度，混匀。此溶液 1mL 含 1mg 钙。

移取 25.00mL 钙标准溶液于 500mL 容量瓶中，以水稀释至刻度，混匀。此溶液 1mL 含 50μg 钙。

② 镁标准溶液。称取 1.658 3g 氧化镁（于 800℃ 灼烧并于干燥器中冷却至室温），加入 20mL 盐酸（1+1），加热溶解，冷却，移入 1000mL 容量瓶中，以水稀释至刻度，混匀。此溶液 1mL 含 1mg 镁。

移取 5.00mL 镁标准溶液于 200mL 容量瓶中，以水稀释至刻度，混匀。此溶液 1mL 含 25μg 镁。

（4）待测定试料溶液的配制

按表 7-45 移取试液及氧化镧溶液和背景溶液配制成待测试液。

表 7-45　待测试液的配制

元素	含量(质量分数)/%	待测溶液中元素含量/(μg/mL)	移取溶液体积/mL	稀释体积/mL	再移取体积/mL	再稀释体积/mL	氯化镧溶液加入量/mL	背景溶液加入量/mL
钙	<0.10	<5.0	50.00	100.00		—	5.00	0
	≥0.10~0.50	≥2.5~12.5	25.00	100.00		—	5.00	10.00
	≥0.50~2.50	≥2.5~12.5	10.00	200.00	—	—	10.00	36.00
	≥2.50~5.00	≥5.0~10.0	20.00	100.00	10.00	100.00	5.00	19.00
镁	<0.20	<0.4	2.00	100.00		—	5.00	16.00
	≥0.20~0.40	≥0.2~0.4	1.00	100.00		—	5.00	18.00
	≥0.40~1.00	≥0.2~0.5	10.00	100.00	5.00	—	5.00	19.00
	≥1.00~3.00	≥0.25~0.5	10.00	200.00	10.00	200.00	10.00	38.00

（5）空白试验

称取 1.0g 锰（质量分数>99.95%）和 0.10g 铁（质量分数>99.9%），加入 40mL 盐酸（1+1）加热溶解。然后按照上述（2）和（4）步骤进行相应处理，和待测试料溶液一同测定。

（6）测量

将测定溶液于原子吸收光谱仪上波长 422.7nm 和 285.2nm 处，用空气-乙炔火焰，以水调零测其吸光度。将试料溶液的吸光度减去空白溶液的吸光度，从校准曲线上查出钙、镁的浓度（μg/mL）。

（7）标准曲线的绘制

按照表 7-46 在一系列 100mL 容量瓶中加入钙标准溶液和镁标准溶液，加入 5.00mL 氯化镧溶液和 20.00mL 背景溶液，以水稀释至刻度，混匀，用原子吸收光谱仪，在波长 422.7nm 和 285.2nm 处，分别测其吸光度。

表 7-46 钙、镁校准溶液的配制

钙		镁	
加入标准溶液/mL	校准溶液含量/(μg/mL)	加入标准溶液/mL	校准溶液含量/(μg/mL)
0	0	0	0
2.50	1.25	0.25	0.0625
5.00	2.50	0.50	0.125
10.00	5.00	1.00	0.250
20.00	10.00	1.50	0.375
25.00	12.50	2.00	0.500

校准曲线系列每一溶液的吸光度减去零校准溶液的吸光度，为钙、镁校准曲线系列溶液的净吸光度，以钙、镁浓度（μg/mL）为横坐标，净吸光度为纵坐标绘制校准曲线。

（8）允许差

实验室之间分析结果的差值应不大于表 7-47 所列允许差。

表 7-47 允许差

元素	钙或镁含量(质量分数)/%	允许差/%
钙	0.050～0.100	0.003
	＞0.10～0.25	0.03
	＞0.25～0.50	0.08
	＞0.50～2.00	0.15
	＞2.00～5.00	0.25
镁	0.05～0.10	0.01
	＞0.10～0.50	0.06
	＞0.50～1.00	0.10
	＞1.00～2.00	0.12
	＞2.00～3.00	0.15

第八章　原子光谱法在环境分析中的应用

　　目前我国的环境问题比较严峻，环境保护已经成为各地政府非常重要的一项工作。要做好环境保护，首先需要完善的、科学的环境监测手段，这就需要我们有快速有效的检测方法，能够准确地了解环境污染状况，为环境保护工作提供最基本的客观数据。环境分析主要包括水、土壤、大气、固体废物的分析，分析指标有物理指标、化学指标等，分析方法也包括化学法、物理法等。原子光谱法作为环境分析中的一个重要化学方法，已经非常成熟地应用于分析环境样品中的金属离子含量，为环境保护和评价提供了重要的基础数据。原子光谱法主要分为原子吸收光谱法、电感耦合等离子体发射光谱法、原子荧光光谱法，目前还有一种电感耦合等离子体质谱法，虽然不属于原子光谱法，但是该法由电感耦合等离子体发射光谱法发展而来，且检出限更低，检测效率更高，更适合分析环境样品中的多种痕量金属离子，所以应用越来越广泛，因此本章也将电感耦合等离子体质谱法一并纳入原子光谱法进行讲解。本章重点讲述原子光谱法应用于水、土壤、大气、固体废物的分析，讲述内容以现行有效的国家或行业标准为主，重点讲述样品的前处理方法、样品的测定、质量控制和保证及一些相关的注意事项，方便广大读者了解原子光谱法在环境分析中的应用现状，并且可以正确地开展相关工作。

第一节　原子光谱法应用于水的分析

一、应用概况

　　水体一般分为地表水、地下水、饮用水、工业废水、生活污水等，在进行相应的水质检测时，金属离子含量是一类非常关键的指标，这类指标通过原子光谱法进行分析，比如分析水中的钾、钠、钙、镁、铜、铅、锌、铬、汞、砷、镉等元素。具体的分析方法有原子吸收光谱法、电感耦合等离子体发射光谱法、电感耦合等离子体质谱法、原子荧光光谱法，因此本节重点讲述这四种分析方法，以现行有效的国家或行业标准为应用实例，重点讲述样品的前处理方法、测定过程及注意事项。

　　原子吸收光谱法测定水质中金属含量的方法已经非常成熟，表8-1列举了原子吸收光谱法在水质分析中的应用，表8-2列举了电感耦合等离子体原子发射光谱法在水质分析中的应用，表8-3列举了电感耦合等离子体质谱法在水质分析中的应用，表8-4列举了原子荧光光谱法在水质分析中的应用。

表8-1 原子吸收光谱法在水质分析中的应用

适用范围	测项	检出限/(μg/L)	仪器条件				干扰物质及消除方法	国标号
			波长/nm	灯电流/mA	狭缝宽度/nm	原子化器及条件		
地表水地下水工业废水生活污水	钼	0.6	313.3	7	0.5	石墨炉;干燥:85~125℃,55s;灰化:1200℃,15s;原子化:2800℃,3s,钛5.5s	样品中 SO_4^{2-} 浓度大于或等于500mg/L时,对钼的测定产生负干扰,加入硝酸钯-硝酸镁基体改进剂,或者选择标准加入法	HJ 807—2016
	钛	7	365.4	20	0.2	石墨炉;干燥:85~125℃,55s;灰化:1400℃,20s;原子化:2800℃,5.5s		
水、废水	铬	30	357.9	—	0.2	乙炔-空气火焰,富燃还原型;燃烧器高度:10mm	1mg/L的Fe和Ni,2mg/L的Co,5mg/L的Mg,20mg/L的Al,100mg/L的Ca,有负干扰,加入氯化铵溶液,100g/L	HJ 757—2015
地表水地下水工业废水生活污水	铊	0.03	276.8	7	0.7	石墨炉;干燥:80~120℃,30s;灰化:900℃,30s;原子化:650℃,5s;净化:2600℃,5s	氯离子有干扰,加硝酸铵溶液,30g/L	HJ 748—2015
地表水地下水工业废水生活污水	钒	3	318.4	12.5	1.3	石墨炉;干燥:80~140℃,20s;灰化:900℃,20s;原子化:2700℃,6s;净化:2800℃,4s	地表水、地下水、工业废水中的常见共存组分不产生干扰	HJ 673—2013
工业废水	钡	1.7×10^3	553.6	25	0.2	乙炔-空气火焰;燃烧器高度:10mm	钾、钠、镁、锶、铁、锡、镍的质量浓度5000mg/L,铬5000mg/L,锂100mg/L,硝酸10%(体积分数),高氯酸4%(体积分数),盐酸2%(体积分数),这些物质的浓度在上述浓度以下无干扰,如果这些物质的浓度超过上述浓度有干扰,采用标准加入法消除。在空气-乙炔火焰中,样品中的钙生成氢氧化钙分子,当浓度超过100mg/L时,有干扰。配制与样品质量浓度相同的钙标准溶液,在与样品测定相同条件下测定其吸光度,通过扣除该背景吸光度值,消除钙的干扰	HJ 603—2011

适用范围	测项	检出限/(μg/L)	仪器条件				干扰物质及消除方法	国标号
			波长/nm	灯电流/mA	狭缝宽度/nm	原子化器及条件		
地表水 地下水 工业废水 生活污水	钡	2.5	553.6	25	0.2	石墨炉 干燥温度:110℃ 灰化温度:1100℃ 原子化温度:2550℃ 净化温度:2600℃	钾、钠、镁的质量浓度500mg/L,铬 10mg/L,锰25mg/L,铁和锌 2.5mg/L,铝2mg/L,硝酸5%(体积分数),这些物质的浓度在上述浓度以下无干扰,如果这些物质的浓度超过上述浓度有干扰。 钙的含量为5～100mg/L时,产生正干扰,100～300mg/L时干扰不随钙含量增加而增加。加入硝酸钙溶液(500mg/L),若钙含量超过300mg/L,样品溶液应稀释	HJ 602—2011
地表水 地下水 工业废水 生活污水	汞	0.02	253.7	0.7	—	冷原子	—	HJ 597—2011
地表水 污水	铍	0.02	234.9	12.5	1.3	石墨炉; 干燥:80～120℃,20s; 灰化:800℃,20s; 原子化:2600℃,5s; 净化:2800℃,3s	K 700mg/L,Na 1600mg/L,Mg 700mg/L,Ca 80mg/L,Mn 100mg/L,Cr^{6+} 50mg/L,Fe^{3+} 5mg/L,超过上述浓度有干扰	HJ/T 59—2000
水 废水	硒	3	196.0	8	1.3	石墨炉; 干燥:120℃,20s; 灰化:400℃,10s; 原子化:24000℃,5s; 净化:2600℃,2s	—	GB/T 15505—1995
火工品 工业废水	铁Ⅱ、Ⅲ氰络合物	500	248.3	—	—	乙炔-空气火焰; 燃烧器高度:10mm	银,加氯化钠溶液(80g/L);汞,先用硫酸溶液调整至酸性后,加高锰酸钾溶液至样品呈粉红色,用氢氧化钠溶液调整至碱性,稍微过量,然后在电热板上加热消解	GB/T 13898—92
大气降水	钠 钾	8 13	766.5 589.0	1.4 0.4	—	乙炔-空气火焰	钾、钠易电离,易有干扰,加入消电离剂——硝酸铯溶液	GB 13580.12—92
大气降水	钙 镁	20 2.5	422.7 285.2	0.7 0.7	—	乙炔-空气火焰	样品中 Al、Be、Ti 会产生负干扰,加入镧溶液	GB 13580.13—92
地表水 地下水 饮用水	硫酸盐	400	359.3	—	—	乙炔-空气火焰,富燃型; 燃烧器高度:10mm	—	GB 13196—91

续表

适用范围	测项	检出限/(μg/L)	仪器条件				干扰物质及消除方法	国标号
			波长/nm	灯电流/mA	狭缝宽度/nm	原子化器及条件		
水质	钙	20	422.7	0.7	—	乙炔-空气火焰,氧化型;燃烧器高度:10mm	铝、硫酸盐、硅酸盐等,加入镧溶液(0.1g/mL)	GB 11905—89
	镁	2	285.2	0.7	—			
地表水 饮用水	钾	—	766.5	1.4	—	火焰		GB 11904—89
	钠	—	589.0	0.4	—			
工业废水 环境污染水	镍	50	232.0	0.2	—	乙炔-空气火焰,贫燃型;燃烧器高度:10mm		GB 11912—89
地表水 地下水 工业废水	铁	30	248.3	0.2	—	火焰	硅大于 20mg/L 时,对铁负干扰,硅大于 50mg/L,对锰负干扰,加氯化钙溶液(200mg/L)	GB 11911—89
	锰	10	279.5	0.2	—			
含银工业废水及地表水	银	30	328.1	0.7	0.7	乙炔-空气火焰,氧化型;燃烧器高度:10mm	—	GB 11907—89
地表水 地下水 废水	铜	—	324.7	0.7	—	火焰		GB 7475—87
	锌	—	213.8	0.7	—			
	铅	—	283.3	0.7	—			
	镉	—	228.8	0.7	—			

注:标准 GB 13196—91 虽然已经作废,但是没有可以替代的采用原子光谱法测定的标准,因此也在表中列出,仅供参考。

表 8-2　电感耦合等离子体原子发射光谱法在水质分析中的应用

适用范围	测项	检出限及测定下限/(mg/L)	标准号
地表水 地下水 工业废水 生活污水	银、铝、砷、硼、钡、铍、铋、钙、镉、钴、铬、铜、铁、钾、锂、镁、锰、钼、钠、镍、磷、铅、硫、锑、硒、硅、锡、锶、钛、钒、锌、锆	方法检出限:0.009～0.1 测定下限为:0.036～0.39	HJ 776—2015

表 8-3　电感耦合等离子体质谱法在水质分析中的应用

适用范围	测项	检出限及测定下限/(mg/L)	标准号
地表水 地下水 生活污水 低浓度工业废水	银、铝、砷、金、硼、钡、铍、铋、钙、镉、铈、钴、铬、铯、铜、镝、铒、铕、铁、镓、钆、锗、铪、钬、铟、铱、钾、镧、锂、镥、镁、锰、钼、钠、铌、钕、镍、磷、铅、钯、镨、铂、铷、铼、铑、钌、锑、钪、硒、钐、锡、锶、铽、碲、钍、钛、铊、铥、铀、钒、钨、钇、镱、锌、锆	方法检出限:0.009～0.1 测定下限为:0.036～0.39	HJ 700—2014

表 8-4　原子荧光光谱法在水质分析中的应用

适用范围	测项	方法检出限/(μg/L)	测定下限/(μg/L)	标准号
地表水 地下水 工业废水 生活污水	汞、砷、硒、铋、锑的溶解态和总量	汞:0.04 砷:0.3 硒:0.4 铋和锑:0.2	汞:0.16 砷:1.2 硒:1.6 铋和锑:0.8	HJ 694—2014

二、分析方法

(一) 原子吸收光谱法

我们以 HJ 602—2011 和 HJ 603—2011 这两个行业标准为例,讲解原子吸收光谱法在水质分析中的应用。水质中钡的分析有火焰原子吸收光谱法和石墨炉原子吸收光谱法,这两个标准的主要区别在于所分析的样品中钡含量的高低，当样品中钡的含量较高，比如超过0.1mg/L 时，选用火焰原子吸收光谱法，当样品中钡的含量较低，比如低于 $0.1\mu g/L$ 时，选用石墨炉原子吸收光谱法。

原子吸收光谱法不仅可以分析水中金属元素的含量，还可以分析一些盐类的含量，比如国标 GB 13196—91。用原子吸收光谱法测定水体中的可溶性硫酸盐，这种测定方法是一种间接原子吸收光谱法，样品中硫酸盐与铬酸钡悬浊液反应，释放出铬酸根，再通过火焰原子吸收光谱法在 359.3nm 波长下，测定铬的含量，然后间接算出硫酸盐的含量。

为了提高本书的实用性，使其内容和读者的实际工作快速、紧密结合，以下内容及相关数据引自标准 HJ 602—2011 和 HJ 603—2011。

1. 样品的采集和保存

按照 HJ/T 91、HJ/T 164、HJ 493 进行水样采集和保存。需要注意的事项如下：

① 如果测定水样品中钠的含量，应该避免使用玻璃容器保存样品，因为玻璃容器由硅酸盐制成，含有大量的钠，容器表面的钠会迁移到样品中，严重污染样品，可以使用聚四氟乙烯制品的容器。

② 采好的水样中要及时加入浓硝酸，加入量按 1L 水加 10mL 浓硝酸计算。

③ 所有样品保存期限为 14 天，应在保存期限内及时完成测定工作。

2. 样品的消解

样品的消解有硝酸消解法和微波消解法，下面分别介绍。该部分内容摘自行业标准《水质　金属总量的消解　硝酸消解法》（HJ 677—2013）和《水质　金属总量的消解　微波消解法》（HJ 678—2013）的相关内容，具体参见标准。

（1）硝酸消解法

这种消解法也称为电热板消解法，水样品中的金属元素通过硝酸和过氧化氢的氧化转化为单一高价态或转化为易于分离的无机化合物，样品中有机质被破坏，样品均匀清澈。该方法一般取样量为 50mL，置于 150mL 高型烧杯或锥形瓶中，加入 5mL 浓硝酸，置于电热板或其他温控加热设备上，盖上表面皿，保持溶液温度（95±5）℃，不沸腾加热回流 30min，移去表面皿，蒸发至溶液为 5mL 左右时停止加热，待冷却后，再加入 5mL 浓硝酸，盖上表面皿，继续加热回流，如果有棕色的烟生成，重复这一步骤（每次加入 5mL 浓硝酸），直到不再有棕色的烟产生，将溶液蒸发至 5mL 左右。

待上述溶液冷却后，缓慢加入 3mL 过氧化氢，继续盖上表面皿，并保持溶液温度（95±5）℃，加热至不再有大量气泡产生，待溶液冷却，继续加入过氧化氢，每次为 1mL，直至只有细微气泡或大致外观不发生变化，移去表面皿，继续加热，直到溶液体积蒸发至约 5mL。

溶液冷却后，用适量实验用水淋洗内壁至少 3 次，转移至 50mL 容量瓶中定容，待测。

若样品中还有颗粒物，用抽滤装置抽滤，或在 2000～3000r/min 的转速下离心分离 10min。

（2）微波消解法

该方法是结合高压消解和微波快速加热的一项预处理技术。水样和酸的混合物吸收微波能量后，酸的氧化反应活性增加，将样品中的金属元素释放到溶液中。该方法一般量取 25mL 水样于微波消解罐中，加入 1.0mL 过氧化氢，然后加入消解液。消解液分两种：

消解液 1：5.0mL 浓硝酸，适用于砷、钙、镉、钴、铜、钾、锰、钼、镍、铅、铊、锌元素的消解。

消解液 2：4.0mL 浓硝酸和 1.0mL 浓盐酸，适用于银、铝、铍、钡、铬、铁、镁、钒元素的消解。

消解液根据被测元素的种类来选择。

加完消解液后，设置微波消解仪的条件，一般是：升温时间 10min，消解温度 180℃，保持时间 15min。也可根据实际情况变化。

消解完毕后，取出消解罐置于通风橱内冷却，待罐内温度与室温平衡后，放气，开盖，移出罐内消解液，用实验用水荡洗消解罐内壁两次，收集所有溶液，转移到 50mL 容量瓶中，定容待测。

若样品中还有颗粒物，用抽滤装置抽滤，或在 2000～3000r/min 的转速下离心分离 10min。

所有空白样品都用超纯水按照上述步骤进行前处理。

3. 仪器条件的选择

测定不同元素有不同的仪器操作条件。以钡元素的测定为例介绍原子吸收光谱仪器操作条件的选择。

（1）选择光源

选择钡元素的空心阴极灯作为光源（如测定砷、钙、镉、钴、铜、钾、锰、钼、镍、铅、铊、锌元素时，选择相应的空心阴极灯）。

（2）选择原子化器

一般来说，如果样品中待测元素的含量较高，比如高于 0.1mg/L，选用火焰原子化器；如果样品中待测元素的含量较低，比如低于 0.1mg/L，选用石墨炉原子化器。每种原子化器的条件参考相应国家标准。测定砷、钙、镉、钴、铜、钾、锰、钼、镍、铅、铊、锌元素时的仪器条件见表 8-1。

4. 干扰的消除

测定水质样品中钙、镁的含量时，为避免样品中磷酸根的干扰，需要加入镧溶液，浓度 40g/L，配制时先往氧化镧粉末中加少许水，变成糊状，然后再加盐酸溶解。

测定水质样品中铬的含量时，Fe、Ni、Co、Mg、Al、Ca 会形成干扰，加入氯化铵溶液可以消除干扰。测定砷、钙、镉、钴、铜、钾、锰、钼、镍、铅、铊、锌元素时，去干扰方法参见表 8-1。

5. 标准曲线的建立

配制不同浓度的待测元素标准溶液，一般选择 4～6 个浓度，并且浓度选择均匀合理，配制时应和样品溶液一样加入相应的干扰消除剂。在测定时，应按照由低浓度向高浓度依次测定，标准溶液配制好后一般可用一个月。

样品溶液中待测元素的含量应该在标准溶液的高低限范围内，最好处于标准曲线的中部范围，如果低于或超出标准曲线范围，应该对样品进行浓缩或稀释处理。

6. 样品的测定

按照与绘制标准曲线相同的条件测定试样的吸光度。同时应该测定空白试样的吸光度。

7. 结果的表示

当测定结果小于 100μg/L 时，保留小数点后一位，测定结果大于 100μg/L 时，保留三位有效数字。

8. 质量保证和质量控制

① 每分析 10 个样品应进行一次仪器零点校正。

② 每次分析样品应绘制标准曲线，相关系数应大于等于 0.995。

③ 每 10 个样品应分析一个标准曲线的中间点浓度标准溶液，其测定结果与标准曲线该点浓度的相对偏差应小于等于 10%，否则，需要重新绘制标准曲线。

④ 每批样品应做空白试验，其测定结果应低于方法检出限。

⑤ 每批样品应至少测定 10% 的平行样，样品数量少于 10 时，应至少测定一个平行样，测定结果相对偏差应小于 20%。

⑥ 每批样品应至少测定 10% 的加标样品，样品数量小于 10 时，应至少测定一个加标样品，加标回收率应在 80%～120%。

(二) 电感耦合等离子体发射光谱法

在很多的研究领域里，水中溶解物或悬浮物的性质均极其重要，在当今时代里，人类活动对水源的污染是极其普遍的事，尤其是重金属的污染，已经对人类生存环境造成很大的威胁，因此需要对人类的用水进行处理。饮用或生产（例如农用灌溉和养渔业生产）用水的金属离子含量同样非常重要，工业污染对水体环境的影响需要定期检测，这就意味着要了解水中的金属离子含量，要了解各种污染进入水体中的模式和其最终结果，ICP 光谱在这方面的应用非常广泛。

目前电感耦合等离子体发射光谱法应用于水质分析的国家标准有《水质 32 种元素的测定 电感耦合等离子体发射光谱法》（HJ 776—2015），该标准规定水中 32 种元素的电感耦合等离子体发射光谱法，适用的水质包括地表水、地下水、生活污水及工业废水，测定的 32 种元素包括银、铝、砷、硼、钡、铍、铋、钙、镉、钴、铬、铜、铁、钾、锂、镁、锰、钼、钠、镍、磷、铅、硫、锑、硒、硅、锡、锶、钛、钒、锌及锆。各元素的方法检出限为 0.009～0.1mg/L，测定下限为 0.036～0.39mg/L，具体参见表 8-5。我们以此为应用实例讲解具体的分析步骤和方法，以及一些注意事项。

为了提高本书的实用性，使其内容和读者的实际工作快速、紧密结合，以下内容及相关数据引自标准 HJ 776—2015。

表 8-5 电感耦合等离子体发射光谱法测定水中 32 种元素的波长选择及检出限

测项	检出限/(mg/L)	波长/nm	测项	检出限/(mg/L)	波长/nm
银	0.03	328.068 338.289	锰	0.01	257.610 293.306
铝	0.009	308.215 309.271 396.152	钼	0.05	202.030 203.844 204.598 281.615
砷	0.2	189.042 193.696 193.759 197.262	钠	0.03	588.995 589.592
硼	0.01	208.959 249.678 249.773	镍	0.007	231.604
钡	0.01	233.53 455.403 493.409	磷	0.04	178.287 213.618 214.914
铍	0.008	313.042 234.861 436.098	铅	0.1	220.353 283.306

续表

测项	检出限/(mg/L)	波长/nm	测项	检出限/(mg/L)	波长/nm
铋	0.04	223.061 306.772	硫	1.0	182.036 180.669
钙	0.02	315.887 317.993 393.366	锑	0.2	206.833 217.581
镉	0.05	214.438 226.502 228.806	硒	0.003	196.026 203.985
钴	0.02	228.616 230.786 238.982	硅	0.02	251.611 212.412 288.158
铬	0.03	202.55 205.552 267.716 283.563 357.869	锡	0.04	235.848 189.980
铜	0.04	324.7 327.396	锶	0.01	215.284 346.446 407.771 421.552
铁	0.01	239.924 240.488 259.940 261.762	钛	0.02	334.904 334.941 337.280
钾	0.07	766.491	钒	0.01	290.882 292.402 309.311 310.230 311.071
锂	0.02	670.784	锌	0.009	202.548 206.200 213.856
镁	0.02	279.079 279.553 285.213 293.674	锆	0.01	343.823 354.262 339.198

1. 样品的采集和保存

按照 HJ/T 91 和 HJ/T 164 的相关规定进行水样的采集。采样前，用洗涤剂和水依次洗净聚乙烯瓶，置于硝酸溶液（1+1）中浸泡 24h 以上，用实验用水彻底洗净，若测定可溶性元素，样品采集后立即通过水系微孔滤膜过滤，弃去初始的 50～100mL 滤液，收集所需体积的滤液，加入适量硝酸，使硝酸含量达到 1%（体积分数），如测定元素总量，样品采集后立即加入适量硝酸，使硝酸含量达到 1%（体积分数）。

2. 样品的消解

按比例在一定体积的均匀样品中加入硝酸溶液（1+1），一般 100mL 样品中加入 5.0mL 硝酸溶液（1+1）。置于电热板上加热消解，在不沸腾的情况下，缓慢加热至近干。取下冷却，反复进行这一过程，直至试样溶液颜色变浅或稳定不变。冷却后，加入硝酸若干毫升，再加入少量水，置电热板上继续加热使残渣溶解。冷却后，用实验用水定容至原取样体积，使溶液保持 1%（体积分数）的硝酸酸度。对于某些基体复杂的废水，消解时可加入 2～5mL 高氯酸消解。若消解液中存在一些不溶物，可静置或在 2000～3000r/min 转速下离心分离 10min 以获得澄清液，若离心或静置过夜后仍有悬浮物，则可过滤去除，但应避免过滤过程中可能的污染。

还可以采用微波消解法，具体步骤参考 HJ 678—2013。如果某些待测元素含量较高，应取适量消解液用 1% 硝酸溶液稀释。以水代替样品，按上述步骤进行空白样品的制备。

3. 绘制标准曲线

配制不同浓度的标准溶液首先要制备各个元素的标准储备液。32 种元素的标准储备液的制备方法参见标准。除铍的标准储备液浓度是 100mg/L 外，其余金属元素的标准储备液浓度都是 1000mg/L。如果实验室不具备自己配制标准储备液的条件，可买市售有证标准溶液。

标准储备液制备好后，通过稀释储备液的方法获得单元素标准使用液。需要注意的是，稀释时要补加一定量的硝酸，使标准使用液的硝酸含量达到 1%。

由于在上机测定时，某些元素之间会发生相互干扰的情况，因此需要分组配制混合标准溶液，具体分组方法参见标准。同样我们要保持标准溶液中 1% 的硝酸含量。

元素分组和浓度范围可以根据样品实际情况适当地调整。

4. 仪器参考条件

标准 HJ 776—2015 给出了参考的仪器测试条件，测定时可以根据仪器的实际情况做相应的调整，具体参考表 8-6。

表 8-6　仪器分析主要参考指标

观察方式	水平、垂直或水平垂直交替使用
发射功率	1150W
载气流量	0.7L/min
辅助气流量	1.0L/min
冷却气流量	12.0L/min

5. 样品及空白的测定

在与测定标准溶液的过程及条件相同的情况下，测定空白样品和实际样品的发射强度，由校准曲线查得目标元素的含量，然后根据定容体积及称样量计算得到实际样品中待测元素的含量。并且测定结果最多保留三位有效数字。

6. 干扰及消除

电感耦合等离子体发射光谱法通常存在的干扰分为两类：一类是光谱干扰，另一类是非光谱干扰。

光谱干扰主要包括连续背景和谱线重叠干扰。目前常用的校正方法是背景扣除法（根据氮元素和混合元素试液确定扣除背景的位置及方式）和干扰系数法。也可以在混合标准溶液中采用基体匹配的方法消除其影响。

一般情况下，地表水、地下水样品中由于元素浓度较低，光谱和基体元素间干扰一般情况下可以忽略。工业废水等常见目标元素测定波长光谱干扰参见标准 HJ 776—2015，注意不同仪器测定的干扰系数会有区别。

非光谱干扰主要包括电离干扰、物理干扰、化学干扰以及去溶剂干扰等，在实际分析过程中各类干扰很难分开。是否予以补偿和校正，与样品中干扰元素的浓度有关。此外，物理干扰一般由样品的黏滞程度及表面张力变化所致，尤其是当样品中含有大量可溶盐或样品酸度过高，都会对测定产生干扰。消除此类干扰的最简单方法是将样品稀释。但应保证待测元素的含量高于测定下限。

7. 质量保证和质量控制

具体内容参见相应标准。

(三) 电感耦合等离子体质谱法

目前采用电感耦合等离子质谱法分析水中元素的标准有《水质 65 种元素的测定　电感耦合等离子体质谱法》（HJ 700—2014），该方法测定水中的元素和方法检出限及测定下限如表 8-7 所示。

为了提高本书的实用性，使其内容和读者的实际工作快速、紧密结合，以下内容及相关数据引自标准 HJ 700—2014。

表 8-7　ICP-MS 法分析水中金属元素的方法检出限及测定下限　　　　单位：$\mu g/L$

元素	检出限	测定下限	元素	检出限	测定下限	元素	检出限	测定下限
银 Ag	0.04	0.16	铪 Hf	0.03	0.12	铑 Rh	0.03	0.12
铝 Al	1.15	4.60	钬 Ho	0.03	0.12	钌 Ru	0.05	0.20
砷 As	0.12	0.48	铟 In	0.03	0.12	锑 Sb	0.15	0.60
金 Au	0.02	0.08	铱 Ir	0.04	0.16	钪 Sc	0.20	0.80
硼 B	1.25	5.00	钾 K	4.50	18.0	硒 Se	0.41	1.64
钡 Ba	0.20	0.80	镧 La	0.02	0.08	钐 Sm	0.04	0.16
铍 Be	0.04	0.16	锂 Li	0.33	1.32	锡 Sn	0.08	0.32
铋 Bi	0.03	0.12	镥 Lu	0.04	0.16	锶 Sr	0.29	1.16
钙 Ca	6.61	26.4	镁 Mg	1.94	7.76	铽 Tb	0.05	0.20
镉 Cd	0.05	0.20	锰 Mn	0.12	0.48	碲 Te	0.05	0.20
铈 Ce	0.03	0.12	钼 Mo	0.06	0.24	钍 Th	0.05	0.20
钴 Co	0.03	0.12	钠 Na	6.36	25.4	钛 Ti	0.46	1.84
铬 Cr	0.11	0.44	铌 Nb	0.02	0.08	铊 Tl	0.02	0.08
铯 Cs	0.03	0.12	钕 Nd	0.04	0.16	铥 Tm	0.04	0.16
铜 Cu	0.08	0.32	镍 Ni	0.06	0.24	铀 U	0.04	0.16
镝 Dy	0.03	0.12	磷 P	19.6	78.4	钒 V	0.08	0.32
铒 Er	0.02	0.08	铅 Pb	0.09	0.36	钨 W	0.43	1.72
铕 Eu	0.04	0.16	钯 Pd	0.02	0.08	钇 Y	0.04	0.16
铁 Fe	0.82	3.28	镨 Pr	0.04	0.16	镱 Yb	0.05	0.20
镓 Ga	0.02	0.08	铂 Pt	0.03	0.12	锌 Zn	0.67	2.68
钆 Gd	0.03	0.12	铷 Rb	0.04	0.16	锆 Zr	0.04	0.16
锗 Ge	0.02	0.08	铼 Re	0.04	0.16			

1. 样品的采集和保存

样品采集参照 HJ/T 91 和 HJ/T 164 的相关规定执行，可溶性元素样品和元素总量样品分别采集。可溶性元素样品采集后立即用 $0.45\mu m$ 滤膜过滤，弃去初始的滤液 50mL，用少量滤液清洗采样瓶，收集所需体积的滤液于采样瓶中，加入适量硝酸（1+1）将酸度调节至 pH<2。

2. 样品的消解

测定水中可溶性元素，样品的处理方法比较简单，直接采用调节至 pH<2 的水溶液即可。

测定元素总量有电热板消解法和微波消解法两种，下面分别介绍样品处理步骤。

电热板消解法：准确量取（100.0±1.0）mL 摇匀后的样品于 250mL 聚四氟乙烯烧杯中（视水样实际情况，取样量可适当减少，但需注意稀释倍数的计算），加入 2mL 硝酸溶液、1.0mL 盐酸溶液（1+1）于上述烧杯中，置于电热板上加热消解，加热温度不得高于 85℃。

消解时，烧杯应盖上表面皿或采取其他措施，保证样品不受通风橱周边的环境污染。持续加热，保持溶液不沸腾，直至样品蒸发至 20mL 左右。在烧杯口盖上表面皿以减少过多的蒸发，并保持轻微持续回流 30min。待样品冷却后，用去离子水冲洗烧杯至少三次，并将冲洗液倒入容量瓶中，确保消解液转移至 50mL 容量瓶中，用去离子水定容，加盖，摇匀保存。若消解液中存在一些不溶物可静置过夜或离心以获得澄清液。（若离心或静置过夜后仍有悬浮物，则可过滤去除，但应避免过滤过程中可能的污染。）

微波消解法：准确量取 45.0mL 摇匀后的样品于消解罐中，加入 4.0mL 浓硝酸和 1.0mL 浓盐酸（可根据微波消解罐的体积等比例减少取样量和加入的酸量），在 170℃ 温度下微波消解 10min。消解完毕，冷却至室温后，将消解液移至 100mL 容量瓶中，用去离子水定容至刻度，摇匀，待测。也可适度浓缩样品，定容至 50mL 容量瓶中。

在消解过程中，需要注意如下几点：

① 使用电热板消解法时，正确的加热方法为将烧杯放在电热板中间位置，调节电热板的温度，使盛放有水样、未加盖的烧杯的受热温度不高于 85℃。若烧杯上盖有表面皿，水温可升至约 95℃。

② 当目标元素为银、铝、砷、铍、钡、钙、镉、钴、铬、铜、铁、钾、镁、锰、钼、镍、铅、铊、钒、锌时，可采用 HJ 677—2013 或 HJ 678—2013 对样品进行消解处理；其余元素参考本方法执行。样品前处理完毕，应尽快进行分析。

③ 对于有机物含量较高的样品，酌情加入适量过氧化氢。

④ 以实验用水代替样品，按照上述步骤制备实验室空白试样。

3. 干扰的消除

（1）质谱型干扰

质谱型干扰主要包括多原子离子干扰、同量异位素干扰、氧化物干扰和双电荷干扰等。多原子离子干扰是 ICP-MS 最主要的干扰来源，可以利用干扰校正方程、仪器优化以及碰撞反应池技术加以解决，常见的多原子离子干扰见表 8-8。同量异位素干扰可以使用干扰校正方程进行校正，或在分析前对样品进行化学分离等方法进行消除。氧化物干扰和双电荷干扰可通过调节仪器参数降低影响。

表 8-8 ICP-MS 测定中常见的多原子离子干扰

分子离子	质量数	受干扰元素	分子离子	质量数	受干扰元素
$^{14}N^1H^+$	15	—	$^{12}C^{16}O_2^+H$	45	Se
$^{16}O^1H^+$	17	—	$^{40}Ar^{12}C^+, ^{36}Ar^{16}O^+$	52	Cr
$^{16}O^1H_2^+$	18	—	$^{40}Ar^{14}N^+$	54	Cr,Fe
$^{12}C_2^+$	24	Mg	$^{40}Ar^{14}N^1H^+$	55	Mn
$^{12}C^{14}N^+$	26	Mg	$^{40}Ar^{16}O^+$	56	Fe
$^{12}C^{16}O^+$	28	Si	$^{40}Ar^{16}O^1H^+$	57	Fe
$^{14}N_2^+$	28	Si	$^{40}Ar^{36}Ar^+$	76	Se
$^{14}N^1H^+$	29	Si	$^{40}Ar^{38}Ar^+$	78	Se
$^{14}N^{16}O^+$	30	Si	$^{40}Ar^{2+}$	80	Se
NOH^+	31	P	$^{81}BrH^+$	82	Se
$^{16}O_2^1H^+$	32	S	$^{79}Br^{16}O^+$	95	Mo
$^{16}O_2^1H^+$	33	S	$^{81}Br^{16}O^+$	97	Mo
$^{36}ArH^+$	37	Cl	$^{81}Br^{16}O^1H^+$	98	Mo
$^{38}ArH^+$	39	K	$^{40}Ar^{81}Br^+$	121	Sb
$^{40}ArH^+$	41	K	$^{35}Cl^{16}O^+$	51	V
$^{12}C^{16}O_2^+$	44	Ca	$^{35}Cl^{16}O^1H^+$	52	Cr

分子离子	质量数	受干扰元素	分子离子	质量数	受干扰元素
$^{37}Cl^{16}O^+$	53	Cr	$^{31}P^{16}O_2^+$	63	Cu
$^{37}Cl^{16}O^1H^+$	54	Cr	$^{40}Ar^{31}P^+$	71	Ga
$^{40}Ar^{35}Cl^+$	75	As	$^{40}Ar^{23}Na^+$	63	Cu
$^{40}Ar^{37}Cl^+$	77	Se	$^{40}Ar^{39}K^+$	79	Br
$^{32}S^{16}O^+$	48	Ti	$^{40}Ar^{40}Ca^{++}$	80	Se
$^{32}S^{16}O^1H^+$	49	Ti	$^{130}Ba^{2+}$	65	Cu
$^{34}S^{16}O^+$	50	V,Cr	$^{132}Ba^{2+}$	66	Cu
$^{34}S^{16}O^1H^+$	51	V	$^{134}Ba^{2+}$	67	Cu
$^{34}S^{16}O_2^+$,$^{32}S_2^+$	64	Zn	TiO	62~66	Ni,Cu,Zn
$^{40}Ar^{32}S^+$	72	Ge	ZrO	106~112	Ag,Cd
$^{40}Ar^{34}S^+$	74	Ge	MoO	108~116	Cd
$^{31}P^{16}O^+$	47	Ti	$^{93}Nb^{16}O$	109	Ag
$^{31}P^{17}O^1H^+$	49	Ti	—	—	—

（2）非质谱型干扰

非质谱型干扰主要包括基体抑制干扰、空间电荷效应干扰、物理效应干扰等。非质谱型干扰程度与样品基体性质有关，可通过内标法、仪器条件最佳化或标准加入法等措施消除。

4. 标准曲线的建立

此部分内容参见相应标准。

5. 样品的测定

（1）仪器的调谐和参数的选择

点燃等离子体后，仪器需预热稳定 30min。首先用质谱仪调谐溶液对仪器的灵敏度、氧化物和双电荷进行调谐，一般选用含有 Li、Y、Be、Mg、Co、In、Tl、Pb 和 Bi 元素的溶液为质谱仪的调谐溶液。也可直接购买有证标准溶液，用硝酸溶液（1+99）稀释至 $10\mu g/L$。在仪器的灵敏度、氧化物、双电荷满足要求的条件下，调谐溶液中所含元素信号强度的相对标准偏差≤5％。然后在涵盖待测元素的质量范围内进行质量校正和分辨率校验，如质量校正结果与真实值差别超过±0.1amu 或调谐元素信号的分辨率在 10％峰高所对应的峰宽超过 0.6~0.8amu 的范围，应依照仪器使用说明书的要求对质谱进行校正。

（2）样品的测定步骤

每个试样测定前，先用硝酸溶液（2+98）冲洗系统直到信号降至最低，待分析信号稳定后才可开始测定。试样测定时应加入与绘制校准曲线时相同量的内标元素标准使用溶液。若样品中待测元素浓度超出校准曲线范围，需用硝酸溶液（1+99）稀释后重新测定。试样溶液基体复杂，多原子离子干扰严重时，可通过标准中所列的校正方程进行校正，也可根据各仪器厂家推荐的条件，通过碰撞/反应池模式技术进行校正。按照与试样相同的测定条件测定实验室空白试样。

6. 质量保证和质量控制

此部分内容参见相应标准。

7. 注意事项

此部分内容参见相应标准。

（四）原子荧光光谱法

该部分内容以标准《水质　汞、砷、硒、铋和锑的测定　原子荧光法》（HJ 694—2014）为例，讲述测定方法及注意事项。

本标准规定了测定水中汞、砷、硒、铋和锑的原子荧光法。本标准适用于地表水、地下水、生活污水和工业废水中汞、砷、硒、铋和锑的溶解态和总量的测定。本标准方法汞的检出限为 $0.04\mu g/L$，测定下限为 $0.16\mu g/L$；砷的检出限为 $0.3\mu g/L$，测定下限为 $1.2\mu g/L$；硒的检出限为 $0.4\mu g/L$，测定下限 $1.6\mu g/L$；铋和锑的检出限为 $0.2\mu g/L$，测定下限为 $0.8\mu g/L$。

为了提高本书的实用性，使其内容和读者的实际工作快速、紧密结合，以下内容及相关数据引自标准 HJ 694—2014。

1. 样品的采集和保存

样品采集参照 HJ/T 91 和 HJ/T 164 的相关规定执行，溶解态样品和总量样品分别采集。样品保存参照 HJ 493 的相关规定进行。需注意：

（1）可滤态汞、砷、硒、铋、锑样品

样品采集后尽快用 $0.45\mu m$ 滤膜过滤，弃去初始滤液 50mL，用少量滤液清洗采样瓶，收集滤液于采样瓶中。测定汞的样品，如水样为中性，按每升水样中加入 5mL 盐酸的比例加入盐酸；测定砷、硒、锑、铋的样品，按每升水样中加入 2mL 盐酸的比例加入盐酸。样品保存期为 14 天。

（2）汞、砷、硒、铋、锑总量样品

除样品采集后不经过滤外，其他的处理方法和保存期同上。

2. 样品的消解

（1）汞

量取 5.0mL 混匀后的样品于 10mL 比色管中，加入 1mL 盐酸-硝酸溶液（300mL 盐酸＋100mL 硝酸＋400mL 水），加塞混匀，置于沸水浴中加热消解 1h，在此期间摇动 1～2 次并开盖放气。冷却，用水定容至标线，混匀，待测。

（2）砷、硒、铋、锑

量取 50.0mL 混匀后的样品于 150mL 锥形瓶中，加入 5mL 硝酸-高氯酸混合酸（1＋1），于电热板上加热至冒白烟，冷却。再加入 5mL 盐酸溶液（1＋1），加热至黄褐色烟冒尽，冷却后移入 50mL 容量瓶中，加水稀释定容，混匀，待测。

3. 仪器条件的选择

仪器条件的选择参见表 8-9。

表 8-9　原子荧光光谱法测定 Hg、As、Se、Sb、Bi 的推荐仪器条件

元素	负高压/V	灯电流/mA	原子化器预热温度/℃	载气流量/(mL/min)	屏蔽气流量/(mL/min)	积分方式
Hg	240～280	15～30	200	400	900~1000	峰面积
As	260～300	40～60	200	400	900~1000	峰面积
Se	260～300	80～100	200	400	900~1000	峰面积
Sb	260～300	60～80	200	400	900~1000	峰面积
Bi	260～300	60～80	200	400	900~1000	峰面积

4. 干扰与消除

① 酸性介质中能与硼氢化钾反应生成氢化物的元素会相互影响产生干扰，加入硫脲＋抗血酸溶液（硫脲和抗坏血酸各 5.0g，用 100mL 水溶解）可以基本消除干扰。

② 高于一定浓度的铜等过渡金属元素可能对测定有干扰，加入硫脲＋抗血酸溶液（硫脲和抗坏血酸各 5.0g，用 100mL 水溶解），可以消除绝大部分的干扰。在本标准的实验条件下，样品中含 100mg/L 以下的 Cu^{2+}、50mg/L 以下的 Fe^{3+}、1mg/L 以下的 Co^{2+}、10mg/L 以下的 Pb^{2+}（对硒是 5mg/L）和 150mg/L 以下的 Mn^{2+}（对硒是 2mg/L）不影响测定。

③ 常见阴离子不干扰测定。

④ 物理干扰消除。选用双层结构石英管原子化器，内外两层均通氩气，外面形成保护层隔绝空气，使待测元素的基态原子不与空气中的氧和氮碰撞，降低荧光猝灭对测定的影响。

5. 标准曲线的建立与样品的测定

标准溶液的配制和样品的测定步骤，具体参见标准。

6. 质量保证与质量控制

此部分内容参见相应标准。

7. 注意事项

此部分内容参见相应标准。

第二节　原子光谱法在土壤分析中的应用

一、应用概况

近年来，随着废气、废水、废渣的不合规排放，导致某些区域的土壤污染问题越来越严重，尤其是重金属的污染，比如砷、汞、镉等，已经严重超标，这些重金属可以通过食物链的传递进入人体，对人类的健康造成极大的危害。因此，准确检测土壤中的金属离子含量，对保护和修复土壤都有着极其重要的作用。

目前我国颁布的国家或行业标准中测定土壤中金属元素含量的方法大部分都是采用原子吸收光谱法，其次是电感耦合等离子体原子发射光谱法和原子荧光光谱法，近年来应用越来越热门的电感耦合等离子体质谱法在土壤中的检测越来越多，并且 2014 年环境保护部颁布了相关标准，所以也将这种方法和三种原子光谱法一并介绍。目前采用上述四种方法分析土壤中的相关金属元素的国家或行业标准分别见表 8-10～表 8-13。

二、分析方法

（一）原子吸收光谱法

1. 样品的采集和保存

样品的采集和保存严格按照 HJ/T 166—2004 执行，在采集和保存的过程中需要注意的事项如下：

① 采样工具避免使用金属制品的工具，防止金属元素的污染。

② 土壤样品的风干、研磨工作应该在不同的工作间进行，这样可以防止土壤样品之间的接触污染，保证样品的原始特点。

③ 研磨样品需采用玛瑙研钵、白色瓷研钵、玛瑙研磨机。

④ 土壤样品过筛应采用尼龙筛。

⑤ 保存土壤样品的器皿可以是具塞磨口玻璃瓶、具塞无色聚乙烯塑料瓶、无色聚乙烯塑料袋或牛皮纸袋。

原子光谱分析技术及应用

表8-10 原子吸收光谱法测定土壤中金属离子的方法

适用范围	测项	检出限/(mg/kg)	波长/nm	灯电流/mA	狭缝宽度/nm	仪器条件 原子化器及条件	干扰物质及消除方法	标准号
土壤沉积物	铍	0.03 (0.2g,50mL)①	234.9	—	0.5	石墨炉: 干燥温度/时间:85~120℃,55s;灰化温度/时间:1200~1400℃,10~15s;原子温度/时间:2600℃,2.9s;净化温度/时间:2650℃,2s	干扰:20mg/L 的铁产生负干扰,75mg/L 的镁产生正干扰。消除:加入氯化钯基体改进剂(17.0g/L)	HJ 737—2015
土壤中有效态铅、镉	铅	—	283.3	7.5	1.3	火焰:空气-乙炔火焰	—	GB/T 23739—2009
	镉	—	228.8	7.5	1.3	火焰:空气-乙炔火焰; 石墨炉: 干燥温度/时间:85~130℃,30s;灰化温度/时间:1500℃,2s;原子温度/时间:2400℃,3s		
土壤	铬	5 (0.5g,50mL)①	357.9	—	0.7	火焰: 条件:空气-乙炔火焰,还原性	干扰:铬的原子化效率受火焰状态和燃烧器高度的影响较大,铁、钴、镍、钒、铝、镁、铅等共存离子有干扰。消除:使用富燃性(还原性)火焰,加入氯化铵	HJ 491—2009
土壤	铜	2	324.8	7.5	1.3	空气-乙炔火焰;铬用还原性,其他用氧化性。 石墨炉: 铝 干燥温度/时间:80~100℃,20s;灰化温度/时间:700℃,20s;原子温度/时间:2000℃,0.5s;净化温度/时间:2700℃,3s; 镉 干燥温度/时间:80~100℃,20s;灰化温度/时间:500℃,20s;原子温度/时间:2600℃,3s	—	NY/T 1613—2008
	锌	0.4	213.9	7.5	1.3			
	镍	2	232.0	7.5	0.2			
	铬	5	357.9	7.0	0.7			
	铅	5(火焰), 0.1(石墨炉)	283.3	7.5	1.3			
	镉	0.2(火焰), 0.01(石墨炉)	228.8	7.5	1.3			
土壤	硒	—	—	—	—	—	溶液中的其他粒子不会干扰,因为进入原子化器的样品是硒化氢气体,用硼氢化钾作还原剂,将四价硒还原为硒化氢	NY/T 1104—2006

208

续表

适用范围	测项	检出限/(mg/kg)	波长/nm	灯电流/mA	狭缝宽度/nm	原子化器及条件	干扰物质及消除方法	标准号
土壤中有效态元素	锌	—	213.8	0.7	—	火焰；乙炔-空气火焰	干扰：石灰性土壤中游离碳酸钙溶解会包蔽锌,铁等元素的释放。消除：加入氯化钙溶液(0.01mol/L)和三乙醇胺溶液(0.1mol/L)	NY/T 890—2004
	锰	—	279.5	0.7	—			
	铁	—	248.3	0.7	—			
	铜	—	324.7	0.7	—			
土壤中交换性元素	钙	—	422.7	—	—	火焰	干扰：铝,磷,钙。消除：加入1mol/L的乙酸铵溶液,加入3%的氯化锶($SrCl_2 \cdot 6H_2O$)溶液	LY/T 1245—1999
	镁	—	285.2	—	—			
土壤	铅	0.2	217.0	7.5	1.3	火焰；乙炔-空气火焰,氧化型	无明显干扰物质,因为前处理方法是用甲基异丁基酮对铅,镉进行萃取,萃取的同时还分离了大量共存成分铁,铝及碱金属,碱土金属等干扰物质。消除方法：萃取	GB/T 17140—1997
	镉	0.05	228.8	7.5	1.3			
土壤	总汞	0.005 (2g)①	253.7	—	—	冷原子吸收法；汞蒸气原子化器即原子化亚锡还原,用氯化亚锡还原	—	GB/T 17136—1997
土壤	铜	1 (0.5g,50mL)①	324.8	7.5	1.3	火焰；乙炔-空气火焰,氧化性	干扰：消解液中铁含量大于100mg/L时抑制锌的吸收；含盐量高时,出现非特征吸收。消除：加入硝酸镧消除共存成分干扰,用背景校正克服盐类干扰	GB/T 17138—1997
	锌	0.5 (0.5g,50mL)①	213.8	7.5	1.3			
土壤	镍	5 (5g,50mL)①	232.0	12.5	0.3	火焰；乙炔-空气火焰,中性	干扰：盐类颗粒吸收,分子化合物产生光散射,分子吸收,有背景干扰。消除：使用背景校正或将试液稀释	GB/T 17139—1997
土壤	铅	0.1 (0.5g,50mL)①	283.3	7.5	1.3	石墨炉：干燥温度/时间：80~100℃,20s,灰化温度/时间：700℃,20s;原子化温度/时间：2000℃,5s;净化温度/时间：2700℃,3s	干扰：一些共存离子会产生背景干扰。消除：加入磷酸二氢铵或氯化铵等基体改进剂	GB/T 17141—1997
土壤	镉	0.01 (0.5g,50mL)①	228.8	7.5	1.3	石墨炉：干燥温度/时间：80~100℃,20s,灰化温度/时间：500℃,20s;原子化温度/时间：1600℃,5s;净化温度/时间：2600℃,3s		

① 括号里内容代表样称量和定容体积。

表 8-11　电感耦合等离子体原子发射光谱法在土壤分析中的应用

适用范围	测项	检出限及测定下限/(mg/kg)	标准号
土壤	铜、铁、锰、锌、镉、钴、镍、铅共 8 种有效态元素	方法检出限:0.005～0.05 测定下限:0.02～0.2	HJ 804—2016

表 8-12　电感耦合等离子体质谱法在土壤分析中的应用

适用范围	测项	检出限及测定下限/(mg/kg)	标准号
土壤 沉积物	镉、钴、铜、铬、锰、镍、铅、锌、钒、砷、钼、锑	电热板消解　方法检出限:0.03～7; 　　　　　　测定下限:0.12～28 微波消解　　方法检出限:0.04～2; 　　　　　　测定下限:0.16～8	HJ 700—2014

表 8-13　原子荧光光谱法在土壤分析中的应用

标准体系	适用范围	测项	检出限/(mg/kg)	标准号
国家标准	土壤	汞	0.002(0.2～1.0g,50mL)	GB/T 22105.1—2008
	土壤	砷	0.01(0.2～1.0g,50mL)	GB/T 22105.2—2008
	土壤	铅	0.06(0.2～1.0g,50mL)	GB/T 22105.3—2008
行业标准	土壤	硒	—	NY/T 1104—2006
	土壤	汞	0.002(0.2～1.0g,50mL)	NY/T 1121.10—2006
	土壤	砷	0.02(0.2～1.0g,50mL)	NY/T 1121.11—2006
	土壤和 沉积物	汞	0.002(0.5g,50mL)	HJ 680—2013
		砷、硒、铋、锑	0.01(0.5g,50mL)	

2. 样品的消解

土壤样品的前处理方法一般也称为样品的消解，根据测试的要求，大致可以分为两类：一类是测定土壤样品中有效态金属离子，所采用的前处理方法一般是萃取提取的方法，称之为部分消解法；另一类是测定土壤样品中全部金属离子的含量，所采用的前处理方法有干法或湿法消解，使之彻底破坏土壤晶格，将土壤样品中的被测组分不受损失、不被污染并全部转变为适于测定的形态，这一类前处理方法称为全部消解法。样品被分解后，待测组分应以可溶盐或以其络合物的形式进入溶液，或者是保留于沉淀中，从而达到与某些组分分离的目的，有时以气体的形式将待测组分导出，再以适当的试剂吸收或任其挥发。

样品的消解，无论采用哪一种消解方法，第一，保证样品消解完全，即待测组分全部转变为适于测定的形态；第二，在消解样品时，要尽量避免待测组分的损失；第三，要避免消解时所加入的试剂或所用的器皿含有待测组分，避免污染；第四，在样品消解的过程中，尽可能地分离干扰组分；第五，所采用的消解方法要简便、快速、经济、环保、安全并适合批量生产等要求。

土壤样品的消解方法根据测定的要求，分为全部消解法和部分消解法，全部消解法是将样品全部破坏，这个过程一般需要加两种或多种混合酸，然后在高温的状态下使其待测元素全部溶出，再准确测定。部分消解法一般是用于测定土壤中某些元素的有效态含量，消解的过程相对简单，可以酸溶也可以水溶。

（1）全部消解法

全部消解法分为湿法和干法两种，湿法也称为酸消解法，需要在样品中加入两种或两种以上适量的无机酸，在一定的温度下，充分分解样品。常用的酸有：盐酸、硝酸、硫酸、磷酸、高氯酸、氢氟酸等。分析土壤样品时一般都需要加入氢氟酸，因为氢氟酸是唯一能够破坏硅酸盐类的酸，可以将晶格中的待测元素全部释放出来，达到完全消解的目的。

酸消解法采用的混合酸有多种方式，下面介绍几种常用的酸混合消解方式：

① 盐酸-硝酸-氢氟酸-高氯酸混合消解法。高氯酸是无机酸中最强的酸，它释放出质子的能力最强，并且具有较高的氧化能力，所以它能分解其他酸不易分解的样品，采用高氯酸分解试样时，应在通风橱中进行。

以测定土壤中铅、镉的含量为例（GB/T 17141—1997《土壤质量铅、镉的测定石墨炉原子吸收分光光度法》），样品消解的过程如下：准确称取样品 0.1～0.3g 于聚四氟乙烯坩埚中，首先用水润湿样品，以防直接加酸样品飞溅，加入 5mL 盐酸，置于通风橱内电热板上低温消解，使样品初步分解，然后加入 5mL 硝酸、4mL 氢氟酸、2mL 高氯酸，加盖继续中温加热 1h，然后开盖，继续加热，这时应经常摇动坩埚，除硅效果会更好。继续加热，开始冒浓厚的高氯酸白烟时，加盖，使黑色有机碳化物充分分解。待黑色有机物消解后，开盖驱赶白烟并蒸发内容物呈黏稠状，根据样品消解情况，可再加入 2mL 硝酸、2mL 氢氟酸、1mL 高氯酸，重复上述消解过程。当白烟再次基本冒尽且内容物呈黏稠状时，取下稍冷，用水冲洗坩埚盖和内壁，并加入 1mL 硝酸溶液温热溶解残渣，然后将溶液转移至 25mL 容量瓶中，加入 3mL 磷酸氢二铵溶液，冷却定容，摇匀待测。

消解过程中注意事项如下：

a. 在消解过程中，根据样品的实际情况，所加的酸的量可以适当增减，并且高氯酸的用量都少于其他酸的用量。

b. 消解温度要控制好，如果过高，消解时间短，样品分解不完全，测定结果偏低，并且也会加速聚四氟乙烯坩埚的变形和老化。

c. 如果样品消解不完全，需要再加酸重复分解，那么空白样品中也要再重新加酸，并且加酸量和样品加酸量一致，这样空白值才能准确。

d. 消解快结束时，一定要把酸赶尽，因为高氯酸可能会干扰某些元素测定。

② 王水回流消解法。王水由一份硝酸和三份盐酸混合组成，具有很强的氧化能力，二者混合后所产生的氯化亚硝酰和游离氯是溶剂中起作用的主要因素。王水消解能力极强，它比目前研究土壤中重金属有效态的诸多提取液的提取能力都强。王水可将有效态重金属百分百提取。此外，王水也可以将由于环境污染导致的土壤中本身置于晶格之外的全部及晶格之内的大部分非有效态重金属溶解，至于王水都无法溶出的重金属对植物和环境将无任何意义。所以用王水消解土壤样品，测定重金属含量，完全能达到监测土壤中重金属的目的。王水回流消解方法在美国国家环保局已经用于土壤、沉积物、固体废物等样品的消解，其方法为 EPA3050B，欧洲的 ISE 组织和 CONTEST 组织开发了更为方便快捷的王水回流方法，并于 1995 年进行了 ISO 标准化，方法定名为 Method ISO 11466。

下面以王水消解测定土壤中 6 种金属元素（NY/T 1613—2008《土壤质量 重金属测定 王水回流消解原子吸收法》）为例，讲述消解过程。第一步先进行锥形瓶的预处理：量取 15mL 王水加入 100mL 锥形瓶中，加 3～4 粒小玻璃珠，盖上干净表面皿，在电热板上加热到明显微沸，让王水蒸气浸润整个锥形瓶内壁，约 30min，冷却，用纯水洗净锥形瓶内壁待用。第二步，加酸消解。准确称取约 1g（精确至 0.0002g）通过 0.149mm 孔径筛的土壤样品，加少许蒸馏水润湿土样，加 3～4 粒小玻璃珠。然后加入 10mL 硝酸溶液，浸润整个样品，电热板上微沸状态下加热 20min（硝酸与土壤中有机质反应后剩余部分约 6～7mL，与下一步加入 20mL 盐酸仍大约保持王水比例）。加入 20mL 盐酸，盖上表面皿，放在电热板上加热 2h，保持王水处于明显的微沸状态（即可见到王水蒸气在瓶壁上回流，但反应又不能过于剧烈而导致样品溢出）。移去表面皿，赶掉全部酸液至湿盐状态，加 10mL 水溶解，趁热过滤至 50mL 容量瓶中定容，待测。

③ 硝酸-高氯酸混合消解-氢化物发生法。这种前处理方法主要用于测定易于形成氢化物

的金属元素，比如测定土壤中全硒的含量（NY/T 1104—2006《土壤中全硒的测定》）。基本原理是样品经硝酸、高氯酸混合酸加热消解后，在盐酸介质中，将样品中的六价硒还原成四价硒，用硼氢化钠或硼氢化钾作还原剂，将四价硒在盐酸介质中还原成硒化氢，由载气将硒化氢吹入高温电热石英管原子化。具体的前处理方法如下：

称取待测土壤样品 2g（精确至 0.0002g）于 100mL 三角瓶中，加入混合酸（盐酸和高氯酸的体积比为 3∶2）10～15mL，盖上小漏斗，放置过夜。次日，于 160℃ 自动控温消化炉上消化至无色，继续消化至冒白烟后，1～2min 内取下稍冷，向三角瓶中加入 10mL 盐酸溶液，置于沸水浴中加热 10min，取下三角瓶，冷却至室温，用去离子水将消化液转入 50mL 容量瓶中，定容至刻度，摇匀待测。

在消解样品的过程中需要注意：避免蒸干样品，防止爆炸。

④ 盐酸-硝酸-氢氟酸-高氯酸消解-KI-MIBK 萃取富集法。这种方法的特点是在混合酸消解后，在试液中加入适量的 KI，试液中的 Pb^{2+}、Cd^{2+} 与 I^- 形成稳定的离子缔合物，然后这种缔合物可被甲基异丁基甲酮（MIBK）萃取，这样可以达到富集待测金属离子的目的，因此能够应用于火焰原子吸收法。这种方法的另一个好处是当用 MIBK 浓缩试样中铅、镉的同时，还达到与大量共存成分铁、铝及碱金属、碱土金属分离的目的，减少了各种离子的干扰。

我们以测定土壤中铅、镉为例（GB/T 17140—1997《土壤质量　铅、镉的测定　KI-MIBK 萃取火焰原子吸收分光光度法》）简述样品的前处理过程。

准确称取样品 0.2～0.5g（精确至 0.0002g）于聚四氟乙烯坩埚中，首先用水润湿样品，以防直接加酸样品飞溅，加入 10mL 盐酸，置于通风橱内电热板上低温消解，使样品初步分解，待蒸发至约 3mL 时，取下稍冷，加入 5mL 硝酸、5mL 氢氟酸、3mL 高氯酸，加盖继续中温加热 1h，然后开盖，继续加热，这时应经常摇动坩埚，除硅效果会更好。继续加热，开始冒浓厚的高氯酸白烟时，加盖，使黑色有机碳化物充分分解。待黑色有机物消解后，开盖驱赶白烟并蒸发内容物呈黏稠状，根据样品消解情况，可再加入 3mL 硝酸、3mL 氢氟酸、1mL 高氯酸，重复上述消解过程。当白烟再次基本冒尽且内容物呈黏稠状时，取下稍冷，用水冲洗坩埚盖和内壁，并加入 1mL 盐酸溶液温热溶解残渣，然后将溶液转移至 100mL 分液漏斗中，加水至约 50mL 处，然后加入 2.0mL 抗坏血酸溶液（质量分数为 10%）、2.5mL 碘化钾溶液（2.0mol/L），摇匀，再准确加入 5.00mL 甲基异丁基甲酮，振摇 1～2min，静置分层，取有机相备测。由于 MIBK 的密度比水小，分层后可直接喷入火焰，不一定必须与水相分离，因此在实际操作过程中，为了方便上机进样，可用 50mL 比色管代替分液漏斗，进样时，直接将进液管伸入有机相，只要注意进液管不伸入水相即可，这样就省略了有机相和水相分离的步骤，减少了样品损失，提高了分析的准确度。

（2）部分消解法

这种消解法主要用于测定土壤中有效态的金属含量，所谓有效态金属，即能够被植物直接吸收利用的部分金属元素。土壤中有效态元素存在的形式主要有两种：游离态离子和吸附态离子。一般测定这些有效态元素的提取方法称为部分消解法。一般，若某种浸提剂在特定条件（振荡平衡时间、土液比）提取金属的量正是土壤中易被植物吸收的这部分，则选择这种提取条件（振荡平衡时间、土液比）和浸提剂所提取的量作为土壤有效态重金属量较为合适。目前常用的浸提剂有乙酸铵溶液、二乙三胺五乙酸（DTPA）提取剂等。

下面我们以测定土壤中有效态铅、镉含量（GB/T 23739—2009《土壤质量　有效态铅

和镉的测定　原子吸收法》）为例，讲述样品的前处理过程。称取 5.00g 通过 2mm 孔径筛的风干土壤样品，置于 100mL 具塞锥形瓶中，用移液管加入 25.00mL DTPA 提取剂 [0.005mol/L DTPA-0.1mol/L TEA（三乙醇胺）-0.01mol/L $CaCl_2$]，在室温（25℃±2℃）下放入水平式往复振荡器上，每分钟往复振荡 180 次，提取 2h。取下，离心或干过滤，最初滤液 5～6mL 弃去，再滤下的滤液上机测定。

3. 仪器条件的选择

测定不同元素有不同的仪器操作条件。以铬元素的测定为例介绍原子吸收光谱仪器操作条件的选择。

（1）选择光源

选择铬元素的空心阴极灯作为光源（如测定砷、钙、镉、钴、铜、钾、锰、钼、镍、铅、铊、锌元素时，选择相应的空心阴极灯）。

（2）选择原子化器

一般来说，如果样品中待测元素的含量较高，比如高于 0.1mg/L，选用火焰原子化器，如果样品中待测元素的含量较低，比如低于 0.1mg/L，选用石墨炉原子化器，每种原子化器的条件参考相应国家标准。测定砷、钙、镉、钴、铜、钾、锰、钼、镍、铅、铊、锌元素时的仪器条件见表 8-10。

4. 干扰的消除

在测定的过程中，出现的干扰和消除方法见表 8-10。

5. 标准曲线的建立

配制不同浓度的待测元素标准溶液，一般选择 4～6 个浓度，并且浓度选择均匀合理，配制时应和样品溶液一样加入相应干扰消除剂。在测定时，应按照由低浓度向高浓度的顺序依次测定，标准溶液配制好后一般可用一个月。

样品溶液中待测元素的含量应该在标准溶液的高低限范围内，最好处于标准曲线的中部范围，如果低于或超出标准曲线范围，应该对样品进行浓缩或稀释处理。

6. 样品的测定

按照与绘制标准曲线相同条件测定试样的吸光度。同时应该测定空白试样的吸光度。

7. 结果的表示

当测定结果小于 100μg/L 时，保留小数点后一位，测定结果大于 100μg/L 时，保留三位有效数字。

8. 质量保证和质量控制

此部分内容参见相应标准。

（二）电感耦合等离子体原子发射光谱法

我们以标准《土壤 8 种有效态元素的测定　二乙烯三胺五乙酸浸提-电感耦合等离子体发射光谱法》（HJ 804—2016）为例讲解具体的分析步骤，为了提高本书的实用性，使其内容和读者的实际工作快速、紧密结合，以下内容及相关数据引自该标准。

本标准规定了用二乙烯三胺五乙酸（DTPA）浸提测定土壤中有效态元素的电感耦合等离子体发射光谱法。本标准适用于土壤中铜（Cu）、铁（Fe）、锰（Mn）、锌（Zn）、镉（Cd）、钴（Co）、镍（Ni）、铅（Pb）共 8 种有效态元素的测定。

当取样量为 10.0g，浸提液体积为 20mL 时，本方法的检出限、测定下限、波长、干扰物质见表 8-14。

土壤有效态元素是指土壤中在植物生长期内能够被植物根系吸收的元素，即在本标准规定的条件下能够被 DTPA 缓冲溶液浸提出来的土壤中的元素。

表 8-14　电感耦合等离子体发射光谱法测定土壤中 8 种有效态元素的检出限及条件

适用范围	测项	检出限/(mg/kg)	测定下限/(mg/kg)	波长/nm	干扰物质
土壤	铜	0.005	0.02	324.754	Fe、Al、Ti、Mo
	铁	0.04	0.16	259.940	Mo、W
	锰	0.02	0.08	257.610	Fe、Mg、Al、Ce
	锌	0.04	0.16	213.856	Ni、Cu、Fe、Ti
	镉	0.007	0.028	214.438	Fe
	钴	0.02	0.08	228.616	Ti、Ba、Cd、Ni、Cr、Mo、Ce
	镍	0.03	0.12	231.604	Fe、Co
	铅	0.05	0.2	220.353	Fe、Al、Ti、Co、Ce、Sn、Bi

1. 样品采集和保存

按照 HJ/T 166 的相关规定采集和保存土壤样品。样品采集、运输和保存过程应避免污染和待测元素损失。土壤样品干物质含量的测定按照 HJ 613 执行。

样品制备：除去样品中的枝棒、叶片、石子等异物，按照 HJ/T 166 的要求，将采集的样品在实验室进行风干、粗磨、细磨至过孔径 2.0mm（10 目）尼龙筛。样品的制备过程应避免污染和待测元素损失。

2. 样品中有效态元素的提取

浸提液的制备：$c(TEA)=0.1mol/L$，$c(CaCl_2)=0.01mol/L$，$c(DTPA)=0.005mol/L$；pH 值为 7.3。

在烧杯中依次加入 14.92g（精确至 0.0001g）三乙醇胺（TEA）、1.967g（精确至 0.0001g）二乙烯三胺五乙酸（DTPA）、1.470g（精确至 0.0001g）二水合氯化钙（$CaCl_2 \cdot 2H_2O$），加入水并搅拌使其完全溶解，继续加水稀释至约 800mL，用盐酸溶液（1+1）调整 pH 值为 7.3±0.2（用 pH 计测定），转移至 1000mL 容量瓶中定容至刻度，摇匀。

称取 10.0g（准确至 0.01g）样品，置于 100mL 三角瓶，加入 20.0mL 浸提液，将瓶塞盖紧。在（20±2）℃条件下，以 160～200r/min 的振荡频率振荡 2h。将浸提液缓慢倾入离心管中，于离心机离心 10min，上清液经中速定量滤纸重力过滤后于 48h 内进行测定。

若测定所需的浸提液体积较大，可适当增加取样量，但应保证样品和浸提液比为 1∶2（m/v），同时应使用与之体积匹配的浸提容器，确保样品的充分振荡。

3. 干扰和消除

光谱干扰：包括谱线重叠干扰和连续背景干扰等。选择合适的分析线可避免光谱线的重叠干扰，表 8-15 为待测元素在建议分析波长下的主要光谱干扰。使用仪器自带的校正软件或干扰系数法来校正光谱干扰，当存在单元素干扰时，可按公式（8-1）求得干扰系数。

$$K_t = \frac{(Q'-Q)}{Q_t} \qquad (8\text{-}1)$$

式中，K_t 为干扰系数；Q' 为在分析元素波长位置测得的含量，$\mu g/L$；Q 为分析元素的含量，$\mu g/L$；Q_t 为干扰元素的含量，$\mu g/L$。

通过配制一系列已知干扰元素含量的溶液，在分析元素波长的位置测定其 Q'，根据公式（8-1）求出 K_t，然后进行人工扣除或计算机自动扣除。连续背景干扰一般用仪器自带的扣除背景的方法消除。注意不同仪器测定的干扰系数会有区别。

表 8-15　待测元素在建议分析波长下的主要光谱干扰

待测元素	波长/nm	干扰元素	待测元素	波长/nm	干扰元素
Cu	324. 754	Fe、Al、Ti、Mo	Cd	214. 438	Fe
	327. 396			226. 502	Fe、Ni、Ti、Ce、K、Co
Fe	239. 924	Cr、W		228. 806	As、Co、Sc
	240. 488	Mo、Co、Ni	Co	228. 616	Ti、Ba、Cd、Ni、Cr、Mo、Ce
	259. 940	Mo、W		230. 768	Fe、Ni
	261. 762	Mg、Ca、Be、Mn		238. 892	Al、Fe、V、Pb
Mn	257. 610	Fe、Mg、Al、Ce	Ni	231. 604	Fe、Co
	293. 306	Al、Fe		221. 647	W
Zn	202. 548	Co、Mg	Pb	220. 353	Fe、Al、Ti、Co、Ce
	206. 200	Ni、La、Bi		283. 306	
	213. 856	Ni、Cu、Fe、Ti			

　　非光谱干扰：主要包括化学干扰、电离干扰、物理干扰及去溶剂干扰等。在实际分析过程中，各类干扰很难截然分开。是否予以补偿和校正，与样品中干扰元素的浓度有关。此外，物理干扰一般由样品的黏滞程度及表面张力变化而致，尤其是样品中含有大量可溶性盐或样品酸度过高，都会对测定产生干扰。消除或降低此类干扰的有效方法是稀释法或基体匹配法（即除目标物外，使用的标准溶液的组分与试样溶液一致）。

4. 仪器条件的选择

　　仪器条件的选择参见表 8-16。

表 8-16　仪器条件的选择

元素	检测波长/nm	次检测波长/nm	RF 功率/W	雾化器压力/psi	载气流速/(L/min)	冷却气流速/(L/min)	测定次数/次
铜	324. 754	327. 396					
铁	259. 940	239. 924					
锰	257. 610	293. 306					
锌	213. 856	202. 548	1100	55	1.4	19	3
镉	214. 438	226. 502					
钴	228. 616	238. 892					
镍	231. 604	221. 647					
铅	220. 353	217. 000					

5. 标准曲线的建立和样品的测定

　　标准溶液按照表 8-17 配制，然后建立标准曲线。

表 8-17　标准系列溶液浓度　　　　　　　　单位：mg/L

元素	c_0	c_1	c_2	c_3	c_4	c_5
铜	0. 00	0. 25	0. 50	1. 00	2. 00	4. 00
铁	0. 00	5. 00	10. 0	20. 0	40. 0	80. 0
锰	0. 00	2. 00	5. 00	10. 0	20. 0	30. 0
锌	0. 00	0. 20	0. 50	1. 00	2. 00	4. 00
镉	0. 00	0. 01	0. 02	0. 04	0. 08	0. 12
钴	0. 00	0. 10	0. 20	0. 30	0. 40	0. 50
镍	0. 00	0. 05	0. 25	0. 50	0. 75	1. 00
铅	0. 00	0. 50	1. 00	1. 50	2. 00	5. 00

　　试样测定前，用硝酸溶液（2＋98）冲洗系统直至仪器信号降至最低，待分析信号稳定后方能开始测定。按照与建立标准曲线相同的条件和步骤进行试样的测定。若试样中待测元素的浓度超出标准曲线范围，试样须经稀释以后重新测定，稀释液使用浸提液。

　　注：所有元素的标准溶液配制后，均应在聚乙烯或聚丙烯瓶中密封保存。

6. 质量保证和质量控制

此部分内容参见相应标准。

7. 注意事项

此部分内容参见相应标准。

(三) 电感耦合等离子体质谱法

电感耦合等离子体质谱法在土壤分析中的应用，我们以《土壤和沉积物　12种金属元素的测定　王水提取-电感耦合等离子体质谱法》（HJ 803—2016）标准为例，讲解具体方法。以下步骤和数据部分引自标准 HJ 803—2016。

本方法适用于土壤和沉积物中镉（Cd）、钴（Co）、铜（Cu）、铬（Cr）、锰（Mn）、镍（Ni）、铅（Pb）、锌（Zn）、钒（V）、砷（As）、钼（Mo）、锑（Sb）共12种金属元素的测定。若通过验证，本方法也可适用于其他金属元素的测定。

当取样量为 0.10g，消解后定容体积为 50mL 时，12种金属元素的方法检出限和测定下限见表 8-18。

表 8-18　方法检出限和测定下限　　　　　　　　　　单位：mg/kg

元素	电热板消解		微波消解	
	方法检出限	测定下限	方法检出限	测定下限
镉	0.07	0.28	0.09	0.36
钴	0.03	0.12	0.04	0.16
铜	0.5	2.0	0.6	2.4
铬	2	8	2	8
锰	0.7	2.8	0.4	1.6
镍	2	8	1	4
铅	2	8	2	8
锌	7	28	1	4
钒	0.7	2.8	0.4	1.6
砷	0.6	2.4	0.4	1.6
钼	0.1	0.4	0.05	0.20
锑	0.3	1.2	0.08	0.32

1. 样品采集与保存

按照 HJ/T 166 的相关规定采集和保存土壤样品，按照 GB 17378.3 的相关规定采集和保存沉积物样品。样品采集、运输和保存过程中应避免污染和待测元素损失。

（1）水分的测定

土壤样品干物质测定按照 HJ 613 执行，沉积物样品含水率按照 GB 17378.5 执行。

（2）样品的制备

除去样品中的枝棒、叶片、石子等异物，按照 HJ/T 166 和 GB 17378.5 的要求，将采集的样品进行风干、粗磨、细磨至过孔径 0.15mm（100 目）筛。样品的制备过程应避免污染和待测元素损失。

2. 样品的消解

（1）电热板加热消解法

移取 15mL 王水于 100mL 锥形瓶中，加入 3 粒或 4 粒小玻璃珠，放上玻璃漏斗，于电热板上加热至微沸，使王水蒸气浸润整个锥形瓶内壁约 30min，冷却后弃去，用实验用水洗净锥形瓶内壁，晾干待用。

称取待测样品 0.1g（精确至 0.0001g），置于上述已准备好的 100mL 锥形瓶中，加入

6mL 王水溶液，放上玻璃漏斗，于电热板上加热，保持王水处于微沸状态 2h（保持王水蒸气在瓶壁和玻璃漏斗上回流，但反应不能过于剧烈而导致样品溢出）。消解结束后静置冷却至室温，用慢速定量滤纸将提取液过滤收集于 50mL 容量瓶。待提取液滤尽后，用少量硝酸溶液（0.5mol/L）清洗玻璃漏斗、锥形瓶和滤渣至少 3 次，洗液一并过滤收集于容量瓶中，用实验用水定容至刻度。

（2）微波消解法

称取待测样品 0.1g（精确至 0.0001g），置于聚四氟乙烯密闭消解罐中，加入 6mL 王水。将消解罐安置于消解罐支架，放入微波消解仪中，按照表 8-19 提供的微波消解参考程序进行消解，消解结束后冷却至室温。打开密闭消解罐，用慢速定量滤纸将提取液过滤收集于 50mL 容量瓶中。待提取液滤尽后，用少量硝酸溶液（0.5mol/L）清洗聚四氟乙烯消解罐的盖子内壁、罐体内壁和滤渣至少 3 次，洗液一并过滤收集于容量瓶中，用实验用水定容至刻度。也可参照微波消解仪说明书，优化其功率、升温时间、温度、保持时间等参数。

表 8-19 微波消解参考程序

步骤	升温时间/min	目标温度/℃	保持时间/min
1	5	120	2
2	4	150	5
3	5	185	40

3. 仪器条件

（1）仪器调谐

调谐液：$\rho = 10\mu g/L$。宜选用含有 Li、Be、Mg、Y、Co、In、Tl、Pb 和 Bi 元素的溶液为质谱仪的调谐溶液。可用高纯度的金属（纯度大于 99.99%）或相应的金属盐类（基准或高纯试剂）进行配制，亦可直接购买市售有证标准物质。

注：所有元素的标准溶液配制后均应在密封的聚乙烯或聚丙烯瓶中保存。

点燃等离子体后，仪器预热稳定 30min。用质谱仪调谐液对仪器的灵敏度、氧化物和双电荷进行调谐，在仪器的灵敏度、氧化物和双电荷满足要求的条件下，质谱仪给出的调谐液中所含元素信号强度的相对标准偏差应≤5%。在涵盖待测元素的质量范围内进行质量校正和分辨率校验，如质量校正结果与真实值差值超过±0.1amu 或调谐元素信号的分辨率在 10% 峰高处所对应的峰宽超过 0.6~0.8amu 的范围，应按照仪器使用说明书对质谱仪进行校正。

（2）仪器参考条件

仪器参考条件见表 8-20，推荐使用和同时检测的同位素以及对应内标物见表 8-21。

表 8-20 仪器参考条件

功率/W	雾化器	采样锥和截取锥	载气流速/(L/min)	采样深度/mm	内标加入方式	检测方式
1240	高盐雾化器	镍	1.10	6.9	在线加入内标：锗、铟、铋等多元素混合标准溶液	自动测定3次

表 8-21 推荐使用和同时检测的同位素以及对应内标物

元素	质量数	内标	元素	质量数	内标
镉	111,114	Rh,In	铅	206,207,208	Re,Bi
钴	59	Sc,Ge	锌	66,67,68	Ge
铜	63,65	Ge	钒	51	Sc,Ge
铬	52,53	Sc,Ge	砷	75	Ge
锰	55	Sc,Ge	钼	95,98	Rh
镍	60,62	Sc,Ge	锑	121,123	Rh,In

4. 标准溶液的配制

此部分内容参见相应标准。

5. 样品的测定

每个试样测定前，用硝酸溶液（2+98）冲洗系统直至信号降至最低，待分析信号稳定后开始测定。标准溶液和试样溶液测定条件相同，若试样溶液中待测目标元素浓度超出标准曲线范围，须稀释后再重新测定，稀释液是硝酸溶液（0.5mol/L）。

6. 干扰和消除

（1）质谱干扰

质谱干扰主要包括多原子离子干扰、同量异位素干扰、氧化物干扰和双电荷离子干扰等。多原子离子干扰是 ICP-MS 最主要的干扰来源，可利用干扰校正方程、仪器优化以及碰撞反应池技术加以解决，常见的多原子离子干扰见标准。同量异位素干扰可使用干扰校正方程进行校正，或在分析前对样品进行化学分离等消除，主要的干扰校正方程见标准。氧化物干扰和双电荷干扰可通过调节仪器参数降低影响。

（2）非质谱干扰

非质谱干扰主要包括基体抑制干扰、空间电荷效应干扰、物理效应干扰等。其干扰程度与样品基体性质有关，可采用稀释样品、内标法、优化仪器条件等措施消除和降低干扰。

7. 质量保证和质量控制

此部分内容参见相应标准。

8. 注意事项

此部分内容参见相应标准。

（四）原子荧光光谱法

目前原子荧光光谱法测定土壤中的金属元素主要包括汞、砷、硒、铋、锑、铅，国家标准目前有 3 项，行业标准有 4 项，具体相关信息见表 8-13。

我们以《土壤和沉积物　汞、砷、硒、铋、锑的测定　微波消解/原子荧光法》（HJ 680—2013）为例，结合《土壤质量　总汞、总砷、总铅的测定　原子荧光法　第 1 部分：土壤中总汞的测定》（GB/T 22105.1—2008）等其他标准，重点讲解原子荧光光谱法测定土壤和沉积物中汞、砷、硒、铋、锑的具体消解方法和其他操作步骤，以及一些注意事项。以下内容部分引自标准 HJ 680—2013 和 GB/T 22105.1—2008。

当取样品量为 0.5g 时，本方法测定汞的检出限为 0.002mg/kg，测定下限为 0.008mg/kg；测定砷、硒、铋和锑的检出限为 0.01mg/kg，测定下限为 0.04mg/kg。

该方法的基本原理是：样品经微波消解后试液进入原子荧光光度计，在硼氢化钾溶液还原作用下，生成砷化氢、铋化氢、锑化氢和硒化氢气体，汞被还原成原子态。在氩氢火焰中形成基态原子，在元素灯（汞、砷、硒、铋、锑）发射光的激发下产生原子荧光，原子荧光强度与试液中元素含量成正比。

1. 样品的采集

按照 HJ/T 166 的相关规定进行土壤样品的采集；按照 GB 17378.3 的相关规定进行沉积物样品的采集。按照 HJ/T 166 和 GB 17378.3 的要求，将采集后的样品在实验室中风干、破碎、过筛、保存。样品采集、运输、制备和保存过程应避免污染和待测元素损失。

2. 样品的消解

（1）微波消解法

称取风干、过筛的样品 0.1～0.5g（精确至 0.0001g。样品中元素含量低时，可将样品称取量提高至 1.0g）置于溶样杯中，用少量实验用水润湿。在通风橱中，先加入 6mL 盐酸（1.19g/mL），再慢慢加入 2mL 硝酸（1.42g/mL），混匀使样品与消解液充分接触。若有剧烈化学反应，待反应结束后再将溶样杯置于消解罐中密封。将消解罐装入消解罐支架后放入微波消解仪的炉腔中，确认主控消解罐上的温度传感器及压力传感器均已与系统连接好。按照表 8-22 推荐的升温程序进行微波消解，程序结束后冷却。待罐内温度降至室温后在通风橱中取出，缓慢泄压放气，打开消解罐盖。

表 8-22　微波消解升温程序

步骤	升温时间/min	目标温度/℃	保留时间/min
1	5	100	2
2	5	150	3
3	5	180	25

把玻璃小漏斗插于 50mL 容量瓶的瓶口，用慢速定量滤纸将消解后溶液过滤、转移入容量瓶中，用实验用水洗涤溶样杯及沉淀，将所有洗涤液并入容量瓶中，最后用实验用水定容至标线，混匀。

分别量取 3 份上述容量瓶中的溶液各 10.0mL 置于 3 个 50mL 容量瓶中，第一份加入盐酸 2.5mL，定容至刻度，混匀，该溶液用于测汞；第二份加入盐酸 5mL、硫脲和抗坏血酸混合溶液（硫脲、抗坏血酸各 10g 溶于 100mL 实验用水）10mL，混匀，该溶液用于测定砷、铋、锑；第三份加入盐酸 10.0mL，定容至刻度，混匀，该溶液用于测硒。上述三份溶液均在室温下放置 30min，室温低于 15℃ 时，置于 30℃ 水浴中保温 20min。

（2）电热板消解法

① 测定土壤中的总汞的电热板消解方法（参考 GB/T 22105.1—2008《土壤质量　总汞、总砷、总铅的测定　原子荧光法　第 1 部分：土壤中总汞的测定》）：称取经风干、研磨并过 0.149mm 孔径筛的土壤样品 0.2~1.0g（精确至 0.0002g）于 50mL 具塞比色管中，加少许水润湿样品，加入 10mL 王水（1+1），加塞后摇匀，于沸水浴中消解 2h，取出冷却，立即加入 10mL 保存液（称取 0.5g 重铬酸钾，用少量水溶解，加入 50mL 硝酸，用水稀释至 1000mL，摇匀），用稀释液（称取 0.2g 重铬酸钾，用少量水溶解，加入 28mL 硫酸，用水稀释至 1000mL，摇匀）稀释至刻度，摇匀后放置，取上清液待测，同时做空白试验。

操作中要注意检查全程序的试剂空白，发现试剂或器皿被污染，应重新处理，严格筛选，并妥善保管，防止交叉污染。

硝酸-盐酸消解体系不仅由于氧化能力强使样品中大量有机物得以分解，同时也能提取各种无机形态的汞，而盐酸存在条件下，大量 Cl^- 与 Hg^{2+} 作用形成稳定的 $[HgCl_4]^{2-}$ 络离子，可抑制汞的吸附和挥发，但应避免使用沸腾的王水处理样品，以防止汞以氯化物的形式挥发而损失。样品中含有较多的有机物时，可适当增大硝酸-盐酸混合试剂的浓度和用量。

由于环境因素的影响及仪器稳定性的限制，每批样品测定时须同时绘制标准曲线。若样品中汞含量太高，不能直接测量，应适当减少称样量，使试样含汞量保持在标准曲线的直线范围内。

样品消解完毕，通常要加保存液并以稀释液定容，以防止汞的损失。样品试液宜尽早测定，一般情况下只允许保存 2~3 天。

② 测定土壤中的总砷的电热板消解方法（参考 GB/T 22105.2—2008《土壤质量　总汞、总砷、总铅的测定　原子荧光法　第 2 部分：土壤中总砷的测定》）：称取经风干、研磨并过 0.149mm 孔径筛的土壤样品 0.2~1.0g（精确至 0.0002g）于 50mL 具塞比色管中，加少许水

润湿样品，加入 10mL（1+1）王水，加塞摇匀于沸水浴中消解 2h，中间摇动几次，取下冷却，用水稀释至刻度，摇匀后放置，吸取一定量的消解试液于 50mL 比色管中，加 3mL 盐酸、5mL 硫脲溶液（10g 硫脲溶解于 200mL 水中）、5mL 抗坏血酸溶液（10g 抗坏血酸溶解于 200mL 水中），用水稀释至刻度，摇匀放置，取上清液待测。同时做空白试验。

③ 测定土壤中的总铅的电热板消解方法（参考 GB/T 22105.3—2008《土壤质量　总汞、总砷、总铅的测定　原子荧光法　第 3 部分：土壤中总铅的测定》）：称取经风干、研磨并过 0.149mm 孔径筛的土壤样品 0.2～1.0g（精确至 0.0002g）于 25mL 聚四氟乙烯坩埚中，用少许的水湿润样品，加入 5mL 盐酸、2mL 硝酸摇匀，盖上坩埚盖，浸泡过夜，然后置于电热板上加热消解，温度控制在 100℃左右，至残余酸量较少时（约 2～3mL），取下坩埚稍冷后加入 2mL 氢氟酸，继续低温加热至残余酸液为 1～2mL 时取下，冷却后加入 2～3mL 高氯酸，将电热板温度升至 200℃左右，继续消解至自烟冒净为止。加少许盐酸淋洗坩埚壁，加热溶解残渣，将盐酸赶尽，加入 15mL 盐酸溶液（1+1）于坩埚中，在电热板上低温加热，溶解至溶液清澈为止。取下冷却后转移至 50mL 容量瓶中，用水稀释至刻度，摇匀后取 5mL 溶液于 50mL 容量瓶中，加入 2mL 草酸溶液（10g 草酸溶于 100mL 水）、2mL 铁氰化钾溶液（10g 草酸铁氰化钾溶于 100mL 水），然后用水稀释至刻度，摇匀，放置 30min 待测。同时做空白试验。

3. 仪器条件的选择

原子荧光光谱仪的基本测试条件见表 8-23。

表 8-23　原子荧光光谱仪的测试条件

元素	灯电流 /mA	负高压 /V	原子化器温度 /℃	载气流量 /(mL/min)	屏蔽气流量 /(mL/min)	灵敏线波长 /nm
汞	15～40	230～300	200	400	800～1000	253.7
砷	40～80	230～300	200	300～400	800	193.7
硒	40～80	230～300	200	350～400	600～1000	196.0
铋	40～80	230～300	200	300～400	800～1000	306.8
锑	40～80	230～300	200	200～400	400～700	217.6

4. 标准曲线的建立和样品的测定

标准溶液的配制和具体测定步骤参见相应标准。

5. 质量保证和质量控制

此部分内容参见相应标准。

6. 注意事项

此部分内容参见相应标准。

第三节　原子光谱法在大气分析中的应用

一、应用概况

大气、固定污染源气体或者一些废气中存在一定含量的重金属，气体中的重金属含量达到一定的浓度会对人体造成伤害，并且易富集，不易排出体外，因此检测气体中重金属的含量是环境评价及污染治理的重要依据。原子吸收光谱法是一种重要的测定气体中重金属含量的检测方法，表 8-24～表 8-27 列出了目前相关国家标准，应用的范围主要有环境空气、固定污染源废气等。

表 8-24 原子吸收光谱法应用于大气分析

适用范围	测项	检出限 /(μg/m³)	仪器条件				干扰物质及消除方法	标准号
			波长 /nm	灯电流 /mA	狭缝宽度 /nm	原子化器及原子化器条件		
环境空气	铅	0.009 (10m³,50mL)*	283.3	8	0.5	石墨炉：干燥：90℃,15s,120℃,15s,两级干燥；灰化：700℃,20s；原子化：1400℃,5s；净化：2500℃,5s	高浓度的钙、硫酸盐、磷酸盐、碘化物、氟化物或者醋酸产生化学干扰。还有基体干扰、背景干扰。通过标准加入法消除化学干扰。加入磷酸二氢铵（质量浓度5%）消除基体干扰。通过扣背景消除背景干扰	HJ 539—2015
固定污染源废气颗粒物	铅	10 (0.5m³,50mL)*	283.3	8	0.5	火焰：乙炔-空气火焰	500mg/L 的铁、铝、铍、铬、镉、铜、锌、锡、锰、镁、钠、银、钾、钙和硅酸盐对测定没有明显干扰	HJ 685—2014
固定污染源废气	铍	0.03 (0.5m³,50mL)*	234.9	5	1	石墨炉：干燥：85~150℃,3s,150~500℃,5s,两级干燥；灰化：1100℃,2s；原子化：2300℃,3s；净化：2500℃,2s	1000mg/L 的钠、钾会降低铍的吸收。加入硝酸铝作为基体改进剂，消除干扰	HJ 684—2014
固定污染源废气	铅	13 (0.4m³,50mL)*	283.3	5	0.8	火焰：乙炔-空气火焰；流量：乙炔2.1L/min,空气8.0L/min；燃烧器高度：10.0cm	超过铅100倍的铁、铍、铬、镉、锌、钴、汞、锡、锰、银等离子不干扰测定。钠、钾、钙离子有增感作用，SiO_3^{2-} 稍有干扰。当浓度高时，采用稀释的方法消除干扰	HJ 538—2009
大气固定污染源	镍	0.03 (10m³,10mL)*	232.0	10	0.09	火焰：贫燃型，乙炔2.2L/min,空气9.5L/min；燃烧器高度：10.0cm	无明显干扰	HJ/T 63.1—2001
大气固定污染源	镍	0.003 (10m³,10mL)*	232.0	10	0.09	石墨炉：干燥：120℃,20s;灰化：700℃,20s;原子化：2800℃,3s；净化：2700℃,10s	无明显干扰	HJ/T 63.2—2001
大气固定污染源	镉	0.003 (10m³,10mL)*	228.8	5	1.3	火焰：空气乙炔贫燃火焰	当钙的浓度高于1000mg/L时，抑制镉的吸收	HJ/T 64.1—2001
大气固定污染源	镉	$0.3×10^{-5}$ (10m³,10mL)*	228.8	5	1.3	石墨炉：干燥：120℃,20s;灰化：700℃,20s;原子化：2000℃,10s	无明显干扰	HJ/T 64.2—2001
大气固定污染源	锡	0.003 (10m³,10mL)	286.3	5	1.3	石墨炉：干燥：80~120℃,20s,400℃,40s,两级净化；灰化：1100℃,2s；原子化：2700℃,6s；净化：2800℃,3s	当 Mg^{2+} 的浓度高于500mg/L时,有干扰,加入酒石酸-铬基体改进剂,Zr1mg/mL,酒石酸100mg/mL	HJ/T 65—2001

续表

适用范围	测项	检出限/(μg/m³)	仪器条件				干扰物质及消除方法	标准号
			波长/nm	灯电流/mA	狭缝宽度/nm	原子化器及原子化器条件		
环境空气	铅	0.13(50m³,50mL)	283.3	8	0.5	火焰：乙炔空气火焰	铅在波长217.0nm处有吸收干扰，测定吸收波长改为283.3nm	GB/T 15264—94
居住区大气	铅	2.4×10⁵(火焰) 66(石墨炉)	283.3 283.3	5 5	0.7 0.7	总悬浮颗粒物（420m³）：火焰0.5~7μg/m³，石墨炉0.005~0.07μg/m³；可吸入颗粒物(1m³)：石墨炉0.5~7μg/m³；火焰：乙炔流量2.5L/min；石墨炉空气流量10L/min；火焰：燃烧器高度：5mm；石墨炉干燥电流/时间：15A,30s；灰化电流/时间：35A,15s；原子化电流130A,5s	未见明显干扰	GB 11739—89
居住区大气	镉	1.7×10⁵(火焰) 5.5(石墨炉)	228.8 228.8	4 4	0.5 0.5	总悬浮颗粒物60m³：火焰0.24~4.8μg/m³，石墨炉0.0035~0.048μg/m³；可吸入颗粒物0.5m³：石墨炉0.1~1.4μg/m³；火焰：乙炔流量1.3L/min，空气流量10L/min；石墨炉干燥电流/时间：15A,30s；灰化电流/时间：35A,15s；原子化电流110A,5s	未见明显干扰	GB 11740—89
居住区大气	汞	0.01(冷原子吸收)	253.7	—	—	—	1. 苯、丙酮等有机气体进入测汞仪测汞吸收池，也能吸收253.7nm的紫外线，可造成正误差。使用金膜富集采富集采气有机金膜上若无滞留，放可排除这些有机蒸气的干扰。 2. 如富集管被被油雾、水汽等所污染，会发生富集中毒现象。造成富集不完全和释放不完全。可对富集管进行再生。将富集管插入解析孔，将解析时间调至2min，进行解析，反复进行以使杂质气化去除	GB/T 8914—1988

注：*所标注的括号内，代表着方法的检出限，即称样量和定容容积，如果是浸出液，就只有体积。

表 8-25　电感耦合等离子体原子发射光谱法在气体分析中的应用

适用范围	测项	检出限及测定下限	标准号
空气 废气颗粒物	银、铝、砷、钡、铍、铋、钙、镉、钴、铬、铜、铁、钾、镁、锰、钠、镍、铅、锑、锡、锶、钛、钒、锌	参见表 8-29、表 8-30	HJ 777—2015

表 8-26　电感耦合等离子体质谱法在气体分析中的应用

适用范围	测项	检出限及测定下限	标准号
环境空气 $PM_{2.5}$、PM_{10}、TSP 以及无组织排放和污染源废气颗粒物	锑、铝、砷、钡、铍、镉、铬、钴、铜、铅、锰、钼、镍、硒、银、铊、钍、铀、钒、锌、铋、锶、锡、锂	参见表 8-34	HJ 657—2013

表 8-27　原子荧光光谱法在气体分析中的应用

适用范围	测项	检出限 /(mg/m^3)	测定下限 /(mg/m^3)	标准号
环境空气	汞	$6.6×10^{-6}$	$2.6×10^{-5}$	HJ 542—2009

二、分析方法

(一) 原子吸收光谱法

原子吸收光谱法分析空气中金属元素含量以标准方法《环境空气　铅的测定　石墨炉原子吸收分光光度法》（HJ 539—2015 代替 HJ 539—2009）为例说明分析步骤。

1. 样品的采集和保存

大气中的重金属主要以气溶胶颗粒的形式存在，因此我们在采集大气样本的时候就需要采集大气中的气溶胶颗粒，颗粒物的采集按照 GB/T 15432 和 HJ/T 194 中颗粒物采样要求执行。采样的同时应详细记录采样环境条件。采集样品后的滤膜及全程序空白滤膜对折放入干净纸袋或膜盒中，放入干燥器中保存。如果使用滤筒采集样品，则采集后的滤筒及空白滤筒放入原滤筒盒内，带回实验室分析。在采集保存样品的过程中有些注意事项如下：

① 采样一般选用中流量采样器，流量一般是 100L/min，采集滤膜样品 10m^3，如果气体中待测元素浓度过低，可以适当增加采样体积。

② 在采样时滤膜的毛面应该朝上，放入采样夹中拧紧，采样后小心取下滤膜，尘面朝里对折两次叠成扇形，放回纸袋中。

③ 如果测定的是固定污染源废气中铅的含量，应注意：当温度低于 400℃时在管道内等速采样；当温度高于 400℃时，铅呈气态存在，应将废气导出管道外，使温度降至 400℃以下，以 20L/min 的流速恒流采样 10～30min。

④ 现场采样至少取同批号滤筒或滤膜两个，带到采样现场作为现场空白样品。

⑤ 如果采集固定污染源废气中的汞含量，按照 GB/T 16157 进行烟气采样。在采样装置上串联两支各装 10mL 吸收液的大型气泡吸收管，以 0.3L/min 的流速，采样 5～30min。注意：橡皮管对汞有吸附，采样管与吸收管之间采用聚乙烯管连接，接口处用聚四氟乙烯塑料带密封，当汞浓度较高时，可使用大型冲击式吸收采样瓶。还需采集两个现场空白样，只是不连接烟气采样器，并与样品在相同的条件下保存、运输，直到送交实验室分析，运输过程中应注意防止污染。采样结束后，封闭吸收管进出气口，置于样品箱内运输，并注意避光，样品采集后应尽快分析。若不能及时测定，应置于冰箱内 0～4℃保存，5 天内测定。

2. 样品的消解

样品制备的目的是将滤膜或滤筒上采集到的含有重金属元素的颗粒物经过处理得到可以

上机测试的溶液。处理的方法和土壤样品的消解方法类似，一般也是混合酸溶液消解法，根据消解的方式又可以分为电热板消解法和微波消解法。

（1）电热板消解法

将滤膜裁成小块，置于锥形瓶中，然后依次加入 10mL 硝酸、5mL 盐酸和 3mL 过氧化氢，静置 20～30min，待初始反应趋于平静后，于电热板上加热至微沸进行消解。蒸至近干，再加入 5mL 硝酸、1.5mL 过氧化氢，加热至近干，冷却。然后加入 5mL 硝酸稍热溶解，将溶液过滤至 50mL 容量瓶中，并用 1%浓度的硝酸反复冲洗滤膜残渣至少三次，将洗涤液与过滤液合并，定容至刻度并摇匀。

在测定固定污染源废气中锡的含量时，选用的酸消解液体系和上述不一样，是硝酸-高氯酸体系［参考《大气固定污染源　锡的测定　石墨炉原子吸收分光光度法》（HJ/T 65—2001）］。具体步骤如下：将试样滤筒剪碎（切勿使尘粒抖落），置于锥形瓶中，加入 30mL 硝酸、5mL 高氯酸，瓶口插入一个小漏斗，于电热板上加热至微沸，保持微沸 2h。稍冷，再加入 10mL 硝酸，继续加热微沸至近干。如果样品消解不完全，可加入少量硝酸继续加热至样品颜色变浅。冷却，加入少量水，用定量油纸过滤，用水洗涤锥形瓶、滤渣数次，合并洗涤液和滤液，加热浓缩至 5mL 左右，移到 25mL 容量瓶中，用水稀释至标线，即为试样溶液。如果是过氯乙烯滤膜，取试样滤膜置于锥形瓶中，加入 10mL 硝酸，放置过夜。其后消解方法与上述相同，但酸量减半。

（2）微波消解法

将滤膜裁成小块，置于消解罐中，然后依次加入 8mL 硝酸、2mL 盐酸和 1mL 过氧化氢，静置 2～3h，待初始反应趋于平静后，进行消解。待消解完成后转移至烧杯中，加入 5mL 硝酸溶液稍热溶解，将溶液过滤至 50mL 容量瓶中，并用硝酸溶液定容。微波消解条件如表 8-28 所示。

表 8-28　微波消解条件

消解时间 t/min	消解功率 E/W	消解温度 T_1/℃	罐外温度 T_2/℃
15	1000	120	100
5	1250	185	120
30	1250	185	120
10	0	100	100

从上述处理过程可以看出，这类样品的制备和土壤样品的消解方法非常类似，混合酸的种类也有类似之处，最终的目的都是要将颗粒物或灰尘完全破坏，使其中的重金属元素进入酸溶液中，达到进样要求。在消解的过程中，酸的用量可以根据样品的实际情况酌情增减，只要保证空白样品中加入的酸的种类和量与实际样品加入的一致即可。

3. 仪器条件的选择

仪器条件包括：波长、灯电流、狭缝、干燥温度与时间、灰化温度与时间、原子化温度与时间、清洗温度与时间、氩气流速、进样量、基体改进剂、背景扣除方式等，具体数值参考国家标准。

4. 标准曲线的建立

标准溶液的浓度范围应该根据样品中铅的含量而定，最好是样品溶液中铅的浓度处于标准曲线的中部。测定标准溶液的时候，应该先测定低浓度溶液，再依次测定高浓度溶液，每次都加入 2μL 磷酸二氢铵基体改进剂，然后根据吸光度值和浓度的对应关系建立标准曲线的线性回归方程。

试样的测定也按照标准曲线绘制的仪器工作条件和操作步骤进行测定，同时还要测定空白试样。

5. 样品的测定

根据标准溶液浓度由低至高的顺序进样，继续测定样品溶液，根据标准曲线求出金属离子浓度。

6. 结果的计算和表示

根据样品的吸光度值，代入线性回归方程计算出试样和空白试样中铅的浓度。当测定值小于 $1\mu g/m^3$ 时，结果保留两位小数，当测定值大于或等于 $1\mu g/m^3$ 时，结果以三位有效数字表示，单位为 $\mu g/m^3$。

7. 质量保证和控制

此部分内容参见相应标准。

（二）电感耦合等离子体发射光谱法

本部分内容以《空气和废气 颗粒物中金属元素的测定 电感耦合等离子体发射光谱法》（HJ 777—2015）为例介绍分析过程，分析步骤及相关数据均引自该标准。

本标准规定了测定空气和废气颗粒物中金属元素的电感耦合等离子体发射光谱法。本标准适用于环境空气、无组织排放和固定污染源废气颗粒物中银（Ag）、铝（Al）、砷（As）、钡（Ba）、铍（Be）、铋（Bi）、钙（Ca）、镉（Cd）、钴（Co）、铬（Cr）、铜（Cu）、铁（Fe）、钾（K）、镁（Mg）、锰（Mn）、钠（Na）、镍（Ni）、铅（Pb）、锑（Sb）、锡（Sn）、锶（Sr）、钛（Ti）、钒（V）、锌（Zn）等 24 种金属元素的测定。当空气采样量为 $150m^3$（标准状态），污染源废气采样量为 $0.600m^3$（标准状态干烟气），样品预处理定容体积为 50mL 时，本方法测定各金属元素的检出限和测定下限见表 8-29 和表 8-30。

表 8-29　电感耦合等离子体发射光谱法应用于大气分析

适用范围	测项	微波消解,石英滤膜基体				电热板消解,石英滤膜基体				测量波长 /nm
		方法检出限		测定下限		方法检出限		测定下限		
		μg/L	μg/m³	μg/L	μg/m³	μg/L	μg/m³	μg/L	μg/m³	
环境空气、无组织排放和固定污染源废气颗粒物	铝	66	0.03	260	0.088	36	0.012	140	0.048	396.153
	银	9	0.003	36	0.012	9	0.003	36	0.012	328.068
	砷	12	0.004	48	0.016	14	0.005	56	0.019	193.696
	钡	4	0.02	16	0.005	7	0.003	28	0.009	233.527
	铍	8	0.003	32	0.011	10	0.004	40	0.013	313.107
	铋	18	0.006	72	0.024	11	0.004	44	0.015	223.061
	钙	200	0.07	400	0.27	59	0.02	240	0.080	317.933
	镉	9	0.003	36	0.012	10	0.004	40	0.013	228.802
	钴	7	0.003	28	0.009	13	0.005	52	0.017	228.616
	铬	18	0.006	72	0.024	11	0.004	44	0.015	267.716
	铜	7	0.003	28	0.009	15	0.005	60	0.020	327.393
	铁	71	0.03	280	0.096	83	0.03	330	0.11	238.204
	钾	38	0.02	150	0.052	36	0.02	140	0.048	766.490
	镁	73	0.03	290	0.096	30	0.01	120	0.040	285.213
	锰	7	0.003	28	0.009	3	0.001	12	0.004	257.610
	钠	130	0.05	520	0.17	71	0.03	280	0.096	589.592
	镍	12	0.04	48	0.016	7	0.003	28	0.009	231.604
	铅	14	0.05	56	0.019	8	0.003	32	0.011	220.353
	锶	9	0.003	36	0.012	4	0.002	16	0.005	407.771
	锡	28	0.01	112	0.037	29	0.01	116	0.039	189.927
	锑	12	0.004	48	0.016	8	0.003	32	0.011	206.836
	钛	9	0.003	36	0.012	2	0.001	8	0.003	334.940
	钒	11	0.004	44	0.015	6	0.002	24	0.008	292.464
	锌	36	0.02	144	0.048	11	0.004	44	0.015	206.200

注：按空气采样量为 $150m^3$（标准状态）进行计算。样品预处理采用硝酸-盐酸混合溶液，定容体积为 50.0mL。

表 8-30　电感耦合等离子体发射光谱法分析污染源废气

适用范围	测项	微波消解,石英滤筒基体				电热板消解,石英滤筒基体				测量波长/nm
		方法检出限		测定下限		方法检出限		测定下限		
		μg/L	μg/m³	μg/L	μg/m³	μg/L	μg/m³	μg/L	μg/m³	
空气和废气颗粒物	银	7	0.6	28	2	26	2	104	9	328.068
	砷	22	2	48	7	11	0.9	44	4	193.696
	钡	7	0.6	28	2	3	0.3	12	1	233.527
	铍	8	0.7	32	3	23	2	92	8	313.107
	铋	9	0.8	36	3	24	2	96	8	223.061
	镉	10	0.8	40	3	10	0.8	40	3	228.802
	钴	10	0.8	40	3	24	2	96	8	228.616
	铬	23	2	92	8	45	4	180	15	267.716
	铜	10	0.8	40	3	11	0.9	44	4	327.393
	锰	11	0.9	44	4	24	2	96	8	257.610
	镍	12	1	48	4	11	0.9	44	4	231.604
	铅	23	2	92	8	14	2	56	5	220.353
	锶	4	0.3	16	1	25	2	100	8	407.771
	锡	24	2	96	8	28	2	112	9	189.927
	锑	9	0.8	36	3	10	0.8	40	3	206.836
	钛	11	0.9	44	4	26	2	104	9	334.940
	钒	10	0.8	40	3	8	0.7	32	3	292.464
	锌	33	3	132	11	12	1	48	4	206.200

注：按污染源废气采样量为 0.600m³（标准状态干烟气）进行计算。样品预处理采用硝酸-盐酸混合溶液，定容体积为 50.0mL。

1. 样品采集和保存

（1）样品的采集

按照 HJ 664 的要求设置环境空气采样点位。采集滤膜样品时，使用中流量采样器，至少采集 10m³（标准状态）。当金属浓度较低或采集 PM$_{10}$（PM$_{2.5}$）样品时，可适当增加采样体积，采样时应详细记录采样环境条件。无组织排放大气颗粒物样品的采集，按照 HJ/T 55 中有关要求设置监测点位，其他同环境空气样品采集要求。污染源废气样品采样过程按照 GB/T 16157 中颗粒物采样的要求执行。使用烟尘采样器采集滤筒样品至少 0.600m³（标准状态干烟气）。当重金属浓度较低时可适当增加采样体积。如管道内烟气温度高于需采集的相关金属元素熔点，应采取降温措施，使进入滤筒前的烟气温度低于相关金属元素的熔点。

（2）样品的保存

滤膜样品采集后将有尘面两次向内对折，放入样品盒或纸袋中保存；滤筒样品采集后将封口向内折叠，竖直放回原采样套筒中密闭保存。样品在干燥、通风、避光、室温环境下保存。

2. 样品的消解

（1）电热板消解法

① 硝酸-盐酸混合溶液消解体系。取适量滤膜或滤筒样品（例如：大流量采样器矩形滤膜可取 1/4，或截取直径为 47mm 的圆片；小流量采样器圆滤膜取整张，滤筒取整个），用陶瓷剪刀剪成小块置于聚四氟乙烯烧杯中，加入 20.0mL 硝酸-盐酸混合消解液（55.5mL 硝酸及 167.5mL 盐酸用水稀释并定容至 1L），使滤膜（滤筒）碎片浸没其中，盖上表面皿，在（100±5）℃加热回流 2h，冷却。以水淋洗烧杯内壁，加入约 10mL 水，静置 0.5h 进行浸提。将浸提液过滤到 100mL 容量瓶中，用水定容至 100mL 刻度，待测。当有机物含量过高时，可在消解时加入适量的过氧化氢（30%）消解，以分解有机物。

② 硝酸溶液消解体系。取滤筒整个剪成小块，放入 250mL 锥形瓶中，加入硝酸溶液（1＋1）50mL 和过氧化氢（30％）15mL 浸没滤筒样品，瓶口插入一小漏斗，于电热板上加热至微沸，保持微沸 2h。冷却后小心滴加过氧化氢（30％）5mL，必要时可补加少量水，再置于电热板上加热至微沸，保持微沸 1h。冷却后过滤。滤液转入烧杯中，用水洗涤锥形瓶、滤渣三次以上，洗涤液与滤液合并。将装有滤液的烧杯放在电热板上，将滤液蒸至近干（蒸干温度不宜太高，以免迸溅），再加入硝酸溶液（1＋1）2.0mL，加热使残渣溶解，稍冷却后，趁热将溶液过滤转移至 50mL 容量瓶中，用水稀释并定容至标线。

（2）微波消解法

① 硝酸-盐酸混合溶液消解体系。取适量滤膜或滤筒样品（例如：大流量采样器矩形滤膜可取 1/4，或截取直径为 47mm 的圆片；小流量采样器圆滤膜取整张，滤筒取整个），用陶瓷剪刀剪成小块置于微波消解容器中，加入 20.0mL 硝酸-盐酸混合消解液（55.5mL 硝酸及 167.5mL 盐酸用水稀释并定容至 1L），使滤膜（滤筒）碎片浸没其中，加盖，置于消解罐组件中并旋紧，放到微波转盘架上。设定消解温度为 200℃，消解持续时间为 15min。消解结束后，取出消解罐组件，冷却，以水淋洗微波消解容器内壁，加入约 10mL 水，静置 0.5h 进行浸提。将浸提液过滤到 100mL 容量瓶中，用水定容至 100mL 刻度，待测。当有机物含量过高时，可在消解时加入适量的过氧化氢以分解有机物。

② 硝酸-氢氟酸-过氧化氢-高氯酸全量消解体系。本消解步骤适合于特氟隆、聚丙烯等有机材质滤膜所采集的颗粒物样品的全量消解。消解特氟龙滤膜样品前，应小心去掉滤膜样品外圈硬质支撑材料。

取适量面积有机材质滤膜样品（47mm 滤膜取全部、90mm 滤膜取 1/2），用陶瓷剪刀剪成小块置于高压消解罐内罐中，加入浓硝酸 6.0mL、过氧化氢 2.0mL、氢氟酸 0.1mL，拧严外罐，放入烘箱于 180℃ 条件下消解 8h。冷却至室温后从烘箱取出，加入高氯酸 1.0mL，置于电热板上加热，将消解罐内液体（高氯酸）赶至近干时关闭电热板电源开关。冷却至室温后用硝酸（1＋99）溶解溶盐并定容至 50.0mL，待测。同时制备空白滤膜样品试液。此操作步骤有赶酸环节，以避免氢氟酸对测量仪器进样系统产生腐蚀性影响。

③ 硝酸-氢氟酸-过氧化氢全量消解体系。本消解步骤适合特氟隆、聚丙烯等有机材质滤膜所采集的颗粒物样品的全量消解。消解特氟龙滤膜样品前，应小心去掉滤膜样品外圈硬质支撑材料。

取适量面积有机材质滤膜样品（47mm 滤膜取全部、90mm 滤膜取 1/2），用陶瓷剪刀剪成小块置于高压消解罐内罐中，加入浓硝酸 6.0mL、过氧化氢 2.0mL、氢氟酸 0.1mL，拧严外罐，放入烘箱于 180℃ 条件下消解 8h。冷却至室温后从烘箱中取出，用水定容至 50.0mL，待测。同时制备空白滤膜样品试液。此操作步骤没有赶酸环节，适合有抗氢氟酸腐蚀进样系统配置的测量仪器。

④ 硝酸-氢氟酸-过氧化氢-高氯酸全量消解体系。本消解步骤适合于石英滤膜所采集的颗粒物样品的全量消解。

取适量面积石英滤膜试样（如大张滤膜取 1/4；47mm 滤膜取全部；90mm 滤膜取 1/2），用陶瓷剪刀剪成小块置于高压消解罐内罐中，加入 2.0mL 氢氟酸，待石英膜溶解完全，再加入浓硝酸 3.0mL、过氧化氢 2.0mL，室温静置过夜。将内罐放入不锈钢外套内，拧紧外套放入烘箱中，于 180℃ 消解 6h。冷却至室温后从烘箱中取出消解罐，在电热板上 140℃ 加热赶酸，当消解罐中剩约 1mL 溶液时，加入高氯酸 1.0mL，将温度升至 175℃，保持微沸至冒白烟。当消解罐内液体近干时关闭电热板电源开关。取下冷却，加入硝酸溶液（1＋99）溶解溶盐并定容至 50.0mL，待测。同时制备空白滤膜样品试液。

（3）干热法（碱熔法）

碱熔法属全量消解，适合于有机滤膜采集的颗粒物样品中硅等常量元素测定。取适量大气颗粒物滤膜样品于镍坩埚中，放入马弗炉，从低温升至 300℃，在此温度保持约 40min，进行预灰化。预灰化完成后，逐渐升高马弗炉温度至 550℃ 进行样品灰化。样品在 550℃ 保持 40~60min 至灰化完全。取出已灰化好的样品，冷却至室温，加入几滴无水乙醇润湿样品，再加入 0.1~0.2g 固体氢氧化钠，放入马弗炉中于 500℃ 下熔融 10min。取出镍坩埚，在室温下放置片刻后加入 5mL 热水（约 90℃），在电热板上煮沸提取。提取液移入预先盛有 2mL 盐酸溶液（1+1）的塑料试管中，用少量 0.1mol/L 的盐酸溶液多次冲洗镍坩埚内壁，将溶液洗入试管中并稀释至 50.0mL，摇匀待测。同时制备空白滤膜样品试液。样品定容后要尽快测定以防止硅元素损失。样品存放时间不宜超过 24h。

注：镍坩埚使用前应该进行钝化，钝化方法参见中国环境监测总站编《土壤元素的近代分析方法》（环境科学出版社）。土壤标样作为质控样品时，建议样品称取量为 10mg，精确到 0.1mg。

3. 仪器条件的选择

仪器测定条件参见表 8-31，测量波长的选择见表 8-32。

表 8-31　仪器测定条件

高频功率 /kW	等离子气流量 /(L/min)	辅助气流量 /(L/min)	载气流量 /(L/min)	进样量 /(mL/min)	观测距离 /mm
1.4	15.0	0.22	0.55	1.0	15

表 8-32　测量波长的选择

元素	测量波长/nm		
	I	II	III
铝 Al	396.153	308.215	394.401
银 Ag	328.068	338.289	243.778
砷 As	193.696	188.979	197.197
钡 Ba	233.527	455.403	493.408
铍 Be	313.107	313.042	234.861
铋 Bi	223.061	306.766	222.821
钙 Ca	317.933	315.887	393.366
镉 Cd	228.802	214.440	226.502
钴 Co	228.616	238.892	230.786
铬 Cr	267.716	205.560	283.563
铜 Cu	327.393	324.752	224.700
铁 Fe	238.204	239.562	259.939
钾 K	766.490	404.721	769.896
镁 Mg	285.213	279.077	280.271
锰 Mn	257.610	259.372	260.568
钠 Na	589.592	330.237	588.995
镍 Ni	231.604	221.648	232.003
铅 Pb	220.353	217.000	283.306
锶 Sr	407.771	421.552	460.733
锡 Sn	189.927	235.485	283.998
锑 Sb	206.836	217.582	231.146
钛 Ti	334.940	336.121	337.279
矾 V	292.464	310.230	290.880
锌 Zn	206.200	213.857	202.548

4. 干扰的消除

电感耦合等离子体发射光谱法通常存在的干扰大致可分为两类：一类是光谱干扰，另一类是非光谱干扰。

（1）光谱干扰

光谱干扰主要包括连续背景和谱线重叠干扰。校正光谱干扰常用的方法是背景扣除法（根据单元素试验确定扣除背景的位置及方式）及干扰系数法。也可以在混合标准溶液中采用基体匹配的方法消除其影响。

一般情况下，大气颗粒物样品中各元素含量浓度较低，光谱和基体元素间干扰可以忽略。污染源颗粒物中常见目标元素测定波长光谱干扰及其干扰系数参考值见表 8-33。注意不同仪器测定的干扰系数会有区别。

（2）非光谱干扰

非光谱干扰主要包括化学干扰、电离干扰、物理干扰以及去溶剂干扰等，在实际分析过程中各类干扰很难截然分开。是否予以补偿和校正，与样品中干扰元素的浓度有关。此外，物理干扰一般由样品的黏滞程度及表面张力变化而致，尤其是当样品中含有大量可溶盐时，可能会对测定产生干扰。消除此类干扰的最简单方法是将样品稀释。

表 8-33　目标元素测定波长、干扰元素及干扰系数示例

目标元素	测定波长/nm	干扰元素及干扰系数
Pb	220.353	Cr 0.00510；Fe 0.0130；Al 0.00860
Cd	228.802	Al 0.00150；Fe 0.00490；Ni 0.09100
	214.440	Al 0.00810；Fe 0.00011
Ni	221.648	V 0.00035；Fe 0.00042；Cu 0.00075
	232.003	Fe 0.00050
Sn	235.485	V 0.01000；Ti 0.00430；Fe 0.00560；Ni 0.00945
	283.998	Mn 0.00350；Cr 0.00130；Al 0.00056；Fe 0.00145；Mg 0.00600；Ti 0.00147
As	228.812	Fe 0.00914
	197.262	V 0.0200；Al 0.00245
Cr	205.560	Fe 0.00040；Ni 0.00017
	283.563	V 0.00034；Fe 0.00022；Mg 0.00031
Cu	324.752	Ti 0.00140；Cr 0.00030；Ca 0.00012；Fe 0.00028
	224.700	Ti 0.00110；Ni 0.01400
Mn	257.610	V 0.00048；Al 0.00010；Fe 0.00156
	259.372	Fe 0.00600
Tl	276.787	Mn 0.00450；Cr 0.05100；V 0.00146；Fe 0.00237；Mg 0.00241；Ti 0.00118
	377.280	V 0.00146；Ti 0.00118；Ca 0.00340；Fe 0.00956；Ni 0.00246

5. 标准曲线的建立及样品的测定

标准溶液的配制及样品的测定，具体步骤参见标准。

6. 质量保证和质量控制

此部分内容参见相应标准。

（三）电感耦合等离子体质谱法

本部分内容以《空气和废气　颗粒物中铅等金属元素的测定　电感耦合等离子体质谱法》（HJ 657—2013）为例，讲解具体的分析步骤和一些注意事项。

本标准适用于环境空气 $PM_{2.5}$、PM_{10}、TSP 以及无组织排放和污染源废气颗粒物中的锑（Sb）、铝（Al）、砷（As）、钡（Ba）、铍（Be）、镉（Cd）、铬（Cr）、钴（Co）、铜（Cu）、铅（Pb）、锰（Mn）、钼（Mo）、镍（Ni）、硒（Se）、银（Ag）、铊（Tl）、钍（Th）、铀（U）、钒（V）、锌（Zn）、铋（Bi）、锶（Sr）、锡（Sn）、锂（Li）等金属元素的电感耦合等离子体质谱法的测定。当空气采样量为 $150m^3$（标准状态）、污染源废气采样量为 $0.600m^3$（标准状态干烟气）时，各金属元素的方法检出限见表 8-34。

表 8-34　ICP-MS 法测定空气和废气中金属元素的方法检出限

元素	推荐分析质量数	检出限		最低检出量/μg
		ng/m³（空气）	μg/m³（废气）	
锑(Sb)	121	0.09	0.02	0.015
铝(Al)	27	8	2	1.25
砷(As)	75	0.7	0.2	0.100
钡(Ba)	137	0.4	0.09	0.050
铍(Be)	9	0.03	0.008	0.005
镉(Cd)	111	0.03	0.008	0.005
铬(Cr)	52	1	0.3	0.150
钴(Co)	59	0.03	0.008	0.005
铜(Cu)	63	0.7	0.2	0.100
铅(Pb)	206,207,208	0.6	0.2	0.100
锰(Mn)	55	0.3	0.07	0.040
钼(Mo)	98	0.03	0.008	0.005
镍(Ni)	60	0.5	0.1	0.100
硒(Se)	82	0.8	0.2	0.150
银(Ag)	107	0.08	0.02	0.015
铊(Tl)	205	0.03	0.008	0.005
钍(Th)	232	0.03	0.008	0.005
铀(U)	238	0.01	0.003	0.002
钒(V)	51	0.1	0.03	0.020
锌(Zn)	66	3	0.9	0.500
铋(Bi)	209	0.02	0.006	0.004
锶(Sr)	88	0.2	0.04	0.025
锡(Sn)	118,120	1	0.3	0.200
锂(Li)	7	0.05	0.01	0.010

注：空气采样体积为 150m³（标准状态），废气采样体积为 0.600m³（标准状态干烟气）。

1. 样品的采集和保存

（1）环境空气样品

环境空气采样点的设置应符合《环境空气质量监测规范（试行）》中相关要求。采样过程按照 HJ/T 194 中颗粒物采样的要求执行。环境空气样品采集体积原则上不少于 10m³（标准状态），当重金属浓度较低或采集 PM_{10}（$PM_{2.5}$）样品时，可适当增加采气体积，采样的同时应详细记录采样环境条件。

（2）无组织排放样品

无组织排放样品采集按照 HJ/T 55 中相关要求设置监测点位，其他同环境空气样品采集要求。

（3）污染源废气样品

污染源废气样品采样过程按照 GB/T 16157 中有关颗粒物采样的要求执行。使用烟尘采样器采集颗粒物样品原则上不少于 0.600m³（标准状态干烟气），当重金属浓度较低时可适当增加采气体积。如管道内烟气温度高于需采集的相关金属元素的熔点，应采取降温措施，使进入滤筒前的烟气温度低于相关金属元素的熔点，具体方法可参考 HJ/T 77.2 中相关内容。

2. 样品的消解

（1）微波消解

取适量滤膜样品：大张 TSP 滤膜（尺寸约为 20cm×25cm）取 1/8，小张圆滤膜（如直径为 90mm 或以下）取整张。用陶瓷剪刀剪成小块置于消解罐中，加入 10.0mL 硝酸-盐酸混合溶液（55.5mL 硝酸及 167.5mL 盐酸用水稀释并定容至 1L），使滤膜浸没其中，加盖，置于消解罐组件中并旋紧，放到微波转盘架上。设定消解温度为 200℃、消解持续时间为 15min，开始消解。消解结束后，取出消解罐组件，冷却，以超纯水淋洗内壁，加入约

10mL 超纯水，静置半小时进行浸提，过滤，定容至 50.0mL，待测。也可先定容至 50.0mL，经离心分离后取上清液进行测定。

注：滤筒样品取整个，剪成小块后，加入 25.0mL 硝酸-盐酸混合溶液（55.5mL 硝酸及 167.5mL 盐酸用水稀释并定容至 1L）使滤筒浸没其中，最后定容至 100.0mL，其他操作与滤膜样品相同；若滤膜样品取样量较多，可适当增加硝酸-盐酸混合溶液（55.5mL 硝酸及 167.5mL 盐酸用水稀释并定容至 1L）的体积，以使滤膜浸没其中。

（2）电热板消解

取适量滤膜样品：大张 TSP 滤膜（尺寸约为 20cm×25cm）取 1/8，小张圆滤膜（如直径为 90mm 或以下）取整张。用陶瓷剪刀剪成小块置于 Teflon 烧杯中，加入 10.0mL 硝酸-盐酸混合溶液（55.5mL 硝酸及 167.5mL 盐酸用水稀释并定容至 1L），使滤膜浸没其中，盖上表面皿，在 100℃加热回流 2.0h，然后冷却。以超纯水淋洗烧杯内壁，加入约 10mL 超纯水，静置半小时进行浸提，过滤，定容至 50.0mL，待测。也可先定容至 50.0mL，经离心分离后取上清液进行测定。

注：滤筒样品取整个，加入 25.0mL 硝酸-盐酸混合溶液，最后定容至 100.0mL，其他操作与滤膜样品相同；若滤膜样品取样量较多，可适当增加硝酸-盐酸混合溶液的体积，以使滤膜浸没其中。

3. 仪器条件的选择

点燃等离子体后，仪器需预热稳定 30min。在此期间，可用质谱仪调谐溶液进行质量校正和分辨率校验。质谱仪调谐溶液必须测定至少 4 次，以确认所测定的调谐溶液中所含元素信号强度的相对标准偏差≤5%。必须针对待测元素所涵盖的质量数范围进行质量校正和分辨率校验，如质量校正结果与真实值差异超过 0.1amu 以上，则必须依照仪器使用说明书将质量校正至正确值；分析信号的分辨率在 5%波峰高度时的宽度约为 1amu。

4. 干扰的消除

（1）同量异位素干扰

表 8-35 是本方法为避开此类干扰（除了 ^{98}Mo 与 ^{82}Se 仍会有 ^{98}Ru 与 ^{82}Kr 的干扰）所推荐使用的同位素表。若为了达到更高的灵敏度而选择其他天然丰度较大的同位素，可能会产生一种或多种同量异位素干扰。此类干扰可以使用数学方程式进行校正，通常是测量干扰元素的另一同位素，再由分析信号扣除对应的信号。所用的数学方程式必须记录在报告中，并且在使用前必须验证其正确性。

表 8-35 推荐使用及必须同时监测的同位素表

元素	质量数	元素	质量数
锑(Sb)	121,123	镍(Ni)	60,62
铝(Al)	27	硒(Se)	77,82
砷(As)	75	银(Ag)	107,109
钡(Ba)	135,137	铊(Tl)	203,205
铍(Be)	9	钍(Th)	232
镉(Cd)	106,108,111,114	铀(U)	238
铬(Cr)	52,53	钒(V)	51
钴(Co)	59	锌(Zn)	66,67,68
铜(Cu)	63,65	氪(Kr)	83
铅(Pb)	206,207,208	钌(Ru)	99
锰(Mn)	55	钯(Pd)	105
钼(Mo)	95,97,98	锡(Sn)	118

注：有下划线标示的为推荐使用的同位素。

（2）丰度灵敏度

当待测元素的同位素附近出现大量其元素的同位素信号时，可能发生波峰重叠干扰。当待测样品发生此类干扰时，可采用提高解析度、基质分离、使用其他分析同位素或选用其他分析方法等方式，以避免干扰的发生。

（3）分子离子干扰

会产生干扰的分子离子通常由载气或样品中的某些组分在等离子体或界面系统中形成，例如：$^{40}Ar^{35}Cl^+$ 对 ^{75}As 及 $^{98}Mo^{16}O^+$ 对 ^{114}Cd 的测定会产生干扰。校正此干扰可采用由文献中查得自然界存在的同位素丰度，或通过调整标准溶液浓度，使仪器测得净同位素信号的变异系数小于 1.0％等方法，精确求得干扰校正系数。

注：仪器的校正系数可通过净同位素信号强度的比值换算获得，在校正系数测定的过程中，应以适当浓度的标准溶液进行同位素比值测定，所测得的信号精密度必须小于 1.0％。

（4）物理干扰

物理干扰的发生与样品的雾化和传输过程有关，与离子传输效率也有关。大量样品基质的存在会导致样品溶液的表面张力或黏度改变，进而造成样品溶液雾化和传输效率改变，并使分析信号出现抑制或增加。另外，样品溶液中大量溶解性固体沉积于雾化器喷嘴和取样锥空洞，也会使分析信号强度降低，因此，样品溶液中总溶解性固体含量必须小于 0.2％（2000mg/L）。由于物理干扰发生时，内标标准品和待测元素的变化程度相同，故可以利用添加内标标准品的方式校正物理干扰。当样品中存在的基质浓度过高，造成内标标准品信号发生显著抑制现象（少于正常信号值的 30％）时，可将样品溶液经适当稀释后再重新测定，以避免物理干扰。

（5）记忆干扰

在连续测定浓度差异较大的样品或标准品时，样品中待测元素沉积并滞留在真空界面、喷雾腔和雾化器上会导致记忆干扰，可通过延长样品测定前后的洗涤时间，避免此类干扰的发生。

5. 标准曲线的建立和样品的测定

（1）标准溶液的配制

在容量瓶中依次配制一系列待测元素标准溶液，浓度分别为 0μg/L、0.100μg/L、0.500μg/L、1.00μg/L、5.00μg/L、10.0μg/L、50.0μg/L、100.0μg/L，介质为 1％硝酸。内标标准品溶液可直接加入各样品中，也可在样品雾化之前以另一蠕动泵加入，从而与样品充分混合。用 ICP-MS 进行测定，绘制标准曲线。标准曲线的浓度范围可根据测量需要进行调整。

（2）样品的测定

每个样品测定前，先用洗涤空白溶液冲洗系统直到信号降至最低（通常约 30s），待分析信号稳定后（通常约 30s）才可开始测定样品。样品测定时应加入内标标准品溶液。若样品中待测元素浓度超出校准曲线范围，需经稀释后重新测定。上机测定时，试样溶液中的酸浓度必须控制在 2％以内，以降低真空界面的损坏程度，并且减少各种同重多原子离子干扰。

6. 质量保证和质量控制

此部分内容参见相应标准。

（四）原子荧光光谱法

现行有效的原子荧光光谱法测定环境空气中的金属元素含量的标准是《环境空气汞的测定巯基棉富集-冷原子荧光分光光度法（暂行）》（HJ 542—2009），下面重点讲解样品前处理过程及其他注意事项。

1. 样品的采集和保存

样品的采集应符合 HJ/T 194 的要求，采样器应在使用前进行气密性检查和流量校准，采样系统由空气采样器和巯基棉采样管组成。

将巯基棉采样管细口端与采样器连接，大口径端朝下，以 0.3～0.5L/min 流量采样 30～60min，操作时应避免手指污染巯基棉管管端。采样后，两端密封，于 0～4℃冷藏保存。

称取 0.1g 巯基棉，从石英采样管的大口径端塞入管内，压入内径为 6mm 的管段中，巯基棉长度约为 3cm。临用前用 0.40mL pH＝3 的盐酸溶液酸化巯基棉。巯基棉采样管两端应加套封口，存放在无汞的容器中。

pH＝3 的盐酸溶液制备方法：量取 12mL 盐酸（优级纯），用水稀释至 1000mL，混匀，吸取该溶液 0.50mL，用水稀释至 1000mL，混匀。

巯基棉的制备：依次加 20mL 硫代乙醇酸（$HSCH_2COOH$）、17.5mL 乙酐［$(CH_3CO)_2O$］、8.5mL 36％的乙酸（CH_3COOH）、0.10mL 硫酸（优级纯）和 1.6mL 水于 150mL 烧杯中，混合均匀。待溶液温度降至 40℃以下后，移入装有 5g 脱脂棉的棕色广口瓶，将棉花均匀浸润，盖上瓶塞。置于烘箱中，于 40℃放置 4 天后取出，平铺在有两层中速定量滤纸的布氏漏斗中，抽滤，用水洗至中性。抽干水分，移入培养皿，于 40℃的烘箱中烘干，存于棕色瓶中，然后置于干燥器中备用，可保存 3 个月。

2. 样品的消解

将采样后的巯基棉采样管固定，并使细端插入 10mL 容量瓶的瓶口上，以 1～2mL/min 的速度滴加 4.0mol/L 盐酸-氯化钠饱和溶液（将适量的固体氯化钠加入 4.0mol/L 盐酸溶液中加热至沸，直至氯化钠过饱和析出为止），洗脱汞及其化合物，用 4.0mol/L 盐酸-氯化钠饱和溶液稀释至标线，摇匀。取空白巯基棉采样管，按上述样品处理相同步骤同时操作，制备成空白试样。

3. 标准曲线的建立和样品的测定

标准溶液的配制和具体测定步骤详见标准。

4. 质量保证与质量控制

此部分内容参见相应标准。

第四节　原子光谱法在固体废物分析中的应用

一、应用概况

固体废物是指在生产、生活和其他活动中产生的丧失原有利用价值或者虽未丧失利用价值但被抛弃或者放弃的固态、半固态和置于容器中的气态的物品、物质以及法律、行政法规规定纳入固体废物管理的物品、物质。固体废物的分类方法有多种，按其组成可分为有机废物和无机废物；按其形态可分为固态废物、半固态废物和液态（气态）废物；按其污染特性可分为危险废物和一般废物等；按其来源可分为矿业的、工业的、城市生活的、农业的和放射性的。此外，固体废物还可分为有毒的和无毒的两大类。有毒有害固体废物是指具有毒性、易燃性、腐蚀性、反应性、放射性和传染性的固体、半固态废物。因此监测固体废物中的一些重金属含量对环境保护工作具有重要意义。目前原子吸收光谱法应用于固体废物中重金属含量的检测已经非常成熟，体现在相应的标准中，并且最近两年标准方法更新速度也很快。可以看出，原子吸收光谱法是一种重要的、可靠的固体废弃物中重金属含量的检测方法。目前相关的国家标准见表 8-36～表 8-39。

表8-36 应用原子吸收光谱法分析固体废弃物中金属离子的相关国家标准

适用范围	测定项目	检出限/(μg/mL)	波长/nm	灯电流/mA	狭缝宽度/nm	原子化器及条件	干扰物质及消除方法	标准号
固体废物	铅	2(0.5g,25mL)*	283.3	8.0	0.5	乙炔-空气火焰,中性	当钙的浓度高于1000mg/L时,抑制镉的吸收;钙的浓度为2000mg/L时,信号抑制达19%;铁的含量超过100mg/L时,抑制锌的吸收。当样品中含盐量很高,分析谱线波长低于350nm时,出现非特征吸收,例如高浓度钙产生的背景吸收使铅的测定结果偏高。加入硝酸铷可消除共存成分的干扰。当样品成分复杂或加标回收率超过本方法质控要求范围时,应采用标准加入法进行测定并计算结果	HJ 786—2016
	锌	2(0.5g,25mL)*	213.9	5.0	1.0	乙炔-空气火焰,贫燃		
	镉	0.3(0.5g,25mL)*	228.8	5.0	0.5	乙炔-空气火焰,贫燃		
固体废物浸出液	铅	60(50mL)*	283.3	8.0	0.5	乙炔-空气火焰,中性		
	锌	60(50mL)*	213.9	5.0	1.0	乙炔-空气火焰,贫燃		
	镉	50(50mL)*	228.8	5.0	0.5	乙炔-空气火焰,贫燃		
固体废物	铅	0.3(0.5g,25mL)*	283.3	8.0	0.5	石墨炉:干燥:85~120℃,20s;灰化:400℃,5s;原子化:2100℃,3s;消除:2200℃,2s	当样品中Ca的质量浓度高于500mg/L,Fe的质量浓度高于50mg/L,Mn的质量浓度高于25mg/L时,对铅和镉的测定产生干扰,可采用基体改进剂或标准加入法消除其干扰。固体废物基体成分较为复杂,加入基体改进剂磷酸二氢铵,可消除有机物等引起的基体干扰。当样品成分不明时,或加标回收率超过本方法质控要求范围时,应采用标准加入法进行测定并计算结果	HJ 787—2016
	镉	0.1(0.5g,25mL)*	228.8	6.0	0.5	石墨炉:干燥:85~120℃,45s;灰化:250℃,5s;原子化:1800℃,3s;消除:2000℃,3s		
固体废物浸出液	铅	900(50mL)*	283.3	8.0	0.5	石墨炉:干燥:85~120℃,20s;灰化:400℃,5s;原子化:2100℃,3s;消除:2200℃,2s		
	镉	600(50mL)*	228.8	6.0	0.5	石墨炉:干燥:85~120℃,45s;灰化:250℃,5s;原子化:1800℃,3s;消除:2000℃,3s		

续表

适用范围	测定项目	检出限/(μg/mL)	仪器条件				干扰物质及消除方法	标准号
			波长/nm	灯电流/mA	狭缝宽度/nm	原子化器及条件		
固体废物	总铬	8 (0.2g,50mL)*	357.9/其他共振线	—	0.7	富燃性火焰；燃烧气高度(mm)使空心阴极灯光斑通过亮蓝色部分	7%以上的HCl,HClO₄对铬的测定有干扰；HNO₃和H₃PO₄产生负干扰。在空气-乙炔火焰中产生负干扰的金属元素及干扰顺序为Cu>Ba≫Al>Mg>Ca,Na,Sr,Zn,Sn,且这些干扰情况与铬的存在形态(Cr^{3+},$Cr_2O_7^{2-}$)无关。	HJ 749—2015
固体废物浸出液	总铬	0.03 (50mL)*	357.9/其他共振线	—	0.7		Fe^{3+}产生负干扰,而对Cr^{6+}有正干扰；Mn,Ni仅对Cr^{3+}产生负干扰,而不干扰Cr^{6+}的测定。当使用贫燃性空气-乙炔火焰时,Fe和Ni的干扰变小,但铬的灵敏度明显降低。在试样中加入1%~2%的氯化铵可以消除Fe,Ni,Mn等金属元素和HCl,HNO₃等酸类干扰。加入1%焦硫酸钾也可以消除共存金属成分的干扰。	
固体废物	总铬	0.2 (0.2g,50mL)*	357.9 359.3	—	0.7	石墨炉： 干燥:100~130℃,30s;灰化:1200℃,30s;原子化:2600℃,3s;消除:2700℃,30s	低浓度的钙或硝酸盐可能对测定引起干扰。当钙离子浓度或磷酸盐的浓度大于200mg/L,钙的影响持续不断,磷酸盐的浓度大于2000mg/L会消除。加入硝酸钙的浓度大于2000mg/L时,干扰也会稳定。在铬标准溶液系列中同时加入等量的硝酸钙溶液,消除基体干扰；使用热解石墨管和涂层石墨除碳化物的影响。	HJ 750—2015
固体废物浸出液	总铬	700(50mL)*	357.9 359.3	—	0.7	石墨炉： 干燥:100~130℃,30s;灰化:1200℃,30s;原子化:2600℃,3s;消除:2700℃,30s		

续表

适用范围	测定项目	检出限/(μg/mL)	波长/nm	灯电流/mA	狭缝宽度/nm	仪器条件 原子化器及条件	干扰物质及消除方法	标准号
固体废物	镍	3 (0.5g,50mL)*	232.0	3.0	0.2	贫燃性火焰	低于100mg/L的Cu、Zn、Pb、Cd、Mn、Ba、Sr、B、V、As、Al、Ti、K、Na、Mg、Ca和低于50mg/L的Li、Sn等共存元素对镍的测定无干扰;低于10000mg/L的Fe、Cr、Co等共存元素对镍的测定无干扰。	HJ 751—2015
	铜	3 (0.5g,50mL)*	324.7	3.0	0.5	贫燃性火焰	低于100mg/L的Ni、Zn、Pb、Cd、Fe、Mn、Ba、Sr、B、V、As、Al、Ti、Co、K、Na、Mg、Ca和低于50mg/L的Li、Sn共存元素对铜的测定无干扰。	
固体废物浸出液	镍	20 (0.5g,50mL)*	232.0	3.0	0.2	贫燃性火焰	使用232.00nm作测定镍的吸收线时,存在波长相近的镍三线光谱干扰,选择0.2nm的光谱通带可避免。	
	铜	20 (0.5g,50mL)*	324.7	3.0	0.5	贫燃性火焰	当样品基体干扰严重时,可采用标准加入法进行测定	
固体废物	铍	0.04(0.5g,50mL)*	234.9	5	1.0	石墨炉; 干燥:85~120℃,55s;灰化:1200~1400℃ 10~15s;原子化:2600℃,2.9s;清除:2650℃ 2s	1.高于20mg/L的Fe和75mg/L的Mg对铍的测定产生干扰和正干扰。对干铍加入基体改进剂钯溶液,可消除干扰。 2.低于10mg/L的Cu、Zn、Ni、Pb、Cd、Cr、Mn、Ba、低于50mg/L的Ti和100mg/L的K、Na、Ca、Al等共存元素对铍的测定无干扰。对干铍、铜、钼加入氯化钯溶液消除干扰。 3.低于10mg/L的Ag、Al、B、Ba、Be、Bi、Cd、Co、Fe、Hg、Cr、Cs、Cu、Mg、Mn、Ni、Pb、Sb、Se、Sn、Sr、Ti、Tl、V、Zn和低于100mg/L的K、Na、Ca、Mg等共存基体干扰的测定无干扰。当样品基体严重干扰,可采用标准加入法进行测定	HJ 752—2015
固体废物	镍	0.2(0.5g,50mL)*	232.0	4	0.2	石墨炉; 干燥:85~120℃,55s;灰化:900~1100℃; 10~15s;原子化:2500℃,2.9s;清除:2550℃, 2s		
	铜	0.3(0.5g,50mL)*	324.7	4	0.5	石墨炉; 干燥:85~120℃,55s;灰化:1000~1100℃; 15~20s;原子化:2500℃,3s清除:2550℃,2s		
	钼	0.2(0.5g,50mL)*	313.3	7	0.5	石墨炉; 干燥:85~120℃,55s;灰化:1200~1400℃; 15~20s;原子化:2800℃,3s;清除:2850℃,2s		

236

续表

适用范围	测项	检出限/(μg/mL)	仪器条件				干扰物质及消除方法	标准号
			波长/nm	灯电流/mA	狭缝宽度/nm	原子化器及条件		
固体废物浸出液	铍	100 (0.5g,50mL)*	234.9	5	1.0	石墨炉；干燥:85~120℃,55s;灰化:1200~1400℃;原子化:2600℃,2.9s;清除:2650℃,2s	1. 高于20mg/L的Fe和75mg/L的Mg对铍的测定分别产生负干扰和正干扰。对于铍加入基体改进剂氯化钯溶液,可消除干扰。	HJ 752—2015
固体废物浸出液	镍	1×10^3 (0.5g,50mL)*	232.0	4	0.2	石墨炉；干燥:85~120℃,55s;灰化:900~1100℃;原子化:2500℃,2.9s;清除:2550℃,2s	2. 低于10mg/L的Cu,Zn,Ni,Pb,Cd,Cr,Mn,Ba,低于50mg/L的Ti和100mg/L的Al等共存元素对镍的测定无干扰。对于镍,铜,钼加入氯化钯硝酸镁溶液混合溶液,可消除干扰。	
固体废物浸出液	铜	3×10^3 (0.5g,50mL)*	324.7	4	0.5	石墨炉；干燥:85~120℃,55s;灰化:1000~1100℃;原子化:2500℃,2.9s;清除:2550℃,2s	3. 低于10mg/L的Ag,B,Ba,Be,Bi,Cd,Co,Fe,Hg,Cr,Cs,Cu,Mg,Mn,Ni,Pb,Sb,Se,Sn,Sr,Ti,V,Zn和低于100mg/L的K,Na,Ca,Mg等共存元素对铜的测定无干扰,可消除干扰。	
固体废物浸出液	钼	2×10^3 (0.5g,50mL)*	313.3	7	0.5	石墨炉；干燥:85~120℃,55s;灰化:1200~1400℃;原子化:2800℃,3s;清除:2850℃,2s	当样品基体干扰严重时,可采用标准加入法进行测定	
固体废物	钡	6.3(0.1g,250mL)*	553.6	—	0.5	石墨炉；干燥:85~120℃,8s;灰化:1000℃,8s;原子化:2600℃,2.8s;清除:2650℃,2s	1. 试样中钾,钠和镁的总浓度为500mg/L,铬为10mg/L,锰为25mg/L,铁和锌的总浓度为2.5mg/L,铝为2mg/L,钙的测定无影响。当这些物质的浓度超过以下时,对这些物质无影响。当试样中浓度超过时,可采用试样适当稀释后测定。 2. 试样中钙的浓度大于5mg/L时,对钡的测定产生正干扰。当注入原子化器中的钙浓度在100~300mg/L时,钙对钡的干扰特征。加入基体改进剂硝酸钙,既可消除钙的干扰又能提高测定的灵敏度。若试样中钙的浓度超过300mg/L,应将试样稀释后测定。 3. 当样品基体稀释或标准加入法,用于考察样品是否含有重叠干扰的测定后直接定量	HJ 767—2015
固体废物浸出液	钡	2.5×10^3(50mL)*	553.6	—	0.5	石墨炉；干燥:85~120℃,55s;灰化:1000℃,8s;原子化:2600℃,2.8s;清除:2650℃,2s		
固体废物	铬	2 (2.5g,100mL)*	357.9	—	0.7	碱消解/火焰；还原性火焰;燃烧器高度8mm(使空心阴极灯光通过火焰亮蓝部分)	三价铬的存在对六价铬的测定干扰。样品在碱性介质中,经氯化镁和磷酸二氢钾-磷酸二氢钠缓冲溶液抑制	HJ 687—2014

续表

适用范围	测定项目	检出限/(μg/mL)	仪器条件				干扰物质及消除方法	标准号
			波长/nm	灯电流/mA	狭缝宽度/nm	原子化器及条件		
固体废物	总汞	50 (200mL)*	253.7	—	—	—	碘离子浓度等于或大于3.8mg/L时明显影响精密度和回收率。若有机物含量较高，规定的消解试剂最不足以氧化样品中的有机物，则方法不适用	GB/T 15555.1—1995
	铜	—	324.7	—	1.0	贫燃性火焰	当钙的浓度高于1000mg/L时，抑制镉的吸收；钙的浓度为2000mg/L时，信号抑制达19%，铁的含量超过100mg/L时，抑制锌的吸收。当样品中含盐量很高，分析谱线如波长又低于350nm时，出现非特征吸收，如高浓度钙产生的背景吸收使铅的测定结果偏高。硫酸对铜、铅、锌的测定有影响，一般将浸出液中的铅测定。须将浸出	
	锌	—	213.8	—	1.0	贫燃性火焰	液以硫酸稀释。测定络渣浸出液中的铬时，须将铬渣浸出液稀释，为防止铝成三价铬，在50mL的试液中加入抗血血酸5mL，不能超过2%。为减少钙的干扰，一般将浸出液加	
固体废物	铅	—	283.3	—	2.0	贫燃性火焰	适当稀释。当铬的浓度大于20mg/L时，加入钙200mg/L，以免锌的测定结果偏低。当样品中硅的浓度成三价铬，以免生成铬酸沉淀。一般只使用盐酸或硝酸介质	
	镉	—	228.8	—	1.3	贫燃性火焰		GB/T 15555.2—1995
固体废物	镍	—	232.0	12.5	0.2	直接吸入火焰 空气-乙炔火焰	镍232.0nm线处于紫外区，盐类颗粒物、分子化合物等产生的光散射和分子吸收影响比较严重。NaCl分子对232.0nm线的光散射约相当于1mg/L镍的吸收值；1000mg/L Ca对232.0nm线产生相当2mg/L镍的测定结果偏高9%；200～2000mg/L的Fe对40mg/L镍的测定产生9%～13%的误差；2000mg/L的K使20mg/L镍高浓度的Ti、Ta、Cr、Mn、Co、Mo等对2～20mg/L镍的测定都有干扰。当上述干扰元素的存在能够干扰镍的测定时，可以采用丁二酮肟-乙酸正戊酯萃取等分离手段消除干扰。	GB/T 15555.9—1995

注：1. * 所标注的括号内，代表着方法的检出限，即称量和定容体积，如果浸出液，就只有体积。
2. 标准 GB/T 15555.2—1995 和 GB/T 15555.9—1995 虽已作废，但仍有一定的参考价值，在此列出，仅供参考。

表 8-37　电感耦合等离子体原子发射光谱法在固体废物分析中的应用

适用范围	测项	检出限及测定下限	标准号
固体废物，固体废物浸出液	银、铝、钡、铍、钙、镉、钴、铬、铜、铁、钾、镁、锰、钠、镍、铅、锶、钛、钒、锌、铊、锑	参见表 8-43	HJ 781—2016

表 8-38　电感耦合等离子体质谱法在固体废物分析中的应用

适用范围	测项	检出限测定下限	标准号
固体废物，固体废物浸出液	银、砷、钡、铍、镉、钴、铬、铜、锰、钼、镍、铅、锑、硒、铊、钒、锌	参见表 8-49	HJ 766—2015

表 8-39　原子荧光光谱法在固体废物分析中的应用

适用范围	测项	检出限及测定下限	标准号
固体废物,固体废物浸出液	汞、砷、硒、铋、锑	参见表 8-52	HJ 702—2014

二、分析方法

(一) 火焰原子吸收法

我们以标准《固体废物　铅、锌和镉的测定　火焰原子吸收分光光度法》（HJ 786—2016）为实例讲述固体废物中重金属的测定过程，以下一些数据和步骤均引自该标准。

1. 样品的采集与保存

按照 HJ/T 20 和 HJ/T 298 的相关规定进行固体废物样品的采集与保存。

2. 样品的制备

如果分析固体废物，按照 HJ/T 20 的相关规定进行固体废物样品的制备。对于固体废物或可干化半固态废物样品，准确称取 10g（精确至 0.01g）样品，自然风干或冷冻干燥，再次称重，研磨，全部过 100 目筛备用。如果分析固体废物浸出液，按照 HJ/T 299—2007、HJ/T 300—2007 或 HJ 557—2010 的相关规定进行固体废物浸出液的制备。浸出液如不能及时进行分析，应加硝酸酸化至 pH<2，可保存 14 天。

3. 样品的消解

不论是固体废物试样还是固体废物浸出液试样，消解的方法都有两种，分别是电热板消解法和微波消解法。具体方法和步骤如下：

（1）电热板消解法（固体废物试样）

称取 0.25～1.00g 过筛后的样品于 50mL 聚四氟乙烯坩埚中，用少量水润湿样品后加入 5mL 盐酸，于通风橱内的电热板上约 120℃加热，使样品初步消解，待蒸发至约剩 3mL 时取下稍冷。加入 5mL 硝酸、5mL 氢氟酸、3mL 高氯酸，加盖后于电热板上约 160℃加热 1h。开盖，电热板温度控制在 170～180℃继续加热，并经常摇动坩埚。当加热至冒浓白烟时，加盖使黑色有机碳化物充分分解。待坩埚壁上的黑色有机物消失后，开盖，驱赶白烟并蒸至内容物呈黏稠状。视消解情况，可补加 3mL 硝酸、3mL 氢氟酸和 1mL 高氯酸，重复上述消解过程。当白烟再次冒尽且内容物呈黏稠状时，取下坩埚稍冷，加入 1mL 硝酸溶液温热溶解可溶性残渣，冷却后全量转移至 25mL 容量瓶，用适量实验用水淋洗坩埚盖和内壁，洗液并入 25mL 容量瓶，用实验用水定容至标线，摇匀，待测。如果消解液中含有未溶解颗粒，需进行过滤、离心分离或者自然沉降。需要注意的事项有：加热时勿使样品有大量的气泡冒出，否则会造成样品的损失；若固体废物中铅、锌和镉的含量较高，试样消解后定容体积可根据实际情况确定。若使用石墨消解仪替代电热板消解样品，可参照上述步骤进行。

（2）微波消解法（固体废物试样）

称取 0.25～1.00g 过筛后的样品于微波消解罐中，用少量水润湿样品后加入 5mL 硝酸、5mL 盐酸、3mL 氢氟酸和 1mL 过氧化氢，按照表 8-40 升温程序进行消解。冷却后将微波消解罐中的内容物全量转移至 50mL 聚四氟乙烯坩埚，加入 1mL 高氯酸，置于电热板上 170～180℃驱赶白烟，至内容物呈黏稠状。取下坩埚稍冷，加入 1mL 硝酸溶液，温热溶解可溶性残渣，冷却后全量转移至 25mL 容量瓶，用适量实验用水淋洗坩埚盖和内壁，洗液并入 25mL 容量瓶，用实验用水定容至标线，摇匀，待测。如果消解液中含有未溶解颗粒，需进行过滤、离心分离或者自然沉降。

表 8-40　固体废物试样微波消解程序

升温时间/min	消解功率/W	消解温度/℃	保持时间/min
12	400	室温～160	3
5	500	160～180	3
5	500	180～200	10

（3）电热板消解法（固体废物浸出液试样）

量取 50mL 浸出液于 150mL 三角瓶中，加入 5mL 硝酸，摇匀。在三角瓶口插入小漏斗，置于电热板上约 120℃加热，在微沸状态下将样品加热至约 5mL，取下冷却。加入 3mL 硝酸、1mL 高氯酸，直至消解完全（消解液澄清，或消解液色泽及透明度不再变化），继续于 180℃蒸发至近干，取下稍冷，加入 1mL 硝酸溶液，温热溶解可溶性残渣，冷却后用适量实验用水淋洗小漏斗和三角瓶内壁，将消解液全量转移至 50mL 容量瓶，用实验用水定容至标线，摇匀，待测。如果消解液中含有较多杂质，需进行过滤、离心分离或者自然沉降。

（4）微波消解法（固体废物浸出液试样）

量取 50mL 浸出液（可根据消解罐容积和样品浓度高低确定浸出液量取体积，最终溶液体积不得超过仪器规定的限制）于微波消解罐中，加入 5mL 硝酸，按说明书的要求盖紧消解罐。将消解罐放入微波炉转盘上，按照表 8-41 的升温程序进行消解。消解结束后，待消解罐在微波消解仪内冷却至室温后取出。放至通风橱内小心打开消解罐的盖子，释放其中的气体。将消解液全量转移至聚四氟乙烯坩埚，用适量实验用水淋洗消解罐内壁，将坩埚内容物及洗液全量转移至 50mL 容量瓶，用实验用水定容至标线，摇匀，待测。如果消解液中含有较多杂质，需进行过滤、离心分离或者自然沉降。在消解过程中需要注意的事项有：由于固体废物种类较多，所含有机质差异较大，在消解时各种酸的用量可视消解情况酌情增减，电热板温度不宜太高，防止聚四氟乙烯坩埚变形，样品消解时，须防止蒸干，以免待测元素损失。

表 8-41　固体废物浸出液试样微波消解程序

升温时间/min	消解功率/W	消解温度/℃	保持时间/min
10	400	室温～150	5
5	500	150～180	5

除了按照上述步骤制备试样，还应同时制备空白样品、固体废物空白样品，使用空容器按照上述相关步骤制备。固体废物浸出液空白样品，使用实验用水配制成浸提剂，按照上述相关步骤制备。

4. 仪器条件的选择

仪器条件参考表 8-42。

表 8-42 仪器参考测量条件

元素	铅(Pb)	锌(Zn)	镉(Cd)
测定波长/nm	283.3	213.9	228.8
通带宽度/nm	0.5	1.0	0.5
灯电流/mA	8.0	5.0	5.0
火焰类型	乙炔-空气,中性	乙炔-空气,贫燃	乙炔-空气,贫燃

5. 标准曲线的建立

此部分内容参见相应标准。

6. 结果计算及表示

将待测试样溶液的某元素的吸光度值代入标准曲线求得质量浓度,同时求得空白溶液的质量浓度,将二者代入标准中的相关公式计算样品中待测元素的含量,单位是 mg/kg。对于固体废物,当测定结果小于 100mg/kg 时,保留小数点后一位,当测定结果大于或等于 100mg/kg 时,保留三位有效数字。对于固体废物浸出液,当测定结果小于 1.00mg/L 时,保留小数点后两位,当测定结果大于或等于 1.00mg/L 时,保留三位有效数字。

7. 精密度和准确度

具体参见相应标准。

8. 质量保证和质量控制

此部分内容参见相应标准。

(二) 电感耦合等离子体原子发射光谱法

目前颁布的相关标准是《固体废物 22种金属元素的测定 电感耦合等离子体发射光谱法》(HJ 781—2016),我们以此为例,讲解主要的分析步骤,下面相关的内容均引自该标准。方法检出限及测定下限见表 8-43。

表 8-43 电感耦合等离子体发射光谱法分析固体废物中金属元素的检出限和测定下限

序号	元素	固体废物		固体废物浸出液	
		检出限/(mg/kg)	测定下限/(mg/kg)	检出限/(mg/L)	测定下限/(mg/L)
1	Ag	0.1	0.4	0.01	0.04
2	Al	8.9	35.6	0.05	0.20
3	Ba	3.6	14.4	0.06	0.24
4	Be	0.04	0.16	0.004	0.016
5	Ca	6.9	27.6	0.12	0.48
6	Cd	0.1	0.4	0.01	0.04
7	Co	0.5	2.0	0.02	0.08
8	Cr	0.5	2.0	0.02	0.08
9	Cu	0.4	1.6	0.01	0.04
10	Fe	8.9	35.6	0.05	0.20
11	K	7.7	30.8	0.35	1.40
12	Mg	2.3	9.2	0.03	0.12
13	Mn	3.1	12.4	0.01	0.04
14	Na	7.8	31.2	0.20	0.80
15	Ni	0.4	1.6	0.02	0.08
16	Pb	1.4	5.6	0.03	0.12
17	Sr	1.3	5.2	0.01	0.04
18	Ti	3.0	12.0	0.02	0.08
19	V	1.5	6.0	0.02	0.08
20	Zn	1.2	4.8	0.01	0.04
21	Tl	0.4	1.6	0.03	0.12
22	Sb	0.5	2.0	0.02	0.08

1. 样品的采集、制备与保存

按照 HJ/T 20 和 HJ/T 298 的相关规定进行固体废物样品的采集、制备与保存。

（1）固体废物

按照 HJ/T 20 的相关规定进行固体废物样品的制备。对于固态或可干化的半固态样品，准确称取 10g（精确至 0.01g）样品，自然风干或冷冻干燥，再次称重（精确至 0.01g），研磨，全部过 100 目筛备用。

（2）固体废物浸出液

按照 HJ 557、HJ/T 299、HJ/T 300 或 GB 5086.1 的相关规定进行固体废物浸出液的制备。浸出液如不能及时进行分析，应加浓硝酸酸化（1L 浸出液加入 10mL 硝酸），并尽快消解，不要超过 24h。

2. 样品的消解

（1）固体废物试样

① 微波消解法。对于固态或可干化的半固态样品，称取 0.1～0.5g（精确至 0.0001g）过筛样品；对于液态或无需干化的半固态样品，直接称取 0.5g（精确至 0.0001g）样品（含油固体废物应适当少取）。置于微波消解罐中，用少量水润湿后加入 9mL 浓硝酸、2mL 浓盐酸、3mL 氢氟酸及 1mL 过氧化氢，按照表 8-44 的升温程序进行消解。微波消解后的样品需冷却至少 15min 后取出，用少量实验用水将微波消解罐中的全部内容物转移至 50mL 聚四氟乙烯坩埚中，加入 2mL 高氯酸，置于电热板上加热至 160～180℃，驱赶至白烟冒尽，且内容物呈黏稠状。取下坩埚稍冷，加入 2mL 硝酸溶液（1+99），温热溶解残渣。冷却后转移至 25mL 容量瓶中，用适量硝酸溶液（1+99）淋洗坩埚，将淋洗液全部转移至 25mL 容量瓶中，用硝酸溶液（1+99）定容至标线，混匀，待测。

注意事项：

a. 最终消解后仍有颗粒物沉淀，则需离心或以 0.45μm 膜过滤后定容。

b. 有机质含量较高的样品，需提前加入 5mL 浓硝酸浸泡过夜。

表 8-44　固体废物微波消解参考升温程序

升温时间/min	消解温度/℃	保持时间/min
5	室温～120	3
3	120～160	3
3	160～180	10

② 电热板消解法。对于固态或可干化的半固态样品，称取 0.1～0.5g（精确至 0.0001g）过筛样品；对于液态或无需干化的半固态样品，直接称取 0.5g（精确至 0.0001g）样品（含油固体废物应适当少取）。置于聚四氟乙烯坩埚中，在通风橱内，向坩埚中加入 1mL 实验用水湿润样品，加入 5mL 浓盐酸置于电热板上以 180～200℃加热至近干，取下稍冷。加入 5mL 浓硝酸、5mL 氢氟酸、3mL 高氯酸，加盖后于电热板上 180℃加热至余液为 2mL，继续加热，并摇动坩埚。当加热至冒浓白烟时，加盖使黑色有机碳化物分解。待坩埚壁上的黑色有机物消失后，开盖，驱赶白烟并蒸至内容物呈黏稠状。视消解情况，可补加 3mL 浓硝酸、3mL 氢氟酸、1mL 高氯酸，重复上述消解过程。取下坩埚稍冷，加入 2mL 硝酸溶液（1+99），温热溶解可溶性残渣。冷却后转移至 25mL 容量瓶中，用适量硝酸溶液（1+99）淋洗坩埚，将淋洗液全部转移至容量瓶中，用硝酸溶液（1+99）定容至标线，混匀，待测。注意：有机质含量较高的样品，需提前加入 5mL 浓硝酸浸泡过夜。

空白溶液的制备：不加样品，按与试样制备相同的操作步骤进行固体废物空白试样的制备。

（2）固体废物浸出液试样

① 微波消解法。量取固体废物浸出液样品 25.0mL 至微波消解罐中，加入 5mL 浓硝酸，按微波消解仪器说明装好消解罐，按照表 8-45 的升温程序进行消解。消解程序结束后，消解罐应在微波消解仪内冷却至室温取出。放至通风橱内小心打开消解罐盖，用少量实验用水将微波消解罐中的全部内容物转移至 100mL 聚四氟乙烯坩埚中，在电热板上以 180℃ 加热消解 1h，取下坩埚稍冷。转移至 25mL 容量瓶中，用适量硝酸溶液（1＋99）淋洗坩埚，将淋洗液全部转移至 25mL 容量瓶中，用硝酸溶液（1＋99）定容至标线，混匀，待测。

注意事项：固体废物种类较多，所含有机质差异较大，消解时各种酸的用量可视消解情况酌情增减；电热板温度不宜太高，防止聚四氟乙烯坩埚变形；样品消解时，需防止蒸干，以免待测元素损失。

样品及加入酸的体积总和不应超过消解罐体积的 1/3。

表 8-45　固体废物浸出液微波消解参考升温程序

升温时间/min	消解温度/℃	保持时间/min
10	室温～150	5
5	150～180	5

② 电热板消解法。量取固体废物浸出液样品 25.0mL 于 100mL 聚四氟乙烯坩埚中，加入 5mL 浓硝酸，在电热板上于 180℃ 加热消解 1～2h。若有颗粒物或沉淀，需滴加浓硝酸 2mL 继续加热消解，直至溶液澄清。用适量硝酸溶液（1＋99）淋洗坩埚，将淋洗液全部转移至 25mL 容量瓶中，用硝酸溶液（1＋99）定容至标线，混匀，待测。

空白溶液的制备：使用实验用水配制成浸提剂，按照与固体废物浸出液样品制备相同的步骤进行固体废物浸出液空白的制备，按照与固体废物浸出液试样制备相同的步骤进行消解。

3. 仪器条件的选择

仪器参考条件见表 8-46。

表 8-46　仪器参考测量条件

高频功率/kW	反射功率/W	载气流量/(L/min)	蠕动泵转速/(r/min)	流速/(mL/min)	测定时间/s
1.0～1.6	＜5	1.0～1.5	100～120	0.2～2.5	1～20

4. 干扰的消除

（1）光谱干扰

光谱干扰主要包括连续背景和谱线重叠干扰。校正光谱干扰常用的方法是背景扣除法（根据单元素试验确定扣除背景的位置及方式）及干扰系数法。也可以在混合标准溶液中采用基体匹配的方法消除其影响。

当存在单元素干扰时，可按公式(8-1)求得干扰系数。

通过配制一系列已知干扰元素含量的溶液，在分析元素波长的位置测定其 Q'，根据公式(8-1)求出 K_t，然后进行人工扣除或计算机自动扣除。一般情况下，固体废物及固体废物浸出液样品中各元素含量浓度较低，光谱和基体元素间干扰可以忽略。当各元素含量浓度较高时，目标元素测定波长光谱干扰及相关干扰系数见表 8-47 和表 8-48。注意不同仪器测定的干扰系数会有区别。

表 8-47　电感耦合等离子体发射光谱法测定固体废物中金属元素测定波长及元素间干扰

测定元素	测定波长/nm	干扰元素	测定元素	测定波长/nm	干扰元素
银 Ag	328.068	铈等少量稀土元素	铝 Al	308.215	钠、锰、钒、钼、铈
	338.289	钛、锰、锑、铬		309.271	钠、镁、钒
				396.152	钙、铁、钼
镉 Cd	214.438	铁	钡 Ba	233.53	铁、钒
	226.502	铁、镍、钛、铈、钾、钴		455.403	铁
	228.806	砷、钴、钪		493.409	钪
铊 Tl	190.856	钼、钒	钠 Na	588.995	钴
	535.046	铁		589.592	铅、钼
铍 Be	313.042	钛、钒、硒、铈	钙 Ca	315.887	钴、钼、铈
	234.861	铁、钛、钼		317.933	铁、钠、硼、铀
	436.098	铁		393.366	钒、锶、铜
铅 Pb	220.353	铁、铝、钛、钴、铈、锡、铋	锑 Sb	206.833	铝、铬、铁、钛、钒、钼
	283.306			217.581	
镍 Ni	231.604	铁、钴	锶 Sr	407.771	镧
	221.647	钨		216.579	
钴 Co	228.616	钛、钡、镉、镍、铬、钼、铈	锌 Zn	202.548	钴、镁
	230.786	铁、镍		206.200	镍、镧、铋
	238.892	铝、铁、钒、铅		213.856	镍、铜、铁、钛
铬 Cr	202.55	铁、钼	钒 V	290.882	铁、钼
	205.552	铍、钼、镍		292.402	铁、钼、钛、铬、铈
	267.716	锰、钒、镁		309.311	铝、镁、锰
	283.563	铁、钼		310.230	铝、钛、钾、钙、镍
	357.869	铁		311.071	钛、铁、锰
锰 Mn	257.610	铁、镁、铝、铈	钛 Ti	334.904	镍、钼
	293.306	铝、铁		334.941	铬、钙
				337.280	锆、钪
钾 K	766.491	铜、铁、钨、镧	铜 Cu	324.7	铁、铝、钛、钼
				327.396	
镁 Mg	279.079	铈、铁、钛、锰	铁 Fe	239.924	铬、钨
	279.553	锰		240.488	钼、钴、镍
	285.213	铁		259.940	钼、钨
	293.674	铁、铬		261.762	镁、钙、铍、锰

表 8-48　目标元素测定波长、干扰元素及干扰系数示例

目标元素及测定波长/nm	干扰元素及干扰系数	目标元素及测定波长/nm	干扰元素及干扰系数
镍 231.604	铁 0.000058	铬 283.563	铁 0.001234
铅 220.353	铁 0.000041；铝 0.000193；钛 0.000043	铜 324.754	铁 0.000039；铝 0.000575
钴 230.786	铁 0.000034	钒 310.230	铝 0.000095；钛 0.000696
锌 213.856	铜 0.00423	锑 206.833	铁 0.000182

（2）非光谱干扰

非光谱干扰主要包括化学干扰、电离干扰、物理干扰以及去溶剂干扰等，在实际分析过程中各类干扰很难截然分开。是否予以补偿和校正，与样品中干扰元素的浓度有关。此外，物理干扰一般由样品的黏滞程度及表面张力变化而致，尤其是当样品中含有大量可溶盐或样品酸度过高，都会对测定产生干扰。消除此类干扰的最常见的方法是稀释法以及标准加入法。

5. **标准曲线的建立**

此部分内容参见相应标准。

6. **样品的测定**

该步骤具体可参见相应标准。

7. **质量保证和质量控制**

此部分内容参见相应标准。

(三)电感耦合等离子体质谱法

环境标准《固体废物金属元素的测定电感耦合等离子体质谱法》（HJ 766—2015）是目前最新的电感耦合等离子体测定固体废物中金属离子的方法，我们以此为例，讲解具体方法。表 8-49 列出了该方法测定元素的方法检出限和测定下限。

表 8-49 固体废物和固体废物浸出液中各元素的方法检出限和测定下限

元素	检出限		测定下限	
	mg/kg （固体废物）	μg/L （固体废物浸出液）	mg/kg （固体废物）	μg/L （固体废物浸出液）
银（Ag）	1.4	2.9	5.6	11.6
砷（As）	0.5	1.0	2.0	4.0
钡（Ba）	0.9	1.8	3.6	7.2
铍（Be）	0.4	0.7	1.6	2.8
镉（Cd）	0.6	1.2	2.4	4.8
铬（Cr）	1.0	2.0	4.0	8.0
钴（Co）	1.1	2.2	4.4	8.8
铜（Cu）	1.2	2.5	4.8	10.0
锰（Mn）	1.8	3.6	7.2	14.4
钼（Mo）	0.8	1.5	3.2	6.0
镍（Ni）	1.9	3.8	7.6	15
铅（Pb）	2.1	4.2	8.4	17
锑（Sb）	1.6	3.2	6.4	13
硒（Se）	0.6	1.3	2.4	5.2
铊（Tl）	0.6	1.3	2.4	5.2
钒（V）	0.6	1.1	2.4	4.4
锌（Zn）	3.2	6.4	12.8	25.6

1. **样品的采集、保存与制备**

同电感耦合等离子体原子发射光谱法。

2. **样品的消解**

（1）固体废物浸出液试样

移取固体废物浸出液 25.0mL，置于消解罐中，加入 4mL 硝酸和 1mL 盐酸，将消解罐放入微波消解装置进行消解，推荐的试样消解程序见表 8-50。消解后冷却至室温，小心打开消解罐的盖子，然后将消解罐放在赶酸仪中，于 150℃ 敞口赶酸至内容物近干，冷却至室温后，用去离子水溶解内容物，然后将溶液转移至 50mL 容量瓶中，用去离子水定容至 50mL。测定前使用滤膜过滤或取上清液进行测定。

表 8-50 电感耦合等离子体发射光谱法测定固体废物微波消解程序

试样	消解程序
固体废物	10min 升高到 175℃，并在 175℃ 保持 20min
固体废物浸出液	10min 内升高到 165℃，并在 165℃ 保持 10min

（2）固体废物试样

对于固态样品或可干化的半固体样品，称取 0.1～0.2g 过筛后的样品；对于液态或不可干化的固态样品，直接称取样品 0.2g，精确至 0.0001g。将样品置于消解罐中，加入 1mL 盐酸、4mL 硝酸、1mL 氢氟酸和 1mL 双氧水，将消解罐放入微波消解装置进行消解，推荐的试样消解程序见表 8-50。消解后冷却至室温，小心打开消解罐的盖子，然后将消解罐放在赶酸仪中，于 150℃ 敞口赶酸，至内容物近干，冷却至室温后，用去离子水溶解内容物，然后将溶液转移至 50mL 容量瓶中，用去离子水定容至 50mL。测定前使用滤膜过滤或取上清液进行测定。

注意：对于特殊基体样品，若使用上述消解液消解不完全，可适当增加酸用量。若通过验证能满足本标准的质量控制和质量保证要求，也可以使用电热板等其他消解方法。

3. 干扰的消除

（1）质谱型干扰

质谱型干扰主要包括同量异位素干扰、多原子离子干扰、氧化物干扰和双电荷干扰等。同量异位素干扰可以使用干扰校正方程进行校正，或在分析前对样品进行化学分离等方法进行消除。多原子离子干扰是 ICP-MS 最主要的干扰来源，可以利用干扰校正方程、仪器优化以及碰撞反应池技术进行消除。氧化物干扰和双电荷干扰可通过调节仪器参数降低干扰程度。

（2）非质谱型干扰

非质谱型干扰主要包括基体抑制干扰、空间电荷效应干扰、物理效应干扰等。非质谱型干扰程度与样品基体性质有关，可通过内标法、仪器条件优化或标准加入法等措施消除。

4. 标准曲线的建立

分别取一定体积的多元素标准使用液（1.00mg/L）和内标标准储备溶液（10.0mg/L）于容量瓶中，用硝酸溶液（2＋98）进行稀释，配制成金属元素浓度分别为 0μg/L、10.0μg/L、20.0μg/L、50.0μg/L、100μg/L、500μg/L 的校准系列。内标标准储备溶液可以直接加入校准系列中，也可在样品雾化之前通过蠕动泵在线加入。所选内标的浓度应远高于样品自身所含内标元素的浓度，常用的内标浓度范围为 50.0～1000μg/L。用 ICP-MS 进行测定，以各元素的浓度为横坐标，以响应值和内标响应值的比值为纵坐标，建立校准曲线。校准曲线的浓度范围可根据测量需要进行调整。

5. 样品的测定

（1）仪器调谐及参考条件

点燃等离子体后，仪器预热稳定 30min。用质谱仪调谐溶液（含有 Li、Y、Be、Mg、Co、In、Tl、Pb 和 Bi 元素的溶液为质谱仪的调谐溶液，浓度 10.0μg/L，可直接购买有证标准溶液配制）对仪器的灵敏度、氧化物和双电荷进行调谐，在仪器的灵敏度、氧化物、双电荷满足要求的条件下，质谱仪给出的调谐溶液中所含元素信号强度的相对标准偏差≤5%。在涵盖待测元素的质量数范围内进行质量校正和分辨率校验，如果质量校正结果与真实值差别超过±0.1amu 或调谐元素信号的分辨率在 10% 峰高处所对应的峰宽超过 0.6～0.8amu 的范围，应按照仪器使用说明书的要求将质量校正到正确值。

（2）样品溶液的测定

每个试样测定前，用硝酸溶液（5＋95）冲洗系统直到信号降至最低，待分析信号稳定后才可开始测定。将制备好的试样加入与校准曲线相同量的内标标准，在相同的仪器分析条件下进行测定。若样品中待测元素浓度超出校准曲线范围，需经稀释后重新测定，稀释液使用硝酸溶液（2＋98）。相同条件下测定空白试样。表 8-51 给出了测定离子的质谱定量条件。

表 8-51　17 种金属元素的定量离子、监测离子及推荐使用的内标元素

元素名称	定量离子	监测离子	内标元素	元素名称	定量离子	监测离子	内标元素
银(Ag)	107	109	^{103}Rh	钼(Mo)	97	95	^{103}Rh
砷(As)	75	—	^{103}Rh	镍(Ni)	60	61,62	^{103}Rh
钡(Ba)	135	137,138	^{103}Rh	铅(Pb)	208	207,206	^{209}Bi
铍(Be)	9		^{6}Li	锑(Sb)	123	121	^{103}Rh
镉(Cd)	114	111	^{103}Rh	硒(Se)	82	78,76,77	^{103}Rh
铬(Cr)	52	53,50	^{103}Rh	铊(Tl)	205	203	^{103}Rh
钴(Co)	59		^{103}Rh	钒(V)	51	50	^{103}Rh
铜(Cu)	63	65	^{103}Rh	锌(Zn)	66	68,67	^{103}Rh
锰(Mn)	55	—	^{103}Rh				

6. 质量保证与控制

此部分内容参见相应标准。

(四) 原子荧光光谱法

环境保护部于 2014 年颁布的《固体废物　汞、砷、硒、铋、锑的测定　微波消解/原子荧光法》(HJ 702—2014) 标准，是目前最新的原子荧光光谱法分析固体废物中金属离子的方法，我们以此为例，对测定过程进行讲解。本方法的检出限和测定下限如表 8-52 所示。

表 8-52　原子荧光光谱法测定固体废物中的金属离子的检出限及测定下限

元素	检出限		测定下限	
	固体废物	固体废物浸出液	固体废物	固体废物浸出液
汞	0.002μg/g	0.02μg/L	0.008μg/g	0.08μg/L
砷、硒、铋、锑	0.010μg/g	0.10μg/L	0.040μg/g	0.40μg/L

1. 样品的采集、保存

同电感耦合等离子体发射光谱法。

2. 样品的消解及制备

(1) 固体废物试样

对于固态样品，使用分析天平准确称取过筛后的样品 0.5g；对于液态或半固态样品直接称取样品 0.5g，精确至 0.0001g。将试样置于溶样杯中，用少量蒸馏水润湿。在通风橱中，先加入 6mL 盐酸，再慢慢加入 2mL 硝酸，使样品与消解液充分接触。若有剧烈的化学反应，待反应结束后再将溶样杯置于消解罐中密封。将消解罐装入消解罐支架后放入微波消解仪中，按表 8-53 推荐的升温程序进行微波消解。消解结束，待罐内温度降至室温后，在通风橱中取出、放气，打开。判断消解是否完全，溶液是否澄清，若不澄清需进一步消解。

表 8-53　固体废物的微波消解升温程序

步骤	升温时间/min	目标温度/℃	保持时间/min
1	5	100	2
2	5	150	3
3	5	180	25

用慢速定量滤纸将消解后溶液过滤至 50mL 容量瓶中，用蒸馏水淋洗溶样杯及沉淀至少三次。将所有淋洗液并入容量瓶中，用蒸馏水定容至标线，混匀。

分取 10.0mL 上述试液置于 50mL 容量瓶中，不同元素按表 8-54 的量加入浓盐酸、硫脲和抗坏血酸混合溶液，用蒸馏水定容至标线，混匀，室温放置 30min (室温低于 15℃时，置于 30℃水浴中保温 30min)，待测。

表 8-54　定容 50mL 时试剂加入量　　　　　　　　　　　单位：mL

名称	汞	砷、铋、锑	硒
浓盐酸	2.5	5.0	10.0
硫脲和抗坏血酸混合溶液 （硫脲和抗坏血酸各 10g，溶于 100mL 蒸馏水）	—	10.0	—

（2）固体废物浸出液试样

移取固体废物浸出液 40.0mL 置于 100mL 溶样杯中，在通风橱中加入 3mL 盐酸和 1mL 硝酸，混匀。若反应剧烈或有大量气泡溢出，待反应结束后再将溶样杯置于消解罐中密封。将消解罐装入消解罐支架后放入微波消解仪中，按表 8-55 推荐的升温程序进行微波消解。消解结束后，取出、放气、打开消解罐。

表 8-55　微波消解升温程序

步骤	升温时间/min	目标温度/℃	保持时间/min
1	5	100	5
2	5	170	15

将试液转移至 50mL 容量瓶中，用蒸馏水淋洗溶样杯、杯盖（至少三次），将淋洗液并入容量瓶中，用蒸馏水定容至标线，混匀。

分取 10.0mL 上述试液置于 50mL 容量瓶中，不同元素按表 8-54 的量加入浓盐酸、硫脲和抗坏血酸混合溶液，用蒸馏水定容至标线，混匀，室温放置 30min（室温低于 15℃时，置于 30℃水浴中保温 30min），待测。

3. 仪器的参考条件

开机预热待仪器稳定后，按照原子荧光仪的使用说明书设定灯电流、负高压、载气流量、屏蔽气流量等工作参数，通常采用的参数见表 8-56。

表 8-56　原子荧光测定参数

元素 名称	灯电流 /mA	负高压 /V	原子化器温度 /℃	载气流量 /(mL/min)	屏蔽气流量 /(mL/min)
汞	15~40	230~300	200	400	800~1000
砷	40~80	230~300	200	300~400	800
硒	40~80	230~300	200	350~400	600~1000
铋	40~80	230~300	200	300~400	800~1000
锑	40~80	230~300	200	200~400	400~700

4. 样品的测定

（1）标准溶液的配制

标准溶液的浓度参考表 8-57。

表 8-57　标准溶液的浓度

元素	标准系列					
	c_0	c_1	c_2	c_3	c_4	c_5
汞	0.00	0.10	0.20	0.40	0.60	0.80
砷	0.00	1.00	2.00	4.00	6.00	8.00
硒	0.00	1.00	2.00	4.00	6.00	8.00
铋	0.00	1.00	2.00	4.00	6.00	8.00
锑	0.00	1.00	2.00	4.00	6.00	8.00

（2）样品的测定

将制备好的试料与绘制校准曲线相同仪器分析条件进行测定，具体参见相应标准。

5. 质量保证和质量控制

具体内容参见相应标准。

第九章　原子光谱技术在食品分析中的应用

民以食为天，随着人们生活水平的提高，食品安全问题也越来越受到重视，然而食品污染问题却日益严重。食品污染根据性质的不同，主要分为三类，生物性污染、物理性污染和化学性污染。化学性污染又分为农药、添加剂和重金属污染，其中重金属污染是比较常见的一种。食品中的金属元素，一部分属于常量元素，如钙、镁、钠、钾，每日摄入量在100mg以上；一部分属于微量元素，如铁、硒、锌、铜、碘、钴、铬、钼等元素，人体需求量比较少，但对于人体的新陈代谢却是必不可少的；还有一些并非生命活动所必需的，比如砷、汞、铅、镉等金属元素，不管含量多少，对人体都会造成伤害。无论是人体必需或非必需的元素，在食品安全标准中都有一定的限量规定，因此分析检测食品中这些金属元素，对人类饮食及健康都有很重要的意义。

近几年，除了样品消解技术的发展，原子光谱检测的方法也在快速发展。能够快速、简便、准确地检测出微量甚至痕量金属元素一直是国内外研究机构及分析工作人员的目标。目前，应用得较为广泛的检测技术有原子吸收光谱法、电感耦合等离子体发射光谱法、电感耦合等离子体质谱法、原子荧光光谱法和液相色谱-原子荧光光谱联用法等。

为了更好地体现本书的通用性和实用性，使书的内容更加标准化和统一化，并且与读者的工作紧密结合，本章引用国标的数据和方法进行分类规整。对原子吸收光谱法、电感耦合等离子体发射光谱法、电感耦合等离子体质谱法、原子荧光光谱法和液相色谱-原子荧光联用技术等在食品、食品包装材料及其制品中的应用进行全面介绍，详细讲解样品的消解技术、仪器条件、试样测定、干扰消除等关键步骤。

第一节　原子光谱法在食品分析中的应用

一、应用概况

随着社会经济的发展和人民生活水平的提高，食品安全问题日益突出。世界卫生组织、联合国粮食及农业组织、联合国开发计划署等均将重金属元素作为食品污染物检测的重要项目。2016年至2017年，我国发布更新了一批最新的关于食品安全的国家标准，许多旧的国标都被替代。原子吸收光谱法是食品中应用较广泛的一种检测方法，最新颁布的食品安全国家标准中，对原子吸收法（石墨炉或火焰）测定食品中铜、铅、铝、镍、铁、锌、钙、镁、钾、钠、锰元素都做了明确规定。ICP-AES和ICP-MS两种方法也被纳入国家标准检测方法，用来测定食品中多种金属元素的含量。食品中多元素的测定GB 5009.268—2016，对电感耦合等离子体质谱法测定26种元素和电感耦合等离子体发射光谱法测定16种元素的检测方法和限值都做了明确规定。2014～2017年颁布的食品安全国家标准GB 5009.93—2017、GB 5009.137—2016、

GB 5009.11—2014、GB 5009.16—2014、GB 5009.17—2014 中，分别规定了原子荧光光谱法分析食品中硒、锑、总砷、锡和总汞。液相色谱-原子荧光联用技术在国标中也有体现，GB 5009.11—2014 和 GB 5009.17—2014 分别对食品中无机砷和甲基汞的测定做了规定。

为了方便读者阅读和查阅，本节围绕原子吸收光谱法、电感耦合等离子体发射光谱法、电感耦合等离子体质谱法和原子荧光光谱法在食品分析中的应用，以表格的形式列出每种方法的测项、检出限、仪器条件等，并且详细讲解具体的分析步骤。每种分析方法的总结见表 9-1～表 9-4。

二、分析方法

(一) 原子吸收光谱法在食品分析中的应用

原子吸收光谱法在食品分析中是非常重要的方法。为了方便广大读者查阅和学习原子吸收光谱法在食品分析中的应用，本小节中就原子吸收光谱法分析食品中金属元素含量的一般步骤进行了小结，并且列举应用实例。该一般步骤适用于食品中铜、铅、铝、镍、铁、锌、钙、镁、钾、钠、锰、镉、锗元素的分析，其中干法灰化不适用于铅和铝的前处理。火焰原子吸收光谱法和石墨炉原子吸收光谱法的样品前处理过程几乎一致，主要在于原子化器和检出限的区别，石墨炉比火焰的检出限更低，具体参见表 9-1。

食品中锗的分析分为总锗的测定和无机锗的测定，前处理方法略有不同，本章节也作为例子列出。

1. 样品的采集和保存

(1) 固态样品

① 干样。豆类、谷物、菌类、茶叶、干制水果、焙烤食品等低含水量样品，取可食部分，必要时经高速粉碎机粉碎均匀；对于固体乳制品、蛋白粉、面粉等呈均匀状的粉状样品，摇匀。储于干净密封的塑料瓶中。

② 鲜样。蔬菜、水果、水产品等高含水量样品必要时洗净，晾干，取可食部分匀浆均匀；对于肉类、蛋类等样品，取可食部分匀浆均匀。储于干净密封塑料瓶中，并明确标记，于−16～−18℃冰箱保存备用。

③ 速冻及罐头食品。经解冻的速冻食品及罐头样品，取可食部分匀浆均匀。

(2) 液态样品

软饮料、调味品等样品在取样前摇匀。

(3) 半固态样品

在采样前，搅拌均匀。

注：在采样和试样制备过程中，尽量选用非金属制品的工具，以避免试样污染。

2. 样品的消解

由于食品的种类繁多、基质复杂、干扰因素较多，不同的样品有不同的消解方法，应根据样品的类型和测定元素的性质而定。原子光谱法中应用于食品分析中的消解方法，主要有湿法消解、微波消解、压力罐消解和干法消解。下面就食品中样品的消解方法进行介绍。

(1) 湿法消解

湿法消解法指的是用强酸或强氧化剂，在加热条件下破坏样品中的有机物或还原性物质的方法。常用的酸性体系有硝酸-硫酸、硝酸-高氯酸、硝酸-盐酸、氢氟酸、过氧化氢等。湿法消解法具有加热温度较低、有机物分解速度快、回收率高等优点，缺点是试剂耗用较多，反应产生大量有害气体。

表 9-1 原子吸收光谱法在食品分析中的应用

适用范围	测项	检出限（取样量，定容体积）	波长/nm	灯电流/mA	狭缝宽度/nm	原子化器	原子化器条件	国标号
食品	铅	0.02mg/kg 或 0.02mg/L① （0.5g 或 0.5mL,10mL）	283.3	8~12	0.5	石墨炉	干燥温度/时间:5~120℃/40~50s；灰化温度/时间:750℃/20~30s；原子化温度:2300℃/时间:4~5s	GB 5009.12—2017
		0.4mg/kg 或 0.4mg/L （0.5g 或 0.5mL,10mL）	283.3	8~12	0.5	火焰	空气流量:8L/min；燃烧器高度:6mm	
食品	铜	0.02mg/kg 或 0.02mg/L （0.5g 或 0.5mL,10mL）	324.8	8~12	0.5	石墨炉	干燥温度/时间:8~120℃/40~50s；灰化温度/时间:800℃/20~30s；原子化温度:2350℃/时间:4~5s	GB 5009.13—2017
		0.2mg/kg 或 0.2mg/L （0.5g 或 0.5mL,10mL）	324.8	8~12	0.5	火焰	乙炔流量:2L/min；空气流量:9L/min；灯头高度:6mm	
食品	锌	1mg/kg 或 1mg/L （0.5g 或 0.5mL,25mL）	213.9	3~5	0.2	火焰	乙炔流量:2L/min；空气流量:9L/min；灯头高度:3mm	GB 5009.14—2017
食品	镁	0.6mg/kg 或 0.6mg/L （1g 或 1mL,25mL）	285.2	5~15	0.2	火焰	空气-乙炔火焰	GB 5009.241—2017
食品	镍	0.02mg/kg 或 0.02mg/L （0.5g 或 0.5mL,10mL）	232.0	4	0.15	石墨炉	干燥-灰化-原子化净化 温度/℃:85,120—400,1000—2700,2700—2750 升温时间/s:5,10,10—1—1 保持时间/s:10,20—10,10—3—4 氩气流量/(L/min):0.3~0.3,0.3,0.3—停气—0.3	GB 5009.138—2017
食品	钾	0.2mg/100g （0.5g,25mL）	766.5	8	0.5	火焰	燃气流量:钾:1.2L/min	GB 5009.91—2017
食品	钠	0.8mg/100g （0.5g,25mL）	589	8	0.5	火焰	燃气流量:钠:1.1L/min	

续表

适用范围	测项	检出限（取样量，定容体积）①	波长/nm	灯电流/mA	狭缝宽度/nm	仪器条件 原子化器	仪器条件 原子化器条件	国标号
食品	铝	0.3mg/kg或0.3mg/L （0.5g或0.5mL,25mL）	257.4	10~15	0.5	石墨炉	干燥温度/时间:85~120℃/30s; 灰化温度/时间:1000~1200℃/持续15~20s; 原子化温度/时间:2750℃/持续4~5s; 内气流量0.3L/min	GB 5009.182—2017
食品	锰	0.2mg/kg （0.5g,25mL）	279.5	9	0.2	火焰	燃气流量1.0L/min	GB 5009.242—2017
食品	铁	0.75mg/kg或0.75mg/L （0.5g,25mL）	248.3	5~15	0.2	火焰	乙炔流量:2L/min 空气流量:9L/min 燃烧器高度:3mm	GB 5009.90—2016
食品	钙	0.5mg/kg或0.5mg/L （0.5g或0.5mL,25mL）	422.7 nm	5~15	1.3	火焰	乙炔流量:2L/min 空气流量:9L/min 灯头高度:3mm	GB 5009.92—2016
食品	镉	0.001mg/kg	228.8	2~10	0.2~1.0	石墨炉	干燥温度/时间:105℃/20s; 灰化温度/时间:400~700℃/持续20~40s; 原子化温度/时间:1300~2300℃/持续3~5s	GB 5009.15—2014
食品	铬	0.01mg/kg （0.5g,10mL）	357.9	5~7	0.2	石墨炉	干燥温度/时间:85~120℃/40~50s; 灰化温度/时间:900℃/持续20~30s; 原子化温度/时间:2700℃/持续4~5s	GB 5009.123—2014
食品	总汞及有机汞	0.002mg/kg （0.5g,25mL）	253.7	—	—	冷原子吸收法测汞仪	—	GB 5009.17—2014
食品	锡	40pg	265.2	10	0.4	石墨炉	干燥温度及时间:80~120℃,30s;120~300℃,20s; 灰化温度及时间:300℃,30s;1200℃,20s; 原子化温度及时间:2700℃,3s	GB 5009.151—2003

① 括号内容代表检出限的前提条件是：取样量是0.5g、0.5mL，定容体积是10mL或25mL。本表中其他括号里的内容都代表取样量和定容体积。

表 9-2　电感耦合等离子体发射光谱法（ICP-AES）在食品分析中的应用

适用范围	测项	取样量及定容体积	波长/nm	检出限 1 /(mg/kg)	检出限 2 /(mg/L)	定量限 1 /(mg/kg)	定量限 2 /(mg/L)	国标号
食品	铝 Al	固体样品 0.5g，定容体积 50mL；液体样品 2mL，定容体积 50mL	396.15	0.5	0.2	2	0.5	GB 5009.268—2016
	硼 B		249.6 / 249.7	0.2	0.05	0.5	0.2	
	钡 Ba		455.4	0.1	0.03	0.3	0.1	
	钙 Ca		315.8 / 317.9	5	2	20	5	
	铜 Cu		324.75	0.2	0.05	0.5	0.2	
	铁 Fe		239.5 / 259.9	1	0.3	3	1	
	钾 K		766.49	7	3	30	7	
	镁 Mg		279.079	5	2	20	5	
	锰 Mn		257.6 / 259.3	0.1	0.03	0.3	0.1	
	钠 Na		589.59	3	1	10	3	
	镍 Ni		231.6	0.5	0.2	2	0.5	
	磷 P		213.6	1	0.3	3	1	
	锶 Sr		407.7 / 421.5	0.2	0.05	0.5	0.2	
	钛 Ti		323.4	0.2	0.05	0.5	0.2	
	钒 V		292.4	0.2	0.05	0.5	0.2	
	锌 Zn		206.2 / 213.8	0.5	0.2	2	0.5	

注：检出限 1 和定量限 1 代表固体样品，检出限 2 和定量限 2 代表液体样品。

表9-3 电感耦合等离子体质谱法(ICP-MS)在食品分析中的应用

适用范围	测项	取样量及定容体积	检出限1 /(mg/kg)	检出限2 /(mg/L)	定量限1 /(mg/kg)	定量限2 /(mg/L)	国标号
食品	硼 B		0.1	0.03	0.3	0.1	
	钠 Na		1	0.3	3	1	
	镁 Mg		1	0.3	3	1	
	铝 Al		0.5	0.2	2	0.5	
	钾 K		1	0.3	3	1	
	钙 Ca		1	0.3	3	1	
	钛 Ti		0.02	0.005	0.05	0.02	
	钒 V		0.002	0.0005	0.005	0.002	
	铬 Cr		0.05	0.02	0.2	0.05	
	锰 Mn		0.1	0.03	0.3	0.1	
	铁 Fe	固体样品0.5g,定容体积50mL	1	0.3	3	1	
	钴 Co	液体样品2mL,定容体积50mL	0.001	0.0003	0.003	0.001	GB 5009.268—2016
	镍 Ni		0.2	0.05	0.5	0.2	
	铜 Cu		0.05	0.02	0.2	0.05	
	锌 Zn		0.5	0.2	2	0.5	
	砷 As		0.002	0.0005	0.005	0.002	
	硒 Se		0.01	0.003	0.03	0.01	
	锶 Sr		0.2	0.05	0.5	0.2	
	钼 Mo		0.01	0.003	0.03	0.01	
	镉 Cd		0.002	0.0005	0.005	0.002	
	锡 Sn		0.01	0.003	0.03	0.01	
	锑 Sb		0.01	0.003	0.03	0.01	
	钡 Ba		0.02	0.05	0.5	0.02	
	汞 Hg		0.001	0.0003	0.003	0.001	
	铊 Tl		0.0001	0.00003	0.0003	0.0001	
	铅 Pb		0.02	0.005	0.05	0.02	

注：检出限1和定量限1代表固体样品，检出限2和定量限2代表液体样品。

表9-4 原子荧光光谱法在食品分析中的应用

适用范围	测项	检出限（取样量，定容体积）	负高压/V	灯电流/mA	仪器条件		国标号
					载气	原子化器条件	
食品	硒	0.01mg/kg (1g,10mL)①	340	100	氩气	原子化器温度：800℃ 高度：8mm 载气流速：500mL/min 屏蔽气流速：1000mL/min 测量方式：标准曲线法 读数方式：峰面积 读数延迟时间：1s 读数时间：15s 加液：8s 标准液或样液加入体积：2mL	GB 5009.93—2017
食品	锑	0.01mg/kg (0.5g,10mL)	300	60	氩气	高度：8mm 载气流速：300mL/min 屏蔽气流速：500mL/min	GB 5009.137—2016
食品	总砷及无机砷	0.01mg/kg (1g,25mL)	260	50～80	氩气	载气流速：800mL/min 测量方式：荧光强度 读数方式：峰面积	GB 5009.11—2014
食品	锡	0.83mg/kg (1.0g)	380	70	氩气	原子化器温度：850℃ 炉高：10mm 载气流速：500mL/min 屏蔽气流速：1200mL/min 测量方式：标准曲线法 读数方式：峰面积 读数延迟时间：1s 读数时间：15s 加液：8s 标准液或样液加入体积：2mL	GB 5009.16—2014
食品	总汞及有机汞	0.003mg/kg (0.5g,25mL)	240	30	氩气	原子化器温度：300℃ 载气流速：500mL/min 屏蔽气流速：1000mL/min	GB 5009.17—2014

① 括号内内容代表检出限的前提条件是：取样量是0.5g或1g，定容体积是10mL、25mL或25mL。本表中其他括号里的内容都代表取样量和定容体积。

一般该方法称取固体试样 0.2～3g（精确至 0.001g）或准确移取液体试样 0.500～5.00mL 于带刻度消化管中，含乙醇或二氧化碳的样品先在电热板上低温加热除去乙醇或二氧化碳，加入 10mL 硝酸和 0.5mL 高氯酸，在可调式电热炉上消解（参考条件：120℃/0.5～1h；升至 180℃/2～4h，再升至 200～220℃/10.5h）。若消化液呈棕褐色，再加少量硝酸，消解至冒白烟，消化液呈无色透明或略带黄色，取出消化管，冷却后用水定容至 10mL 或 25mL，混匀备用。同时做试剂空白试验。亦可采用锥形瓶，于可调式电热板上，按上述操作方法进行湿法消解。

（2）微波消解

微波消解法是应用较广泛的样品消解技术，是一种以微波为能量进行样品消解的方法。该方法是结合高压消解和微波快速加热的一项预处理技术。样品消解时，微波可以直接深入样品内部，样品不断产生新的表面与酸反应，在数分钟内完全分解样品。该法具有样品分解快速完全、挥发性元素损失小、试剂消耗少、空白低等显著特点，缺点是消解过程不能进行实时监测，微波消解仪及配套装置的价格偏高。

一般该方法称取固体试样 0.2～0.8g（精确至 0.001g）或准确移取液体试样 0.500～3.00mL 于微波消解罐中，含乙醇或二氧化碳的样品先在电热板上低温加热除去乙醇或二氧化碳，加入 5mL 硝酸（镉的测定还需加入 2mL 过氧化氢），按照微波消解的操作步骤消解试样，消解条件参见表 9-5。冷却后取出消解罐，在电热板上于 140～160℃ 赶酸至 1mL 左右。消解罐放冷后，将消解液转移至 10mL（石墨炉方法）或 25mL（火焰方法）容量瓶中，用少量水洗涤消解罐 2～3 次，合并洗涤液于容量瓶中并用水或 1% 的硝酸溶液定容至刻度，混匀备用。同时做试剂空白试验。

表 9-5　微波消解升温程序

步骤	设定温度/℃	升温时间/min	恒温时间/min
1	120	5	5
2	160	5	10
3	180	5	10

（3）压力罐消解

压力罐消解法与微波消解法的不同之处在于，它是置于恒温干燥箱内进行的消解，通过外部加热压力罐所产生的高温高压来消解样品。优点是分解快速、损失小，所用设备价格较低；缺点是高压罐体密闭性不好，存在一定安全的隐患。

一般该方法称取固体试样 0.2～1g（精确至 0.001g）或准确移取液体试样 0.500～5.00mL 于消解内罐中，含乙醇或二氧化碳的样品先在电热板上低温加热除去乙醇或二氧化碳，加入 5mL 硝酸。（镉的测定需再加入 30% 的过氧化氢溶液 2～3mL）盖好内盖，旋紧不锈钢外套，放入恒温干燥箱，于 140～160℃ 下保持 4～5h。冷却后缓慢旋松外罐，取出消解内罐，放在可调式电热板上于 140～160℃ 赶酸至 1mL 左右。冷却后将消化液转移至 10mL 或 25mL 容量瓶中，用少量水洗涤内罐和内盖 2～3 次，合并洗涤液于容量瓶中并用水或 1% 的硝酸溶液（镉）定容至刻度，混匀备用。同时做试剂空白试验。

（4）干法灰化

干法灰化法指的是马弗炉高温使有机物灰化成无机物（灰化前需炭化），再用酸或水溶解的一种方法。干法灰化法能处理大量样品，无试剂污染，具有空白值低、灵敏度高等优点；缺点是该方法操作时间长、回收率低，会导致某些元素测定结果偏低，对于易挥发的以及会形成金属化合物的元素并不适用。

有些元素的测定不适用干法灰化法，比如铅和铝的测定。

一般该方法称取固体试样 $0.5 \sim 5g$（精确至 $0.001g$）或准确移取液体试样 $0.500 \sim 10.0mL$ 于坩埚中，小火加热，炭化至无烟，转移至马弗炉中，于 $550℃$ 灰化 $3 \sim 4h$。冷却，取出，对于灰化不彻底的试样，加数滴硝酸，小火加热，小心蒸干，再转入 $550℃$ 马弗炉中，继续灰化 $1 \sim 2h$，至试样呈白灰状，冷却，取出，用适量硝酸溶液（$1+1$）溶解并用水或 1% 硝酸溶液定容至 $25mL$ 或 $50mL$。同时做试剂空白试验。所有空白样品都用超纯水按照上述步骤进行前处理。

3. 仪器条件的选择

优化仪器至最佳状态，仪器的主要条件参见表 9-1。测定不同元素有不同的仪器操作条件。基本选择依据如下：

（1）选择光源

选择相应元素的空心阴极灯作为光源（如铜、铅、铝、镍、铁、锌、钙、镁、钾、钠、锰、锗，选择相应的空心阴极灯）。

（2）选择原子化器

一般来说，如果样品中待测元素的含量较高，比如高于 $0.1mg/L$，选用火焰原子化器；如果样品中待测元素的含量较低，比如低于 $0.1mg/L$，选用石墨炉原子化器，每种原子化器的条件参考相应国家标准。测定铜、铅、铝、镍、铁、锌、钙、镁、钾、钠、锰、镉、锗元素时的仪器条件见表 9-1。

4. 干扰的消除

一般在测定食品中金属元素时，使用火焰原子吸收光谱法干扰的消除为氘灯背景校正或塞曼效应校正。使用石墨炉原子吸收光谱法时，则要根据不同元素选择不同的干扰消除方法，下面分别做简单介绍：

食品中钙的分析：加入镧溶液作为释放剂以消除磷酸干扰，再用水定容至刻度，混匀后备用，根据实际测定需要稀释，并在稀释液中加入一定体积的镧溶液（$20g/L$），使其在最终稀释液中的浓度为 $1g/L$，混匀备用，此为试样待测液。

食品中镉、铬的分析：注入基体改进剂磷酸二氢铵溶液（一般为 $5\mu L$ 或与试样同量）消除干扰。绘制铅（镉或铬）的标准曲线时也要加入与试样测定时等量的基体改进剂磷酸二氢铵溶液。

食品中铅、镍、铜的分析：将 $10\mu L$ 空白溶液或试样溶液与 $5\mu L$ 磷酸二氢铵-硝酸钯溶液（可根据所使用的仪器确定最佳进样量）同时注入石墨炉。

食品中钾、钠的分析：氯化铯溶液（$50g/L$），在空白溶液和试样最终测定液中加入一定量的氯化铯溶液，使氯化铯浓度达到 0.2%。

食品中的锗的分析：加入氯化铁和氯化钯溶液。

5. 标准曲线的建立

配制不同浓度的待测元素标准溶液，一般选择 $4 \sim 6$ 个浓度，并且浓度选择均匀合理，配制时应和样品溶液一样加入相应干扰消除剂。样品中待测元素的含量应在配制的标准曲线的高低限浓度范围内，最好处于标准曲线的中部范围，如果低于或超出标准曲线范围，应该对样品进行浓缩或稀释处理。标准溶液配制好后一般可用一个月。

在测定时，应按照由低浓度向高浓度的顺序依次测定，可根据所使用的仪器确定最佳进样量，原子化后测其吸光度值，以质量浓度为横坐标，吸光度值为纵坐标，制作标准曲线。

6. 样品的测定

根据样品溶液中待测元素的含量，需要时将样品溶液用水稀释至适当浓度，空白溶液和样品溶液一样需要加入一定量的干扰消除剂。按照与测定标准曲线工作液相同的实验条件，将空白溶液和样品溶液注入原子吸收光谱仪中，分别测定不同元素的吸光度，根据标准曲线得到待测液中相应元素的浓度。

7. 精密度

石墨炉原子光谱法：在重复性条件下获得的两次独立测定结果的绝对差值不得超过算术平均值的 20%。

火焰原子吸收光谱法：在重复性条件下获得的两次独立测定结果的绝对差值不得超过算术平均值的 10%。

8. 应用实例

（1）食品中铜含量的分析（GB 5009.13—2017 石墨炉原子吸收光谱法）

① 样品的采集和保存。根据所选样品的不同，除杂或洗净、晾干，粉碎或制成匀浆，储于塑料瓶中。

② 样品的消解。称取固体试样 0.2～0.8g（精确至 0.001g）或准确移取液体试样 0.500～3.00mL 于微波消解罐中，加入 5mL 硝酸，按照微波消解的操作步骤消解试样，消解条件参见表 9-5。冷却后取出消解罐，在电热板上于 140～160℃ 赶酸至 1mL 左右。消解罐放冷后，将消化液转移至 10mL 容量瓶中，用少量水洗涤消解罐 2～3 次，合并洗涤液于容量瓶中并用水定容至刻度，混匀备用。同时做试剂空白试验。

③ 仪器条件的选择。根据各自仪器性能调至最佳状态，配石墨炉原子化器，附铜空心阴极灯。铜波长为 324.8nm，狭缝为 0.5nm，灯电流为 8～12mA。干燥温度及时间：85～120℃/40～50s；灰化温度及时间：800℃/20～30s；原子化温度及时间：2350℃/4～5s。

④ 标准曲线的绘制。按质量浓度由低到高的顺序分别将 10μL 铜标准系列溶液（0μg/L、5.00μg/L、10.0μg/L、20.0μg/L、30.0μg/L 和 40.0μg/L）和 5μL 磷酸二氢铵-硝酸钯溶液（可根据所使用的仪器确定最佳进样量）同时注入石墨炉，原子化后测其吸光度值，以质量浓度为横坐标，吸光度值为纵坐标，制作标准曲线。

⑤ 样品的测定。在与测定标准溶液相同的实验条件下，将 10μL 空白溶液或试样溶液与 5μL 磷酸二氢铵-硝酸钯溶液（可根据所使用的仪器确定最佳进样量）同时注入石墨炉，原子化后测其吸光度值，与标准系列比较定量。

⑥ 结果的表示。当测定结果大于 1.00mg/kg（或 mg/L）时，保留三位有效数字；当测定结果小于 1.00mg/kg（或 mg/L）时，保留两位有效数字。

（2）食品中锗的分析（GB 5009.151—2003 原子吸收分光光度法）

由于食品中锗的分析分为总锗试样的处理和无机锗试样的处理，且与我们所述的一般步骤中的前处理方法略有不同，为了方便读者查阅，我们也将此例子中的前处理步骤进行简单介绍。

① 总锗试样处理。粮食、豆类除去杂物，碾碎过 20 目筛，蔬菜洗净晾干，蛋类洗净去壳，取食用部分捣成匀浆。

a. 微波消解。称取均匀试样 0.5～1.0g，置于微波消解罐内，加 2～3mL 硝酸，1mL 过氧化氢。旋紧罐盖并调好减压阀后消解。微波消解程序 160W，10min；320W，10min；480W，10min。消解完毕放冷后，拧松减压阀排气，再将消解罐打开。将溶液移入 25mL 容量瓶中，加 2mL 钯盐溶液，加水稀释至刻度，混匀。同时做试剂空白。待测。

b. 电热板消解。称取均匀试样 0.5～1.0g 于 150mL 锥形瓶，加 15～20mL 硝酸，盖表面皿放置过夜。置于电热板上加热至近干。放冷后加 2～4mL 过氧化氢再加热至近干，放冷。将溶液移入 25mL 容量瓶中，加 2mL 钯盐溶液，加水稀释至刻度，混匀。同时做试剂空白。待测。

c. 饮料、固体饮料及矿泉水。称取均匀试样 0.5～1g 于 25mL 比色管中，再加 2mL 硝酸，沸水浴中加热 10min。放冷后加 2mL 钯盐溶液，用水稀释至刻度，同时做试剂空白。待测。

② 测定保健饮品中无机锗饮品处理。吸取 2mL 均匀试样置于 500mL 蒸馏瓶中，加入 20mL 盐酸、2mL 水、1mL 氯化铁溶液。轻轻摇匀浸泡，室温下放置 20min。装上冷凝管，接收管中预先装有 50mL 三氯甲烷作吸收液。采用冰浴冷却吸收液，小火加热蒸馏瓶，使溶液保持微沸。接收管中应维持有连续的小气泡，蒸馏 25min 后取出吸收管。

将吸收液移入 125mL 分液漏斗中，加入 2mL 盐酸轻轻振摇 120 次，静置分层。分出三氯甲烷于另一分液漏斗中，弃去盐酸层。加 10mL 水于三氯甲烷提取液中，振摇 120 次，分出水溶液于 25mL 容量瓶中，再加入 10mL 水重复萃取一次。合并两次水溶液，加入 0.5mL 硝酸、2mL 钯盐溶液，加水稀释至刻度，混匀。同时做试剂空白。待测。

（二）电感耦合等离子体原子发射光谱法在食品分析中的应用

电感耦合等离子体发射光谱法的基本原理是样品消解后，由电感耦合等离子体发射光谱仪测定，以元素的特征谱线波长定性；待测元素谱线信号强度与元素浓度成正比进行定量分析。

目前电感耦合等离子体发射光谱法应用于食品分析中的国家标准有 GB 5009.268—2016，该标准规定食品中 16 种元素的电感耦合等离子体发射光谱法，适用的食品包括婴幼儿食品和乳制品、白酒、蜂蜜、进出口食品、水产品以及蔬菜和水果及其制品等，测定的 16 种元素包括铝、硼、钡、钙、铜、铁、钾、镁、锰、钠、镍、磷、锶、钛、钒、锌。固体样品各元素的方法检出限为 0.1～7mg/kg，定量限为 0.3～30mg/kg；液体样品各元素的方法检出限为 0.03～3mg/L，定量限为 0.1～7mg/L。我们以此为应用实例讲解具体的分析步骤和方法。

1. 样品的采集和保存

（1）干样

豆类、谷物、菌类、茶叶、干制水果、焙烤食品等低含水量样品，取可食部分，必要时经高速粉碎机粉碎均匀；对于固体乳制品、蛋白粉、面粉等均匀的粉状样品，摇匀。

（2）鲜样

蔬菜、水果、水产品等高含水量样品必要时洗净、晾干，取可食部分匀浆均匀；对于肉类、蛋类等样品取可食部分匀浆均匀。

（3）速冻及罐头食品

经解冻的速冻食品及罐头样品，取可食部分匀浆均匀。

（4）液态样品

软饮料、调味品等样品摇匀。

（5）半固态样品

搅拌均匀。

2. 样品消解

（1）微波消解法

称取固体样品 0.2～0.5g（精确至 0.001g，含水分较多的样品可适当增加取样量至 1g）或准确移取液体试样 1.00～3.00mL 于微波消解内罐中，含乙醇或二氧化碳的样品先在电热板上低温加热除去乙醇或二氧化碳，加入 5～10mL 硝酸，加盖放置 1h 或过夜，旋紧罐盖，按照微波消解仪标准操作步骤进行消解（消解参考条件见表 9-6）。冷却后取出，缓慢打开罐盖排气，用少量水冲洗内盖，将消解罐放在控温电热板上或超声水浴箱中，于100℃加热30min或超声脱气2～5min，用水定容至25mL或50mL，混匀备用，同时做空白试验。

（2）压力罐消解

称取固体干样0.2～1g（精确至0.001g，含水分较多的样品可适当增加取样量至2g）或准确移取液体试样1.00～5.00mL于消解内罐中，含乙醇或二氧化碳的样品先在电热板上低温加热除去乙醇或二氧化碳，加入5mL硝酸，放置1h或过夜，旋紧不锈钢外套，放入恒温干燥箱消解（消解参考条件见表9-6），于150～170℃消解4h，冷却后，缓慢旋松不锈钢外套，将消解内罐取出，在控温电热板上或超声水浴箱中，于100℃加热30min或超声脱气2～5min，用水定容至25mL或50mL，混匀备用，同时做空白试验。

（3）湿式消解法

准确称取0.5～5g（精确至0.001g）或准确移取2.00～10.0mL试样于玻璃或聚四氟乙烯消解器皿中，含乙醇或二氧化碳的样品先在电热板上低温加热除去乙醇或二氧化碳，加10mL硝酸-高氯酸（10+1）混合溶液，于电热板上或石墨消解装置上消解，消解过程中消解液若变棕黑色，可适当补加少量混合酸，直至冒白烟，消化液呈无色透明或略带黄色，冷却，用水定容至25mL或50mL，混匀备用；同时做空白试验。

（4）干式消解法

准确称取1～5g（精确至0.01g）或准确移取10.0～15.0mL试样于坩埚中，置于500～550℃的马弗炉中灰化5～8h，冷却。若灰化不彻底有黑色炭粒，则冷却后滴加少许硝酸湿润，在电热板上干燥后，移入马弗炉中继续灰化成白色灰烬，冷却取出，加入10mL硝酸溶液溶解，并用水定容至25mL或50mL，混匀备用；同时做空白试验。

表9-6 消解仪器参考条件

消解方式	步骤	控制温度/℃	升温时间/min	恒温时间
微波消解	1	120	5	5min
	2	150	5	10min
	3	190	5	20min
压力罐消解	1	80	—	2h
	2	120	—	2h
	3	160～170	—	4h

3. 仪器参考条件

① 优化仪器操作条件，使待测元素的灵敏度等指标达到分析要求，编辑测定方法、选择各待测元素合适的分析谱线，待测元素推荐分析谱线见表9-2。

② 仪器操作参考条件。观测方式：垂直观测，若仪器具有双向观测方式，高浓度元素，如钾、钠、钙、镁等元素采用垂直观测方式，其余采用水平观测方式；功率：1150W；等离子气流量：15L/min；辅助气流量：0.5L/min；雾化气气体流量：0.65L/min；分析泵速：50r/min。

4. 标准曲线的建立

① 元素储备液（1000mg/L或10000mg/L）：钾、钠、钙、镁、铁、锰、镍、铜、锌、磷、硼、钡、铝、锶、钒和钛，采用经国家认证并授予标准物质证书的单元素或多元素标准储备液。

② 标准溶液配制：精确吸取适量单元素标准储备液或多元素混合标准储备液，用硝酸溶液（5+95）逐级稀释配成混合标准溶液系列。

注：依据样品溶液中元素质量浓度水平，可适当调整标准系列各元素质量浓度范围。

③ 将标准系列工作溶液注入电感耦合等离子体发射光谱仪中，测定待测元素分析谱线的强度信号响应值，以待测元素的浓度为横坐标，其分析谱线强度响应值为纵坐标，绘制标准曲线。

5. 样品的测定

将空白溶液和试样溶液分别注入电感耦合等离子体发射光谱仪中，测定待测元素分析谱线强度的信号响应值，根据标准曲线得到消解液中待测元素的浓度。

6. 精密度

样品中各元素含量大于 1mg/kg 时，在重复性条件下获得的两次独立测定结果的绝对差值不得超过算术平均值的 10%；小于或等于 1mg/kg 且大于 0.1mg/kg 时，在重复性条件下获得的两次独立测定结果的绝对差值不得超过算术平均值的 15%；小于或等于 0.1mg/kg 时，在重复性条件下获得的两次独立测定结果的绝对差值不得超过算术平均值的 20%。

(三) 电感耦合等离子体质谱法在食品分析中的应用

电感耦合等离子体质谱法的基本原理是试样经消解后，由电感耦合等离子体质谱仪测定，以元素特定质量数（质荷比，m/z）定性，以待测元素质谱信号与内标元素质谱信号的强度比与待测元素的浓度成正比进行定量分析。

目前电感耦合等离子质谱法应用于食品分析的国家标准有 GB 5009.268—2016，该标准规定食品中 26 种元素的电感耦合等离子体质谱法，包括：硼、钠、镁、铝、钾、钙、钛、钒、铬、锰、铁、钴、镍、铜、锌、砷、硒、锶、钼、镉、锡、锑、钡、汞、铊、铅的测定。该方法同样适用于食品中硒的测定。固体样品中各元素的方法检出限为 0.0001～1mg/kg，定量限为 0.0003～3mg/kg；液体样品中各元素的方法检出限为 0.00003～0.3mg/L，定量限为 0.0001～1mg/L。我们以此为应用实例讲解具体的分析步骤和方法。

1. 样品的采集和保存

同电感耦合等离子体发射光谱法分析食品中多元素。

2. 样品的消解

（1）微波消解法

同电感耦合等离子体发射光谱法分析食品中多元素。

（2）压力罐消解法

同电感耦合等离子体发射光谱法分析食品中多元素。

3. 仪器的参考条件

（1）仪器操作条件

仪器操作条件见表 9-7；元素分析模式见表 9-3。

注：对没有合适消除干扰模式的仪器，需采用干扰校正方程对测定结果进行校正，铅、镉、砷、钼、硒、钒等元素干扰校正方程见标准。

表 9-7　电感耦合等离子体质谱仪操作参考条件

仪器参数	数值	仪器参数	数值
射频功率	1500W	雾化器	高盐/同心雾化器
等离子体气流量	15L/min	采样锥/截取锥	镍/铂锥
载气流量	0.80L/min	采集深度	8～10mm
辅助气流量	0.40L/min	采集模式	跳峰（Spectrum）
氦气流量	4～5mL/min	检测方式	自动
雾化室温度	2℃	每峰测定点数	1～3
样品提升速率	0.3r/s	重复次数	2～3

（2）测定参考条件

在调谐仪器达到测定要求后，编辑测定方法，根据待测元素的性质选择相应的内标元素，待测元素和内标元素的 m/z 见标准。

4. 标准曲线的配制和建立

（1）混合标准工作溶液

吸取适量单元素标准储备液或多元素混合标准储备液，用硝酸溶液（5＋95）逐级稀释配成混合标准工作溶液系列。

注：依据样品消解溶液中元素质量浓度水平，适当调整标准系列中各元素的质量浓度范围。

（2）汞标准工作溶液

取适量汞储备液，用汞标准稳定剂逐级稀释配成标准工作溶液系列。

（3）内标使用液

取适量内标单元素储备液或内标多元素标准储备液，用硝酸溶液（5＋95）配制合适浓度的内标使用液。

注：内标溶液既可在配制混合标准工作溶液和样品消化液中手动定量加入，亦可由仪器在线加入。

将混合标准溶液注入电感耦合等离子体质谱仪中，测定待测元素和内标元素的信号响应值，以待测元素的浓度为横坐标，待测元素与所选内标元素响应信号值的比值为纵坐标，绘制标准曲线。

5. 样品的测定

将空白溶液和试样溶液分别注入电感耦合等离子体质谱仪中，测定待测元素和内标元素的信号响应值，根据标准曲线得到消解液中待测元素的浓度。

6. 精密度

同电感耦合等离子体发射光谱法分析食品中多元素。

（四）原子荧光光谱法在食品分析中的应用

食品安全国家标准中规定了原子荧光光谱法分析食品中总砷、总汞、硒、锑以及锡元素的测定。基本原理是食品样品经酸加热消化后，在酸性介质中，将样品中的高价态还原成低价态，用硼氢化钠或硼氢化钾作还原剂，将其低价态还原成对应的氢化物，由载气（氩气）带入原子化器中进行原子化，在待测元素空心阴极灯照射下，基态原子被激发至高能态，再去活化回到基态时，发射出特征波长的荧光，其荧光强度与待测元素成正比，与标准系列比较定量。

食品安全国家标准 GB 5009.16—2014 食品中锡元素的测定适用于罐装固体食品、罐装饮料、罐装果酱、罐装婴幼儿配方及辅助食品中锡的测定，其样品消解的方法略有不同，本节将其举例讲解。

原子荧光分析法分析食品中总砷、总汞、锑和硒元素的一般步骤：

1. 样品的采集和保存

① 在采样和制备过程中，注意不使试样污染。

② 粮食和豆类等样品去杂物后粉碎均匀，装入洁净的聚乙烯瓶中，密封保存备用。

③ 蔬菜、水果、鱼类、肉类及蛋类等新鲜样品，洗净晾干，取可食部分匀浆，装入洁净的聚乙烯瓶中，密封，于4℃冰箱冷藏备用。

2. 样品消解

几种国标的样品消解方法略有不同。食品中总砷的测定采用的是湿法消解和干法灰化；食品中总汞的测定采用的是微波消解、压力罐消解和回流消解法；食品中锑的测定采用的是湿法消解、微波消解、压力罐消解；食品中硒的测定采用的是湿法消解和微波消解法。下面对原子荧光法中样品的消解进行介绍。

（1）微波消解（总汞、锑和硒）

称取固体试样 0.2～0.5g（精确至 0.001g）、新鲜样品 0.2～0.8g 或液体试样 1～3mL 于消解罐中，加入 5～8mL 硝酸，（锑和硒还需要加入一定量的过氧化氢溶液，硝酸和过氧化氢的比例为 5∶1）加盖放置过夜，旋紧罐盖，按照微波消解仪的标准操作步骤进行消解（消解条件见表 9-5）。冷却后取出，缓慢打开罐盖排气，用少量水冲洗内盖，将消解罐放在控温面板上或超声水浴箱中，于 80℃或超声脱气 2～5min，赶去棕色气体，不可蒸干，（硒还需加入 5mL 6mol/L 盐酸溶液，继续加热至溶液变为清亮无色并伴有白烟出现）冷却后，取出消解罐，将消化液转移至 10mL（锑和硒）或 25mL（总汞）塑料容量瓶中，用少量水分 3 次洗涤内罐，（此时，锑需加入硫脲-碘化钾溶液或硫脲-抗坏血酸溶液 1mL；硒需加入 2.5mL 100g/L 铁氰化钾溶液）洗涤液合并于容量瓶中并定容至刻度，混匀备用；同时做试剂空白试验。

（2）压力罐消解（总汞和锑）

称取固体试样 0.2～1g（精确至 0.001g）、新鲜样品 0.5～2.0g 或液体试样 1～5.00mL 称量（精确至 0.001g），置于消解内罐中，加入 5mL 硝酸浸泡过夜。盖好内盖，旋紧不锈钢外套，放入恒温干燥箱，于 140～160℃下保持 4～5h。放在箱内自然冷却到室温，然后缓慢旋松不锈钢外罐，将内罐取出，加入 20mL 水冲洗内盖，放在控温面板上或超声水浴箱中，于 80℃或超声脱气 2～3min，赶酸至 0.5～1mL 止。取出消解内罐，将消化液转移至 10mL（锑）或 25mL（总汞）容量瓶中，用少量水分 3 次洗涤内罐，（此时，锑需加入硫脲-碘化钾溶液或硫脲-抗坏血酸溶液 1mL）洗涤液合并于容量瓶中并定容至刻度，混匀备用；同时做空白试验。

（3）湿法消解（总砷、锑、硒）

固体试样称取 1.0～2.5g，液体试样称取 5.0～10.0g（mL）（精确到 0.001g），置于 50～100mL 锥形瓶中，同时做两份试剂空白。加入硝酸-高氯酸混合酸（10＋1）5～10mL，（总砷还需加入硫酸 1.25mL）放置过夜。次日置于电热板上加热消解。若消解液处理至 1mL 左右时仍有未分解物质或色泽变深，取下放冷，补加硝酸 5～10mL，再消解至 2mL 左右，注意避免炭化。（此时，总砷还需加入 25mL 的水，蒸发至硫酸冒白烟；硒还需加入 5mL 6mol/L 盐酸溶液，加热至溶液变为清亮无色并伴有白烟出现。）冷却，用水将内容物转入 10mL（锑和硒）或 25mL（总砷）容量瓶或比色管中，（此时总砷和锑需加入硫脲＋抗坏血酸溶液 2mL；硒还需加入 2.5mL 100g/L 的铁氰化钾溶液）补加水至刻度，混匀，放置 30min，待测。按同一操作方法做空白试验。

（4）干法灰化（总砷）

固体试样称取 1.0～2.5g，液体试样称取 4.00mL（g）（精确至 0.001g），置于 50～100mL 坩埚中，同时做两份试剂空白。加 150g/L 硝酸镁 10mL 混匀，低热蒸干，将 1g 氧化镁覆盖在干渣上，于电炉上炭化至无黑烟，移入 550℃马弗炉灰化 4h。取出放冷，小心加入盐酸溶液（1＋1）10mL 以中和氧化镁并溶解灰分，转入 25mL 容量瓶或比色管，向容量瓶或比色管中加入硫脲＋抗坏血酸溶液 2mL，另用硫酸溶液（1＋9）分次洗涤坩埚后合并洗涤液至 25mL，混匀，放置 30min，待测。按同一操作方法做空白试验。

（5）回流消解法（总汞）

① 粮食。称取 1.0～4.0g（精确至 0.001g），置于消化装置锥形瓶中，加玻璃珠数粒，加入 45mL 硝酸、10mL 硫酸，转动锥形瓶防止局部炭化。装上冷凝管后，小火加热，待开始发泡即停止加热，发泡停止后，加热回流 2h。如加热过程中溶液变棕色，加 5mL 硝酸，继续回流 2h，消解到样品完全溶解，一般呈淡黄色或者无色，放冷后从冷凝管上端小心加 20mL 水，继续加热回流 10min 放冷，用适量水冲洗冷凝管，冲洗液并入消化液中，将消化液玻璃棉过滤于 100mL 容量瓶内，用少量水洗涤锥形瓶、滤器，洗涤液并入容量瓶内，加水至刻度混匀，同时做空白试验。

② 植物油及动物油脂。称取固体试样 1.0～3.0g（精确至 0.001g）置于消化装置锥形瓶中，加玻璃珠数粒，加入 7mL 硫酸，小心混匀至溶液变为棕色，然后加 40mL 硝酸，以下按上述步骤中①粮食"装上冷凝管后，小火加热……同时做空白试验"步骤操作。

③ 薯类、豆制品。称取 1.0～4.0g（精确至 0.001g），置于消化装置锥形瓶中，加玻璃珠数粒及加入 30mL 硝酸、5mL 硫酸，转动锥形瓶防止局部炭化。以下按上述步骤中①粮食"装上冷凝管后，小火加热……同时做空白试验"步骤操作。

④ 肉蛋类。称取 0.5～2.0g（精确至 0.001g），置于消化装置锥形瓶中，加玻璃珠数粒及加入 30mL 硝酸、5mL 硫酸，转动锥形瓶防止局部炭化。以下按上述步骤中①粮食"装上冷凝管后，小火加热……同时做空白试验"步骤操作。

⑤ 乳及乳制品。称取 1.0～4.0g（精确至 0.001g）乳或乳制品，置于消化装置锥形瓶中，加玻璃珠数粒及加入 30mL 硝酸，乳加 10mL 硫酸，乳制品加 5mL 硫酸，转动锥形瓶防止局部炭化。以下按上述步骤中①粮食"装上冷凝管后，小火加热……同时做空白试验"步骤操作。

3. 仪器参考条件

根据各自仪器性能调至最佳状态。具体参数见表 9-4。

4. 标准曲线的建立

设定好仪器最佳条件，将炉温升至所需温度后，稳定 20～30min 开始测量。以盐酸溶液（5%）为载流，硼氢化钾碱溶液（20g/L）为还原剂，连续用标准系列溶液的零管进样，待读数稳定之后，待测元素标准系列溶液按浓度由低到高的顺序分别导入仪器，测定荧光值。以待测元素标准系列溶液的质量浓度为横坐标，相应的荧光值为纵坐标，绘制标准曲线。

注：1. 如有自动进样装置，也可用程序自动稀释来配制标准系列。

2. 总砷的测定在配制完砷标准系列溶液后，各加硫酸溶液（1+9）12.5mL、硫脲＋抗坏血酸溶液 2mL，补加水至刻度，混匀，放置 30min 后测定。

3. 总汞的测定需用硝酸溶液（1+9）稀释至刻度，混匀备用。

5. 样品的测定

在与测定标准溶液系列相同的实验条件下，将空白溶液和试样溶液分别导入仪器，测定荧光值，与标准系列比较定量。

6. 精密度

在重复性条件下获得的两次独立测定结果的绝对差值不得超过算术平均值的 20%。

（五）液相色谱-原子荧光光谱联用法在食品分析中的应用

液相色谱-原子荧光光谱法的基本原理概括来说，就是食品中的待测元素在经硝酸或盐酸提取后，通过液相色谱柱进行分离，分离后的目标化合物在酸性环境下与硼氢化钾生成某元素的气态化合物，以原子荧光光谱仪进行测定。按保留时间定性，外标法峰面积定量。

目前液相色谱-原子荧光光谱法应用于食品分析的国家标准有 GB 5009.11—2014，其方法检出限为 0.008mg/kg，方法的定量限为 0.025mg/kg（称样量为 1g，定容体积为 10mL）；食品中甲基汞的测定，液相色谱-原子荧光光谱联用法 GB 5009.17—2014 中，当取样量为 1g，定容体积为 20mL 时，检出限为：稻米 0.02mg/kg，水产动物 0.03mg/kg，婴幼儿辅食食品 0.02mg/kg；定量限为：稻米 0.05mg/kg，水产动物 0.08mg/kg，婴幼儿辅食食品 0.05mg/kg。

由于食品中液相色谱-原子荧光光谱联用法应用比较少，为方便读者查阅和学习我们直接以应用实例介绍具体的分析步骤和方法。

1. 液相色谱-原子荧光光谱联用法分析食品中甲基汞（GB 5009.17—2014）

（1）样品的采集和保存

同原子荧光法在食品分析中的应用样品采集和保存中的内容。

（2）样品的提取

称取样品 0.5～2.0g（精确至 0.001g），置于 15mL 塑料离心管中，加入 10mL 盐酸溶液（5mol/L），放置过夜。室温下超声水浴提取 60min，在此期间振摇数次。4℃ 以下 8000r/min 转速离心 15min。准确吸取 2.0mL 上清液至 5mL 容量瓶或刻度试管中，逐滴加入氢氧化钠溶液（6mol/L），使试样溶液 pH 值为 2～7。加入 0.1mL 的 L-半胱氨酸溶液（10g/L），最后用水定容至刻度。0.45μm 有机系滤膜过滤，待测。同时做空白试验。

注：滴加氢氧化钠溶液（6mol/L）时应缓慢逐滴加入，避免酸碱中和产生的热量来不及扩散，使温度很快升高，导致汞化合物挥发，造成测定值偏低。

（3）仪器条件

① 液相色谱参考条件。色谱柱：C_{18} 分析柱（柱长 150mm，内径 4.6mm，粒径 5μm），C_{18} 预柱（柱长 10mm，内径 4.6mm，粒径 5μm）；流速：1.0mL/min；进样体积：100μL。

② 原子荧光检测参考条件。负高压：300V；汞灯电流 30mA；原子化方式：冷原子；载液：10% 的盐酸溶液；载液流速：4.0mL/min；还原剂：2g/L 硼氢化钾溶液；还原剂流速 4.0mL/min；氧化剂：2g/L 过硫酸钾溶液；氧化剂流速 1.6mL/min；载气流速：500mL/min；辅助气流速：600mL/min。

（4）标准曲线的建立

吸取 100μL 配制好的标准系列溶液由低到高进样，以目标化合物浓度为横坐标，以色谱峰面积为纵坐标，绘制标准曲线。

（5）样品的测定

将试样溶液 100μL 注入液相色谱-原子荧光光谱联用仪中，得到色谱图，以保留时间定性。外标峰面积定量。平行测定次数不少于两次。

（6）精密度

在重复性条件下获得的两次独立测定结果的绝对差值不得超过算术平均值的 20%。

2. 液相色谱-原子荧光光谱法（LC-AFS）分析食品中无机砷（GB 5009.11—2014）

（1）样品的采集和保存。

同原子荧光法在食品分析中的应用样品采集和保存中的内容。

（2）样品的提取

① 稻米样品。称取约 1.0g 稻米试样（准确至 0.001g）于 50mL 塑料离心管中，加入 20mL 0.15mol/L 硝酸溶液，放置过夜。于 90℃ 恒温箱中热浸提 2.5h，每 0.5h 振摇 1min。提取完毕，取出冷却至室温，8000r/min 离心 15min，取上层清液，经 0.45μm 有机滤膜过

滤后进样测定。按同一操作方法做空白试验。

② 水产动物样品。称取约 1.0g 水产动物湿样（准确至 0.001g），置于 50mL 塑料离心管中，加入 20mL 0.15mol/L 硝酸溶液，放置过夜。于 90℃ 恒温箱中热浸提 2.5h，每 0.5h 振摇 1min。提取完毕，取出冷却至室温，8000r/min 离心 15min，弃去上层正己烷。按此过程重复一次。吸取下层清液，经 0.45μm 有机滤膜过滤及 C$_{18}$ 小柱净化后进样。按同一操作方法做空白试验。

③ 婴幼儿辅食食品样品。称取婴幼儿辅助食品约 1.0g（准确至 0.001g）于 15mL 塑料离心管中，加入 10mL 0.15mol/L 硝酸溶液，放置过夜。于 90℃ 恒温箱中热浸提 2.5h，每 0.5h 振摇 1min，提取完毕，取出冷却至室温。8000r/min 离心 15min。取 5mL 上清液置于离心管中，加入 5mL 正己烷，振摇 1min，8000r/min 离心 15min，弃去上层正己烷。按此过程重复一次。吸取下层清液，经 0.45μm 有机滤膜过滤及 C$_{18}$ 小柱净化后进样。按同一操作方法做空白试验。

（3）仪器参考条件

① 液相色谱参考条件。色谱柱：阴离子交换色谱柱（柱长 250mm，内径 4mm），或等效柱。阴离子交换色谱保护柱（柱长 10mm，内径 4mm），或等效柱。

流动相组成：

a. 等度洗脱流动相：15mmol/L 磷酸二氢铵溶液（pH＝6.0）；流动相洗脱方式：等度洗脱。流动相流速：1.0mL/min；进样体积：100μL。等度洗脱适用于稻米及稻米加工食品。

b. 梯度洗脱：流动相 A：1mmol/L 磷酸二氢铵溶液（pH＝9.0）；流动相 B：20mmol/L 磷酸二氢铵溶液（pH＝8.0）。流动相流速：1.0mL/min；进样体积：100μL。梯度洗脱适用于水产动物样品、含水产动物组成样品、含藻类等海产植物的样品以及婴儿辅食食品样品。梯度洗脱程序见表 9-8。

② 原子荧光检测参考条件。负高压：320V；砷灯总电流：90mA；主电流/辅助电流：55mA/35mA；原子化方式：火焰原子化；原子化器温度：中温。载液：20% 盐酸溶液，流速 4mL/min；还原剂：30g/L 硼氢化钾溶液，流速 4mL/min；载气流速：400mL/min；辅助气流速：400mL/min。

（4）标准曲线的建立

具体内容参见标准。

（5）样品溶液的测定

吸取试样溶液 100μL 注入液相色谱-原子荧光光谱联用仪中，得到色谱图，以保留时间定性。根据标准曲线得到试样中 As（Ⅲ）与 As（Ⅴ）含量，As（Ⅲ）与 As（Ⅴ）含量的加和为总无机砷含量，平行测定次数不少于两次。

表 9-8　流动相梯度洗脱程序

组成	时间/min					
	0	8	10	20	22	32
流动相 A/%	100	100	0	0	100	100
流动相 B/%	0	0	100	100	0	0

第二节　原子光谱法在食品接触材料及其制品中的应用

一、应用概况

食品接触材料安全的重要性如今已受到各国政府和国际组织的高度重视和广泛关注，并

表 9-9　原子吸收光谱法在食品接触材料及其制品中的应用

适用范围	测项	检出限	波长/nm	灯电流/mA	狭缝宽度/nm	原子化器	原子化器条件	国标号
食品接触材料及其制品	铬迁移量	0.4μg/L	357.9	5~7	0.2	石墨炉	干燥:温度85~120℃,时间40~50s 灰化:温度900℃,时间20~30s 原子化:温度2700℃,时间4~5s	GB 31604.25—2016
食品接触材料及其制品	镍迁移量	1μg/L	232.0	5~7	0.2	石墨炉	干燥:温度85~130℃,时间30~50s 灰化:温度500~750℃,时间20s 原子化:温度2600℃,时间4~5s	GB 31604.33—2016
食品接触材料及其制品	镉迁移量	0.03μg/L	228.8	2~10	0.5	石墨炉	干燥:温度85~130℃,时间30~50s 灰化:温度400~550℃,时间20s 原子化:温度1800~2000℃,时间4~5s	GB 31604.24—2016
		0.007mg/L	228.8	2~10	0.5	火焰	空气流量:13.5L/min 乙炔流量:2.0L/min	
食品接触材料及其制品	铅的测定和迁移量	铅的测定:0.05mg/kg 铅迁移量:0.6μg/L	283.3	5~7	0.5	石墨炉	干燥:温度85~130℃,时间30~50s 灰化:温度500~700℃,时间20s 原子化:温度1900~2200℃,时间4~5s 内气流量:0.3L/min	GB 31604.34—2016
		铅迁移量:0.07mg/L	283.3	6~8	0.5	火焰	空气流量:13.5L/min 乙炔流量:2.0L/min	
食品接触材料及其制品	锑迁移量	0.4μg/L	231.2	8~12	0.5	石墨炉	干燥:温度85~130℃,时间30~50s 灰化:温度800~1000℃,时间20s 原子化:温度2400℃,时间2s 清除:温度2650℃,内气流量:0.3L/min	GB 31604.41—2016
食品接触材料及其制品	锌迁移量	0.02mg/L	213.9	3~5	0.2	火焰	空气流量:9L/min 乙炔流量:2L/min 燃烧器高度:3mm	GB 31604.42—2016

且实施严格的检测和监管措施。食品接触材料及其制品通用安全要求 GB 4806.1—2016 中定义了食品接触材料及其制品：在正常使用条件下，各种已经或预期可能与食品或食品添加剂（以下简称食品）接触，或其成分可能转移到食品中的材料和制品，包括食品生产、加工、包装、运输、储存、销售和使用过程中用于食品的包装材料、容器、工具和设备，及可能直接或间接接触食品的油墨、黏合剂、润滑油等。迁移量及其限量要求必须符合国家标准。

食品接触材料及其制品在保护食品质量，防止其污染或氧化的同时，由于材料的种类不同，还存在一定的安全因素。主要表现为两个方面：首先是食品接触材料及其制品中的有害物质迁移到食品中，对人身健康造成损害；其次，迁移出来的物质可能造成食品的成分、结构或色香味等性质的改变。近年来，食品质量安全问题日益增多，食品污染的重要来源之一就是食品接触材料及其制品的金属元素及其迁移量超标。例如：陶瓷制品可能存在铅和镉溶出量超标的问题，金属制品可能存在镍、铬、锰等金属元素迁移的问题等。危害消费者的身体健康的同时，更可能会影响我国食品包装行业的健康发展。因此，建立健全食品接触材料及其制品的检测方法是有重要意义的。

原子光谱法在检测食品接触材料及其制品中金属元素及其迁移量方面有着重要贡献。目前，2016 年最新颁布的国家标准中，包括：原子吸收光谱法测定食品中镉、铬、镍、铅、锑、锌迁移量和铅元素含量；电感耦合等离子体发射光谱法分析食品接触材料及制品中的砷、镉、铬、镍、铅、锑、锌迁移量；电感耦合等离子体质谱法分析食品接触材料及制品中的砷、镉、铬、铅和砷、镉、铬、镍、铅、锑、锌迁移量（GB 31604.49—2016）；氢化物原子荧光光谱法分析食品接触材料及制品中的砷和迁移量（GB 31604.38—2016）。

为了方便读者阅读和查阅，本节将原子光谱法在食品接触材料及其制品中应用的四种检测方法的测项、检出限、仪器条件以表格形式列出，原子吸收光谱法参见表 9-9，电感耦合等离子体发射光谱法参见表 9-10，电感耦合等离子体质谱法参见表 9-11 和表 9-12，原子荧光光谱法参见表 9-13。

表 9-10　电感耦合等离子体发射光谱法（ICP-AES）分析食品
接触材料及其制品砷、镉、铬、镍、铅、锑、锌迁移量

适用范围	测项	分析波长 /nm	检出限 /(mg/L)	定量限 /(mg/L)	国标号
食品接触材料及其制品	As	188.980 193.759	0.01	0.03	GB 31604.49—2016
	Cd	214.438 226.502	0.001	0.003	
	Cr	267.716	0.01	0.03	
	Ni	221.647 231.604	0.02	0.006	
	Pb	220.353	0.01	0.03	
	Sb	206.833 217.581	0.01	0.03	
	Zn	202.548 213.856	0.02	0.06	

注：考虑到不同型号仪器存在个体差异，具体分析波长可根据实际情况选定。

表 9-11　电感耦合等离子体质谱法（ICP-MS）分析食品接触材料及其制品砷、镉、铬、铅

适用范围	测项	称样量/定容体积	检出限/(mg/kg)	定量限/(mg/kg)	国标号
食品接触材料及其制品	As	0.5g/50mL	0.01	0.04	GB 31604.49—2016
	Cd		0.005	0.002	
	Cr		0.02	0.05	
	Pb		0.02	0.05	

表 9-12　电感耦合等离子体质谱法（ICP-MS）分析食品接触材料及
其制品砷、镉、铬、镍、铅、锑、锌迁移量

适用范围	测项	检出限/(μg/L)	定量限/(μg/L)	国标号
食品接触材料及其制品	As	0.2	0.6	GB 31604.49—2016
	Cd	0.1	0.3	
	Cr	1	3	
	Ni	0.3	0.8	
	Pb	0.3	0.9	
	Sb	0.03	0.1	
	Zn	0.2	0.6	

表 9-13　原子荧光法分析食品接触材料及其制品中的砷及其迁移量

适用范围	测项	检出限（称样量，定容体积）	仪器条件			国标号
			光电倍增管电压/V	灯电流/mA	原子化器条件	
食品接触材料及其制品	砷及其迁移量	砷:0.05mg/kg (0.5g,25mL)① 砷迁移量:0.001mg/L	400	35	原子化器:温度 820～850℃ 高度:8mm 氩气流速:400mL/min	GB 31604.38—2016

① 括号内容代表检出限的前提条件是：取样量是 0.5g，定容体积是 25mL。

二、分析方法

(一) 原子吸收光谱法在食品接触材料及其制品中的应用

原子吸收光谱法在食品包装材料及其制品分析中是非常重要的一类分析方法。为了方便广大读者查阅和学习原子吸收光谱法在食品接触材料及其制品中的应用，本小节就原子吸收光谱法分析食品接触材料及其制品中金属元素含量及其迁移量的一般步骤进行了小结，并且列举应用实例。该一般步骤适用于食品中镉、铬、镍、铅、锑、锌迁移量和铅元素含量的分析。

食品接触材料及其制品中金属元素迁移量分析的基本原理是采用食品模拟物浸泡食品接触材料及制品中预期与食品接触的部分，浸泡液经石墨炉（或火焰）原子化，在特定波长处测定的吸光度值在一定浓度范围内与待测元素成正比，与标准系列比较定量。食品接触材料及其制品中金属元素测定的前处理方法略有不同，是纸制品、软木塞等经粉碎后，采用干法消解，消解液经石墨炉原子化再进行测定。

原子吸收光谱法分析食品接触材料及其制品中金属元素含量及其迁移量的一般步骤：

1. 样品的预处理

金属元素迁移量：根据待测样品的预期用途和使用条件，按照 GB 5009.156 和 GB 31604.1 规定的迁移试验方法及试验条件进行迁移试验。浸泡液经充分混匀后，取部分浸泡试液用于分析。若浸泡试液为中性或碱性，则添加适量硝酸使试液中硝酸浓度约为 5%（体积分数）。同时做试样空白试验。

铅元素的测定：取适量样品，粉碎混匀。称取试样 1～5g（精确至 0.001g）于坩埚中，先小火在可调式电热板上炭化至无烟，移入马弗炉 500℃灰化 6～8h，冷却。若个别试样灰化不彻底，则加 1mL 硝酸在可调式电热板上小火加热，反复多次直到消化完全，放冷，用硝酸溶液（1＋1）将灰分溶解，并转移入 25mL 容量瓶中，用水少量多次洗涤坩埚，洗液合并于容量瓶中并定容至刻度，混匀备用。同时做试剂空白。

2. 仪器条件的选择

根据各自仪器性能调至最佳状态。具体参数见表 9-11。

3. 标准曲线的建立

按浓度由低到高的顺序分别取 10μL 待测元素的标准系列溶液和 5μL 磷酸二氢铵溶液（20g/L）（可根据所使用的仪器确定最佳进样量）同时注入石墨炉（或火焰原子吸收光谱仪）中测定其吸光度值，以标准系列浓度为横坐标，对应的吸光度值为纵坐标制作标准曲线。

4. 样品的测定

分别取 10μL 空白溶液、试样浸泡液和 5μL 磷酸二氢铵溶液（20g/L）（可根据所使用的仪器确定最佳进样量），同时注入石墨炉（或火焰原子吸收光谱仪）中，原子化后测其吸光度值，与标准系列比较定量。

5. 精密度

石墨炉：在重复性条件下获得的两次独立测定结果的绝对差值不得超过算术平均值的 20％。

火焰：在重复性条件下获得的两次独立测定结果的绝对差值不得超过算术平均值的 10％。

（二）电感耦合等离子体发射光谱法在食品接触材料及其制品中的应用

电感耦合等离子体发射光谱法的基本原理是采用食品模拟物浸泡食品接触材料及制品中预期与食品接触的部分，浸泡液经雾化由载气带入等离子体，在高温和惰性氩气中蒸发、原子化、激发和电离。被测元素的原子或离子被激发，产生特征辐射，在电感耦合等离子体光谱仪中待测元素谱线信号强度与试液中待测元素的浓度成正比，与标准系列比较定量。

目前电感耦合等离子体发射光谱法应用于食品接触材料及其制品中元素分析的国家标准有食品接触材料及制品砷、镉、铬、镍、铅、锑、锌迁移量的测定第二法电感耦合等离子体发射光谱法 GB 31604.49—2016。各元素的方法检出限为 0.001～0.02mg/L，定量限为 0.003～0.06mg/L。本方法适用于金属材料、高分子材料、纸制品及软木塞等各类食品接触材料。我们以此为应用实例讲解具体的分析步骤和方法。

1. 样品的制备

根据待测样品的预期用途和使用条件，按照 GB 5009.156 和 GB 31604.1 规定的迁移试验方法及试验条件进行迁移试验。浸泡液经充分混匀后，取部分浸泡试液用于分析。若浸泡试液为中性或碱性，则添加适量硝酸使试液中硝酸浓度约为 5％（体积分数）。同时做试样空白试验。

2. 仪器的参考条件

仪器的参考条件见表 9-14，各元素迁移量的检出限和定量限见表 9-12。

3. 标准曲线的建立

元素标准储备液（1000mg/L 或 100mg/L）：砷、镉、铬、镍、铅、锑和锌采用经国家认证并授予标准物质证书的单元素或多元素标准储备液。

混合标准工作溶液的配制：准确吸取适量单元素标准储备液或多元素混合标准储备液，用相应食品模拟物（按照 GB 5009.156 的规定配制）逐级稀释配成混合标准系列溶液。混合标准系列溶液配制后转移至洁净聚乙烯瓶中保存使用。

注：可根据仪器的灵敏度、线性范围以及样液中各元素实际含量确定标准系列溶液中该元素的浓度和范围。若所选食品模拟物为中性或碱性，则添加适量硝酸使该溶液中硝酸浓度约为 5％（体积分数）。

测定空白溶液的发射光谱强度后，按顺序由低到高分别测定混合标准系列溶液中各元素的发射光谱强度，根据发射光谱强度和对应的元素浓度绘制标准曲线。

4. 样品的测定

分别测定试样空白溶液和试样溶液中各被测元素的发射光谱强度，从标准曲线上计算出各被测元素的含量。若测定结果超出标准曲线范围，以相应基质酸溶液稀释后再进行测定。

5. 精密度

在重复性条件下获得的两次独立测定结果的绝对差值不得超过算术平均值的 10％。

表 9-14　ICP-AES 参考工作条件

仪器参数	数值	仪器参数	数值
射频功率	1200W	等离子体气流量	12L/min
观测方向	轴向观测或双向观测	分析泵速	1.0mL/min
雾化气流量	0.70L/min	积分时间 短波	15s
辅助气流量	1.00L/min	积分时间 长波	25s

注：不同型号仪器根据实际情况而定，上述仪器参数和工作条件仅供参考。

（三）电感耦合等离子体质谱法在食品接触材料及其制品中的应用

目前电感耦合等离子体质谱法应用于食品接触材料及其制品中元素分析的国家标准有食品接触材料及制品砷、镉、铬、铅和砷、镉、铬、镍、铅、锑、锌迁移量的测定，电感耦合等离子体质谱法（GB 31604.49—2016）。其中砷、镉、铬、铅的测定各元素的方法检出限为 0.005～0.02mg/kg，定量限为 0.002～0.05mg/kg；砷、镉、铬、镍、铅、锑、锌迁移量的测定各元素的方法检出限为 0.03～1μg/L，定量限为 0.1～3μg/L，具体参见表 9-11 和表 9-12。本标准适用于纸制品和软木塞中砷、镉、铬、铅的测定，以及各类食品接触材料及制品中砷、镉、铬、镍、铅、锑、锌迁移量的测定。

食品接触材料及制品砷、镉、铬、铅的测定和砷、镉、铬、镍、铅、锑、锌迁移量的测定前处理方法不同，前者是用硝酸进行消解；后者食品模拟物浸泡食品接触材料及制品中预期与食品接触的部分，其浸泡液经电感耦合等离子体质谱仪测定，与标准系列比较定量。

本小节以食品接触材料及制品砷、镉、铬、铅和砷、镉、铬、镍、铅、锑、锌迁移量的测定为应用实例讲解具体的分析步骤和方法。

1. 样品的采集和保存

取适量样品，用切割研磨机将样品切割或研磨成粉末，混匀。

注：食品接触材料及制品砷、镉、铬、镍、铅、锑、锌迁移量的测定无此步骤。

2. 样品的制备

（1）砷、镉、铬、铅的测定

① 微波密闭消解。称取 0.5g 经粉碎的试样（精确至 0.1mg），置于聚四氟乙烯消解内罐中，加入 5～8mL 硝酸，加盖放置 1h，将消解罐密封后置于微波消解系统中，按照微波消解仪标准操作步骤进行消解，可参照表 9-17 的消解条件进行消解。消解结束后，将消解

罐移出消解仪，待消解罐完全冷却后再缓慢开启内盖，用少量水分两次冲洗内盖合并于消解罐中。将消解罐放在控温电热板上于 140℃加热 30min，或置于超声水浴箱中超声脱气 5min，将消解液全部转移至 50mL 容量瓶中，用水定容至刻度，混匀，待测。同时做试样空白。

② 压力密闭消解。称取 0.5g 经粉碎的试样（精确至 0.1mg），置于聚四氟乙烯消解内罐中，加入 5～8mL 硝酸，加盖放置 1h，将消解内罐密封于不锈钢外罐中，放入恒温干燥箱中消解，可参照表 9-17 的消解条件进行消解。消解结束后，待消解罐完全冷却后再缓慢开启内盖，用少量水分两次冲洗内盖合并于消解罐中。将消解罐放在控温电热板上 140℃加热 30min，或置于超声水浴箱中超声脱气 5min，将消解液全部转移至 50mL 容量瓶中，用水定容至刻度，混匀，待测。同时做试样空白。

（2）砷、镉、铬、镍、铅、锑、锌迁移量的测定

GB 31604.49—2016 中第二部分第一法：样品消解同电感耦合等离子体发射光谱法分析食品接触材料及制品砷、镉、铬、镍、铅、锑、锌迁移量 GB 31604.49—2016 第二部分第二法。

3. 仪器参考条件

① 采用仪器调谐使用液，优化仪器工作条件，仪器参考条件见表 9-15，元素参考分析模式见表 9-16。

注：对没有合适消除干扰模式的仪器，需采用干扰校正方程对砷、镉、铅测定结果进行校正，干扰校正方程见标准。

② 在所选择的仪器工作条件下，编辑测定方法、选择待测元素及内标元素质荷比，参考条件见表 9-16。

4. 标准曲线的建立

具体内容参见相应标准。

5. 样品的测定

分别测定试样溶液和试样空白溶液各被测元素与其内标元素的质谱信号强度比值，从标准曲线上计算出各被测元素的含量。若测定结果超出标准曲线的线性范围，以相应基质酸溶液稀释后再进行测定。

6. 精密度

在重复性条件下获得的两次独立测定结果的绝对差值不得超过算术平均值的 10%。

表 9-15 ICP-MS 参考工作条件

仪器参数	数值	仪器参数	数值
射频功率	1500W	雾化器	同心圆或高盐型
等离子体气流量	15L/min	采样锥/截取锥	镍锥或铂锥
载气流量	0.80L/min	采集模式	跳峰（Spectrum）
辅助器流量	0.40L/min	测定点数	1～3
氦气流量	4mL/min	检测方式	自动
雾化室温度	2℃	重复次数	2～3

注：不同型号仪器根据实际情况而定，上述仪器参数和工作条件仅供参考。

表 9-16 ICP-MS 测定中各种金属元素推荐的质荷比、内标元素及分析模式

分析元素	As	Cd	Cr	Ni	Pb	Sb	Zn
质荷比	75	111 114	52 53	60	208	121 123	64 66
内标元素	^{72}Ge/^{115}In	^{103}Rh/^{115}In	^{45}Sc/^{72}Ge	^{45}Sc/^{72}Ge	^{185}Re/^{209}Bi	^{103}Rh/^{115}In	^{72}Ge/^{103}Rh
分析模式	普通/碰撞反应池	普通/碰撞反应池	碰撞反应池	普通/碰撞反应池	普通/碰撞反应池	普通/碰撞反应池	普通/碰撞反应池

表 9-17　纸制品和软木塞样品消解参考条件

消解方式	步骤	控制温度/℃	升温时间/min	恒温时间
微波消解	1	120	5	5min
	2	150	5	10min
	3	190	5	20min
压力罐消解	1	80	—	2h
	2	120	—	2h
	3	150	—	4h

注：不同仪器型号根据实际情况而定，上述仪器参数和工作条件仅供参考。

（四）原子荧光光谱法在食品接触材料及其制品中的应用

目前原子荧光光谱法应用于食品接触材料及其制品中元素分析的国家标准有食品接触材料及制品砷和迁移量的测定，氢化物原子荧光光谱法（GB 31604.38—2016）。其中砷的测定方法检出限为 0.05mg/kg，定量限为 0.15mg/kg；砷迁移量的测定方法检出限为 0.001mg/L，定量限为 0.03mg/L。本标准适用于纸制品和软木塞中砷的测定。

食品接触材料及制品砷的测定和迁移量的测定前处理方法不同，前者是纸制品、软木塞等经粉碎后采用干灰化消解；后者食品模拟物浸泡食品接触材料及制品中预期与食品接触的部分，其浸泡液加入硫脲使五价砷预还原为三价砷，再与还原态氢生成砷化氢，由氩气载入石英原子化器中分解为原子砷，在砷空心阴极灯的发射光激发下产生原子荧光，其荧光强度与被测液中的砷浓度成正比，与标准系列比较定量。

本小节以食品接触材料及制品砷的测定和迁移量的测定为应用实例（GB 31604.38—2016）讲解具体的分析步骤和方法。

1. 样品的预处理

（1）砷的测定

取适量样品，粉碎混匀。称取试样 1～5g（精确至 0.001g）于坩埚中，加 10mL 硝酸镁溶液（150g/L）混匀，低热蒸干，将氧化镁 1g 仔细覆盖在干沙上，于电炉上炭化至无黑烟，移入 550℃ 高温炉灰化 4h，取出放冷，小心加入 10mL 盐酸溶液（1＋1）中和氧化镁并溶解灰分，转入 25mL 容量瓶中，用盐酸溶液（5＋95）分次刷洗坩埚后转出合并于容量瓶中，最后用水定容至刻度，混匀备用。

（2）砷迁移量的测定

根据待测样品的预期用途和使用条件，按照 GB 5009.156 和 GB 31604.1 规定的迁移试验方法及试验条件进行迁移试验。浸泡液经充分混匀后，取部分浸泡试液用于分析。若浸泡试液为中性或碱性，则添加适量硝酸使试液中硝酸浓度约为 5%（体积分数）。同时做试样空白试验。

2. 仪器条件的选择

仪器条件的选择见表 9-13。

3. 标准曲线的建立

取 25mL 比色管 6 支，依次准确加入砷标准系列溶液 20mL，各加预还原溶液 5mL，混匀，放置 30min 后待测，将标准系列溶液按浓度由低到高的顺序分别导入原子荧光光度计后测其荧光强度值，以浓度为横坐标，吸光度值为纵坐标，制作标准曲线。

4. 样品的测定

取试样消解液 20mL 于 25mL 试样比色管中，加入预还原溶液 5mL，混匀，放置 30min 后上机测定，与标准系列比较定量，同时做空白试验。

5. 精密度

在重复性条件下获得的两次独立测定结果的绝对差值不得超过算术平均值的 20%。

第三节　原子光谱法在其他食品分析中的应用

一、应用概述

原子光谱法除了在食品、食品接触材料及其制品中应用较广泛，在食品添加剂、淀粉及其制品、动植物油脂、出口肉及其肉制品等方面也有应用。

为了满足消费者对食品的外观或风味的要求，同时企业获得盈利，在食品生产及加工过程中都会添加各种食品添加剂。近年来我国因食品添加剂而产生的安全问题屡见不鲜，如三聚氰胺事件、苏丹红事件等。食品添加剂中重金属的污染问题也越来越受到关注，食品中的重金属随食物进入人体，很难排除，严重危害人们的身体健康。国家标准 GB 5009.75—2014 和 GB 5009.76—2014 对食品添加剂中铅和砷的测定有着严格的规定。

随着食品科学的发展，淀粉及其制品如粉丝、粉条、粉皮是人们生活中的重要食品，但是，很多不法商贩为了个人利益，在淀粉及其制品中添加各种食品添加剂，严重危害消费者的利益，因此对淀粉及其制品中的重金属元素进行检测是非常有必要的。国家标准中规定了淀粉及其制品中砷、汞和镉的测定，分别采用了氢化物发生器、汞冷原子蒸气发生器和电热原子吸收法。

动植物油脂和人们的生活息息相关，随着社会经济的发展，食用油脂的营养和安全也越来越引起人们的重视，但长期以来我们更多关注的是油脂工业技术、感官和质量等指标，对油脂的食品安全问题缺乏足够的认识，尤其是金属元素的污染，国标 GB/T 31576—2015 中对动植物油脂中的铜、铁和镍做了明确规定。

随着人们生活水平的提高，对肉制品监管也是人们关注的焦点，肉制品中除了微生物、农药残留，还存在重金属的污染。镍是人体必需微量元素，镍在人体内参与一些酶的组成和代谢，具有增强胰岛素分泌、降低血糖等功能。适量的镍对人体健康是有益的，但过多摄入会造成危害。进出口行业标准中，SN/T 0863—2012 规定了出口肉及其制品中镍含量的测定，适用于鲜肉、午餐肉和咸肉等样品中镍的测定。

表 9-18～表 9-20 列举了原子光谱法在其他食品中的分析方法，供读者参考。

表 9-18　原子吸收光谱法在其他食品分析中的应用

适用范围	测项	检出限	仪器条件					国标号
			波长/nm	灯电流/mA	狭缝宽度/nm	原子化器	原子化器条件	
动植物油脂	铜铁镍	—	324.7 302.1 232.0	—	—	石墨炉	铜　温度：900℃，2700℃；升温时间：50s，1s；保持时间 30s，5s；管内气流量：300mL/min，50mL/min　铁、镍　温度：1200℃，2700℃；升温时间：50s，1s；保持时间 30s，5s；管内气流量：300mL/min，50mL/min	GB/T 31576—2015
食品添加剂	铅	5μg/kg	283.3	8	0.7	石墨炉	干燥温度/时间：120℃/20s 灰化温度/时间：800℃/持续 15～20s 原子化温度/时间：1600 ～ 1800℃/持续 4～5s	GB 5009.75—2014

适用范围	测项	检出限	仪器条件					国标号
			波长/nm	灯电流/mA	狭缝宽度/nm	原子化器	原子化器条件	
出口肉及其肉制品	镍	0.1mg/kg	232.0	5	0.2	石墨炉	干燥:90℃,5℃/s,保持5s;105℃,3℃/s,保持20s;120℃,2℃/s,保持10s 灰化:1150℃,200℃/s,保持10s 原子化:2200℃,1300℃/s,保持5s;2400℃,500℃/s,保持5s	SN/T 0863—2012

表 9-19　原子光谱法在淀粉及其制品中的应用

适用范围	测项	仪器条件			国标号
		波长/nm	狭缝宽度/nm	原子化器	
淀粉及其制品	砷	193.7	0.2	氢化物发生器	GB/T 20380.1—2006/ISO 11212-1:1997
淀粉及其制品	汞	253.7	0.2	汞冷原子蒸气发生器	GB/T 20380.2—2006/ISO 11212-2:1997
淀粉及其制品	镉	228.8	0.2	电热原子吸收器	GB/T 20380.4—2006/ISO 11212-4:1997

表 9-20　原子荧光光谱法在食品添加剂中的应用

适用范围	测项	检出限(取样量,定容体积)	仪器条件				国标号
			负高压/V	灯电流/mA	载气	原子化器条件	
食品添加剂	砷	0.02mg/kg (1g,25mL)①	400	60	氩气	原子化器温度:800~850℃ 高度:8mm 载气流速:400mL/min 屏蔽气流速:1000mL/min 测量方式:标准曲线法 读数方式:峰面积 读数延迟时间:1s 读数时间:15s 加液:5s 标液或样液加入体积:2mL	GB 5009.76—2014

① 括号内容代表检出限的前提条件是：取样量是 1g，定容体积是 25mL。

二、分析方法

　　本小节以原子光谱法分析食品添加剂中的铅和砷，淀粉及其制品中的砷、汞和镉，动植物油脂中的铜、铁和镍，出口肉及肉制品中的镍为应用实例，具体讲解其方法步骤。

(一) 原子光谱法在食品添加剂中的应用

1. 原子吸收光谱法分析食品添加剂中的铅（GB 5009.75—2014）

　　(1) 样品的消解

　　① 压力罐消解法。称取试样（按压力罐使用说明称取试样）1.000~2.000g 于聚四氟乙烯罐内，加硝酸 2~4mL 浸泡过夜，再加 30％的过氧化氢 2~3mL（总量不能超过罐容积的 1/3）。盖好内盖，旋紧不锈钢外套，放入恒温干燥箱，120~140℃ 保持 3~4h，在箱内自然冷却至室温，将消化液洗入或过滤入（视消化后试样的盐分而定）10mL 或 25mL 的容量瓶中，用水少量多次洗涤罐，洗涤液合并于容量瓶中并定容至刻度，混匀备用，同时做试剂空白试验。

　　② 微波消解。称取 0.500~2.000g 试样于消解罐中，加 10mL 硝酸、2.0mL 过氧化氢（30％），混合均匀，于微波消解仪中消化，消化推荐条件参见表 9-5。消解完成后，自然冷却至室温，将消化液洗入或过滤入（视消化后试样的盐分而定）10mL 或 25mL 的容量瓶

中，用水少量多次洗涤罐，洗涤液合并于容量瓶中并定容至刻度，混匀备用，同时做试剂空白试验。

③ 干法灰化。称取试样 1.000～5.000g（根据铅含量而定）于瓷坩埚中，先小火在可调式电热板上炭化至无烟，移入马弗炉 500℃灰化 6～8h，冷却。若个别试样灰化不彻底，则加 1mL 混合酸在可调式电炉上小火加热，反复多次直至消化完全，取下放冷，用硝酸溶液（0.5mol/L）将灰分溶解，将消化液洗入或过滤入（视消化后试样的盐分而定）10mL 或 25mL 的容量瓶中，用水少量多次洗涤罐，洗涤液合并于容量瓶中并定容至刻度，混匀备用，同时做试剂空白试验。

④ 湿式消解法。称取试样 1.000～5.000g 于锥形瓶或高脚烧杯中，放数粒玻璃珠，加 10mL 混合酸（或再加 1～2mL 硝酸），加盖浸泡过夜，加一小漏斗放到电炉上消解，若变棕黑色，再加混合酸至冒白烟，消化液呈无色透明或略带黄色，取下放冷，将消化液洗入或过滤入（视消化后试样的盐分而定）10mL 或 25mL 的容量瓶中，用水少量多次洗涤罐，洗涤液合并于容量瓶中并定容至刻度，混匀备用，同时做试剂空白试验。

（2）仪器条件

根据各自仪器性能调整最佳状态，见表 9-18。

（3）标准曲线的绘制

吸取铅标准适用液 10.0ng/mL、20.0ng/mL、40.0ng/mL、60.0ng/mL、80.0ng/mL（或 μg/L）各 10μL，注入石墨炉，测得其吸光度值并求得吸光度值与浓度关系的一元线性回归方程。

（4）试样的测定

分别吸取样液和试剂空白液各 10mL 注入石墨炉，测得其吸光度值，代入其标准系列的一元线性回归方程求得样液中的铅含量。

（5）干扰和消除

为了减少背景干扰需注入适量的基体改进剂磷酸二氢铵溶液（20g/L），一般为 5μL 或与试样同量，绘制铅标准曲线时也要加入与试样测定时等量的基体改进剂磷酸二氢铵溶液。测定样品时注意背景校正器的校正能力，如不能消除背景吸收的干扰，则考虑使用化学法进行测定。

（6）精密度

在重复性条件下获得的两次独立测定结果的绝对差值不得超过算术平均值的 20%。

2. 原子荧光光谱法分析食品添加剂中的砷（GB 5009.76—2014）

（1）样品的消解

同第一节中原子荧光光谱法分析食品中总砷中的湿法消解和干法灰化相同。

（2）仪器条件

设定好仪器最佳条件，见表 9-20。

（3）标准曲线的建立

在 25mL 容量瓶中依次准确加入 1μg/mL 砷标准使用液 0mL、0.05mL、0.20mL、0.50mL、1.00mL、2.00mL，硫酸溶液（1+9）12.5mL，50g/L 硫脲 2.5mL，加水定容至刻度，分别相当于砷浓度 0ng/mL、2ng/mL、8ng/mL、20ng/mL、40ng/mL、80ng/mL，混匀备测。连续用标准系列的零管进样，待读数稳定后，转入标准系列测量，绘制标准曲线。

（4）样品的测定

逐步将炉温升至所需温度后，稳定 10～20min 后开始测量。转入试样测量，分别测定试样空白和试样消化液，每测不同的试样前都应清洗进样器。

（5）精密度

湿法消解在重复性条件下获得的两次独立测定结果的绝对差值不得超过算术平均值的 10%。

干法灰化在重复性条件下获得的两次独立测定结果的绝对差值不得超过算术平均值的 15%。

（二）原子光谱法在淀粉及其制品中的应用

原子光谱法分析淀粉及其制品中砷、汞和镉的一般方法引自国标 GB/T 20380.1—2006/ISO 11212-1：1997、GB/T 20380.2—2006/ISO 11212-2：1997 和 GB/T 20380.4—2006/ISO 11212-4：1997，具体步骤如下。

1. 样品的消解

彻底混匀样品，称取 5g 样品（精确至 0.001g）置于烧瓶中，加入 27.5mL 硝酸、1mL 过氧化氢，打开活塞，蒸馏回流 4h 后关闭活塞，继续加热，蒸馏到抽提管内收集（20±1）mL 的液体时停止加热，使烧瓶冷却。从抽提管中取下烧瓶，向装有蒸馏残余物的烧瓶内加入 20mL 水煮沸，几分钟后停止加热，冷却后将溶液转移至 100 mL 容量瓶中，用蒸馏水稀释到刻度，摇匀。

注：在测定汞含量时，为达到要求的测量精度，常采用氯化亚锡或金汞合金作为还原剂。在测定镉含量时，转移至容量瓶后，加入 20mL 基体改进剂（1g/L 的硝酸钯溶液）。

空白试验：以 5mL 水代替被测样品，按上述步骤进行消化。

2. 仪器条件的选择

具体条件参见表 9-19，砷采用的是氢化物发生器，汞采用的是汞冷原子蒸汽发生器，镉采用的是电热原子吸收器。

电热原子化程序：

石墨炉加热过程主要由待测物质化学性质、基质及所选择达到的等温方法决定，它由以下实验室可优化的阶段组成。

（1）干燥

建议慢慢升温到比沸腾溶剂稍高的温度并保持 5s。

（2）预热处理

在此温度范围内，有机物被消化，无机物被改性，可通过加入基体改性剂（硝酸钯）保持无机物在加热中的稳定性。

（3）原子化

本阶段为快速升温，为确保雾化原子在光程上的最大浓度，此阶段应降低或防止原子蒸气的流动。

（4）石墨炉的清洗

为防止样品残留，每次进样后都应清洗石墨炉，通常采用高温强气流清洗数秒即可。

3. 标准曲线的建立

砷和汞的测定：加入规定的盐酸溶液（或汞：氯化亚锡溶液）和硼氢化钠溶液，按氢化物发生器（或汞冷原子蒸汽发生器）的使用说明书分析稀释过的标准溶液，在光谱仪上测量每个标准溶液在 193.7nm（或汞：253.7nm）波长处的吸光度值。

镉的测定：向程序升温的石墨炉中注入 10μL 稀释过的标准溶液和 2μL 的基体改性剂（1g/L 的硝酸钯溶液）（没有自动注射装置时）。用光谱仪在 228.8nm 波长下测定每一个标准溶液的吸光度值。

以每升溶液中所含砷（或汞、镉）的量（µg）为横坐标，以其对应的最大吸光度值或积分吸光度值为纵坐标，绘制砷（或汞、镉）浓度标准曲线，在长期的连续分析过程中，此标准曲线应定期进行核对。

4. 样品的测定

用与测定标准溶液吸光度值同样的方法测定待测样品的吸光度值，并与所绘制的标准曲线进行对比。

（三）原子吸收光谱法在动植物油脂中的应用

以下数据和方法引自国标 GB/T 31576—2015。

1. 试样的制备溶液的预处理

① 测定前，应将试样、稀释用油和标准工作液放置于 60℃烘箱中，至少 15min。

② 如果已知原始油样的金属元素铜含量大于 3µg/kg、铁含量大于 5µg/kg、镍含量大于 5 µg/kg 的范围，则应用稀释用油将其稀释。

③ 在测试前应将所有试样和溶液剧烈振荡，使之混匀。

2. 仪器条件的选择

开启原子吸收分光光度计和氘灯背景校正。按照仪器制造商提供的操作手册调节灯强度、狭缝、波长和增益等参数。调节原子吸收分光光度计中的石墨炉原子化器至最佳位置，具体参见表 9-18。

测定铜和镍的含量时，使用非涂层石墨管；测定铁含量时，应使用内层涂铌的石墨管，以确保检测结果的准确性。

3. 样品的测定

① 石墨管空白。若石墨管有吸光度，应调节仪器使吸光度的读数响应为零。

② 稀释用油的空白。将 20µL 稀释用油注入石墨炉，启动程序升温并记录吸光度。

③ 将 20µL 三种金属元素中一种元素的标准工作溶液注入石墨炉，记录其吸光度。重复此操作步骤，测定其余两种金属元素的标准工作溶液。

④ 40℃条件下为液态的样品。将 20µL 已预热处理的试样注入石墨炉，启动程序升温并记录吸光度。

⑤ 40℃条件下为固态的样品。在原子化器条件升温前，增加下述升温程序：保持时间 20s；温度 60℃；管内气流 0mL/min；然后按照表 9-18 所述步骤启动升温程序；同时，将 20µL 预处理的试样注入石墨炉，将进样器管尖停留在进样口，待脂肪变为液态后进样并记录吸光度。

4. 绘制标准曲线

以空白校正（标准工作溶液的吸光度减去稀释用油的吸光度）后每种金属元素的标准工作溶液的吸光度对应其元素含量（mg/kg）绘制标准曲线。

5. 结果的表示

① 在记录纸上量取每份试样的峰高或记录其在显示器或打印机上的读数。

② 使用相应的标准曲线，根据稀释度计算样品中金属元素的含量。

（四）原子吸收光谱法在出口肉及肉制品中的应用

以下数据和方法引自国标 SN/T 0863—2012。

1. 样品的保存和制备

试样在−18℃条件下保存，或者按样品标示条件进行保存。

　　从所取全部样品中取出有代表性样品约 500g，充分打碎，混匀，均分成两份，分别装入洁净容器内。密封作为试样，标明标记。在制样的操作过程中，应防止样品受到镍的污染。

2. 样品的消解

　　直接在微波消解管中称取 0.5g 样品（精确至 1mg），加入 5mL 硝酸，密闭后，放入密闭微波消解仪中，设置相应消解程序，并进行消解。消解条件见表 9-5，也可根据情况自行设定，但要保证最终消解液澄清。消解结束后，待冷，打开消解罐，将消解液移入 10mL 比色管，用水定容，混匀待测。

　　注：密闭微波消解有高压危险，请严格按照仪器生产厂家的要求进行操作。

3. 样品的测定

　　打开原子吸收分光光度计，设置合适的仪器条件和升温程序（见表 9-18），调节仪器至最佳状态，待稳定后，开始测量。测量时，先做标准曲线，然后测量空白、试样溶液，外标法定量。

　　空白试验除不加试样外，均按上述操作步骤进行。

第十章　原子光谱法在其他领域中的应用

　　本章重点介绍原子光谱法在其他领域的应用，包括化学工业、烟草、造纸、饲料、橡胶和化妆品领域。

　　随着我国化学工业的发展，化学产品门类齐全、产品丰富，在每类产品中，金属元素的含量在一定程度上对产品的品质有着重大的影响，因此检测化学工业产品中的金属离子含量显得非常重要。本章结合现行有效的国家或行业标准，介绍原子光谱法用于化学工业领域包括工业循环冷却水、多晶硅表面金属污染和表面处理溶液中的金属元素的测定。我国工业循环冷却水技术从 20 世纪 70 年代开始发展到现在，为化学工业的发展和节约水资源作出了巨大的贡献。水处理技术也有了很大提高，减少水质偏软或偏硬的特性，降低循环水的腐蚀或结垢性，一直是工业循环冷却水的目标。多晶硅材料的表面金属杂质的来源为环境、人员、辅材，主要发生在硅料的存储、破碎、包装环节，太阳能光伏电池的主要原料之一就是晶体硅，需要严格控制并减少其金属污染。在表面处理生产过程中，表面处理溶液中离子的变化，对产品的质量都有不同程度的影响。由此可见，化学工业领域中金属元素的检测意义重大。

　　烟草在世界上许多国家的财政和经济政策中都占有重要地位，在人们日益重视健康的今天，烟草依然是人类消费的主流。金属元素在烟草中的含量很低，但却是烟叶的重要组成部分，像铜元素能够促进烟叶的成熟稳定，而另外的有害金属元素，在抽吸过程中，对人体造成潜在的危害。Sn、Hg、Pb 等重金属在体内蓄积，对人体毒害很大，在吸烟过程中这些元素可经呼吸道进入人体。越来越多的研究证实，吸烟已成为烟民身体中某些重金属，尤其是 Cd 的主要来源之一。快速、准确测定这些元素的含量有重要意义。近年来，烟草中金属元素含量分析方法日趋成熟，国标中主要是原子光谱法。

　　纸和纸制品中金属离子如 Na^+、K^+、Mg^{2+}、Ca^{2+}、Fe^{2+}、Cu^{2+}、Pb^{2+} 等的存在对纸浆、纸和纸板的性能会产生很大的影响，特别是一些特种纸品，如绝缘纸和纸板及其用浆、照相原纸及其用浆、感光纸、晒图纸等等，必须严格控制其含量。另外，造纸生产和加工过程中，如果水未经过处理直接排放到河流中，会对环境产生很大污染，尤其是金属元素 Cu、Pb、Cd 等。当水中铜含量超过 3mg/L 时就会产生异味，对水生生物的毒性较大；铅蓄积在动植物及人体内会引起慢性中毒，对水体自净起到抑制作用；镉对人的组织器官产生更大危害，严重时可使骨骼软化、萎缩、自然骨折。国家对几种元素的排放标准早已作了明确规定，并列为环境监测的必测项目。

　　动物在生长发育过程中需要多种常量元素（钠、钾、镁、钙）和微量元素（铜、铁、锰、锌），动物通过饲料获得营养，摄入过量或不足都会对动物的健康造成不良的影响，因此，应当严格控制饲料中各种微量元素的含量和比例在合理范围内。饲料中的重金属元素超标被禽畜食用后，残留在动物体内的重金属元素可通过食物链而危害人类的身体健康。同时，饲料中过量的重金属元素可通过动物排泄到土壤或河流中，进而危害人类的生存环境。因此检测这些饲料中的金属元素是有重要意义的。

橡胶原材料中的杂质金属元素，如铜、锰、铁和铅等不仅影响原材料本身在橡胶中发挥作用，而且会对橡胶的性能有很大危害。铅、铁和铜元素的含量超标会使制品变色，影响橡胶的着色性能；镉元素能抑制氧化锌对某些促进剂的活化作用，影响橡胶的硫化；铜和锰元素会损害制品的老化性能。氧化锌作为橡胶助剂，其真假鉴别很难保证，我们可以采用原子吸收光谱法，测定其氧化锌的含量，保证企业的产品质量。因此检测橡胶中的金属元素也是非常有意义的。

随着精细化工的飞速发展，化妆品已被人们广泛地应用于日常生活护理。但有一些不法商贩在化妆品中添加了重金属元素，尤其是铅和汞，若长期使用可影响人们的健康。铅元素通过皮肤、消化道、呼吸道进入体内多种器官，对神经、血液、消化、心脑血管、泌尿等多个系统造成损害，严重影响体内的新陈代谢，阻塞金属离子代谢通道而造成低钙、低锌、低铁，并导致补充困难，出现神经系统病症，代谢障碍。汞的化合物具有在短期内使黑色素减退、皮肤光滑等功效，往往被过量添加于美白防晒类化妆品中，长期使用汞含量超标的化妆品会对人体健康造成极大的危害。

为了更好地体现本书的通用性和实用性，使书的内容更加标准化和统一化，并且与读者的工作紧密结合，本章主要引用国标或行标的数据和方法，并进行分类整理。对原子吸收光谱法、电感耦合等离子体发射光谱法、电感耦合等离子体质谱法和原子荧光光谱法在化学工业、烟草、造纸、饲料、橡胶和化妆品领域中的应用进行全面介绍，详细讲解样品的消解技术、仪器条件、试样测定、干扰消除等关键步骤。

第一节 原子光谱法在化学工业产品中的应用

一、应用概况

原子光谱在化学工业领域应用广泛，本小节中以原子吸收光谱法、电感耦合等离子体发射光谱法、电感耦合等离子体质谱法和原子荧光光谱法四种原子光谱分析方法的应用实例进行介绍。原子吸收光谱分析法主要分析工业循环冷却水、化学工业产品、多晶硅表面金属污染；照相化学中的有机或无机物中的金属元素等。最新颁布的国家标准中，GB/T 24916—2010 规定了电感耦合等离子体发射光谱法分析表面处理溶液金属元素含量；GB/T 24794—2009 和 GB/T 27598—2011 分别规定了电感耦合等离子体发射光谱（ICP-AES）法分析照相化学品中有机物和无机物中微量元素；GB/T 23362.4—2009 和 GB/T 23364.4—2009 分别规定了电感耦合等离子体质谱法分析高纯氢氧化铟和高纯氧化铟中的铝、铁、铜、锌、镉、铅和铊。

为了方便读者阅读和查阅，本节将原子光谱法在化学工业领域中应用的四种检测方法的测项、检出限或定量限、仪器条件以表格形式列出，原子吸收光谱法参见表10-1，电感耦合等离子体发射光谱法参见表10-2～表10-4，电感耦合等离子体质谱法参见表10-5，原子荧光光谱法参见表10-6。

表 10-1　原子吸收光谱法在化学工业产品中的应用

适用范围	测项	测定范围	仪器条件					国标号
			波长/nm	灯电流/mA	狭缝宽度/nm	原子化器	原子化器条件	
汽油	铅	2.5～25mg/L	283.3	—	—	火焰	空气-乙炔火焰	GB/T 8020—2015

适用范围	测项	测定范围	仪器条件					国标号
			波长/nm	灯电流/mA	狭缝宽度/nm	原子化器	原子化器条件	
原铝生产用煅后石油焦检测	钙 铬 铜 铁 镁 锰 镍 铅 硅 钒 锌	≤0.025% ≤0.005% ≤0.025% ≤0.030% ≤0.010% ≤0.001% ≤0.050% ≤0.010% ≤0.100% ≤0.100% ≤0.004%	422.7 357.9 324.8 248.3 285.2 279.5 232.0 283.3 251.6 318.4 213.9	—	0.7 0.7 0.7 0.2 0.7 0.2 0.2 0.7 0.2 0.7 0.7	火焰	Ca:一氧化二氮-乙炔(还原,红色) Cr:空气-乙炔(还原,富燃,黄色) Cu:空气-乙炔(氧化,贫燃,蓝色) Fe:空气-乙炔(氧化,贫燃,蓝色) Mg::空气-乙炔(氧化,贫燃,蓝色) Mn:空气-乙炔(氧化,贫燃,蓝色) Ni:空气-乙炔(氧化,贫燃,蓝色) Pb:空气-乙炔(氧化,贫燃,蓝色) Si:一氧化二氮-乙炔(还原,富燃,红色) V:一氧化二氮-乙炔(还原,富燃,红色) Zn:空气-乙炔(氧化,贫燃,蓝色)	GB/T 26310.2—2010/ISO 8658:1997
工业循环冷却水	铝	5~100mg/L	309.3	—	—	火焰	一氧化二氮/乙炔火焰	GB/T 23837—2009
		10~100μg/L	309.3	—	—	石墨炉	—	
工业循环冷却水	钙 镁	0.5~75mg/L 0.1~50mg/L	422.7 285.2	—	—	火焰	空气-乙炔火焰	GB/T 14636—2007
工业循环冷却水	铜 锌	冷却水: 铜:0.5~50mg/L 锌:0.1~20mg/L 水垢: 铜:0.5~10mg/L 锌:0.1~10mg/L	324.7 213.9	—	—	火焰	空气-乙炔火焰	GB/T 14637—2007
工业用丙烯腈	铁	0.010~1.000mg/kg	243.8	—	—	石墨炉	干燥阶段:80℃,20s;130℃,10s 载气流量:250mL/min 灰化阶段:1200℃,10s载气流量:250mL/min 原子化阶段:2100℃,5s载气流量:0 清洁阶段:2500℃,2s载气流量:250mL/min	GB/T 7717.16—2009
	铜	0.010~1.000mg/kg	324.8	—	—	石墨炉	干燥阶段:100℃,30s;130℃,30s;载气流量:250mL/min 灰化阶段:900℃,20s载气流量:250mL/min 原子化阶段:2100℃,5s载气流量:0 清洁阶段:2450℃,5s载气流量:250mL/min	GB/T 7717.17—2009
酸浸取多晶硅表面金属污染	钠 铝 铁 铬 镍 锌	—	589.0 309.3 248.3 357.9 232.0 213.9	8 25 15 25 25 15	0.2 0.7 0.2 0.7 0.2 0.7	石墨炉	干燥阶段: 钠:110℃,13s;铝:110℃,13s 铁:110℃,13s;铬:110℃,13s 镍:110℃,13s;锌:110℃,13s 灰化阶段: 钠:1000℃,5s;铝:1700℃,5s 铁:1400℃,5s;铬:1650℃,5s 镍:1400℃,5s;锌:700℃,5s 原子化阶段: 钠:2000℃,4s;铝:2500℃,4s 铁:2400℃,4s;铬:2500℃,4s 镍:2500℃,4s;锌:1800℃,4s 清洁阶段: 钠:2700℃,3s;铝:2700℃,3s 铁:2700℃,3s;铬:2700℃,3s 镍:2700℃,3s;锌:2700℃,3s 冷却至30℃,保持2s	GB/T 24579—2009

适用范围	测项	测定范围	仪器条件					国标号
			波长/nm	灯电流/mA	狭缝宽度/nm	原子化器	原子化器条件	
硫酸亚锡化学分析	铅铜	0.003%～0.05% 0.001%～0.05%	283.3 324.7	—	—	火焰	铅:空气-乙炔火焰 铜:空气-乙炔火焰	GB/T 23834.4—2009
二氧化锡化学分析	铅铜	0.005%～0.06% 0.0005%～0.020%	283.3 324.7	9 4	2.7/0.8 2.7/1.05	火焰	铅:空气-乙炔火焰 燃烧器高度:6mm,空气流量:5L/min 乙炔流量:2L/min 铜:空气-乙炔火焰 燃烧器高度:6mm,空气流量:9L/min 乙炔流量:2L/min	GB/T 23274.4—2009
锡酸钠	铅	0.0010%～0.0030%	283.3	—	—	火焰	空气-乙炔火焰	GB/T 23278.4—2009
无机化工产品	镉	—	228.8 228.8	8～10 6～7	0.5～1.0 0.15～0.2	石墨炉火焰	石墨炉: 干燥温度:120℃,20s 灰化温度:350℃,持续15～20s,原子化温度:1700～2300℃左右,持续4～5s,背景校正为氘灯或塞曼效应 火焰:空气流量为5L/min 背景校正为氘灯或塞曼效应	GB/T 23841—2009
无机化工产品	汞	0.04～40μg/mL	253.7	5	2.5	无火焰原子吸收	燃烧器高度:6mm 载气流量:5.5mL/min	GB/T 21058—2007
高纯氢氧化钠	钙	>0.000035% (以氧化钙计)	422.7	—	—	火焰	乙炔-空气火焰	GB/T 11200.3—2008

表 10-2　电感耦合等离子体发射光谱法分析照相化学无机物中的微量元素

适用范围	元素	体积分数为1%的硝酸溶液			体积分数为4%的盐酸溶液			国标号
		检测波长/nm	检出限/(ng/mL)	定量限/(ng/mL)	检测波长/nm	检出限/(ng/mL)	定量限/(ng/mL)	
照相化学无机物	铁(Fe)	259.939	1.8	6	238.204	0.47	1.57	GB/T 27598—2011
	铜(Cu)	324.754	1.5	5	324.754	0.68	2.26	
	铅(Pb)	220.353	15	50	220.353	5.74	19.15	
	铋(Bi)	223.061	12	40	223.061	5.1	17.0	
	锰(Mn)	257.610	1	3	257.610	0.07	0.24	
	锌(Zn)	213.857	3.6	12	213.857	0.19	0.63	
	锡(Sn)	283.998	14	46	189.980	13.6	45.2	
	镍(Ni)	231.604	6	20	231.604	1.65	5.5	
	铬(Cr)	267.716	4	12	267.716	0.52	1.73	
	镉(Cd)	228.802	6	19	226.502	0.76	2.53	
	钴(Co)	238.892	3	10	228.616	0.47	1.57	

表 10-3　电感耦合等离子体发射光谱法分析照相化学有机物中的微量元素

适用范围	测量范围	元素	检测波长/nm	体积分数为4%的氢氟酸溶液		体积分数为4%的盐酸溶液		国标号
				检出限/(ng/mL)	定量限/(ng/mL)	检出限/(ng/mL)	定量限/(ng/mL)	
照相化学有机物	$10^{-7}\% \sim 5\%$	铝(Al)	308.215	45.47	151.54	279.00	930.00	GB/T 24794—2009
		钙(Ca)	317.933	1.35	4.50	1.37	4.56	
		镉(Cd)	226.502	7.39	24.64	0.76	2.53	
		钴(Co)	228.616	1.73	5.78	0.47	1.57	
		铬(Cr)	267.716	0.88	2.94	0.52	1.73	
		铜(Cu)	324.754	0.62	2.05	0.68	2.26	
		铁(Fe)	238.204	1.27	4.22	0.47	1.57	
		钾(K)	766.490	4.94	16.47	5.65	18.85	
		镁(Mg)	279.077	0.27	0.90	3.61	12.03	
		锰(Mn)	257.610	0.11	0.38	0.07	0.24	
		钠(Na)	589.592	0.95	3.18	19.36	64.53	
		镍(Ni)	231.604	6.14	20.45	1.65	5.51	
		铅(Pb)	220.353	16.24	54.12	5.74	19.15	
		锡(Sn)	189.980	12.86	42.86	13.56	45.19	
		锌(Zn)	213.857	0.29	0.95	0.19	0.62	
		硅(Si)	251.611	93.10	310.34	7.08	23.59	

表 10-4　电感耦合等离子体发射光谱法分析表面处理溶液金属元素含量

适用范围	元素	波长/nm	测定范围/(g/L)	元素	波长/nm	测定范围/(g/L)	国标号
表面处理溶液	铝	396.152	0.000020～5.00	铅	220.353	0.000040～5.00	GB/T 24916—2011
	镁	293.847,285.213,279.553	0.000010～5.00	镍	221.647,231.604,341.476	0.000020～5.00	
	铬	267.716,284.325	0.000020～5.00	钙	317.933(镀锌、镍、铅除外),336.229,422.673	0.000010～5.00	
	锰	293.306,403.076	0.0000010～5.00	铜	324.754	0.000010～20.00	
	钠	589.592	0.000016～5.00	锌	206.200	0.000010～5.00	
	铁	259.940,239.562,259.837	0.000010～20.00	锑	206.830	0.000060～5.00	

表 10-5　电感耦合等离子体质谱法分析高纯氢氧化铟中金属元素含量

适用范围	元素	质量数	测定下限/(ng/mL)	测定范围/%	国标号
高纯氢氧化铟	铝	27	0.3	0.00005～0.0040	GB/T 23362.4—2009
	铁	56	0.3	0.00005～0.0040	
	铜	63	0.2	0.00002～0.0040	
	锌	64	0.3	0.00005～0.0040	
	镉	114	0.1	0.00002～0.0040	
	铅	208	0.1	0.00002～0.0040	
	铊	205	0.1	0.00002～0.0040	

表 10-6　原子荧光光谱法在化学工业分析中的应用

适用范围	测项	检出限	测定范围/%	仪器条件			国标号
				负高压/V	灯电流/mA	原子化器条件	
水处理剂	砷汞	—	—	—	—	—	GB/T 33086—2016
聚酯树脂及其成型制品	锑	0.002mg/L	—	270	80 辅阴极:40mA	载气流速:400mL/min 屏蔽气流速:800mL/min 原子化器高度:8mm 读数时间:7s 延迟时间:0.5s 载气:氩气	GB/T 32462—2015
草酸钴化学分析	砷	≤0.5ng/mL	0.0001～0.0004	280	60 辅阴极:25mA	载气流速:0.4L/min 屏蔽气流速:0.8L/min 原子化器高度:8mm 读数时间:12s 延迟时间:0.5s 读数方式:峰面积	GB/T 23273.3—2009
高纯氢氧化铟化学分析	砷	≤0.5ng/mL	0.0001～0.0050	—	—	—	GB/T 23362.1—2009
高纯氢氧化铟化学分析	锑	≤0.5ng/mL	0.0001～0.0050	—	—	—	GB/T 23362.3—2009
高纯氧化铟化学分析	锑	≤0.5ng/mL	0.0001～0.0080	—	—	—	GB/T 23364.3—2009

二、分析方法

(一) 原子吸收光谱法在化学工业产品中的应用

原子吸收光谱法在化学工业中的分析主要分为几部分：工业循环冷却水、工业用丙烯腈、无机化工产品、酸浸取多晶硅表面金属污染、原铝生产用煅后石油焦和汽油。

工业循环冷却水中包括钙和镁、铜和锌及铝的测定。其中测定钙和镁含量时，干扰共存元素较多，当以空气-乙炔火焰测定时，加入氯化锶或氯化镧溶液可抑制水中各种共存元素及水处理药剂的干扰；当用一氧化二氮-乙炔火焰测定时，加入氯化铯，可抑制钙和镁离子的电离干扰。铜和锌的测定中，水中各种共存元素和加入的水处理药剂对铜和锌的测定均无干扰。石墨炉测定铝的方法中，可加入基体改进剂无水硝酸镁，若基体组成复杂，可以使用标准加入法，排除干扰。

原子吸收光谱法分析无机产品中汞和镉含量时，汞元素可通过降低碘离子浓度消除干扰；镉元素可加入基体改进剂磷酸二氢铵溶液，干扰严重时，可采用标准加入法。原子吸收光谱法分析酸浸取多晶硅表面金属污染物，该方法适用于碱金属、碱土金属和第一系列过渡元素如钠、铝、铁、铬、镍、锌的检测，为了避免干扰，该方法要求样品尺寸具有代表性。火焰原子吸收光谱法分析原铝生产用煅后石油焦中微量元素，适用于灰分含量不大于1%的煅后石油焦中微量元素的检测，加入氯化镧溶液避免干扰。

由于产品种类繁多，因此前处理方法差异较大，下面以应用实例来介绍原子吸收光谱法应用于化学工业中的分析。

1. 原子吸收光谱法分析工业循环冷却水中钙、镁离子含量（GB/T 14636—2007）

（1）样品的制备

取现场循环冷却水水样约 500mL，加入盐酸溶液将水样酸化至 pH 值为 1 左右 [每瓶水样加入盐酸溶液（1＋1）8.0mL]。当水样中悬浮物较多时，可用中速定量滤纸过滤，滤液储于聚乙烯塑料瓶内（试样可放置两周）。

（2）仪器条件

按照仪器说明书所提供的最佳条件分别调节钙和镁的波长，调试灯电流、通带、积分时间、火焰条件，仪器开机点火后需稳定约 5～10min，方能进行测定。

（3）标准曲线的绘制

配制标准系列钙的浓度为 0.00mg/L、0.50mg/L、1.00mg/L、2.00mg/L、3.00mg/L；配制标准系列镁的浓度为 0.00mg/L、0.20mg/L、0.40mg/L、0.60mg/L、0.80mg/L。在仪器的最佳条件下，以试剂空白调零测定其吸光度。以测定的吸光度为纵坐标，相对应的钙或镁含量（mg/L）为横坐标，绘制出标准曲线。

如选用一氧化二氮-乙炔火焰时，则采用适当的浓度绘制标准曲线，加入 5.0mL 氯化铯溶液，抑制钙或镁离子的电离干扰。

（4）干扰的消除

① 钙是原子吸收分析中易被干扰的元素之一。在工业循环冷却水中，通常存在着一些共存的无机离子和加入的水处理药剂，水中含有 Al^{3+}、Si、SO_4^{2-}、PO_4^{3-} 等离子使测定灵敏度降低，加入氯化锶或氯化镧后，以下离子和药剂在给定的浓度范围内不干扰测定。

a. 水中无机离子。Fe^{2+} 50mg/L；Al^{3+} 50mg/L；Mg^{2+} 80mg/L；Si^{4+} 60mg/L；Na^+ 500mg/L；K^+ 50mg/L；Cl^- 500mg/L；SO_4^{2-} 100mg/L；Cu^{2+} 20mg/L；PO_4^{3-} 60mg/L；Zn^{2+} 50mg/L。

b. 水处理药剂。多元醇膦酸酯 10mg/L；六偏磷酸钠 10mg/L；聚丙烯酸钠 10mg/L；聚丙烯酸 10mg/L；丙烯酸-丙烯酸酯共聚物 10mg/L；三聚磷酸钠 10mg/L，HEDP 20mg/L，EDTMPS 10mg/L；ATMP 10mg/L；聚季铵盐小于或等于 100mg/L；巯基苯并噻唑小于或等于 3mg/L，苯并三氮唑小于或等于 3mg/L。

② 镁是碱土金属，其电离电位较低，在火焰中容易产生电离干扰。在循环冷却水中，通常存在着一些共存无机离子和加入的水处理药剂，当水中含有 Al^{3+}、Si、PO_4^{3-}、Fe^{2+} 等离子时，使镁形成难离解的化合物，镁的灵敏度降低，加入释放剂氯化镧或氯化锶后与水中离子形成稳定的化合物，使镁从干扰元素的化合物中释放出来，以下离子和药剂在给定的浓度范围内不干扰测定。

a. 水中无机离子。Al^{3+} 50mg/L；Fe^{2+} 50mg/L；Si^{4+} 40mg/L；Na^+ 500mg/L；K^+ 50mg/L；Cl^- 500mg/L；SO_4^{2-} 100mg/L；Cu^{2+} 20mg/L；PO_4^{3-} 60mg/L；Zn^{2+} 50mg/L。

b. 水处理药剂。多元醇膦酸酯 10mg/L；六偏磷酸钠 10mg/L；聚丙烯酸 10mg/L，聚丙烯酸钠 10mg/L；丙烯酸-丙烯酸酯共聚物 10mg/L；HEDP 10mg/L，EDTMPS 10mg/L；ATMP 10mg/L；聚季铵盐小于或等于 100mg/L；巯基苯并噻唑小于或等于 3mg/L；苯并三氮唑小于或等于 3mg/L。

（5）样品的测定

用移液管移取适量体积的试样溶液，放置在 50mL 容量瓶中，加入 5.0mL 氯化铯溶液或 2.0mL 氯化镧溶液，用盐酸溶液（1＋99）稀释至刻度，摇匀。按校准曲线的制作中同等仪器条件，以空白调零，测定其吸光度，从标准曲线中求得相应的钙或镁含量（mg/L）。试样中钙或镁含量若超过标准曲线范围，可稀释后测定。

如用一氧化二氮-乙炔火焰时，加入 5.0mL 氯化铯溶液，用盐酸溶液（1＋99）稀释至刻度，摇匀，用试剂空白调零，测其吸光度。

2. 原子吸收光谱法分析工业循环冷却水及水垢中铜、锌（GB/T 14637—2007）

（1）试样的制备

① 水样的制备。取现场水样约 500mL，加入硝酸酸化至 pH 值为 1 左右（每升水样加入 2.0mL 硝酸）。当水样中悬浮物较多时，需用中速定量滤纸过滤，滤液储于聚乙烯塑料瓶中（试样可放置两周）。

② 垢样的制备。

a. 称取按 HG/T 3530 制备好的试样约 0.5g，精确到 0.2mg。置于瓷坩埚中，从低温加热至 450℃，灼烧 30min，冷却后将残渣全部转移到 250mL 烧杯中。

b. 慢慢加入 30mL 盐酸（含碳酸盐较多的试样，应分批加入盐酸，以免产生大量二氧化碳气体，使溶液溅失）和 10mL 硝酸，盖上表面皿，摇匀，在电热板或低温电炉上缓缓加热煮沸 20min，若仍有褐色或黄棕色残渣，可再加入 20mL 盐酸，煮沸至溶液清亮。

c. 取下烧杯，稍冷加入 20mL 高氯酸，再加热至冒浓厚白烟，将表面皿略微移开，继续缓缓加热至冒白烟 15～20min，切不可将溶液蒸干。

d. 从电热板或低温电炉上取下烧杯，冷却后加入 50mL 温水，煮沸，充分搅拌使杯上的盐类溶解，用中速定量滤纸过滤，并将烧杯壁上附着的沉淀全部转移至滤纸上，先用硝酸溶液（1＋99）洗涤 5 次，再用热水洗 8 次，至无氯离子为止（用硝酸银溶液检验），滤液和洗液一并收集于 250mL 容量瓶中，加水稀释至刻度，摇匀，此为试样溶液 A。

e. 除不加试样外，按上述步骤操作，同时处理，制得空白溶液。

（2）仪器条件

按照仪器说明书所提供的最佳条件分别调节铜和锌的波长，调试灯电流、通带、积分时间、火焰条件，仪器开机点火后需稳定约 5～10min，方能进行测定。

（3）校准曲线的绘制

配制标准系列铜浓度为 0.0mg/L、1.0mg/L、2.0mg/L、3.0mg/L、4.0mg/L；锌浓度为 0.00mg/L、0.20mg/L、0.40mg/L、0.60mg/L、0.80mg/L。在仪器的最佳工作条件下，以空白调零，测定其吸光度。以测定的吸光度为纵坐标，相对应的铜或锌含量（mg/L）为横坐标，绘制出校准曲线。

（4）样品的测定

① 水样的测定。移取试样溶液 25mL，放置于 50mL 容量瓶中，用硝酸溶液（1＋499）稀释至刻度，摇匀。按标准曲线制作同等仪器条件，以空白调零，测定其吸光度，从标准曲线中查出相对应的铜或锌含量（mg/L）。水样中铜或锌含量若超过标准曲线范围，可稀释后测定。

② 垢样的测定。按标准曲线制作中同等的仪器条件，以水调零测定试样溶液 A 和空白溶液的吸光度，从标准曲线中查出相应的铜或锌含量（mg/L），进行计算。试样溶液中铜或锌含量若超过标准曲线范围，可稀释后测定。

3. 原子吸收光谱法分析工业循环冷却水中铝离子（GB/T 23837—2009）

（1）火焰原子吸收光谱法

① 样品的采集。玻璃仪器在使用前须用热的稀硝酸[$c(HNO_3) \approx 0.2mol/L$]清洗，再用水彻底漂洗干净。用到的所有移液管以及容器应避免含铝污染物。将样品收集于适当塑料材质的瓶子中。由于聚烯烃制瓶子可能含痕量铝，因此不能使用。按照洗涤玻璃仪器的方法洗涤样品容器。

② 样品的制备。

a. 测定溶解铝的预处理。样品收集后尽可能立刻用孔径 $0.45\mu m$ 的膜过滤器过滤水样。每 1000mL 水样过滤后加 1mL 硝酸酸化，酸化至 pH 值<2。

b. 消解步骤的预处理。样品收集后，立刻在每 1000mL 样品中加 1mL 硝酸酸化至 pH 值<2。在石英玻璃烧杯中取 100mL 样品，加 1mL 硝酸和 1mL 过氧化氢，于电加热板上蒸发至近干，应避免完全蒸干水样。取下冷却至室温，在烧杯中再加入 1mL 硝酸和少量水，使烧杯中的剩余物质全部溶解，转移至 100mL 容量瓶中，用水稀释至刻度。同样处理空白。

c. 试验溶液的制备。取 20mL 按以上所述进行了预处理的水样于 25mL 容量瓶中。加入 2mL 氯化铯溶液，混匀，用水稀释至刻度。同样处理空白溶液及校准溶液。

③ 仪器条件。测定前，按照仪器说明书设定原子吸收的操作参数；将调零溶液吸入火焰，使仪器调零。

④ 样品的测定。按浓度由小到大的顺序，分别吸入制备的校准溶液，进行校准；每次校准后，吸入调零溶液，重新设置仪器零点。测定空白溶液及制备的试验溶液；测定一系列样品后，以及最多测定 10~20 次后，用空白溶液和一个中间浓度的校准溶液检查校准曲线，如果试验溶液的铝含量超过校准曲线的有效范围，那么应相应地稀释试验溶液。

⑤ 干扰的消除。下列离子超过以下浓度（表 10-7），会干扰火焰原子吸收光谱法的测定。

表 10-7 干扰离子浓度

干扰离子	浓度/(mg/L)	干扰离子	浓度/(mg/L)
硫酸盐	10000	镍	10000
氯化物	10000	钴	10000
磷酸盐	10000	镉	3000
钠	10000	铅	10000
钾	10000	硅酸盐	200
镁	10000	氟硼酸盐	2000
钙	10000	钛	1000
铁	10000	氟化物	3000

注：此浓度适用于强酸性样品或 pH<1 的试验溶液，在弱酸性溶液中可能发生沉淀。

试样溶液的总含盐量不应超过 15g/L，或者其电导率不应大于 2000mS/m。对于未知影响因素的样品，应研究并补偿电导率，如果可能，用稀释样品的方法或采用标准添加法。

（2）石墨炉原子吸收光谱法

① 样品的采集，同火焰原子吸收法。

② 样品的制备，同火焰原子吸收法。

③ 仪器条件。在测定前，按照仪器说明书设定原子吸收光谱仪的操作参数。用调零溶液将仪器调零。不能使用聚烯烃制的瓶子。

④ 样品的测定。

a. 直接校准和测定。只有在如以上所述的基体干扰可以排除的情况下，可以采用此校准步骤。否则，应按照以下所述用标准添加法。每次测量前，将 $10\mu L$ 基体改进剂注入石墨管中。按照仪器说明书，分别测定校准溶液、空白溶液以及试验溶液的吸光度。当氟化物超过 $0.05\mu g/L$ 时，需额外将 $10\mu L$ 硫酸注入石墨管中。

b. 用标准添加法校准和测定。

（a）分别移取 0.1mL 硝酸和 5mL 样品溶液，置于四个 10mL 容量瓶中。当样品溶液中铝含量大于 $100\mu g/L$ 时，应使用较小体积，并将此计入计算。

（b）然后依次加入 0.0mL、0.1mL、0.2mL 和 0.3mL 铝标准溶液，并用水稀释至刻度，摇匀。

注：相对应 5mL 样品和空白溶液，添加 0.1mL 铝标准溶液相当于 20μg/L 铝。补充至 10mL 的稀释不计入计算。

（c）每次测定前，将 10μL 基体改进剂注入石墨管中。

⑤ 干扰。

a. 下列离子在所规定的质量浓度内，对石墨炉测定方法无干扰：

（a）100mg/L 的铁、铜、镍、钴、镉、铅、四氟硼酸盐和硅酸盐；

（b）1000mg/L 的钠、钾、钙、氯化物、硫酸盐、磷酸盐和醋酸盐。

b. 试验溶液中含有少量氟化物时，会导致信号减弱。通过在样品注入后立刻向石墨炉中另外注入 10μL 1.07g/mL 硫酸溶液的方法来对质量浓度为 50μg/L 的氟化物进行补偿。

c. 低浓度铝在测定过程中易被污染。

d. 对于不明基体组成的样品分析，可以使用标准添加法。通过背景修正最大程度补偿非吸收的偏差。

e. 基体改进剂：用水溶解 500mg 无水硝酸镁于 100mL 容量瓶中，用水稀释至刻度。

4. 无火焰原子吸收光谱法分析无机化工产品中汞含量（GB/T 21058—2007）

（1）测定环境条件

由于实验室环境中的苯、甲苯、氨水、氮氧化物对波长 253.7nm 有吸收，达到一定浓度时，测汞仪就会有响应。因此，在进行冷原子吸收法测汞时应避免同时使用以上试剂。

（2）样品的制备。

① 称样和试验溶液的制备。称样量和制备试验溶液的方法按有关产品标准中的规定。

② 空白试验溶液的制备。制备试验溶液的同时，以同样试剂、同样用量和同一方法制备空白试验溶液，稀释至同体积。用移液管移取与测定试验溶液同体积的空白试验溶液进行空白试验。

（3）仪器条件

打开仪器，并将仪器性能调至最佳状态，用移液管分别移取系列汞标准工作溶液各 5mL，置于仪器的汞蒸气发生器的还原瓶中，分别加入 1mL 氯化亚锡溶液，并立即盖紧还原瓶，通入载气，从仪器读数显示的最高点测得其吸收值。

（4）工作曲线的绘制

从每个标准参比液的吸收值中减去空白试验溶液的吸收值，以汞质量为横坐标，吸收值为纵坐标，绘制工作曲线。

（5）样品的测定

用移液管分别移取试验溶液和空白试验溶液各 5mL，置于仪器的汞蒸气发生器的还原瓶中，按照具体操作步骤操作，测定其吸收值。

（6）干扰及消除

碘离子浓度大于 3.0mg/L 时影响测定结果的精密度和回收率，可通过稀释试验溶液降低碘离子浓度消除干扰。

5. 原子吸收分光光度法分析无机化工产品中镉含量（GB/T 23841—2009）

（1）样品的制备

① 试验溶液的制备。称样量和制备试验溶液的方法按有关产品标准中的规定。

② 空白试验溶液的制备。制备试验溶液的同时，除不加试样外，其他操作和加入试剂量及种类与制备试验溶液相同。

（2）标准曲线的建立

用水调节吸光度值为零，并吸取 0.01mL 系列标准溶液，注入石墨炉中，在最佳波长处测定吸光度。以标准溶液镉的质量（mg）为横坐标，相应的吸光度为纵坐标，绘制曲线。

当基体干扰严重时，按照标准加入法进行测定。

用移液管移取适量（镉含量大于 0.5μg/mL）相同体积的溶液，共四份，一份不加标准溶液，另三份分别加入成比例的标准溶液，均用水稀释至 100mL。以空白溶液调零，在规定的仪器条件下，分别测定其吸光度。以加入标准溶液浓度为横坐标，相应的吸光度为纵坐标，绘制曲线，将曲线反方向延长与横轴相交，交点 X 即为镉离子的浓度。镉离子在所测的浓度范围内应与吸光度成线性关系。镉标准溶液加入浓度应和样品稀释后镉的浓度相当，且第 2 份中加入镉离子的浓度应是检出极限的 20 倍。

（3）样品的测定

分别吸取试验溶液（溶液中镉的量应在工作曲线范围内）和空白试验溶液各 0.01mL，注入石墨炉中，按绘制工作曲线步骤进行测定，测出相应吸光度，并在工作曲线上查出镉的质量。

（4）干扰和消除

对有干扰样品，则注入适量的基体改进剂磷酸二氢铵溶液（一般为小于 0.005mL）消除干扰。绘制镉工作曲线时也要加入与测定时等量的基体改进剂磷酸二氢铵溶液。

6. 火焰原子吸收法分析高纯氢氧化钠中钙含量（GB/T 11200.3—2008）

（1）试样溶液的制备

称取相当于约 10g 氢氧化钠的固体或液体试样，精确至 0.01g，加 50mL 水溶解后，移入 250mL 的容量瓶中，加水至刻度线附近，冷却到室温，再稀释至刻度线附近，混匀。之后，移入保持气密性的干燥的聚乙烯瓶中。如果测定操作中盐（氯化钠）堵塞装置严重，可将试样溶液稀释适当倍数，所用试剂和溶液的用量也相应地减少，稀释倍数计入结果计算。

（2）测定

标准溶液的测定：按 GB/T 9723 规定的工作曲线法，使用钙空心阴极灯，在波长 422.7nm 处测定其吸光度。

样品溶液的测定：移取 25.0mL 试样溶液置于 100mL 锥形瓶中，加 20mL 水，缓慢地加 4.0mL 盐酸。微沸 5min，冷却至室温，移入 100mL 容量瓶中，加入 20mL 氯化镧溶液，稀释至刻度，摇匀。计算测定结果参见标准提供公式。

检查试验：量取 4~5 份试样溶液，分别添加成比例的钙标准溶液，重复样品溶液测定的操作，按 GB/T 9723 规定的标准加入法，来确定是否有干扰。

标准加入法，当检测出存在干扰时，按上述检查试验重新测定。计算测定结果参见标准提供公式。

7. 火焰原子吸收光谱法分析硫酸亚锡中铅、铜含量（GB/T 23834.4—2009）

（1）样品的制备

称取 1.0~2.0g 试样，精确至 0.01g。置于 100mL 烧杯中，加入 10mL 王水，盖上表面皿，在电炉上温热溶解完全。微沸，驱除氮的氧化物。取下稍冷，用水冲洗表面皿及杯壁，冷至室温。全部移入 100mL 容量瓶中，用水稀释至刻度，摇匀。此溶液为试验溶液 A，用于铅、铜含量的测定。

空白试验溶液的配制，在制备试验溶液的同时，除不加试样外，其他操作和加入的试剂量与试验溶液相同。此溶液为空白试验溶液 B，用于铅、铜含量的测定。

（2）仪器条件

将原子吸收分光光度计调至最佳工作状态，以水为参比，测量吸光度。从每个标准溶液的吸光度中减去试剂空白试验的吸光度，以铅或铜的质量为横坐标，对应的吸光度为纵坐标，绘制工作曲线。

（3）样品的测定

在绘制工作曲线的同时测定试验溶液 A 和空白试验溶液 B 的吸光度，从工作曲线上查出铅或铜的质量。

8. 石墨炉原子吸收法分析工业用丙烯腈中铁和铜含量（GB/T 7717.16—2009 和 GB/T 7717.17—2009）

（1）采样

按 GB/T 3723 和 GB/T 6680 规定的技术要求采取样品。

（2）样品的制备

将待测丙烯腈试样和乙醇按照 1∶4 的体积比进行稀释（稀释 5 倍），摇匀后将试样溶液放进进样盘中。若试样溶液中的铁含量超过 400ng/mL，可提高试样的稀释比例。

（3）仪器条件

根据仪器操作说明书，在原子吸收光谱仪中安装并老化石墨管。然后按表 10-1 的测试条件进行设定，待仪器稳定后即可开始测定。

（4）标准曲线的建立

配制铁或铜标准溶液 0ng/mL、20ng/mL、40ng/mL、60ng/mL、80ng/mL 五点工作曲线，同时设定 20μL 进样量，15μL 乙醇稀释剂。启动仪器在线稀释功能进行工作曲线制备和测定。以每一点标准溶液净吸光度（扣除空白溶液的吸光度）为纵坐标，以铁或铜含量（ng/mL）为横坐标，绘制标准曲线。所得曲线相关系数应不低于 0.99。

（5）样品的测定

试样测定前测定和记录乙醇空白，以保证基线的稳定性，空白测定值应在 ±5ng/mL 范围内。按照与标准曲线相同的测定条件测定试样溶液的吸光度，根据试样溶液的净吸光度值，在标准曲线上查得试样溶液中铁或铜的含量（ng/mL）。

9. 酸浸取原子吸收光谱法分析多晶硅表面金属污染物（GB/T 24579—2009）

（1）样品的采集

① 该试验方法规定了多晶硅批料的取样方法，一般从一批样品中选出一袋 5kg 样用于取样，将其放在清洁室内以备取样，并且假设分析出的表面金属含量代表该批样品。如果必须在当地取样，而不是在分析实验室，将样品封在双层袋中并送到实验室，取样过程中的污染必须严格考虑并且必须避免。

② 为保证分析一致性及实验室间分析数值对比，对于块状样品选择一个标准重量和体积，为达到仲裁的目的，要求取六块样品，每块尺寸约为 3cm×3cm×3cm，质量约为 50g，样品总质量约为 300g，六块样品中至少三块应该有外表面，外表面即多晶硅棒的表皮。

③ 控制标准样品：向清洁的多晶硅块样品中加入 10mL 10μg/L 校准标准溶液，制备两个 10μg/L 控制标准样品，随同待测样品浸取这些标准样品。

（2）样品的制备

① 试验用器皿清洗。分析前清洗瓶子、盖和夹子。当使用新瓶子、当发现空白值被污染、当进行仲裁分析时进行追加清洗和空白分析。按下列程序准备清洁的瓶子和盖子：

a. 用去离子水清洗三次；

b. 将 500mL 酸清洗混合物装入瓶子（盖上盖子，不要拧紧），在 100℃ 电热板上加热 6h；

c. 用去离子水淋洗瓶子和盖子三次；

d. 将 250mL 酸腐蚀混合物装入瓶子，不盖盖子，在 130～150℃的电热板上加热至干，约需 10h；

e. 加入 2mL 5％HNO$_3$ 和 8mL 去离子水溶解残留物，用石墨炉原子吸收光谱法分析；

f. 如果石墨炉原子吸收分析表明样品瓶中存在污染物，重复整个步骤；

g. 将瓶子和盖子淋洗三次；

h. 用酸清洗混合物装满瓶子并在 100℃电热板上加热 6h。

② 多晶硅表面杂质浸取。

a. 在实验室中按照标准清洁室操作规程打开双层袋，将样品块转到一个清洁的、编号的 PTFE 瓶中并称重，重量精确至小数点后第二位，向每个瓶子中加入 250mL 酸腐蚀混合物没过样品块，并用 PTFE 盖子密封。

b. 将密封瓶放在通风橱中的电热板上并在 70℃左右加热 60min，取下瓶子并冷却，然后用 PTFE 夹子取出每块样品，用去离子水淋洗表面，淋洗液收集至瓶中。将腐蚀剂倒入一个敞口瓶中，并在 110～150℃的电热板上加热至干。

注：可使用微波炉代替电热板以降低所需要的浸取至干燥的时间。

c. 从电热板上取下瓶子，盖上盖子并冷却。加入 2mL 5％HNO$_3$ 溶解干燥的腐蚀剂残渣，放置 20min 溶解所有的盐类，加入 8mL 去离子水，盖上盖子，摇匀，溶液中应观察不到固体。该溶液用于金属污染物的检测。随同试样做两个空白。

（3）仪器条件

使用石墨炉原子吸收光谱仪，于相应波长处与标准系列同时测定，以水调零测量试液的吸光度，所测吸光度减去试料空白溶液的吸光度，从工作曲线上查出相应的待测元素的浓度。

（4）标准曲线的绘制

用 1000μg/mL 元素的标准溶液稀释成 1μg/mL 标准（取 0.1mL 置于 100mL 酸腐蚀混合物中），移取 0mL、0.1mL、1mL 和 2mL 1μg/mL 标准溶液于 100mL 容量瓶中，加入 20mL 5％HNO$_3$ 溶液，用超纯水稀释至刻度，混匀，配制成 0μg/L、5μg/L、10μg/L 和 20μg/L 标准溶液。制备的标准的范围应接近于估计的待测分析元素的浓度。

在与样品溶液测定相同的条件下，测量标准溶液系列的吸光度，减去标准溶液系列中"零"浓度溶液的吸光度，以待测元素浓度为横坐标，吸光度为纵坐标，绘制工作曲线。

（5）干扰和消除

① 在该试验方法中通常存在吸收光谱的干扰，包括吸收峰重叠、吸收峰非线性、基体效应、背景噪声、元素间的干扰、交叉污染和仪器漂移。

② 来自取样及操作过程中试剂纯度、设备的清洁度、室内的清洁度和操作技术造成的污染的影响必须严格考虑。该标准描述了一系列空白和控制标准，以监控和量化这些干扰。

③ 为了监控干扰的来源必须测量酸混合物和浸取工艺的回收率，通过各种处理以化学作用结合到多晶硅表面或内部的金属污染物不能用酸混合物取得。

④ 该试验方法要求样品尺寸具有一批样品的代表性，由于表面污染物不能均匀分布在表面，选择的样品尺寸和量必须能代表一批样品，如果样品尺寸相当小，样品可能不能代表该批样品，导致平行样品偏差过大。

10. 火焰原子吸收光谱法分析原铝生产用煅后石油焦微量元素含量

（GB/T 26310.2—2010/ISO 8658：1997）

（1）样品的制备

按照 GB/T 26297.6 取样，将样品破碎后用研钵进行研磨，然后使之通过 0.5mm 标准筛。

将破碎后的试样混匀，最多称取 50g 试样，用研钵（由烧结氧化铝或带有碳化钨的黑色金属制成，其他材料不适宜）充分研磨，直到所有样品都通过标准筛（由聚乙烯骨架和聚酯网孔构成，孔径尺寸为 500~1000μm），混匀。

称取（5±0.001）g 试样于铂坩埚中，将坩埚放入马弗炉，将炉温逐渐升至（700±10）℃并保持 10h，取出坩埚和灰分，置于干燥器中冷却至室温，迅速称重。再将坩埚和灰分一同放入马弗炉中灼烧 2h，重复灼烧、冷却、称重，直至两次连续称重的结果相差不到 1mg。

试样溶液 A：在装有已灰化待测样品的铂坩埚中加入（1.25±0.01）g 无水碳酸钠和（0.5±0.01）g 硼酸，用铂棒或铂铲混匀，盖上铂盖，置于马弗炉上熔融 14~15min，冷却。

向坩埚中加入 15mL 水，缓慢加热使熔融物部分溶解，转移至 100mL 烧杯中，用 10mL 温水和 6mL 盐酸洗净坩埚和盖，继续缓慢加热至溶液变澄清，冷却至室温，移入 50mL 容量瓶中，以水稀释至刻度，摇匀。

试样溶液 B：用移液管移取 5.00mL 试样溶液 A 于 25mL 容量瓶中，用刻度管加入 2.5mL 氧化镧溶液和 1.0mL 盐酸，以水稀释至刻度，摇匀。

空白溶液的制备：按照试样溶液 A 和 B 的步骤，不加待测样品，制备试剂空白溶液。

（2）仪器条件

将空心阴极灯安装到火焰原子吸收光谱仪上，按仪器要求进行预热，使仪器稳定 10min。按表 10-1 选择狭缝宽度和波长，安装与火焰类型要求相应的燃烧头，按仪器要求点燃火焰，引入含有被测元素的溶液，将燃烧头调至最佳位置，对火焰条件和喷雾效率进行优化。

设置积分时间不少于 5s，如果仪器可以进行多个数据的处理，则需设置 4 个 5s 进行读数，打印其平均值和标准偏差，以水进行调零。

（3）工作曲线的绘制

对每个分析的元素，用系列标准溶液的平均吸光度减去空白标准溶液的吸光度，得到相对吸光度，以元素浓度（mg/L）为横坐标，相对吸光度为纵坐标，绘制工作曲线。

（4）样品的测定

按上述步骤进行仪器准备，分析每个待测元素，在改变仪器参数设置之前完成该元素所有相关测量。按照上述步骤逐个分析待测元素。

每隔一定时间，按随机顺序抽取与样品溶液对应的系列标准溶液和空白溶液进行测定，所有溶液进行两次测定，颠倒次序进行第二次测定以排除仪器漂移，计算两次测定的平均值。

11. 原子吸收光谱法分析汽油中铅含量（GB/T 8020—2015）

（1）样品的采集和保存

按照 GB/T 4756 规定的方法取样。将采集的样品存放在非铅、密封和避光的容器中，在测量前保持存储的环境温度恒定。

（2）样品制备

① 在 50mL 容量瓶中加入 30mL MIBK（甲基异丁基酮），再加入 5.0mL 汽油试样，混合均匀。

② 加入 0.10mL（100μL）质量浓度为 30g/L 的碘-甲苯溶液，混合均匀，静止 1min 让其完全反应。

③ 加入 5.0mL 体积分数为 1% 的氯化甲基三辛基铵-MIBK 溶液，混合均匀。

④ 用 MIBK 定容并混合均匀。

⑤ 吸喷试样溶液和铅工作标准溶液，记录吸光度，并经常确定零点是否漂移。

（3）仪器条件

优化原子吸收光谱仪的测定条件，调整波长到 283.3nm，使用空白试剂（MIBK），调整混合气流量和样品传输速率，得到蓝色的贫燃氧化火焰。

吸喷质量浓度为 26.4mg/L 的铅工作标准溶液，调整燃烧头高度从而获得仪器最大响应。在该标准中，某些仪器需要使用信号放大器使吸光度在 0.150～0.170 之间。

（4）标准曲线的绘制

以空白工作标准溶液作为标准曲线零点，吸喷铅工作标准溶液，绘制标准曲线的线性关系。

（5）结果的表示

将铅工作标准溶液的吸光度对质量浓度作曲线，从曲线上读出试样的铅含量。

（二）电感耦合等离子体发射光谱法在化学工业产品中应用

电感耦合等离子体发射光谱（ICP-AES）法可以分析化学工业产品中的多种金属元素的含量，我们将根据分析照相化学品有机物、无机物中微量元素和表面处理溶液金属元素含量三个应用实例进行介绍。

ICP-AES 法分析表面处理溶液金属元素含量时，采用标准加入法。其基本原理是样品用硝酸和过氧化氢加热分解除去有机物，经高氯酸冒烟处理，用盐酸酸化后，样品溶液被蒸发和激发，发射出所含元素特征波长的光，经分光系统分光后，其谱线强度转变为电信号而被记录，根据元素浓度与谱线强度的关系，测定各元素的含量。

ICP-AES 法分析照相化学品中有机物的微量元素的前处理方法与无机物略有不同，前者是称取少量样品置于高温炉中进行灰化，灰分用浓盐酸或氢氟酸（测 Si 时需用氢氟酸）溶解，随后用纯水稀释到一定体积，用 ICP-AES 进行测定。后者是少量样品用酸液溶解或经过沉淀过滤处理后，用该仪器进行测定。

1. 电感耦合等离子体发射光谱（ICP-AES）法分析照相化学品无机物中微量元素（GB/T 27598—2011）

（1）样品的采集和保存

① 取样、制样。按照 HG/T 3921 中的规定进行取样。将样品容器振摇数次，使样品混合均匀。

② 样品保存。样品应密闭、避光保存。一般情况下样品可于常温下进行保存。

（2）样品的制备

① 试验溶液的制备原则。

a. 一般采用体积分数为 1% 的硝酸溶液直接溶解配制。

b. 对于易与硝酸发生氧化还原反应的化学品，一般采用体积分数为 4% 的盐酸溶液溶解配制。

c. 对试验干扰较大的离子应除掉。

② 硝酸银试验溶液的制备。

a. 称取 1.00g 硝酸银，放入 15mL 干净离心管中，加体积分数为 4% 的硝酸 9.5mL，拧上离心管帽，摇动溶解，然后垂直放置到 85～89℃ 的恒温水浴中，保温 30min。

b. 取出离心管，放置 5min，溶液约 60～70℃ 时，拧开离心管加入 0.5mL 浓盐酸，摇动 60s 至澄清。

c. 放入离心机内，转速 1000r/min，离心 8min，然后取出放置 30s，清液倒入另一干净离心管中，待用。

d. 同时做样品空白溶液，即在干净离心管中加入体积分数为 4％的硝酸溶液 9.5mL 和浓盐酸 0.5mL。

③ 氯化钠、溴化钾等试验溶液的制备。称取 2.00g 样品，置于 50mL 的容量瓶中，加体积分数为 1％的硝酸溶液溶解并用该溶液稀释至刻度，混匀备用。样品空白溶液为体积分数为 1％的硝酸溶液。

④ 硫代硫酸钠试验溶液的制备。称取 1.00g 样品，置于一个 50mL 的烧杯中，加水（水的体积应小于 25mL）溶解，用移液管移入 1.0mL 浓盐酸，溶液逐渐变浑，盖上玻璃皿，将烧杯放在电加热炉上加热，煮沸，冷至室温后，用滤纸过滤溶液，将过滤后的清液用水定容在 50mL 的容量瓶中，取该溶液进行测定。样品空白溶液为体积分数为 4％的盐酸溶液。

⑤ 其他化学品试验溶液的制备。按以上原则制备试验溶液，同时制备相应的样品空白溶液。

（3）仪器条件

电感耦合等离子体发射光谱仪，该仪器应符合 JJG 768—2005 中的相关规定。具体见表 10-8。

表 10-8　ICP-AES 工作条件

项目		要求
环境温度/℃		15～30
环境相对湿度/％		20～80
观测方式		垂直观测或水平观测
气路控制 /(mL/min)	等离子体气流流速	15
	辅助气流流速	0.2
	喷雾气流流速	0.8
	进样泵流速	1.5
射频发生器功率/W		1300

注：试验时，应根据不同的仪器对上述参数作适当调整，以达到被测元素的最佳测定条件。

（4）标准溶液的配制和工作曲线的绘制

标准溶液的配制相关内容参见标准。

绘制元素标准工作曲线。分别测定元素标准工作溶液，并分别绘制各自的元素标准工作曲线。元素标准工作曲线的相关系数应大于或等于 0.999。

元素标准工作曲线的校准。用以上配制的 $100\mu g/L$ 浓度的元素标准工作溶液校准元素标准工作曲线，标定值应在 $\pm 5％$ 以内，否则应重新制作元素标准工作曲线。

（5）样品的测定

按仪器操作说明书中的规定进行仪器操作；按规定设置 ICP-AES 工作条件；吸入样品空白溶液及样品试验溶液，采集原始数据。各元素波长、检出限和定量限见表 10-2。

2. 电感耦合等离子体发射光谱（ICP-AES）法分析照相化学品有机物中微量元素（GB/T 24794—2009）

（1）样品的采集和保存

① 取样和制样。按照 HG/T 3921 中的规定进行取样，将样品容器振摇数次，使样品混合均匀。

② 样品保存。样品应密闭、避光保存。一般情况下样品可于常温下进行保存，需要低温保存的样品还应按照要求进行低温保存。

（2）试验溶液的制备

① 称取 1.00 样品，置于瓷坩埚（若有机物对瓷坩埚有腐蚀或测硅时应使用铂金坩埚）中，在通风橱中于电加热炉上缓缓加热，待样品完全炭化后，将坩埚转入高温炉中，于 560℃ 或 460℃ 的温度下进行灰化直至完全（温度 560℃ 时至少灰化 2h，温度 460℃ 时灰化时间应适当延长）。从高温炉里取出坩埚盖好盖，冷却到室温。

② 用吸量管往每个坩埚里各加入 1mL 的浓盐酸，以溶解灰分。若测硅，需用耐氢氟酸的吸量管往每个坩埚中各加入 1.0mL 氢氟酸。加入氢氟酸前，应确保溶液冷却。

③ 加入酸后，样品灰分应全部被溶解。若不能完全溶解，可温热进行溶解，若仍全溶不了，应重新进行炭化、灰化试验。

④ 把溶解好的样品转移到 25mL 的容量瓶中，用纯水冲洗坩埚 2 次，把冲洗液一并转移到容量瓶中，然后用纯水定容。

⑤ 制备样品空白溶液。

（3）仪器条件

① 电感耦合等离子体发射光谱仪，该仪器应符合 JJG 768—2005 中的相关规定。

② 高温炉，可控温在（560±10）℃ 或（460±10）℃。

③ 铂金坩埚，最小容量为 30mL。

④ 瓷坩埚，容量为 50mL。

⑤ 单标线玻璃容量瓶和单标线玻璃吸量管，符合 GB/T 12806 和 GB/T 12808 的规定。

⑥ 耐氢氟酸的塑料容量瓶和吸量管。

⑦ ICP-AES 工作条件见表 10-9，试验时，应根据不同的仪器对上述参数作适当调整，以达到被测元素的最佳测定条件。

表 10-9　ICP-AES 工作条件

项目		要求
环境温度/℃		15~30
环境相对湿度/%		20~80
观测方式		垂直观测或水平观测
气路控制 /(mL/min)	等离子体气流流速	15
	辅助气流流速	0.2
	喷雾气流流速	0.8
	进样泵流速	1.5
射频发生器功率/W		1300

（4）标准溶液的配制和工作曲线的绘制

标准溶液的配制相关内容参见标准。

绘制元素标准工作曲线。

分别测定每种元素的标准工作溶液，并分别绘制标准工作曲线。元素标准工作曲线的相关系数应大于或等于 0.999。

元素工作标准曲线的校准。用配好的 100μg/L 的元素标准工作溶液校准元素工作标准曲线，标定值应在 ±5% 以内，否则应重新绘制元素标准工作曲线。

（5）样品的测定

按仪器操作说明中的规定进行仪器操作；按规定设置 ICP-AES 工作条件；吸入样品空白溶液及样品溶液，采集原始数据。各元素波长、检出限和定量限见表 10-3。

3. 电感耦合等离子体发射光谱法分析表面处理溶液金属元素含量
（GB/T 24916—2011）

（1）样品的制备

① 空白试验。随同试料溶液做空白试验。

② 镀铬、镀镍、超滤液、磷化溶液、氟硼酸盐镀铅、钾盐镀锌、氰化镀铜、氰化镀镉、碱性镀锡、酸性镀锡、酸性镀铜分析试液的前处理和制备。

a. 前处理。镀铬、氟硼酸盐镀铅、酸性镀锡、酸性镀铜：吸取 5.00mL 试料于 150mL 三角瓶中，加 5mL 水，20mL 硝酸。

镀镍、钾盐镀锌：吸取 5.00mL 试料于 150mL 三角瓶中，加 5mL 水、15mL 硝酸。

超滤液、磷化溶液、氰化镀铜：吸取 10.00mL 试料于 150mL 三角瓶中，加 10mL 水、20mL 硝酸。

氰化镀镉：吸取 5.00mL 试料于 150mL 三角瓶中，加 10mL 水，在通风橱中，加 2mL 盐酸，摇匀。加 20mL 硝酸，加热煮沸，稍冷。

碱性镀锡：吸取 5.00mL 试料于 150mL 三角瓶中，加 10mL 水、2mL 盐酸，摇匀。

在通风橱中，加热煮沸，稍冷，分次加入总量为 3mL 的 30％过氧化氢，煮沸 3min，稍冷，加 5mL 硝酸、5mL 高氯酸，加热蒸发至冒高氯酸烟，直至干涸，取下稍冷，加 20mL 盐酸溶液（1+1）溶解盐类，煮沸 2min。移入 250mL 容量瓶中，用水稀释至刻度，混匀，此溶液为前处理试液。

b. 分析试液的制备。分别吸取 10.00mL 前处理试液 4 份，置于 4 只 100mL 容量瓶中，其中一只不加被测元素标准溶液，在另 3 容量瓶中加入 1.00mL 待测元素混合标准工作溶液梯度系列的稀释溶液，然后，于 4 只 100mL 容量瓶中分别加入 3.00mL 盐酸、1.00mL 硝酸溶液，用水稀释至刻度，摇匀。

（2）仪器的条件

分析谱线：测定元素的分析谱线见表 10-4。

① 射频功率：950～1200W；

② 雾化压力：0.21～0.24MPa；

③ 辅助气流量：1.0L/min；

④ 样品提升量：1.4～1.6L/min；

⑤ 积分时间：UV 5～8s；VIS 5～10s。

注：UV 指紫外光区波段；VIS 指可见光区波段。

（3）样品的测定

① 谱线校准：校准待测元素的分析谱线。

② 仪器通电预热，光室温度稳定后，先通氩气 30min 后点火，燃烧 15～30min 后进行检测。

③ 打开计算机的仪器分析控制界面，新建标准加入法，选择表 10-4 中相应的分析谱线，输入推荐的仪器工作条件中的各项参数值，再依次输入标准加入元素浓度系列中各被测元素的数值。

④ 进行等离子体光谱测定，每个试料至少连续测定 3 次。

⑤ 在测定过程中，应对被测元素每条分析谱线的波峰位置、背景干扰做必要的修正。

⑥ 待测溶液中各元素的再次测定：根据测定出的元素含量值和标准加入法原理，重新进行分析试液的制备。各被测元素的数值重新依次输入计算机，然后进行再次测定。

（三）电感耦合等离子体质谱法在化学工业产品中的应用

本部分内容以电感耦合等离子体质谱法分析高纯氢氧化铟中铝、铁、铜、锌、镉、铅和铊量（GB/T 23362.4—2009）为例，来介绍电感耦合等离子体质谱法分析化学工业产品中的多元素。其基本原理是试料经硝酸溶解后，铝、铁以钪为内标，在碰撞/反应池工作模式下测定其同位素的信号强度（离子计数）；铜、锌、镉、铅、铊以铑为内标，在正常工作模式下采用耐高盐接口测定其同位素的信号强度（离子计数），计算各元素含量。（高纯氧化铟测定铝、铁、铜、锌、镉、铅和铊含量，同此方法。）

1. 样品的保存

样品应在 105～110℃ 干燥 2h，置于干燥器中冷却至室温。

2. 样品的制备

称取 0.10g 试样，精确至 0.0001g。将试料置于 100mL 聚四氟乙烯烧杯中加入 8mL 硝酸，低温加热使试料完全溶解后，蒸至近干，取下加入 2mL 硝酸，低温加热蒸至近干，重复两次。取下，加入 1mL 硝酸，吹少许水，低温加热溶解盐类，取下冷却至室温，移入 100mL 塑料容量瓶中。用水稀释至刻度，混匀。随同样品做空白试验。

3. 工作曲线溶液的制备

此部分内容参见相关标准。

4. 样品的测定

① 开启电感耦合等离子体质谱仪，设定仪器参数，使仪器性能满足要求。各元素分析谱线测定范围见表 10-5。铝、铁以钪为内标，在碰撞/反应池工作模式下测定其同位素的信号强度；铜、锌、镉、铅、铊以铑为内标，在正常工作模式下采用耐高盐接口测定其同位素的信号强度。

② 按内标法测量标准溶液和待测溶液的信号强度。由仪器自动给出试液的浓度。

③ 独立地进行两次测定，取其平均值。

（四）原子荧光光谱法在化学工业产品中的应用

本小节以分析聚酯树脂及其成型品中锑迁移量，草酸钴中砷量，水处理剂中砷和汞含量，高纯氢氧化铟中砷、锑量为例，介绍原子荧光光谱法在化学工业中的应用。

原子荧光光谱法分析化学工业产品的基本原理是，试样经盐酸或硝酸消解后，加入硫脲-抗坏血酸或硫酸肼进行还原，然后在氢化物发生器中被硼氢化钾还原并转化为氢化物，用氩气导入原子化器中分解为原子态，在其待测元素空心阴极灯的发射光激发下产生原子荧光，其荧光强度与被测溶液中的待测元素浓度成正比，由此测得试样中的待测元素含量。

1. 原子荧光光谱法分析聚酯树脂及其成型品中锑迁移量（GB/T 32462—2015）

（1）样品的制备

① 树脂（颗粒料）。称取 5.00g（精确至 0.01g）试样于 250mL 具回流装置的烧瓶中，加入 90mL 乙酸溶液（4%），在沸水浴上加热回流 2h，立即用快速滤纸过滤，并用少量乙酸溶液（4%）洗涤滤渣，合并滤液后用乙酸溶液（4%）定容至 100mL，备用。

② 成型品。按 GB/T 5009.156 中浸泡通则进行。

③ 空白。根据不同的样品处理方法，制作相应的空白。

（2）仪器条件

原子荧光光谱仪仪器条件见表 10-6。以盐酸溶液（1+49）为载流液，硼氢化钾（先称取 0.5g 氢氧化钠于少量去离子水中，待完全溶解后再加入 1.0g 硼氢化钾，溶解后定容到 100mL，现配现用）为还原剂，以锑空心阴极灯为激发光源，测量浸泡液中和空白中锑的荧光强度，根据标准曲线分别计算出锑的浓度。

（3）标准曲线的绘制

取锑标准使用溶液（100μg/L）0.00mL、1.00mL、2.00mL、4.00mL、8.00mL、10.00mL 分别加入 100mL 容量瓶中，各加入 20.0mL 硫脲-抗坏血酸溶液（5g 硫脲和 5g 抗坏血酸），用盐酸溶液（1+49）定容至刻度，摇匀后置于 60℃的水浴中保温放置 15min，用原子荧光光谱仪按规定的工作条件测定。

（4）样品的测定

取树脂中的试样浸泡液 5.00mL，置于 10mL 的容量瓶中，另取 5.00mL 空白，各加入 2.0mL 硫脲-抗坏血酸溶液，用盐酸溶液定容至刻度，摇匀后置于 60℃的水浴中保温放置 15min，用原子荧光光谱仪进行测定。

2. 氢化物发生-原子荧光光谱法分析草酸钴中砷量（GB/T 23273.3—2009）

（1）样品的制备

① 按表 10-10 称取试样，精确至 0.0001g。

表 10-10　砷的称样量

砷的质量分数/%	称样量 m_0/g
0.0001～0.001	0.500
>0.001～0.004	0.200

② 空白试验：随同试料做空白试验。

③ 将试料置于 250mL 烧杯中，加入 10mL 盐酸（1+1）在约 80℃的温度下溶解完全，取下冷却，移入 100mL 容量瓶中，加入 25mL 盐酸，加入 10mL 硫脲-抗坏血酸溶液（称取 10g 硫脲，加入约 80mL 水加热溶解，冷却后加入 10.0g 抗坏血酸，溶解后稀释至 100mL，混匀，现用现配），混匀，空白试液加入 10mL 钴基体溶液［含钴 16g/L，称取 1.600g 金属钴，加入 20mL 硝酸（1+1）溶解，稍冷后，加入 10mL 盐酸溶解至小体积，取下冷却至室温，移入 100mL 容量瓶中以水定容］，以水定容，放置 20min。

（2）工作曲线的绘制

① 移取 0.00mL、2.00mL、4.00mL、6.00mL、8.00mL、10.0mL 砷标准溶液（称取 10.00mL 砷标准储存溶液 100μg/mL，于 1000mL 容量瓶中，加入 20mL 盐酸，以水定容），此溶液 1μg/mL 于一组 100mL 容量瓶中，匹配和样品测定体系中相同量的钴基体溶液，加入 25～30mL 盐酸，加入 100g/L 硫脲-抗坏血酸混合溶液 10mL，混匀，以水定容，放置 20min。

② 在与测量试液相同条件下，测量系列标准溶液的荧光强度，减去"零"浓度溶液的荧光强度。以砷浓度为横坐标，荧光强度为纵坐标，绘制工作曲线。

（3）样品的测定

用硼氢化钾溶液（20g/L）作为还原剂，盐酸（1+3）作为载流，氩气作为屏蔽气和载气，于原子荧光光谱仪上，用系列标准溶液测量试液的荧光强度，减去空白试液的荧光强度，从曲线上查出相应的砷浓度。

（4）质量保证与控制

应用国家级标准样品或行业标准样品（当前两者没有时，也可用控制标样替代），每两周或必要时校核一次本分析方法标准的有效性。当过程控制时，应找出原因，纠正错误后，重新进行校核。

3. 原子荧光光谱法分析水处理剂中砷和汞含量（GB/T 33086—2016）

（1）样品制备

玻璃仪器的预清洗，实验所用玻璃器皿使用前应于硝酸中浸泡 24h，然后用水冲洗干净备用。

称取适量试样（精确至 0.2mg）或移取适量体积的稀释后的试样（根据原子荧光光谱仪的元素校准曲线范围及产品中要求的砷含量来确定），置于 100mL 烧杯中，加 30mL 水、1~5mL 硝酸（硝酸的加入量以满足试样溶解为准），盖上表面皿煮沸约 1min，冷至室温后转移至 100mL 容量瓶中。砷：分别加入 10mL 盐酸、20mL 硫脲溶液；汞：分别加入 5mL 盐酸。用水稀释至刻度，摇匀。

（2）标准曲线的绘制

① 砷：分别移取 0.00mL（空白）、1.00mL、2.00mL、4.00mL、8.00mL 砷标准溶液于 5 个 100mL 容量瓶中，分别加入 10mL 盐酸、20mL 硫脲溶液，用水稀释至刻度，摇匀。此系列溶液中砷的质量浓度分别为 $0\mu g/L$、$10\mu g/L$、$20\mu g/L$、$40\mu g/L$、$80\mu g/L$。

汞：分别移取 0.00mL（空白）、0.50mL、1.00mL、2.00mL、4.00mL 汞标准溶液（Ⅱ）于 5 个 100mL 容量瓶中，分别加入 5mL 盐酸，用水稀释至刻度，摇匀。此系列溶液中汞的质量浓度分别为 $0.0\mu g/L$、$0.5\mu g/L$、$1.0\mu g/L$、$2.0\mu g/L$、$4.0\mu g/L$。

② 以测得的荧光值为纵坐标，相对应的砷或汞的质量浓度（$\mu g/L$）为横坐标，绘制标准曲线或计算回归方程。

注：使用原子荧光光谱仪测定时，所需的硼氢化钾溶液浓度、载流溶液以各种元素校准曲线线性范围、样品溶液的浓度会因仪器而有差异，使用者可根据仪器型号选择最佳测试条件。

（3）样品的测定

仪器稳定后，以硼氢化钾-氢氧化钠溶液为还原剂，以盐酸溶液为载流溶液，在仪器最佳工作条件下测定其荧光值。如有浑浊，使用中速定量滤纸干过滤后测定，由标准曲线查得或回归方程计算出砷或汞的质量浓度的数值。

4. 原子荧光光谱法分析高纯氢氧化铟中砷、锑量

以下方法和数据均引自国标 GB/T 23362.1—2009 和 GB/T 23362.3—2009。

（1）样品的称量和制备

① 样品的称量。具体内容参见标准。

② 空白试验，随同试料做空白试验。

③ 样品的制备。

砷：将试料置于 250mL 蒸馏瓶中，加 10mL 水、10mL 盐酸、2g 硫脲肼和 2mL 氢溴酸，接好蒸馏装置，低温加热分解样品并蒸馏，用预先加入 50mL 水的 100mL 容量瓶吸收蒸馏液。蒸至近干，取下容量瓶，用水稀释至刻度，混匀。

锑：将试料置于 100mL 烧杯中，加少量水润湿，加入 10mL 盐酸（1+1），低温加热（勿沸）至溶解完全，冷却，移入 50mL 容量瓶中［锑质量分数＞0.0010%~0.0050%时，用水稀释至刻度，混匀。分取 10mL 试液于 50mL 容量瓶中，加入 8mL 盐酸（1+1）］，加入 10mL 硫脲抗坏血酸清液（分别称取 25g 分析纯硫脲和 25g 分析纯抗坏血酸溶解于 500mL 水中，混匀，用时现配），用水稀释至刻度，混匀，放置 30min。

（2）工作曲线的绘制

① 砷：移取 0mL、2.00mL、4.00mL、6.00mL、8.00mL、10.00mL 砷标准溶液于一组 250mL 蒸馏瓶中，用水补足体积至 10mL，以下按上述③中砷元素样品的制备进行。

锑：移取 0mL、0.50mL、1.00mL、2.00mL、3.00mL、4.00mL、5.00mL、6.00mL

锑标准溶液 B 于一组 50mL 容量瓶中，用盐酸（1+4）补至 25mL，加入 10mL 硫脲-抗坏血酸溶液，用水稀释至刻度，混匀。放置 30min。

② 与试料测定相同条件下，测量标准溶液的荧光强度，减去系列标准溶液中"零"浓度溶液的荧光强度，以砷或锑的浓度（ng/mL）为横坐标，原子荧光强度为纵坐标绘制工作曲线。

（3）样品的测定

开启原子荧光光谱仪，设定仪器参数，使仪器性能满足要求，以盐酸（1+19）为载流溶液调零，将试液和硼氢化钾溶液（20g/L）导入氢化物发生器的反应池中，依次测量空白溶液及试样溶液中砷的原子荧光强度。在工作曲线上查出空白溶液及试样溶液中砷或锑的浓度。

第二节　原子光谱法在烟草及烟草制品产品中的应用

一、应用概况

烟草及烟草制品是人们生活中的重要产品，但是烟草中的金属元素的危害却不容忽视。烟草及烟草制品中重金属含量的检测方法主要是原子吸收光谱法。其中大部分都是烟草行业标准，我们重点关注重金属的限量，以 YC/T 268—2008 烟用接装纸及接装原纸中砷和铅的测定和 YC/T 278—2008 烟用接装纸中汞的测定为例，讲解具体相关步骤。

为了方便读者阅读和查阅，本节将原子吸收光谱法在烟草中应用的测项、检出限、仪器条件以表格形式列出，具体参见表 10-11。

表 10-11　原子吸收光谱法在烟草及烟草制品产品中的应用

适用范围	测项	检出限	仪器条件					国标号
			波长/nm	灯电流/mA	狭缝宽度/nm	原子化器	原子化器条件	
烟用接装纸及接装原纸	砷 铅	0.37μg/L 0.17μg/L	193.7 283.3	360 10	0.7 0.7	石墨炉	干燥阶段： 砷：110℃，30s；130℃，30s 铅：110℃，30s；130℃，30s 灰化阶段： 砷：1320℃，20s；铅：850℃，20s 原子化阶段： 砷：2250℃，5s；铅：1600℃，5s 净化阶段： 砷：2450℃，3s；铅：2450℃，3s 氩气流量：250mL/min 原子化方式：停气原子化 注入体积：20μL	YC/T 268—2008
卷烟纸	钾 钠 钙 镁	0.009mg/L 0.003mg/L 0.009mg/L 0.003mg/L	766.5 589.0 422.7 285.2	0.7 0.2 0.7 0.7	8 8 10 6	火焰	空气流量： 钾：17 L/min；钠：17 L/min 钙：17 L/min；镁：17 L/min 乙炔流量： 钾：2.2 L/min；钠：2.2 L/min 钙：2.2 L/min；镁：2.2 L/min	YC/T 274—2008
烟用接装纸	汞	0.003mg/kg	253.7	—	—	冷原子吸收	—	YC/T 278—2008

适用范围	测项	检出限	仪器条件					国标号
			波长/nm	灯电流/mA	狭缝宽度/nm	原子化器	原子化器条件	
烟用香精和液料	汞	0.00004mg/kg	253.7	—	—	冷原子吸收	—	YC/T 293—2008
烟草及烟草制品	钙	—	422.7	—	—	火焰	空气-乙炔火焰；钙空心阴极灯	YC/T 174—2003
烟草及烟草制品	镁	—	285.3	—	—	火焰	空气-乙炔火焰；镁空心阴极灯	YC/T 175—2003

二、分析方法

分析烟草制品中金属的含量基本上是原子吸收光谱法，主要产品有烟用接装纸及接装原纸、卷烟纸、烟用香精和液料。

不同的烟草及烟草制品中分析金属含量时所需的原子化器不同。烟草及烟草制品中的钙和镁的分析及卷烟纸中的钾、钠、钙、镁的分析均采用的是火焰原子吸收光谱法；烟用接装纸及接装原纸中的砷和铅的分析采用的是石墨炉原子吸收光谱法。烟用接装纸和烟用香精、液料中的汞的测定采用的是冷原子吸收光谱法。

不同的烟草及烟草制品的样品采集方法不同，分析不同的金属元素采用的样品前处理方法也不一样。本小节就原子吸收光谱法分析烟草及烟草制品中金属元素的一般步骤进行总结。

烟草及烟草制品中金属元素分析的一般步骤：

1. 样品的采集

① 烟草及其制品中钙和镁：按 YC/T 31 制备分析样品并测定样品的水分含量。

② 烟用接装纸和接装原纸中砷、铅：烟用接装原纸试样按 YC 170 规定的方法取样。烟用接装纸试样按 YC 171 规定的方法取样。

③ 烟用接装纸中汞：按照 YC 171 规定的方法取样。

④ 烟用香精和料液中汞：按 YC/T 145.10 中规定的方法抽取试样。

⑤ 卷烟纸中钾、钠、钙、镁：随机抽取盘面清洁的卷纸试样两盘，去掉盘纸最外三层，每种卷烟纸取样不少于 50g，按照 GB/T 462 测定卷烟纸的水分。

2. 样品制备

（1）干法灰化（适用于烟草及烟草制品中钙和镁的测定）

准确称取（0.5000±0.0005）g 试样于坩埚中，盖子半开，在电热板上炭化至无烟，然后置于已预热至 500℃ 的马弗炉中灰化 4h 至无炭粒。如果灰化不完全，可取出冷却后加数滴浓硝酸湿润，于低温下干燥后重新灰化。冷却后取出已灰化好的样品，用少量水湿润灰分，分次滴加少量盐酸（6mol/L）溶液，慎防灰分飞溅损失，待作用缓和后，再多加盐酸充分溶解残渣，共加入盐酸（6mol/L）溶液约 10mL。将坩埚移到电炉上（加石棉网）加热至沸，趁热用热水转移到 250mL 的容量瓶中，定容，摇匀，此为烟叶钙的待测液，同时做空白试验。

（2）湿法消解

① 烟用香精和料液中汞的分析。准确称取 5.0g（精确至 0.0001g）试样于 250mL 聚四氟乙烯烧杯中，加入 5mL 水后置于 100℃ 控温电加热器上加热至试样近干；再缓慢加入 5mL 65% 硝酸，待反应缓和后置于 130℃ 控温电加热器上消解，并不断滴加 65% 硝酸直至

有机质消解完全。消解完全后的试样溶液应为无色或微带黄色。量取 10mL 水加入消解完全的试样中，置于 130℃ 控温电加热器上加热至约 0.5mL，以赶尽剩余的酸。然后将试样转移至 50mL 塑料容量瓶中，加两滴 5% 高锰酸钾溶液，用 3% 盐酸定容，摇匀后待测。同时进行空白试验。

对于能被水完全溶解的试样，采用直接进样法。准确称取 5.0g（精确至 0.0001g）试样，根据试样的溶解性，用水溶解后定容于 50mL 的塑料容量瓶中，摇匀后待测。同时进行空白试验。

② 卷烟纸中钾、钠、钙、镁的分析。称取 0.10～0.12g 试样，精确至 0.0001g，剪成碎片，置于 25mL 烧杯中。加入 2.0mL 65% 硝酸，以及 0.25mL 71% 高氯酸，盖上表面皿，静置不少于 2h。在调压控温电炉上温度控制在 110℃ 左右消解，赶酸至近干。冷却后转移至 50mL 容量瓶中，用 0.5% 的硝酸定容至刻度。

准确移取上述试样消化液 5.0mL 于 100mL 容量瓶中，加入 1.0mL 5g/L 的氯化铯溶液，用 0.5% 的硝酸定容至刻度，用于钾、钠、镁的测定；若待测试样溶液的浓度超出标准工作曲线的浓度范围，则稀释后重新测定。同时做空白试验。

准确移取上述试样消化液 0.5mL 于 100mL 容量瓶中，加入 1.0mL 5g/L 的氯化铯溶液，用 0.5% 的硝酸定容至刻度，用于钙的测定；若待测试样溶液的浓度超出标准工作曲线的浓度范围，则稀释后重新测定。同时做空白试验。

（3）微波消解法

微波消解程序参考条件：室温 $\xrightarrow{5min}$ 100℃ （5min）$\xrightarrow{5min}$ 130℃ （5min）$\xrightarrow{5min}$ 160℃ （15min）$\xrightarrow{5min}$ 190℃ （25min）。

① 卷烟纸中钾、钠、钙、镁的分析。称取 0.10～0.12g 试样，精确至 0.0001g，剪成碎片，置于微波消解罐中。向微波消解罐中加入 15% 硝酸溶液 10.0mL，密封后装入微波消解仪中。消解完毕，待微波消解罐冷却至室温后，将试样溶液转移至 50mL 容量瓶中，用 0.5% 的硝酸清洗消化罐和消化罐盖 3～4 次，清洗液同样转移至 50mL 容量瓶中，然后用 0.5% 的硝酸定容。以下步骤同（2）湿法消解② 中"准确移取上述试样消化液……同时做空白试验。"

② 卷烟用接装纸和接装原纸中砷、铅、汞的分析。在 0.2～1.0g 范围内，称取试样，精确至 0.0001g，置于微波消解罐中。向微波消解罐中依次加入 5mL 硝酸（65%）、1mL 过氧化氢（30%）、1mL 盐酸（37%）和 1mL 氢氟酸（40%），密封后装入微波消解仪，消解完毕，待微波消解仪炉温降至 40℃ 以下后取出消解罐，置于控温电加热器中，在 130℃ 条件下，加热赶酸至约 0.5mL。赶酸完毕，冷却至室温后，将试样溶液转移至 50mL 容量瓶中，用 1% 硝酸（汞：3% 盐酸）冲洗消解罐 3～4 次，清洗液同样转移至 50mL 容量瓶中，然后用 1% 硝酸（汞：3% 盐酸）定容，摇匀后待测，同时做空白试验。

3. 仪器条件

参照仪器说明书和各元素的特点调整仪器至最佳条件，见表 10-11。

4. 标准曲线的绘制

用市售的钾、钠、镁、钙、砷、汞、铅标准溶液配制标准工作溶液，用水（钾、钠、镁、钙）、1% 硝酸（砷、铅）或 3% 盐酸（汞）定容至刻度。操作者可根据操作习惯和所用仪器的灵敏度特点自行调整，要求每个元素的浓度应在仪器的线性工作范围内，同时加入一定浓度的适量的基体改进剂。在已调整完毕的仪器上，根据仪器说明书分别测定系列标准溶液在测定波长处的吸收值，以吸光度峰面积为纵坐标，浓度为横坐标绘制标准工作曲线。相关系数不应小于 0.999。

5. 干扰和消除：

钾、钠、钙、镁：50g/L 氯化镧溶液 1mL 或 5g/L 氯化铯溶液 1mL。

砷：硝酸钯溶液（1g/L）5μL 和硝酸镁（1g/L）3μL。

铅：磷酸二氢铵溶液（10g/L）5μL 和硝酸镁（1g/L）3μL。

6. 样品的测定

测定各元素空白溶液和试液（加入基体改进剂），读取各待测元素的吸收值，同时测定空白吸收值。如果溶液中待测元素的浓度过高，则应继续稀释至工作曲线的浓度范围内。代入线性回归方程，求得试剂空白液和试样液中的待测元素的含量。

注：冷原子吸收光谱仪测汞时需加入 3% 盐酸与 0.2% 硼氢化钠和 0.05% 氢氧化钠的混合溶液。

第三节　原子光谱法在造纸产品中的应用

一、应用概况

纸、纸板和纸浆作为日常生活的常用品，其金属离子的含量大小直接影响着纸制品品质的好坏；造纸废水中的各种金属离子含量更是影响人类的生存环境。纸、纸板和纸浆中金属离子的检测方法主要是原子吸收光谱法和原子荧光光谱法。本章节我们重点介绍原子吸收光谱法、原子荧光光谱法在纸、纸板和纸浆产品中的应用。

为了方便读者阅读和查阅，本节将原子吸收光谱法在造纸产品中应用的测项、检出限、仪器条件以表格形式列出。原子吸收光谱法分析纸、纸板和纸浆参见表 10-12；原子荧光光谱法分析纸、纸板和纸浆参见表 10-13。

表 10-12　原子吸收光谱法在纸、纸板、纸浆产品中的应用

适用范围	测项	检出限	仪器条件			国标号
			波长/nm	原子化器	原子化设定参数	
纸、纸板、纸浆	铬	10mg/kg	257.9	火焰	空气-乙炔火焰；狭缝：0.2nm；灯电流：7mA 氘灯扣背景	GB/T 24990—2010
		50μg/kg		石墨炉	狭缝：0.2 nm；灯电流：5mA 塞曼效应扣背景	
纸、纸板、纸浆	铅	60μg/kg	283.3	石墨炉	狭缝：0.7nm；灯电流：5mA 塞曼效应扣背景	GB/T 24991—2010
纸、纸板、纸浆	镉	1mg/kg	228.8	火焰	镉空心阴极灯；空气-乙炔火焰	GB/T 24997—2010
		10μg/kg		石墨炉	镉空心阴极灯	
纸、纸板、纸浆	铜	—	324.7	火焰	空气-乙炔火焰	GB/T 8943.1—2008
纸、纸板、纸浆	铁	—	248.3	火焰	一氧化二氮-乙炔或空气-乙炔火焰	GB/T 8943.2—2008
纸、纸板、纸浆	钙镁	—	422.7 285.2	火焰	一氧化二氮-乙炔或空气-乙炔火焰	GB/T 8943.4—2008
纸、纸板、纸浆	钠	—	588.8	火焰	空气-乙炔火焰	GB/T 12658—2008
纸、纸板、纸浆	锰	—	279.5	火焰	锰空心阴极灯；一氧化二氮-乙炔或空气-乙炔火焰	GB/T 8943.3—2008

表 10-13 原子荧光光谱法在纸、纸板、纸浆产品中的应用

适用范围	测项	检出限	仪器条件			国标号
			负高压/V	灯电流/mA	原子化器条件	
纸、纸板、纸浆	砷	0.01 mg/kg	220	60	载气(Ar)流速:400mL/min 屏蔽气流速:800mL/min 原子化器高度:8mm 读出时间:10s 延迟时间:2.5s 进样体积:1.0mL 读出方式:峰面积 测定方法:标准曲线法	GB/T 24992—2010
纸、纸板、纸浆	汞	0.02 mg/kg	240	15	原子化温度:800℃ 载气(Ar)流速:400mL/min 屏蔽气流速:100mL/min 加还原剂时间:7s 读出时间:15s 延迟时间:1.0s 进样体积:1.0mL 读出方式:峰面积 测定方法:标准曲线法	GB/T 22804—2008

二、分析方法

(一) 原子吸收光谱法在纸、纸板和纸浆产品中的应用

1. 原子吸收光谱法分析纸、纸板和纸浆中铜、铁、钙、镁、锰的一般步骤

(1) 样品的采集

纸浆试样的采集按 GB/T 740 进行,纸和纸板试样的采集按 GB/T 450 进行。

铜、铁、钙、镁、锰:将风干样品撕成适当大小的碎片,但不应采用剪切、冲孔刀具或其他可能发生金属污染的工具采集样品。

(2) 样品的制备

① 试样的称取和灰化。每个样品称取两份 10g(称准至 0.01g)试样(测钠时称取 1g),如果试样的待测元素含量超出工作曲线范围,则根据检测值对试样量进行调整。同时称取两份试样按 GB/T 462 测定试样的水分。将称好的试样放在瓷蒸发皿(最好采用带盖有柄蒸发皿)或坩埚内,试样按 GB/T 742 灼烧成残余物(灰分)。

② 残余物(灰分)的溶解和试样溶液的制备。

a. 仔细向含有试样残余物(灰分)的蒸发皿内加入 5mL 盐酸溶液(6mol/L),并在蒸汽浴上蒸发至干,如此重复操作一次。然后用 20mL 盐酸(铁、镁、钙 5mL)溶液处理残渣,并在蒸汽浴上加热 5min。

b. 不同元素的消解方法。

铜:稍冷,徐徐加入氨水(密度 0.91g/mL)至成微碱性。此时,铁应以氢氧化铁沉淀析出,溶液应为无色。用滤纸过滤,用热水洗涤 6~7 次,集滤液及洗液于烧杯中,蒸浓至约为 20mL,移入 50mL 容量瓶中,用少量水漂洗烧杯 3 次,洗液也倾入容量瓶中。向容量瓶中加入 1mL 酒石酸钾钠溶液(50g/L)、5mL 氨水(1:5)、1mL 新配制的淀粉溶液(2.5g/L),混合均匀后,加入 5mL 二乙基二硫代氨基甲酸钠溶液(1g/L),加水稀释至容量瓶刻度,摇匀。

铁：用蒸馏水将蒸发皿中的内容物移入 50mL 或 100mL 容量瓶中，为保证抽提完全，再向蒸发皿中的残渣加入 5mL 盐酸溶液，并在蒸汽浴上加热。然后用蒸馏水将最后的内容物移入容量瓶中，与主要的试样溶液合并在一起，并用蒸馏水稀释至刻度，且混合均匀。向试验溶液中按顺序加入 1mL 氯化羟胺（盐酸羟胺）溶液、1mL 盐酸 1,10-菲咯啉溶液和 15mL 乙酸钠三水化合物溶液，调节 pH 值至 3～6（用 pH 试纸检查）。

钙、镁：向样品残余物（灰分）中加入 10mL 水，然后加 3mL 盐酸，将坩埚置于蒸汽浴上加热 5～10min。如果产生二氧化锰的棕色沉淀，则用滤纸将坩埚中的内容物滤入 100mL 的容量瓶中，并用水洗涤。如果未发现不溶残渣或残渣为无色时，则不必过滤。在这种情况下，可直接用水将坩埚中的内容物洗至 100mL 的容量瓶中。

锰：用蒸馏水将坩埚里的内容物移入 50mL 容量瓶中。为了保证完全抽提，再向每只坩埚中的残渣加入 5mL 盐酸溶液（6mol/L），并在蒸汽浴上加热，用蒸馏水将此最后一部分内容物移入容量瓶中，与主要试样溶液合并在一起。用蒸馏水稀释至容量瓶刻度，并混合均匀。如果溶液中含有悬浮物，则可待其下沉后对其清液进行吸收值的测量。

（3）仪器条件

将待测元素空心阴极灯安装在原子吸收分光光度计的灯座上，按仪器规定的操作步骤开动仪器，接通电流，并使电流稳定。根据仪器测定元素的条件，调节并固定其测定波长。然后调节电流、灵敏度狭缝、燃烧头高度、燃气/助燃气比、气流速度以及吸入量等。具体条件参见表 10-12。

安全须知：采用一氧化二氮-乙炔时，应特别注意安全，防止爆炸。应使用一氧化二氮-乙炔燃烧头，在接通一氧化二氮-乙炔前需先用空气-乙炔将燃烧器点燃。

（4）标准曲线的建立

分别向 5 个 50mL 或 100mL 的容量瓶中加入 10mL 盐酸溶液（6mol/L）和一定体积的标准待测溶液（钙和镁还需要加入 5% 的氯化锶溶液 4mL 或氧化镧溶液 20mL）。然后用蒸馏水稀释至容量瓶刻度，并混合均匀。以待测元素的质量（mg）作为横坐标，相应标准溶液的吸收值作为纵坐标，绘制标准曲线。

（5）样品的测定

待仪器正常、火焰燃烧稳定后，依次将标准比对溶液吸入火焰中，并测量每一个溶液的吸收值。测量时应以空白试样溶液作对照，将仪器的吸收值调节为 0，然后测量其余待测标准溶液。标准曲线系列吸收值的测定应与试样溶液吸收值的测定同时进行，以克服实验条件变化引起的误差并注意保持仪器使用条件的恒定。每次测量之后，应吸蒸馏水清洗燃烧器。

（6）质量保证和控制

① 选择最佳温度和时间是灰化处理的关键，温度过高会造成钠的挥发损失，温度过低会使灰化不彻底，残留吸附，造成结果出现偏差。因马弗炉的个体差异，温度不易准确控制。建议同时做加标回收，如果回收率在 90%～110%，测定结果可采用，否则，应调整灰化处理的温度和时间。

② 灰化处理后，若坩埚内表面呈现黑色或有炭粒残留，均是灰化不彻底的表现。

③ 灰化处理时，为了氧气充足、灰化充分，马弗炉不应闭紧，坩埚应敞开。但应注意坩埚取出前应加盖，防止灰的飘飞，造成损失。在炭化过程中，会有烟排出，建议配合使用抽风装置。

④ 在溶解灰分时，应沿坩埚内壁滴水，防止灰分的飘飞。

⑤ 试样在称量前，应在天平附近平衡 20min，可避免因试样本身的水分变化而导致称量数据的不稳定。

⑥ 当测定值不在工作曲线范围内，建议调整工作曲线范围或试样质量，不建议稀释样品。

⑦ 注意坩埚的隔日差异所引起的空白值的差异。建议使用同批生产的坩埚，不建议使用内表面粗糙变黄的坩埚。灰化不完全会导致坩埚有残留，建议坩埚使用前在700℃下灼烧1h，然后用稀硝酸浸泡，冲洗干净。试验用的玻璃器皿在使用前使用稀硝酸浸泡，然后冲洗干净。

2. 原子吸收光谱法分析纸、纸板和纸浆中铬、铅、镉的一般步骤

（1）样品的采集

试样的采集按照 GB/T 450 或 GB/T 740 的有关规定进行。

（2）样品的制备

将样品剪成约 5mm×5mm 的小块，彻底混匀，防止污染。试样称量前在天平附近至少平衡 20min。按照 GB/T 462 测定试样的水分，用以计算试样的绝干物含量。

① 干法消解。做两份试样的平行测定。称取约 1g 风干试样，精确至 0.001g，放入坩埚，如样品的铬含量超出了测试范围，则根据检测值对试样量进行调整。同时称取两份试样按照 GB/T 462 测定样品的水分，用以计算样品的绝干物含量。将坩埚放入马弗炉中，升温至（200±25）℃，保持 1h；继续升温至（550±25）℃，保持 4h。盖上坩埚盖，取出坩埚，自然降温至室温。仔细地沿壁向坩埚中滴入少量的水以浸润灼烧后的残余物，加入 2.5mL 浓硝酸，稀释、过滤，移入 50mL 的容量瓶中，用水洗涤坩埚、滤纸数次，洗涤液一并移入容量瓶，然后用水定容至刻度。同时做空白试验，取相同量的所有试剂，采用相同的分析步骤，但不加试样。

② 高压湿式消解法。做两份试样的平行测定。称取约 0.4g 的风干试样，精确至 0.001g，放入压力溶弹的聚四氟乙烯内罐中，加入 4mL 浓硝酸（65%～68%）、1mL 过氧化氢（质量分数大于 30%）、1mL 水，将压力溶弹放入烘箱，升温至（95±2）℃，保持 1h，之后再继续升温至（185±2）℃，保持 4h。关闭电源，在烘箱中自然冷却至室温，取出压力溶弹，并小心地在通风橱中打开，让二氧化氮烟雾从消解罐中排出。将消解内罐中的溶液用水适当稀释，过滤于 50mL 的容量瓶内，用水洗涤消解内罐及滤纸数次，洗涤液一并移入容量瓶，然后用水定容至刻度。同时做空白试验，与试样的测定平行进行，取相同量的所有试剂，采用相同的分析步骤，但不加试样。

③ 微波消解法。做两份试样的平行测定。称取约 0.4g 的风干试样，精确到 0.001g，放入微波消解仪聚四氟乙烯的内罐中，加入 4mL 浓硝酸、2mL 过氧化氢、2mL 水，放入微波消解仪。根据微波消解仪的使用说明书，选择适当的控制方式，消解反应，冷却，取出消解罐，并在通风橱中打开。让二氧化氮烟雾从消解罐中排出，将消解内罐中剩留的溶液用水适当稀释，过滤至 50mL 的容量瓶内，用水洗涤消解内罐及滤纸数次，洗涤液一并移入容量瓶，然后用水定容至刻度。同时做空白试验，与试样的测定平行进行，取相同量的所有试剂，采用相同的分析步骤，但不加试样。

注：由于微波消解仪以及消解罐容积的不同，根据微波消解仪的使用说明书的要求调整试样量。

④ 常压湿式消解法。做两份试样的平行测定。称取约 1g 的风干试样，精确至 0.001g，放入 250mL 圆底烧瓶或消化管中，加入 2～3mL 硫酸，在圆底烧瓶或消化管上接冷凝装置，在电热板或消化炉上加热炭化，冷却；再加入 2～4mL 硝酸，加热直至变成澄清的无色或微黄色溶液为止；当加热过程中产生白烟或溶液变黑时，需冷却，适当增加少量的硝酸，再次加热直至变成澄清的无色或微黄色溶液为止。冷却，用适量水洗涤冷凝装置、圆底烧瓶或消

化管，溶液经过滤移入 50mL 容量瓶中，然后用水定容至刻度。同时做空白试验，与试样的测定平行进行，取相同量的所有试剂，采用相同的分析步骤，但不加试样。

注：仅适用于纸浆或无涂布、无填料的纸，因不溶于硝酸的高岭土或瓷土等无机物会对样品中的铬产生吸附。

（3）仪器条件

根据石墨炉原子吸收光谱仪的操作手册设定参数，并使仪器操作参数最佳化。具体参见表 10-12。

（4）标准曲线的建立

最终的铬、铅或镉标准工作溶液的浓度取决于所使用的分析仪器，一般情况下，标准工作溶液的浓度为 50μg/L。分别准确移取 1mL 铬、铅或镉标准储备溶液（100mg/L），用水稀释至 100mL 得到浓度为 1mg/L 的稀释液；再分别准确移取 5mL 铬、铅或镉稀释液，用水稀释至 100mL，溶液即用即配。

（5）样品的测定

标准加入法：将空白溶液，待测溶液，铬、铅或镉标准工作溶液，水及基体改进剂放入仪器的自动进样器中，通过仪器的控制程序，在石墨管中分别在等量的待测溶液中，加入不同铬含量的系列工作溶液，表 10-14 是典型的溶液及其体积的例子。

表 10-14　标准加入法的举例

待测定液	标准工作溶液/μL	样品/μL	稀释液/μL	基体改进剂/μL
空白	0	0	20	5
溶液 1	4	10	6	5
溶液 2	8	10	2	5
溶液 3	10	10	0	5
样品	0	10	10	5

在选定波长处测定各溶液的吸光度。以铬、铅或镉浓度为 X 轴，溶液的吸光度为 Y 轴，通过四点画一条直线，此线的相反方向与 X 轴相交，交叉点的值即为待测溶液的铬、铅或镉含量。

注：如四点不在一条直线上，则可选择拟合得最好的一条线。若从图形可明显看出测试的精度很差时，重复测试。如坐标上的四点仍然十分离散，则说明有严重的误差或测定结果超出了检出限。

（6）质量保证和控制

① 试样在称量前在天平附近平衡 20min，可解决因试样本身的水分变化而导致的称量数据的不稳定。

② 注意坩埚的个体差异所引起的空白值的差异，变黄、内表面粗糙的坩埚不建议使用。试验用坩埚、玻璃器皿使用前应当用稀硝酸浸泡，冲洗干净。

③ 微波消解可有不同的控制方式，有多种温度/压力/功率、时间和加酸量等不同的参数组合，可根据实际情况设定。只要保证消解完全且均有较高回收率，消解方法均可使用。充分消解后通常可得到澄清的溶液，残余物为白色。

④ 分析仪器可根据实验室的实际情况选择，只要仪器的检出限满足检验的限量要求即可。由于分析仪器灵敏度的不同，操作人员应根据仪器的测试范围选择合适的标准工作溶液范围。

⑤ 当采用石墨炉原子吸收光谱法进行分析时，一般采用标准加入法测定。但在实践中，只要不受基体干扰，可采用标准曲线法进行测定，同时注意控制工作曲线的酸度应与待测溶

液一致。

⑥ 采用密闭湿法消解、石墨炉法测定时，如有条件，可在消解后增加赶酸工序，将消解内罐放入配套的加热板上加热，直至罐内剩余 2mL 的溶液，再进行稀释、过滤、定容。增加赶酸工序可降低待测溶液的酸度，标准加入法测定时可直接用水作为稀释液，延长石墨管的使用寿命。

(二) 原子荧光光谱法在纸、纸板和纸浆产品中的应用

原子荧光光谱法测定纸、纸板和纸浆中的砷和汞的一般步骤如下（以下数据和方法引自国标 GB/T 24992—2010 和 GB/T 22804—2008）。

1. 样品的采集

试样的采集按 GB/T 450 或 GB/T 740 的规定进行。

2. 样品的制备

将样品剪或撕成约 5mm×5mm 的小块，混合均匀，防止污染。试样称量前至少在天平附近平衡 20min。按照 GB/T 462 测定试样的水分，用以计算试样的绝干物质量。

（1）常压消解法

做两份试样的平行测定。称取约 1g 的风干试样，精确至 0.001g，放入 250mL 圆底烧瓶或消化管中，加入 2～3mL 硫酸，在圆底烧瓶或消化管上接冷凝管，在电热板或消化炉上加热炭化，当出现冒白烟时，继续加热约 10min，白烟冒尽，将冷凝管移开，加入 2～4mL 硝酸，加入 2～3 粒玻璃珠，接上冷凝管后加热控制微沸，并不时摇动圆底烧瓶或消化管，直至无黄褐色烟雾产生，并得到澄清或微黄色溶液（如果消化不完全，可适当增加硝酸的量，重复此步骤，直至溶液澄清或微黄色为止）。用适量水洗涤冷凝管，取下冷凝管，继续加热至产生白烟，此时溶液剩 2～3mL，停止加热，稍冷后，用适量水洗涤圆底烧瓶或消化管，溶液经过滤移入 100mL 容量瓶中〔此时，砷需加入 20mL 硫脲＋抗坏血酸溶液（5％＋5％），5mL 盐酸（36％～38％）〕，用水定容至刻度。空白试验与试样的测定平行进行，取相同量的所有试剂，采用相同的分析步骤，但不加试样。

注：常压消解法处理含有较多涂布或填料的样品时，消解液中会残留不溶于硝酸的高岭土或瓷土等无机物，会对样品中的砷产生吸附，故本方法仅适用于纸浆或未涂布高岭土及无机填料较少的纸和纸板，可在测试过程中同时进行加标回收试验以判断方法的适用性。

（2）高压消解法

做两份试样的平行测定。称取约 0.4g 的风干试样，精确至 0.001g，放入压力消解罐的聚四氟乙烯内罐中，加入 6mL 硝酸，将压力消解罐放入烘箱，升温至（95±2）℃，保持 1h，再继续升温至（185±2）℃，保持 4h。关闭电源，在烘箱中自然冷却至室温，取出压力消解罐，并小心地在通风橱中打开，将消解内罐中的溶液用水适当稀释，过滤于 100mL 的烧杯中，加入 2～3 粒玻璃珠，将烧杯置于电热板上加热至微沸，加热至产生白烟，此时溶液剩 2～3mL。停止加热，稍冷后，在烧杯中加入适量水洗涤杯壁，移入 50mL 容量瓶中（如有沉淀，则需过滤），用水洗涤烧杯和滤纸数次（此时，砷需加入 10mL 硫脲＋抗坏血酸，加入 2.5mL 盐酸），用水定容至刻度。空白试验与试样的测定平行进行，取相同量的所有试剂，采用相同的分析步骤，但不加试样。

（3）微波消解法

做两份试样的平行测定。称取约 0.4g 的风干试样，精确至 0.001g 放入微波消解仪聚四氟乙烯的内罐中，加入 8mL 硝酸，加盖浸泡 0.5h，放入微波消解仪。根据仪器使用说明书，选择适当的控制方式至消解完全，冷却，取出消解罐，并在通风橱中打开。将消解内罐

中的溶液用水适当稀释，过滤于 100mL 的烧杯中，加入 2～3 粒玻璃珠，将烧杯置于电热板上加热至产生白烟，此时溶液剩 2～3mL，停止加热，稍冷后，在烧杯中加入适量水洗涤杯壁，移入 50mL 容量瓶中（如有沉淀，则需过滤），用水洗涤烧杯和滤纸数次（此时，砷需加入 10mL 硫脲＋抗坏血酸，2.5mL 盐酸），用水定容至刻度。空白试验与试样的测定平行进行，取相同量的所有试剂，采用相同的分析步骤，但不加试样。

3. 标准溶液的配制

用移液管分别移取 0.00mL、0.50mL、1.00mL、1.50mL、2.00mL、2.50mL 的砷标准溶液于 50mL 的容量瓶中，分别加入 10mL 硫脲＋抗坏血酸、2.5mL 盐酸，用水定容至刻度，每毫升上述标准溶液分别含砷 $0.000\mu g$、$0.002\mu g$、$0.004\mu g$、$0.006\mu g$、$0.008\mu g$、$0.010\mu g$。

用移液管分别移取 0mL、1mL、2mL、4mL、8mL 的汞标准溶液于 100mL 容量瓶中，用硝酸定容至刻度，每毫升上述标准溶液分别含汞 $0\mu g$、$0.002\mu g$、$0.004\mu g$、$0.008\mu g$、$0.16\mu g$。

4. 仪器测定

根据仪器操作手册设定参数，绘制标准工作曲线；测定空白溶液、待测溶液中砷（汞）原子的荧光强度，根据标准工作曲线计算测定溶液的砷（汞）含量。

5. 质量保证和控制

① 试样在称量前，应在天平附近平衡 20min，可避免因试样本身的水分变化而导致称量数据的不稳定。

② 微波消解可有不同的控制方式，有多种温度/压力/功率、时间、加酸量等不同的参数组合，可根据实际情况设定。只要保证消解完全且均有较高的回收率，这样的消解方法均可使用。充分消解后通常可得到澄清溶液，残余物为白色絮状。

③ 试验用的玻璃器皿应在使用前用 1∶1（体积比）稀硝酸浸泡 24h 以上，然后冲洗干净。

④ 常压消解法不适用于含有涂料和填料较多的纸，因为不溶于酸的颗粒残留会对砷产生吸附。

⑤ 为了避免原子荧光光度计在检测过程中信号的漂移，应在每隔一定数量的样品测试时增加质控样。

⑥ 分析仪器可根据实验室的实际情况选择，只要仪器的检出限满足要求即可。由于分析仪器的灵敏度不同，操作人员应根据仪器的测定范围选择合适的标准工作溶液范围。

第四节　原子光谱法在饲料产品中的应用

一、应用概况

饲料是动物的重要食源，饲料中的微量元素和重金属元素的含量对动物的健康至关重要。饲料中金属元素的检测方法主要是原子吸收光谱法，大部分都是国标方法，也有一些农业部行业标准例如 NY/T 1944—2010，增加了微波消解法，湿法消解时加入酸的量也略有不同。本节我们对饲料中铅和钴以及动物饲料中钙、铜、铁、镁、锰、钾、钠和锌的原子吸收光谱法的测定步骤进行整理总结。

为了方便读者阅读和查阅，本节将原子吸收光谱法在饲料中应用的测项、检出限、仪器条件以表格形式列出，具体参见表 10-15。

表 10-15 原子吸收光谱法在饲料产品中的应用

适用范围	测项	检出限 （称样量，定容体积）	仪器条件			国标号
			波长/nm	原子化器	原子化器条件	
饲料	钙	2.5mg/kg (1g,50mL)①	422.7	火焰	空气和乙炔流量： 0.6～4.9 L/min	NY/T 1944—2010
饲料	铅	—	283.3	火焰	—	GB/T 13080—2018
饲料	钴	0.002 mg/kg	240.7	火焰	—	GB/T 13884—2018
动物饲料	钙 铜 铁 镁 锰 钾 钠 锌	K,Na:500mg/kg Ca,Mg:50mg/kg Cu,Fe,Mn,Zn:5mg/kg	422.6 324.8 248.3 285.2 279.5 766.5 589.6 213.8	火焰	空气-乙炔火焰	GB/T 13885—2017/ ISO 6869:2000

① 括号内容代表检出限的前提条件是：取样量是 1g，定容体积是 50mL。

二、分析方法

1. 原子吸收光谱法分析饲料中铅和钴的一般方法步骤

（1）样品的制备

选取有代表性的样品，至少 500g，四分法缩分至 100g，粉碎，过 1mm 尼龙筛，混匀装入密闭容器中，低温保存备用。

（2）样品的溶解

① 干灰化法称取约 5g 制备好的试样，精确到 0.0001g，置于瓷坩埚中。将瓷坩埚置于可调电炉上，100～300℃缓慢加热炭化至无烟，要避免试料燃烧。然后放入已在 550℃下预热 15min 的马弗炉中，灰化 2～4h，冷却后用 2mL 水将炭化物润湿。如果仍有少量炭粒，可滴入硝酸使残渣润湿，将坩埚放在水浴上干燥，然后放到马弗炉中灰化 2h，冷却后加 2mL 水。

铅（适用于含有机物较多的饲料原料、配合饲料、浓缩饲料和精料补充料）：取 5mL 盐酸，开始慢慢一滴一滴加入到坩埚中，边加边转动坩埚，直到不冒泡，然后再快速放入，再加入 5mL 硝酸，转动坩埚并用水浴加热直到消化液剩余 2～3mL 时取下（注意防止溅出）。分次用 5mL 左右的水转移到 50mL 容量瓶，冷却后，用水定容至刻度，用无灰滤纸过滤，摇匀，待用。同时制备试样空白溶液。

钴（饲料原料、配合饲料、浓缩饲料试样的处理）：再加 5mL 盐酸，并加水至 15mL，煮沸数分钟后放冷，定容，过滤，得试样测定液，备用。同时制备试样空白溶液。

② 湿消化法。

a. 盐酸消化法。

铅（适用于不含有机物质的添加剂预混合饲料）：依据其含量，称取 1～5g 制备好的试样，精确到 0.0001g，置于瓷坩埚中。用 2mL 水将试样润湿，取 5mL 盐酸，开始慢慢一滴一滴加入坩埚中，边加边转动坩埚，直到不冒泡，然后再快速放入，再加入 5mL 硝酸，转动坩埚并用水浴加热直到消化液剩余 2～3mL 时取下（注意防止溅出）。分次用 5mL 左右的水转移到 50mL 容量瓶，冷却后，用水定容至刻度，用无灰滤纸过滤，摇匀，待用。同时制备试样空白溶液。

钴（添加剂预混料试样处理）：称取 0.5～2g 试样（精确至 0.0001g）于 250mL 具塞锥形瓶中，加入 100.0mL 盐酸，用磁力搅拌器搅拌提取 30min，再用离心机以 5000r/min 的转速离心分离 5min，取其上层清液为样品测定液；或于搅拌提取后，取干过滤所得溶液作为试样测定液，同时制备试样空白溶液。

b. 高氯酸消化法（铅）。适用于含有机物质的添加剂混合饲料，平行做两份试验。称取 1g 试样（精确至 0.0001g），置于聚四氟乙烯坩埚中，加水润湿样品，加入 10mL 硝酸（含硅酸盐较多的样品需再加入 5mL 氢氟酸），放在通风橱里静置 2h 后，加入 5mL 高氯酸，在可调电炉上垫瓷砖小火加热，温度低于 250℃，待消化液冒白烟为止。冷却后，用无灰滤纸过滤到 50mL 的容量瓶中，用水冲洗坩埚和滤纸多次，加水定容至刻度，摇匀，待用。同时制备试样空白溶液。

（3）标准曲线的绘制

分别吸取一定体积的铅或钴标准工作液，置于容量瓶中，[铅：加入盐酸溶液 1mL，用水；钴：用盐酸（1+100）] 定容至刻度，摇匀，导入原子吸收分光光度计，用水调零，在测定波长处测定吸光度，以吸光度为纵坐标，浓度为横坐标，绘制标准曲线。

（4）样品的测定

试样溶液和试剂空白，按绘制标准曲线步骤进行测定，测出相应吸光度值与标准曲线比较定量。

2. 原子吸收光谱法分析动物饲料中钙、铜、铁、镁、锰、钾、钠和锌（GB/T13885—2017/ISO 6869：2000）

（1）样品的采样

本标准未规定采样方法，建议采样方法按照 GB/T 14699.1/ISO 6497。

实验室收到有代表性的样品是十分重要的，样品在运输、储存中不能损坏变质。保存的样品要防止变质及其他变化。

（2）试样的制备

按照 GB/T 20195/ISO 6498 的方法制备试样。

① 样品粉碎。粉碎样品可能导致失水或吸水，应规定一个限度。粉碎应尽可能快，并尽可能少暴露在空气中。如需要可先将料块打碎或碾碎成适当大小。每一步都应将样品充分混合。

a. 细样。如果实验室样品能够完全通过 1.00mm 的筛，则将之充分混合。用分样器或四分装置（分样器或四分装置，如圆锥分样器，具有分类系统的复合槽分样器，或其他能保证试样的组成具有相同分布的其他分样装置）逐次分样直至得到需要量的试样。

b. 粗样（不过 1.00mm 筛）。

（a）如果实验室内样品完全不能通过 1.00mm 的筛，而且能全部通过 2.80mm 的筛，将其充分混合，照上述步骤 a 细样中逐次分样以制成适量的样品（见下述步骤⑨）。

（b）小心地在已清洁干燥的粉碎机中粉碎样品，直至能全部通过 1.00mm 的筛。

c. 粗样（不过 2.80mm 筛）。

（a）如果实验室样品不能完全通过 2.80mm 的筛，仔细地在已清洁干燥的粉碎机中粉碎样品，直至能全部通过 2.80mm 的筛，充分混合。

（b）将粉碎过的实验室内样品用分样器依次分样得到检测所需的试样。再将此样品用已清洁的粉碎机粉碎，直至能全部通过 1.00mm 的筛。

② 易于失水或吸水的样品。如果粉碎操作导致失水或吸水，采用 ISO 6496 的方法测定水分含量，使用此方法测定充分混匀的实验室样品和制备的试样，从而对原样水分含量进行校正。

③ 难粉碎的样品。如果实验室样品不能通过 1.00mm 的筛从而使粉碎困难，再按

"b. 粗样（不过 1.00mm 筛）"所述初混后或按"c. 粗样"（不过 2.80mm 筛）所述预粉碎后立即取一部分样品。

按照 ISO 6496 的方法测定水分含量。用杵和研钵研磨样品或用其他方法使其能完全通过 1.00mm 的筛后干燥样品，再次测定制备的试样的水分从而将分析结果校正为原样的水分含量。

④ 湿饲料，如罐装或冷冻宠物食品。用机械搅拌器或均质器将实验室样品（可以是整份罐装或其他包装）均质，将均质化的样品充分混合，装入一清洁干燥的样品容器中，密封。应尽快进行实验，最好立即进行，否则应将试样储存于 0～4℃条件下。

⑤ 冷冻饲料。用适当的工具将实验室样品切或打碎成块，立即将其放入绞碎机，将绞碎的样品混合直至渗出的液体完全均匀地混入样品。将样品装入清洁干燥的样品容器中，密封。应尽快进行实验，最好立即进行，否则应将试样储存于 0～4℃条件下。

⑥ 中等水分含量饲料。将实验室样品缓慢地通过绞碎机。充分混合绞碎的样品，立即将之通过 4.00mm 的筛，装入清洁干燥的样品容器中，密封。如果实验室样品无法绞碎，则用手工尽量混合和研磨好。

⑦ 青贮饲料和液体样品。

a. 草料或谷类青贮饲料。如可能将全部的实验室样品通过粉碎机，或尽可能将其切碎，将其充分混合后将至少 100g 试样转入样品容器内。

如果此实验室样品无法通过粉碎机或不能被充分切碎，则使其尽可能充分混合，然后按 ISO 6496 的方法测定水分含量。将此实验室样品干燥（例如在 60～70℃鼓风烘箱中过夜），然后将样品通过粉碎机。将样品充分混合后至少 100g 样品放入样品容器内。按照 ISO 6496 提供的方法测定制备的试样中的水分并对结果进行校正。

b. 液体样品包括鱼饲料。用一台机械搅拌器或均质器混合实验室样品，以使所有的独立物质（骨粉、油等）能完全分散开。边摇边用勺、烧杯或大口吸管转移 50～100mL 样品到样品容器中。

⑧ 有特殊要求的样品。对于需特殊精制程度的测定，需进一步研磨。在这种情况下，按上述步骤①、②、③或所述制备试样，但需按照要求的细度。

在有些情况下，应避免打碎或破坏实验室样品，例如测定颗粒硬度。

如样品是脂肪，制备试样时可能需加热和混合，有时需要预先抽提脂肪。可按 ISO 6492 进行。

如样品需做微生物检查，样品应在无菌条件下处理，这样才能保证微生物状况不发生变化。

注：如认为实验室样品是非均质的，例如分析真菌或药物添加剂，可能需要将所有样品研磨并分样至适当的试验量。

⑨ 试样的用量和储存。为全部测定准备足量的试样，应不少于 100g，将之立即全部放入容器中（样品容器应能够保证试样成分不发生变化，避光，并有足够的容积，容器应密封良好），并良好密封。保存试样应使样品的变化最小，应特别注意避免样品暴露在阳光下及受到温度的影响。

（3）样品的消解

根据估计含量称取 1～5g 制备好的试样，精确到 1mg，放进坩埚中。用平勺取一些试料在火焰上加热。如果试料熔化没有烟，即不存在有机物，按照如下步骤②操作；如果试料颜色有变化，并且不熔化，即试料含有机物，按照如下步骤①操作。

① 干灰化。将坩埚放在电热板或煤气灶上加热，直到试料完全炭化（要避免试料燃

烧）。将坩埚转到已在 550℃ 下预热 15min 的马弗炉中灰化 3h，冷却后用 2mL 水浸润坩埚中内容物。如果有许多炭粒，则将坩埚放在水浴上干燥，然后再放到马弗炉中灰化 2h，待其冷却再加 2mL 水。

② 溶解。取 6mol/L 盐酸 10mL，开始慢慢一滴一滴加入，边加边转动坩埚，直到不冒泡为止（可能产生二氧化碳），然后再快速加入，转动坩埚并加热直到内容物近乎干燥，在加热期间务必避免内容物溅出。用 5mL 盐酸加热溶解残渣后，分次用 5mL 左右的水将试料溶液转移到 50mL 容量瓶。待其冷却后，用水稀释定容并用滤纸过滤。同时做空白试验。

（4）标准曲线绘制

此部分内容参见标准。

（5）样品的测量

① 铜、铁、锰、锌的测定。在同样条件下，测量试料溶液和空白溶液的吸光度，试料溶液的吸光度减去空白溶液的吸光度，再根据工作曲线求得试料溶液中待测元素的浓度。必要的话，用盐酸溶液稀释试料溶液和空白溶液，使其吸光度在标准曲线线性范围之内。

② 钙、镁、钾、钠的测定。用水定量稀释试料溶液和空白溶液，每 100mL 稀释溶液加 5mL 硝酸镧、5mL 氯化铯和 5mL 盐酸。在相同条件下，测量试料溶液和空白溶液的吸光度。用试料溶液的吸光度减去空白溶液的吸光度，再根据工作曲线求得试料溶液中待测元素的浓度。如果必要的话，用镧/铯空白溶液稀释试料溶液和空白溶液，使其吸光度在标准曲线线性范围之内。

3. 原子吸收分光光谱法分析饲料中钙（NY/T 1944—2010）

该方法属于农业行业标准，内容较新，增加了微波消解法，湿法消解加入酸的量也略有不同。

（1）样品制备

按照 GB/T 20195 的方法制备样品。将样品磨碎，通过 0.45mm 孔筛，混匀，装入密闭玻璃容器中，避光常温保存。

（2）试样消解

① 干灰化法。根据钙含量，准确称取试样 0.5～2g（精确到 0.0001g）于坩埚中。先小火在可调式电热板上炭化至无烟，然后继续灼烧至炭化完全（要避免试料燃烧）。置于 550℃ 的马弗炉中灰化 4～5h 后，冷却。若试样灰化不彻底，取出放冷，加几滴硝酸润湿，在电热板上小火加热干燥后重新灰化。取出灰化好的试样用硝酸溶液充分溶解（若溶解不充分，可在电热板上低温加热溶解灰分），将试样消化液转移至 50mL 容量瓶中，用少量水多次洗涤坩埚，洗液合并于容量瓶中，同时加入一定量的镧溶液（50g/L）（定容后溶液中镧浓度应为 5g/L），用水定容至刻度，混匀。

② 湿式消解法。根据钙含量，准确称取试样 0.5～2g（精确到 0.0001g）于 250mL 锥形瓶或高型烧杯中，放数粒玻璃珠，加入 10mL 混合酸［硝酸＋高氯酸（4＋1）］，加盖一小漏斗或表面皿，浸泡过夜。次日在电热板或电炉上加热消解，保持消解液呈微沸状态。若消解液变成黑色，再加混合酸继续消解，直至冒白烟，最终使消化液呈无色透明或略带黄色，冷却。用少量水多次洗涤锥形瓶或高型烧杯并转移至 50mL 容量瓶中，同时加入一定量的 50g/L 镧溶液（定容后溶液中镧浓度应为 5g/L），定容，混匀。

③ 微波消解法。根据钙含量，准确称取试样 0.2～1g（精确到 0.0001g）于聚四氟乙烯内罐中，加入 3～5mL 硝酸，加入过氧化氢 1～2mL，盖好安全阀，安装好保护套后，将消解罐放入微波消解系统内，设置微波消解程序，开始消解待测样品。消解结束后，取出内罐，用少量水多次洗涤并转移消解液至 25mL 容量瓶中，同时加入一定量的镧溶液（定容后

溶液中镧浓度应为 5g/L)，定容，混匀。

第五节　原子光谱法在橡胶产品中的应用

一、应用概况

橡胶中的杂质金属元素是影响橡胶品质的重要因素。原子光谱法分析橡胶中的金属元素含量主要是利用原子吸收光谱法。橡胶样品的采集按照其分类的不同，采用不同的规定执行。样品制备的一般方法都是灰化和灰分的溶解。其中，铜和铁元素的灰化不宜采用湿法灰化。锌、铜和铁主要采用盐酸进行灰分的溶解，而镉和铅元素的测定则需要先加入乙酸铵溶液高温灰化一次，再用相应的酸溶液进行溶解。本部分内容就原子吸收光谱法分析橡胶中的金属元素含量的一般步骤进行总结。

为了方便读者阅读和查阅，本节将原子吸收光谱法在橡胶分析中的测项、检出限、波长以表格形式列出，具体参见表 10-16。

表 10-16　原子吸收光谱法在橡胶中的应用

适用范围	测项	测量范围	波长/nm	国标号
橡胶	镉	—	228.8	GB/T 29607—2013
橡胶	锌	0.05%以上	213.8	GB/T 4500—2003
橡胶	铁	5~10mg/kg	248.3	GB/T 11201—2002
		10~1000mg/kg	372.0	
橡胶	铜	1mg/kg 以上	324.7	GB/T 7043.1—2001
橡胶	铅	5~100μg/mL	283.3	GB/T 9874—2001

二、分析方法

原子吸收光谱法分析橡胶中锌、铅、铁、铜、镉的一般方法步骤如下。

1. 样品的采集

生胶、合成胶按 GB/T 15340 规定执行；胶乳按 ISO 123 规定执行；混炼胶、硫化胶按 GB/T 17783 规定执行。

2. 试液的制备

(1) 试样的灰化

① 锌、铅和镉。

干法灰化：称取（锌 0.1g、铅 0.15g、镉 0.15g）剪细的试样（精确至 0.1mg），置于容量合适的瓷坩埚中，按 GB/T 4498.1—2013 规定的方法在（550±25）℃下灰化完全。

湿法灰化：如含卤素试样，则用湿法灰化。称取（锌 0.1g、铅 0.15g、镉 0.15g）剪细的试样（精确至 0.1mg），置于一定体积的锥形瓶中，加入（锌 10~15mL、铅 3mL、镉 3mL）硫酸，适当加热至试样分解。稍冷后，加入（锌 5mL、铅 1mL、镉 0.5mL）硝酸，继续加热至试样完全分解，没有白色烟雾逸出。若试样飞溅严重，应改用容量较大的锥形瓶。然后把它转移到 100mL 蒸发皿中，蒸至近干，按 GB/T 4498.1—2013 规定的方法灰化。在（550±25）℃下灰化完全。

② 铜和铁。干法灰化：称取（铜 10g、铁 1.0~5.0g）剪细的试样（精确至 0.1mg），置于容量合适的瓷坩埚中。按 GB/T 4498.1—2013 规定的方法在（550±25）℃下灰化完全。如果灰分呈黑色，小心地用铂棒搅拌并继续加热使之烧尽。

（2）灰分的溶解

① 锌、铜和铁：小心地加入 20mL 盐酸溶液（1+2）到灰分中，进行溶解（注意碳酸盐分解引起的飞溅和起泡），加 50mL 盐酸溶液（1+2）分次把溶液和残渣移入烧杯中，加热 30min，若残余物全部溶解，将溶液移入 100mL 容量瓶中，用盐酸溶液（1+100）稀释至刻度，摇匀。

若灰分不能完全溶解，则需重新称样，放入铂坩埚中，按上述灰化步骤进行。冷却后，加入几滴硫酸，在通风橱里用电热板或水浴加热至冒白烟。稍冷后加 3 滴硫酸和 5mL 氢氟酸，加热，蒸发至干，加热时不断用铂棒或聚四氟乙烯棒搅拌，按此步骤重复两次。

锌：待试样冷却到室温，加 30mL 盐酸溶液（1+2）用砂芯漏斗过滤，以盐酸溶液（1+2）洗涤。将滤液和洗涤液合并于 100mL 容量瓶中，用盐酸溶液（1+100）稀释至刻度，摇匀。

铜：待试样冷却到室温，加入 20mL 盐酸溶液，加热 10min。冷却后，用水定容到 50mL 容量瓶中，加水稀释至刻度，摇匀。

铁：待试样冷却到室温，加入 50mL 盐酸溶液，盖上表面皿加热 10min。过滤并用盐酸溶液洗涤，合并滤液到洗涤液，转移到 100mL 容量瓶中，用盐酸溶液稀释至刻度后摇匀。

② 镉和铅：试样灰化后冷却至室温，加 15mL 乙酸铵（180g/L）溶液，煮沸，用定量滤纸过滤至 100mL 容量瓶中（滤液 A），用 15mL 去离子水分 3 次洗涤滤纸，洗液并入滤液 A 中，滤纸和残渣放入瓷坩埚中于电热板或沙浴上低温炭化，于(550±25)℃高温炉中灰化完全。

冷却至室温，加入 10mL 盐酸、5mL 硝酸和 1mL 过氧化氢溶液（30%），煮沸约 10min，冷却、过滤，用去离子水洗涤至无氯离子（用硝酸银溶液测试无白色沉淀），用蒸汽浴蒸发至干，并用去离子水溶解残渣。然后将其并入滤液 A 中，用盐酸（1+2）稀释至刻度。

3. 标准曲线的绘制

将待测标准溶液分别加入 5 个 100mL 的容量瓶中，用盐酸溶液稀释至刻度，摇匀。以待测标准溶液的浓度（μg/mL）为横坐标，相应的经过空白校正过的待测标准溶液的吸光度为纵坐标绘制标准曲线。

4. 样品的测定

启动原子吸收光谱仪，使仪器充分稳定，将波长调至测定波长处，选择仪器最佳测试条件。按顺序吸入待测标准溶液、空白溶液和试样溶液时，吸液速度应保持恒定。每测一次，必须吸水清洗燃烧器。每种试液测两次，取平均值，在相同条件下做空白试验。

如果试液的吸光度大于待测标准溶液的最大吸光度，可用盐酸溶液适当稀释，使试液的吸光度落在标准曲线的线性范围内，然后再测其吸光度。

如果试样用硫酸和乙酸铵制备，标准溶液及空白溶液加入同样量的硫酸和乙酸铵。若试样的制备使用了硫酸和氢氟酸，相同量的混合酸用于制备空白溶液。

第六节　原子光谱法在化妆品中的应用

一、应用概况

化妆品中的铅和汞是主要污染元素。市售化妆品中铅的含量国家有严格的控制标准，其最高允许浓度为 40mg/kg。2015 年版《化妆品安全技术规范》已禁止添加含汞及其化合物的原料，并规定化妆品中汞含量应≤1mg/kg。但仍有违法企业为了达到商业利益，在生产过程中添加大量含汞原料，致使广大消费者的健康受到影响，因此检测化妆品中铅和汞含量具有重要意义。化妆品中镍、锑、碲和铬、砷、镉、锑、铅物质是我国《化妆品安全技术规范》（2015年版）规定的禁用组分，不得作为化妆品生产原料及组分添加到化妆品中，如因技术问题无法避免要评估其风险，不能对人体健康造成威胁。最近颁布的国家标准 GB 33307—2016 和 GB 35828—2018 中分别规定了用电感耦合等离子体发射光谱法（ICP-AES）分析化妆品中镍、锑、碲和电感耦合等离子体质谱法（ICP-MS）分析化妆品中铬、砷、镉、锑、铅的检测方法。

为了方便读者阅读和查阅，本节将原子光谱法分析化妆品中各元素的测项、检出限、分析线和仪器条件等以表格形式列出。原子吸收光谱法分析化妆品中的铅和汞见表10-17；电感耦合等离子体发射光谱法（ICP-AES）分析化妆品中镍、锑、碲见表10-18；电感耦合等离子体质谱法（ICP-MS）分析化妆品中铬、砷、镉、锑、铅见表10-19。

表 10-17 原子吸收光谱法分析化妆品中的汞和铅

适用范围	测项	检出限（称样量）	仪器条件		国标号
			波长/nm	原子化器	
化妆品	汞	0.01mg/L(1g)①	253.7	冷原子吸收	GB 7917.1—87
化妆品	铅	4mg/L(1g)	283.3	火焰	GB 7917.3—87

① 括号中内容代表检出限的前提条件是：取样量是1g，本表中其他括号里的内容都代表取样量。

表 10-18 电感耦合等离子体发射光谱法（ICP-AES）分析化妆品中镍、锑、碲

适用范围	测项	分析线/nm	检出限/(mg/kg)	定量限/(mg/kg)	国标号
化妆品	镍 Ni	231.604	0.06	0.2	GB 33307—2016
	锑 Sb	206.833	0.15	0.50	
	碲 Te	214.281	0.3	1.0	

表 10-19 电感耦合等离子体质谱法（ICP-MS）分析化妆品中铬、砷、镉、锑、铅

适用范围	测项	检出限/(mg/kg)	定量限/(mg/kg)	国标号
化妆品	铬	0.07	0.2	GB 35828—2018
	砷	0.07	0.2	
	锑	0.07	0.2	
	铅	0.07	0.2	
	镉	0.04	0.1	

二、分析方法

（一）原子吸收光谱法在化妆品中的应用

1. 原子吸收光谱法分析化妆品中的汞（GB 7917.1—87）

（1）样品前处理

① 湿式回流消解法。称取约1.00g试样，置于250mL圆底烧瓶中。随同试样做试剂空白。样品如含有乙醇等有机溶剂，先在水浴或电热板上低温挥发（不得干涸）。加入30mL硝酸、5mL水、5mL硫酸及数粒玻璃珠，置于电炉上，接上球形冷凝管，使冷凝水循环。加热回流消解2h。消解液一般呈微黄或黄色。从冷凝管上口注入10mL水，继续加热回流10min，放置冷却。用预先用水湿润的滤纸过滤消解液，除去固形物。对于含油脂蜡质多的试样，可预先将消解液冷冻使油质蜡质凝固。用蒸馏水洗滤器数次，合并洗涤液于滤液中，定容至50mL备用。

② 湿式催化消解法。称取约 1.00g 试样，置于 100mL 锥形瓶中。随同试样做试剂空白。样品如含有乙醇等有机溶剂，先在水浴或电热板上低温挥发（不得干涸）。加入 50mg 五氧化二钒、7mL 浓硝酸。置沙浴或电热板上用微火加热至微沸。取下放冷，加 8mL 硫酸，于锥形瓶口放一小玻璃漏斗，在 135～140℃下继续消解并于必要时补加少量硝酸，消解至溶液呈现透明蓝绿色或橘红色。冷却后，加少量水继续加热煮沸约 2min 以驱赶二氧化氮。定容至 50mL 备用。

③ 浸提法。本方法不适用于含蜡质样品。称取约 1.00g 试样，置于 50mL 比色管中，随同试样做试剂空白。样品如含有乙醇等有机溶剂，先水浴挥发（不得干涸）。加入 5mL 硝酸和 1mL 过氧化氢，放置 30min 后，沸水浴加热约 2h。冷至室温，用 10%硫酸定容至 50mL 备用。

（2）测定

分别移取 0.1μg/mL 汞标准溶液 0mL、0.10mL、0.30mL、0.50mL、0.70mL、1.00mL、2.00mL，适量样品溶液和空白溶液，置于 100mL 锥形瓶中，用 10%硫酸定容至一定体积。按仪器说明书调整好测汞仪。将标准系列、空白和样品逐个倒入汞蒸气发生瓶中，加入 2mL 氯化亚锡溶液 20%，迅速塞紧瓶塞。开启仪器气阀，待指针至最高读数时，记录其读数。

（3）工作曲线的绘制

绘制工作曲线，从曲线上查出测试液中汞含量。

2. 原子吸收光谱法分析化妆品中的铅（GB 7917.3—87）

（1）样品前处理

① 湿式消解法。称取 1.00～2.00g 试样置于消化管中。同时做试剂空白。

含有乙醇等有机溶剂的化妆品，先在水浴或电热板上将有机溶剂挥发。若为膏霜型样品，可预先在水浴中加热使瓶颈上样品熔化流入消化管底部。

加入数粒玻璃珠，然后加入 10mL 硝酸，由低温至高温加热消解，当消解液体积减少到 2～3mL，移去热源，冷却。然后加入 2～5mL 高氯酸，继续加热消解，不时缓缓摇动使均匀，消解至冒白烟，消解液呈淡黄色或无色溶液，浓缩消解液至 1mL 左右。

冷至室温后定量转移至 10mL（如为粉类样品，则至 25mL）具塞比色管中，以去离子水定容至刻度。如样液浑浊，离心沉淀后，可取上清液进行测定。

② 干式消解法。称取 1.00～2.00g 试样，置于瓷坩埚中，在小火上缓缓加热直至炭化。移入箱形电炉中，500℃灰化 6h 左右，冷却，取出。

向瓷坩埚加入混合酸（硝酸＋高氯酸，3+1）约 2～3mL，同时做试剂空白。小心加热消解，直至冒白烟，但不得干涸。若有残存炭粒，应补加 2～3mL 混合酸，反复消解，直至样液为无色或微黄色。微火浓缩至近干。然后，定量转移至 10mL 刻度试管（如为粉类，则至 25mL 刻度试管）中，用水定容至刻度。必要时离心沉淀。

③ 浸提法（本方法不适用于含蜡质样品）。称取约 1.00g 试样，置于比色管中。同时做试剂空白。

样品中如含有乙醇等有机溶液，先在水浴中挥发，但不得干涸。加 2mL 硝酸，5mL 过氧化氢，摇匀，于沸水浴中加热 2h。冷却后加水定容 10mL（如为粉类样品，则定容至 25mL）。如样品浑浊，离心沉淀后，取上清液备用。

（2）样品的测定

分别移取 10.0μg/mL 的标准溶液 0mL、0.50mL、1.00mL、2.00mL、4.00mL、6.00mL，分别置于数支 10mL 比色管中，加水至刻度。按仪器规定的程序，分别测定标准、空白和样品溶液。但如样品溶液含有大量离子如铁、铋、铝、钙等干扰测定时，应预先按进行萃取处理。

（3）绘制工作曲线

绘制浓度-吸光度曲线，计算样品含量。

（4）干扰和消除

样品如含有大量铁离子，按①进行萃取。

如含有大量铋等离子干扰，按②进行萃取。

如含有大量铝、钙等离子，按③进行萃取。

① 将标准、空白和样品溶液转移至蒸发皿中，在水浴上蒸发至干。加入 10mL 7mol/L 盐酸（取 30mL 盐酸，密度 1.19g/mL，加水至 50mL）溶解残渣，用等量的 MIBK（甲基异丁基酮）萃取两次，再用 5mL 7mol/L 盐酸洗 MIBK 层，合并盐酸溶液，必要时赶酸，定容，进行直接测定或按②或③再次萃取，以除去其他干扰离子。

② 将标准、空白或样品溶液转移至 100mL 分液漏斗中，加 2mL 柠檬酸铵（25%）滴 BTB 指示剂（0.1%溴麝香草酚蓝），用氢氧化铵调溶液为绿色，加 2mL 硫酸铵（40%），加水到 30mL，加 2mL DDTC（2%二乙氨基二硫代甲酸钠），混匀。放置数分钟，加 10mL MIBK，振摇 3min，静置分层，取 MIBK 层进行测定。

③ 将标准试剂空白和样品溶液转移至 100mL 分液漏斗，加 2mL 柠檬酸（20%），用（1+1）氢氧化铵调 pH 值至 2.5～3.0，加水至 30mL，加 2mL 12%APDC（2%吡咯烷二硫代甲酸铵），混合，放置 3min，静置片刻，加入 10mL MIBK 振摇萃取 3min，将有机相转移至离心管中，于 3000r/min 转速下离心 5min。取 MIBK 层溶液进行测定。

（二）电感耦合等离子体发射光谱法在化妆品中的应用

以电感耦合等离子体发射光谱法分析化妆品中的镍、锑、碲含量（GB 33307—2016）为例讲解具体的方法和步骤。

1. 样品的前处理

（1）蜡质和膏状类化妆品

准确称取 0.2～0.5g（精确至 0.1mg）试样置于微波消解罐内，取样后先加 0.5～1.0mL 水，润湿摇匀。样品或经预处理的样品，加入 6mL 硝酸（65%）和 2mL 过氧化氢（39%）浸泡 4h 以上。消解完毕，取出冷却至 70℃左右，打开消解罐，于 120～160℃电加热器上赶酸至 1～2mL 时，用少量水洗涤消解罐数次，洗液合并于 50mL 容量瓶中，用水定容至刻度，混匀备用。

（2）粉质类化妆品

准确称取 0.2～0.5g（精确至 0.1mg）试样置于微波消解罐内，取样后先加 0.5～1.0mL 水，润湿摇匀。样品或经预处理的样品，加入 5mL 硝酸（65%）、2mL 过氧化氢（39%）和 2mL 氢氟酸浸泡 4h 以上。消解完毕，取出冷却至 70℃左右，打开消解罐，加入 1mL 高氯酸以除去多余氢氟酸，放入 120～160℃电加热器上赶酸至 1～2mL 时，用少量水洗涤消解罐数次，洗液合并于 50mL 容量瓶中，用水定容至刻度，混匀备用。

（3）液体化妆品

准确称取 0.2～0.5g（精确至 0.1mg）试样置于微波消解仪的压力罐内罐，含乙醇等挥发性原料的化妆品如香水、摩丝、沐浴液、染发剂、精华素、刮胡水、面膜等，则先放入温度可调的恒温加热器（温度不得高于 100℃）或水浴上挥发（不得蒸干）。样品或经预处理的样品，加入硝酸 6mL（65%），消解完毕，取出冷却至 70℃左右，打开消解罐，于 120～

160℃电加热器上赶酸至 1～2mL 时，用少量水洗涤消解罐数次，洗液合并于 50mL 容量瓶中，用水定容至刻度，混匀备用。

上述消解溶液如果有沉淀或出现浑浊现象，上机测试前需过滤或离心处理。

空白试验，除不加样品外，均按上述步骤进行。

2. 仪器条件

参照表 10-20，此条件是目前常用仪器型号参考条件，或按照仪器手册有关方法及通过实验优化来确定。

3. 标准曲线的绘制

按浓度由低到高的顺序依次测定标准系列工作溶液，绘制标准曲线，各元素标准曲线的线性相关系数应不小于 0.9999。

4. 样品的测定

在相同条件下测量试剂空白溶液和样品溶液。根据工作曲线和样品溶液的谱线强度值，仪器给出样品溶液中待测元素的浓度值。如果样品溶液中某元素的浓度超出标准曲线的线性范围，则应对样品溶液用硝酸（2＋98）进行适当稀释至标准曲线范围水平后再测定该元素。

5. 回收率和精密度

镍、锑、碲的添加浓度在 1.0～25.0mg/kg 范围内，加标回收率在 80％～110％之间，相对标准偏差小于 10％。

表 10-20　ICP-AES 参考工作条件

仪器参数	数值	仪器参数	数值
射频功率/W	1150	冷却气流量/(L/min)	12
蠕动泵转速/(r/min)	50	积分时间(短波部分)/s	15
辅助气流量/(L/min)	0.5	积分时间(长波部分)/s	10
雾化气流量/(L/min)	0.7	积分次数/次	3

注：ICAP 6000 型号电感耦合等离子体原子发射光谱仪。

（三）电感耦合等离子体质谱法在化妆品中的应用

以电感耦合等离子体质谱法分析化妆品中铬、砷、镉、锑、铅的含量（GB 35828—2018）为例讲解具体的方法和步骤。

1. 样品的制备

样品制备中应避免外来的污染，样品制备及分析中涉及的所有区域应尽可能保持无尘以减少样品或仪器的污染。样品充分混匀，装入清洁容器内，并标明标记。样品应于常温储存，如含乙醇等挥发性溶剂，称取后应预先将溶剂挥发（不得干涸）。

2. 样品的消解

（1）湿消解

称取混合均匀的样品 0.5～1g（精确至 0.001g）于聚四氟乙烯消解管中，加入 5mL 硝酸（65％），浸泡 1～2h 后参照表 10-21，于石墨消解系统上消解，对于难以消解的物质，可以滴加 1～2mL 过氧化氢（30％），对于口红、粉类化妆品，可以加 0.5～1mL 氢氟酸破坏 SiO_2 晶格以减少对待测元素的吸附；升高温度消解至近干后加入少量水，继续蒸发近干，稍冷却后加入 3mL 硝酸溶解，冷却，加 5mL 水稀释，过滤至预先加入 1mL 内标工作溶液（0.5mg/L 的钇、铟、铋）的 50mL 比色管中，定容至刻度，摇匀待用。同法做空白试验。

（2）微波消解

称取混合均匀的样品约 0.5g（精确至 0.001g）于微波消解罐中，加入 3mL 硝酸（65％）、2mL 过氧化氢（30％），浸泡 1h 后参照表 10-21，按照微波消解程序进行消解，冷却，将消解液过滤至预先加入 1mL 内标工作溶液（0.5mg/L 的钇、铟、铋）的 50mL 比色管中，定容至刻度。对于口红、粉类化妆品，可以加 0.5～1mL 氢氟酸，然后按照微波消解程序进行消解，消解结束后，应进行赶酸以驱尽残留的氢氟酸，然后补加 3mL 硝酸，冷却，将消解液过滤至预先加入 1mL 内标工作溶液（0.5mg/L 的钇、铟、铋）的 50mL 比色管中，定容至刻度，摇匀待用。同法做空白试验。

3. 仪器条件

根据仪器厂商提供的消除干扰模式进行测定条件的优化，如果没有合适的消除干扰模式，可以参考表 10-22 和下述步骤 5 中进行优化。

4. 标准溶液的配制

将标准工作溶液和内标工作溶液用稀硝酸溶液（5+95）稀释至刻度，混匀。得到铬、砷、镉、锑、铅混合标准浓度为 0.00ng/mL、1.00ng/mL、5.00ng/mL、10.00ng/mL、50.00ng/mL、100.00ng/mL、200.00ng/mL。

5. 干扰和消除

① 铬（Cr）测定干扰的消除 ^{52}Cr 的天然丰度为 83.79％，一般情况下是首选，如果基体中存在明显的干扰可采用 ^{53}Cr，其干扰源较少，虽然丰度较低，但是可以通过提高质谱的检测灵敏度及延长采集时间来补偿。

② 砷（As）测定干扰的消除 ^{75}As 易受到 ^{40}Ar^{35}Cl 的干扰，其干扰校正方程：^{75}As $= {}^{75}$M $- {}^{77}$M $\times 3.127 + {}^{82}$M $\times 2.733 - {}^{83}$M $\times 2.75$。其中 M 表示具有特定质荷比的原子和分子，例如 ^{75}M 表示具有 75 质和比的原子和分子的总数。

③ 镉测定干扰的消除 镉的干扰物主要是 ^{94}Zr^{16}O^{1}H，其干扰校正方程：^{111}Cd $= {}^{111}$M $- 1.073 \times {}^{108}$Cd $+ 0.674 \times {}^{106}$Cd。

④ 铅测定干扰的消除 铅的干扰校正方程：^{208}Pb $= {}^{208}$M $+ {}^{207}$M $+ {}^{206}$M。

6. 样品的测定

用调谐液调整仪器各项指标，使仪器灵敏度、精密度、氧化物、双电荷、峰形以及分辨率等各项指标达到测定要求后，将标准系列、试剂空白、样品溶液分别测定。待测元素及内标元素测定质量数见表 10-23。输入各参数，绘制标准曲线，计算回归方程。若测定结果超过标准曲线范围，应将试样稀释后再测定。空白试验除不加试样外，采用完全相同的分析步骤、试剂和用量，平行测定次数不少于两次。

7. 回收率和精密度

添加浓度在 0.2～40.0mg/kg 范围内，回收率在 80％～110％之间，相对标准偏差小于 10％。

表 10-21　消解仪参考条件

消解方式	步骤	功率/W	控制温度/℃	加热时间/min
石墨消解仪	1	—	120	20
	2	—	150	40
	3	—	180	240
微波消解仪	1	1600	120	5
	2	1600	150	10
	3	1600	180	40

表 10-22　ICP-MS 参考工作条件

仪器参数	数值	仪器参数	数值
采样深度	150mm	等离子体气流量	13L/min
雾化室气体流量	0.8L/min	采样锥孔径	1.0mm
射频(RF)功率	1300W	截取锥孔径	0.8mm
辅助气体流量	0.8L/miin		

注：采样锥类型采用镍锥，雾化器采用同心雾化器。

表 10-23　内标的选择

序列	内标	测定元素
1	^{89}Y	^{52}Cr、^{75}As
2	^{115}In	^{111}Cd、^{121}Sb
3	^{209}Bi	^{208}Pb

参 考 文 献

[1] James D Ingle Jr，Stanley R Crouch．光谱化学分析［M］．张寒琦，王芬蒂，等译．吉林：吉林大学出版社，1996：1．

[2] 柯以侃，董慧茹．分析化学手册：第三分册．光谱分析［M］．第2版．北京：化学工业出版社，1998：1

[3] 张更宇，吴超，邓宇杰．电感耦合等离子体质谱（ICP-MS）联用技术的应用及展望［J］．中国无机分析化学，2016，6（03）：19-26．

[4] 姜娜．电感耦合等离子体质谱技术在环境监测中的应用进展［J］．中国环境监测，2014，30（02）：118-124．

[5] 陈邵鹏，顾海东，秦宏兵．高效液相色谱-电感耦合等离子体质谱联用技术用于环境中元素形态分析的最新进展［J］．化学分析计量，2011，20（02）：96-100．

[6] 辛仁轩．等离子体发射光谱分析［M］．第2版．北京：化学工业出版社，2010．

[7] 邓勃．实用原子光谱分析［M］．北京：化学工业出版社，2013．

[8] 朱明华，胡坪．仪器分析［M］．北京：高等教育出版社，2008．

[9] 邓勃，李玉珍，刘明钟．实用原子光谱分析［M］．北京：化学工业出版社，2013．

[10] 李冰，杨红霞．电感耦合等离子体质谱原理和应用［M］．北京：地质出版社，2005．

[11] 刘湘生，何小青，陈翁翔．高效液相色谱电感耦合等离子体质谱联用技术HPLC-ICP-MS进展［J］．现代科学仪器，2003：38-42．

[12] 邓勃．应用原子吸收与原子荧光光谱分析［M］．北京：化学工业出版社，2007．

[13] 郭明才，陈金东，等．原子吸收光谱分析应用指南［M］．青岛：中国海洋大学出版社，2013．

[14] 崔健．高效液相色谱-原子荧光光谱仪若干关键技术的研究及其在砷形态分析中的应用［D］．天津：天津大学，2013．

[15] 祁晓婷．高效液相色谱原子荧光法测定水和沉积物中汞形态方法研究［D］．武汉：湖北大学，2013．

[16] 国家质量监督检验检疫总局．GB/T 12690.8—2003稀土金属及其氧化物中非稀土杂质化学分析方法 钠量的测定 火焰原子吸收光谱法［S］．北京：中国标准出版社，2003．

[17] 国家质量监督检验检疫总局．GB/T 12690.11—2003稀土金属及其氧化物中非稀土杂质化学分析方法镁量的测定 火焰原子吸收光谱法［S］．北京：中国标准出版社，2003．

[18] 国家质量监督检验检疫总局．GB/T 12690.15—2018稀土金属及其氧化物中非稀土杂质 化学分析方法 第15部分：钙量的测定［S］．北京：中国标准出版社，2018．

[19] 国家质量监督检验检疫总局．GB/T 16484.6—2009氯化稀土、碳酸轻稀土化学分析方法 第6部分：氧化钙量的测定 火焰原子吸收光谱法［S］．北京：中国标准出版社，2009．

[20] 国家质量监督检验检疫总局．GB/T 16484.7—2009氯化稀土、碳酸轻稀土化学分析方法 第7部分：氧化镁量的测定 火焰原子吸收光谱法［S］．北京：中国标准出版社，2009．

[21] 国家质量监督检验检疫总局．GB/T 16484.8—2009氯化稀土、碳酸轻稀土化学分析方法 第8部分：氧化钠量的测定 火焰原子吸收光谱法［S］．北京：中国标准出版社，2009．

[22] 国家质量监督检验检疫总局．GB/T 16484.9—2009氯化稀土、碳酸轻稀土化学分析方法 第9部分：氧化镍量的测定 火焰原子吸收光谱法［S］．北京：中国标准出版社，2009．

[23] 国家质量监督检验检疫总局．GB/T 16484.10—2009氯化稀土、碳酸轻稀土化学分析方法 第10部分：氧化锰量的测定 火焰原子吸收光谱法［S］．北京：中国标准出版社，2009．

[24] 国家质量监督检验检疫总局．GB/T 16484.11—2009氯化稀土、碳酸轻稀土化学分析方法 第11部分：氧化铅量的测定 火焰原子吸收光谱法［S］．北京：中国标准出版社，2009．

[25] 国家质量监督检验检疫总局．GB/T 16484.22—2009氯化稀土、碳酸轻稀土化学分析方法 第22部分：氧化锌量的测定 火焰原子吸收光谱法［S］．北京：中国标准出版社，2009．

[26] 国家质量监督检验检疫总局．GB/T 18115.1—2006稀土金属及其氧化物中稀土杂质化学分析方法 镧中铈、镨、钕、钐、铕、钆、铽、镝、钬、铒、铥、镱、镥和钇量的测定［S］．北京：中国标准出版社，2006．

[27] 国家质量监督检验检疫总局．GB/T 18115.2—2006稀土金属及其氧化物中稀土杂质化学分析方法 铈中镧、镨、钕、钐、铕、钆、铽、镝、钬、铒、铥、镱、镥和钇量的测定［S］．北京：中国标准出版社，2006．

[28] 国家质量监督检验检疫总局．GB/T 18115.3—2006稀土金属及其氧化物中稀土杂质化学分析方法 镨中镧、铈、钕、钐、铕、钆、铽、镝、钬、铒、铥、镱、镥和钇量的测定［S］．北京：中国标准出版社，2006．

[29] 国家质量监督检验检疫总局．GB/T 18115.4—2006稀土金属及其氧化物中稀土杂质化学分析方法 钕中镧、铈、镨、钐、铕、钆、铽、镝、钬、铒、铥、镱、镥和钇量的测定［S］．北京：中国标准出版社，2006．

[30] 国家质量监督检验检疫总局.GB/T 18115.5—2006 稀土金属及其氧化物中稀土杂质化学分析方法 钐中镧、铈、镨、钕、铕、钆、铽、镝、钬、铒、铥、镱、镥和钇量的测定 [S].北京：中国标准出版社,2006.

[31] 国家质量监督检验检疫总局.GB/T 18115.6—2006 稀土金属及其氧化物中稀土杂质化学分析方法 铕中镧、铈、镨、钕、钐、钆、铽、镝、钬、铒、铥、镱、镥和钇量的测定 [S].北京：中国标准出版社,2006.

[32] 国家质量监督检验检疫总局.GB/T 18115.7—2006 稀土金属及其氧化物中稀土杂质化学分析方法 钆中镧、铈、镨、钕、钐、铕、铽、镝、钬、铒、铥、镱、镥和钇量的测定 [S].北京：中国标准出版社,2006.

[33] 国家质量监督检验检疫总局.GB/T 18115.8—2006 稀土金属及其氧化物中稀土杂质化学分析方法 铽中镧、铈、镨、钕、钐、铕、钆、镝、钬、铒、铥、镱、镥和钇量的测定 [S].北京：中国标准出版社,2006.

[34] 国家质量监督检验检疫总局.GB/T 18115.9—2006 稀土金属及其氧化物中稀土杂质化学分析方法 镝中镧、铈、镨、钕、钐、铕、钆、铽、钬、铒、铥、镱、镥和钇量的测定 [S].北京：中国标准出版社,2006.

[35] 国家质量监督检验检疫总局.GB/T 18115.10—2006 稀土金属及其氧化物中稀土杂质化学分析方法 钬中镧、铈、镨、钕、钐、铕、钆、铽、镝、铒、铥、镱、镥和钇量的测定 [S].北京：中国标准出版社,2006.

[36] 国家质量监督检验检疫总局.GB/T 18115.11—2006 稀土金属及其氧化物中稀土杂质化学分析方法 铒中镧、铈、镨、钕、钐、铕、钆、铽、镝、钬、铥、镱、镥和钇量的测定 [S].北京：中国标准出版社,2006.

[37] 国家质量监督检验检疫总局.GB/T 18115.12—2006 稀土金属及其氧化物中稀土杂质化学分析方法 钇中镧、铈、镨、钕、钐、铕、钆、铽、镝、钬、铒、铥、镱和镥量的测定 [S].北京：中国标准出版社,2006.

[38] 国家质量监督检验检疫总局.GB/T 18115.13—2010 稀土金属及其氧化物中稀土杂质化学分析方法 铥中镧、铈、镨、钕、钐、铕、钆、铽、镝、钬、铒、镱、镥和钇量的测定 [S].北京：中国标准出版社,2010.

[39] 国家质量监督检验检疫总局.GB/T 18115.14—2010 稀土金属及其氧化物中稀土杂质化学分析方法 镱中镧、铈、镨、钕、钐、铕、钆、铽、镝、钬、铒、铥、镥和钇量的测定 [S].北京：中国标准出版社,2010.

[40] 国家质量监督检验检疫总局.GB/T 12690.13—2003 稀土金属及其氧化物中非稀土杂质化学分析方法钼、钨量的测定 电感耦合等离子体发射光谱法和电感耦合等离子体质谱法 [S].北京：中国标准出版社,2003.

[41] 国家质量监督检验检疫总局.GB/T 12690.14—2006 稀土金属及其氧化物中非稀土杂质化学分析方法 钛量的测定 [S].北京：中国标准出版社,2006.

[42] 国家质量监督检验检疫总局.GB/T 12690.15—2018 稀土金属及其氧化物中非稀土杂质化学分析方法 第15部分：钙量的测定 [S].北京：中国标准出版社,2018.

[43] 国家质量监督检验检疫总局.GB/T 12690.17—2010 稀土金属及其氧化物中非稀土杂质化学分析方法 第17部分：稀土金属中铌、钽量的测定 [S].北京：中国标准出版社,2010.

[44] 国家质量监督检验检疫总局.GB/T 12690.5—2017 稀土金属及其氧化物中非稀土杂质化学分析方法 第5部分：钴、锰、铅、镍、铜、锌、铝、铬、镁、镉、钒、铁量的测定 [S].北京：中国标准出版社,2017.

[45] 国家质量监督检验检疫总局.GB/T 16484.3—2009 氯化稀土、碳酸轻稀土化学分析方法 第3部分：15个稀土元素氧化物配分量的测定 电感耦合等离子体发射光谱法 [S].北京：中国标准出版社,2009.

[46] 国家质量监督检验检疫总局.GB/T 16484.5—2009 氯化稀土、碳酸轻稀土化学分析方法 第5部分：氯化钡量的测定 电感耦合等离子体发射光谱法 [S].北京：中国标准出版社,2009.

[47] 国家质量监督检验检疫总局.GB/T 18116.1—2012 氧化钇铕化学分析方法 第1部分：氧化镧、氧化铈、氧化镨、氧化钕、氧化钐、氧化钆、氧化铽、氧化镝、氧化钬、氧化铒、氧化铥、氧化镱、氧化镥量的测定 [S].北京：中国标准出版社,2012.

[48] 国家质量监督检验检疫总局.GB/T 18116.2—2008 氧化钇铕化学分析方法 氧化铕量的测定 [S].北京：中国标准出版社,2008.

[49] 国家质量监督检验检疫总局.GB/T 23594.2—2009 钐铕钆富集物化学分析方法 第2部分：十五个稀土元素氧化物配分量的测定 电感耦合等离子发射光谱法 [S].北京：中国标准出版社,2009.

[50] 国家质量监督检验检疫总局.GB/T 26417—2010 镨钕合金及其化合物化学分析方法 稀土配分量的测定 [S].北京：中国标准出版社,2010.

[51] 国家质量监督检验检疫总局.GB/T 12690.12—2003 稀土金属及其氧化物中非稀土杂质化学分析方法 钍量的测定 偶氮胂Ⅲ分光光度法和电感耦合等离子体质谱法 [S].北京：中国标准出版社,2003.

[52] 国家质量监督检验检疫总局.GB/T 16484.2—2009 氯化稀土、碳酸轻稀土化学分析方法 第2部分：氧化铕量的测定 电感耦合等离子体质谱法 [S].北京：中国标准出版社,2009.

[53] 国家质量监督检验检疫总局.GB/T 16484.20—2009 氯化稀土、碳酸轻稀土化学分析方法 第20部分：氧化镍、氧化锰、氧化铅、氧化铝、氧化锌、氧化钍量的测定 电感耦合等离子体质谱法 [S].北京：中国标准出版社,2009.

［54］ 国家质量监督检验检疫总局．GB/T 6682—2008 分析实验室用水规格和试验方法（ISO 3696，MOD）［S］．北京：中国标准出版社，2008．

［55］ 国家质量监督检验检疫总局．GB/T 12806—2011 实验室玻璃仪器 单标线容量瓶（ISO 1042，EQV）［S］．北京：中国标准出版社，2011．

［56］ 国家质量监督检验检疫总局．GB/T 12808—2015 实验室玻璃仪器 单标线吸量管（ISO 648，EQV）［S］．北京：中国标准出版社，2015．

［57］ 国家质量监督检验检疫总局．GB/T 12809—2015 实验室玻璃仪器 玻璃量器的设计和结构原则（ISO 384，EQV）［S］．北京：中国标准出版社，2015．

［58］ 国家质量监督检验检疫总局．GB/T 12810—1991 实验室玻璃仪器 玻璃量器的容量校准和使用方法（ISO 4787，IDT）［S］．北京：中国标准出版社，1991．

［59］ 国家质量监督检验检疫总局．GB/T 20127.12—2006 钢铁及合金 痕量元素的测定 第12部分：火焰原子吸收光谱法 测定锌含量［S］．北京：中国标准出版社，2006．

［60］ 国家质量监督检验检疫总局．GB/T 223.64—2008/ISO 10700：1994 钢铁及合金 锰含量的测定 火焰原子吸收光谱法［S］．北京：中国标准出版社，2008．

［61］ 国家质量监督检验检疫总局．GB/T 4702.4—2008 金属铬 铁含量的测定乙二胺四乙酸二钠滴定法和火焰原子吸收光谱法［S］．北京：中国标准出版社，2008．

［62］ 国家质量监督检验检疫总局．GB/T 4702.5—2008 金属铬 铝含量的测定乙二胺四乙酸二钠滴定法和火焰原子吸收光谱法［S］．北京：中国标准出版社，2008．

［63］ 国家质量监督检验检疫总局．GB/T 5687.10—2006 铬铁 锰含量的测定 火焰原子吸收光谱法［S］．北京：中国标准出版社，2006．

［64］ 国家质量监督检验检疫总局．GB/T 8704.9—2009 钒铁 锰含量的测定高碘酸钾光度法和火焰原子吸收光谱法［S］．北京：中国标准出版社，2009．

［65］ 国家质量监督检验检疫总局．GB/T 4333.4—2007 硅铁 铝含量的测定铬天青 S 分光光度法、EDTA 滴定法和火焰原子吸收光谱法［S］．北京：中国标准出版社，2007．

［66］ 国家质量监督检验检疫总局．GB/T 4701.3—2009 钛铁 铜含量的测定铜试剂光度法火焰原子吸收光谱法［S］．北京：中国标准出版社，2009．

［67］ 国家质量监督检验检疫总局．GB/T 7731.2—2007 钨铁 锰含量的测定高碘酸盐分光光度法火焰原子吸收光谱法［S］．北京：中国标准出版社，2007．

［68］ 国家质量监督检验检疫总局．GB/T 7731.3—2008 钨铁 铜含量的测定双环己酮草酰二腙光度法和火焰原子吸收光谱法［S］．北京：中国标准出版社，2008．

［69］ 国家质量监督检验检疫总局．GB/T 21933.3—2008/ISO 7520：1985 镍铁 钴含量的测定 火焰原子吸收光谱法［S］．北京：中国标准出版社，2008．

［70］ 国家质量监督检验检疫总局．GB/T 20127.1—2006 钢铁及合金 痕量元素的测定 第1部分：石墨炉原子吸收光谱法 测定银含量［S］．北京：中国标准出版社，2006．

［71］ 国家质量监督检验检疫总局．GB/T 20127.4—2006 钢铁及合金 痕量元素的测定 第4部分：石墨炉原子吸收光谱法 测定铜含量［S］．北京：中国标准出版社，2006．

［72］ 国家质量监督检验检疫总局．GB/T 20127.2—2006 钢铁及合金 痕量元素的测定 第2部分：氢化物发生-原子荧光光谱法 测定砷含量［S］．北京：中国标准出版社，2006．

［73］ 国家质量监督检验检疫总局．GB/T 20127.8—2006 钢铁及合金 痕量元素的测定 第8部分：氢化物发生-原子荧光光谱法 测定锑含量［S］．北京：中国标准出版社，2006．

［74］ 国家质量监督检验检疫总局．GB/T 20127.10—2006 钢铁及合金 痕量元素的测定 第10部分：氢化物发生-原子荧光光谱法 测定硒含量［S］．北京：中国标准出版社，2006．

［75］ 国家质量监督检验检疫总局．GB/T 223.80—2007 钢铁及合金 铋和砷含量的测定 氢化物发生-原子荧光光谱法［S］．北京：中国标准出版社，2007．

［76］ 国家质量监督检验检疫总局．GB/T 20127.3—2006 钢铁及合金 痕量元素的测定 第3部分：电感耦合等离子体发射光谱法 测定钙、镁和钡含量［S］．北京：中国标准出版社，2006．

［77］ 国家质量监督检验检疫总局．GB/T 20127.9—2006 钢铁及合金 痕量元素的测定 第9部分：电感耦合等离子体发射光谱法 测定铊含量［S］．北京：中国标准出版社，2006．

［78］ 国家质量监督检验检疫总局．GB/T 20125—2006 低合金钢 多元素含量的测定 电感耦合等离子体原子发射光谱法［S］．北京：中国标准出版社，2006．

[79]　国家质量监督检验检疫总局.GB/T 24520—2009 铸铁和低合金钢 镧、铈和镁含量的测定 电感耦合等离子体原子发射光谱法［S］.北京：中国标准出版社，2009.

[80]　国家质量监督检验检疫总局.GB/T 24194—2009 硅铁 铝、钙、锰、铬、钛、铜、磷和镍含量的测定 电感耦合等离子体原子发射光谱法［S］.北京：中国标准出版社，2009.

[81]　国家质量监督检验检疫总局.GB/T 7731.6—2008 钨铁 砷含量的测定 钼蓝光度法和电感耦合等离子体原子发射光谱法［S］.北京：中国标准出版社，2008.

[82]　国家质量监督检验检疫总局.GB/T 7731.7—2008 钨铁 锡含量的测定苯基荧光酮光度法和电感耦合等离子体原子发射光谱法［S］.北京：中国标准出版社，2008.

[83]　国家质量监督检验检疫总局.GB/T 7731.8—2008 钨铁 锑含量的测定罗丹明 B 光度法和电感耦合等离子体原子发射光谱法［S］.北京：中国标准出版社，2008.

[84]　国家质量监督检验检疫总局.GB/T 7731.9—2008 钨铁 铋含量的测定碘化铋光度法和电感耦合等离子体原子发射光谱法［S］.北京：中国标准出版社，2008.

[85]　国家质量监督检验检疫总局.GB/T 7731.14—2008 钨铁 铅含量的测定极谱法和电感耦合等离子原子体发射光谱法［S］.北京：中国标准出版社，2008.

[86]　国家质量监督检验检疫总局.GB/T 24585—2009 镍铁 磷、锰、铬、铜、钴和硅含量的测定 电感耦合等离子体原子发射光谱法［S］.北京：中国标准出版社，2009.

[87]　国家质量监督检验检疫总局.GB/T 32794—2016 含镍生铁 镍、钴、铬、铜、磷含量的测定 电感耦合等离子体原子发射光谱法［S］.北京：中国标准出版社，2016.

[88]　国家质量监督检验检疫总局.GB/T 26416.2—2010 镝铁合金化学分析方法 第 2 部分：稀土杂质含量的测定 电感耦合等离子体原子发射光谱法［S］.北京：中国标准出版社，2010.

[89]　国家质量监督检验检疫总局.GB/T 26416.3—2010 镝铁合金化学分析方法 第 3 部分：钙、镁、铝、硅、镍、钼、钨量的测定 电感耦合等离子体原子发射光谱法［S］.北京：中国标准出版社，2010.

[90]　国家质量监督检验检疫总局.GB/T 24583.8—2009 钒氮合金 硅、锰、磷、铝含量的测定 电感耦合等离子体原子发射光谱法［S］.北京：中国标准出版社，2009.

[91]　国家质量监督检验检疫总局.GB/T 16477.1—2010 稀土硅铁合金及镁硅铁合金化学分析方法 第 1 部分：稀土总量的测定［S］.北京：中国标准出版社，2010.

[92]　国家质量监督检验检疫总局.GB/T 16477.2—2010 稀土硅铁合金及镁硅铁合金化学分析方法 第 2 部分：钙、镁、锰量的测定 电感耦合等离子体原子发射光谱法［S］.北京：中国标准出版社，2010.

[93]　国家质量监督检验检疫总局.GB/T 16477.5—2010 稀土硅铁合金及镁硅铁合金化学分析方法 第 5 部分：钛量的测定 电感耦合等离子体原子发射光谱法［S］.北京：中国标准出版社，2010.

[94]　国家质量监督检验检疫总局.GB/T 16477.3—2010 稀土硅铁合金及镁硅铁合金化学分析方法 第 3 部分：氧化镁量的测定 电感耦合等离子体原子发射光谱法［S］.北京：中国标准出版社，2010.

[95]　国家质量监督检验检疫总局.GB/T 20127.11—2006 钢铁及合金 痕量元素的测定 第 11 部分：电感耦合等离子体质谱法 测定铟和铊含量［S］.北京：中国标准出版社，2006.

[96]　国家质量监督检验检疫总局.GB/T 223.81—2007 钢铁及合金总铝和总硼含量的测定 微波消解-电感耦合等离子体质谱法［S］.北京：中国标准出版社，2007.

[97]　国家质量监督检验检疫总局.GB/T 32548—2016 钢铁 锡、锑、铈、铅、铋的测定 电感耦合等离子体质谱法［S］.北京：中国标准出版社，2016.

[98]　国家质量监督检验检疫总局.GB/T 31927—2015 钢板及钢带 锌基和铝基镀层中铅和镉含量的测定 电感耦合等离子体质谱法［S］.北京：中国标准出版社，2015.

[99]　国家质量监督检验检疫总局.GB/T 20066— 2006 钢和铁 化学成分测定用试样的取样和制样方法［S］.北京：中国标准出版社，2006.

[100]　霍红英，张勇.稀土硅铁合金中钛含量测定［J］.化工进展，2014，33（1）：183-186.

[101]　李玉梅，杜梅，郝茜，等.ICP-AES 法测定稀土硅铁及镁硅铁合金中钛的含量［J］.稀土，2014，35（1）：92-95.

[102]　金斯琴高娃，郝茜，李玉梅，等.稀土硅铁及镁硅铁合金中钙、镁、锰量的分析方法——ICP-AES 法［J］.稀土，2013，34（4）：70-73.

[103]　国家质量监督检验检疫总局.GB/T 6609.7—2004 氧化铝化学分析方法和物理性能测定方法 二安替吡啉甲烷光度法测定二氧化钛含量［S］.北京：中国标准出版社，2004.

[104]　陈永红，陈菲菲，黄蕊，等.乙酸乙酯萃取-ICP-AES 测定高纯金中的痕量杂质［J］.黄金，2009，30（7）：

54-57.

[105] 刘雪松，孔祥冰，李桂华，等 . 沉淀方式对 ICP-AES 法测定纯银中铅和镉的影响 [J] . 贵金属，2018，39（1）：
64-67.

[106] 国家质量监督检验检疫总局 . GB/T 11066.2—2008 金化学分析方法 银量的测定 火焰原子吸收光谱法 [S] . 北
京：中国标准出版社，2008.

[107] 国家质量监督检验检疫总局 . GB/T 11066.3—2008 金化学分析方法 铁量的测定 火焰原子吸收光谱法 [S] . 北
京：中国标准出版社，2008.

[108] 国家质量监督检验检疫总局 . GB/T 11066.4—2008 金化学分析方法 铜、铅和铋量的测定 火焰原子吸收光谱法
[S] . 北京：中国标准出版社，2008.

[109] 国家质量监督检验检疫总局 . GB/T 11066.6—2009 金化学分析方法 镁、镍、锰和钯量的测定 火焰原子吸收光谱
法 [S] . 北京：中国标准出版社，2009.

[110] 国家质量监督检验检疫总局 . GB/T 11067.1—2006 银化学分析方法 银量的测定 氯化银沉淀-火焰原子吸收光谱法
[S] . 北京：中国标准出版社，2006.

[111] 国家质量监督检验检疫总局 . GB/T 11067.2—2006 银化学分析方法 铜量的测定 火焰原子吸收光谱法 [S] . 北
京：中国标准出版社，2006.

[112] 国家质量监督检验检疫总局 . GB/T 11067.5—2006 银化学分析方法 铅和铋量的测定 火焰原子吸收光谱法 [S] .
北京：中国标准出版社，2006.

[113] 国家质量监督检验检疫总局 . GB/T 11067.6—2006 银化学分析方法 铁量的测定 火焰原子吸收光谱法 [S] . 北
京：中国标准出版社，2006.

[114] 国家质量监督检验检疫总局 . GB/T 15249.5—2009 合质金化学分析方法 第 5 部分：汞量的测定 冷原子吸收光谱
法 [S] . 北京：中国标准出版社，2009.

[115] 国家质量监督检验检疫总局 . GB/T 11066.9—2009 金化学分析方法 砷和锡量的测定 氢化物发生-原子荧光光谱法
[S] . 北京：中国标准出版社，2009.

[116] 国家质量监督检验检疫总局 . GB/T 11066.8—2009 金化学分析方法 银、铜、铁、铅、锑、铋、钯、镁、镍、锰
和铬量的测定 乙酸乙酯萃取-电感耦合等离子体原子发射光谱法 [S] . 北京：中国标准出版社，2009.

[117] 国家质量监督检验检疫总局 . GB/T 25934.1—2010 高纯金化学分析方法 第 1 部分：乙酸乙酯萃取分离-ICP-AES
法 测定杂质元素的含量 [S] . 北京：中国标准出版社，2010.

[118] 国家质量监督检验检疫总局 . GB/T 25934.3—2010 高纯金化学分析方法 第 3 部分：乙醚萃取分离-ICP-AES 法 测
定杂质元素的含量 [S] . 北京：中国标准出版社，2010.

[119] 国家质量监督检验检疫总局 . GB/T 11067.3—2006 银化学分析方法 硒和碲量的测定 电感耦合等离子体原子发射
光谱法 [S] . 北京：中国标准出版社，2006.

[120] 国家质量监督检验检疫总局 . GB/T 11067.4—2006 银化学分析方法 锑量的测定 电感耦合等离子体原子发射光谱
法 [S] . 北京：中国标准出版社，2006.

[121] 国家质量监督检验检疫总局 . GB/T 23613—2009 铱粉化学分析方法 镁、铁、镍、铝、铜、银、金、铂、铱、钯、
铑、硅量的测定 电感耦合等离子体原子发射光谱法 [S] . 北京：中国标准出版社，2009.

[122] 国家质量监督检验检疫总局 . GB/T 15072.7—2008 贵金属合金化学分析方法 金合金中铬和铁量的测定 电感耦合
等离子体原子发射光谱法 [S] . 北京：中国标准出版社，2008.

[123] 国家质量监督检验检疫总局 . GB/T 15072.11—2008 贵金属合金化学分析方法 金合金中钇和铍量的测定 电感耦
合等离子体原子发射光谱法 [S] . 北京：中国标准出版社，2008.

[124] 国家质量监督检验检疫总局 . GB/T 15072.16—2008 贵金属合金化学分析方法 金合金中铜和锰量的测定 电感耦
合等离子体原子发射光谱法 [S] . 北京：中国标准出版社，2008.

[125] 国家质量监督检验检疫总局 . GB/T 15072.18—2008 贵金属合金化学分析方法 金合金中锆和镓量的测定 电感耦
合等离子体原子发射光谱法 [S] . 北京：中国标准出版社，2008.

[126] 国家质量监督检验检疫总局 . GB/T 15072.13—2008 贵金属合金化学分析方法 银合金中锡、铈和镧量的测定 电
感耦合等离子体原子发射光谱法 [S] . 北京：中国标准出版社，2008.

[127] 国家质量监督检验检疫总局 . GB/T 15072.14—2008 贵金属合金化学分析方法 银合金中铝和镍量的测定 电感耦
合等离子体原子发射光谱法 [S] . 北京：中国标准出版社，2008.

[128] 国家质量监督检验检疫总局 . GB/T 15072.19—2008 贵金属合金化学分析方法 银合金中钒和镁量的测定 电感耦
合等离子体原子发射光谱法 [S] . 北京：中国标准出版社，2008.

[129] 国家质量监督检验检疫总局 . GB/T 15072.15—2008 贵金属合金化学分析方法 金、银、钯合金中镍、锌和锰量的

测定 电感耦合等离子体原子发射光谱法［S］.北京：中国标准出版社，2008.

[130]　国家质量监督检验检疫总局.GB/T 25934.2—2010 高纯金化学分析方法 第 2 部分：ICP-MS-标准加入校正-内标法 测定杂质元素的含量［S］.北京：中国标准出版社，2010.

[131]　国家质量监督检验检疫总局.GB/T 11066.5—2008 金化学分析方法 银、铜、铁、铅、锑和铋量的测定 原子发射光谱法［S］.北京：中国标准出版社，2008.

[132]　国家质量监督检验检疫总局.GB/T 11066.7—2009 金化学分析方法 银、铜、铁、铅、锑、铋、钯、镁、锡、镍、锰和铬量的测定 火花原子发射光谱法［S］.北京：中国标准出版社，2009.

[133]　国家质量监督检验检疫总局.GB/T 23275—2009 钌粉化学分析方法 铅、铁、镍、铝、铜、银、金、铂、铱、钯、铑、硅量的测定 辉光放电质谱法［S］.北京：中国标准出版社，2009.

[134]　国家质量监督检验检疫总局.GB/T 17418.1—2010 地球化学样品中贵金属分析方法 第 1 部分：总则及一般规定［S］.北京：中国标准出版社，2010.

[135]　国家质量监督检验检疫总局.GB/T 4134—2015 金锭［S］.北京：中国标准出版社，2015.

[136]　国家质量监督检验检疫总局.GB/T 19446—2004 异型接点带通用规范［S］.北京：中国标准出版社，2004.

[137]　国家质量监督检验检疫总局.GB/T 4135—2016 银锭［S］.北京：中国标准出版社，2016.

[138]　国家质量监督检验检疫总局.GB/T 6730.36—2016 铁矿石　铜含量的测定　火焰原子吸收光谱法［S］.北京：中国标准出版社，2016.

[139]　国家质量监督检验检疫总局.GB/T 6730.52—2004 铁矿石　钴含量的测定　火焰原子吸收光谱法［S］.北京：中国标准出版社，2016.

[140]　国家质量监督检验检疫总局.GB/T 6730.53—2004 铁矿石　锌含量的测定　火焰原子吸收光谱法［S］.北京：中国标准出版社，2016.

[141]　国家质量监督检验检疫总局.GB/T 6730.54—2004 铁矿石　铅含量的测定　火焰原子吸收光谱法［S］.北京：中国标准出版社，2016.

[142]　国家质量监督检验检疫总局.GB/T 6730.55—2016 铁矿石　锡含量的测定　火焰原子吸收光谱法［S］.北京：中国标准出版社，2016.

[143]　国家质量监督检验检疫总局.GB/T 6730.56—2004 铁矿石　铝含量的测定　火焰原子吸收光谱法［S］.北京：中国标准出版社，2016.

[144]　国家质量监督检验检疫总局.GB/T 6730.57—2004 铁矿石　铬含量的测定　火焰原子吸收光谱法［S］.北京：中国标准出版社，2016.

[145]　国家质量监督检验检疫总局.GB/T 6730.58—2017 矿石　钒含量的测定　火焰原子吸收光谱法［S］.北京：中国标准出版社，2017.

[146]　国家质量监督检验检疫总局.GB/T 6730.59—2017 矿石　锰含量的测定　火焰原子吸收光谱法［S］.北京：中国标准出版社，2017.

[147]　国家质量监督检验检疫总局.GB/T 6730.60—2005 铁矿石　镍含量的测定　火焰原子吸收光谱法［S］.北京：中国标准出版社，2006.

[148]　国家质量监督检验检疫总局.GB/T 6730.67—2009 铁矿石　砷含量的测定　氢化物发生原子吸收光谱法［S］.北京：中国标准出版社，2010.

[149]　国家质量监督检验检疫总局.GB/T 6730.63—2006 铁矿石　铝、钙、镁、锰、磷、硅和钛含量的测定　电感耦合等离子体发射光谱法［S］.北京：中国标准出版社，2006.

[150]　国家质量监督检验检疫总局.GB/T 6730.72—2016 铁矿石　砷、铬、镉、铅和汞含量的测定　电感耦合等离子体质谱法［S］.北京：中国标准出版社，2016.

[151]　国家质量监督检验检疫总局.GB/T 14353.1—2010 铜矿石、铅矿石和锌矿石化学分析方法　第 1 部分：铜量测定［S］.北京：中国标准出版社，2010.

[152]　国家质量监督检验检疫总局.GB/T 14353.2—2010 铜矿石、铅矿石和锌矿石化学分析方法　第 2 部分：铅量测定［S］.北京：中国标准出版社，2010.

[153]　国家质量监督检验检疫总局.GB/T 14353.3—2010 铜矿石、铅矿石和锌矿石化学分析方法　第 3 部分：锌量测定［S］.北京：中国标准出版社，2010.

[154]　国家质量监督检验检疫总局.GB/T 14353.4—2010 铜矿石、铅矿石和锌矿石化学分析方法　第 4 部分：镉量测定［S］.北京：中国标准出版社，2010.

[155]　国家质量监督检验检疫总局.GB/T 14353.5—2010 铜矿石、铅矿石和锌矿石化学分析方法　第 5 部分：镍量测定［S］.北京：中国标准出版社，2010.

[156] 国家质量监督检验检疫总局.GB/T 14353.6—2010 铜矿石、铅矿石和锌矿石化学分析方法 第6部分：钴量测定 [S].北京：中国标准出版社，2010.

[157] 国家质量监督检验检疫总局.GB/T 14353.11—2010 铜矿石、铅矿石和锌矿石化学分析方法 第11部分：银量测定 [S].北京：中国标准出版社，2010.

[158] 国家质量监督检验检疫总局.GB/T 14353.16—2010 铜矿石、铅矿石和锌矿石化学分析方法 第16部分：碲量测定 [S].北京：中国标准出版社，2010.

[159] 国家质量监督检验检疫总局.GB/T 14353.17—2014 铜矿石、铅矿石和锌矿石化学分析方法第17部分：铊量测定 [S].北京：中国标准出版社，2014.

[160] 国家质量监督检验检疫总局.GB/T 14353.8—2010 铜矿石、铅矿石和锌矿石化学分析方法 第8部分：铋量测定 [S].北京：中国标准出版社，2010.

[161] 国家质量监督检验检疫总局.GB/T 14353.14—2014 铜矿石、铅矿石和锌矿石化学分析方法 第14部分：锗量测定 [S].北京：中国标准出版社，2014.

[162] 国家质量监督检验检疫总局.GB/T 14353.15—2014 铜矿石、铅矿石和锌矿石化学分析方法 第15部分：硒量测定 [S].北京：中国标准出版社，2014.

[163] 国家质量监督检验检疫总局.GB/T 14353.18—2014 铜矿石、铅矿石和锌矿石化学分析方法 第18部分：铜量、铅量、锌量、钴量、镍量测定 [S].北京：中国标准出版社，2014.

[164] 国家质量监督检验检疫总局.GB/T 14353.13—2014 铜矿石、铅矿石和锌矿石化学分析方法 第13部分：镓量、铟量、铊量、钨量和钼量测定 [S].北京：中国标准出版社，2014.

[165] 国家质量监督检验检疫总局.GB/T 14352.3—2010 钨矿石、钼矿石化学分析方法 第3部分：铜量测定 [S].北京：中国标准出版社，2010.

[166] 国家质量监督检验检疫总局.GB/T 14352.4—2010 钨矿石、钼矿石化学分析方法 第4部分：铅量测定 [S].北京：中国标准出版社，2010.

[167] 国家质量监督检验检疫总局.GB/T 14352.5—2010 钨矿石、钼矿石化学分析方法 第4部分：锌量测定 [S].北京：中国标准出版社，2010.

[168] 国家质量监督检验检疫总局.GB/T 14352.6—2010 钨矿石、钼矿石化学分析方法 第6部分：镉量测定 [S].北京：中国标准出版社，2010.

[169] 国家质量监督检验检疫总局.GB/T 14352.7—2010 钨矿石、钼矿石化学分析方法 第7部分：钴量测定 [S].北京：中国标准出版社，2010.

[170] 国家质量监督检验检疫总局.GB/T 14352.8—2010 钨矿石、钼矿石化学分析方法 第8部分：镍量测定 [S].北京：中国标准出版社，2010.

[171] 国家质量监督检验检疫总局.GB/T 14352.11—2010 钨矿石、钼矿石化学分析方法 第11部分：铋量测定 [S].北京：中国标准出版社，2010.

[172] 国家质量监督检验检疫总局.GB/T 14352.12—2010 钨矿石、钼矿石化学分析方法 第12部分：银量测定 [S].北京：中国标准出版社，2010.

[173] 国家质量监督检验检疫总局.GB/T 14352.13—2010 钨矿石、钼矿石化学分析方法 第13部分：锡量测定 [S].北京：中国标准出版社，2010.

[174] 国家质量监督检验检疫总局.GB/T 20899.1—2007 金矿石化学分析方法 第1部分：金量测定 [S].北京：中国标准出版社，2007.

[175] 国家质量监督检验检疫总局.GB/T 20899.2—2007 金矿石化学分析方法 第2部分：银量测定 [S].北京：中国标准出版社，2007.

[176] 国家质量监督检验检疫总局.GB/T 20899.4—2007 金矿石化学分析方法 第4部分：铜量测定 [S].北京：中国标准出版社，2007.

[177] 国家质量监督检验检疫总局.GB/T 20899.5—2007 金矿石化学分析方法 第5部分：铅量测定 [S].北京：中国标准出版社，2007.

[178] 国家质量监督检验检疫总局.GB/T 20899.6—2007 金矿石化学分析方法 第6部分：锌量测定 [S].北京：中国标准出版社，2007.

[179] 国家质量监督检验检疫总局.GB/T 7739.2—2007 金精矿化学分析方法 第2部分：银量测定 [S].北京：中国标准出版社，2007.

[180] 国家质量监督检验检疫总局.GB/T 7739.4—2007 金精矿化学分析方法 第4部分：铜量测定 [S].北京：中国标准出版社，2007.

[181] 国家质量监督检验检疫总局.GB/T 7739.5—2007 金精矿化学分析方法 第 5 部分：铅量测定 [S].北京：中国标准出版社，2007.

[182] 国家质量监督检验检疫总局.GB/T 7739.6—2007 金精矿化学分析方法 第 6 部分：锌量测定 [S].北京：中国标准出版社，2007.

[183] 国家质量监督检验检疫总局.GB/T 20899.12—2016 金矿石化学分析方法 第 12 部分：砷、汞、镉、铅和铋量的测定 原子荧光光谱法 [S].北京：中国标准出版社，2007.

[184] 国家质量监督检验检疫总局.GB/T 7739.12—2016 金精矿化学分析方法 第 12 部分：砷、汞、镉、铅和铋量的测定 原子荧光光谱法 [S].北京：中国标准出版社，2007.

[185] 国家质量监督检验检疫总局.GB/T 7739.11—2007 金精矿化学分析方法 第 11 部分：砷量和铋量的测定 [S].北京：中国标准出版社，2007.

[186] 国家质量监督检验检疫总局.GB/T 14506.6—2010 硅酸盐岩石化学分析方法 第 6 部分：氧化钙量测定 [S].北京：中国标准出版社，2010.

[187] 国家质量监督检验检疫总局.GB/T 14506.7—2010 硅酸盐岩石化学分析方法 第 7 部分：氧化镁量测定 [S].北京：中国标准出版社，2010.

[188] 国家质量监督检验检疫总局.GB/T 14506.10—2010 硅酸盐岩石化学分析方法 第 10 部分：氧化锰量测定 [S].北京：中国标准出版社，2010.

[189] 国家质量监督检验检疫总局.GB/T 14506.11—2010 硅酸盐岩石化学分析方法 第 11 部分：氧化钾和氧化钠量测定 [S].北京：中国标准出版社，2010.

[190] 国家质量监督检验检疫总局.GB/T 14506.15—2010 硅酸盐岩石化学分析方法 第 15 部分：锂量测定 [S].北京：中国标准出版社，2010.

[191] 国家质量监督检验检疫总局.GB/T 14506.16—2010 硅酸盐岩石化学分析方法 第 16 部分：铷量测定 [S].北京：中国标准出版社，2010.

[192] 国家质量监督检验检疫总局.GB/T 14506.17—2010 硅酸盐岩石化学分析方法 第 17 部分：锶量测定 [S].北京：中国标准出版社，2010.

[193] 国家质量监督检验检疫总局.GB/T 14506.18—2010 硅酸盐岩石化学分析方法 第 18 部分：铜量测定 [S].北京：中国标准出版社，2010.

[194] 国家质量监督检验检疫总局.GB/T 14506.19—2010 硅酸盐岩石化学分析方法 第 19 部分：铅量测定 [S].北京：中国标准出版社，2010.

[195] 国家质量监督检验检疫总局.GB/T 14506.20—2010 硅酸盐岩石化学分析方法 第 20 部分：锌量测定 [S].北京：中国标准出版社，2010.

[196] 国家质量监督检验检疫总局.GB/T 14506.29—2010 硅酸盐岩石化学分析方法 第 29 部分：稀土等 22 个元素量测定 [S].北京：中国标准出版社，2010.

[197] 国家质量监督检验检疫总局.GB/T 14506.30—2010 硅酸盐岩石化学分析方法 第 30 部分：44 个元素测定 [S].北京：中国标准出版社，2010.

[198] 国家质量监督检验检疫总局.GB/T 15922—2010 钴矿石化学分析方法 钴量测定 [S].北京：中国标准出版社，2010.

[199] 国家质量监督检验检疫总局.GB/T 1513—2006 锰矿石钙和镁含量的测定 火焰原子吸收光谱法 [S].北京：中国标准出版社，2006.

[200] 国家质量监督检验检疫总局.GB/T 15923—2010 镍矿石化学分析方法 镍量测定 [S].北京：中国标准出版社，2010.

[201] 国家质量监督检验检疫总局.GB/T 24226—2009 铬矿石和铬精矿 钙含量的测定 火焰原子吸收光谱法 [S].北京：中国标准出版社，2009.

[202] 国家质量监督检验检疫总局.SN/T 2638.5—2013 锰矿中砷、汞元素测定 微波消解-原子荧光光谱法 [S].北京：中国标准出版社，2013.

[203] 国家质量监督检验检疫总局.GB/T 8152.11—2006 铅精矿化学分析方法 汞量的测定 原子荧光光谱法 [S].北京：中国标准出版社，2006.

[204] 国家质量监督检验检疫总局.GB/T 8152.5—2006 铅精矿化学分析方法 砷量的测定 原子荧光光谱法 [S].北京：中国标准出版社，2006.

[205] 国家质量监督检验检疫总局.GB/T 8151.15—2005 锌精矿化学分析方法 汞量的测定 原子荧光光谱法测定 [S].北京：中国标准出版社，2005.

［206］ 国家质量监督检验检疫总局．GB/T 24193—2009 铬矿石和铬精矿　铝、铁、镁和硅含量的测定　电感耦合等离子体原子发射光谱法［S］．北京：中国标准出版社，2009．

［207］ 国家质量监督检验检疫总局．GB/T 17417.1—2010 稀土矿石化学分析方法　第 1 部分：稀土分量测定［S］．北京：中国标准出版社，2010．

［208］ 国家质量监督检验检疫总局．GB/T 17417.2—2010 稀土矿石化学分析方法　第 2 部分：钪量测定［S］．北京：中国标准出版社，2010．

［209］ 国家质量监督检验检疫总局．GB/T 30714—2014 电感耦合等离子体质谱法测定砚石中的稀土元素［S］．北京：中国标准出版社，2014．

［210］ 国家质量监督检验检疫总局．GB/T 17418.7—2010 地球化学样品中贵金属分析方法　第 7 部分：铂族元素量的测定　镍锍试金—电感耦合等离子体质谱法［S］．北京：中国标准出版社，2010．

［211］ 环境保护部．HJ 807—2016 水质 钼和钛的测定 石墨炉原子吸收分光光度法［S］．北京：中国环境科学出版社，2016．

［212］ 环境保护部．HJ 757—2015 水质 铬的测定 火焰原子吸收分光光度法［S］．北京：中国环境科学出版社，2015．

［213］ 环境保护部．HJ 748—2015 水质 铊的测定 石墨炉原子吸收分光光度法［S］．北京：中国环境科学出版社，2015．

［214］ 环境保护部．HJ 673—2013 水质 钒的测定 石墨炉原子吸收分光光度法［S］．北京：中国环境科学出版社，2013．

［215］ 环境保护部．HJ 603—2011 水质 钡的测定 火焰原子吸收分光光度法［S］．北京：中国环境科学出版社，2011．

［216］ 环境保护部．HJ 602—2011 水质 钡的测定 石墨炉原子吸收分光光度法［S］．北京：中国环境科学出版社，2011．

［217］ 环境保护部．HJ 597—2011 水质 总汞的测定 冷原子吸收分光光度法［S］．北京：中国环境科学出版社，2011．

［218］ 国家环境保护总局．HJ/T 59—2000 水质 铍的测定 石墨炉原子吸收分光光度法［S］．北京：中国环境科学出版社，2000．

［219］ 国家环境保护局．GB/T 15505—1995 水质 硒的测定 石墨炉原子吸收分光光度法［S］．北京：中国环境科学出版社，1995．

［220］ 国家环境保护局．GB/T 13898—92 水质 铁（Ⅱ、Ⅲ）氰络合物的测定 原子吸收分光光度法［S］．北京：中国环境科学出版社，1992．

［221］ 国家环境保护局．GB 13580.12—92 大气降水中钠、钾的测定 原子吸收分光光度法［S］．北京：中国环境科学出版社，1992．

［222］ 国家环境保护局．GB 13580.13—92 大气降水中钙、镁的测定 原子吸收分光光度法［S］．北京：中国环境科学出版社，1992．

［223］ 国家环境保护局．GB 13196—91 水质 硫酸盐的测定 火焰原子吸收分光光度法［S］．北京：中国环境科学出版社，1991．

［224］ 国家环境保护局．GB 11905—89 水质 钙和镁的测定 原子吸收分光光度法［S］．北京：中国环境科学出版社，1989．

［225］ 国家环境保护局．GB 11904—89 水质 钾和钠的测定 火焰原子吸收分光光度法［S］．北京：中国环境科学出版社，1989．

［226］ 国家环境保护局．GB 11912—89 水质 镍的测定 火焰原子吸收分光光度法［S］．北京：中国环境科学出版社，1989．

［227］ 国家环境保护局．GB 11911—89 水质 铁、锰的测定 火焰原子吸收分光光度法［S］．北京：中国环境科学出版社，1989．

［228］ 国家环境保护局．GB 11907—89 水质 银的测定 火焰原子吸收分光光度法［S］．北京：中国环境科学出版社，1989．

［229］ 国家环境保护局．GB 7475—87 水质 铜、锌、铅、镉的测定 原子吸收分光光度法［S］．北京：中国环境科学出版社，1987．

［230］ 环境保护部．HJ 776—2015 水质 32 种元素的测定 电感耦合等离子体发射光谱法［S］．北京：中国环境科学出版社，2015．

［231］ 环境保护部．HJ 700—2014 水质 65 种元素的测定 电感耦合等离子体质谱法［S］．北京：中国环境科学出版社，2014．

［232］ 环境保护部．HJ 694—2014 水质 汞、砷、硒、铋和锑的测定 原子荧光法［S］．北京：中国环境科学出版社，2014．

[233] 环境保护部. HJ 673—2013 水质 金属总量的消解 硝酸消解法 [S]. 北京：中国环境科学出版社，2013.

[234] 环境保护部. HJ 678—2013 水质 金属总量的消解 微波消解法 [S]. 北京：中国环境科学出版社，2013.

[235] 环境保护部. HJ 737—2015 土壤和沉积物 铍的测定 石墨炉原子吸收分光光度法 [S]. 北京：中国环境科学出版社，2015.

[236] 中华人民共和国国家质量监督检验检疫总局，中国国家标准化管理委员会. GB/T 23739—2009 土壤质量 有效态铅和镉的测定 原子吸收法 [S]. 北京：中国标准出版社，2009.

[237] 环境保护部. HJ 491—2009 土壤 总铬的测定 火焰原子吸收分光光度法 [S]. 北京：中国环境科学出版社，2009.

[238] 中华人民共和国农业部. NY/T 1613—2008 土壤质量 重金属测定 王水回流消解原子吸收法 [S]. 北京：中国农业出版社，2008.

[239] 中华人民共和国农业部. NY/T 1104—2006 土壤中全硒的测定 [S]. 北京：中国农业出版社，2006.

[240] 中华人民共和国农业部. NY/T 890—2004 土壤有效态锌、锰、铁、铜含量的测定 二乙三胺五乙酸（DTPA）浸提法 [S]. 北京：中国农业出版社，2004.

[241] 国家林业局. LY/T 1245—1999 森林土壤交换性钙和镁的测定 [S]. 北京：中国标准出版社，1999.

[242] 国家环境保护局，国家技术监督局. GB/T 17140—1997 土壤质量 铅、镉的测定 KI-MIBK 萃取火焰原子吸收分光光度法 [S]. 北京：中国环境科学出版社，1997.

[243] 国家环境保护局，国家技术监督局. GB/T 17136—1997 土壤质量 总汞的测定 冷原子吸收分光光度法 [S]. 北京：中国环境科学出版社，1997.

[244] 国家环境保护局，国家技术监督局. GB/T 17138—1997 土壤质量 铜、锌的测定 火焰原子吸收分光光度法 [S]. 北京：中国环境科学出版社，1997.

[245] 国家环境保护局，国家技术监督局. GB/T 17139—1997 土壤质量 镍的测定 火焰原子吸收分光光度法 [S]. 北京：中国环境科学出版社，1997.

[246] 国家环境保护局，国家技术监督局. GB/T 17141—1997 土壤质量 铅、镉的测定 石墨炉原子吸收分光光度法 [S]. 北京：中国环境科学出版社，1997.

[247] 环境保护部. HJ 804—2016 土壤 8 种有效态元素的测定 二乙烯三胺五乙酸浸提-电感耦合等离子体发射光谱法 [S]. 北京：中国环境科学出版社，2016.

[248] 环境保护部. HJ 803—2016 土壤和沉积物 12 种金属元素的测定 王水提取-电感耦合等离子体质谱法 [S]. 北京：中国环境科学出版社，2016.

[249] 中华人民共和国国家质量监督检验检疫总局，中国国家标准化管理委员会. GB/T 22105.1—2008 土壤质量 总汞、总砷、总铅的测定 原子荧光法 第 1 部分：土壤中总汞的测定 [S]. 北京：中国标准出版社，2008.

[250] 中华人民共和国国家质量监督检验检疫总局，中国国家标准化管理委员会. GB/T 22105.2—2008 土壤质量 总汞、总砷、总铅的测定 原子荧光法 第 2 部分：土壤中总砷的测定 [S]. 北京：中国标准出版社，2008.

[251] 中华人民共和国国家质量监督检验检疫总局，中国国家标准化管理委员会. GB/T 22105.3—2008 土壤质量 总汞、总砷、总铅的测定 原子荧光法 第 3 部分：土壤中总铅的测定 [S]. 北京：中国标准出版社，2008.

[252] 中华人民共和国农业部. NY/T 1121.10—2006 土壤检测 第 10 部分：土壤总汞的测定 [S]. 北京：中国农业出版社，2006.

[253] 中华人民共和国农业部. NY/T 1121.11—2006 土壤检测 第 10 部分：土壤总砷的测定 [S]. 北京：中国农业出版社，2006.

[254] 环境保护部. HJ 680—2013 土壤和沉积物 汞、砷、硒、铋、锑的测定 微波消解/原子荧光法 [S]. 北京：中国环境科学出版社，2013.

[255] 刘凤枝等. 土壤和固体废弃物监测分析技术 [M]. 北京：化学工业出版社，2007.

[256] 环境保护部. HJ 539—2015 环境空气 铅的测定 石墨炉原子吸收分光光度法 [S]. 北京：中国环境科学出版社，2015.

[257] 环境保护部. HJ 685—2014 固定污染源废气 铅的测定 火焰原子吸收分光光度法 [S]. 北京：中国环境科学出版社，2014.

[258] 环境保护部. HJ 684—2014 固定污染源废气 铍的测定 石墨炉原子吸收分光光度法 [S]. 北京：中国环境科学出版社，2014.

[259] 环境保护部. HJ 538—2009 固定污染源废气 铅的测定 火焰原子吸收分光光度法（暂行）[S]. 北京：中国环境科学出版社，2009.

[260] 国家环境保护总局. HJ/T 63.1—2001 大气固定污染源 镍的测定 火焰原子吸收分光光度法 [S]. 北京：中国环境科学出版社，2001.

[261] 国家环境保护总局.HJ/T 63.2—2001 大气固定污染源 镍的测定 石墨炉原子吸收分光光度法 [S]．北京：中国环境科学出版社，2001．

[262] 国家环境保护总局.HJ/T 64.1—2001 大气固定污染源 镉的测定 火焰原子吸收分光光度法 [S]．北京：中国环境科学出版社，2001．

[263] 国家环境保护总局.HJ/T 64.2—2001 大气固定污染源 镉的测定 石墨炉原子吸收分光光度法 [S]．北京：中国环境科学出版社，2001．

[264] 国家环境保护总局.HJ/T 65—2001 大气固定污染源 锡的测定 石墨炉原子吸收分光光度法 [S]．北京：中国环境科学出版社，2001．

[265] 国家环境保护局.GB/T 15264—94 环境空气 铅的测定 火焰原子吸收分光光度法 [S]．北京：中国环境科学出版社，1994．

[266] 中华人民共和国卫生部.GB 11739—89 居住区大气中铅卫生检验标准方法 原子吸收分光光度法 [S]．北京：中国标准出版社，1989．

[267] 中华人民共和国卫生部.GB 11740—89 居住区大气中镉卫生检验标准方法 原子吸收分光光度法 [S]．北京：中国标准出版社，1989．

[268] 中华人民共和国卫生部.GB/T 8914—1988 居住区大气中汞卫生标准检验方法 金汞齐富集-原子吸收法 [S]．北京：中国标准出版社，1989．

[269] 环境保护部.HJ 777—2015 空气和废气 颗粒物中金属元素的测定 电感耦合等离子体发射光谱法 [S]．北京：中国环境科学出版社，2015．

[270] 环境保护部.HJ 657—2013 空气和废气 颗粒物中铅等金属元素的测定 电感耦合等离子体质谱法 [S]．北京：中国环境科学出版社，2013．

[271] 环境保护部.HJ 542—2009 环境空气 汞的测定 硫基棉富集-冷原子荧光分光光度法（暂行）[S]．北京：中国环境科学出版社，2009．

[272] 环境保护部.HJ 786—2016 固体废物 铅、锌和镉的测定 火焰原子吸收分光光度法 [S]．北京：中国环境科学出版社，2016．

[273] 环境保护部.HJ 787—2016 固体废物 铅和镉的测定 石墨炉原子吸收分光光度法 [S]．北京：中国环境科学出版社，2016．

[274] 环境保护部.HJ 749—2015 固体废物 总铬的测定 火焰原子吸收分光光度法 [S]．北京：中国环境科学出版社，2015．

[275] 环境保护部.HJ 750—2015 固体废物 总铬的测定 石墨炉原子吸收分光光度法 [S]．北京：中国环境科学出版社，2015．

[276] 环境保护部.HJ 751—2015 固体废物 镍和铜的测定 火焰原子吸收分光光度法 [S]．北京：中国环境科学出版社，2015．

[277] 环境保护部.HJ 752—2015 固体废物 铍 镍 铜和钼的测定 石墨炉原子吸收分光光度法 [S]．北京：中国环境科学出版社，2015．

[278] 环境保护部.HJ 767—2015 固体废物 钡的测定 石墨炉原子吸收分光光度法 [S]．北京：中国环境科学出版社，2015．

[279] 环境保护部.HJ 687—2014 固体废物 六价铬的测定 碱消解/火焰原子吸收分光光度法 [S]．北京：中国环境科学出版社，2014．

[280] 国家环境保护局，国家技术监督局.GB/T 15555.1—1995 固体废物 总汞的测定 冷原子吸收分光光度法 [S]．北京：中国环境科学出版社，1995．

[281] 国家环境保护局，国家技术监督局.GB/T 15555.2—1995 固体废物 铜、锌、铅、镉的测定 原子吸收分光光度法 [S]．北京：中国环境科学出版社，1995．

[282] 国家环境保护局，国家技术监督局.GB/T 15555.9—1995 固体废物 镍的测定 直接吸入火焰原子吸收分光光度法 [S]．北京：中国环境科学出版社，1995．

[283] 环境保护部.HJ 781—2016 固体废物 22 种金属元素的测定 电感耦合等离子体发射光谱法 [S]．北京：中国环境科学出版社，2016．

[284] 环境保护部.HJ 766—2015 固体废物 金属元素的测定 电感耦合等离子体质谱法 [S]．北京：中国环境科学出版社，2015．

[285] 环境保护部.HJ 702—2014 固体废物 汞、砷、硒、铋、锑的测定 微波消解/原子荧光法 [S]．北京：中国环境科学出版社，2014．

[286] 国家环境保护总局 . HJ/T 299—2007 固体废物 浸出毒性浸出方法 硫酸硝酸法 [S] . 北京：中国环境科学出版社，2007.

[287] 国家环境保护总局 . HJ/T 300—2007 固体废物 浸出毒性浸出方法 醋酸缓冲溶液法 [S] . 北京：中国环境科学出版社，2007.

[288] 环境保护部 . HJ 702—2014 固体废物 汞、砷、硒、铋、锑的测定 微波消解/原子荧光法 [S] . 北京：中国环境科学出版社，2010.

[289] 陈灿卿 . 营养与食品卫生学 [M] . 北京：人民卫生出版社，2001：37.

[290] 中华人民共和国国家卫生和计划生育委员会国家食品药品监督管理总局 . GB 5009.12—2017 食品安全国家标准 食品中铅的测定 [S] . 北京：中国标准出版社，2017.

[291] 中华人民共和国国家卫生和计划生育委员会，国家食品药品监督管理总局 . GB 5009.13—2017 食品安全国家标准 食品中铜的测定 [S] . 北京：中国标准出版社，2017.

[292] 中华人民共和国国家卫生和计划生育委员会，国家食品药品监督管理总局 . GB 5009.14—2017 食品安全国家标准 食品中锌的测定 [S] . 北京：中国标准出版社，2017.

[293] 中华人民共和国国家卫生和计划生育委员会，国家食品药品监督管理总局 . GB 5009.241—2017 食品安全国家标准 食品中镁的测定 [S] . 北京：中国标准出版社，2016.

[294] 中华人民共和国国家卫生和计划生育委员会，国家食品药品监督管理总局 . GB 5009.138—2017 食品安全国家标准 食品中镍的测定 [S] . 北京：中国标准出版社，2016.

[295] 中华人民共和国国家卫生和计划生育委员会，国家食品药品监督管理总局 . GB 5009.91—2017 食品安全国家标准 食品中钾、钠的测定 [S] . 北京：中国标准出版社，2017.

[296] 中华人民共和国国家卫生和计划生育委员会，国家食品药品监督管理总局 . GB 5009.182—2017 食品安全国家标准 食品中铝的测定 [S] . 北京：中国标准出版社，2017.

[297] 中华人民共和国国家卫生和计划生育委员会，国家食品药品监督管理总局 . GB 5009.242—2017 食品安全国家标准 食品中锰的测定 [S] . 北京：中国标准出版社，2017.

[298] 中华人民共和国国家卫生和计划生育委员会，国家食品药品监督管理总局 . GB 5009.90—2016 食品安全国家标准 食品中铁的测定 [S] . 北京：中国标准出版社，2016.

[299] 中华人民共和国国家卫生和计划生育委员会，国家食品药品监督管理总局 . GB 5009.92—2016 食品安全国家标准 食品中钙的测定 [S] . 北京：中国标准出版社，2016.

[300] 中华人民共和国国家卫生和计划生育委员会 . GB 5009.15—2014 食品安全国家标准 食品中镉的测定 [S] . 北京：中国标准出版社，2014.

[301] 中华人民共和国国家卫生和计划生育委员会 . GB 5009.123—2014 食品安全国家标准 食品中铬的测定 [S]，北京：中国标准出版社，2014.

[302] 中华人民共和国国家卫生和计划生育委员会 . GB 5009.17—2014 食品安全国家标准 食品中总汞及有机汞的测定 [S] . 北京：中国标准出版社，2014.

[303] 中华人民共和国卫生部中国国家标准化管理委员会 . GB 5009.151—2003 食品安全国家标准食品中锗的测定 [S] . 北京：中国标准出版社，2003.

[304] 中华人民共和国国家卫生和计划生育委员会，国家食品药品监督管理总局 . GB 5009.268—2016 食品安全国家标准 食品中多元素的测定 [S] . 北京：中国标准出版社，2016.

[305] 中华人民共和国国家卫生和计划生育委员会，国家食品药品监督管理总局 . GB 5009.93—2017 食品安全国家标准 食品中硒的测定 [S] . 北京：中国标准出版社，2017.

[306] 中华人民共和国国家卫生和计划生育委员会，国家食品药品监督管理总局 . GB 5009.137—2016 食品安全国家标准 食品中锑的测定 [S] . 北京：中国标准出版社，2016.

[307] 中华人民共和国国家卫生和计划生育委员会 . GB5009.11—2014 食品安全国家标准 食品中总砷及无机砷的测定 [S] . 北京：中国标准出版社，2014.

[308] 中华人民共和国国家卫生和计划生育委员会 . GB5009.16—2014 食品安全国家标准 食品中锡的测定 [S] . 北京：中国标准出版社，2014.

[309] 刘树彬，郎海丽，冯俊霞，于宏伟 . 原子吸收光谱法在测定食品中金属元素的研究进展 [J] . 2010，46.

[310] 中华人民共和国国家卫生和计划生育委员会 . GB 4806.1—2016 食品安全国家标准 食品接触材料及制品通用安全要求 [S] . 北京：中国标准出版社，2016.

[311] 林晓亮 . 食品包装材料的检测现状与对策 [J] . 商品与质量 . 2012 (2)：309.

[312] 中华人民共和国国家卫生和计划生育委员会 . GB 31604.25—2016 食品安全国家标准 食品接触材料及制品 铬迁

移量的测定 [S]. 北京：中国标准出版社，2016.

[313] 中华人民共和国国家卫生和计划生育委员会. GB 31604.33—2016 食品安全国家标准 食品接触材料及制品 镍迁移量的测定 [S]. 北京：中国标准出版社，2016.

[314] 中华人民共和国国家卫生和计划生育委员会. GB 31604.24—2016 食品安全国家标准 食品接触材料及制品 镉迁移量的测定 [S]. 北京：中国标准出版社，2016.

[315] 中华人民共和国国家卫生和计划生育委员会. GB 31604.34—2016 食品安全国家标准 食品接触材料及制品 铅的测定和迁移量的测定 [S]. 北京：中国标准出版社，2016.

[316] 中华人民共和国国家卫生和计划生育委员会. GB 31604.41—2016 食品安全国家标准 食品接触材料及制品 锑迁移量的测定 [S], 北京：中国标准出版社，2016.

[317] 中华人民共和国国家卫生和计划生育委员会. GB 31604.42—2016 食品安全国家标准 食品接触材料及 制品 锌迁移量的测定 [S], 北京：中国标准出版社，2016.

[318] 中华人民共和国国家卫生和计划生育委员会. GB 31604.49—2016 食品安全国家标准 食品接触材料及制品 砷、镉、铬、铅的测定和砷、镉、铬、镍、铅、锑、锌迁移量的测定 [S]. 北京：中国标准出版社，2016.

[319] 中华人民共和国国家卫生和计划生育委员会. GB 31604.38—2016 食品安全国家标准 食品接触材料 及制品砷的测定和迁移量的测定 [S]. 北京：中国标准出版社，2016.

[320] 中华人民共和国国家质量监督检验检疫总局，中国国家标准化管理委员会. GB/T 31576—2015 动植物油脂 铜、铁和镍的测定 石墨炉原子吸收法 [S], 北京：中国标准出版社，2015

[321] 中华人民共和国国家卫生和计划生育委员会. GB 5009.75—2014 食品安全国家标准 食品添加剂中铅的测定 [S]. 北京：中国标准出版社，2014.

[322] 中华人民共和国国家质量监督检验检疫总局. SN/T 0863—2012 出口肉及肉制品中镍的测定方法 原子吸收分光光度法 [S]. 北京：中国标准出版社，2012.

[323] 中华人民共和国国家质量监督检验检疫总局，中国国家标准化管理委员会. GB/T 20380.1—2006 淀粉及其制品 重金属含量 第1部分：原子吸收光谱法测定砷含量 [S]. 北京：中国标准出版社，2006.

[324] 中华人民共和国国家质量监督检验检疫总局，中国国家标准化管理委员会. GB/T 20380.2—2006 淀粉及其制品 重金属含量 第2部分：原子吸收光谱法测定汞含量 [S]. 北京：中国标准出版社，2006.

[325] 中华人民共和国国家质量监督检验检疫总局，中国国家标准化管理委员会. GB/T 20380.4—2006 淀粉及其制品 重金属含量 第4部分：电热原子吸收光谱法测定镉含量 [S]. 北京：中国标准出版社，2006.

[326] 中华人民共和国国家卫生和计划生育委员会. GB 5009.76—2014 食品安全国家标准 食品添加剂中的砷的测定 [S], 北京：中国标准出版社，2014.

[327] 罗瑜. 多晶硅生产过程金属杂质影响因素研究 [D] 天津：天津大学，2016.

[328] 王瑞新. 烟草化学 [M]. 北京：中国农业出版社，2003：150-151.

[329] 谢涛，黄泳彤，徐旸. 用ICP-MS法测定卷烟烟气中的重金属元素 [J]. 烟草科技，2003 (1)：27-29.

[330] Bush P G，Mayhew T M，Abramovich D R，et al. A quantitative study on the effetcs of maternal smoking on placental morphology and cadmium concentration [J]. Placenta，2000，21 (2-3)：247-256.

[331] 刘建成. 原子吸收分析在造纸分析中的应用 [J]. 湖北造纸，2005 (3).

[332] 杨亚莉. 造纸废水中微量金属元素的原子吸收法测定 [J]. 纸和造纸，1997 (2).

[333] 董慕新. 原子吸收光谱法在饲料分析中的应用 [J]. 中国饲料，1997 (10)：30-33.

[334] 李琴，雷清锋，罗新房. 饲料中的重金属污染及其预防 [J]. 中国禽畜种业，2011，5 (09)：108.

[335] 岳敏，李海燕，李爽. 原子吸收光谱法在橡胶工业中的应用. 橡胶工业，2013，60 (1)：49-51.

[336] 荆补琴，王尚芝. 化妆品中铅的测定方法研究进展 [J]. 2008：77-79.

[337] 李野，尹利辉，曹进，等. 化妆品中重金属检测方法的现状 [J]. 药物分析杂志，2013，33 (10)：1816-1821.

[338] 中华人民共和国国家质量监督检验检疫总局，中国国家标准化管理委员会. GB/T 8020—2015 汽油中铅含量的测定 原子吸收光谱法 [S]. 北京：中国标准出版社，2015.

[339] 中华人民共和国国家质量监督检验检疫总局，中国国家标准化管理委员会. GB/T 26310.2—2010 原铝生产用煅后石油焦检测方法 第2部分：微量元素含量的测定 火焰原子吸收光谱法 [S]. 北京：中国标准出版社，2010.

[340] 中华人民共和国国家质量监督检验检疫总局，中国国家标准化管理委员会. GB/T 23837—2009 工业循环冷却水中铝离子的测定 原子吸收光谱法 [S]. 北京：中国标准出版社，2009.

[341] 中华人民共和国国家质量监督检验检疫总局，中国国家标准化管理委员会. GB/T 14636—2007 工业循环冷却水及水垢中钙、镁的测定 原子吸收光谱法 [S]. 北京：中国标准出版社，2007.

[342] 中华人民共和国国家质量监督检验检疫总局，中国国家标准化管理委员会．GB/T 14637—2007 工业循环冷却水及水垢中铜、锌的测定　原子吸收光谱法［S］．北京：中国标准出版社，2007.

[343] 中华人民共和国国家质量监督检验检疫总局，中国国家标准化管理委员会．GB/T 7717.16—2009 工业用丙烯腈　第16部分：铁含量的测定　石墨炉原子吸收法［S］．北京：中国标准出版社，2009.

[344] 中华人民共和国国家质量监督检验检疫总局，中国国家标准化管理委员会．GB/T 7717.17—2009 工业用丙烯腈　第17部分：铜含量的测定　石墨炉原子吸收法［S］．北京：中国标准出版社，2009.

[345] 中华人民共和国国家质量监督检验检疫总局，中国国家标准化管理委员会．GB/T 24579—2009 酸浸取 原子吸收光谱法测定多晶硅表面金属污染物［S］．北京：中国标准出版社，2009.

[346] 中华人民共和国国家质量监督检验检疫总局，中国国家标准化管理委员会．GB/T 23834.4—2009 硫酸亚锡化学分析方法　第4部分：铅、铜含量的测定　火焰原子吸收光谱法［S］．北京：中国标准出版社，2009.

[347] 中华人民共和国国家质量监督检验检疫总局，中国国家标准化管理委员会．GB/T 23274.4—2009 二氧化锡化学分析方法　第4部分：铅、铜含量的测定　火焰原子吸收光谱法［S］．北京：中国标准出版社，2009.

[348] 中华人民共和国国家质量监督检验检疫总局，中国国家标准化管理委员会．GB/T 23278.4—2009 锡酸钠化学分析方法　第4部分：铅量的测定　原子吸收光谱法［S］．北京：中国标准出版社，2009.

[349] 中华人民共和国国家质量监督检验检疫总局，中国国家标准化管理委员会．GB/T23841—2009 无机化工产品中镉含量测定的通用方法　原子吸收分光光度法［S］．北京：中国标准出版社，2009.

[350] 中华人民共和国国家质量监督检验检疫总局，中国国家标准化管理委员会．GB/T 21058—2007 无机化工产品中汞含量测定的通用方法　无火焰原子吸收光谱法［S］．北京：中国标准出版社，2007.

[351] 中华人民共和国国家质量监督检验检疫总局，中国国家标准化管理委员会．GB/T 11200.3—2008 高纯氢氧化钠试验方法　第3部分：钙含量的测定　火焰原子吸收光谱法［S］．北京：中国标准出版社，2008.

[352] 中华人民共和国国家质量监督检验检疫总局，中国国家标准化管理委员会．GB/T 27598—2011 照相化学品　无机物中微量元素的分析　电感耦合等离子体原子发射光谱（ICP-AES）法［S］．北京：中国标准出版社，2011.

[353] 中华人民共和国国家质量监督检验检疫总局，中国国家标准化管理委员会．GB/T 24794—2009 照相化学品　有机物中微量元素的分析　电感耦合等离子体原子发射光谱（ICP-AES）法［S］．北京：中国标准出版社，2009.

[354] 中华人民共和国国家质量监督检验检疫总局，中国国家标准化管理委员会．GB/T 24916—2010 表面处理溶液金属元素含量的测定　电感耦合等离子体原子发射光谱法［S］．北京：中国标准出版社，2010.

[355] 中华人民共和国国家质量监督检验检疫总局，中国国家标准化管理委员会．GB/T 23362.4—2009 高纯氢氧化铟化学分析方法　第4部分：铝、铁、铜、锌、镉、铅和铊的测定　电感耦合等离子体质谱法［S］．北京：中国标准出版社，2009.

[356] 中华人民共和国国家质量监督检验检疫总局，中国国家标准化管理委员会．GB/T 33086—2016 水处理剂　砷和汞含量的测定　原子荧光光谱法［S］．北京：中国标准出版社，2016.

[357] 中华人民共和国国家质量监督检验检疫总局，中国国家标准化管理委员会．GB/T 32462—2015 聚酯树脂及其成型品中锑迁移量的测定　原子荧光光度法［S］．北京：中国标准出版社，2015.

[358] 中华人民共和国国家质量监督检验检疫总局，中国国家标准化管理委员会．GB/T 23273.3—2009 草酸钴化学分析方法　第3部分：砷量的测定　氢化物发生-原子荧光光谱法［S］．北京：中国标准出版社，2009.

[359] 中华人民共和国国家质量监督检验检疫总局，中国国家标准化管理委员会．GB/T 23362.1—2009 高纯氢氧化铟化学分析方法第1部分：砷量的测定　原子荧光光谱法［S］．北京：中国标准出版社，2009.

[360] 中华人民共和国国家质量监督检验检疫总局，中国国家标准化管理委员会．GB/T 23362.3—2009 高纯氢氧化铟化学分析方法　第3部分：锑量的测定　原子荧光光谱法［S］．北京：中国标准出版社，2009.

[361] 中华人民共和国国家质量监督检验检疫总局，中国国家标准化管理委员会．GB/T 23364.3—2009 高纯氧化铟化学分析方法　第3部分：锑量的测定　原子荧光光谱法［S］．北京：中国标准出版社，2009.

[362] 国家烟草专卖局．YC/T 268—2008 烟用接装纸和接装原纸中砷、铅的测定　石墨炉原子吸收光谱法［S］．北京：中国标准出版社，2008.

[363] 国家烟草专卖局．YC/T 274—2008 卷烟纸中钾、钠、钙、镁的测定　火焰原子吸收光谱法［S］．北京：中国标准出版社，2008.

[364] 国家烟草专卖局．YC/T 278—2008 烟用接装纸中汞的测定　冷原子吸收光谱法［S］．北京：中国标准出版社，2008.

[365] 国家烟草专卖局．YC/T 293—2009 烟用香精和料液中汞的测定　冷原子吸收光谱法［S］．北京：中国标准出版社，2009.

[366] 国家烟草专卖局．YC/T 174—2003 烟草及烟草制品　钙的测定　原子吸收法［S］．北京：中国标准出版

社，2003．

[367] 国家烟草专卖局．YC/T175—2003 烟草及烟草制品镁的测定原子吸收法［S］．北京：中国标准出版社，2003．

[368] 中华人民共和国国家质量监督检验检疫总局，中国国家标准化管理委员会．GB/T 24990—2010 纸、纸板和纸浆铬含量的测定［S］．北京：中国标准出版社，2010．

[369] 中华人民共和国国家质量监督检验检疫总局，中国国家标准化管理委员会．GB/T24991—2010 纸、纸板和纸浆铅含量的测定　石墨炉原子吸收法［S］．北京：中国标准出版社，2010．

[370] 中华人民共和国国家质量监督检验检疫总局，中国国家标准化管理委员会．GB/T24997—2010 纸、纸板和纸浆镉含量的测定　原子吸收光谱法［S］．北京：中国标准出版社，2010．

[371] 中华人民共和国国家质量监督检验检疫总局，中国国家标准化管理委员会．GB/T8943.1—2008 纸、纸板和纸浆铜含量的测定［S］．北京：中国标准出版社，2008．

[372] 中华人民共和国国家质量监督检验检疫总局，中国国家标准化管理委员会．GB/T8943.2—2008 纸、纸板和纸浆铁含量的测定［S］．北京：中国标准出版社，2008．

[373] 中华人民共和国国家质量监督检验检疫总局，中国国家标准化管理委员会．GB/T8943.4—2008 纸、纸板和纸浆钙、镁含量的测定［S］．北京：中国标准出版社，2008．

[374] 中华人民共和国国家质量监督检验检疫总局，中国国家标准化管理委员会．GB/T12658—2008 纸、纸板和纸浆钠含量的测定［S］．北京：中国标准出版社，2008．

[375] 中华人民共和国国家质量监督检验检疫总局，中国国家标准化管理委员会．GB/T8943.3—2008 纸、纸板和纸浆中锰含量的测定［S］．北京：中国标准出版社，2008．

[376] 中华人民共和国国家质量监督检验检疫总局，中国国家标准化管理委员会．GB/T24992—2010 纸、纸板和纸浆砷含量的测定［S］．北京：中国标准出版社，2010．

[377] 中华人民共和国国家质量监督检验检疫总局，中国国家标准化管理委员会．GB/T22804—2008 纸、纸板和纸浆汞含量的测定［S］．北京：中国标准出版社，2008．

[378] 中华人民共和国农业部．NY/T 1944—2010 饲料中钙的测定　原子吸收分光光谱法［S］．北京：中国农业出版社，2003．

[379] 中华人民共和国国家质量监督检验检疫总局，中国国家标准化管理委员会．GB/T 13080—2018 饲料中铅的测定　原子吸收光谱法［S］．北京：中国标准出版社，2018．

[380] 中华人民共和国国家质量监督检验检疫总局，中国国家标准化管理委员会．GB/T 13884—2018 饲料中钴的测定　原子吸收光谱法［S］．北京：中国标准出版社，2018．

[381] 中华人民共和国国家质量监督检验检疫总局．GB/T 13885—2017 动物饲料中钙、铜、铁、镁、锰、钾、钠和锌含量的测定　原子吸收光谱法［S］．北京：中国标准出版社，2017．

[382] 中华人民共和国国家质量监督检验检疫总局，中国国家标准化管理委员会．GB/T 29607—2013 橡胶制品　镉含量的测定　原子吸收光谱法［S］．北京：中国标准出版社，2013．

[383] 中华人民共和国国家质量监督检验检疫总局．GB/T 4500—2003 橡胶中锌含量的测定　原子吸收光谱法［S］．北京：中国标准出版社，2003．

[384] 中华人民共和国国家质量监督检验检疫总局．GB/T 11201—2002 橡胶中铁含量的测定　原子吸收光谱法［S］．北京：中国标准出版社，2002．

[385] 中华人民共和国国家质量监督检验检疫总局．GB/T 7043.1—2001 橡胶中铜含量的测定　原子吸收光谱法［S］．北京：中国标准出版社，2001．

[386] 中华人民共和国国家质量监督检验检疫总局．GB/T 9874—2001 橡胶中铅含量的测定原子吸收光谱法［S］．北京：中国标准出版社，2001．

[387] 许杨彪．化妆品中汞检测技术的应用及发展趋势［J］．中国药业，2017，26（13）．

[388] 中华人民共和国卫生部．GB/T 7917.1 —87 化妆品卫生化学标准检验方法　汞［S］．北京：中国标准出版社，1987．

[389] 中华人民共和国卫生部．GB/T 7917.3—87 化妆品卫生化学标准检验方法　铅［S］．北京：中国标准出版社，1987．

[390] 中华人民共和国国家质量监督检验检疫总局，中国国家标准化管理委员会．GB/T 33307—2016 化妆品中镍、锑、碲含量的测定 电感耦合等离子体发射光谱法［S］．北京：中国标准出版社，2016．

[391] 中华人民共和国国家质量监督检验检疫总局，中国国家标准化管理委员会．GB/T 35828—2018 化妆品中铬、砷、镉、锑、铅的测定 电感耦合等离子体质谱法［S］．北京：中国标准出版社，2018．